MENSCH & PFERD
OÖ. Landesausstellung 2016

KULTUR

KULT UND LEIDENSCHAFT

OÖ LANDESAUSSTELLUNG 2016

Amt der Oberösterreichischen Landesregierung
Direktion Kultur
(Hrsg.)

Wissenschaftliche Leitung
Roman Sandgruber und Norbert Loidol

t.

TRAUNER VERLAG

IMPRESSUM

Katalog zur Oberösterreichischen Landesausstellung 2016

ISBN 978-3-99033-612-0
© 2016 Linz, Amt der Oberösterreichischen Landesregierung –
Direktion Kultur, Promenade 37, 4021 Linz sowie Autorinnen und Autoren

Verlag:
TRAUNER VERLAG + BUCHSERVICE GmbH, Linz

Wissenschaftliche Leitung:

Ausstellung:
Roman Sandgruber und Norbert Loidol

Katalog:
Roman Sandgruber und Norbert Loidol

Redaktion:
Dietmar Leitner

Grafische Gestaltung (Cover):
Matern Creativbüro

Druck:
TRAUNER DRUCK GmbH & Co KG, Linz
Gedruckt auf säurefreiem, chlorfrei gebleichtem Papier – TCF
Mit zahlreichen (teilweise farbigen) Abbildungen
Printed in Austria 2016

Die Direktion Kultur des Amtes der Oberösterreichischen Landesregierung dankt den Sponsoren der
Oberösterreichischen Landesausstellung 2016:
Energie AG Oberösterreich
Oberösterreichische Versicherung AG
Raiffeisen Landesbank Oberösterreich AG

Inhalt

Mensch & Pferd –

Facettenreiche Geschichte

Liebe Besucherinnen und Besucher!
Sehr geehrte Damen und Herren!

Seit mehr als fünf Jahrzehnten sind die OÖ. Landesausstellungen Höhepunkte im heimischen Kulturgeschehen und zeigen die kulturelle Vielfalt unseres Landes. Die Landesausstellung 2016 – die 31. in der erfolgreichen Geschichte – steht unter dem Titel „Mensch & Pferd. Kult und Leidenschaft" und beleuchtet umfassend kultur-, wirtschafts-, und sozialgeschichtliche Entwicklungen sowie biologische und ökonomische Aspekte rund um das Pferd.

Stadl-Paura und Lambach haben mit dem Pferdezentrum und der Landwirtschaftlichen Fachschule für Pferdewirte zwei bedeutende Kompetenzzentren, die in Aufzucht von Pferden und Ausbildung im Umgang mit ihnen österreichweit eine wichtige Rolle spielen. Die Landesausstellung 2016 rückt diese Themen in den Fokus und betreibt damit nicht nur für das Pferd, sondern auch für die Gemeinden Stadl-Paura und Lambach eine wichtige Markenbildung.

Aus der Kombination der drei Standorte Pferdezentrum Stadl-Paura, Stift Lambach und „Rossstall" in Lambach ergibt sich für die Besucherinnen und Besucher die Möglichkeit, das

Pferd nicht nur im Rahmen von Ausstellungen „kennenzulernen", sondern auch Menschen bei ihrer täglichen Arbeit mit dem Pferd über die Schulter zu blicken. Der mehr als 4000-jährigen Beziehung zwischen dem Menschen und dem Pferd wird dabei natürlich genauso besonderes Augenmerk geschenkt wie dem Bedeutungswandel dieses Tieres im Laufe der Jahrhunderte.

Der vorliegende Ausstellungskatalog soll Ihnen einen wissenschaftlich fundierten Überblick über die facettenreiche Geschichte dieser Beziehung vermitteln.

Als Kulturreferent des Landes Oberösterreich bedanke ich mich sehr herzlich bei allen, die zum Gelingen dieses Buches beigetragen haben. Allen Besucherinnen und Besuchern wünsche ich eine interessante Auseinandersetzung mit Theorie und Praxis des Zusammenlebens von Mensch und Pferd.

Josef Pühringer

Dr. Josef Pühringer
Landeshauptmann

Vorangehende Seite: Julius von Blaas: Morgenarbeit in der Winterreitschule. 1890.

Roman Sandgruber

Mensch und Pferd

Einleitung

Über das Pferd zu sprechen, heißt es in Shakespeares Heinrich V., 3. Aufzug, 7. Szene, sei ebenso unerschöpflich wie das Meer. Nun kann man und braucht man das Meer nicht ausschöpfen. Das gilt auch für „das Pferd Ausstellen". Das Pferd ist ein unerschöpfliches Thema geblieben, obwohl es schon einige Male totgesagt war und seine einst wichtigsten Einsatzbereiche, zuerst für die Urzeitmenschen als Jagdobjekt und Fleischlieferant, dann die Bedeutung in Krieg, Transportwesen und Landwirtschaft, weitgehend weggefallen sind. Auch als Statussymbol ist es mehr oder weniger unwichtig geworden. Kein Staatenlenker, Politiker oder Feldherr erhält mehr ein Reiterstandbild. Und doch ist das Pferd immer noch sehr präsent. Die Zahl der Pferde in Österreich ist wieder stark angestiegen, nicht auf frühere Höhen von mehr als 300.000 Stück, aber immerhin auf fast die Hälfte der einstigen Höchstzahl. Vom niedrigsten Punkt mit etwa 30.000 zu Anfang der 1970er Jahre auf wieder etwa 120.000, ähnlich in Deutschland von etwa 250.000 wieder auf eine Million oder mehr. Die Lipizzaner sind immer noch eines der vornehmsten Wahrzeichen Österreichs. Pferde werden geliebt: im Kinder- und Jugendbuch ebenso wie als Spielzeug. Vor allem aber sind es die realen Pferde. Im Freizeitbereich, aber auch als Therapiepferde und in der hohen Kunst der Dressur und des Reit- und Fahrsports.

Der bekannte Historiker Reinhard Koselleck bezeichnete in seinem Aufsatz vom „Ende des Pferdezeitalters" das Pferd als einen der wichtigsten Protagonisten der bisherigen Geschichte, der „in der Geschichtsschrei-

bung freilich nur am Rande wahrgenommen worden sei."[1] Er schlug eine einfache Periodisierung der Menschheitsgeschichte vor: Das Vorpferdezeitalter, das Pferdezeitalter und das Nachpferdezeitalter, wobei er sich der Simplizität dieses Schemas sehr wohl bewusst war, es aber auch bewusst in Kauf nahm, um wesentliche Entwicklungslinien herauszuarbeiten. Das Pferd markiert tief greifende Zäsuren der Weltgeschichte. Es eröffnete ein neues Kapitel in der Geschichte des Menschen, in der Kriegstechnik, in der Fortbewegung und Energieversorgung, in Repräsentation und Freizeit. Etwa 50 Millionen Jahre reichen die Vorfahren des heutigen Hauspferds zurück, damals kleiner als ein Hund. Als begehrte Jagdbeute ist das Pferd bereits seit mindestens 30.000 Jahren Gegenstand menschlichen Kunstschaffens. Seit etwa 6.000 Jahren wird es gezähmt, mit dem Aufkommen der Streitwagentechnik vor etwa 4.000 Jahren ist es zu einer gefürchteten Waffe geworden, die dann von den schnellen Reiterkriegern und den Panzerreitern abgelöst wurde.

Das Pferd nimmt eine Sonderstellung unter allen domestizierten Tieren ein. Es ist von der Natur her ein Fluchttier. Der Kampf ist ihm mit wenigen Ausnahmen fremd. Seine Schnelligkeit machte es für den Menschen interessant. Die fünf- bis sechstausendjährige Geschichte der Domestizierung ist eine der Geschichte der Geschwindigkeit und der Herrschaft: der Mensch beherrschte das Pferd und er herrschte mit Hilfe des Pferds. Berittene Hirten und Krieger sind mindestens seit dem vierten Jahrtausend vor Chris-

Die Schlacht am Weißen Berge. 1620. Auch nach dem Ende des Mittelalters blieb die Kavallerie kriegsentscheidend.

© Foto: Bayerisches Armeemuseum Ingolstadt

tus nachweisbar. Neu im zweiten Jahrtausend waren die militärisch geordneten Formationen, in die das Pferd nun eingegliedert wurde. Es war Oswald Spengler, der auf den Streitwagen als Schlüssel zur Weltgeschichte des 2. Jahrtausends v. Chr. hingewiesen hat. Der Streitwagen war die erste komplizierte Waffe. Der blitzschnelle Angriff mit Pfeil und Bogen begründete die Macht der Steppenreiter. Die schwer gerüsteten Panzerreiter des Mittelalters mit ihren Lanzen und Schwertern waren die Antwort. Auch im Zeitalter der Gewehre und Kanonen blieb die Kavallerie die edelste der Waffengattungen. Bis zum Ersten Weltkrieg änderte sich nicht viel daran. Dem Maschinengewehr waren die Pferde nicht mehr gewachsen. Die Zahl der auf allen Seiten im Ersten Weltkrieg eingesetzten Pferde belief sich nach heutiger Schätzung auf 16 Millionen, von denen etwa die Hälfte den Tod fand. Diesen acht Millionen toten Pferden standen etwa

neun Millionen gefallene Soldaten gegenüber. Die k.u.k. Armee setzte im Ersten Weltkrieg etwa 2 Millionen Pferde ein, von denen etwa 1,2 Millionen verloren gegangen sein dürfte, etwa gleich viel wie Menschen. Die Zahl der Pferde, die im Ersten Weltkrieg umkamen, wurde im Zweiten Weltkrieg noch übertroffen. Der Russlandfeldzug war mit Pferden nicht mehr zu gewinnen, aber ohne Pferde auch nicht.

Das Pferdezeitalter ist zwischen dem 18. und 20. Jahrhundert zu Ende gegangen. Reinhard Koselleck prägte nicht nur die einfache Formel der drei Pferdezeitalter, sondern auch den Begriff der „Sattelzeit", jener Wende in der Weltgeschichte, die sich im 18. Jahrhundert abspielte: Die schrittweise Auflösung des Feudalzeitalters, das beginnende Maschinenzeitalter mit Dampfmaschine, Industrialisierung, Globalisierung und Demokratisierung, und auch das

Wilhelm Gotthilf Höhnel (1871-1941): Schimmel. Öl/Lw.   Foto: Schepe

beginnende Ende des Pferdes in Krieg, Arbeit und Verkehr. Die Sattelzeit ist diese Art von Wasserscheide. Karl Jaspers hatte schon vorher den Begriff der Achsenzeit geprägt, die Zeit der Streitwagenkämpfer um 2.000 und des Aufstiegs der Reitervölker ab 1.200 v. Christus.

Die Lebensbedingungen der Pferde waren immer höchst unterschiedlich, ob Kriegspferd, Arbeitspferd, Grubenpferd, Rennpferd. Es ist eine glanzvolle Geschichte, aber auch eine grauenvolle Geschichte: Nicht nur die Schlachtfelder, sondern auch die Städte und Bergwerke waren für die Pferde ein schrecklicher Lebensraum. Von Friedrich Schiller stammt die auf Louis-Sébastien Mercier zurückgehende Notiz: „Paris der Frauen Paradies, der Männer Fegefeuer, der Pferde Hölle." Und nicht nur in den Städten, sondern auch am Land erging es ihnen nicht viel besser. Für das Kriegspferd und das Arbeitspferd hat im 20. Jahrhundert eine Ära der Bedeutsamkeit, aber auch der Qual geendet.

Seit mindestens 31.000 Jahren ist das Pferd bereits Gegenstand der Kunst: Von den altsteinzeitlichen Zeichnungen in der Höhle von Chavet in den Schluchten der Ardèche über die edlen Pferdeplastiken der Perser, Griechen und Römer und die Reiterbilder der Renaissance und des Barock bis zu vielfältigen Lösungen in der modernen und gegenwärtigen Kunst führt der Weg der bildnerischen Auseinandersetzung mit dem Thema Pferd. Das Reiterstandbild war über Jahrtausende hinweg Ausdruck von Macht und Herrschaft. Papst und Kaiser erschienen einst zu Pferd. Pferd und Reiter sind auch großes Themen der Mythen und Religionen und ein unerschöpfliches Thema der Dichtung, von mittelalterlichen Heldenepen bis zu Adalbert Stifters Witiko, der in einem der kühnsten Sprachgebilde der Literaturgeschichte das Thema „Held und Pferd" angegangen ist. Die großen Pferderomane des 19. Jahrhunderts, von Anna Sewells „Black Beauty" bis zum traurigen Schicksal des Grubenpferdes „Bataille" in Émile Zolas Germinal werden zwar heute kaum mehr gelesen. Aber die Pferdebücher stapeln sich in den Literaturregalen. Steven Spielberg hat 2011 dem Kriegspferd ein filmisches Denkmal gesetzt. Und nicht zuletzt ist das Pferd auch in der modernen Warenwelt omnipräsent: in den Marken von Weltkonzernen und Spitzenprodukten. Es gibt aber auch eine Umweltgeschichte des Pferdes: der Töne, die einst das Land- und Stadtleben prägten, der Stallgerüche und des Mists, der die Städte verschmutzte

Elfriede Österle: In der Zielgeraden (Galopperfries). Acryl /Lw.   Foto der Künstlerin

nicht nur für die Straßenkehrer eine Herausforderung darstellte.

Das Pferdezeitalter ist zu Ende gegangen und in anderer Form wiedergekehrt. Es gibt wieder fast so viel Pferde wie vor dem Gipfel im 19. und frühen 20. Jahrhundert, nur in anderer Form und Rolle. Die Pferde haben eine Emanzipation geschafft. Sie werden gefüttert und gepflegt und wissen nicht mehr viel von der früheren Schinderei. Sind sie glückliche Tiere geworden? Ist aus der Pferdehölle der Pferdehimmel geworden? Es scheint so zu sein, zumindest in der westlichen Welt. Auch die geschlechtsspezifischen Dimensionen haben sich geändert. Es ist nicht mehr eine Mann-Pferd-Beziehung, sondern viel stärker eine Frau-Pferd-Geschichte. Pferde sind fast ausschließlich zu einem Faktor der Freizeitwirtschaft geworden: Sport, Erholung, Statuskonsum, aber auch Heilung durch Pferde in der Hippotherapie und Lernen durch Pferde im Managementtraining. Dabei geht es darum, Fähigkeiten wie Führungscharisma, Sozialkompetenz, emotionale Intelligenz und authentisches Kommunikationsverhalten herauszuarbeiten und zu trainieren. Die Landesausstellung verknüpft das Thema Pferd an drei Ausstellungsorten zu einem umfassenden Erlebnis: im Pferdezentrum Stadl-Paura, im pferdeaffinen Stift Lambach und im Rossstall der Marktgemeinde Lambach. Beide waren immer schon Pferdeorte, durch den Schiffszug auf der Traun, der im historischen Ambiente wieder nachgespielt wird, durch die Pferdebahn, deren Bahnhof in Stadl Paura noch erhalten ist, und durch die Poststraße, auf der so viele Menschen und Schicksale durchgereist sind.

Die Themen der Landesausstellung sind entsprechend vielfältig: Es geht um die Zucht und um die artgerechte Haltung. Stadl Paura ist dafür der richtige Ort. Es geht um die vielfältigen Nutzungen und Verwendungen: im Krieg, in Landwirtschaft und Verkehrswesen, in Sport und Freizeit. Auch da war und ist Stadl Paura wegweisend. Hier wurden Pferde für das Militär gezüchtet und ausgebildet, ebenso für die Landwirtschaft. Und hier existiert ein herrliches Ambiente für den Reit- und Fahrsport. Und es geht um Kunst, Kult und Religion. Und was könnte da passender sein als ein Kloster mit einer tausendjährigen Tradition.

1   Reinhard Koselleck, Das Ende des Pferdezeitalters, Süddeutsche Zeitung, 25.9.2003; Ulrich Raulff: Das letzte Jahrhundert der Pferde. Historische Hippologie nach Koselleck. In: Hubert Locher – Adriana Markantonatas (Hg.): Reinhard Koselleck und die politische Ikonologie, Berlin 2013, 96-109.

Lit.

Raulff, Ulrich: Das letzte Jahrhundert der Pferde: Geschichte einer Trennung, München 2015.

Locher, Hubert – Markantonatas, Adriana (Hg.): Reinhard Koselleck und die politische Ikonologie, Berlin 2013.

Reiterstatuette des Mark Aurel (Kaiser 161–180).   Foto: Museum im Stift Sankt Paul

Roman Sandgruber

Die vielen Namen des Pferdes

Für das Pferd gibt es viele Namen. Max Jähns zählte deren 63 im Deutschen. Die Bedeutsamkeit, die in der Sprache einem Thema beigemessen wird, zeigt sich eindringlich an der Zahl der dafür geläufigen Namen und Bezeichnungen. Ein Pferd ist ein Pferd ist ein Pferd. Man kann Pferde nach Geschlecht und

Johann Dallinger von Dalling der Jüngere: Zwei Pferde im Stall. 1838.   © Foto: OÖ. Landesmuseum

Alter, nach Rasse, Farbe und Zustand differenzieren: Hengst, Stute, Fohlen, Wallach, Schimmel, Rappe, Brauner, Schecken, Fuchs und einiges mehr, und natürlich die mehr als 400 Rassen, die man heute kennt. Der alte Sprachgebrauch war da noch viel, viel reichhaltiger. Im Indoeuropäischen als der Sprache jenes Kulturkreises, dem mit größter Wahrscheinlichkeit die Einführung des Pferds in die menschliche Kulturgeschichte zuzuschreiben ist, gab es zwei grundsätzliche Begriffe. Das am weitesten belegte Wort geht auf die Wurzel „ekuos" zurück, die lateinisch „equus" lautet, germanisch „ehwaz", west-tocharisch „yakwe", altgriechisch zwar „hippos", im Mykenischen aber noch „ikkos", im Keltischen „epo" (Epona, die Pferdegöttin) und altindisch „aswah". Von dieser letzten, altindischen Form haben die orientalischen Sprachen das Wort übernommen, und zwar durch Vermittlung über das hurritische „essi", auf akkadisch „sisu", ugaritisch „ssw" und hebräisch „sus". Kurioserweise ist diese hebräische Form als „Zosse" über das Jiddische zurück ins Rotwelsch und Deutsche gewandert. Der zweite indoeuropäische Begriff lautet „markos", der sich seltsamerweise nur in den keltischen und germanischen Sprachen erhalten hat: als altirisch „marc", walisisch „march", altnordisch „marr" und neuhochdeutsch „Mähre". Man vermutet, dass „ekuos" die domestizierte Form kennzeichnete, während „mar" die ursprüngliche Bezeichnung für das Wildpferd war. Denn diese Wortwurzel findet sich auch in zahlreichen asiatischen, nicht indoeuropäischen Sprachen wieder: mongolisch „morin", chinesich „ma", koreanisch „mal" und burmesisch „mrah".

Das griechische „hippos" lebt bei uns in zahlreichen Fremdworten und Ableitungen weiter, von der Hippologie, der Hippotherapie und dem Hippodrom bis zum heiligen Hippolyt, dem Pfarrpatron der Stadt Eferding und Namensgeber von St. Pölten. Der heilige Hippolyt von Rom soll der Legende nach an wilde Pferde gebunden und entzwei gerissen worden sein. Wohl deswegen wird er auch als Helfer in Pferdeanliegen angerufen. Hippolyt ist der, der die Pferde loslässt oder befreit, Hippokrates, der sie beherrscht, und Philipp, der sie liebt.

Das heute im Deutschen dominierende Wort „Pferd" ist ein Lehnwort aus dem Lateinischen, nicht vom klassischen „equus", sondern vom mittellateinischen „parafredus", zusammengesetzt aus dem griechischen παρά (neben) und dem spätlateinischen „veredus" für Pferd, das wahrscheinlich aus dem Keltischen entlehnt ist und mit dem griechischen fero/fahren und althochdeutschen faran/fahren auf eine gemeinsame indoeuropäische Wurzel zurückführt. „Paraveredus" meinte ursprünglich ein Postpferd, das auf Nebenstraßen diente. Bis in die Karolingerzeit hieß jedes Pferd, das dem Landesherrn für Reisedienste zu liefern war, „paraveredus". Seit dem 8. Jahrhundert bürgerte es sich ein, alle Tiere, die man auf Reisen, zum Spazieren, bei feierlichen Anlässen, kurz außerhalb des Kampfes verwendete, „parafredus" oder Pferd zu nennen und sie derart vom Streitross, dem ritterlichen Pferd, zu unterscheiden. Im Neuhochdeutschen wurde dann jede derartige Bedeutungseingrenzung abgeworfen und ist Pferd zum allgemeinen Gattungsnamen geworden.

Die alten deutschen Bezeichnungen Ross, Gaul, Märe, Göre und Zelter haben hingegen alle mehr oder weniger einen Abstieg mitgemacht. „Ross" war eine gemeingermanische Bezeichnung des Pferdes. Im Mittelhochdeutschen hat sich die Bedeutung auf das Streitross des Ritters verengt. Ein „Ross" war dem Ritter vorbehalten. Im Frühneuhochdeutschen war der alte Unterschied zwischen Ross und Pferd schon bis zur Unkenntlichkeit verwischt. Während „Ross" in den niederdeutschen Gebieten allmählich völlig ausstarb und dem Pferd den Platz räumte, gewann im Oberdeutschen „Ross" die Oberhand und verdrängte, wenigstens in der Volkssprache, das Pferd vollständig. Im Hochdeutschen blieb Ross in dichterischer und sprichwörtlicher Verwendung („Ross und Reiter", „sich aufs hohe Ross setzen) und in geläufigen Zusammensetzungen wie Rosswallfahrt, Rossstall,

Rossknödel, Rossgeduld, Rosskur oder Rossnatur erhalten.

„Mähre" ist ein altes Wort für Pferd, das sich weit über die indoeuropäische Sprachfamilie hinaus verbreitete. Im Deutschen ist es vor allem in den daraus abgeleiteten Zusammensetzungen Marschall, ursprünglich der Pferdeknecht oder Pferdeverwalter, und Marstall erhalten. Die mittelhochdeutsche und bis ins 16. Jahrhundert allgemein gängige Bedeutung wurde immer mehr auf Stute und altes, gebrechliches Pferd eingeschränkt: In Goethes Reineke Fuchs liest man: „Liebe Frau Mähre, sagt ich zu ihr: das Fohlen ist euer…" Heute lebt das Wort nur mehr abwertend für ein schlechtes oder altes Pferd weiter, als Schindmähre und Schandmähre. Und auch im „Meerrettich" dürfte mit ziemlicher Sicherheit die „Mähre" enthalten sein, auch wenn das Grimmsche Wörterbuch eine Herleitung von „Meer" anbietet, weil diese „scharfe Gewürzpflanze übers Meer zu uns gekommen" sei, was sich pflanzengeographisch nur schwer nachvollziehen lässt. Das englische

Robert Angerhofer: Zwei Pferde auf Wiese vor oö. Vierkanthof. 1920er-Jahre.   Foto: Schepe

„horseradish", der „Pferderettich", hilft wohl eher auf die richtige Spur, ebenso wie es andere Pflanzen- und Tiernamen in Zusammensetzung mit Pferd und Ross gibt, von Rosskastanien und Pferdebohnen bis zum Rosskäfer.

Gaul ist ein Wort, das die Philologen vor einige Schwierigkeiten stellt. Es könnte vom lateinischen „caballus" herstammen und so auch in Kavalier und Chevalier drinnen stecken. Die Bedeutung bewegte sich in scharfen Gegensätzen: einerseits als edles Streitross, andererseits abwertend als schlechtes Pferd. Schon im 14. und 15. Jahrhundert erscheint es bereits auch mit jener verächtlichen Nebenbedeutung, die heute im Vordergrunde steht: Gaul wird häufig auf faul gereimt. „Herr Nachbar, er hat ein böses Maul, er gönnt dem Herrn Pater kein blinden Gaul", dichtete Goethe. Und sprichwörtlich: „Einem geschenkten Gaul sieht man nicht ins Maul." Ursprünglich, auch noch im 18. Jahrhundert, etwa auch bei Goethe, erscheint Gaul aber auch als stattliches, stolzes Ross, besonders als großes, starkes Streitross, zum Kampfe wie zum Turnier: „Wo sind meine Trabanten, mein Gaul?" ruft der König. Und wieder sprichwörtlich: „Hofgaul und Hofmaul (will heißen Maultier) ist gut zu sein, aber Hofesel zu sein ist Müh und Arbeit." Heute spricht man nur mehr vom „müden Gaul".

„Gurre" oder „Gorre" wurden schon seit dem Mittelhochdeutschen meist abschätzig für geringwertige, schlechte, kampfunfähige, zu ritterlichem Gebrauch nicht mehr geeignete Pferde verwendet. Daneben ist aber auch eine Bedeutung ohne jeden pejorativen Nebensinn sicher bezeugt. Vielleicht meinte das Wort ursprünglich im bäuerlichen bzw. bürgerlichen Bereich das Pferd schlechthin als Nutztier und hatte eben darum im ritterlichen Bereich den abschätzigen Sinn. Eine Gurre oder Gorre ist eine alte Stute oder ein schlechtes Pferd. „Gaul um Gurre" meint „Gleiches mit Gleichem". Übertragen ist „Bissgurn" oder missverständlich „Bissgurke" oder überhaupt „Gurke" als Schimpfwort für zänkische, „stutenbissige" Frauen

und Mädchen im Dialekt bekannt geblieben. Mit dem beliebten Gemüse hat das nichts zu tun.

Auch Klepper wurde ursprünglich nicht mit üblem Nebensinn gebraucht. Es gibt eine Pferdegangart, die man Klop oder Klap nannte: In einem Volkslied des 16. Jahrhunderts geht der Zeltner „klip und klap", daher auch Zelter und Klepper. Die sprachlichen Belege von Klepper zeigen ihn als Reitpferd bestimmter Art oder Reitpferd überhaupt, vor allem zu Jagd und Krieg, aber selten als Zugpferd: Ein Klepper schickt sich nicht wohl zum Ziehen. Doch auch als Reittier war er nicht ganz vollwertig. Don Quijote, der Ritter von der traurigen Gestalt, reitet auf seinem mageren Klepper Rosinante durch die untergehende Ritterwelt. Seit dem 18. Jahrhundert entartete das Wort ganz ins Geringschätzige eines alten, völlig zu Grunde gerichteten und übel aussehenden Pferdes. Ins Tschechische wurde es als „kleperlík" entlehnt, ins Russische als „kleper".

Der schon erwähnte Zelter oder Zeltner ist ein Pferd, das den Zelt oder Tölt geht. Im Mittelalter wurde die Bezeichnung für Reittiere verwendet, die Frauen oder Geistlichen dienten und im Besonderen Äbten oder dem Papst zugedacht waren. Auch die neuhochdeutsche Bedeutungsgeschichte lässt noch das gleiche Bild erkennen: die Verwendung für die vornehme Dame. Aus der Hochsprache ist das Wort verschwunden. Im oberösterreichischen Dialekt ist der „Zeln" noch als eine mehr oder weniger liebevolle Bezeichnung bekannt, wenn jemand etwas Kindisches oder Dummes gesagt hat: „Du Zön du!" Das kann entweder vom Zelten, einem flachen Gebäck oder Kuchen hergeleitet werden, oder viel wahrscheinlicher vom alten, in der Schriftsprache nicht mehr gebräuchlichen Zelter bzw. Zeltner.

Alte Pferdenamen sind auch Pfage oder Page, ebenso Hess, Hangt und Maiden. In den nordischen Sprachen ist Hess die wichtigste Pferdebezeichnung. Bei uns aber ist sie nahezu vergessen und allenfalls noch ganz alten Leuten als das goldenen Rössl oder

„Heissl" bekannt. Auch Hangt und Hengst meinten ursprünglich das Pferd allgemein, ebenso Maiden und Kobbel. Die Vielfalt der Namen ist so ein schöner Spiegel der Bedeutung, der Wertschätzung und des Funktionswandels der Pferde und ihrer Nutzung durch den Menschen.

Franz von Zülow: Schale mit Pferdemotiv. Keramik. Mitte 20. Jh.   Foto: Schepe

Hans Staudacher: Reiter. Kunstsammlung des Landes Kärnten / MMKK .

Foto: Ferdinand Neumüller

Erich Pucher

Ursprünge und Entwicklung des Hauspferdes bis zur Neuzeit

Während der letzten Eiszeit erstreckten sich Kaltsteppen zeitweise von Westeuropa bis Ostasien. Sie boten optimale Lebensbedingungen für große Herden an Wildpferden, die in mehreren örtlichen und zeitlichen Varianten auftraten. In der späten Würmeiszeit waren die älteren schweren und stämmigen Pferdeformen bereits weithin durch Tiere leichteren Baus abgelöst worden. Mit der raschen Klimaerwärmung vor rund 10.000 Jahren und der darauf einsetzenden Wiederbewaldung Europas schrumpfte der Lebensraum der Wildpferde rapide und ihre Verbreitung beschränkte sich zunehmend auf inselartige Reststeppen und Waldsteppen. Damit verbunden kam es zu einer empfindlichen Schrumpfung der verstreuten Pferdepopulationen, die wohl im Laufe der folgenden Jahrtausende mit ihrem sukzessiven Aussterben geendet hätte. Bis zum Erscheinen der ersten Ackerbauern und Viehzüchter in Europa um das 7. bis 6. Jahrtausend v. Chr. lebten da und dort nur noch dünne Reliktbestände, deren Zusammenhang verloren gegangen war. Diese Aufsplitterung in einzelne Refugien hatte auch eine zunehmende genetische Aufsplitterung und Rassenbildung zur Folge. So lebten einst in Osteuropa Wildpferde, die als Tarpan bezeichnet wurden. Diese „mausgrauen Urwildpferde" wurden seit jeher bejagt, da die wilden Hengste in Gestüte einbrachen und Zuchtstuten entführten. Im 19. Jahrhundert waren sie bereits selten geworden, zu Beginn des 20. Jahrhunderts wurden dann die letzten Exemplare erlegt. In russische Museen gelangten bloß ein einziges Skelett und ein einziger Schädel. Sehr hell gefärbte Tarpane sollen alten Berichten zufolge auch im baltischen Küstengebiet vorgekommen sein, doch gibt es dafür keine sicheren Belege. Sensationell war 1879 die Entdeckung einer asiatischen Wildpferdepopulation durch Oberst Nikołaj Michajłowicz Przewalski, der im Dienste des russischen Zaren Zentralasien erkundete. Im Unterschied zu den osteuropäischen Tarpanen waren diese Mongolischen Wildpferde bräunlich gefärbt und robuster gebaut, besonders was die Kopfform betraf. Auch diese Wildpferdepopulation war bereits im Schwinden begriffen. In den 1960er-Jahren verloren die Forscher die letzten frei lebenden Tiere aus den Augen. Zum Glück hatte man sich schon zu Beginn des 20. Jahrhunderts bemüht, Exemplare dieser asiatischen Wildpferde in europäische Zoos zu bekommen und dort weiter zu züchten. Trotz der wenigen Tiere, die in Zoos gelangt waren, gelang es unter gemeinsamer Anstrengung aller damit befassten Tiergärten auf diese Weise, das Przewalski-Pferd für die Nachwelt zu erhalten. Inzwischen existiert wieder eine stabile, wenn auch genetisch sehr eingeengte Zoo-Population. Es wird gegenwärtig versucht, Tiere davon in ihrer alten Heimat auszuwildern.

An dieser Stelle sollten einige Bemerkungen über den Tarpan eingefügt werden. Obwohl das osteuropäische Wildpferd bereits ausgerottet war, versuchte der polnische Züchtungsbiologe Tadeusz Bolesław Vetulani in der Zwischenkriegszeit den Tarpan aus Koniks zurückzuzüchten. Koniks, auch Panjepferde genannt, sind robuste, doch kleinwüchsige polnische Landpferde, in denen Erbgut des lokalen, bereits zu Beginn des 19. Jahrhunderts ausgestorbenen Wildpferdes vermutet wurde. Vetulani konnte zwar ein Pferd züchten, das dem Tarpan äußerlich einigermaßen nahe kam, den ausgestorbenen Tarpan aber nicht wieder zum Leben erwecken. Was heute in Tierparks unter dem Namen Tarpan läuft, meint nichts anderes als diese Vetulani-Koniks.

Wie Knochenfunde bewiesen haben, überlebten Wildpferde aber selbst in West-, Mittel- und Südosteuropa die Eiszeit. Manche Forscher erblicken im seit Menschengedenken wildlebenden Exmoor-Pony Großbritanniens einen letzten Überlebenden des westeuropäischen Wildpferdes. Wildpferde waren zwar rar geworden und in Westeuropa auch geradezu verzwergt, doch sie waren noch nicht vollkommen erloschen, als die Menschen begannen, die Wälder zu roden, um ihre Bauernsiedlungen anzulegen. So wurden in kleinen Schritten offene Kultursteppen geschaffen, die den Wildpferden zugute kamen. Ihre verstreuten Populationen erholten sich während des 5. und 4. Jahrtausends (v. Chr.) sogar noch etwas, ehe ihnen endgültig die Stunde schlug. Zwar hielt sich die Bejagung der Wildpferde durch die jungsteinzeitlichen Bauern in westlichen Teilen Europas schon ihrer Spärlichkeit wegen stets in engen Grenzen, doch breitete sich zu dieser Zeit langsam der Gedanke aus, zusätzlich zu den bereits geläufigen Haustieren Rind, Schaf, Ziege, Schwein und Hund auch das Pferd in den Hausstand einzubringen. Die ältesten derartigen Bestrebungen wurden seit jeher im eurasischen Steppengürtel vermutet, wo sich Wildpferde ja bis in die Neuzeit gehalten hatten. Archäologische Funde haben

Speiche eines jungsteinzeitlichen Hauspferdes aus Ossarn.
Foto: Schumacher

diese Erwartung zwar bekräftigt, doch blieben nach wie vor viele Fragen ungelöst. Trotz mancher voreilig verbreiteter Schlussfolgerungen konnte bis heute weder Klarheit über den Ort noch über die näheren Umstände der Haustierwerdung des Pferdes geschaffen werden.

Bronzezeitlicher Pferdeschädel aus Unterhautzenthal (unten) und jungeisenzeitlicher Pferdeschädel aus Michelstetten (oben). Während der ältere Schädel Vollblutpferden ähnelt, verkörpert der jüngere den Ponytyp. Foto: Pucher

Die Befunde verdichten sich jedoch im 4. vorchristlichen Jahrtausend in den Steppen zwischen Ukraine und Kasachstan. Dort gingen nämlich jungsteinzeitliche Bauern dazu über, ihre Fleischversorgung immer mehr durch die Jagd auf die in diesen Gebieten noch immer reichlich vorhandenen Wildpferde sicherzustellen. Gerade dabei erwies sich womöglich das Pferd selbst als bestes Hilfsmittel, indem die Jäger auf seinem Rücken am schnellsten und dichtesten an die fliehenden Pferde heran kamen. Auch wenn das Reiten damit nicht erwiesen ist, kann man vermuten, dass sich einzelne gefangene Tiere zähmen und für diesen Zweck nützen ließen, während die ungestümen geschlachtet und verzehrt wurden. Die großen Mengen an Knochen geschlachteter Pferde in einigen spätjungsteinzeitlichen Kulturen der pontischen Steppe sprechen für sich. So kam eine scharfe Selektion zum Haustier in Gang. Erfahrungen mit anderen

24

Wirtschaftstieren bestanden ja längst. Die damit eingeleitete Entwicklung mündete schließlich im Reiternomadentum, das noch unter dem Sammelbegriff Skythen in die alte Geschichte eintrat und bis heute in der mongolischen Tradition erhalten blieb.

Pferdespeichen der älteren Eisenzeit (links) und der jüngeren Eisenzeit (rechts). Die älteren Pferde wurden im 5. Jh. v. Chr. sehr abrupt durch sehr kleine abgelöst. Foto: Pucher

Damit wurde die Nutzung des Pferdes auch in angrenzenden Gebieten bekannt. Frühe osteuropäische Hauspferde vom Tarpan-Typ wurden über den Handel verbreitet und gelangten so mindestens bis Mitteleuropa, in den Nahen Osten, nach Indien und sogar bis Ostasien. Überall taucht das Hauspferd spätestens im 3. Jahrtausend (v. Chr.) auf. Zu Beginn des 2. Jahrtausends (v. Chr.) häufen sich bereits die Nachweise für Zaumzeuge und Anspannung an den Streitwagen. Aus Österreich stammen die bisher frühesten Belege für Hauspferde aus der Badener Kultur des ausgehenden 4. Jahrtausends (v. Chr.). Es handelte sich um relativ kleine, schlanke Pferde von rund 140 cm Widerristhöhe, grazilem, aber gerade profiliertem Kopf, der am ehesten Vollblutpferden ähnelt. Ein sehr gut erhaltener Stutenschädel dieses östlichen Typs stammt aus der frühbronzezeitlichen Fundstelle Unterhautzenthal in Niederösterreich. Pferde dieses Schlages blieben im österreichischen Donauraum bis in die Hallstattzeit in der ersten Hälfte des letzten vorchristlichen Jahrtausends hinein erhalten, auch wenn zwischendurch mit den Leuten der Glockenbecherkultur am Ende des 3. Jahrtausends (v. Chr.) auch fremdartige Pferdeschläge erschienen.

Erstaunlicherweise kam es zur späten Jungsteinzeit aber auch in anderen Regionen zur Domestikation oder wenigstens Nachdomestikation lokaler

In den Alpen existierten bis zur späten Bronzezeit Pferde sehr unterschiedlicher Größe nebeneinander, wie die beiden Oberschenkelknochen aus derselben Fundstätte Pichl im steirischen Salzkammergut verdeutlichen. Foto: Pucher

Wildpferde, wie nicht nur die bemerkenswert gut ausgeprägten Gestalt- und Größenunterschiede frühester Hauspferde verschiedener Gebiete nahelegen, die sich kontinuierlich an die zuvor dort lebenden, nur wenig größeren Wildpferde anschließen lassen, sondern auch genetische Befunde bestätigen. Unter Nachdomestikation versteht man die Einkreuzung wilder Tiere in bereits mitgebrachte oder eingeführte Haustierbestände. So fallen die prähistorischen Hauspferde Westeuropas allesamt durch ihre sehr geringe Größe auf. Es waren wahrhafte Ponys mit Widerristhöhen meist deutlich unter 130 cm. Das gilt in noch größerem Ausmaß auch für die frühen Hauspferde der Iberischen Halbinsel, die die allerkleinsten waren. Die westlichen Pferde unterschieden sich aber nicht nur in ihrer ponyhaften Größe von östlicheren Formen, sondern auch in der gedrungenen und wenig profilierten, oft etwas eingesattelten Gestalt des Schädels. Pferde dieses westlichen Typs reichten bis Mitteleuropa und sind in der Vorgeschichte auch für weite Teile Deutschlands charakteristisch. Interessanterweise wird ab der Bronzezeit in den Ostalpen ein Gemisch aus verschiedensten Pferdetypen angetroffen, das offensichtlich die Grenzzone zwischen den einzelnen Zuchtgebieten markiert.

Pferdeschädel lokalen Typs aus der römischen Provinz Pannonien.

Foto: Pucher

Dieses ökologisch bedingte Größengefälle der Wildpferde und frühen Hauspferde passt zwar ausgezeichnet zu den sonstigen Erfahrungen der Zoologie, widerspricht aber den seit mitunter über mehr als hundert Jahren zäh tradierten Vorstellungen der Tierzüchter. Fußend auf viel zu jungen historischen Quellen und viel zu alten, meist aus der Eiszeit stammenden Funden, war man nämlich zur Ansicht gelangt, dass in Westeuropa besonders große Wildpferde die Ausgangsbasis für die Pferdezucht gebildet hätten, während man über die relative Kleinheit des Tarpans durchaus informiert war. So hatte sich über viele Jahrzehnte die Überzeugung festgesetzt, dass die aus der Neuzeit bekannten schweren Kaltblutpferde westeuropäische Wurzeln hätten, die grazilen Vollblutpferde aber osteuropäischer Abstammung seien. Während letztere Vermutung auch aus Sicht der modernen Archäozoologie nicht grundsätzlich falsch ist, muss der westeuropäischen Wurzel der Kaltblutpferde entschieden widersprochen werden. Wie sich herausgestellt hat, lassen sich nämlich überhaupt keine vorgeschichtlichen Belege für schwere Hauspferde finden. Sämtliche waren bis zum Beginn der Neuzeit verhältnismäßig klein und grazil gebaut, wenn auch in unterschiedlichen Graden. Selbst römische Militärpferde erreichten nur ausnahmsweise Schulterhöhen über 150 cm. Aus ihnen die Noriker als schwere Pferde des Ostalpenraums abzuleiten, ist zwar ebenfalls in der Tierzuchtliteratur festgeschrieben, entbehrt aber genauso jeder handfesten Grundlage. Es gibt keinerlei Funde, die die postulierte Kontinuität schwerer Pferde zwischen Römerzeit und Neuzeit in diesem Raum belegen. Ganz im Gegenteil stellen sich schwere Kaltblutpferde als ziemlich junges Produkt der Pferdegeschichte dar.

Römisches Militärpferd aus Klosterneuburg.

Foto: Pucher

Der aufkommende Metallgebrauch veränderte die Lebensumstände grundlegend. Spätestens mit dem ausgehenden 3. Jahrtausend (v. Chr.) hatte sich deshalb auch in Mitteleuropa eine arbeitsteilige Gesellschaft entwickelt, die darauf basierte, dass die Bauern nun schon weit über ihren Eigenbedarf hinaus produzieren und weitere Teile der bereits in Berufe und Stände gegliederten Gesellschaft ausreichend ernähren konnten. Ein so komplex gewordenes System an wechselseitigen Abhängigkeiten bedurfte einer Organisation, die auch die Macht besaß, regulierend einzugreifen, nötigenfalls mit Waffengewalt. Wer Macht hat, hat auch Gegner, und mit ihnen gibt es Krieg. Waren es zunächst die frühen Reiternomaden der pontischen Steppe, die vom Rücken der Pferde gleich den mythologischen Kentauren Pfeile verschossen, so entwickelte sich das Pferd bald überall zum Statussymbol der kampferprobten Eliten. Hoch zu Ross und Wagen entstand der Reiteradel, der spätestens seit der Bronzezeit überall in Europa die politische Führung übernahm. Pferd, Schwert und Helm gehörten zusammen. Fürstentümer entstanden und lieferten einander unzählige Kriege. Das Pferd war stets dabei und damit zum politischen Tier geworden.

Zwar blieben die Pferde zur Bronzezeit noch spärlich und wertvoll, doch wurde ihr Fleisch trotzdem nicht verschmäht. Ausgediente Pferde wurden oftmals geschlachtet und verspeist. Nur ganz selten finden sich einfach entsorgte Kadaver eingegangener Pferde, während ihre zerhackten Knochen zwar in geringer Zahl, aber doch regelmäßig im Schlachtabfall auftauchen. Dem Hund erging es nicht anders. Beide Tiere wurden sowohl geschätzt als auch verzehrt, vielleicht sogar in Form eines Rituals. Der rituelle Verzehr von Pferdefleisch ist noch von Kelten und Germanen belegt. Auch geopferte Pferde sind bekannt.

In der Eisenzeit verbesserten sich die technischen Möglichkeiten weiter. Schon im frühen 1. Jahrtausend (v. Chr.) ließen sich noble Personen mit kunstvoll gearbeiteten vierrädrigen Wagen bestatten. Meisterschaft in der Eisenverarbeitung und im Wagenbau wird vor allem den Kelten nachgesagt. Tatsächlich begleitete der zweispännige Streitwagen ihre stürmische Expansion über weite Teile Europas. Mit der keltischen Kultur breitete sich im 5. Jahrhundert (v. Chr.) auch der kleine westliche Pferdetyp von weniger als 130 cm Widerristhöhe nach Osten aus und verdrängte die dort zuvor verbreiteten, etwas größeren Pferde des östlichen Typs. Dabei stellt sich freilich die Frage, welche Vorteile diese Ponys boten. Möglicherweise war diesen Kleinpferden der Tölt, ein erstaunlich ruhiger Lauf, als Gangart eigen, der beim Manövrieren des Streitwagens von Bedeutung gewesen sein könnte. Im Laufe der Jahrhunderte verlagerte sich die keltische Kampftaktik vom Wagen auf den Pferderücken. Sattel, Kettenhemd, Lanze und Langschwert kamen hinzu und wurden von den Römern, die ihnen darin zunächst nachstanden, kopiert, galt die keltische Kavallerie doch als beinahe unschlagbar. Die weiter nördlich beheimateten Germanen besaßen den keltischen Ponys durchaus ähnliche Kleinpferde. Woher die mittelmeerischen Zivilisationen deutlich größere Pferde bezogen, mit denen dann die Römer ihren Siegeszug antraten, ist bis heute nicht komplett geklärt.

Tatsächlich besaßen die Römer bereits Pferde mit Schulterhöhen bis über 150 cm. Verglichen mit heutigen Reitpferden wäre diese Größe noch immer unterdurchschnittlich. Gaben die Römer anfänglich noch großzügige Geschenke in Form relativ stattlicher Pferde an befreundete keltische Gäste ab, so änderte sich ihre Einstellung bei der Errichtung ihres Imperiums schlagartig. Große Pferde durften nicht mehr an möglicherweise feindselige Barbaren verkauft oder verschenkt werden. So finden sich in den römischen Rhein- und Donauprovinzen zwar Pferde aller damals vorhandenen Größenklassen nebeneinander, jenseits des Limes – auf germanischer Seite – jedoch ausschließlich Ponys. Diese Situation änderte sich erst gegen Ende des Imperiums, als die Germanen immer mehr Legionspferde erbeuteten und in ihre eigenen Tiere einkreuzten. So lagen die Schulterhöhen der völkerwanderungszeitlichen Pferde im Allgemeinen schon um 140 cm. Die ganz kleinen Ponys wurden immer seltener und überlebten letztendlich nur an den Rändern des Kontinents bis in die Neuzeit. Hervorragende germanische Krieger der Völkerwanderungszeit wurden Seite an Seite mit ihren aufgezäumten Pferden begraben. Die Verehrung der Pferde und der Ritus um ihr Fleisch gingen der Kirche entschieden zu weit. 732 verbot Papst Gregor III. den Genuss von Pferdefleisch als heidnische Sitte. Das christliche Abendland nahm seinen Lauf.

Schon im Frühmittelalter drangen mehrere Wellen von Reiternomaden aus dem Osten in Mitteleuropa ein. Schon der Sturm der Hunnen Attilas hatte den schockierten Europäern die Verwundbarkeit der weit geöffneten östlichen Flanke ihres Kontinents vor Augen geführt. Auf sie folgten die Awaren, deren Macht gut zwei Jahrhunderte lang bis an die Enns reichte. Neben vielen Pferden des in Mitteleuropa zu dieser Zeit verbreiteten Typs finden sich unter den awari-

Awarisches Reitpferd. Breitgesichtiger Typ. Aus Vösendorf.

Foto: Pucher

schen Pferden aber auch solche mit besonders breiten Schädeln und schweren Unterkiefern, ähnlich den Mongolenpferden. Kaum war es den Franken und Bayern um 800 gelungen, die Awaren endgültig zu schlagen und bis ins Karpatenbecken vorzudringen, erschien auch schon die dritte Welle aus dem Osten, die sich Magyaren nannten. Die anfänglichen Niederlagen des Westens wiederholten sich, doch dauerte es diesmal nicht so lange, bis man die Ungarn zu Frieden und Sesshaftigkeit bewegen konnte. Die Mongolen streiften schließlich Mitteleuropa nur noch.

Die gepanzerten Ritter des hohen und späten Mittelalters bedurften zweifellos stärkerer Schlachtrösser als bisher. Mit dem langsamen Aufkommen des Kummets kam auch in der Landwirtschaft zum altbewährten Ochsengespann der Bedarf an kräftigen Arbeitspferden hinzu. Dennoch zeigen uns die Knochenfunde, dass die Züchter die Größe der Pferde nur langsam zu steigern vermochten. Man wählte für den Adel eben einfach die stärksten Individuen aus dem Bestand der Landpferde aus und die Ablöse der Arbeitsochsen ging ohnehin nur sehr zäh voran. Erst zur frühen Neuzeit macht sich ein allgemeiner Anstieg der Größe bemerkbar. Die Funde zeigen bereits Tiere von der Größe und Gestalt der Lipizzaner und anderer Wagenpferde. Richtig schwere Kaltblüter tauchen aber vor allem im 19. Jahrhundert auf, als es galt, schwere Fuhren von den Fabriken zum Bahnhof zu ziehen. So erreichte das Hauspferd erst zu einer Zeit den Gipfel seiner Entwicklung, in der sich seine bevorstehende Ablöse durch Maschinen bereits klar abzeichnete. Im 20. Jahrhundert wäre das Pferd in den Industrieländern zum Aussterben verurteilt gewesen, wären nicht seine Liebhaber und der Pferdesport als Retter aufgetreten.

Thomas Druml – Gottfried Brem

Historische Kontinuitäten und Perspektiven für die österreichische Pferdezucht

Der Noriker ist Österreichs zahlenmäßig größte Zuchtpferdepopulation. Von rund 4.000 in den Landespferdezuchtverbänden organisierten Züchtern mit circa 5.000 eingetragenen Stuten werden jährlich bis zu 3.500 Belegungen – das entspricht circa 50 Prozent der jährlichen Gesamtbelegungen – registriert. Im Vergleich dazu werden beim Warmblut jährlich rund 600 Belegungen durchgeführt. Dieser Unterschied ist kein Zufall, denn das österreichische Bundesgebiet war im 19. Jahrhundert mit einem Kaltblutpferdeanteil von bis zu 85 % nahezu ausschließlich Norikerzuchtgebiet. Demzufolge wurde auch die gesamte züchterische Infrastruktur unseres Landes mehr oder weniger durch diese Pferderasse getragen – darunter auch die einzelnen Landespferdezuchtverbände, die heute neben dem Noriker auch Haflinger, Warmblut und andere Rassen betreuen. Im Spannungsfeld zwischen den beiden Polen, der lokal verwurzelten, traditionell beständigen und züchterisch dominierenden Norikerpferderasse und dem Imageträger von Pferdesport und Pferdezucht, dem Warmblutpferd, werden in diesem Artikel die historischen Entwicklungslinien der österreichischen Pferdezucht mit ihren Auswirkungen auf die Gegenwart kurz aufgezeigt.

Der Norikerhengst Lichtbraun bei der Wiener Weltausstellung im Jahr 1873. Nicht nur technische Errungenschaften waren bei den Weltausstellungen ein Besuchermagnet, sondern auch die zahlreich vertretenen Pferderassen. Foto: Archiv Druml

Die Entstehung der „Landespferdezuchtverbände" – das Rückgrat der Pferdezucht in Österreich

Nach einer großen Welle des „Bauernsterbens" zu Beginn des liberal-industriellen Zeitalters Mitte des 19. Jahrhunderts, verbunden mit Missernten und einem gestiegenen Bevölkerungswachstum, erfolgte ein Wandel der sozialen und ökonomischen Strukturen im ländlichen Raum. Die auf Selbstversorgung ausgerichtete bäuerliche Lebensform war nicht mehr zeitgemäß, der Autarkiegedanke wurde von kapitalistisch-marktwirtschaftlichen Konzepten abgelöst und technische Errungenschaften machten das Fuhrwerk, eine der Haupteinnahmequellen der auf Pferdezucht spezialisierten Bauern, obsolet. Um diesen negativen Trends entgegenzuwirken, wurde von staatlicher Seite an einer Neuordnung des Pferdezuchtwesens gearbeitet. Die 1876 abgehaltene Pferdezuchtenquete (Gassebner, 1893) und die darauf folgenden Ausschüsse und Arbeitskreise (Wilckens, 1894) beschäftigten sich vor allem mit der Reorganisation und der Neupositionierung der einzelnen Landespferdezuchten. Darunter fielen auch die Werbekampagnen, die auf internationalem – wie zum Beispiel der Wiener oder Pariser Weltausstellung – aber auch auf nationalem Niveau veranstaltet wurden (Hardegg, 1900).

Gleichzeitig wurden Vermarktung, Korrespondenz und Logistik in dieser „neuen" Größenordnung für die bis dahin einzeln und selbstständig agierenden Pferdezüchter und Bauern zu einem zunehmenden Problem. In der zweiten Jahrhunderthälfte, einer Periode der Landflucht und Verarmung des ländlichen Raumes, betrat Friedrich Wilhelm Raiffeisen (1818 bis 1888) die Bühne und begann mit bahnbrechenden Ideen dem Untergang des ländlichen Raumes Einhalt zu gebieten. 1866 erschien Raiffeisens programmatische Schrift: *„Die Darlehenskassen-Vereine als Mittel zur Abhilfe der Noth der ländlichen Bevölkerung, sowie auch der städtischen Handwerker und Arbeiter"*, ein Werk, das zur Grundlage einer basisdemokratischen Entwicklung wurde, die zahlreiche, vor allem aber landwirtschaftliche, Bereiche erfasste. Ohne seinen ideellen Unterbau wären die kurze Zeit später entstandenen, privaten „Tier- und Pferdezuchtgenossenschaften" undenkbar gewesen.

Selbsthilfe, geteiltes Risiko, Mehrertrag und Autonomie waren die Schlagwörter der Stunde. Nur durch „genossenschaftliche" Arbeit wurde es für die Züchter möglich, Investitionen und Innovationen zu tätigen, die von Einzelnen nicht zu stemmen gewesen wären. Und nur so konnten neue qualitätsvolle Hengste für die neu entstandenen Vereine und Genossenschaften erworben werden, das Werkzeug der Stutbuchführung

eingeführt, Schauen und Märkte veranstaltet und der Export organisiert werden. Im Vorwort des 1903 herausgegebenen Ersten Bandes des Salzburger Gestüt-Buches beschrieb der Salzburger Landestierarzt Dr. Karl Schoßleithner diese Entwicklung folgendermaßen: *„Nachdem im Laufe der letzten Jahrzehnte die Zucht der kaltblütigen Pferde in Österreich einen großen Aufschwung genommen hat und die große Konkurrenz den Landwirt zwingt, mehr denn je sein Augenmerk auf die Erhaltung und Steigerung des Absatzes, sowie auf die beste Beschaffenheit des Pinzgauers zu richten, hat sich bei den Pferdezüchtern allgemein das Bedürfnis geltend gemacht, sich einerseits genossenschaftlich zu organisieren, andererseits durch Anlegung von Stut- oder Grundbüchern, sowie Hengstenregistern ihr Zuchtmaterial zu ebnen und dem Käufer von Pinzgauern größere Garantien zu bieten."*

Die genossenschaftliche Idee der Pferdezucht bedingte gleichzeitig einen Schritt weg von der staatlichen Organisation. Autonomie und Autarkie sind Kernpunkte jeder Genossenschaft und jedes Vereins, die in ihren Satzungen selbst bestimmten, welche Ziele sie verfolgten und wie diese erreicht werden sollten. Im 20. Jahrhundert entstand so ein dichtes strukturelles pferdezüchterisches Netzwerk: Zahlreiche Deckstationen wurden mit qualitätsvollen Hengsten beschickt, in Salzburg erwarben einzelne Pferdezuchtgenossenschaften (zusammengefasst als „Pferdealmgenossenschaft Grieswies") im Jahr 1911 eine eigene Hengstalm, die eine naturnahe optimale Aufzucht der Hengstjährlinge gewährleistete. 1929 kam der Hengstaufzuchthof Stoissen in den Besitz der „Hengstaufzuchtgenossenschaft in Saalfelden", die im Jahr 1952 mit dem Landespferdezuchtverband zu einer Genossenschaft verschmolz. Mit dem Erwerb des Hengstaufzuchthofes am Ossiacher Tauern durch die Kärntner Landwirtschaftskammer im Jahr 1934 konnte sich auch der Kärntner Landespferdezuchtverband durch Pacht eine ebenbürtige Hengstaufzuchtstätte leisten.

Evakuierte Huzulenherde um 1915 im niederösterreichischen Waldhof mit berittenem Gestütsbeamten aus dem k.k. Gestüt Radautz (heute Radauti in Rumänien).   Foto: Archiv Druml

Die größtenteils selbst geschaffene Infrastruktur stand den Verbandsmitgliedern zu günstigen Konditionen zur Verfügung. Mit dieser Entwicklung einhergehend wurden aus mehr oder weniger organisierten Landespferderassen, wie dem Haflinger oder dem Noriker, sukzessive eindeutig identifizierbare Rassen mit einem speziellen Profil geschaffen. Zusätzlich legten die privaten Vereine und Genossenschaften das Fundament für die strukturelle Organisation der Landespferdezuchtverbände in Österreich, auf das nach dem Zweiten Weltkrieg wieder zurückgegriffen werden konnte und das bis in die Gegenwart von zentraler Bedeutung ist und weiterhin sein wird.

Im Gegensatz zur traditionell gewachsenen Norikerpferdezucht war die Zucht des Warmblutpferdes bis auf wenige Zuchtinseln im Innviertel, in Niederösterreich, in der Steiermark und in Unterkärnten eine Randerscheinung. Ihr Umfang wurde um 1900 im Gebiet des heutigen Österreichs mit circa 15 % des Gesamtpferdebestandes beziffert. Mit den Ereignissen des Ersten Weltkrieges und dem Zusammenbruch der Monarchie, die in den folgenden Zeilen kurz beschrieben werden, sollte sich dies ändern.

Im Zuge der Kriegsvorbereitungen und ersten Kriegshandlungen an der österreichischen Ostfront wurde mit Befehl vom 20. August 1914 der gesamte Gestütsbestand des k.k. Staatsgestütes Radautz in der Bukowina, welches für die Bereitstellung von warmblütigen Landesbeschälern auf österreichischem Gebiet diente, evakuiert. Die 2.000 staatlichen Radautzer Gestütspferde waren nach Zusammenbruch der Monarchie in erster Linie eine finanzielle Belastung für die Erste Republik. Im Jahr 1919 wurden über 1.200 Gestütspferde entweder als Reparationszahlungen

Huzulenkreuzungen in den 1930er-Jahren im Bundesgestüt Wieselburg. Trotz aller Bemühungen konnte sich diese altösterreichische Rasse nicht durchgängig in Österreich etablieren.
Foto: Archiv Druml

an den polnischen, tschechischen oder rumänischen Staat rückerstattet oder der Rest an Private verkauft bzw. in zahlreichen Versteigerungen abgegeben. Innerhalb von fünf Jahren reduzierte sich so der Radautzer Halbblut-, Vollblut- und Araber-Bestand um 75 %. Gleichzeitig wurde die verbliebene Warmblutzucht reorganisiert und im Jahr 1919 das Bundesgestüt Wieselburg-Perwarth in Niederösterreich eröffnet. Vor allem für die schweren Halbblutschläge Furioso und Nonius bestand in der Ersten Republik ein Bedarf, da Österreich mit den neuen Staatsgrenzen wirtschaftlich auf sich selbst angewiesen war.

Mit der Gründung des Bundesgestüts konnten auch eigene Landesbeschäler produziert und in die Hengstendepots Stadl-Paura und Schönbrunn abgegeben werden. Grundsätzlich war man in Perwarth bemüht, das Kaliber der schwereren Modelle zu bewahren und weiter auszubauen. Somit reagierte man auf die Forderungen, die von Seiten der Funktionäre und des Landwirtschaftsministeriums in Wien immer wieder laut wurden. Die edleren und leichteren Pferdetypen hingegen hatten keinen guten Stand in der „Alpenrepublik". Sie wirkten hier ebenso fremd wie das bei ihnen verbliebene „Altösterreichische" Gestütspersonal. Der ehemalige Radautzer Pferdebestand verringerte sich in Österreich bis ins Jahr 1932 auf 12 % des Originalbestandes. Im Jahr 1938 erfolgte der Anschluss Österreichs an Deutschland. Damit wurden die Landwirtschaft und die Tierzucht dem „deutschen Reichsnährstand" unterstellt, die Erlässe des NS Staates waren somit auch für die „Ostmark" gültig. Sofort nach Eingliederung in den Reichsnährstand erfolgte eine Umstrukturierung des gesamten landwirtschaftlichen Verwaltungsapparats, wodurch die Einteilung nach Bundesländern und Bezirken aufgehoben war. Diese ersetzten drei Landesbauernschaften: die Landesbauernschaft Alpenland (Salzburg, Tirol und Vorarlberg), die Landesbauernschaft Südmark (Kärnten, Steiermark und Teile Burgenlands) und die Landesbauernschaft Donauland (Ober- und Niederösterreich, Wien und Teile Burgenlands). Die einzelnen Pferdezuchtverbände unterstanden direkt den einzelnen Landesbauernschaften, die züchterische Leitung oblag den in den Städten Salzburg, Graz und Wien amtierenden Referenten für Pferdezucht. Mit diesem Wandel einhergehend wurden auch Prinzipien der so genannten Rassenbereinigung umgesetzt, die sich in Österreich jedoch nur unwesentlich auswirkten, denn der Großteil des Landes war ohnehin der Norikerzucht, die vom NS-Staat gefördert wurde, gewidmet. Für die Warmblutpferdezucht aber bedeutete diese Ära eine Umstellung, denn mit den neuen Machthabern kamen auch deutsche Warmbluthengste – in erster Linie Oldenburger und Hannoveraner – in den einzelnen österreichischen Zuchtinseln zum Einsatz. Die besten österreichischen Halbblutbeschäler und Zuchtstuten wurden in das deutsche Gestüt Graditz überstellt, der Rest wurde an die österreichische Landespferdezucht verteilt. Im Herbst 1944 wurde das kroatische Noniusgestüt der Familie Eltz in Vukovar per Bahntransport in das österreichische Piber evakuiert. Piber, als Gestüt aufgelassen und zum Heerestragtierfohlenhof der Wehrmacht umgewandelt, wurde damit zum zweiten Mal die Heimat für die altösterreichische Noniusrasse. Im Mai 1945 endete der Zweite Weltkrieg, die österreichische Halbblutzucht

Der ehemalige k.k. Radautzer Gestütsoffizier Arthur Naske auf dem Landesbeschäler 793 Gidran XXXIV. Naske wechselte im Jahr 1926 vom Bundesgestüt Wieselburg nach Stadl-Paura, wo er die Leitung bzw. das Amt des Landstallmeisters bis 1948 übernahm.

Foto: Archiv Druml

in Graditz war verschollen, die ehemalige Radautzer Gestütsherde war in der Landeszucht aufgegangen. Im Herbst 1945 wurde ein Teil der Eltzer Nonius verkauft, die restlichen Pferde als Entgelt für die Versorgungskosten der Herde einbehalten.

Nach dem Zweiten Weltkrieg wurde mit dem in Piber verbliebenen Restbestand der Eltzer Nonius zunächst in Reinzucht weitergezüchtet. Ab den 1950er-Jahren wurden auch Landesbeschäler des Furioso- und Przedswit-Stammes aus dem Depot Stadl nach Piber geholt, die in der jungen Zucht des „Piberer Halbblutes" bald zur tonangebenden Vaterbasis wurden. Das „Halbblutgestüt" Piber hatte zunächst die Aufgabe, entsprechende Warmbluthengste für die Landeszucht zu liefern. Ab den 1960er-Jahren wurden

der Wandel, welcher ursächlich mit den technischen und wissenschaftlichen Errungenschaften auf den Gebieten der Medizin und Genetik verbunden war.

Die Globalisierung der Warmblutpferdezucht

Das für die österreichische Warmblutzucht ausschlaggebende Importland seit dem Zweiten Weltkrieg war und ist Deutschland. Aus diesem Grund sind die züchterischen und zuchtpolitischen Entwicklungen, die hier vollzogen wurden, auch für Österreich essentiell. In der Deutschen Warmblutpferdezucht, die in der Nachkriegszeit noch stark durch regionale Pferderassen geprägt war, begannen ab den 1960er-Jahren durch einen regen Hengstaustausch, aber auch durch die verstärkte Einkreuzung von englischem Vollblut, die Grenzen zwischen einzelnen Landesrassen wie Württembergern, Holsteinern, Bayern, Hannoveranern und Oldenburgern zu verschwimmen. Die Geschäftsführung der Zuchtabteilung der Deutschen Reiterlichen Vereinigung forcierte mit einer einheitlichen Rassenbezeichnung – dem „Deutschen Reitpferd" – eine rasche Reaktion auf die Anforderung des sich ändernden internationalen Marktes. Vor allem ausländischen Käufern fiel es schwer, sich in der deutschen Rassenvielfalt mit ihren genealogischen Verästelungen zu orientieren. Trotz erheblicher Bedenken gegen ein „Einheitspferd" einigten sich im Jahr 1975 die Zuchtverbände auf den Namen „Deutsches Reitpferd" und formulierten ein gemeinsames Zuchtziel: *„Gezüchtet wird ein edles, großliniges und korrektes Reitpferd mit schwungvollen, raumgreifenden, elastischen Bewegungen, das aufgrund seines Temperaments, seines Charakters und seiner Rittigkeit für Reitzwecke jeder Art geeignet ist."* Zum Vergleich das ähnlich lautende Zuchtziel der AWÖ (Arbeitsgemeinschaft für Warmblutzucht in Österreich): *„Das Zuchtziel ist ein edles, großliniges, korrektes und leistungsstarkes Warmblutpferd mit schwungvollen, raumgreifenden, elastischen Bewe-*

Einer der letzten Noniushengste bei der Hengstparade in Stadl-Paura im Jahr 1962. Sattelpferd vorne: 1931 Przedswit-7; Handpferd vorne: Almfürst (Hannoveraner); Sattelpferd Stange: 576 Nonius XII-20; Handpferd Stange: 640 Faro-28 (Hannoveraner).

Foto: Archiv Druml

keine Noniushengste in den Deckstationen nachbesetzt – es war das Ende der österreichischen Noniuszucht und der Beginn eines rasanten Umwandlungsbzw. Orientierungsprozesses. Bis in die 1970er-Jahre konnten sich die Furioso- und Przedswithengste auf mütterlicher Noniusbasis halten. Aber auch hier kam es zu einem unwiderruflichen Bruch. Im Jahr 1974 deckte mit Przedswit XIII. der letzte Hengst aus der österreichischen Zucht.

Die Warmblutpferdezucht hatte sich verändert. Mit den zahlreichen olympischen Erfolgen deutscher Pferde hielten die Holsteiner und Hannoveraner Einzug in die Warmblutzucht nahezu aller europäischen Länder. 1983 war mit der Auflösung der Warmblutherde das endgültige Aus der gestütsmäßigen Warmblutzucht in Österreich gekommen, da mittlerweile die österreichische Warmblutpferdepopulation durch staatlich geförderte Zuchttierimporte auf eine größtenteils deutsche Basis umgestellt wurde.

Parallel zu dieser Entwicklung erfolgte in der europäischen Sportpferdezucht ein großer, richtungsändern-

gungen und gutem Springvermögen, das aufgrund seines Temperamentes, seines Charakters und seiner Rittigkeit für Reitzwecke jeder Art geeignet ist."

Diese neue Ausgangsposition ermöglichte folgende züchterische Schritte: die gemeinsame Nutzung von Hengstleistungsprüfanstalten und einheitliche Prüfmodelle, länderübergreifende Datenerfassung, Erleichterung im Austausch von Hengsten, gemeinsame Bundeschampionate und eine effizientere Nutzung von Vermarktungsmöglichkeiten.

Mit dieser modernen Auslegung und Struktur des Zuchtschemas für das Deutsche Reitpferd bestanden beste Grundlagen für Umsetzungen von neuen Konzepten der Tierproduktion, welche zuvor für die Rinderzucht entwickelt worden waren. Die künstliche Besamung wurde in den 1950ern für die Rinderzucht erarbeitet und legte den Grundstein für die Internationalisierung und die Leistungssteigerung in der Milchrinderzucht. Beim Pferd begann man ab den 1970ern in Celle und an der Tierärztlichen Hochschule Hannover vermehrt Besamungstechniken mit Tiefgefriersperma zu entwickeln. Mit der Novellierung des Tierzuchtrechtes der EU wurde in den 1990er-Jahren der Austausch von Zuchttieren zwischen den Ländern erleichtert und damit gleichzeitig die internationale Sportpferdeproduktion gestärkt. Deutsche Hengste konnten nun ohne großen Aufwand an jedem Ort der Welt Nachkommen zeugen. Diese Entwicklung privatisierte quasi die Warmblutzucht und löste durch die kommerzielle Ausrichtung sukzessive den Staat als Hengsthalter ab. Mit diesem fortpflanzungstechnischen Fortschritt einhergehend wurde es auch notwendig, für den internationalen Wettbewerb essentielle züchterische Informationen zur Verfügung zu stellen. In den 1980er-Jahren wurde am Tierzuchtinstitut der Universität Göttingen das Projekt „Zuchtwertschätzung beim Pferd" begonnen, die kurze Zeit später auch implementiert wurde. Die Zuchtwertschätzung (ZWS) dient als Hilfestellung in der Selektion. Damit wird versucht, anhand von Leis-

tungs- und Verwandtschaftsinformationen den Wert eines Zuchttieres in einen züchterischen relevanten (genetisch bedingten) und einen umweltbedingten Anteil zu trennen. Aktuell werden in Deutschland Gesamt- und Teilzuchtwerte für die Komplexe Dressur und Springen berechnet. Mit der ZWS lässt sich nun beurteilen, inwieweit ein Hengst züchterisch verbessernd oder verschlechternd wirkt. Auf dieser Basis kann sich jeder Züchter ein gutes Bild über die Vererberqualitäten einzelner Hengste machen, ohne über allzu detaillierte Kenntnisse zu verfügen.

Im Zuge der Internationalisierung der Pferdezucht gewinnen Zuchtwerte zunehmend an Bedeutung und die steigende genetische Vernetzung zwischen einzelnen Populationen – in der Warmblutpferdezucht sind die Zuchtbücher „offen", das heißt, es können je nach nationalem Zuchtprogramm Hengste aus unterschiedlichen Rassen eingesetzt werden – stellt eine große Herausforderung für die Konzeption von Zuchtprogrammen und die Evaluierung des Zuchtfortschrittes für die einzelnen Verbände dar.

Die Warmblutpferdezucht in den so genannten „Nachzuchtländern", zu denen Österreich gehört, orientiert sich am „freien Markt". Administrativ wird sie von den Landespferdezuchtverbänden – und den länderspezifischen Tierzuchtgesetzen entsprechend – unterstützt, wobei neben der Selektion in der eigenen Zuchtpopulation die Introgression von in den Ursprungszuchtländern erarbeitetem Zuchtfortschritt eine große Rolle spielt. Konträr dazu steht die Norikerzucht. Hier wird Zuchtfortschritt exportiert anstatt importiert. Die Norikerzucht ist eng verbunden mit der kleinbäuerlichen Landwirtschaft und stellt demzufolge durch extensive Landnutzung, die Alpung und die Einbettung dieser Pferderasse in die Alltagskultur einen großen ökologischen, ökonomischen und kulturellen Wert für den ländlichen Raum dar. Nach wie vor nutzen die Zuchtverbände eigene, gemeinschaftlich finanzierte Hengste und sorgen so für eine konstante und nachhaltige

Zuchtarbeit. Der Noriker ist als gefährdete Nutztierrasse in das ÖPUL-Programm integriert und die Erhaltungszucht in den einzelnen Zuchtprogrammen verankert. Aufgrund der engen Zusammenarbeit von Norikerzüchtern und Landespferdezuchtverbänden mit dem landwirtschaftlichen Organisationsapparat konnte der in den letzten beiden Jahrzehnten erfolgte Strukturabbau – Schließung des Bundeshengstenstallamts Stadl-Paura, Rückzug des Staates aus der Hengsthaltung – abgefedert werden. Die erfolgten Kooperationen der Landespferdezuchtverbände mit

der Wissenschaft, um Fragestellungen der genetischen Diversität[1], der Zuchtplanung[2], der Erbfehlerproblematik[3] mit dem derzeitigen Stand des Wissens und der Technik zu erörtern, konnten mit Unterstützung des Landwirtschaftsministeriums durchgeführt werden. Die Norikerzüchter haben bewiesen, dass Tradition und Moderne kein Gegensatzpaar sein müssen und dass die Aufrechterhaltung einer historische Kontinuität ein großes Potential für die Pferdezucht – auch unter schwierigen Bedingungen – sein kann.

1   Druml, T. (2005): Endbericht: BMLF Projekt Nr. 1281 Phänotypische und genetische Beschreibung der Zuchtpopulation des Noriker Pferdes.

2   Druml, T. (2008): Endbericht: BMLF Projekt Nr. 100340/1 Implementierung einer BLUP Zuchtwertschätzung für die ARGE Noriker.

3   Laufendes BMLF Forschungsprojekt Nr. 101053/2 Der PSSM Komplex in der österreichischen Haflinger- und Norikerzucht – Erbfehlerdiagnose und Prävention; Projektleitung Prof. Gottfried Brem.

Literatur:

Gassebner, Hermann (1893): Die Pferdezucht in den im Reichsrathe vertretenen Königreichen und Ländern der österreichisch-ungarischen Monarchie. I. Band. Das Staatspferdezuchtwesen. Wien.

Hardegg, Dominik, Graf (1900): Temporäre internationale Pferde-Ausstellung in Paris 1900 – Österreichische Collectivausstellung – Das norische Pferd. Wien.

Schoßleithner, Karl (1903): Gestütsbuch. I Band. Salzburg.

Wilckens, Martin (1894): Arbeitspferd gegen Spielpferd. Wien.

Barbara Wallner – Gottfried Brem

Molekulargenetische Methoden in der Pferdezucht

Einleitung

Seit Beginn der organisierten Pferdezucht ist das oberste Ziel jedes verantwortungsvollen Züchters, die besten Tiere für die Zucht auszuwählen und diese gezielt so zu verpaaren, dass in den nächsten Generationen gesunde und leistungsfähige Nachkommen erwartet werden. Wie jede Wissenschaft unterliegt auch die Tierzucht einem starken Wandel. Jahrhundertelang orientierte sich die Auswahl der Zuchttiere an Phänotypen, also den äußeren Merkmalen und Leistungen der Tiere, so erweitert sich heute das Spektrum auf die genetischen Anlagen eines Individuums – den Genotyp. Im Zeitalter der Genomik stellen molekulargenetische Untersuchungen ein wichtiges Werkzeug der Tierzucht dar. Ist die Implementierung genomischer Daten in der Rinder- und Schweinezucht bereits fest etabliert, verläuft dieser Prozess in der Pferdezucht etwas zögerlicher. Mit gesteigerten Möglichkeiten wird aber auch in der Pferdezucht der Ruf nach einer systematischen Zucht in modernem Sinne immer lauter. Der vorliegende Artikel gibt einen Überblick des derzeitigen Standes des Pferdegenomprojektes, stellt die Grundprinzipen molekulargenetischer Techniken vor und erläutert die Möglichkeiten dieser Methoden für die Pferdezucht.

Das Pferdegenomprojekt

2009 – zehn Jahre nach der Entschlüsselung des menschlichen Genoms – wurde mit der Genomsequenz der Englischen Vollblutstute „Twilight" von mehreren Forschungsgruppen die erste Version des Pferdegenoms publiziert. Das Genom des Pferdes hat mit etwa drei Milliarden Basen ungefähr dieselbe Größe wie das humane Genom und beinhaltet etwa 25.000 Protein kodierende Gene *(siehe INFOBOX 1)*.

Mit der vollständigen Sequenzierung von „Twilight" wurde eine gute Grundlage für weiterführende molekulargenetische Analysen geschaffen. Heute kommt mit der so genannten „Next generation sequencing Methode" eine Technologie zur Anwendung, mit der die Sequenzierung eines Pferdegenoms innerhalb weniger Tage möglich ist.[1] Durch Vergleich der Genomsequenzen mehrerer Tiere unterschiedlichster Rassen gewann man einen ersten Einblick in die innerartliche Variabilität der Pferde. Dies führte zur Identifizierung von Millionen von punktuellen Veränderungen an bestimmten Stellen der Genomsequenz des Pferdes. Diese Veränderungen in der Basenabfolge (SNPs – **S**ingle **N**ucleotide **P**olymorphisms = Punktmutationen) kommen insbesondere in nicht kodierenden Bereichen sehr häufig vor. Im Genom eines Pferdes findet sich durchschnittlich alle 500 bis 1.000 Basenpaare ein SNP.

Das Hauptziel des Pferdegenomprojektes ist es, die molekulare Basis von genetisch bedingten Krankheiten und wichtigen Merkmalen zu erforschen *(siehe INFOBOX 2)*. Erst diese Identifikation ermöglicht die Entwicklung genetischer Testmethoden.

Hintergrundinformationen:

INFOBOX 1: Genom – Erbinformation

Die Gesamtheit der Erbanlagen eines Individuums wird als Genom bezeichnet. Der wesentliche Informationsträger der Vererbung sind die Chromosomen. Das Pferd besitzt 32 autosomale Chromosomenpaare und die Geschlechtschromosomen (X und Y). Chromosomen bestehen im Wesentlichen aus Bausteinen der Desoxyribonukleinsäure (DNA). Die DNA ist ein fadenförmiges Kettenmolekül, eine Aneinanderreihung der vier Organischen Basen (A, T, C und G).

Einzelne Chromosomen bestehen aus mehreren hundert Millionen Basen. Bestimmte Abschnitte der DNA enthalten Baupläne für Proteine (Eiweiße). Diese Abschnitte nennt man Gene. Ein Gen ist ein zusammenhängender Teilabschnitt eines Chromosoms, der als Bauplan für ein bestimmtes Proteinmolekül kodiert. Im Rahmen von Genkartierungsstudien werden die Positionen der einzelnen Gene am Genom festgelegt und in einer genetischen Karte abgebildet. Der Bereich der proteinkodierenden Genregionen umfasst weniger als 3 % des Genoms. Gene können in verschiedenen Varianten vorliegen, die als Allele bezeichnet werden. Verschiedene Allele eines Gens zeichnen sich durch Unterschiede in der Basensequenz aus. Da die Chromosomen in jeder Körperzelle paarig vorliegen, liegt auch jedes Gen in zwei Kopien vor. Auf einen Genort bezogen kann der Genotyp deshalb homozygot (griech. homos: gleich; bei zwei Kopien des gleichen Allels) oder heterozygot (griech. heteros: verschieden; je eine Kopie von unterschiedlichen Allelen eines Gens liegt vor) sein. Allele sind dann von züchterischer Relevanz, wenn verschiedene Allele zu unterschiedlichen Ausprägungen des vom Gen gesteuerten Merkmals führen. So können zum Beispiel unterschiedliche Allele eines Gens zu unterschiedlichen Fellfarben führen oder bestimmte Allele eines Gens in einem Erbfehler resultieren.

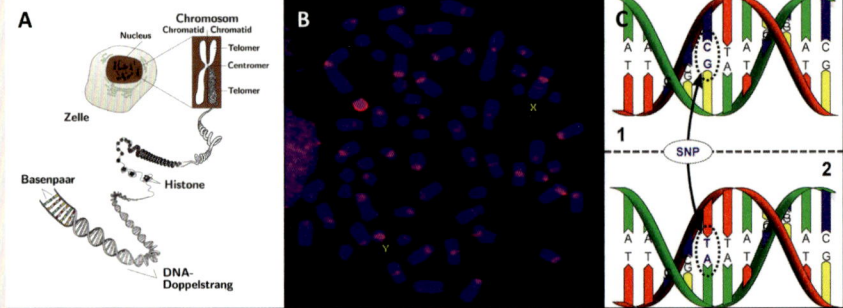

Abbildung 1: Genom und Erbinformation
A. Schematische Darstellung der DNA Sequenz an einem Chromosom. B. Chromosomensatz eines männlichen Pferdes. C. Ein SNP resultiert aus einer Veränderung (Mutation) der DNA-Sequenz (SNP).

INFOBOX 2: Identifikation von merkmalsverursachenden Varianten im Genom

Die Identifikation von merkmalsverantwortlichen Allelen (d. h., von bestimmten Ausprägungen eines Gens) geschieht in so genannten Fall-Kontrollstudien oder auch genomweiten Assoziationsstudien (GWAS, engl. Genome-wide association study).

Diese beginnen mit einer sorgfältigen Phänotypisierung der Tiere. Danach erfolgt eine Analyse der Verwandtschaftsverhältnisse der betroffenen Tiere, um abzuschätzen, ob es sich um einen genetisch bedingten Erbfehler handelt.

Zur Durchführung der GWAS werden zwei Probandengruppen gebildet: Eine Vergleichsgruppe („normal" bzw. meist: gesund) und eine Gruppe, welche den Phänotyp von Interesse aufweist (also die Krankheit oder das zu untersuchende Merkmal). Von beiden Gruppen werden DNA-Proben genommen, mittels denen eine Untersuchung auf genetische Variationen des gesamten Genoms anhand von genetischen Markern erfolgt. Als genetische Marker bezeichnet man Positionen im Genom, die Unterschiede zwischen Individuen aufzeigen. Meist wird hierfür die parallele Darstellung von vielen SNP-Markern

auf einem so genannten DNA-Chip verwendet. Der neueste DNA-Chip beim Pferd ermöglicht die Untersuchung von 670.000 SNPs in einem Analyseschritt.

Der Ansatz der genomweiten Assoziationsstudie beruht auf der Annahme, dass alle erfassten Fälle eines Erbfehlers durch eine identische Veränderung im Genom verursacht sind. Deshalb wird in der Analyse gezielt nach Unterschieden in der Variation zwischen beiden Gruppen gesucht: Eine Häufung eines bestimmten Markers in der Gruppe des Phänotyps von Interesse stellt eine Assoziation dar. Da die meisten SNP-Marker nicht in kodierenden Regionen liegen, ist das erste Ergebnis der GWAS ein rein korrelativer Zusammenhang. Der kausale Zusammenhang kann erst nach der Identifizierung eines in der genomischen Region des Markers liegenden „Kandidaten-Gens" mit molekularbiologischen und biochemischen Methoden festgestellt werden. Trotz gesteigerter technischer Möglichkeiten, wie der Verfügbarkeit vollständiger, fehlerfreier Genomsequenzen, stellt das Aufspüren kausaler (ursächlicher) Mutationen weiterhin eine große Herausforderung dar. Dennoch hat sich die typische Dauer zur Kartierung eines Erbfehlers von mehreren Jahren auf einige Monate verkürzt.

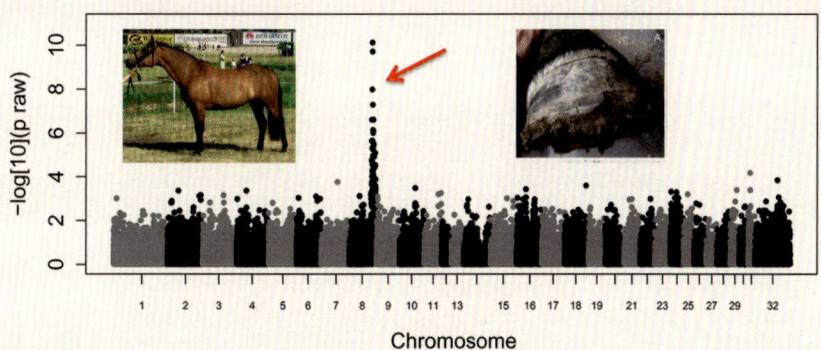

Abbildung INFO_BOX_2: Das Ergebnis einer GWAS – der Manhattan Plot:
Die in der GWAS untersuchten SNPs sind als Punkte dargestellt und auf der X-Achse nach ihrer chromosomalen Lage geordnet. Je höher der Wert auf der Y-Achse desto stärker ist die Assoziation der entsprechenden genomischen Region mit dem Merkmal. Im vorliegenden Beispiel handelt es sich um eine GWAS zum Auffinden der ursächlichen Mutation für eine Hufwand-Ablösungserkrankung (HWSD) beim Connemara Pony[9]. Es kann eindeutig eine Region am Chromosom 8 identifiziert werden (roter Pfeil). Basierend auf diesen Ergebnissen konnte das veränderte Gen (SERPINB11) ausfindig gemacht und ein Gentest etabliert werden.

Monogene – Polygene Merkmale

Grundsätzlich unterscheidet man bei Merkmalen jene, die nur von einem Gen, von anderen, die von mehreren Genen beeinflusst werden. Erstere bezeichnet man als monogene oder auch qualitative Merkmale. Ihre Vererbung folgt den Mendelschen Regeln. Monogene Merkmale spielen in der Pferdezucht vor allem in der negativen Form – als Erbfehler – eine Rolle, aber auch Blutgruppen oder Fellfarben sind qualitative Merkmale. Die zweite Gruppe umfasst Merkmale, die von mehreren bis vielen Genen beeinflusst werden. Sie werden als polygene oder quantitative Merkmale bezeichnet. Viele züchterisch relevante Merkmale – wie zum Beispiel Körpergröße, Fruchtbarkeit, Krankheitsanfälligkeit und auch die Rittigkeit – gehören zu dieser Gruppe.

Im Rahmen der genomischen Selektion werden in der Zuchtwertschätzung bei Rindern und Schweinen genomische Daten für quantitative Merkmale bereits routinemäßig implementiert. Beim Pferd liegt der Schwerpunkt des Spektrums derzeit noch auf genetischen Tests für qualitative Merkmale. Im Folgenden wird deshalb nur auf die molekulargenetische Untersuchung monogen verursachter Merkmale eingegangen.

Molekulargenetische Tests in der Pferdezucht

Im Zuge eines molekulargenetischen Tests werden die Erbanlagen eines Tieres an einer bestimmten Stelle im Genom analysiert. Diese Untersuchungen basieren auf der so genannten "PCR-Methode" (Polymerase-Ketten-Reaktion), mit der zu analysierende Genomregionen angereichert werden. Für die angereicherten Regionen können dann die Allele bestimmt und der Genotyp des beprobten Tieres eindeutig ermittelt werden („Genotypisierung"). Aufgrund dieses Anreicherungsschrittes sind wenige kernhaltige Zellen ausreichend. Grundsätzlich kann jedes Gewebe mit kernhaltigen Zellen verwendet werden, wie zum Beispiel Blut, Sperma, Haarwurzeln oder Speichel.

Die wesentlichen Anwendungsbereiche molekulargenetischer Tests in der Pferdezucht sind die Abstammungs- / Identitätskontrolle und die Merkmals- / Erbfehlerdiagnostik.

Während bei der Abstammungskontrolle neutrale Marker verwendet werden, erfolgt die Untersuchung in der Merkmals- / Erbfehlerdiagnostik gezielt im Hinblick auf einzelne Erbanlagen.

Abstammungs- und Identitätskontrolle

Für die Pferdezucht ist die Sicherstellung der biologischen Abstammung von grundlegender Bedeutung, da bei fehlerhafter Zuordnung von Nachkommen zu ihren Eltern züchterische Entscheidungen zu Fehlentscheidungen werden. Eine Eintragung ins Zuchtbuch setzt neben den Anforderungen der äußeren Erscheinung einen beurkundeten Nachweis über die Abstammung des Tieres voraus. Der beträchtliche Anteil an Fehlabstammungen macht deutlich, dass unabhängige genetische Überprüfungen essentiell sind. Die Ursachen für falsche Abstammungsangaben sind vielfältig. Sie reichen von Irrtümern bei der Zuordnung von Nachkommen zu Eltern über Fehler bei der Belegung / künstlichen Besamung / beim Embryotransfer bis zu bewussten Falschangaben. Neben der eigentlichen Abstammungsbegutachtung kommt der DNA-Analytik aber auch beim Identitätsnachweis von Tieren eine wichtige Rolle zu. Die Erstellung von DNA-Profilen ermöglicht jederzeit eine eindeutige Identifizierung eines Tieres.

Bei der Untersuchung des Tieres wird ein individuell einzigartiges, fälschungssicheres und lebenslang unveränderliches DNA-Profil erstellt. Das Grundprinzip der biologischen Abstammungskontrolle besteht darin, an einer größeren Anzahl von polymorphen DNA-Markern die Allele bei Eltern und Nachkommen festzustellen. Außer nach Embryotransfer ist das Muttertier in der Regel sicher (mater semper certa est). Ob jedoch ein bestimmtes männliches Tier als Vater in Frage kommt, muss geprüft werden. Wenn der fragliche Nachkomme Allele hat, die beim angegebenen Vater nicht vorhanden sind, ist die Elternschaft dieses Vatertieres zu bestreiten. Im Prinzip handelt es sich bei der Abstammungssicherung also um ein Ausschlussverfahren. Die Aussagesicherheit des Tests hängt in erster Linie von der Anzahl und Variabilität der Marker ab.[2]

Im letzten Jahrhundert wurden Abstammungsnachweise mittels blutgruppenserologischer Testverfahren durchgeführt. Heutzutage werden fast ausschließlich DNA-gestützte Methoden verwendet. Hochvariable DNA-Mikrosatelliten als Marker erfüllen am besten die Voraussetzungen für die Abstammungskontrolle. Mikrosatelliten sind kurze repetitive Sequenzmotive (von 2 bis 4 Basen). Aufgrund ihrer großen Variabilität reichen in der Regel 15 bis 20 verschiedene Marker aus, um beim Pferd eine ausreichend hohe Ausschlusssicherheit (> 99 %) zu erreichen.

Die Globalisierung der Pferdezucht mit Verbringen von lebenden Tieren, Tiefgefriersamen und gefrorenen Embryonen macht es notwendig, die Markersets zur Abstammungskontrolle zu standardisieren. Die Standardisierung der Mikrosatellitenanalytik beim Pferd geschieht unter der Aufsicht der "International Society of Animal Genetics" (ISAG), welche die für die Abstammungskontrolle zu untersuchenden Mikrosatellitenmarker vorgibt. Die ausgegebenen Allele (bei der Mikrosatellitenanalytik beim Pferd als Buchstabencode) müssen technisch reproduzierbar sein, um eine direkte Übertragung der Genotypisierungsergebnisse zwischen einzelnen Untersuchungslabors zu ermöglichen. Die Zertifizierung der Labors geschieht beim ISAG Comparison Test: Hierbei werden dieselben Proben an alle teilnehmenden Diagnostiklabors ausgeschickt. 2010 nahmen 80 Untersuchungslabors aus 31 Ländern bei diesem Test teil. Zurzeit werden DNA-MS Marker noch routinemäßig angewandt. Schon in naher Zukunft könnten sie von auf SNP ("single nucleotide polymorphism") basierenden Tests abgelöst werden, da die Analyse dieser DNA-Marker in hohem Ausmaß automatisierbar ist. Der resultierende hohe Durchsatz und die damit verbundene Kostenreduktion spielen vor allem im Hinblick auf eine mögliche Individualtypisierung mit gleichzeitiger Erbfehlerdiagnostik eine wichtige Rolle.

Merkmalsdiagnostik

Erbfehler

Erbfehler sind vererbbare, angeborene Fehlbildungen und Krankheiten. Tiere mit Erbfehlern sind Leiden und Schmerzen ausgesetzt und oftmals nicht lebensfähig.

Bei der Merkmalsdiagnostik erfolgt eine gezielte Untersuchung auf defekte / merkmalsversursachende Allele eines Gens. Bei vielen Erbfehlern handelt es sich um rezessive Defekte (siehe INFOBOX 3), d. h., sie treten nur dann auf, wenn ein Tier das krankmachende Allel in homozygoter Form trägt. Die Elterntiere sind fast immer völlig unauffällig, weil sie das defekte rezessive Allel nur in heterozygoter Form tragen.

Ob die Elterntiere Anlageträger sind, stellt sich natürlicherweise erst heraus, wenn der erste Nachkomme mit einem Erbfehler geboren wird. Wenn ein häufig eingesetztes Zuchttier ein Anlageträger für eine Erbkrankheit ist, kann dies eine ganze Generation von Anlageträgern begründen. Ein eindrucksvolles Beispiel ist beim Pferd die Erbkrankheit „Hyperkaliämische Periodische Paralyse (HYPP)", welche vorwiegend beim Quarter Horse auftritt. Diese mit Lähmungen einhergehende Muskelerkrankung wird umgangssprachlich – nach dem einflussreichen Deckhengst „Impressive" – als „Impressive Syndrom"

INFOBOX 3: Mendelsche Regeln und die Vererbung monogen bedingter Erbmerkmale

Die Mendelschen Regeln, benannt nach Gregor Mendel (1866), beziehen sich auf die Vererbung von Merkmalen, die von einem einzigen Gen bedingt werden. Grundannahme ist, dass jedes Gen in zwei Kopien („Allelen") vorliegt, von denen je eines von jedem Elternteil stammt. Für den Einfluss der Ausprägung auf den Phänotyp der Allele stehen die Begriffe „rezessiv" („nicht in Erscheinung tretend") und „dominant" („dominiert das rezessive"). Bei der dominant-rezessiven Form der Vererbung setzt sich das dominante Allel gegenüber dem rezessiven Allel durch. So wird zum Beispiel die Schimmelfarbe beim Pferd dominant-rezessiv vererbt, d.h., das Al-lel für Schimmel ist dominant und das Allel „nicht Schimmel" ist rezessiv.

Dass jedes Gen doppelt (weil auf beiden homologen Chromosomen) im Genom vorhanden ist, stellt eine wichtige biologische Sicherheitsvorkehrung dar. Ist ein Gen im Vater defekt und wird dieses defekte Gen (z. B. ein „Letalgen") an den Nachkommen weitervererbt, wird der Nachkomme ein von der Mutter stammendes funktionsfähiges Allel besitzen. Es ist allerdings zu beachten, dass heterozygote Träger eines Letalgens, die selbst vollständig gesund sein können, das letale Allel an die Hälfte ihrer Nachkommen weitergeben. Erst wenn in einem Tier beide homologe Allele eines Gens defekt sind, tritt der Erbfehler in Erscheinung (Merkmalsträger).

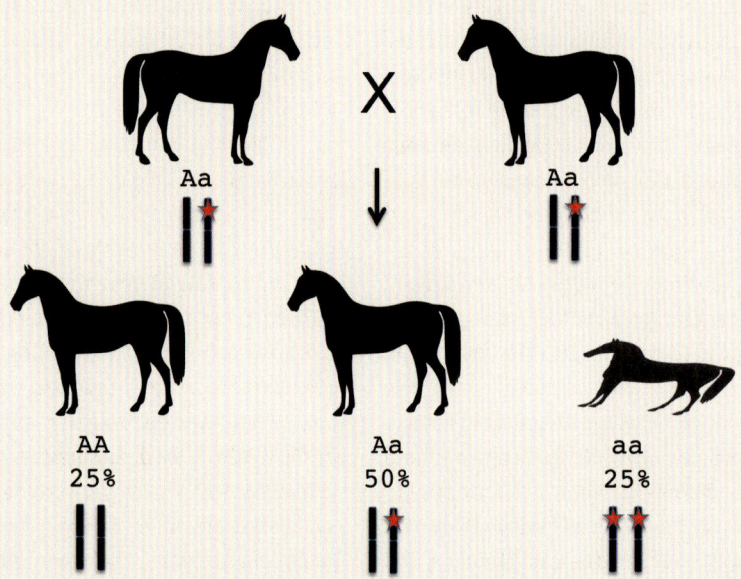

ABBILDUNG INFO BOX 3: Vererbung einer rezessiven Erbkrankheit:
Das normale Allel des ursächlichen Gens wird mit A, das veränderte Allel mit a bezeichnet. Unterhalb der Tiere sind schematisch das mütterliche und väterliche Chromosom dargestellt, die Mutation ist mit einem Stern gekennzeichnet. Tiere mit dem Genotyp AA sind erbgesund, jene mit Aa sind phänotypisch unauffällige Anlageträger. Bei Anpaarung von zwei Anlageträgern werden 25 % gesunde, 50 % Anlageträger und 25 % kranke Tiere geboren.

bezeichnet. Der enorme genetische Einfluss dieses Hengstes führte zu einem drastischen Anstieg des defekten Allels beim Quarter Horse.

Erreicht die Frequenz des defekten Allels in der Population einen gewissen Schwellenwert, steigt die Wahrscheinlichkeit, dass zwei heterozygote Anlageträger miteinander verpaart werden. Bei einer Verpaarung von Anlageträgern sind ein Viertel der Nachkommen homozygote Merkmalsträger und die Hälfte der Nachkommen heterozygote Anlageträger. Für erkannte Erbfehler müssen so schnell wie möglich das verantwortliche Gen und die ursächliche Mutation identifiziert werden.

Wenn die Mutation bekannt ist, kann der Nachweis des Erbfehlers direkt über einen Gentest gemacht und zum Monitoring verwendet werden. Das ermöglicht durch Diagnose der Anlageträger eine gezielte Eliminierung aus der Zuchtpopulation beziehungsweise eine verantwortungsvolle Zuchtplanung zur Vermeidung erbkranker Nachkommen. Der aktuelle Wissensstand über genetische Merkmale und Erbfehler beim Pferd sowie die jeweiligen molekularen Analysen und weiterführende Literatur sind in der Online-Datenbank „Online Mendelian Inheritance in Animals (OMIA) zusammengestellt.[3,4] Zurzeit sind für 33 Merkmale und Erbfehler des Pferdes molekulargenetische Tests vorhanden.

Oft wird eine Untersuchung auf Erbfehler beim Pferd vom Zuchtverband vorgeschrieben. Beispielgebend ist der Umgang der American Quarter Horse Association (AQHA) mit diesem Diagnostikfeld. Sobald ein Pferd von Vorfahren abstammt, die Träger eines genetischen Defekts sind, wird dies auf dem Abstammungsschein vermerkt und die AQHA empfiehlt das betroffene Pferd auf den Gendefekt zu testen. Die Praxis zeigt, dass molekulargenetische Testergebnisse (wie etwa der Five Panel Test – eine kombinierte Untersuchung auf fünf verschiedene Erbkrankheiten) bei Kaufentscheidungen eine Rolle spielen.

Fellfarben

Schimmel, Schecken, Füchse, Braune, Falben und Schwarze: Die Vielfalt an unterschiedlichen Fellfarben erfreut sich heute größter Beliebtheit. Besonders in der großen Gruppe der Freizeitreiter ist die Exklusivität des Phänotyps hoch gefragt. Die genetische Grundlage für Fellfarben, die nicht der Wildfärbung der Urpferde entsprechen, sind Mutationen in Genen, die für die Bildung von Farbstoffen (den Melaninen in den Melanozyten) verantwortlich sind. In der Wildbahn hat die natürliche Selektion diese Varianten aufgrund der nachteiligen Effekte auf Gesundheit und Fitness reduziert. In der Obhut des Menschen wurden farblich besonders gezeichnete Tiere gezielt gesucht und vermehrt. So haben genetische Untersuchungen zur Evolution der Fellfärbung beim Pferd gezeigt, dass wegen der Selektion durch den Menschen in Osteuropa und Westsibirien schon kurz nach der Domestikation neben Braunen, Rappen und Füchsen auch Tobiano-Schecken, Rappsilber und andere Fellfarbvarianten auftraten.[5]

Einige Fellfarben sind aber mit krankhaften Veränderungen verknüpft, wobei die Grenzen von gesund und krank oft fließend sind.[6] Die Beziehung zwischen Fellfarbe und Erbdefekt beruht darauf, dass ein Gen mehrere Merkmale beeinflusst und dass Melanozyten (und speziell ihre Vorläuferzellen) für verschiedenste Lebensprozesse essentiell zu sein scheinen. Für die Entstehung von Farbpigmenten sind Gene verantwortlich, die auch in anderen Stoffwechselprozessen wirken. Die Auswirkungen von Mutation in diesen Genen können letal sein (Lethal white foal syndrome bei Overoscheckung), zu Behinderungen führen (Nachtblindheit bei Tigerscheckung, Augenzysten bei Silberaufhellung, Taubheit bei splashed white Färbung) oder eine verstärkte Krankheitsanfälligkeit zur Folge haben (Melanome beim Schimmel).

Für einige Farbmutationen wurden in den vergangenen Jahren die molekularen Grundlagen aufgeklärt und genetische Tests entwickelt. Diese Tests ermög-

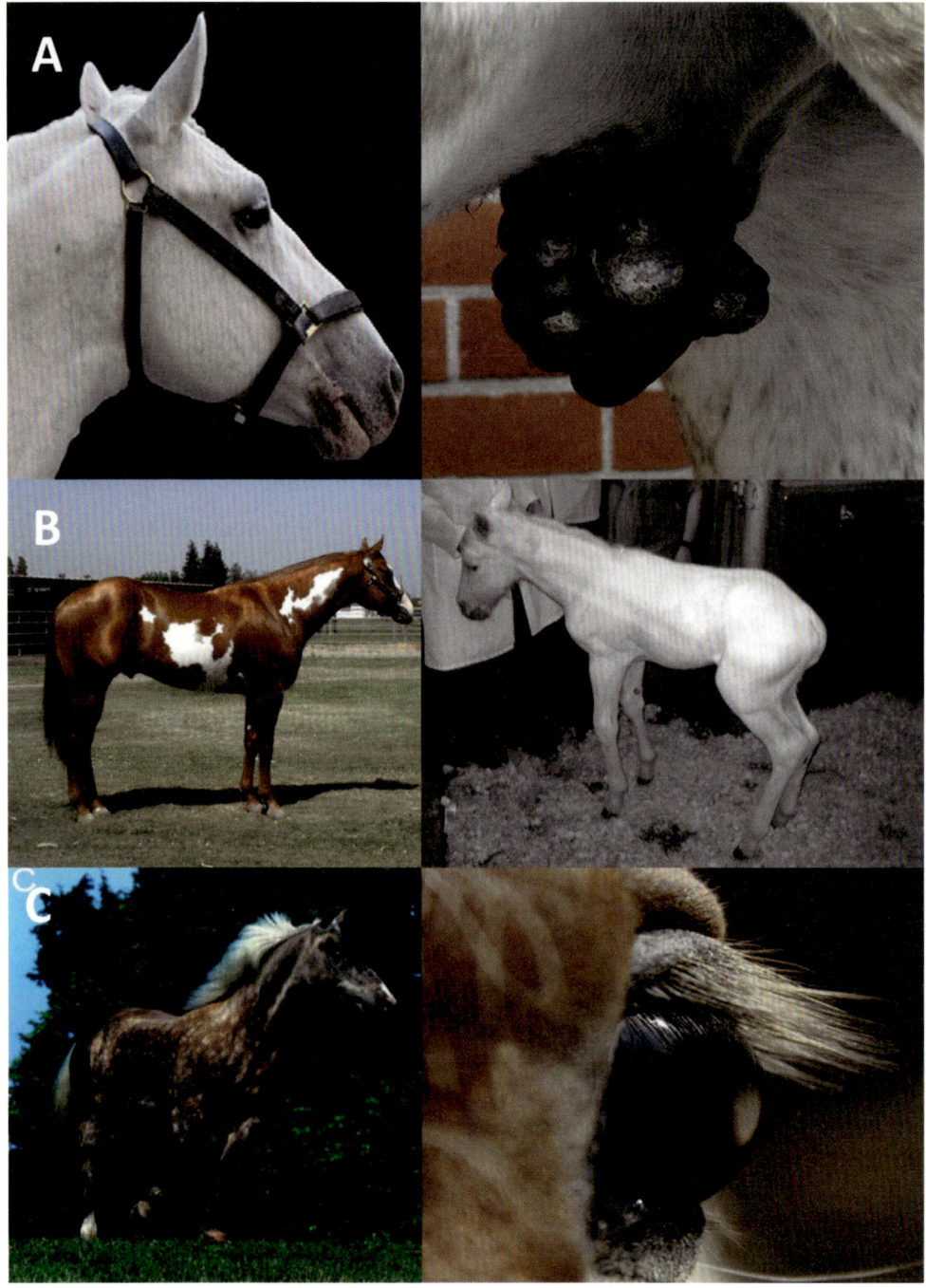

Beispiele für Fellfarben, die mit Krankheiten assoziiert sind: A. Schimmel (Depigmentierung und Melanome); B. Overoscheckung – links heterozygotes Tier, rechts homozygotes Tier mit OWLFS (Overo lethal white foal syndrome), C. Silver dapple (Augenzysten).

lichen es dem Züchter, Paarungspartner gezielt auszuwählen und dadurch merkmalstragende Nachkommen zu vermeiden.

Tests auf sonstige vererbbare Eigenschaften – über den 'Pacemaker zum Speed-Gene'

Die Kenntnisse der Genomik erlaubten auch die Identifikation einiger weniger Leistungsmerkmale des Pferdes.

Normalerweise beherrschen Pferde drei Grundgangarten (Schritt, Trab, Galopp). Islandpferde haben zwei weitere Gangarten (Tölt und Pass). Im Jahr 2012 fand eine Forschungsgruppe der Universität Uppsala durch Untersuchung von Islandpferden heraus, das eine Variante im DMRT3 Gen eng verbunden ist mit der Fähigkeit, im Passgang zu laufen.[7] Fast alle fünfgängigen Islandpferde sind homozygot für diese Variante, was zum Namen 'Pacemaker' führte. Weiters wurde festgestellt, dass die Pass-Variante auch bei vielen anderen mehrgängigen Rassen sehr häufig auftritt – wie etwa beim Tennessee Walking Horse und dem peruanischen Paso Fino. Alle von den Forschern untersuchten Pferde mit nur drei Gangarten zeigten die Variante nicht – mit Ausnahme von Trabrennpferden. Erklärt wird der überraschende Fund so: Wenn ein Pferd an Geschwindigkeit zulegt, springt es normalerweise vom Trab in den Galopp um – doch das führt bei Trabrennen zur Disqualifizierung. Die Mutation verhindert offenbar den Gangwechsel, weswegen diese Pferde besonders schnell traben können.

Aber nicht nur Traber haben ihre Besonderheiten, auch dem Erfolg der Galopprennpferde ist die Forschung auf der Spur.[8] Das Protein Myostatin ist verantwortlich für die Hemmung des Muskelwachstums. Beim Pferd bewirken Varianten im Myostatin-Gen die Ausprägung unterschiedlicher Muskeltypen und folglich Rennleistungen – deshalb der Name 'Speed-Gene'. Es existiert ein Gentest zum Nachweis von verschiedenen Myostatin-Varianten beim Englischen Vollblut. Die Testung verspricht Auskunft darüber zu geben, welche Renndistanz am Besten zum untersuchten Pferd passt. Ist das Pferd homozygot für das C-Allel (C/C) an einer bestimmten Position im Myostatin-Gen, ist es besonders für kurze Rennstrecken geeignet. Meist sind diese Pferde auch schon sehr früh entwickelt. Ist das untersuchte Pferd an derselben Position jedoch homozygot für das T-Allel (T/T), wird es besser für Langstrecken geeignet sein und diese Pferde entwickeln sich meist relativ spät. Heterozygote Pferde (C/T) liegen im Bezug auf ihre Leistung dazwischen. Der 'Speed-Gene-Test' ermöglicht es, das Training des Rennpferdes optimal auf das Leistungsoptimum des Pferdes anzupassen und die am besten geeignete Renndistanz auszuwählen.

Zusammenfassung

Seit der Domestikation des Pferdes vor mehr als 5.000 Jahren beeinflusste und formte der Mensch das Pferd. Die herausragenden Leistungen und die Vielfalt der heutigen Pferderassen sind das Ergebnis einer jahrhundertelangen Zuchttradition.

Die Errungenschaften der Genetik ermöglichen uns heute tiefe Einblicke in die Erbanlagen des Pferdes. Wurden im Artikel die Möglichkeiten molekulargenetischer Untersuchungen aufgezeigt, soll am Ende auch darauf hingewiesen werden, dass sich aufgrund der Erkenntnisse der Genomforschung den Züchtern, Tierbesitzern und Tierärzten auch viele offene Fragen hinsichtlich Deklarationspflicht, Haftungsansprüchen etc. auftun. Abseits dieser Problematik sollen die Erkenntnisse der modernen Tierzuchtwissenschaft den Züchter bei seinen Entscheidungen unterstützen. Mit Erbfehlern geborene Tiere erleben Schmerzen und Leid, eine Vermeidung von erbkranken Tieren zählt daher im Sinne des Tierschutzes zu den wichtigsten Aufgaben von Züchtern und Tiermedizinern.

1   Bai Y. – Sartor M. – Cavalcoli J. (2012): Current Status and Future Perspectives for Sequencing Livestock Genomes. In: J Anim Sci Biotechnol. BioMed Central Ltd 3 (1): 8.

2   Achmann R. – Wallner B. – Schwend K. – Traxler B. – Müller S. – Nechtelberger D. – Müller M. – Brem G. (2000): Abstammungs-überprüfung bei Nutztieren mit Hilfe der Analyse von DNA-Mikrosatelliten-Markern. In: PCR-Methoden und Anwendungen. Graduiertenkolleg Molekulare Veterinärmedizin Justus-Liebig-Universität Gießen (ed.). Fachverlag Köhler, pp. 23-33.

3   http://omia.angis.org.au/home/

4   Finno C. J. – Spier S. J. – Valberg S. J. (2009): Equine diseases caused by known genetic mutations. Vet J. Elsevier Ltd; 179 (3): 336–47.

5   Ludwig A. – Pruvost M. – Reissmann M. – Benecke N. – Brockmann G. A. – Castaños P. – Cieslak M. – Lippold S. – Llorente L. – Malaspinas A. S. – Slatkin M. – Hofreiter M. (2009): Coat color variation at the beginning of horse domestication. In: Science 324, 485.

6   Reissmann M. (2015): Fellfarben beim Pferd – Mutationen und ihre pleiotropen Effekte. In: Erbfehler und Erbkrankheiten – „Erbsünden" ohne Sündenfall? Nova Acta Leopoldina, Band 119, Nummer 402, 59-76 (ISBN: 978-3-8047-3414-2).

7   Andersson L. S. – Larhammar M. – Memic F. – Wootz H. – Schwochow D. – Rubin C. J. et al. (2012): Mutations in DMRT3 affect locomotion in horses and spinal circuit function in mice. In: Nature 488, 642–6.

8   Hill E. W. – Gu J. – Eivers S. S. – Fonseca R. G. – McGivney B. – Govindarajan P. et al. (2010): A sequence polymorphism in MSTN predicts sprinting ability and racing stamina in thoroughbred horses. In: PLoS One. 5 (1): 2–7.

9   Finno C. J. – Stevens C. – Young A. – Affolter V. – Joshi N. A. – Ramsay S. – Bannasch D. L. (2015): SERPINB11 frameshift variant associated with novel hoof specific phenotype in Connemara ponies. In: PLoS Genet. Apr 13;11(4):e1005122. doi: 10.1371/journal.pgen.1005122. eCollection 2015.

Quellen der Abbildungen:

INFOBOX 1: Genom und Erbinformation
A http://www.dujardin.ch/images/zucht_zellechromosomen_large.jpg
B Wallner, B. (2001): Selektive Klonierung von Y-chromosomalen DNA-Sequenzen mittels „Representational Difference Analysis". Dissertation, Institut für Tierzucht und Genetik der Veterinärmedizinischen Universität Wien, Wien.
C http://www.nature.com/scitable/content/snp-4815

Abbildung INFOBOX 2
Finno C. J.: Equine multiple congenital ocular anomalies and silver coat colour result from
the pleiotropic effects of mutant. Stevens C. – Young A. – Affolter V. – Joshi N. A. – Ramsay S. – Bannasch D. L.: SERPINB11 frameshift variant associated with novel hoof specific phenotype in Connemara ponies. PLoS Genet. 2015 Apr 13;11(4):e1005122. doi: 10.1371/journal.pgen.1005122. eCollection 2015.
https://en.wikipedia.org/wiki/Connemara_pony#/media/File:Connemara_mare.jpg

ABBILDUNG INFO_BOX 3:
Barbara Wallner: Abbildung für den Zweck der oö. Landesausstellung 2016 „Mensch und Pferd" gezeichnet.

ABBILDUNG 1:

A Curik I. – Druml T. – Seltenhammer M. – Sundstrom E – Pielberg G.R. et al. (2013): Complex Inheritance of Melanoma and Pigmentation of Coat and Skin in Grey Horses. PLoS Genet 9(2): e1003248. doi:10.1371/journal.pgen.1003248
Pleiotropic effects of coat colour-associated mutations in humans, mice and other mammals Monika Reissmann, Arne Ludwig Seminars in Cell & Developmental Biology 24 (2013), 576– 586 http://dx.doi.org/10.1016/j.semcdb.2013.03.014

B Finno CJ, Spier SJ, Valberg SJ. Equine diseases caused by known genetic mutations. Vet J. Elsevier Ltd; 2009;179(3): 336–47.
Lightbody T.: Foal with Overo lethal white syndrome born to a registered quarter horse mare. In: Can Vet J. 2002 Sep;43(9):715-7. PubMed PMID: 12240532; PubMed Central PMCID: PMC339559.

C Andersson L. S. – Wilbe M. – Viluma A. – Cothran G. – Ekesten B. – Ewart S. – Lindgren G.: Equine multiple congenital ocular anomalies and silver coat colour result from the pleiotropic effects of mutant PMEL. PLoS One. 2013 Sep 23;8(9):e75639. doi: 10.1371/journal.pone.0075639. eCollection 2013. PubMed PMID: 24086599; PubMed Central PMCID: PMC3781063.
Monika Reissmann – Arne Ludwig: Pleiotropic effects of coat colour-associated mutations in humans, mice and other mammals. In: Seminars in Cell & Developmental Biology 24 (2013), 576– 586; + http://dx.doi.org/10.1016/j.semcdb.2013.03.014

Walpurga Antl-Weiser

Das Pferd von der Altsteinzeit bis zu den Kelten

Priester oder Sterbende hielten den Schwanz des Pferdes fest,
denn die Menschen kannten den Weg zum Himmel nicht,
aber das Pferd kannte ihn. (aus: Handwörterbuch dt. Aberglaube)

Die Verbindung von Mensch und Pferd geht bis in die Altsteinzeit zurück. Das Pferd als Reittier, wie wir es heute kennen, ist jedoch viel jünger. Es wurde im Vergleich zu unseren übrigen Haustieren auch erst sehr spät domestiziert. Von den ersten Nachweisen der Domestikation des Pferdes im Gebiet des heutigen Ka-

Pferdchen aus Vogelherdhöhle.   Foto: Wikipedia (Wuselig, 2013)

sachstan bis zu den ersten eindeutigen Nachweisen der Nutzung des Pferdes als Reittier in unseren Breiten dauerte es aber noch lange Zeit. In den Metallzeiten wurde das Pferd bald Zeichen einer Adelsschicht, denn das Pferd bedeutete Macht und Prestige. Durch seine Kraft und Schnelligkeit brachte es für die Fortbewegung entscheidende Vorteile und wurde unentbehrlich. Die Nutzung des Pferdes als Reittier hat die menschliche Gesellschaft sowohl in sozialer wie auch in wirtschaftlicher Hinsicht nachhaltig verändert. Aufgrund seiner Schnelligkeit wurde es in der Vorstellung der Menschen als Himmelspferd in die Lüfte erhoben.

Jagd auf Wildpferde

Das Pferd war in der Altsteinzeit wie die anderen großen Pflanzenfresser ein wichtiges Jagdtier der Menschen. Es wurde nicht nur als Fleischlieferant, sondern seine Skelettteile und Szenen wurden wie auch die anderer Jagdtiere als Ausgangsmaterial zur Herstellung von Geräten und Schmuck genutzt. Vor allem die Schneidezähne des Pferdes wurden häufig durchlocht und als Anhänger getragen, wie die Beispiele aus Willendorf in der Wachau zeigen.

Die altsteinzeitlichen Menschen haben sich aber über die eigentliche Nutzung hinaus intensiv mit den um sie lebenden Tieren auseinandergesetzt. Die ersten aus Elfenbein geschnitzten Tiergestalten sind an die 40.000 Jahre alt, nicht viel jünger auch die ersten Höhlenmalereien in den französisch-nordspanischen Höhlen. Das Pferd hat dabei nicht nur von der Anzahl der Darstellungen, sondern auch von der Positionierung im Höhlenraum her einen bedeutenden Platz eingenommen. Die wohl berühmteste Pferdeskulptur ist ein kleines Pferdchen aus Elfenbein aus der Vogelherdhöhle in Süddeutschland (Floss, 2014). Auch unter den Höhlenmalereien in der Grotte Chauvet in Frankreich befinden sich zahlreiche Pferdedarstellungen. Die Pferde aus der Höhle von Lascaux sind ein ein-

drucksvolles Beispiel für die Naturbeobachtung der altsteinzeitlichen Menschen. Aus der Zeit nach dem Höhepunkt der letzten Kaltzeit zwischen 18.000 und 12.000 Jahren vor heute gibt es vor allem aus Frankreich zahlreiche plastische Pferdedarstellungen auf Gebrauchsgegenständen wie das springende Pferd von Bruniquel oder den Lochstab von La Madeleine mit zahlreichen eingravierten Pferden. Das Original des Bernsteinpferdchens von Dobiegniew in Polen stammt aus der Zeit von vor etwa 14.000 bis 13.500 Jahren und spiegelt die Bedeutung der Pferde im nordeuropäischen Steppengebiet wider. Am Höhepunkt der letzten Eiszeit, zwischen 24.000 und 18.000 Jahren, lag dieses Gebiet noch unter dem nördlichen Eisschild.

Mit der Bewaldung nach dem Ende der Eiszeit wurde der Lebensraum des Wildpferdes in Mitteleuropa zunehmend eingeengt. Von ca. 7.100 bis 5.500 v. Chr. war es im mitteleuropäischen Tiefland kaum vorhanden. Als Folge der Zunahme der Offenlandgebiete durch die Rodungstätigkeit jungsteinzeitlicher Bauern und das Offenhalten der Landschaft durch Weidetiere kam das Wildpferd zwischen 5.500 und 3.500 v. Chr. nach Mitteleuropa zurück (Sommer, Benecke, Lougas et al. 2011). Die einzige Unterart des Wildpferdes, die bis heute überlebt hat, ist das kleine stämmige Przewalski-Pferd. Es war zwar in freier Wildbahn schon ausgestorben, konnte aber aus Zoobeständen wieder ausgewildert werden. Bereits in der mittleren Jungsteinzeit gab es wieder Wildpferde im östlichen Österreich, wie die Pferdeknochen aus Frauenhofen im nördlichen Niederösterreich oder die Pferdeknochen von der jungsteinzeitlichen Siedlung am Schanzboden bei Falkenstein aus der Zeit um 4.800 v. Chr. zeigen (Pucher, 1992).

Die Domestikation des Pferdes

Neuere Forschungen gehen davon aus, dass das Pferd im eurasischen Steppengürtel im 4. Jahrtausend vor

Der Kultwagen von Strettweg (7. Jh. v. Chr.) verweist auf Kultureinflüsse aus dem ägäischen vorderasiatischen oder griechischen Raum.

Foto: Römisch-Germanisches Zentralmuseum Mainz / R. Müller

Christus domestiziert wurde und an mehreren Stellen Europas wildlebende Pferde eingekreuzt wurden. Dies würde auch die Unterschiedlichkeit der frühen Hauspferde erklären (Warmuth, Eriksson, Bower et al.2012). Funde von Pferdeknochen aus der Ukraine galten lange Zeit als die ältesten Belege für die Domestikation des Wildpferdes, wie zum Beispiel der Fund eines Pferdeschädels aus Dereivka am mittleren Dnjepr. Am Kiefer waren Abnützungen erkennbar, die typisch für Trensennutzung sind. Neuere Untersuchungen haben jedoch ergeben, dass der Schädel einige tausend Jahre jünger ist als bisher angenommen. Die Altersstruktur der übrigen, sehr zahlreichen Pferdereste spricht eher nicht für die Nutzung von domestizierten Tieren, da sie in einem Alter getötet wurden, wo dies für Pferdezüchter nicht sinnvoll gewesen wäre. Man nimmt daher an, dass das Pferd an diesem Ort hauptsächlich als Jagdtier genutzt wurde (Levine, 1990).

Es gibt allerdings aus der Kupferzeit der Ukraine mehrere Belege dafür, dass das Pferd eine große Bedeutung im Denken der Menschen hatte. Pferdeknochen kommen als Grabbeigabe und an Opferplätzen vor. Außerdem sind aus diesem Gebiet zahlreiche pferdegestalte Tierfiguren erhalten (Lichardus, Lichardus-Itten, 1998). Denkt man aber an die altsteinzeitlichen Pferdefiguren oder Malereien, kann man das allein noch nicht als Hinweis auf eine Domestikation betrachten. Eindeutiger sind Funde aus der kupferzeitlichen Siedlung von Botai in Kasachstan aus der Zeit um 3.500 v. Chr.. Dort konnte man erstmals die Nutzung der Pferdemilch und die Verwendung des Pferdes als Reitpferd nachweisen. Um 3.000 v. Chr. gibt es bereits Hinweise für Pferdehaltung in Mitteleuropa (Benecke, Döhle, Ludwig, Reißmann, Wutke, 2013).

Ob die Pferdereste aus der spätjungsteinzeitlichen Siedlung Melk-Spielberg in Niederösterreich schon die eines Hauspferdes sind, kann aber dennoch nicht mit Sicherheit gesagt werden. Erst mit dem Beginn der Bronzezeit wurde das Hauspferd häufiger und war in fast allen Teilen Europas anzutreffen. Der Fund eines Hauspferdes in einer mittelbronzezeitlichen Abfallgrube von Unterhautzenthal in Niederösterreich zeigt aber anhand seiner Proportionen, dass die Domestikation dieser Pferdepopulation schon lange Zeit zurückliegt. Weitere bronzezeitliche Pferdereste konnten auch im archäologischen Fundmaterial aus vielen Teilen unseres Bundesgebietes festgestellt werden (Pucher 1992).

Das Pferd als Reittier

Nach Homer war das Pferd als Reittier zwar bekannt, aber das Reiten war mit keinem so großen Prestige wie das Fahren verbunden. Die Adelsschicht verwendete für die Jagd oder den Kampf Streitwägen. Erst später erlangte die Reiterei militärische Bedeutung. Belege für Trensenknebel aus Knochen oder Geweih aus der Jungsteinzeit sind umstritten. Sie stammen entweder aus ungesicherten Fundzusammenhängen oder sind in ihrer Funktion unklar. Die ältesten Trensenknebel in funktionsgerechter Lage sind in den Pferdebestattungen der Aunjetitzkultur von Gleina bei Nebra in Sachsen erhalten. Aus der frühen und mittleren Bronzezeit sind allerdings nur die Geweihknebel, nicht aber Mundstücke erhalten, die möglicherweise aus vergänglichem Material bestanden (Hüttel, 1989).

Bronzezeit

Das Pferd hatte bereits in der Bronzezeit seinen festen Platz in den Überlieferungen der Menschen. So wird auf dem Wagen von Trundholm aus der Mitte des 2. Jahrtausends v. Chr. eine vorne vergoldete und hinten unverzierte Scheibe von einem Pferd gezogen. Es wird angenommen, dass damit der Lauf der Sonne dargestellt wurde, die von einem Pferd über den Himmel gezogen wird. Für den Nachthimmel steht die unverzierte Seite der Scheibe und für den Taghimmel die golden verzierte Seite (Flemming, 2003).

Erst aus der späten Bronzezeit sind Knebel und Mundstücke aus unvergänglichem Material erhalten. Die ältesten Bronzetrensen stammen aus dem 13. Jh. v. Chr. Die Breite der Mundstücke lässt darauf schließen, dass es sich bei den spätbronzezeitlichen Pferden um eher kleine Tiere gehandelt hat (Hüttel, 1989). In der jüngeren Urnenfelderzeit stoßen Reitervölker über die Karpaten hinweg den Donauweg nach Westen vor. Zeugnis dafür ist die Verbreitung von spezialisiertem, metallenem Pferdegeschirr. Vermutlich von östlichen Reiternomaden angeregt erscheinen auch in der Symbolik neue Motivkombinationen: Stier/Vogel, Vogel/Pferd.

Als Folge des Vordringens östlicher Reiternomaden nach Mitteleuropa kommt in den Gräbern häufig reiternomadische Ausrüstung wie Pferdezaumzeug und Trinkhörner vor (Kossack 1954). Erste Prunkausstattungen in Gräbern vom Ende der Urnenfelderkultur bestehen neben Waffen auch aus Pferdegeschirr, wie das Gräberfeld am Rande der Befestigung von Stillfried in Niederösterreich zeigt. Einzelne und paarige

Trensen weisen sowohl auf Reiter als auch auf Wagenanschirrungen hin, was dann besonders in der Hallstattkultur verbreitet ist (Nebelsick, 1997).

Ältere Eisenzeit – Hallstattkultur

Mit dem Entstehen einer Adelsschicht in der Hallstattkultur werden Pferde, Wagen und Reiterei zu Zeichen einer neu entstehenden Elite. Dem entsprechend treten vermehrt Darstellungen von Pferden auf (Maier, Birkhahn, 2012).

Beil aus Hallstatt mit Reiterdarstellung (NHM Wien, Prähistorische Abteilung, Inv.-Nr. 418).   © Foto: Lois Lammerhuber & NHM Wien

51

Das Pferd tritt bei den Wagendarstellungen der Hallstattkultur bisweilen als Kulttier an die Stelle des Vogels, wie zum Beispiel das Keramikpferd auf Rädern aus einem Grabhügel von Dragaduš. Die Herstellung von Pferdeplastiken verbreitete sich aus der westungarischen Urnenfelderkultur bis in die süddeutsche Hallstattkultur. Das Motiv des Reiters kommt vor allem dort vor, wo ostalpiner Einfluss spürbar ist: in Este, Villanova, in früheisenzeitlichen Gruppen der Lausitzer Kultur, in der nordostbayrischen Hallstattkultur (Kossack 1954). Die Kombination von Vogel und Pferd wie bei den Funden aus Voghenza ist charakteristisch für die entwickelte Hallstattzeit in Italien.

Am Kultwagen von Strettweg in der Steiermark befinden sich Reiter auf Pferden neben Hirschen und einer zentralen weiblichen, gefäßtragenden Figur. Das zentrale Motiv der nackten Gefäßträgerin weist auf Einflüsse aus dem ägäischen Raum hin, die über Italien in das Südostalpengebiet gelangt sind (Egg, 1996). In einem anderen Zusammenhang wird der Strettweger Wagen von Jeanette Varberg erwähnt. Sie sieht Darstellungen wie die Gefäßträgerin am Wagen von Strettweg oder die Wagenlenkerin auf einem Gefäß der Hallstattkultur von Sopron in Westungarn sowie die Darstellung der griechische Göttin Athena mit einem von Pferden gezogenen Streitwagen in Zusammenhang mit skandinavischen Hortfunden, die sowohl Pferdegeschirr wie auch Frauenschmuck enthalten. Sie vermutet dahinter die Vorstellung der Wagenlenkerin und einen möglichen Gedankenaustausch bei dem die griechische und vorderasiatische Mythologie die Vorstellungen der Menschen bis nach Skandinavien beeinflusst haben könnte (Varberg, 2009).

Pferde und Reiter sind ein häufig verwendetes Motiv der Hallstattkultur. Auf der Schulter eines rot / schwarz bemalten Kegelhalsgefäßes aus einem Grabhügel der Hallstattkultur von Gemeinlebarn in Niederösterreich sind Reiter und Pferde in einer Prozession mit Hirschen und gefäßtragenden Frauen als

kleine Skulpturen aufgesetzt. Eine Reiterfigur aus Ton mit spitzovalem Schild – ursprünglich wohl ebenso ein Gefäßaufsatz – ist auch aus einem Grabhügel von Langenlebarn erhalten (Nebelsick, 1997). Auf Gefäßen von Sopron sind Pferde, Reiter und Wagendarstellungen eingeritzt. Auch unter den Bleifiguren von Frög findet man zahlreiche Pferde oder Pferde mit Reiter. Unter den Funden des Gräberfeldes von Hallstatt in Oberösterreich sind Prunkbeile mit aufgesetzten Pferden oder Pferd mit Reiter aus reich ausgestatteten Männergräbern vorhanden, sowie Pferdeköpfe auf Schmuckgegenständen. Außer als plastische Darstellungen oder Zeichnungen auf Gefäßen kommen auch ganze Pferde als Beigabe in Grabhügeln wie zum Beispiel in Gemeinlebarn in Niederösterreich vor (Nebelsick, 1997; Neugebauer 1997).

Jüngere Eisenzeit – Latènekultur

Bei den Hauspferden der Eisenzeit Mitteleuropas zeigen sich deutliche Größenunterschiede zwischen West und Ost. Die Pferde im Westen haben eine im Schnitt um 10 cm kleinere Widerristhöhe als die östlichen. Im Vergleich der Pferdegrößen ist erkennbar, dass noch während der Hallstattkultur in Niederösterreich die größeren östlichen Pferdetypen durch kleinere westliche ersetzt wurden, was man anhand der archäologischen Funde auch nachweisen kann.
Die Schwertscheide aus einem frühlatènezeitlichen Grab von Hallstatt zeigt im Zentrum den Kampf von Reiterkriegern gegen Fußtruppen. Die Darstellung steht im weitesten Sinne in Zusammenhang mit den Darstellungen der Situlenkunst der ostalpinen Hallstattkultur, wo Reiterkrieger und Wagenlenker häufige Motive sind.

Die Pferdereste aus der latènezeitlichen Siedlung von Roseldorf in Niederösterreich gehören mit einer Widerristhöhe von 1,23 m einer besonders kleinwüchsigen westlichen Gruppe an. Es konnte dort außerdem

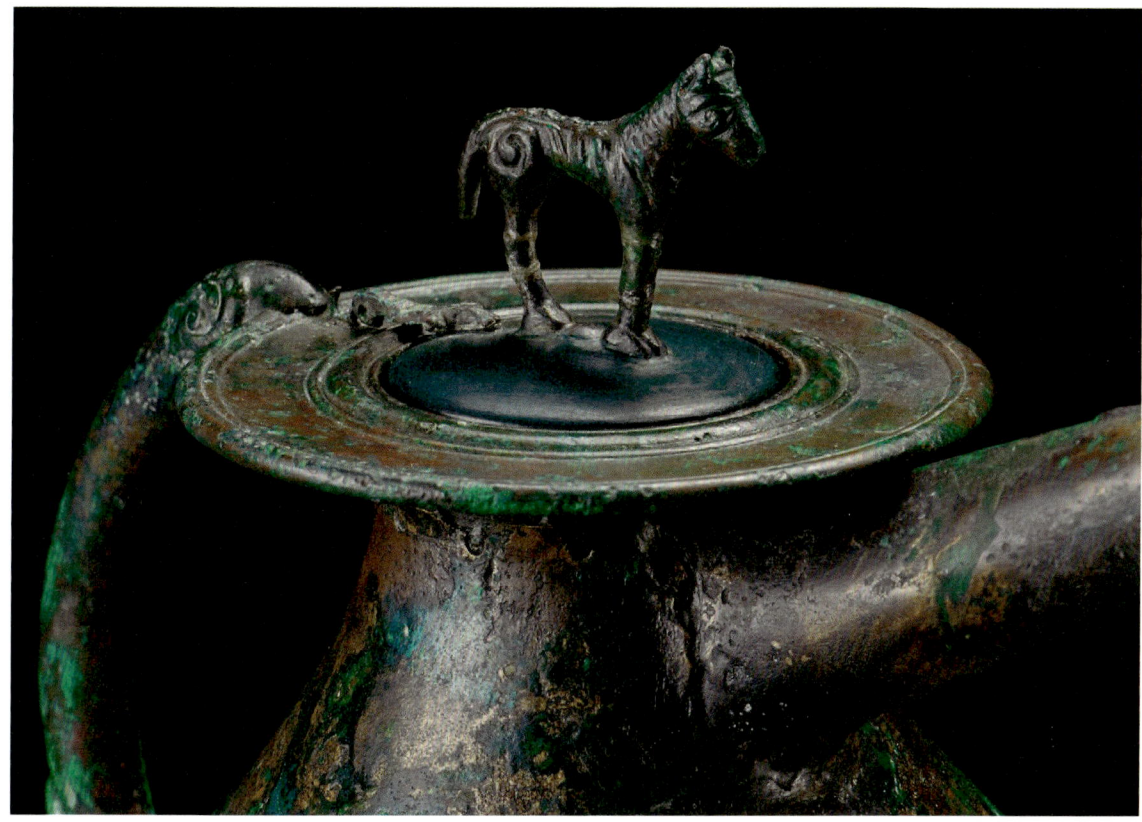

Pferdchen als Deckelfigur der Kanne von Waldalgesheim.   © Jürgen Vogel, LVR-LandesMuseum Bonn

festgestellt werden, dass die Pferdeknochen im Siedlungsabfall eine eher geringe Rolle spielen, während sie unter den Tierknochen der Heiligtümer stark vertreten sind (Bruckner-Höbling, 2009), was bei der Bedeutung des Pferdes – als Reittier einer bestimmten Gesellschaftsschichte vorbehalten – auch nicht verwundert. Die Untersuchung der Heiligtümer von Roseldorf hat auch gezeigt, dass das Pferd bei verschiedenen rituellen Handlungen eine unterschiedliche Rolle gespielt haben dürfte. Während im 1. Kultbezirk Rinder- und Pferdeknochen zusammen mit den Knochen von Schweinen, Hunden und kleinerer Tiere angetroffen wurden, sind im 2. Kultbezirk Pferdeschä-

del und große Teile von Pferdeskeletten mit eisernen Wagenteilen wie Achsnagel, Radnaben, Deichselnagel sowie Pferdezaumzeug – Ringtrensen, bronzene Zierscheiben, Riementeiler – und Speer- bzw. Lanzenspitzen freigelegt worden (Holzer, 2009a, 2009b).

In der Kunst der jüngeren Eisenzeit spielte das Pferd weiterhin eine bedeutende Rolle unter den vollplastischen Figuren, wie zum Beispiel als Deckelfigur auf der Röhrenkanne von Waldalgesheim in Rheinland-Pfalz oder als Pferdchenanhänger. Im Grab der Fürstin von Waldalgesheim fanden sich neben anderen Prestigeobjekten auch noch Pferdegeschirr und Wa-

Münze mit Motiv eines springenden Pferdes vom Typ Roseldorf.[1]   Foto: Gitbud und Naumann GmbH

genteile (Joachim, 1995). Aus der mittleren und späten Latène-Kultur sind auch größere Pferdefiguren vorhanden wie zum Beispiel das so genannte „eiserne Ross von Manching" mit einer Größe von 53 cm (Maier, Birkhahn, 2012)

Neben vollplastischen Figuren bezeugen gepunzte und getriebene Pferdedarstellungen, sowie Pferdedarstellungen auf bemalter Keramik die Bedeutung des Pferdes (Maier, Birkhahn, 2012). Pferdedarstellungen sind auch auf Münzbildern zu finden. So ist auf den Münzen des Typs Roseldorf häufig das Motiv des springenden Pferdes geprägt. Es kommt dort aber auch das Pegasos-Motiv vor (Dembski, 2009).

Das Pferd nahm auch einen wichtigen Platz in den religiösen Vorstellungen der Kelten ein. Es wurde bei den Festlandkelten als mütterliche Gottheit – Epona – verehrt. Pferdeopfer waren ein fixer Bestandteil der Rituale bei der Einsetzung des Sakralkönigs (Maier, Birkhan, 2012). In Kultbildern wurde die Pferdegöttin Epona als Reiterin im Damensitz dargestellt (Birkhan, 2012).

---

[1]   Dieser Münztyp ist also nach Roseldorf (einer Katastralgemeinde in der Marktgemeinde Sitzendorf an der Schmida / Bezirk Hollabrunn, NÖ.) benannt.

Literatur:

Norbert Benecke – Hans-Jürgen Döhle – Arne Ludwig – Monika Reißmann – Saskia Wutke (2013): Zu den Anfängen der Pferdehaltung in Mitteldeutschland. In: Harald Meller (Hrsg.), 3300 BC., mysteriöse Steinzeittote und ihre Welt, Halle 2013, 95–97.

Helmut Birkhan (2012): Gottheiten. In: S. Sievers – O.H. Urban – P.C. Ramsl: Lexikon zur keltischen Archäologie (L-Z), MPK 73, 2012.

Tanja Bruckner-Höbling (2009): Bisherige Ergebnisse der Untersuchungen am Tierknochenmaterial aus der keltischen Siedlung Roseldorf-Sandberg in Niederösterreich. In: Veronika Holzer (Hrsg.): ROSELDORF. Interdisziplinäre Forschungen zur größten keltischen Zentralsiedlung Österreichs KG. Roseldorf, MG. Sitzendorf an der Schmida. Forschung im Verbund, Schriftenreihe Band 102, 2009, 151–256

Günther Dembski (2009): Eigenprägung und Fremdgeld – Die Fundmünzen aus Roseldorf. In: Veronika Holzer (Hrsg.), ROSELDORF. Interdisziplinäre Forschungen zur größten keltischen Zentralsiedlung Österreichs KG. Roseldorf, MG. Sitzendorf an der Schmida. Forschung im Verbund, Schriftenreihe Band 102, 2009, 87–102

Markus Egg (1996): Das hallstattzeitliche Fürstengrab von Strettweg bei Judenburg in der Obersteiermark. Röm. German. Zentralmuseum, Monographien, Bd. 37, 1996

Markus Egg – Martin Schönfelder (2007): Zur Interpretation der Schwertscheide aus Grab 994 von Hallstatt. In: Beiträge zur Hallstatt- und Latènezeit in Nordostbayern und Thüringen. Tagung vom 26.–28. Oktober 2007 in Nürnberg. Beiträge zur Vorgeschichte Nordostbayerns 7 (Nürnberg 2009), 27–44.

Harald Floss (2014): Das Vogelherdpferd und die Elfenbeinfiguren der Schwäbischen Alb. In: Die Rückkehr des Löwenmenschen. Geschichte, Mythos, Magie. Ulmer Museum, 2014, 80–89

Karina Grömer (2010): Prähistorische Textilkunst in Mitteleuropa. Geschichte des Handwerks und der Kleidung vor den Römern. Veröff. d. Prähist. Abt. de. NHM Wien, 4.

Veronika Holzer (2009a): ROSELDORF. Interdisziplinäre Forschungen zur größten keltischen Zentralsiedlung Österreichs KG. Roseldorf, MG. Sitzendorf an der Schmida. Forschung im Verbund, Schriftenreihe Band 102

Veronika Holzer (2009b): Besonderheiten der Kultbezirke von Roseldorf/Niederösterreich. Arch. Österr. 21/1, 2010, S. 4–12

Hans-Georg Hüttel (1981): Bronzezeitliche Trensen in Mittel- und Osteuropa. Grundzüge ihrer Entwicklung. Prähistorische Bronzefunde. Abt. XVI, Band 2.

Hans-Eckart Joachim (1995): Waldalgesheim. Das Grab einer keltischen Fürstin. Köln 1995.

Flemming Kaul (2003): Der Mythos von der Reise der Sonne. Darstellungen auf Bronzegegenständen der späten Bronzezeit. In: Gold und Kult der Bronzezeit(Ausstellungskatalog). Germanisches Nationalmuseum, Nürnberg 2003

Georg Kossack (1954): Studien zum Symbolgut der Urnenfelder und Hallstattzeit Mitteleuropas. Röm. Germ. Forsch. 20.

Marsha. L. Levine (1990): Dereivka and horse domestication. Antiquity 64/245, 1990, 727–741.

Jan Lichardus – Marion Lichardus-Itten (1998): Das domestizierte Pferd in der Kupferzeit Alteuropas. In: Man and the animal world. Studies in Archaeozoology, Archaeology, Anthropology and Palaeolinguistics in memoriam Sándor Bökönyi. Archaeolingua 1998.

Ferdinand Maier – Helmut Birkhan (2012): Pferd. In: S. Sievers – O.H. Urban, P.C. Ramsl, Lexikon zur keltischen Archäologie (L-Z), MPK 73, 2012.

Louis D. Nebelsick (1997): Die Kalenderberggruppe der Hallstattzeit am Nordostalpenrand. In: Louis D. Nebelsick – Alexandrine Eibner – Ernst Lauermann – Johannes-Wolfgang Neugebauer (Hrsg.): Hallstattkultur im Osten Österreichs. In: Wiss. Schriftenreihe Niederösterreich 106/107/108/109, 1997, S. 9–128.

Johannes-Wolfgang Neugebauer (1997) (Hrsg.): Hallstattkultur im Osten Österreichs. Wiss. Schriftenreihe Niederösterreich 106/107/108/109, 1997, S. 9–128.

Erich Puche (1992): Das bronzezeitliche Pferdeskelett von Unterhautzental P.B. Korneuburg (Niederösterreich, sowie Bemerkungen zu einigen anderen Funden „früher" Pferde in Österreich. Ann. d. Nat. Hist. Mus. 93, 1992, 19–39.

Erich Pucher (2006): Die Tierknochen aus dem keltischen Bauernhof in Göttlesbrunn (Niederösterreich). Ann. Naturhist. Mus. Wien, 107 A, S. 197–220, Wien, Mai 2006.

Robert S. Sommer, Norbert Benecke, Lembi Lõugas, Oliver Nelle u. Ulrich Schmölckem (2011): Holocene survival of the wild horse in Europe: a matter of landscape? Journal of Quaternary Science (2011) 26(8) 805–812.

Jeanette Varberg (2009): Frau und Pferd in der Spätbronzezeit. Ein Versuch zum Verständnis einiger Aspekte der spätbronzezeitlichen Kosmologie unter besonderer Berücksichtigung der Südskandinavischen Votivdepots. Das Altertum, 2009, Band 54, Seiten 37–52

Vera Warmuth, Anders Eriksson, Mim Ann Bower, Graeme Barker, Elizabeth Barrett, Bryan Kent Hanks, Shuicheng Li, David Lomitashvili, Maria Ochir-Goryaeva, Grigory V. Sizonov, Vasiliy Soyonov and Andrea Manica (2012): Reconstructing the origin and spread of horse domestication in the Eurasian steppe. PNAS vol. 109, no.21, 2012. 8202–8206.

Felix Lang und Stefan Traxler

Ein kurzer Ritt durch den Nordwesten der römischen Provinz Noricum

Die Domestikation des Pferdes hat dem Menschen in mehrerlei Hinsicht völlig neue Möglichkeiten eröffnet. Ob als Zugtier, Jagdbegleiter und Kriegsgefährte, als Ausdruck von Reichtum und Prestige und / oder als Nahrungslieferant, die Bedeutung des Pferdes für die Menschen der vorindustriellen Zeit kann nicht hoch genug eingeschätzt werden. „Das Pferd hat den Menschen mobil gemacht, ihm zusätzliche Kräfte verliehen und ihm geholfen, Länder und Reiche zu erobern." (Lassnik 2003, 13). In der klassischen Antike galt das Pferd als edelstes Haustier, dessen Primärbestimmungen „zum Reiten, für die Rennbahn und für den Krieg" zusammengefasst werden können (Kramer 2003, 62). In römischer Zeit, die hier im Fokus des Interesses steht, tritt das Pferd zunächst insbesondere als Arbeitstier und im Wettkampf in Erscheinung, die militärische Komponente soll im Laufe der Jahrhunderte zusehends an Bedeutung gewinnen (s. u.). Der Facettenreichtum dieser Thematik, die geeignet wäre, mehrere Bücher zu füllen, soll hier mittels einiger ausgewählter Beispiele illustriert werden. Die dafür herangezogenen Objekte stammen beinahe alle aus dem Gebiet des heutigen Oberösterreich, also dem Nordwesten der römischen Provinz Noricum.

Pferd

Die Pferdezucht hatte in römischer Zeit bereits ein hohes Niveau erreicht. Der Agrarschriftsteller Columella (*de re rustica* 6, 27–35) beschäftigte sich ausführlich mit dieser Thematik. Es wurden unterschiedlich große Tiere gezüchtet, die entsprechend für verschiedene Tätigkeiten eingesetzt werden konnten. Die traditionellen germanisch-keltischen Pferde, die die Römer in Mittel- und Westeuropa antrafen, scheinen der römischen Heeresleitung für einen Militäreinsatz offenbar zu klein gewesen zu sein: *„Weil Cäsar sah, daß die Feinde an Reiterei überlegen waren und nach Sperrung aller Straßen keine Hilfe aus der Provinz und aus Oberitalien kommen konnte, schickte er über den Rhein nach Germanien zu den in den Vorjahren unterworfenen Stämmen und holte Reiter und leichtbewaffnete Fußkämpfer herbei, die gewohnt waren, zwischen den Reitern zu kämpfen. Nach deren Ankunft nahm er, weil diese weniger brauchbare Pferde hatten, den Militärtribunen, den übrigen römischen Rittern und den freiwilligen Altgedienten die Pferde und gab sie den Germanen."* (Caesar, *de bello Gallico* 7, 65; übersetzt von Georg Dorminger).

Auch im Alpenraum betrug die durchschnittliche Widerristhöhe der Pferde in der Eisenzeit nur 120 bis 130 cm, vergleichbar mit heutigen Ponyrassen. Mit der Übernahme der Herrschaft durch die Römer wurden, entsprechend den Anforderungen des Militärs, größere Tiere gezüchtet. Die durchschnittliche Widerristhöhe betrug nun 140 cm, was ungefähr dem heutigen Haflinger entspricht. Die Zucht von Maultieren (Eselhengst / Pferdestute) und Maulesel (Eselstute / Pferdehengst), die aufgrund ihrer Körperstärke, Zähigkeit, Trittsicherheit und Langlebigkeit bevor-

57

zugt als Pack- und Zugtiere eingesetzt wurden, ist im Gegensatz zu Italien (Columella, *de re rustica* 6, 36–38) nördlich der Alpen bislang nicht belegt. Dies dürfte daran liegen, dass Esel zu kälteempfindlich sind. Während sie in Italien häufig vorkommen, sind sie nördlich der Alpen selten nachgewiesen und gelangten wohl nur als Transporttiere in diesen Raum. Die Pferde ernährten sich während des Sommers auf den Weiden selbst. Im Winter wurden zumindest die wertvolleren Tiere, Reit- und Zugtiere sowie Zuchtstuten, in Stallungen untergebracht. Diese dürften in der Regel aus Holz gewesen sein und haben sich daher kaum erhalten. Zerleg- und Schnittspuren an Knochen verweisen darauf, dass Pferde nördlich der Alpen nicht nur als Reit- und Zugtiere dienten, sondern Pferdefleisch auch gegessen wurde. Das spiegelt eher keltisch-germanische Tradition wider, nach römisch-mediterranem Geschmack galt der Verzehr von Pferdefleisch als ekelhaft. Dies macht Tacitus bei der Schilderung der Belagerung des Legionslagers von *Vetera* / Xanten im Zuge des Bataveraufstandes (Dietz 1997) 69 / 70 n. Chr. deutlich: *„Während sie noch zögerten, gingen ihnen die gewohnten und ungewöhnlichen Lebensmittel aus, waren doch Zugvieh, Pferde und auch die übrigen Tiere bereits vollständig verzehrt, zu deren Genuss der Hunger greifen lässt, obwohl sie recht ekelerregend sind."* (Tacitus, *historiae* 4, 60; übersetzt von Joseph Borst).

Außerdem wurden Häute, Knochen und Sehnen zu Leder, Seilen, Leim und anderem weiterverarbeitet (Czysz 1994, 38f.; Peters 1994, 44–46; Peters 2000; Stephan 2005; Schmitzberger 2013, 147f.).

Dem hohen Ansehen und Prestige des Pferdes entsprechend, werden diese häufig bildlich dargestellt. In den römerzeitlichen Gräberfeldern des 1. bis 3. Jahrhunderts sind immer wieder Figuren, darunter eben auch Pferde, aus so genanntem weißem Pfeifenton als Grabbeigaben nachweisbar. Stellvertretend ist hier ein Pferdchen aus *Ovilavis* / Wels abgebildet. Machart und Größe dieser Figuren lassen an Kinder-

spielzeug denken. Das Ende eines Lampentragbügels aus *Lauriacum* / Enns ist als Pferdeprotome ausgeführt. Der lediglich 4 cm hohe Vorderteil eines aus-

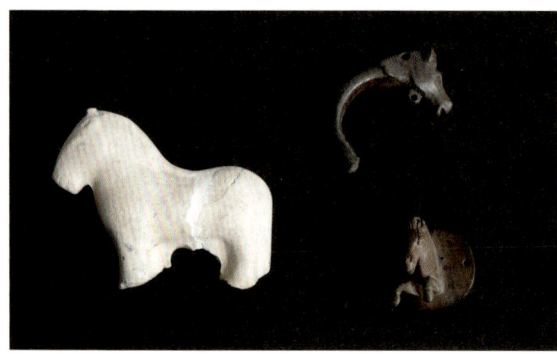

Pferdchen aus *Ovilavis* / Wels,
Ende eines Lampentragbügels aus *Lauriacum* / Enns,
Beschlag mit Vorderteil eines Pferdes aus *Lentia* / Linz.[1]

drucksstark gearbeiteten Pferdes aus *Lentia* / Linz hat einst als Beschlag gedient; vielleicht hat es Sattel, Pferdegeschirr oder einen Wagen geziert (s. u.).

Reiter

Pferde wurden ebenso wie Maultiere und Esel als Reittiere genutzt (Garbsch 1986, 75). Verwendung fanden sie dabei vor allem im militärischen Bereich, aber auch die zivile Oberschicht leistete sich teure Reitpferde. Zudem kamen sie im Post- und Kurierdienst zum Einsatz. Das Pferd spielte beim staatlichen Transport- und Nachrichtenübermittlungssystem, dem *cursus publicus*, eine zentrale Rolle. Das ausgeklügelte, flächendeckende Straßennetz, das ausgehend von seiner Hauptstadt Rom das gesamte Imperium Romanum durchzogen hat, bildete eine wesentliche Basis für den Erfolg dieses Reiches. Durch die regelmäßige Anlage von Rast- und Wechselstationen war ein unglaublich rascher Nachrichtenaustausch möglich. Es wird von einer durchschnittlichen Tagesleistung eines Meldereiters von 50 römischen Meilen (etwa 74 km) ausgegangen, bei raschem Handlungsbedarf ist auch bedeutend mehr möglich gewesen (Löffl 2011, 459–464). Das deutsche Wort Pferd leitet sich vom lateinischen *(para)veredus* – Post- / Kurierpferd – ab (Baltl 2003, 47f.).

Das römische Militär ist vorwiegend als Infanterieheer konzipiert gewesen. Spätestens die mehrfachen Niederlagen gegen Hannibals Kavallerie im zweiten punischen Krieg (218–201 v. Chr.) öffneten jedoch die Augen für die Notwendigkeit an berittenen Truppen (vgl. Kandler 2003, 85). Im Laufe der römischen Kaiserzeit sollte die Bedeutung der Reiterei weiter zunehmen. Eine Überwachung der langen Grenzen des Reiches war ohne berittene Truppen nicht möglich und auch feindliche Reiterstämme bedingten entsprechende Gegenmaßnahmen. Letztendlich sollte jedoch im 5. Jahrhundert der Drang der Reitervölker aus dem Osten zu stark werden und massiv zum Untergang des Weströmischen Reiches beitragen (vgl. Kandler 2003, 88 u. 92).

Einen der ersten schriftlichen Belege über die militärische Nutzung von Pferden auf dem Gebiet des heutigen Österreichs verdanken wir Caius Julius Caesar, der sich während des Bürgerkrieges 49 v. Chr. Unterstützung des norischen Königs in Form von etwa 300 Reitern – *„equitesque ab rege Norico circiter CCC"* – holte (Caesar, *de bello Civili* 1, 18). Diese Quelle verdeutlicht wiederum Stellenwert und Tradition der vorrömischen Pferdezucht und Reiterei, in diesem Fall in Bezug auf den Stamm der Noriker. Dass diese Tradition unter römischer Herrschaft ihre Fortsetzung fand, verdeutlichen die Inschriften von Mitgliedern der berittenen kaiserlichen Garde (*equites singulares Augusti*), die aus der Provinz Noricum stammen und zuvor wohl in hier stationierten Reitereinheiten (s. u.) gedient haben (Betz 1953, 732 u. 734; Speidel 1981/1982). Eine leider nur partiell erhaltene Grabinschrift aus Rom überliefert uns einen aus *Ovilavis* / Wels stammenden kaiserlichen Gardereiter. *Aelius Vi[ctorinus]* ist während seines aktiven Dienstes gestorben (Wink-

ler 1970/1971, 49; Speidel 1981/1982, 242 Nr. 23). Aus dem nördlichen Noricum sind außerdem zwei Gardereiter aus *Aelium Cetium* / St. Pölten (Speidel 1981/1982, 228f. Nr. 4 u. 230f. Nr. 8) und zumindest einer aus *Iuvavum* / Salzburg anzuführen (Speidel 1981/1982, 237 Nr. 16).

Im Stadtmuseum Wels – Minoriten ist die Grabstele des Chartius, Sohn des Tagadunus, zu besichtigen. Dieser Mann germanischer Herkunft stand als Gardereiter der *ala Augusta* im Dienst des Statthalters von Noricum. Das Bild unter dem Inschriftenfeld zeigt einen galoppierenden Reiter mit erhobener Lanze (Winkler 1969, 123; 1970, 50f; Eckhart 1981, 44 Nr. 49; Hemmers und Traxler 2012, 52; www.ubi-erat-lupa. org, Nr. 574).

Das Heer der frühen und mittleren Kaiserzeit setzte sich aus Legionen und so genannten Hilfstruppen (*auxilia*) zusammen. Eine Legion bestand aus etwa 6000 Männern, allesamt römische Bürger, wobei der überwiegende Großteil als schwerbewaffnete Infanteristen ausgebildet war. Etwa 120 Reiter ergänzten die Truppe, außerdem standen Last- und Zugtiere zur Verfügung. In der Provinz Noricum wurde erst in Folge der so genannten Markomannenkriege (166–180 n. Chr.) eine Legion stationiert. (Haupt-)Stützpunkt der *legio II Italica* war seit dem ausgehenden 2. Jahrhundert *Lauriacum* / Enns (zur Legionsgeschichte und den Lagern vgl. Petrovitsch 2006, 287–318). Bei den Auxiliareinheiten, die aus frei geborenen Männern ohne römischem Bürgerrecht bestanden, gab es Infanterieverbände (*cohortes*), Reitereinheiten (*alae*) und gemischte Truppen (*cohortes equitatae*). Die Sollstärken lagen bei 500 (*quingenaria*) oder 1000 Mann (*miliaria*). Neben der regelmäßigen guten Bezahlung war die Verleihung des römischen Bürgerrechts nach Ableistung der 25 Dienstjahre ein weiterer Anreiz, dem Militär beizutreten.

Die Benennung der Hilfstruppen leitet sich vom Gebiet der Aufstellung bzw. der Herkunft der ersten

Weihealtar aus *Lentia* / Linz mit der Nennung der *ala I Pannoniorum Tampiana victrix*.[2]

Rekruten ab. Die beiden bekannten „norischen" Einheiten sind die *ala Noricorum* und die *cohors I Noricorum equitata* (Alföldy 1974, 77) – also eine Reitereinheit und eine gemischte Einheit, was wiederum als Hinweis auf die Bedeutung der norischen Reiterei gewertet werden kann.

Durch einen in der Altstadt von Linz gefundenen Weihealtar wissen wir, dass in *Lentia* die *ala I Pannoniorum Tampiana victrix* stationiert gewesen ist.

Durch die Inschrift[3] kennen wir einen Lagerkommandanten namentlich: Caius Domitius Montanus Septimius Annius Romanus war wahrscheinlich zu Beginn des 3. Jahrhunderts ihr Befehlshaber (Genser 2014, 93; www.ubi-erat-lupa.org, Nr. 4814). Diese Einheit war vor der Stationierung in Noricum in Britannien und Pannonien im Einsatz (Lörincz 2001, 22; Genser 2014, 91f.). Im Stift Kremsmünster wird eine Grabinschrift verwahrt, die uns einen Veteranen der hier kurz *ala Tampiana* bezeichneten Einheit nennt. Titus Flavius Victorinus war *decurio* (Zehnschaftsführer) und ließ sich nach seiner Entlassung wahrscheinlich auf einem landwirtschaftlichen Betrieb im Kremstal nieder. Die traurige Inschrift berichtet uns, dass er seine Frau Cossutia Vera (50 Jahre), seine Tochter Flavia Victorina (23) und seinen (Zieh?-)Sohn Cosutius Firmus (15) zu Grabe tragen musste (Winkler 1975, 101; Hainzmann und Schubert 1986/1987, Nr. 943; www.ubi-erat-lupa.org, Nr. 4504). Ein weiterer *ex decurio* der *ala Tampiana*, Pudentius Maximus, hat sich nach seiner Entlassung offensichtlich in *Iuvavum* / Salzburg niedergelassen, wo er dem Hercules einen heute leider verschollenen Altar gestiftet hat (Hainzmann und Schubert 1986/1987, Nr. 1101; www.ubi-erat-lupa.org, Nr. 9100).

Der Nachweis des Alenkastells von *Lentia* dürfte im Winter 2015/16 gelungen sein, als bei archäologischen Grabungen durch die Firma Archnet – Bau- und Bodendenkmalpflege GmbH (Leitung: Dimitrios Boulasikis) in den Innenhöfen der Immobilie Promenade 15 die Fundamentreste einer massiven Mauer und zwei vorgelagerte Spitzgräben entdeckt wurden. Für nähere Informationen bleibt die Grabungsauswertung abzuwarten. Die Lokalisierung des Kastells in diesem Bereich wurde bereits von Christine Ertel und Erwin M. Ruprechtsberger vorgeschlagen (Ruprechtsberger 2005, 20–22 Abb. 1–3), die genaue Lage und die Ausdehnung sind allerdings noch zu diskutieren.

In der *Notitia dignitatum* (Occ. 34, 32), einem Staatshandbuch aus dem 4. / 5. Jahrhundert sind für *Lentia* / Linz berittene Bogenschützen (*equites sagittarii*) überliefert. Zahlreiche Kleinfunde aus Linz bestätigen eben-

Teil einer Grabstele (?) mit Soldat und dessen Frau, sowie Pferdeknecht, *Lentia* / Linz, 1. Hälfte des 3. Jahrhunderts, Granit.[5]

Rechte Nebenseite des Grabaltars des Titus Flavius Ingenuus aus *Ovilavis* / Wels.[4]

falls die Anwesenheit von berittenen Einheiten (s.u.). Die römischen Steindenkmäler liefern nicht nur durch ihre Inschriften wichtige Informationen zur Bevölkerung, sondern auch die bildlichen Darstellungen geben uns weitere Hinweise. Das die Inschrift ergänzende Bild eines Alenreiters auf der Grabstele des Chartius in Wels ist bereits oben genannt worden.

Aus *Ovilavis* / Wels stammt auch ein großer Grabaltar, der sich derzeit im Depot des Oberösterreichischen Landesmuseums in Leonding befindet. Von der Inschrift ist nicht mehr viel lesbar, lediglich der erste Name – Titus Flavius Ingenuus – lässt sich noch gut erschließen. Die Reliefs auf den Nebenseiten geben jedoch Aufschluss über den hier Bestatteten. Auf der linken Seite ist ein stehender bärtiger Mann in *tunica* und *toga* abgebildet, auf der rechten Seite ist auf einem Sockel ein bewaffneter Reiter auf einem nach links gerichteten Pferd in Levade dargestellt. Der Stifter hat sich auf den Seitenfeldern offenbar als römischer Bürger und Kavallerist darstellen lassen (Eckhart 1981, 30 Nr. 20; Hemmers und Traxler 2012, 52; www.ubi-erat-lupa.org, Nr. 544).

Ein Grabstein aus *Lentia* / Linz, der in die 1. Hälfte des 3. Jahrhunderts datiert werden kann, zeigt ein an-

Teile einer überlebensgroßen Reiterstatue aus *Lauriacum* / Enns: linkes Hand- und Unterarmfragment, Teil der Schädelkalotte.[6]

deres Motiv. Im Hauptfeld ist ein Ehepaar dargestellt. Im darunter liegenden Nebenfeld ist das Bildnis eines Knechtes mit zwei Pferden zu sehen. Das Gewand des Mannes im Hauptfeld gibt ihn als Soldat zu erkennen, der Pferdeknecht weist ihn mit großer Wahrscheinlichkeit als Offizier aus (Eckhart 1981, 49 Nr. 60; Traxler 2009, 163–165 LINZ G14; www.ubi-erat-lupa.org, Nr. 584).

Herrscher und Feldherrn ließen sich ebenfalls gerne hoch zu Ross darstellen (Bergemann 1990). Das bekannteste Beispiel ist wohl das Reiterstandbild des Kaisers Marc Aurel auf dem Kapitol in Rom. Entspre-

chend finden sich in vielen Siedlungen des Imperium Romanum Reiterstatuen bzw. Fragmente davon. Eine überlebensgroße bronzene Hand und der Teil einer Schädelkalotte sind 1952 gemeinsam mit einem Gewandfaltenstück in der so genannten Zivilstadt von *Lauriacum* / Enns gefunden worden. Es handelt sich dabei wohl um die Statue eines Kaisers (Jenny und Vetters 1954, 13 u. 75; Eckhart 1976, 23f. Nr. 1, 4 u. 6). Im Jahr 1756 ist in Wels der Rumpf eines Bronzepferdes aus der Traun gefischt worden. Das Original ist leider verloren, allerdings gibt es eine Rekonstruktionszeichnung des 18. Jahrhunderts, die uns das herausragende Objekt vor Augen führt (Trath-

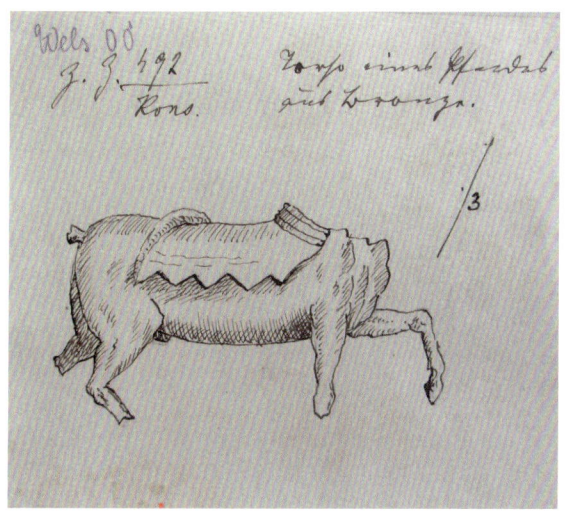

Zeichnung des Pferderumpfes, der 1756 in der Traun in Wels gefunden wurde.[8]

Rekonstruktionszeichnung des Welser Bronzepferdes, Ende 18. / Anfang 19. Jahrhundert.[7]

Reiterfibel aus *Lauriacum* / Enns.[9]

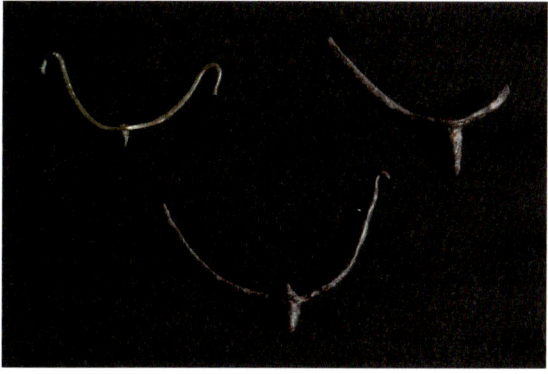

Sporen aus Bronze bzw. Eisen von den Ausgrabungen beim Linzer Schloss im Jahr 2000.[10]

nigg 1966/1977, 149f. Abb. 62; Eckhart 1981, 20 Nr. 1, Taf. 1,1c; Winkler 2003, 25 Abb. 5; Miglbauer 2006, 76 mit Abb.). Im Archiv des Österreichischen Archäologischen Institutes liegt eine entsprechende Skizze ohne Ergänzungen auf. 1923 und 1949 tauchten in der Traun ein rechter Hinterhuf bzw. das linke Bein eines Reiters auf, die heute zu den Prunkstücken des Welser Museums zählen (Trathnigg 1966/1977, 149f. Abb. 63 u. 64; Eckhart 1981, 20 Nr. 1, Taf. 1,1a.b Winkler 2003, 25 Abb. 6–7; Miglbauer 2006, 76 mit Abb.). Die Statue stellte vermutlich ebenfalls einen Kaiser oder ein Mitglied der Herrscherfamilie dar.

Bestandteile und Zierelemente der römischen Pferdeausrüstung.
Funde aus *Lentia* / Linz.[11]

Relieffragment eines größeren Grabdenkmals an der Südwand der
Pfarrkirche von Salzburg-Maxglan mit Wagenrädern.[12]

Götter wurden ebenfalls beritten dargestellt. Einige sind eng mit Pferden verbunden, wie die Pferdegöttin Epona, die keltischen Ursprungs ist, oder die Dioskuren Castor und Pollux. Dies gilt auch für die so genannten Donauländischen Reiter, die auf einem Votivtäfelchen aus *Lauriacum* / Enns zu finden sind. Es handelt sich dabei um einen Mysterienkult, der im 2. Jahrhundert entstand und vor allem im Donauraum verbreitet war (Humer und Kremer 2011, 186f. Kat.Nr. 81 u. 82).

Auch Gebrauchsgegenstände wie eine Fibel (Gewandspange) aus *Lauriacum* / Enns können in Form eines Reiters gestaltet sein.

Ein so genannter Hörnchensattel aus Leder mit vier die Sitzfläche einfassenden hornförmigen Verstärkungen garantierte dem Reiter einen sicheren Sitz. Steigbügel kamen erst im frühen Mittelalter in Europa auf (Garbsch 1986, 72–75; Bender 1989, 142; Deschler-Erb 2005, 246–248). Um das Pferd anzutreiben, gab es eiserne Sporen, die wohl in erster Linie im militärischen Kontext zum Einsatz kamen. Römerzeitliche Sporen zählen zu den eher seltenen Fundobjekten. Umso erfreulicher war die Entdeckung von gleich vier Sporen aus Eisen bzw. Bronze bei den Ausgrabungen am Linzer Schlossberg im Jahr 2000 (Ployer 2013, 101 f.). Trensen treten in unterschiedlichen Varianten

Berühmtes Grabrelief eines Reisewagens an der Südwand der
Domkirche von Maria Saal (*Virunum* / Zollfeld in Kärnten).[13]

auf. Am häufigsten finden sich Ringtrensen, die aus keltischer Tradition stammen. Die mediterranen Hebelstangentrensen kommen seltener vor. Zaumzeug, Sattel und Geschirr konnten reich verziert sein. Wie eine Bleimodell einer Riemenschlaufe verdeutlicht, sind derartige Zierelemente entweder in den Militärlagern selbst oder von privaten Handwerkern in deren Umfeld hergestellt worden. Alle hier angeführten Bestandteile und Zierelemente der Pferdeausrüstung sind ebenso wie die Sporen in *Lentia* / Linz gefunden worden und belegen die bereits ausführlicher erör-

Hipposandale / Hufschuh mit Stollen aus *Ovilavis* / Wels.[15]

Nachbau eines römischen Reisewagens (*carruca*) im Turm 9 – Stadtmuseum Leonding.[14]

terte Anwesenheit von Reitereinheiten (vgl. Ployer 2013, 101–103 u. 105).

Wagen

Für das römische Heer und den privaten Bereich waren Pferde neben Maultieren als Pack- und Zugtiere wichtig. Schwere Lasten wurden von Ochsengespannen gezogen. Edle schnelle Pferde wurden bei Wettkämpfen und Wagenrennen im Circus eingesetzt, die sich großer Beliebtheit erfreuten. Bei archäozoologischen Untersuchungen des Knochenmaterials können krankhafte Veränderungen am Skelett – an Fußgelenken, Brust- und Lendenwirbeln – Hinweise darauf geben, ob die Tiere als Reit- und / oder Zugtiere intensiv beansprucht wurden. Auch die Kastration männlicher Tiere lässt sich in manchen Fällen am Knochen-

aufbau nachweisen – vor allem, wenn die Kastration früh durchgeführt wurde. Dadurch wurden die Tiere ruhiger, fügsamer und folglich lenkbarer (Peters 2000, 184; Stephan 2005, 297).

In römischer Zeit gab es eine große Vielfalt an zwei- oder vierrädrigen Last- oder Personenwägen, die offen oder überdeckt waren. In der römischen Literatur sind zahlreiche Bezeichnungen für Wägen überliefert – viele davon keltischen Ursprungs wie der *carrus*, ein vierrädriger Karren für militärisches Gepäck und Tross, oder die ebenfalls vierrädrige *carruca*, ein bequemer überdachter Reisewagen. Das *carpentum* war ein zweirädriger Last- oder Reisewagen, um nur eine kleine Auswahl an Wagentypen anzuführen. Weitere Informationsquellen sind bildliche Darstellungen und archäologische Funde – in der Regel Beschläge und Konstruktionsteile aus Metall, da sich die Bestandteile aus Holz unter normalen Bedingungen nicht erhalten haben. Zudem waren die Wagenkästen mit Zierbeschlägen, die häufig figürlich gestaltet waren, geschmückt. Reisewägen wiesen als Innovation eine Trennung von Fahrgestell und Karosserie auf. Der Aufbau wurde dabei mittels Lederriemen oder Seilen an seitlichen Trägern aufgehängt. Diese „Federung" machte das Reisen zwar nicht völlig komfortabel, sie milderte aber zumindest die ärgsten Stöße. Die hölzernen Speichenräder waren durch eiserne Reifen verstärkt. Nabenringe und Büchsen aus

Eisen schützten die auf die Wagenachsen geschobenen Radnaben, in die je die Hälfte der acht bis zwölf Speichen eingelassen waren. Achsnägel verhinderten das Lösen der Räder von den Achsen. Gelenkt wurde durch Einschwenken der ganzen Vorderachse, die sich um einen massiven bis zu 60 cm langen Reibnagel mit 2 bis 4 cm Durchmesser drehte. Der untere Abschluss dieses Nagels war gelocht, um einen Splint aufzunehmen. Zwischen ein und vier Pferde dienten als Zugtiere, die über Joch, Deichsel und Geschirr mit dem Wagen verbunden waren. Am Joch waren Führungsringe für die Zügel angebracht. Das Geschirr war wie bei den Reitpferden mit verschiedensten Zierelementen versehen (Garbsch 1986, 45–71; Bender 1989, 145–147; Bender 2000, 262).

Hufeisen scheinen in römischer Zeit nicht bzw. sehr selten verwendet worden zu sein. Den typischen Hufschutz stellten so genannte Hipposandalen aus Eisen dar. Wenn es das Gelände bedingte, wurden sie Pferden und Maultieren mit Hilfe von Riemen oder Bändern umgebunden. Einige dieser Hufschuhe wiesen an der Unterseite Stollen auf (Garbsch 1986, 78f.; Peters 2000, 184; Grabherr 2001, 71–75).

excursus I

Kaiser Nero ließ angeblich für seine Maultiere silberne (Sueton, *Nero* 30), seine Gattin Poppaea für ihre Tiere sogar goldene (Plinius der Ältere, *naturalis historia* 33, 140) Hufschuhe anfertigen. Diese wahrscheinlich im Laufe der Zeit in Übersteigerung wiedergegebenen Beispiele illustrieren die Bedeutung, die Reittiere selbstverständlich auch in römischer Zeit für ihre Besitzer haben konnten. Als weitere prominente Vertreter können hier die beiden Kaiser Hadrian und Caligula genannt werden. Hadrian hat seinem Jagdpferd Borysthenes ein Grabdenkmal mit Standbild und metrischer Inschrift setzen lassen (Demandt 2007, 77; http://db.edcs.eu/epigr/epi_de.php, Nr. EDCS-08500803). Kaiser Caligula soll laut Cassius Dio (59, 14) und Sueton (*Caligula* 55) dem erfolgreichen Rennpferd Incitatus eine marmorne Tränke und die denkbar kostbarste Ausrüstung geschenkt haben. Das Pferd bewohnte angeblich einen eigenen Palast und letztendlich sollte es einen Sitz im Senat und sogar die Konsulwürde erhalten. Spätestens mit dieser Brüskierung des Senats überspannte Caligula den Bogen und legte den Grundstein für seine Verewigung in der Liste der vom Cäsarenwahn befallenen Kaiser.

excursus II

Der Noriker, ein kräftiges und ausdauerndes Kaltblutpferd, wird in den österreichischen und deutschen Alpen gezüchtet, wobei das Bundesland Salzburg das Hauptzuchtgebiet ist [https://de.wikipedia.org/wiki/Noriker_(Pferd)]. Der Name der Rasse nimmt selbstverständlich auf den römischen Namen des Zuchtgebietes Bezug. Bereits in vorrömischer Zeit wurden in den Ostalpen bewegliche und trittsichere Pferde eingesetzt. Diese Tradition fand, wie erläutert wurde, in der Provinz Noricum seine Fortsetzung. Ob / wieviel norisch-römisches Blut in den Adern der heutigen Noriker fließt, ist allerdings noch nicht gesichert – vielmehr ist nach aktuellem Forschungsstand eher sehr unwahrscheinlich, dass es biologische Kontinuitäten gibt.

Literatur:

Géza Alföldy: Noricum, London – Boston 1974.

Hermann Baltl: Das Pferd in Religion, Staat und Recht. Private und öffentliche Funktionen des Pferdes. In: Mythos Pferd. Steirische Landesausstellung 2003, 46–51.

Helmut Bender: Verkehrs- und Transportwesen in der römischen Kaiserzeit. In: Herbert Jankuhn – Wolfgang Kimmig – Else Ebel (Hrsg.), Untersuchungen zu Handel und Verkehr der vor- und frühgeschichtlichen Zeit in Mittel- und Nordeuropa 5. Der Verkehr: Verkehrswege, Verkehrsmittel, Organisation. In: Abhandlungen der Akademie der Wissenschaften in Göttingen, Philologisch-Historische Klasse, Folge 3, 180. Göttingen 1989, 108–154.

Helmut Bender: Römische Straßen und Reiseverkehr. In: Ludwig Wamser – Christof Flügel – Bernward Ziegaus (Hrsg.): Die Römer zwischen Alpen und Nordmeer. Zivilisatorisches Erbe einer europäischen Militärmacht, Mainz 2000, 255–263.

Johannes Bergemann: Römische Reiterstatuen. Ehrendenkmäler im öffentlichen Bereich, Beiträge zur Erschließung hellenistischer und kaiserzeitlicher Skulptur und Architektur 11, Mainz 1990.

Artur Betz: Noriker im Verwaltungs- und Heeresdienst des römischen Kaiserreichs. In: Carinthia 143/I, 1953, 719–735.

Wolfgang Czysz: Römische Gutshöfe 2. Die Agrargüterproduktion auf den römischen Villen. In: Arche 7, 1994, 36–39.

Alexander Demandt: Das Privatleben der römischen Kaiser, Nördlingen 2007 (3. Auflage).

Eckhard Deschler-Erb: Militärische Ausrüstung. „In schimmernder Wehr". In: Imperium Romanum. Roms Provinzen an Neckar, Rhein und Donau, hrsg. vom Archäologischen Landesmuseum Baden-Württemberg, Stuttgart 2005, 241–249.

Karlheinz Dietz: Bataveraufstand. In: Der Neue Pauly 2, Stuttgart 1997, 488–491.

Lothar Eckhart: Die Skulpturen des Stadtgebietes von Lauriacum, Corpus Signorum Imperii Romani Österreich III,2, Wien 1976.

Lothar Eckhart: Die Skulpturen des Stadtgebietes von Ovilava, Corpus Signorum Imperii Romani Österreich III,3, Wien 1981.

Jochen Garbsch: Mann und Roß und Wagen. Transport und Verkehr im antiken Bayern, Ausstellungskatalog der Prähistorischen Staatssammlung 13, München 1986.

Kurt Genser: Römisches Militär in Lentia – Linz. In: Felix Lang – Stefan Traxler – Erwin M. Ruprechtsberger – Wolfgang Wohlmayr (Hrsg.): Ein kräftiges Halali aus der Römerzeit! Norbert Heger zum 75. Geburtstag, ArchaeoPlus 7, Salzburg 2014, 89–98.

Gerald Grabherr: Michlhallberg. Die Ausgrabungen in der römischen Siedlung 1997–1999 und die Untersuchungen an der zugehörigen Straßentrasse, Schriftenreihe des Kammerhofmuseums Bad Aussee 22, Bad Aussee 2001.

Norbert Heger: Die Skulpturen des Stadtgebietes von Iuvavum, Corpus Signorum Imperii Romani Österreich III,1, Wien 1975.

Christian Hemmers – Stefan Traxler: Die römischen Grabdenkmäler von Ovilavis / Wels. Stein – Relief – Inschrift. In: Walter Aspernig zum 70. Geburtstag, Jahrbuch des Oberösterreichischen Musealvereines 157, 2012 = Jahrbuch des Musealvereines Wels 2009/2010/2011.

Franz Humer – Gabrielle Kremer: Götterbilder – Menschenbilder. Religion und Kulte in Carnuntum, Katalog des NÖ Landesmuseums, Neue Folge 498, St. Pölten 2011.

Manfred Hainzmann – Peter Schubert: Inscriptionum lapidariarum Latinarum provinciae Norici usque ad annum MCMLXXXIV repertarum. Indices (ILLPRON indices). Berlin – New York 1986/1987.

Wilhelm Jenny – Hermann Vetters: Die Plangrabungen in der Zivilstadt 1952. In: Forschungen in Lauriacum 2, 1954, 2–96

Manfred Kandler: Die Kavallerie im römischen Heer der Kaiserzeit. Mit dem Pferd bis an den Limes. In: Mythos Pferd. Steirische Landesausstellung 2003, 84–93.

Dieter Kramer: Auf den Spuren der Pferde. Von den Darstellungen der Steinzeit bis zu den Pferdeheiligen des Mittelalters. In: Mythos Pferd. Steirische Landesausstellung 2003, 56–71.

Ernst Lassnik: Ein Rundgang durch die Landesausstellung „Mythos Pferd". In: Mythos Pferd. Steirische Landesausstellung 2003, 10–41.

Josef Löffl: Die römische Expansion 2011, Region im Umbruch 7, Berlin 2011.

Barnabas Lörincz: Die römischen Hilfstruppen in Pannonien während der Prinzipatszeit. Band 1: Die Inschriften, Wiener Archäologische Studien 3, 2001.

Joris Peters: Nutztiere in den westlichen Rhein-Donau-Provinzen während der römischen Kaiserzeit. In: Helmut Bender – Hartmut Wolff (Hrsg.): Ländliche Besiedlung und Landwirtschaft in den Rhein-Donau-Provinzen des römischen Reiches, Passauer Universitätsschriften zur Archäologie 2, Espelkamp 1994, 37–63.

Joris Peters: Die Haustierhaltung. In: Ludwig Wamser – Christof Flügel – Bernward Ziegaus (Hrsg.): Die Römer zwischen Alpen und Nordmeer. Zivilisatorisches Erbe einer europäischen Militärmacht, Mainz 2000, 182–187.

Hans Petrovitsch: Legio II Italica. In: Forschungen in Lauriacum 13, Linz 2006.

Gernot Piccottini: Die kultischen und mythologischen Reliefs des Stadtgebietes von Virunum, Corpus Signorum Imperii Romani Österreich II,4, Wien 1984.

René Ployer: Römerzeitliche Funde und Befunde im Bereich des Linzer Schlosses. In: Erwin M. Ruprechtsberger – Otto H. Urban: Vom Keltenschatz zum frühen Linze. Begleitband zur gleichnamigen Ausstellung im Nordico Stadtmuseum Linz, Linz 2013, 93–108.

Erwin M. Ruprechtsberger (Hrsg.), Neue Beiträge zum römischen Kastell von Lentia/Linz. Linzer archäologische Forschungen 36, Linz 2005.

Manfred Schmitzberger: Auf den Spuren von Viehzucht, Jagd und Lebensmittelversorgung im antiken Lentia. In: Erwin M. Ruprechtsberger – Otto H. Urban: Vom Keltenschatz zum frühen Linze. Begleitband zur gleichnamigen Ausstellung im Nordico Stadtmuseum Linz, Linz 2013, 143–153.

Michael F. Speidel: Noricum als Herkunftsgebiet der kaiserlichen Gardereiter. In: Jahreshefte des Österreichischen Archäologischen Instituts 53, 1981/1982, Beiblatt 214–243.

Elisabeth Stephan: Haus und Wildtiere. Haltung und Zucht in den römischen Provinzen nördlich der Alpen. In: Imperium Romanum. Roms Provinzen an Neckar, Rhein und Donau, hrsg. vom Archäologischen Landesmuseum Baden-Württemberg, Stuttgart 2005, 294–300.

Gilbert Trathnigg: Beiträge zur Topographie des römischen Wels I. In: Jahreshefte des Österreichischen Archäologischen Instituts 48, 1966/1977, Beiblatt 110–166.

Stefan Traxler: Die römischen Grabdenkmäler von Lauriacum und Lentia. Stein – Relief – Inschrift, Forschungen in Lauriacum 14, Linz 2009.

Gerhard Winkler: Beiträge zur Geschichte von Ovilava. In: Jahrbuch des Musealvereines Wels 17, 1970/1971, 43–55.

Gerhard Winkler: Die Römer in Oberösterreich, Linz 1975.

Gerhard Winkler: Römerzeitliche Forschung in Oberösterreich – Ein historischer Überblick. In: Jutta Leskovar – Chistine Schwanzar – Gerhard Winkler (Hrsg.): Worauf wir stehen. Archäologie in Oberösterreich, Kataloge des OÖ. Landesmuseums, Neue Folge 195, 2003, 23–34.

1 Oö. Landesmuseum – Depot Leonding, Inv.-Nr. B 488, B 565 und B 650. – Foto: Oö. Landesmuseum, Stefan Traxler.

2 Oö. Landesmuseum – Schlossmuseum Linz, Inv.-Nr. B 628. – Foto: Ortolf Harl, www.ubi-erat-lupa.org, Nr. 4814.

3 Inschrift (nach Winkler 1975, 117; Hainzmann und Schubert 1986/1987, Nr. 948):
   Genio / C(aii) Domiti(i) / Montani / Sept(imii) An(nii) Romani / praef(ecti) alae I / Pannoniorum / Tampian(ae) victr(icis) / Castricius / Sabinus duplicar(ius) / alae eiusdem / aram consecrav(it) / v(otum) l(ibens) m(erito) s(olvit).
   Caius Domitius Montanus Septimius Annius Romanus, Kommandant der siegreichen *ala I Pannoniorum Tampiana*, hat Castricius Sabinus, Unteroffizier (mit doppeltem Sold) derselben *ala*, den Altar geweiht, indem er sein Gelübde gern und nach Gebühr einlöste.

4 Oö. Landesmuseum – Depot Leonding, Inv.-Nr. B 1718. – Foto: Ortolf Harl, www.ubi-erat-lupa.org, Nr. 544.

5 Oö. Landesmuseum – Schlossmuseum Linz, Inv.-Nr. B 1706. – Foto: SRI – Christian Hemmers/Stefan Traxler.

6 Oö. Landesmuseum – Depot Leonding, Inv.-Nr. B 40060 und Inv.-Nr. B 40059. – Foto: Oö. Landesmuseum, Stefan Traxler.

7 Stadtarchiv Wels; das Bild dürfte aus der Chronik der Stadt Wels von Felix von Froschauer stammen (Renate Miglbauer sei herzlich für diese Information gedankt). – Scan: Stadtmuseum Wels

8 Österreichisches Archäologisches Institut, Archiv. – Scan: ÖAI Wien.

9 Oö. Landesmuseum – Depot Leonding, Inv.-Nr. B 40221. – Foto: Oö. Landesmuseum, Stefan Traxler.

10 Oö. Landesmuseum – Depot Leonding, Fund-Nr. 2000/267, 268 und 294. – Foto: Oö. Landesmuseum, Stefan Traxler.

11 Oö. Landesmuseum – Depot Leonding, Riemenverteiler (Inv.-Nr. B 50494/3), Riemenbeschlag, sog. doppelte Pelte (Inv.-Nr. B 50492), durchbrochener Riemenbeschlag (Inv.-Nr. B 697), Riemenanhänger (Fund-Nr. 2000/227), Bleimodell einer durchbrochenen Riemenschlaufe (Inv.-Nr. B 1436). – Foto: Oö. Landesmuseum, Stefan Traxler.

12 Links unten ist auch noch das Bein eines Huftieres zu sehen, die Position hinter den Rädern gibt Rätsel auf (vgl. Heger 1975, 33f. Nr. 54; www.ubi-erat-lupa.org, Nr. 341. – Foto: SRI – Christian Hemmers / Stefan Traxler.

13 Diese Darstellung wird als Symbol für die Fahrt ins Jenseits interpretiert wird (vgl. Piccottini 1984, 75 Nr. 399; www.ubi-erat-lupa.org, Nr. 1107). – Foto: Stefan Traxler.

14 Turm 9 – Stadtmuseum Leonding. – Foto: Catharina Bamberger

15 Oö. Landesmuseum – Depot Leonding, Inv.-Nr. B 3221. – Foto: Oö. Landesmuseum, Stefan Traxler.

Erich Pröll

Meine Mustangs

Pferde im „Wilden Westen"

Pferde spielten im „Wilden Westen" Nordamerikas eine große Rolle. Sie waren in der Pionierzeit des 18. und 19. Jahrhunderts das wichtigste Transportmittel. Pferde waren Zug- und Lasttiere auf den großen Siedlertracks von der Ostküste in Richtung Westen. Am Oregon oder Santa Fe Trail waren pro Jahr an die 55.000 neue Siedler unterwegs, sie waren die Gründer von Los Angeles, von San Francisco usw. Die Post wurde anfangs mit Pferden vom Osten in den Westen transportiert, von den berühmten Pony-Express-Reitern, die diese Durchquerung Nordamerikas in zehn Tagen auf ihren Mustangs schafften.

Die „Spanische Rasse"

Doch woher kamen diese Pferde? In Nordamerika starben die „Pferde" vor 10.000 Jahren aus. Diese hatten mit heutigen Pferden im Aussehen wenig gemeinsam, sie waren groß wie Hunde und Paarhufer. Die ersten Pferde, wie wir sie heute kennen, kamen auf den Reisen von Christoph Columbus und den Konquistadoren vor rund 500 Jahren nach Zentral- und Nordamerika. Es waren zu dieser Zeit die Besten – die „Spanische Rasse". Ausgesuchte Zuchttiere, deren Transport nach einigen Jahren sogar vom Spanischen Königshof verboten wurde, damit nicht auserlesenes Zuchtmaterial in Europa verloren geht. Doch edelste Hengste und Stuten bildeten die Basis im Süden von Nordamerika, im heutigen Arizona. An die 1.000 Pferde dieser Spanier waren schon auf riesigen Weiden

aufgezogen worden – und es waren außergewöhnliche Pferde, die sich dem Klima, der Vegetation, den wasserarmen, kargen Böden perfekt anpassten. Diese „Spanische Rasse" war eine Kreuzung von Berbern, den nordafrikanischen Wüstenpferden, von Arabern und spanischen Andalusiern. Sie zählten in ihrer Zeit zu den Besten.

In den folgenden Jahrzehnten entkamen viele dieser Pferde, manche wurden von Indianern eingefangen, vor allem die Gescheckten waren beliebt. Somit waren auch die Indianer der großen Plains, der unendlich weiten Grasebenen, der Prärien, viel beweglicher. Die Stämme der Sioux, der Cheyenne, Shoshone oder Apachen hatten die Herrschaft über andere Stämme übernommen und sie konnten sich besser ernähren, da sie viel leichter Bisons jagen konnten.

Cowboys und ihre Pferde

Aus den ersten Siedlerdörfern im Mittleren Westen wurden bald große Farmen, Ranches mit tausenden von Rindern, die im weiten Grasland der Prärie ideales Futter fanden. Die großen Herden wurden von den Cowboys bewacht, Jungtiere für das Markieren mit dem Brandeisen eingefangen und schließlich über Tage zu den Schlachthäusern oder Bahnstationen getrieben. Dies alles auf den Rücken der Pferde. Aus den spanischen Sätteln hat sich ein für diese Arbeit idealer Sattel entwickelt, der heutige „Westernsattel", mit großer Auflage, einem Horn, um das Lasso zu fixieren, und die Kleidung hat sich auch angepasst. Stiefel, die extreme, lange Strapazen aushielten, Hüte mit großer Krempe, damit der Regen nicht ins Genick rinnt, lange Mäntel, um vor Wind und Wasser geschützt zu sein. Dies ist die Kleidung, wie man sich einen Cowboy vorstellt, und dies hat sich so aus der Notwendigkeit heraus entwickelt, aus rein praktischen Gründen. Westernreiten ist nichts anderes als uralte europäische Reiterei, modifiziert auf die Arbeitsweise mit dem Pferd. Die Cowboys mit ihren Pferden – die gibt es noch heute, nicht mehr in der großen Zahl wie einst, aber auf den großen Ranches im Westen, da ist ihr Stolz ungebrochen. Cowboyhut, die Sporen an den Stiefeln, Lederchaps an den Beinen, das Lasso am Sattel und so mancher trägt seinen Colt im Halfter oder die Winchester im Sattelschaft.

Die Western-Reitweise, die Sättel, die Zäumung, die Kleidung – dies stammt im Grunde aus der alten spanischen, europäischen Reitweise, die sich – angepasst an die Notwendigkeit und an die Arbeitsweise vom Pferd aus – entwickelt hat. Westernreiten ist keine amerikanische Erfindung, sondern eine uralte, europäische Reitform.

Das Quarter Horse

Aus der Cowboyarbeit entwickelten sich die Disziplinen der Westernreitbewerbe. Reining und Cutting stehen an erster Stelle und die Zucht der idealen Pferde ist für manchen Rancher zu einem großen Geschäft geworden. Cutting – das Aussondern eines Rindes aus der Herde in möglichst kurzer Zeit – ist zu einem lukrativen Sport geworden. Die besten Reiter wurden zu Millionären – Cutting ist nach Formel 1 und Golf die Sportart mit den höchsten Preisgeldern. Der Großteil der Pferde sind Quarter-Horses. Der Name kommt daher, dass aus den Bewerben auf der Dorfstraße die Schnellsten ermittelt wurden, auf einer Kurz-Strecke

von circa 400 Metern, also auf der „Quartermile", der Viertelmeile. Diese Ranchpferde, muskelbepackte Athleten, waren nicht zu schlagen, auch nicht von den schnellen englischen Vollblütern, die jedoch auf den langen Strecken uneinholbar waren. Diese Athleten waren eine Mischung von Andalusiern, Berbern, Arabern, englischem Vollblut, und von den Züchtern wurde darauf Wert gelegt, ausgesuchte Mustangs einzukreuzen, denn die Wildpferde brachten nochmals eine große Steigerung. Diese Mischung ergab ein besonderes Pferd, das „Quarter Horse" genannt wurde. Sie waren und sind die Kurzstrecken-Sprinter und haben einen Start wie ein Formel-1-Rennauto. Diese Rasse war auch sehr ausgeglichen, gutmütig und menschenfreundlich, war leicht zu trainieren und auszubilden und daher war ihre Zucht sehr gefragt und sie wurden sehr rasch zur zahlenmäßig größten Pferderasse der Welt, mit heute 4,6 Millionen registrierten Pferden. Erst 1941 wurde das erste Quarter Horse in Amarillo Texas in das Zuchtbuch eingetragen, die Quarter Horse-Association entstand – sie ist heute ein Pferde-Imperium mit einem großen Museum und einer Hall of Fame.

Paint Horse und Appaloosa

1964 wurden aus der großen Familie der Quarter Horses die „Gescheckten" ausgewählt – und eine eigene Organisation gegründet, die „Paint Horse Association" in Fort Worth – und eine weitere Western-Pferderasse, die vor allem von den Nez Percé Indianern rein gezüchtet wurde, die Appaloosa. All diese Züchtungen gehen zum großen Teil auf die Pferde zurück, die vor 500 Jahren mit den Spaniern kamen. Jüngste Forschungen und Entdeckungen haben Erstaunliches zutage gebracht – so sollen Pferde-Skelette gefunden worden sein, die auf ein Alter von 700 und ein anderes auf 900 Jahre hinweisen, aber da war von Columbus noch keine Spur. Dies ist noch nicht offiziell, jedoch: Hat es möglicherweise schon immer Pferde in Nordamerika gegeben und keiner hat's bemerkt? Jedenfalls – die Wildpferde, die Mustangs, die leben seit 500 Jahren in den Prärien des Westens – bis heute.

Mustangs

Diese verwilderten Spanier, die damals Besten aus ihrer hervorragenden Rasse – das sind die Mustangs, deren Namen von dem spanischen Wort „Mestengo" – der Fremde, der Vagabund – stammt. Die Herden haben sich von Süden her über den ganzen, damals sehr dünn besiedelten Westen Nordamerikas verbreitet. Um 1800 soll es an die 3 Millionen Wildpferde in den Prärien gegeben haben, manche Aufzeichnungen sprechen von 7 Millionen Tieren. Rinderfarmen, die großen Ranches, die sich immer weiter ausbreiteten, sie brauchten Weideland für ihre Kühe und so wurde das Land der Wildpferde systematisch kleiner. Mustangherden, die zu nahe an das neue Ranchland kamen, wurden gnadenlos gejagt. Dies gipfelte in brutalen, tausendfachen Abschlachtungen: Man ließ ihre Kadaver verrotten oder sie wurden in eigens errichtete Pferde-Schlachthäuser getrieben, um Tierfutter aus den edlen Tieren zu machen. Die Pferde hatten keinen wirtschaftlichen Wert wie etwa die Rinder und so wurden sie geschossen, wo immer man ihnen habhaft wurde. Es erging ihnen ähnlich wie den Bisons, die auch fast ausgerottet wurden.

Die letzten Wildpferde

1971 gab es in den USA eine große Kampagne, an ihrer Spitze Velma Johnston aus Reno, Nevada – die Mustang Annie. Es gelang ihr, die Bevölkerung zu mobilisieren und den Kongress zu überzeugen, und so wurde 1971 ein Gesetz erlassen, das die Jagd auf die noch verbliebenen ein paar Tausend Mustangs untersagte und diese Wildpferde unter Naturschutz stellte. Die

Besten, Cleversten und Schnellsten entkamen dem jahrzehntelangen Massaker und sie bilden heute die Basis der Mustang-Herden. Rund 35.000 Wildpferde leben heute auf staatlichem Terrain im Westen, vor allem in Wyoming, Montana, Colorado und Nevada. Ihre Zahl soll konstant gehalten werden, da die vorhandenen Flächen staatlicher Gründe nicht mehr Pferde zulassen. Das Nahrungsangebot ist begrenzt und die Weidegründe werden von Jahr zu Jahr kleiner, denn Erdöl- und Gas-Pumpstationen und andere wirtschaftliche Interessen sind stark und haben eine Lobby – die Mustangs nur die Pferde-Liebhaber.

Um den Bestand zu halten, wird jedes Jahr die Überpopulation vom BLM – Bureau of Land Management, einer staatlichen Stelle des Innenministeriums – eingefangen. Es werden jährlich zehn- bis fünfzehntausend Fohlen in der Wildnis geboren und daher gibt es das Round Up oder Gathering. Früher mit Cowboy-Trupps, heute mit Helikopter, werden die Herden zusammengetrieben und vor allem Jungtiere ausgesondert. Sie bekommen alle einen Brand mit einer Nummer, die das ganze Pferdeleben lang abzulesen ist. Es geschieht an der linken Halsseite des Pferdes durch schmerzfreien Kaltbrand mit flüssigem, minus 196 Grad kaltem Stickstoff. Die Pferde werden bei Auktionen präsentiert, die Jährlinge am Halfter, die älteren werden zugeritten und an den Bestbieter zur Adoption gegeben. Rancher oder Pferdeliebhaber aus den USA haben die Möglichkeit, so einen Mustang bei der Versteigerung zu erwerben. Dass diese Pferde ruhig präsentiert werden können, dafür ist in Wyoming ein exzellenter Trainer für diese Pferde aus der Wildnis zuständig – Steve Mantle, der es in besonderer Weise versteht, in der gewaltfreien „natural horsemanship method" die Mustangs halfterführig oder reitbar zu trainieren – in kürzester Zeit. Damit die Wildpferde in gute Hände kommen und auch bestens betreut sind, werden sie vom BLM im ersten Jahr – dem Adoptionsjahr – regelmäßig kontrolliert. Erst dann bekommt der Rancher das „Certificate" und wird zum Besitzer des Mustangs. Es ist nicht vorgesehen, dass diese frisch gefangenen Pferde die USA verlassen dürfen, denn die unter Schutz gestellten Tiere könnten dann nicht mehr kontrolliert werden.

Mein erster Kontakt mit Mustangs

Auf meiner mehrwöchigen Filmtour zu meinen Freunden, Ranchern in Wyoming, war ich besonders angetan von den Mustangs auf der Ranch, die hier als Cowboypferde zusammen mit den Quarter und Paint geritten wurden. Bei diesem Dreh für eine Fernseh-Dokumentation über einen Rindertrieb in die Rocky Mountains lernte ich die „Wildpferde" besonders zu schätzen. Auf einer Mustang-Stute bin ich geritten, auf der zweiten war die Kameraausrüstung in den Packtaschen. 500 Rinder wurden 3 Tage lang zu den Hochweiden getrieben, über Stock und Stein, durch Wald und Busch. Immer wieder habe ich die Kamera ausgepackt, auf das Stativ gestellt und die vorbeiziehende Rinderherde gefilmt. Die zwei Pferde brauchte ich nie anzuhängen, die blieben einfach bei mir und folgten mir. Es gab ohnehin nichts zum Anhängen in der anfangs baumlosen Graslandschaft. Ich war verwundert: So etwas kannte ich nicht aus meiner „Reiterkarriere" zu Hause. Der Rancher meinte nur „Die mögen Dich, die haben Vertrauen", und das ist auch das offene Geheimnis im Umgang mit Pferden – Vertrauen und Respekt. Ich war in der Folge oftmals in Wyoming, Montana und Colorado, auf Ranches und in der Wildnis, um Mustang-Herden zu beobachten. Diese Pferde haben mich einfach fasziniert. Auf den Ranches habe ich immer versucht, ein ausgebildetes Wildpferd reiten zu dürfen. Pferdetrainer sagten: „In der Zeit, in der man ein domestiziertes Pferd ausbildet, bildet man drei Mustangs aus, die begreifen viel schneller, sie sind so klar im Kopf."

So ein Pferd wollte ich haben – einen Mustang aus dem „Wilden Westen". Kein Pferd, das schon einige Jahre auf einer Ranch eingesetzt war und das von Cowboys schon geritten und ausgebildet wurde; ich wollte ein „untouched horse", einen Mustang, der keine schlechten Erfahrungen mit Menschen machte, der auf mich bezogen ist und den ich ausbilden werde.

Meine Mustangs: Ein Traum geht in Erfüllung

Es schien zunächst unmöglich, als „Nicht-Amerikaner" ein Pferd aus der Wildnis erwerben zu können. Neun Jahre lang habe ich es versucht, bis ich eine Sondergenehmigung erhielt. Ich durfte schließlich einen jungen Hengst und zwei Stuten erwerben – bei der Auktion in Cheyenne im Staate Wyoming. Die drei Pferde mussten zunächst ein Jahr auf einer Ranch bleiben, damit sie auch kontrolliert werden können, bis ich schließlich das staatliche Certificate bekam, und ich wurde Besitzer dieser einmaligen Pferde.

Dann begann die Reise: Von Wyoming über Nebraska und Kansas bis Oklahoma zur Quarantäne-Station. Ein Monat Quarantäne und schließlich der gemeinsame Flug von Texas nach Amsterdam und die Fahrt nach Österreich – nach Goldwörth an der Donau, westlich von Linz. Die drei aus Wyoming haben die Reise bestens gemeistert und waren immer außerordentlich ruhig – sogar, als sie ins Flugzeug verladen wurden und in der Boeing 747 den neunstündigen Flug über den Atlantik erlebten. Ich war die meiste Zeit bei den Pferden, gab ihnen Heu und Wasser. Meine drei Hektar-Weide habe ich zunächst abgrasen lassen, damit die drei aus dem Steppengebiet nicht zu viel von dem frischen, ungewohnten Grün fressen. Impfung und Chippen durch den Tierarzt, Kontrolle vom Hufschmied und genaue Beobachtung während der ersten Wochen. Ich war begeistert, die Mustangs haben sich sehr gut eingelebt. Es war erstaunlich, sie reagierten und benahmen sich anders als meine acht Quarter und Paint Pferde, die bei mir seit ihrer Geburt leben. Für mich waren die drei Mustangs leichter zu händeln und auszubilden. Freunde – Pferdemenschen wie Reinhard Mantler, Kerstin Brein und Tom Arthofer – standen mir zur Seite und halfen mit ihrem Wissen. Auch Lorenzo, der großartige Franzose, besuchte mich mehrmals und gab wertvolle Anregungen zur Ausbildung.

Was mich so faszinierte, waren die ungewöhnlichen Reaktionen dieser Pferde. Während ich oftmals versuchte, meine Pferde in meinen Schotterteich zu führen, bis es schließlich gelang, waren es die Mustangs, die sofort hinter mir nachliefen, sich bis zum Hals ins Wasser legten und mit mir baden gingen. Auch wenn ich den großen roten Schirm plötzlich vor den Pferden auf- und abspannte, rannten meine heimischen Tiere natürlich erschrocken weg – die Mustangs hingegen blieben stehen und schauten mich fragend an. Auch wenn ich sie mit einer großen Plastikplane zudecke und zu ihnen schlüpfe, bleiben sie gelassen. Reaktionen, die ich nicht erwartet hatte – sie haben eben grenzenloses Vertrauen.

Ich besuchte große Horsemen wie Jean Claude Dysli in Spanien, Pat Parelli in Colorado und Monty Roberts in Kalifornien, bei dem ich einige Tage ganz privat verbringen durfte. Über Mustangs erzählten sie Erstaunliches. Monty Roberts war begeistert von meiner Idee, Mustangs zu erwerben und aufzuziehen, und er meinte aber: „Wenn Du es falsch machst, hast Du ein Riesenproblem – wenn Du es aber richtig machst, dann hast Du einen engen Freund ein Pferdeleben lang". – Nun ja, wie mache ich es richtig? – Er sagte: „Du musst das Pferd wirklich lieben, dann wirst Du es richtig machen, sei mit Deinem Gefühl, mit Deinem Herz dabei – die Pferde spüren das. Nicht grob umgehen, niemals schlagen, Respekt und Vertrauen." Offenbar habe ich bisher doch einiges richtig gemacht.

Die beiden Stuten haben am 11. Juni 2013 ihre ersten Fohlen bekommen, zwei prächtige Hengsterl. Nachdem das „Abenteuer Mustang" so perfekt gelaufen ist, wurde ich vom BLM (Bureau of Land Management) in Wyoming wie ein amerikanischer Rancher regist-

riert und ich habe nun die Möglichkeit, ohne bürokratische Hürden jedes Jahr vier Mustangs zu erwerben – wie ein USA-Rancher. Ein Jahr später habe ich zwei wunderbare Mustang-Stuten vom BLM erworben und nach 1 ½ Jahren nach Österreich geholt. Inzwischen haben auch diese Fohlen und meine ersten Stuten schon die dritte Nachzucht – alles prächtige, gesunde Fohlen. Auf meiner Weide im Grenzgebiet des Böhmerwaldes an der tschechischen Grenze – am ehemaligen Stacheldraht und heutigen „Green Belt" – laufen zurzeit elf Mustangs, darunter zur Hälfte Fohlen. Das „Ranch-Gebiet" umfasst 30 Hektar, und ein altes Mühlviertler Bauernhaus habe ich zu meiner Böhmerwald-Wyoming-Ranch umgebaut. Die kleine Herde lebt immer draußen. Den Offenstall und die Unterstände benützen sie kaum, sie sind lieber auf den großen Weiden oder im Wald. So können sie frei leben, bleiben aber trotzdem sehr menschenfreundlich. Auf einigen reite ich, die Ausbildung war ziemlich einfach.

Dass man ein Pferd besitzt, um es zu reiten, das ist schon klar und normal und mich freut es sehr, die Natur vom Pferderücken aus zu erleben. Doch noch mehr bin ich fasziniert und begeistert, wenn ich die Fohlen heranwachsen sehe, wenn ich mit ihnen die ersten Übungen mache, ihre erste Unsicherheit weicht und sie zu wahren Freunden werden und mir ihr vollstes Vertrauen schenken. Offenbar habe ich es doch „richtig" gemacht.

Die ausführliche Geschichte habe ich in meinem Buch „Abenteuer Mustang" im Goldegg Verlag erzählt und ein 3-teiliger Fernsehfilm, je 45 Minuten lang, lief im ORF und der 4. Teil über die Ausbildung und das Verhalten meiner Mustangs ist kürzlich fertig gestellt worden. Eine Nachzucht dieser Mustangs ist in Zukunft auch von Pferdefreunden zu erwerben, die das Besondere an diesen Pferden schätzen und ihnen viel Auslauf und Kontakt zu anderen Pferden bieten können. Ein lebenslanger „Gefangener" in einer Box hinter Gitterstäben darf ein Mustang nie werden.

Die jungen Mustangs aus Wyoming sind besonders interessiert. Hengst Rock hilft begeistert mit.

Die Mustang Herde auf der Ranch von Steve Mantle in Wyoming. Nach wenigen Wochen Training sind sie menschenfreundlich und neugierig.

Mit der ersten Mustang-Nachzucht in Österreich. Die wenige Monate alten Hengsterl Cody und Jackson.

Eineinhalbjährig darf Topaz, eine der Mustang-Stuten auf der Hideout-Ranch, die Reise nach Österreich antreten.

Inmitten einer Herde wildlebender Mustangs in der Wildnis Wyomings.

Mit Rock, dem Mustanghengst, beim „Elchtest".

Inmitten junger Mustangs auf der Auffang-Station des BLM (Bureau of Land Management) in Oklahoma.

Alle Aufnahmen: Jutta Anna Wirth

Matthias Pfaffenbichler

Die Ritter und ihre Turniere

Die Entstehung des Turniers fand in Nordfrankreich im späten 11. Jahrundert statt. Von Frankreich breitete es sich sehr rasch über ganz Europa aus. Die Turniere waren in der Frühzeit nichts anderes als ein Training der Ritter, die sich in Scheingefechten für den Ernstfall übten. Zweifellos waren die Turniere eine gute Übung für den Krieg, boten sie doch die Möglichkeit, in einer größeren Gruppe zu trainieren, um so das Reiten und den Gebrauch der Waffen zu üben. Die Entstehung des Turniers verläuft fast parallel zur Ausbildung des Rittertums.[1]

Der Name Turnier leitet sich vom lateinischen Wort „tornare" oder dem französischen Verb „tourner" ab, das ‚drehen' oder ‚kreisen' bedeutet.[2]

1114 wird im Frieden von Valenciennes unter der Bezeichnung „hastiludium" ein Reiterspiel mit Lanzen beschrieben. Im Konzil von Clermont 1130 verbietet Papst Innocenz II. diese Form der Reiterspiele, da bei ihnen immer wieder einzelne Personen umkamen. Allen beim Turnier gefallenen Rittern sollte das christliche Begräbnis verweigert werden. Das päpstliche Verbot scheint jedoch kaum Wirkung gezeitigt zu haben, im Gegenteil, die Beliebtheit der Schaukämpfe nahm ungebrochen zu.[3]

Chrétien de Troyes beschreibt in den um 1170 entstandenen Artusromanen „Erec" und „Perceval" das Turnier als Scheingefecht, das sich zwei Reitergruppen lieferten.[4]

Eine wichtige frühe Beschreibung von Turnieren findet sich auch bei Jean Renart, der das Leben von Guillaume le Maréchal, Graf von Striguel und Pembroke, beschreibt. Dieser Regent Englands nahm zwischen 1171 und 1182 an zahlreichen Turnieren teil und verdankte seine Karriere auch seinen besonderen Fähigkeiten im Turnier.[5]

Es waren drei Formen von Reiterspielen, die sich seit dem 12. Jahrhundert zunehmender Beliebtheit erfreuten: In der ungefährlichsten Form zeigten die Teilnehmer ihre Geschicklichkeit im Reiten und in der Waffenführung. Dieses unblutige Spiel entsprach dem hochmittelalterlichen *buhurd*.

Die zweite Variante war das eigentliche Turnier, in dem zwei Reitergruppen das tatsächliche Gefecht nachahmten und sich ganz an die Bedürfnisse des Krieges hielten. Vom Krieg unterschied sich das Turnier eigentlich nur durch die formelle Aufforderung und durch das abgesteckte Areal, in dem sich auch Schutzbezirke für die Teilnehmer befanden.

Die dritte und nobelste Form war der Einzelkampf zweier Reiter. Diese Zweikämpfe fanden vor dem eigentlichen Turnier statt und hatten den Charakter des Elitären.[6]

In seiner Frühform von der wirklichen Schlacht kaum unterschieden, war das Turnier anfangs daher auch eine sehr gefährliche Angelegenheit. Durch Boten angekündigt, wurde dafür ein Terrain festgelegt, das oft so groß war, daß es die Distanz zwischen zwei benachbarten Orten einnehmen konnte. Darin wurden einzelne Plätze oder Refugien markiert, in die sich erschöpfte Teilnehmer zurückziehen konnten. Dies war zunächst aber auch fast der einzige Unterschied zur wirklichen Schlacht. Es gab weder Schiedsrichter noch festgelegte Regeln. Lanze und Schwert waren die Hauptwaffen der Turnierer. Wie im realen Gefecht konnte auch hier für Gefangene Lösegeld verlangt werden, außerdem betrachtete man Pferd und Waffen des Besiegten als legitime Beute. Die Grenzen zwischen Spiel und Ernst waren anfangs noch sehr gering.[7]

Für den mittellosen, doch tüchtigen und waffengewandten Ritter konnten die Turniere ein glänzendes Geschäft werden. Der schon erwähnte Guillaume le Maréchal war einer der führenden Turnierer des späten 12. Jahrhunderts. Der ursprünglich arme Ritter konnte durch seine Erfolge im Turnier den Grundstein für seinen späteren Reichtum legen.

Turniere konnten für die Teilnehmer ebenso zum Ruin wie zum Reichtum führen, aber es waren nicht nur Beute und Lösegeld, die die Ritter antrieben. Fiel man durch besonderes Geschick, besondere Tapferkeit in einem Turnier auf, so brachte dies nicht nur Ruhm, sondern häufig auch einen angesehenen Patron, der einen in seine Dienste zu nehmen bereit war.

Um die Brutalität einzuschränken, die schließlich die kirchlichen Verbote bewirkt hatte, wurden strenge Turnierregeln erlassen, bis gegen Ende des 13. Jahrhunderts der sportliche Charakter im Vordergrund stand. Mit der steigenden Disziplinierung wurden die Turniere zur gesellschaftlichen Veranstaltung, zu einem Fest, das der ritterlichen Selbstdarstellung diente.

Nun wurde der Kampfplatz in seiner Größe so stark eingeschränkt, dass die Schiedsrichter das Geschehen verfolgen konnten und die besten Turnierer für die Preisverleihungen bestimmten.[8] Das Turnier wurde jetzt normalerweise von einem Herold angekündigt[9], der die „Herausforderung" verbreitete. Diese schriftlichen Herausforderungen beschrieben den allegorische Rahmen und verkündeten das Datum und

den Ort des Turniers. Sie gaben auch die Namen der Herausforderer und der Richter bekannt. Sie legten die Art des Kampfes fest. Sie bestimmten auch die Preise, die durch die verschiedenen Turnierarten gewonnen werden konnten. Diese Turnierpreise wurden in zahlreiche Klassen eingeteilt. Der „Stechdank" war der Preis für den Gewinner des tatsächlichen Wettkampfes, der „Zierdank" der Preis für das interessanteste Kostüm.

Im 14. Jahrhundert kam die alte Schlagwaffe, der Streitkolben, im Turnier als Waffe wieder in Mode. Um die Verletzungsgefahr zu verringern, wurden in den Turnieren hölzerne Streitkolben verwendet.[10] Neben dem stumpfen Schwert wurde er zur wichtigsten Waffe, da man die Lanzen wegen der hohen Verletzungsgefahr aus dem Turnier verbannt hatte. Das Turnier teilte sich ab dem 15. Jahrhundert in einen Hauptkampf mit dem Kolben und in ein mit dem stumpfen Schwert ausgefochtenes Nachturnier. Mit dem Kolben schlug man auf den Harnisch des gegnerischen Reiters. Mit dem Schwert versuchte man die Helmzier des Gegners abzuschlagen. Die beiden Parteien waren in der Platzmitte durch zwei gespannte Seile voneinander getrennt. Auf ein Signal wurden die Seile durchgehauen, das Hauptturnier mit dem Kolben begann und dauerte bis zu zwei Stunden. Auf ein neuerliches Signal brachten die Knechte die Schwerter für das Nachturnier. Man hieb jetzt auf die Helmzierden ein, bis das Turnier abgeblasen wurde.[11]

Inzwischen hatten allein die organisatorischen Kosten eines Turnieres eine Höhe erreicht, die die Ritterschaft gänzlich von der Freigiebigkeit ihrer Fürsten abhängig machte. Aus politischem Repräsentationsdenken waren diese bestrebt, die Turniere an ihren Höfen abzuhalten.

1486 erlosch das Kolbenturnier endgültig. Da das Kolbenturnier die angestammte Turnierform der von den Fürsten unabhängigen spätmittelalterlichen Ritterbünde oder „Gesellschaften" war, konnte es nur im

Kolbenturnierhelm. Maximilian I. (1459-1519). Süddeutsch, 1480-1486.   Foto: KHM Wien (Inv.-Nr. HJRK B75)

Für das „Gestech" hatte sich in Deutschland um 1420 bis 1430 ein spezielles Stechzeug entwickelt, das nach ständigen Verbesserungen um 1475 zu einer technisch ausgereiften überschweren Sportausrüstung wurde. Der Stechhelm war verstellbar an Brust und Rücken festgeschraubt. Ein Rüsthaken am Bruststück diente als Auflager der schweren Lanze, die mit dem nach hinten gerichteten langen Rasthaken im Gleichgewicht gehalten wurde. Alle gefährdeten Körperteile waren geschützt und an der Brust zusätzlich ein dicker hölzerner lederüberzogener Schild montiert.[12]

Besondere Sorgfalt galt aber auch dem Schutz der wertvollen Pferde, die – besonders kräftig und gut dressiert – sehr selten waren, sodass sie oft für diesen Sport aus anderen Gebieten geliehen werden mussten. Um ihr Scheuen zu verhindern, trugen sie eine Rossstirn ohne Augenlöcher. Zum Schutz der Brust hängte man den Pferden einen mit Stroh gefüllten „Stechsack" um den Hals, der von der Rossdecke verdeckt wurde.

Neben dem „Stechen" verhalf der junge König Maximilian I. dem „Rennen" zu seinem Platz in den großen Turnierfesten. Das Rennen war zwar wegen der Verwendung spitzer Lanzen mit scharfen „Renneisen" wesentlich gefährlicher als das Stechen, es war aber, da es zuerst im Feldharnisch ausgeführt werden konnte, wesentlich billiger. Der Teilnehmer am Rennen musste sich zuerst nicht – wie beim Stechen – eine kostspielige Spezialausrüstung anschaffen. Unbedingt erforderlich war ein großer gewölbter lederüberzogener Holzschild, den man an einem Riemen um den Hals gehängt vor sich trug. Das Rennen bot daher dem jungen Adeligen die Möglichkeit, Mut und Geschicklichkeit zu zeigen, kam es doch vor allem auf eine präzise Lanzenführung an. Wie beim „Stechen" galt es auch beim „Rennen", den Gegner aus dem Sattel zu heben bzw. dessen Stoß auszuhalten. Auch dessen Schild – die Renntartsche – mit der Lanze abzureißen oder zu zersplittern, zählte als Treffer.

Sinne des zukünftigen Kaisers sein, diese Form des Turniers durch eine andere zu ersetzen, die eine stärkere Beziehung zu seiner Person hatte. Maximilian I. führte als Ersatz für das Kolbenturnier den „pas d'armes" wieder ein. Diese Turnierform nannte man im deutschen Sprachraum nun „Freiturnier". Diese frühe Spielart des Turniers hatte Maximilian I. in den Niederlanden kennengelernt. Mit seiner Verwendung von Lanze und Schwert im feldmäßigen Reiterharnisch kam es dem militärischen Kampf noch am nächsten. Die nobelste Form der Ritterspiele war der Zweikampf, den zwei Ritter mit der Lanze vor Beginn des eigentlichen Turniers ausführten, Aus diesen Zweikämpfen entwickelten sich im Spätmittelalter das „Gestech" sowie das „Rennen".

Rennzeug Maximilian I. (1459-1519). Innsbrucker Hofplattnerei (Konrad Seusenhofer), 1510–1515.　　Foto: KHM Wien (Inv.-Nr. HJRK R VIII)

Um 1485 bis 1490 entwickelte sich jedoch auch beim Rennen eine Spezialausrüstung in Form eines spätgotischen Halbharnisches. Zu diesem gehörte der Rennhut, ein verstärkter hutartiger Helm in Form einer Schaller. Die linke Schulter, den Arm und die Brust verdeckte die Renntartsche, ein großer gewölbter Schild, der über das Kinn bis zum Sehschlitz reichte. Die rechte Seite schützte der große halbkreisförmige Brechschild, der über die Rennlanze gesteckt und mit dieser verschraubt war. Acht verschiedene Rennarten waren möglich.[13] Als gefährliche und noch dazu billige Form des Turniers war das Rennen besonders für junge, nicht allzu vermögende Adelige anziehend, die so ihren Mut beweisen und die Aufmerksamkeit auf sich ziehen wollten.

Mit der besonderen Förderung des Rennens versuchte Maximilian besonders diese Gruppe der jungen, aufstrebenden, kleinen Adeligen an sich zu binden. Maximilian versuchte mit diesem Lockmittel den Adel an seinen Hof zu ziehen. Für den politisch nicht sehr fest in Deutschland verankerten Maximilian I. bot daher das Turnier die Möglichkeit, sich eine gewisse Anhängerschaft unter dem deutschen Adel zu schaffen, die ihn weniger abhängig von den großen Fürsten machen sollte.

Die Darstellung seiner ritterlichen Übungen im Turnierbuch Freydal sollte Maximilians Erfolge als Turnierer für die Vergangenheit aufbewahren. Die Handschrift des Freydal zeigt 64 Turnierhöfe, an denen Maximilian teilnahm. Hier sind nicht weniger als 192 Turnierkämpfe dargestellt. Für jeden der 64 Turnierhöfe gibt es vier Darstellungen. Dem Turnier zu Pferd, jeweils ein Rennen und ein Stechen, folgte ein „Kampf", das Fußturnier. Jedes Turnier endete mit einem Maskenball.[14]

Da bei allen Kampfspielen zu Pferd vornehmlich die ganze linke Körperseite den Stößen und Schlägen des Gegners ausgesetzt war, versuchte man all diese Partien vom Kopf, Kinn, Hals und Schulter über Arm

und Brust bis zur Hüfte zusätzlich zu schützen. Mit Verstärkungen, die am gewöhnlichen Reiterharnisch montiert wurden, trachtete man, so kostspielige und letztlich ungefüge Spezialrüstungen wie das Stechzeug ersetzen zu können.

Diese Bestrebungen fanden schließlich um die Mitte des 16. Jahrhunderts ihren Höhepunkt mit der Harnischgarnitur, die – ausgehend vom „normalen" Reiterharnisch als Grundeinheit – mit fast 90 Wechselteilen ausgestattet in Art eines Baukastensystems die Zusammensetzung von bis zu 12 verschiedenen Spezialrüstungen ermöglichte. Alle turniermäßigen Sportvarianten – zu Pferd, zu Fuß – konnte man mit einer großen Harnischgarnitur zusammenstellen. Schon die immensen Anschaffungskosten eines solchen Ensembles beschränkten die Zahl seiner Träger. Die komplizierte, vielteilige Wechselgarnitur wurde jedoch schon in den 60er-Jahren durch die wesentlich einfachere „Reihengarnitur" ersetzt, die – aus vier kompletten Harnischen bestehend – alle noch gebräuchlichen Turnierformen zuließ, die sich inzwischen auf das Plankengestech, das Freiturnier und schließlich das Scharmützel als Reitersport beschränkten sowie auf das Fußturnier.[15]

Die großen Zentren der höfischen Feste waren die habsburgischen Höfe in den Niederlanden, in Spanien und in Österreich und Böhmen, wo Karl V. und sein Bruder Ferdinand das Hofleben nach burgundischen Vorbildern organisierten. Das leidenschaftliche persönliche Interesse des jüngeren Sohns Kaiser Ferdinands I., Erzherzog Ferdinand II. von Tirol, am Turnier trug wesentlich zur Bedeutungssteigerung des Turniersports am österreichisch-habsburgischen Hof bei. Als Statthalter von Prag (von 1547-1563) hielt Ferdinand von Tirol große Turniere ab – so 1547, 1548, 1551, 1553, 1554, 1557 und 1562.

Ein Wendepunkt in der historischen Entwicklung der Festkultur der späten Renaissance in Mitteleuropa kam mit den Feierlichkeiten, die am 8. und 9. Novem-

Rennen aus dem Turnierbuch Freydal. 1512–1515.   Foto: KHM Wien (Inv. Nr.KK 5073, fol. 33)

Welsches Gestech aus dem Turnierbuch Freydal, 1512–1515. Foto: KHM Wien (Inv. Nr.KK 5073, fol. 82)

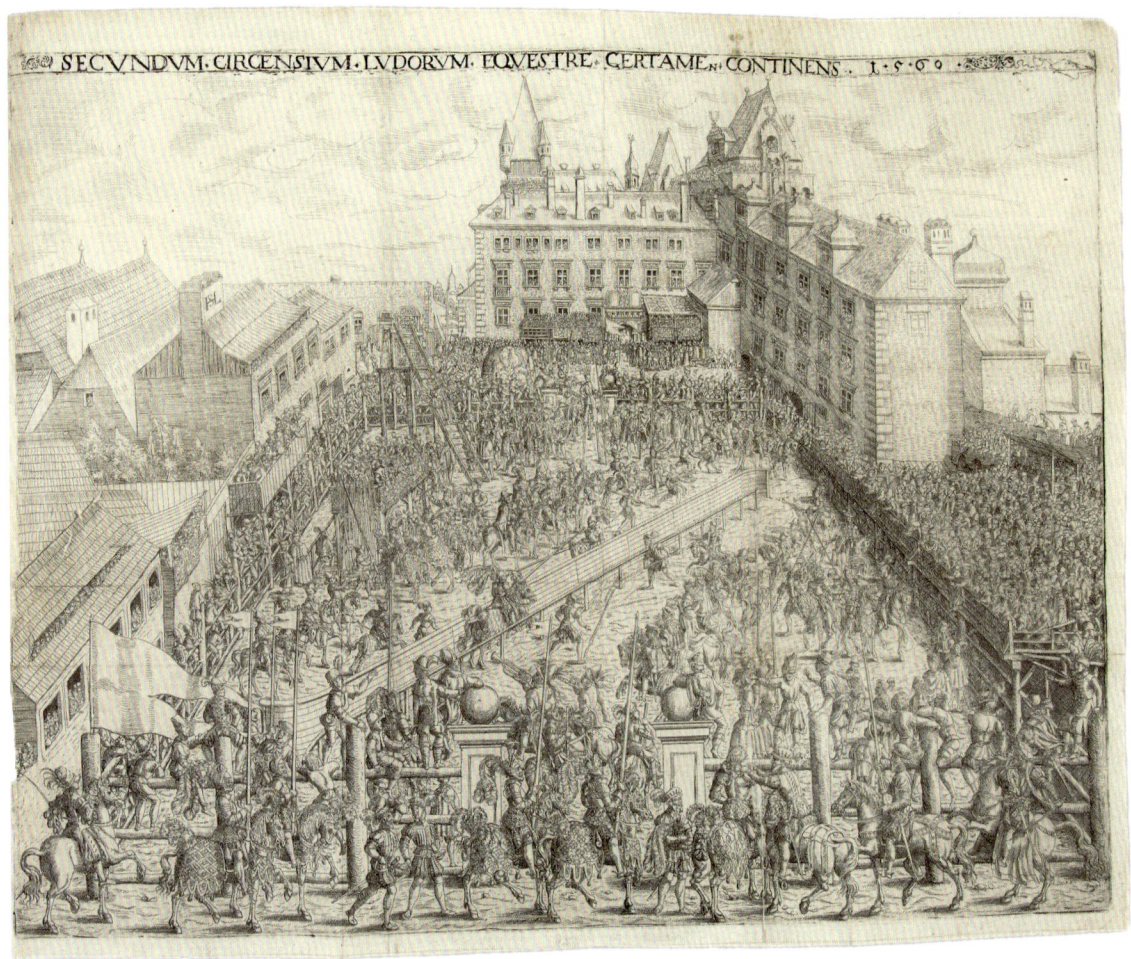

Hans Sebald Lautensack (1524–1563): Plankengestech vom Wiener Turnier von 1560 (Hans Francolin Burgunder).

Foto: KHM Wien Museumsverband

ber 1559 zur Ehrung des neu gekrönten Römischen Kaisers Ferdinand I. in Prag abgehalten wurden. Diese Feierlichkeiten kennzeichnen die Einführung einer Form von Turnier mit Rahmenhandlung in Mitteleuropa. Das Spektakel von 1558 enthielt viele Elemente, die man auch bei späteren Turnieren genauso finden wird wie in den frühen Opern.[16] Es gab hier Feuerwerke, Ritter in phantastischen Kostümen und einen mythologischen Rahmen für das gesamte Turnierfest.

Einen bedeutenden Stellenwert in den habsburgischen Hoffesten hatte auch das Wiener Turnier von 1560, das der spätere Kaiser Maximilian II. zu Ehren seines Vaters, Kaiser Ferdinand I., veranstaltete. Das Fest dauerte einen Monat vom 24. Mai bis 24. Juni. Der Ablauf dieses international beachteten Ereignisses ist durch die Beschreibung von Hans Francolin Burgunder genauestens dokumentiert.

Harnisch für das Gestech der Rosenblattgarnitur von Kaiser Maximilian II.   Foto: KHM Wien (Inv.-Nr. HJRK A 474)

Die Krönungen Maximilians II. zum König von Böhmen und zum Römisch-Deutschen König 1562 sowie zum König von Ungarn 1563 boten auch Gelegenheit für eine ganze Serie von Turnieren. Die böhmischen Turniere fanden an drei Tagen im September 1562 statt, nachdem Maximilian und seine Frau Maria gekrönt worden waren. Die nächste Serie von Feiern wurden in Frankfurt am Main nach der Krönung Maximilians zum Römisch-Deutschen König durchgeführt. Hier nahmen die Adeligen am 1. Dezember 1562 an einem Ringelrennen teil. Die programmatischen Turniere, die die Krönung Maximilians II. zum König von Ungarn 1563 feierten, hatten offensichlichen politischen Inhalt, zeigten sie doch die Rolle der Habsburger im Kampf mit den Türken.

1570 feierten Turniere die Verlobung der ersten Tochter Maximilians II., Anna, mit Philipp II. von Spanien. Dieses Turnier wurde von einer großen Zahl bedeutender Gäste besucht – unter ihnen Herzog Albrecht V. von Bayern und sein Sohn Wilhelm, der Kurfürst August von Sachsen, der Kurfürst Markgraf von Brandenburg und Don Juan d'Austria.

Mit dem verstärkten Auftreten von Helden, Halbgöttern, Göttern oder sonstigen Gestalten des humanistischen Bildungsgutes wird der Turnierplatz zur Bühne. Bei der Wiener Hochzeit von Erzherzog Karl II. von Innerösterreich mit der Prinzessin Maria, der Tochter Herzog Albrechts V. von Bayern, von 1571 fand sich in der Gestalt des Grazer Hofkünstlers Giuseppe Arcimboldo ein erfahrener Regisseur dieses Theaters. Arcimboldo schuf ein inhaltlich ausgefeiltes Programm, in dem die beteiligten Fürsten im Turnier in Gestalt von Helden, Göttern oder allegorischen Figuren ihre dynastischen und politischen Ansprüche darstellten.[17]

Die gefährlichen Turnierarten zu Pferd wurden noch im Laufe des ersten Drittels des 17. Jahrhunderts immer seltener und schließlich ganz vom Karussell verdrängt. Dieses wurde jetzt Teil der barocken Festlichkeiten, in denen Macht und Glanz des absolutistischen Staates vorgeführt wurden.

Die Oper „La Gara" zeigt den Wendepunkt vom Turnier zur Oper auf. Hier findet noch ein Fußturnier in einer Oper statt. Die Darstellung der kaiserlichen Themen wurde nun von der Oper übernommen.[18]

1 Michel Parisse: Le tournoi en France, des origines à la fin du XIIIe siècle. In: Josef Fleckenstein: Das ritterliche Turnier im Mittelalter. Göttingen 1985, S. 176 f.

2 Michel Parisse: Le tournoi en France, des origines à la fin du XIIIe siècle.In: Josef Fleckenstein: Das ritterliche Turnier im Mittelalter. Göttingen 1985, S. 182.

3 Michel Parisse: Le tournoi en France, des origines à la fin du XIIIe siècle. In: Josef Fleckenstein: Das ritterliche Turnier im Mittelalter. Göttingen 1985, S. 183.

4 Michel Parisse: Le tournoi en France, des origines à la fin du XIIIe siècle. In: Josef Fleckenstein: Das ritterliche Turnier im Mittelalter. Göttingen 1985, S. 186.

5 Michel Parisse: Le tournoi en France, des origines à la fin du XIIIe siècle. In: Josef Fleckenstein: Das ritterliche Turnier im Mittelalter. Göttingen 1985, S. 187 f.

6 Maurice Keen: Das Rittertum. München 1987, S. 134.

7 Georges Duby: Die Ritter. München 2005, S. 84 f.

8 Wie Anm. 6.

9 Maurice Keen: Das Rittertum, München 1987, S. 139 f

10 Ortwin Gamber: Ritterspiel und Turnierrüstung im Spätmittelalter. In: Josef Fleckenstein: Das ritterliche Turnier im Mittelalter. Göttingen 1985, S. 517.

11 Ortwin Gamber: Ritterspiel und Turnierrüstung im Spätmittelalter. In: Josef Fleckenstein, Das ritterliche Turnier im Mittelalter. Göttingen 1985, S. 521.

12 Ortwin Gamber: Ritterspiel und Turnierrüstung im Spätmittelalter. In: Josef Fleckenstein, Das ritterliche Turnier im Mittelalter. Göttingen 1985, S. 526 f.

13 Franz Unterkircher: Maximilian I. Ein kaiserlicher Auftraggeber illustrierter Handschriften. Hamburg 1983, 37 ff.

14 Ortwin Gamber: Ritterspiel und Turnierrüstung im Spätmittelalter. In: Josef Fleckenstein, Das ritterliche Turnier im Mittelalter. Göttingen 1985, S. 526 f

15 Matthias Pfaffenbichler: Die Harnischgarnitur im 16. Jahrhundert. In: Ritterturnier, Geschichte einer Festkultur. Schaffhausen 2014, S. 102 f.

16 Matthias Pfaffenbichler: Das Turnier als Instrument der Habsburgischen Politik In: Zeitschrift der Gesellschaft für Historische Waffen – und Kostümkunde 1992, S. 20 ff.

17 Karl Vocelka: Habsburgische Hochzeiten 1550-1600. Kulturgeschichtliche Studien zum manieristischen Repräsentationsfest. Wien 1976, S. 63 f.

18 Heinz Kindermann: Theatergeschichte Europas, Band 3. Barockzeit. Salzburg 1959, S. 499.

Manfried Rauchensteiner

Das Tal der toten Pferde

Mitten im Ersten Weltkrieg, 1915, zeichnete einer der großen österreichischen Maler und Grafiker seiner Zeit, Ludwig Hesshaimer, ein Blatt, dem die Erschütterung über das Gesehene in jeder Weise anhaftet: Das „Tal der toten Pferde". Es ist wohl irgendwo in Galizien entstanden. Man sieht Pferdegerippe über Pferdegerippe. Abgenagte Existenzen, über die Hesshaimer notierte: „Schleppend, ziehend, keuchend und stolpernd, in Sand und Morast versinkend, zerschunden, blutig geschlagen… so brachen sie vor ihren Wagen tot zusammen…. Da lagen sie nun paarweise, gespannweise, wie sie im Sielenzeug zusammenbrachen. Schwarze Wolken von Krähen deckten die Kadaver zu".[1] Das waren keine Kavalleriepferde, nichts zu dem sich Franz von Suppés „Leichte Kavallerie" spielen ließ. Es waren die Überreste von Zugpferden, die krepiert waren. An ihrem Ende war nichts Ruhmreiches. Im „Tal der toten Pferde" zählte kein kavalleristisches Heldentum.

Jahre später begann man sehr selektiv die Geschichte der österreichisch-ungarischen Kavallerie im Weltkrieg zu schreiben. Ein Heftchen, das dabei entstanden ist, trägt den bezeichnenden Untertitel „Ein Nachruf".[2] Es war das aber nicht nur der Abgesang auf die Reiterei des Ersten Weltkriegs, sondern der Abgesang auf eine Waffengattung. Da klang Wehmut an. Die Masse der Pferde, die in diesem Krieg einer militärischen Verwendung zugeführt wurden, blieb ohne Erwähnung. Dabei kamen im Ersten Weltkrieg im Dienst der k.u.k. Armee an die zwei Millionen Pferde zum Einsatz. Es können auch mehr gewesen sein.[3] Von den Soldaten, die in diesem Krieg eingezogen wurden, hieß es im landläufigen Jargon, sie wären Menschenmaterial gewesen. Die Pferde waren Tier-

material. Und dieses hatte keine Gedenksteine und keine Gedächtnisorte zu gewärtigen.

Der gedachte Krieg

Eigentlich war es schon 1866, wenn nicht gar 1809 bei Aspern und Essling absehbar gewesen, dass die Kavallerie in einem zukünftigen Krieg als Waffengattung nicht mehr jene Bedeutung haben würde wie früher, als die Reiterei in vielen Schlachten die Entscheidung brachte. Doch zu Aufklärungs- und Verfolgungszwecken, überraschenden Vorstößen und für den Kampf Reiter gegen Reiter war sie noch immer wichtig. In dem für Kavalleristen grundlegenden zweibändigen Werk von Casimir Freiherr von Lütgendorf über die Rolle der Reiterei im „Zukunftskriege" wurden aufgezählt: Grenzsicherung, strategisch-taktische Aufklärung, Sicherungsdienst, Zernierungen, Requisitionen, Deckung von Trainkolonnen, Etappendienst, Gefangenentransporte und Streifenkommanden.[4]

Für ihre Stellung im operativen Denken kam aber ein Moment hinzu, das mit der Gefechtslehre und mit dem Kriegsbild der Zukunft nichts gemein hatte: Die Kavallerie war eine aristokratische Waffe und tradierte die soziale Stellung des Rittertums. Sie galt denn auch als „vornehm" und war für viele Angehörige des Adels die einzige Waffengattung, die als standesgemäß angesehen wurde und in der zu dienen es sich lohnte. Die Offiziersstellenbesetzung bei den drei Truppenteilen der k.u.k. Kavallerie, Dragoner, Husaren und Ulanen, lasen sich Jahre und Jahrzehnte hindurch wie ein

Robert Angerhofer (1895–1987): Kriegspferd. Öl/Lw. 1920er-Jahre.   Foto: Schepe

Auszug aus dem Gotha der Gräflichen und Freiherrlichen Häuser. Allerdings waren die großen Namen schon vor dem Großen Krieg im Schwinden begriffen. Um eine militärische Karriere als Berufsoffizier zu machen, war die Absolvierung der Kriegsschule, also eine dreijährige Generalstabsausbildung mehr oder weniger zwingend, und nur in Ausnahmefällen, dann, wenn es sich um Angehörige des Erzhauses oder eines fürstlichen Hauses handelte, wurden Abstriche gemacht. Der hohe Adel beschied sich mit Ehrenfunktionen, während sich die jüngeren männlichen Angehörigen der alten Familien, sofern sie Dienst bei der Kavallerie leisten wollten, mit einer Reserveoffizierslaufbahn und subalternen Rängen zufrieden gaben. Rein äußerlich schien die Welt der Reiterei 1914 aber noch durchaus in Ordnung zu sein. Denn es gab sie noch, die Generäle der Kavallerie Böhm-Ermolli, Brudermann, Dankl, Graf Huyn, Kirchbach auf Lauterbach, Kummer, Rohr und Tersztyánsky von Nádas. Als Kavalleriegeneräle zählte man schließlich auch die Erzherzoge Eugen, Josef August und den Thronfolger und späteren Kaiser Karl. In den Monaten vor Kriegsende 1918 waren es dann nur mehr Feldmarschall Erzherzog Joseph, Generaloberst Böhm Ermolli und der General der Kavallerie Fürst Schönburg-Hartenstein, die hohe Kommanden innehatten und als Kavalleristen galten, auch wenn ihre Waffengattung der Vergangenheit angehörte. Alle anderen waren abgelöst, der Unfähigkeit geziehen oder funktionslos geworden.

Von der österreichisch-ungarischen Kavallerie hieß es, sie wäre nur von Teilen der russischen Kavallerie übertroffen worden.[5] Und die Reiterei bot bei den Manövern und Vorbeimärschen nicht nur ein buntes, sondern auch ein schönes Bild. Kaiser Franz Joseph hat sie geliebt und wollte, solange er noch Manöver besuchte, ein Reitertreffen nicht missen. Nach 1905 entfiel die Notwendigkeit, dem Allerhöchsten Kriegsherrn den Anblick attackierender Kavallerietruppen zu bieten.

Die meisten Reitersoldaten des gemeinsamen Heeres sowie der königlich-ungarischen Honvéd und

der kaiserlich-königlichen Landwehr kamen aus Ungarn, Galizien, der Bukowina und aus Mähren. In manchen Teilen der Monarchie, vor allem in Ungarn, drängten sich die Rekruten zur Kavallerie, um dort ihren dreijährigen Aktivdienst abzuleisten, ehe sie dann in eine neunjährige Reserve versetzt wurden. Sie bildeten die sogenannte Heereskavallerie mit 42 Regimentern (15 Dragoner-, 16 Husaren- und 11 Ulanenregimentern) des gemeinsamen Heers, sechs Landwehrkavallerieregimentern und zwei selbständigen Divisionen in der österreichischen Reichshälfte sowie zehn Honvédkavallerieregimentern in Ungarn.[6] Jedes Regiment sollte sechs Eskadronen zählen. Zwei Regimenter bildeten eine Brigade; zwei oder drei Brigaden eine Kavalleriedivision. Nach der Mobilmachung wurden die Verbände aufgefüllt, sodass die gesamte Armee 425 Kavallerieeskadronen zählte. Ein Teil war als Divisionskavallerie dazu gedacht, bei den Infanteriedivisionen Verbindungsdienste zu leisten und aufzuklären. Das wurde wohl als Zurücksetzung empfunden, denn es entsprach nicht dem, worauf sich die Kavallerieregimenter in erster Linie vorbereitet hatten.

Dort war nicht nur eine besondere Regimentstradition gepflegt, sondern auch alles getan worden, um das Ansehen ihrer Waffengattung ungeschmälert zu erhalten. Das fing selbstverständlich bei den Pferden an. Um sie aufzubringen, gab es die Remontenassentkommissionen, die den jährlichen Ankauf von kriegstauglichen Pferden zu steuern hatten. Alles war genormt: Das Alter der Pferde, das drei bis fünf Jahre betragen sollte, die Höhe von Reit-, Zug- und Tragtieren, ebenso wie der Preis. Eigene Staatsgestüte in Piber, Radautz (Rădăuți), Bábolna, Mezőhegyes, Kisber und Fogaras sorgten dafür, dass der Kavallerie erstklassige Pferde zugeführt werden konnten. Pro Regiment rechnete man damit, dass jährlich 100 Remonten gebraucht wurden,[7] um den Friedensstand eines k.u.k. Kavallerieregiments zu erhalten.[8]

Bei der Assentierung der Remonten für Vorspann-

Alexander Pock (1871–1950): Granattreffer in einer russischen Protzenstellung bei Przemysl.   Foto: HGM Wien

dienst und als Tragtiere, also die Masse der militärisch zu nutzenden Pferde, war man weniger auf Rasse als auf Stärke und Ausdauer bedacht. Laufbahnmäßig glichen sich Mensch und Pferd. Nach einer dreijährigen Abrichtung hatten die Kavallerie ebenso wie die zu anderen Aufgaben gedachten Pferde eine neun- bis zehnjährige Dienstzeit vor sich, ehe sie dann ausgemustert und verkauft wurden.[9]

40 Mann oder 6 Pferde

Die Kavallerie hatte sich bis 1914 auf den Krieg der Zukunft einzustellen gesucht. Doch es gab dabei recht auffällige Einschränkungen, die nicht die Pferde, sondern die Offiziere und Mannschaften betrafen: Die Uniformierung war „bunt" geblieben, auch wenn die Infanterie schon längst hechtgrau und dann feldgrau trug. Der umgehängte Pelzrock und die widerstands-

fähigen Kopfbedeckungen der Kavalleristen, die Helme der Dragoner, Tschapkas der Ulanen und Tschakos der Husaren, galten als Schutz gegen die Blankwaffen im Reiterkampf. Die Offiziere führten zwar auch Pistolen und die Mannschaften Karabiner mit, doch Pistolen und Gewehre galten gegenüber den Säbeln als minderwichtig.[10] Schon im August 1914 zeigte sich, wie unzeitgemäß das alles war: Die Helme glänzten im Sonnenlicht und wurden erst spät – zu spät – mit einem grauen Anstrich oder einem Stoffüberzug versehen: weniger leuchtende Beispiele dafür, dass die Pflege einer Tradition beim Anreiten gegen Maschinengewehre und Schnellfeuergeschütze oft tödlich für Tier und Reiter endete. Auch hellblaue Röcke und rote Hosen passten nicht mehr in die Zeit. Vollends die Annahme, Säbel würde noch eine adäquate Waffe sein, erwies sich als ein gravierender Irrtum.[11]

Ende Juli und Anfang August 1914 ging es ans Einwaggonieren. Alle Kavallerietruppen der Armee im

Wilhelm Gotthelf Höhnel (1871–1941): Totes Pferd. 1916.   Foto: Thomas Hackl

Felde zusammen genommen, zählte die k.u.k. Armee beim Aufmarsch gegen Serbien und Russland 76.500 Reiter. „40 Mann oder 6 Pferde" stand auf den Güterwaggons, mit denen dann „Mann und Ross und Wagen" nach Süden und Nordosten transportiert wurden. Doch mit Kavalleriepferden war nur der kleinste Teil der für den Kriegseinsatz gedachten und notwendigen Tiere zu bezeichnen. Die meisten Pferde waren dazu bestimmt, nach dem Auswaggonieren vor Geschütze und die Fuhrwerke der Trainkolonnen gespannt zu werden oder als Tragtiere eine Rolle zu spielen. Das waren mehr als zehn Mal so viele als Kavalleriepferde.[12] Ohne Pferde würde sich nichts bewegen lassen, das stand fest. Die Motorisierung war 1914 noch in den Anfängen, und daher wurde ganz selbstverständlich in Rechnung gestellt, dass Hun-derttausende Pferde die Armeen beweglich hielten, Munition und Verpflegung transportierten, Kriegsmaterial aber auch Futter für die Massen an Vierbeinern dorthin brachten, wo sie gebraucht wurden. Ebenso aber galt es Vorsorge dafür zu treffen, dass Kranke, Verwundete und immer mehr Tote zurücktransportiert wurden. Die Pferde erledigten alles. Und sie blieben wichtig, während für die Kavallerie schon nach wenigen Tagen und Wochen ein jähes Erwachen kam.

Jaroslawice: Die Realität des Kriegs

Die Stationierung der Kavallerieverbände in Galizien hatte den Zweck, im Kriegsfall den Aufmarsch der österreichisch-ungarischen Armee zu sichern. Denn es wurde damit gerechnet, dass die Russen alles daran setzen würden, mit ihren zahlreichen entlang der Grenze zu Galizien und der Bukowina stationierten Reiterverbänden den österreichischen Aufmarsch nachhaltig zu stören. Doch genau das geschah nicht. Das k.u.k. Armeeoberkommando konnte den Aufmarsch von drei Armeen entsprechend dem Kriegsfall „R[ussland]" durchführen. Allerdings war eine ursprünglich gegen Russland gedachte vierte Armee gegen Serbien dirigiert worden und musste erst mühsam umgeleitet werden. Erst als auch die Regimenter der k.u.k. 2. Armee in Galizien eintrafen, war die österreichisch-ungarische Kavallerie dort, wo man sie haben wollte. Und sie begann sofort damit, sich auf das Kommende einzustellen. Immer wieder gab es Alarmierungen, stunden- und tagelange Märsche. Die Reiter litten zum wenigsten darunter, doch die Tiere taten es. Tausende „gedrückte" Pferde fielen aus. Die meisten Kavallerieregimenter hatten noch nicht den erst in Einführung begriffenen Miederbock-Sattel, sondern den starren Bocksattel, auf den alles aufgepackt wurde, was für ein tages- vielleicht wochenlanges Leben im Feld nötig war. Und die Sättel drückten. Die Pferderücken wurden wund. Ungeachtet dessen befahl das k.u.k. Armeeoberkommando seinen Verbänden am 15. August 1914 der Vormarsch. Und die Kavallerieverbände ritten los. Schon kurze Zeit später stießen sie auf Widerstand. Doch es waren nicht so sehr die russischen Kavallerieverbände, sondern das Schrapnellfeuer der Geschütze und die Maschinengewehre, die die k.u.k. Reiterei am Vorankommen hinderten. Nur am äußersten rechten und am linken Flügel gelang es der 1. und der 7. Kavalleriedivision, tiefer auf russisches Gebiet vorzustoßen.

Am 21. August kam es etwas überraschend bei Jaroslawice, westlich von Radom, zu einem Reitergefecht.[13] Die k.u.k. 4. Kavalleriedivision, Dragoner, Ulanen, zwei Batterien einer reitenden Artilleriedivision und eine Maschinengewehrabteilung, stieß auf die russische 10. Kavalleriedivision, Husaren, Dragoner, Ulanen und Kosaken. Nach einem ersten Feuerüberfall russischer Artillerie sammelten sich die k.u.k. Regimenter wieder. Staub legte sich über die Landschaft. Der Divisionskommandant, Generalmajor Ritter von Zaremba, ließ die Trompeter „Attacke" blasen und trabte selbst gefolgt von den Kommandanten seiner beiden Brigaden los. Die Reiter fielen in Galopp. Sie sahen nicht mehr, was hinter ihnen geschah. Die russische Kavallerie wich zurück, doch die Artillerie wütete unter den Reitern. Die Offiziere mussten feststellen, dass ihnen die Pistolen weit mehr halfen als die Säbel. Das Reitertreffen dauerte zwar nur rund zehn Minuten, doch das vergebliche Bemühen, sich auch nur über die Situation klar zu werden, das Verweilen, um die Pferde, die schwerste Zeichen von Erschöpfung erkennen ließen, rasten zu lassen, dauerte Stunden. Zu Mittag, als der Rückzug auf die österreichischen Linien begann, gab es eine Sonnenfinsternis. Sie wurde als Zeichen gesehen. 26 Offiziere waren tot oder verwundet, 14 in Gefangenschaft geraten. Von den Mannschaften wurden 234 als tot oder verwundet gemeldet und 694 vermisst.[14] Die beiden Regimenter der Division, die bei Jaroslawice gekämpft hatten, verloren rund ein Drittel ihrer Mannschaftsstärke.

Sechs Tage später wurde die vom serbischen Kriegsschauplatz nach Galizien verschobene k.u.k. 10. Kavalleriedivision bei Uhnów von russischen Kavallerieverbänden dezimiert. Das war der Beginn des Abgesangs auf die Kavallerie. Zum unsinnigen Anreiten gegen einen weit besser bewaffneten und taktisch geschickteren Feind kam hinzu, dass die Pferde den Strapazen einfach nicht gewachsen waren. Nach sechs Kriegswochen musste man bei der k.u.k. 2. Armee feststellen, dass die ohnedies erst nach und nach in Galizien eintreffenden Kavallerieverbände bei einem Verpflegsstand von 17.000 Mann und 16.000 Pferden infolge der kriegsbedingten Verluste, vor allem aber infolge der massiven Druckschäden durch die Sättel nur mehr 2.300 Pferde einsetzen konnten.[15]

Jetzt war die k.u.k. Kavallerie nicht nur nicht mehr verwendungsfähig; sie hatte auch zur Kenntnis zu nehmen, dass sie mit ihrer Reiterherrlichkeit in einem modernen Krieg nichts mehr verloren hatte. Es hieß absitzen. Aus den Kavalleriedivisionen wurden Kavallerie-Schützendivisionen. – Noch war es berittene Infanterie. Doch auch das war nur ein Intermezzo.

Die Pferde gehen aus

Jahr für Jahr wurden Pferde und Fuhrwerke neu erfasst. Auf Plakaten stand zu lesen, dass die Pferdehalter verpflichtet waren, Anzahl und Gattung der Pferde und die (noch) vorhandene Tragtierausrüstung zu melden. Weiters wären die „für den animalischen Zug bestimmten" Fuhrwerke in den ersten Monaten eines Jahres anzugeben. Befreiungsansprüche gab es – und sie wurden immer häufiger geltend gemacht. Von der Anzeige ausgenommen waren Wirtschaftspferde der Hofgestüte, Polizeipferde, Ärztefuhrwerke und Postfuhrwerke. Bei Nichtbefolgung drohte eine Verwaltungsstrafe.

Zunächst hatte es noch den Anschein, als würde die k.u.k. Armee aus dem Vollen schöpfen können. Menschen und Pferde schienen nie auszugehen. 1916 wendete sich das Blatt. Den Assentierungskommissionen mussten Gendarmerieassistenzen beigegeben werden, da die Bauern nicht mehr willens waren, auch ihre letzten Tiere herzugeben.

Der Anbruch einer neuen Zeit ließ sich durch Zahlen recht einfach belegen. 1915 zählte man bei der Armee im Felde in Österreich-Ungarn 709.000 Pferde. Ende 1916 war die Zahl sogar auf 969.000 gestiegen. Wenige Monate später begann eine rapide Abnahme: Im Juni 1917 zählte man nur mehr 863.000 Pferde; im Juni 1918, 459.000.[16] Zu dieser Abnahme trug der rapid zunehmende Mangel an Futtermitteln, vor allem Mais und Hafer bei. Was für die Fütterung der

Pferde gedacht war, war mittlerweile für die Ernährung der Menschen unentbehrlich geworden. Ersatzfuttermittel gab es zum wenigsten. Die wenigen noch berittenen Einheiten wurden nach Russisch-Polen, Rumänien und Serbien verlegt. Doch die Zugpferde brauchte man im Hinterland der italienischen Front. Und obwohl man Autos immer häufiger als Zugmittel einsetzte, blieben die Pferde die wichtigsten Transportmittel.

Da die Futtermittel nicht ausreichten, erfuhr die Pferdehaltung drastische Einschränkungen. Es tat sich eine nicht mehr zu schließende Schere auf: Pferde wurden nach wie vor gebraucht, um den Krieg am Laufen zu erhalten. Doch sie sollten reduziert werden, weil man sie nicht mehr erhalten konnte. Und wie die Menschen wurden auch die Pferde immer schwächer.

Kaiser Karl verfügte im März 1917 die Neuformierung von sieben Kavalleriedivisionen. Monate später folgten alle anderen Kavalleriedivisionen mit Ausnahme der 11. Honvédkavalleriedivision. Sie wurden „zu Fuß" formiert, d. h. wie Infanteriedivisionen gebildet. Sie behielten nur ihre Namen und Truppenbezeichnungen. In jedem Regiment war aber lediglich ein Zug von 25 Reitern tatsächlich „beritten".[17]

Zu Kriegsbeginn waren alle Ersatzbataillone und Ersatzeskadronen mit der Bespannung für ihre Fahrzeuge eingerückt. 1916 fingen die Ersatzmannschaften an, nur mehr mit unbespannten Fahrzeugen einzurücken. Dann wurden verstärkt kleine, genügsame Pferde „militärpflichtig", die galizischen Konik, die Huzulenpferde, Haflinger und bosnischen Tragtiere.[18] Man kaufte den Kavallerieoffizieren ihre privat gehaltenen Pferde ab und spannte sie vor Geschütze und Wagen. Zughunde ersetzten, wo es ging, die Pferde. An der Assentierung der Pferde änderte das nichts.

Ihr steter Verfall war aber nicht nur an der Organisation der Kavallerietruppenkörper und an der Abnahme der Gesamtzahlen abzulesen, sondern auch

8. Österr. Kriegsanleihe. Plakat. 1918, im letzten Kriegsjahr war die Friedenssehnsucht schon sehr groß geworden

an anderen Details. Im April 1917 gingen bei der k.u.k. 11. Armee in Südtirol täglich 40 bis 45 Pferde ein. Klappedürre Gestelle, die bis zuletzt gezogen und getragen hatten. Und auch wenn es wohl nur ein Einzelfall war, dann war er doch symptomatisch: Beim Transport der 5. HonvédkavaDasllleriedivision im Juni 1918 standen 99 Pferde um und 131 mussten notgeschlachtet werden.[19] Bei der Heeresgruppe Erzherzog Joseph an der Italienfront zählte man am 15. Oktober 1918 noch 1.600 Reiter; bei der benach-

barten Heeresgruppe Boroevic´ waren es 2.960. Alle anderen Kavalleriepferde stellten nicht einmal mehr Zählgrößen dar.[20]

Kaum einer, der dann Anfang November 1918 hoch zu Ross und vergleichbar den ersten Kriegstagen in die Heimat zurückkehrte. Zu guter Letzt hatten der Waffenstillstand von der Villa Giusti und die Gefangennahme eines Großteils der Truppen der Südwestfront auch die Pferde verschlungen.

1   Ludwig Hesshaimer: Miniaturen aus der Monarchie. Ein k.u.k. Offizier erzählt mit dem Zeichenstift, hg. Okky Offerhaus (Wien 1992), 93f.

2   Alphons Bernhard: Die öst.-ung. Kavallerie. Ein Nachruf, Sonderdruck Militärwissenschaftliche Mitteilungen, (1931).

3   Genaue Zahlen waren nie zu eruieren. 1914 gab es in Österreich-Ungarn an die fünf Millionen Pferde. Eine Million dürfte assentiert worden sein. Noch einmal so viele wurden im Lauf des Kriegs eingezogen. Vgl. dazu Tibor Balla: A Magyar Királyi Honvéd Lovasság 1868–1914 (Budapest 2000), 169. Die Pferdeverluste reichten zahlenmäßig an die Menschenverluste der. k.u.k. Armee von 1,2 Millionen heran. Als Anhalt und zum Vergleich: Rudolf Rautschka: Studien zum Pferd im Militärdienst, geisteswiss. Dissertation Universität Wien (1999), bes. 175–203. Die Arbeit gibt leider kaum Aufschlüsse über die Pferdegestellung in der Habsburgermonarchie während des Ersten Weltkriegs.

4   Erschienen in Wien 1911.

5   Bernhard, Die öst.-ung. Kavallerie, 2.

6   Georg Schreiber: Des Kaisers Reiterei. Österreichische Kavallerie in vier Jahrhunderten (Wien 1967), 278.

7   Bernhard: Die öst.-ung. Kavallerie, 10.

8   Karl Glücksmann: Das Heerwesen der österreichisch-ungarischen Monarchie, 11. Aufl. (Wien 1909), 88–99

9   Glücksmann: Heerwesen, 211.

10 Eduard Czegka: Die Wandlungen in der Verwendung und Organisation der Kavallerie-Divisionen während des Weltkrieges. In: Militärwissenschaftliche Mitteilungen, Jg. 1928, 1–22.

11 Zu dem von Mannschaften und Offizieren geführten Säbelmuster M 1904: Mario Christian Ortner – Erich Artlieb: Mit blankem Säbel. Österreichisch-ungarische Blankwaffen von 1848 bis 1918 (Wien 2003), 264–277.

12 Auch in diesem Fall können nur analoge Angaben gemacht werden. Das deutsche Heer zählte zu Kriegsbeginn 727.000 Pferde. Rund acht Prozent des Pferdebestands entfiel auf die Kavallerie. Vgl. dazu den Aufsatz von [Fred Koch]: Die deutsche Kavallerie zwischen 1914 und 1945, im umfangreiche Begleitheft zur Europameisterschaft der Springreiter Mannheim [19]97, 230–233. Den Hinweis darauf verdanke ich meinen Kolleginnen und Kollegen im Militärhistorischen Museum der Bundeswehr in Dresden.

13 Die letzte Reiterschlacht der Weltgeschichte (Jaroslawice 1914), hg. Max v. Hoen, Eugen Frh. v. Waldstätten (Zürich–Leipzig–Wien 1929).

14 Die letzte Reiterschlacht, 155.

15 Bernhard: Die österr.-ung. Kavallerie, 11.

16 Österreich – Ungarns letzter Krieg 1914–1918, hg. Österreichisches Bundesministerium für Landesverteidigung und Kriegsarchiv, Bd. VII (Wien 1938), 60f.

17 Bernhard: Die österr.-ung. Kavallerie, 15.

18 Österreich – Ungarns letzter Krieg, Bd. VII, 61.

19 Österreich – Ungarns letzter Krieg, Bd. VII, 60.

20 Manfried Rauchensteiner – Josef Broukal: Der Erste Weltkrieg und das Ende der Habsburgermonarchie. In aller Kürze (Wien–Köln–Weimar 2015), 263–266.

Georg Kugler

Die Lipizzaner im Exil in Oberösterreich

Das Exil der Lipizzaner in Oberösterreich war eine Folge des Zweiten Weltkrieges. Zuerst wurden die Hengste der Spanischen Hofreitschule wegen der Bombardierungen Wiens aus der Stallburg, in der die „Spanischen Pferde" seit 1565 standen, evakuiert. Das ehemals österreichische Lipizzaner-Gestüt, das von der Deutschen Wehrmacht aus Piber in der Steiermark nach Hostau in Südböhmen transferiert worden war, um die nationalsozialistische Züchtungspolitik zu forcieren, wurde nur wenig später von dort – aber schon nach Kriegsende – in einer Nacht- und Nebelaktion über den Böhmerwald in das von der US-Armee besetzte Bayern und von dort nach Oberösterreich gebracht. Edle Pferde auf der Flucht – ein Gestüt im Exil? So unerwartet uns dies erscheint, es war – schlägt man das Buch der Geschichte auf – nichts Außergewöhnliches. Denn edle Pferde zählten wie Kunstwerke zu den großen Kostbarkeiten, die in Sicherheit gebracht werden mussten, wenn die Gefahr drohte, dass sie zur Kriegsbeute werden könnten. Das Reitpferd galt seit der Renaissance als „Gefährte des Helden" im Krieg, im Turnier, beim feierlichen Einzug und bei den prunkvoll inszenierten Festen zur politischen und dynastischen Selbstdarstellung der Mächtigen, hoch zu Ross wurden sie auf Gemälden und Reiterdenkmälern verherrlicht.

Reitpferde waren diplomatische Geschenke ebenso wie begehrte Beute, auch im 20. Jahrhundert. Hitler wurde von Mussolini ein kostbares Rennpferd als Geschenk angeboten, das er ablehnte, weil er Hunde liebte und Pferde fürchtete. Er selbst aber ließ einen Lipizzaner, den hochqualifizierten Schulhengst *Favory Africa* als Geschenk für den japanischen Kaiser, den *Tenno*, auswählen. Und die Lipizzaner selbst?

Durch Jahrzehnte war auch ihr Schicksal mit Krieg und Politik eng verwoben.[1]

Denn auch ihre Heimat, das oberhalb von Triest gelegene „Karster Hofgestüt", wurde durch Kriege mehrmals in seiner Existenz gefährdet. Fluchtartige Räumungen des Gestüts, endlose Wege über Berge und durch Flüsse, die ungewohnten Lebensverhältnisse in den erst nach Wochen erreichten, oft ungeeigneten Unterkünften setzten vor allem den Stuten und Fohlen zu. Das Gestüt wurde an seiner Wurzel getroffen. Denn ein Gestüt ist ein lebendiger Körper, der sich ständig erneuert, wofür die Stutenfamilien wichtiger sind als die Hengste. Es ist alles andere als eine zufällig entstandene Ansammlung vieler Pferde, sondern ist dank eines durch Jahrzehnte – bei den Lipizzanern am Karst durch Jahrhunderte – verfolgten Zuchtprogramms gewachsen.

Ein Gestüt existiert daher als solches auch in der Emigration. Bezeichnend dafür ist die Tatsache, dass für die Verantwortlichen in der Wiener Behörde, das Oberststallmeisteramt, die Lipizzaner, wo immer sie sich im Exil befanden, das „Karster Hofgestüt" waren und blieben. Während nach dreimaliger Evakuierung des Gestüts (1797 und 1805 für ein Jahr, 1809 sogar für sechs Jahre) infolge der von Napoleon geführten Kriege Frankreichs die Lipizzaner schließlich nach Jahren wieder in Ruhe heimkehren konnten, war die Flucht des Gestüts im Mai 1915 aus der Heimat im Grenzgebiet zu Italien endgültig. Das Gestüt wurde nach dem Weltkrieg auf Grund des Friedensvertrages mit Italien nach schwierigen Verhandlungen geteilt, eigentlich zersplittert.[2] Seine historische Aufgabe, Pferde für den Kaiserhof zu liefern, kam abhanden. Damit war auch die Existenz der Spanischen Hofreitschule, ja das Überleben der Lipizzaner als Rasse, in Frage gestellt. Der Zweite Weltkrieg bedrohte sie neuerlich, obwohl in den Nachfolgestaaten der österreichisch-ungarischen Monarchie mehrere Lipizzaner-Gestüte existierten. Doch die meisten von diesen waren, ebenso wie das Gestüt von Piber (im Herbst 1942) und das königlich-italienische Gestüt von Lipiza (im Herbst 1943) sowie staatliche und private Lipizzaner-Gestüte Jugoslawiens zum Zwecke züchterischer Experimente in Hostau, damals „Protektorat Böhmen und Mähren", also heute Tschechien, zusammengeführt worden. Infolge dessen entstand dort das größte Lipizzaner Gestüt aller Zeiten. Allerdings nur für kaum drei Jahre, denn im April 1945 verlor auch dieses militärische Unternehmen seinen umstrittenen Zweck.[3] Die Herrschaft Nazi-Deutschlands in der einstigen Tschechoslowakei brach zusammen, hunderte von Lipizzanern und andere Pferde waren existenziell gefährdet.

Auch andere Pferdegestüte wurden Opfer des Krieges. Wir machen uns kaum bewusst, dass ihr militärischer Einsatz im Zweiten Weltkrieg rund 4 Millionen Pferden das Leben gekostet hat. Die österreichischen Lipizzaner – Gestüt und Schule – haben mit Glück beide Weltkriege relativ gut überstanden.

Nach 1918 blieben beide Institutionen gegen den Widerstand politisch einflussreicher Gruppen dank des Engagements verantwortungsvoller Personen erhalten.[4] Die Evakuierung der Reitschule zu Kriegsende 1945 aus Wien nach Oberösterreich (damals Oberdonau) war eine gut vorbereitete Aktion des Kommandeurs Oberst Alois Podhajsky.[5] Das Überleben des Hostauer Gestüts wurde hingegen im letzten Moment durch die Entscheidung mutiger Männer auf beiden Seiten der Front, des Oberstleutnants Hubert Rudofsky in Hostau einerseits und des Tierarztes (Stabsveterinärs) Dr. Rudolf Lessing in Hostau einerseits und das Eingreifen des Kommandanten der 8. US-Armee in Deutschland und Österreich, des Generals George S. Patton, sowie seiner Offiziere bewirkt.[6] Auch sie waren alle, unerwarteterweise, ausgebildete Kavalleristen und begeisterte Pferdeleute. Blicken wir zunächst nach Wien. Die

Spanische Hofreitschule hatte als Prestige-Institut bis zum Sommer 1944 eine relativ ruhige Entwicklung genommen.

Der Pferdebestand belief sich auf 69 Hengste, davon 55 aus Piber, neun aus Jugoslawien und fünf aus Italien. Das reitende Personal war hervorragend, der Erste Oberbereiter Wenzel Zrust war im Dezember 1940 gestorben, aber Ernst Lindenbauer und Gottlieb Polak hatten ihren Dienst noch in der kaiserlichen Reitschule begonnen und hielten die Tradition hoch. Dazu kamen die von ihnen ausgebildeten Bereiter Cerha, Lippert, Kastner und Rochowansky, denen der Unterricht von Schülern übertragen war, unter denen sich der später so bedeutende Reiter und Reitlehrer Georg Wahl befand.

Zahlreiche Festvorführungen vor Größen des Naziregimes und der Wehrmacht stärkten die Position des militärisch-autoritär agierenden Kommandeurs Podhajsky.[7] In der zweiten Jahreshälfte 1944 erschwerten Versetzungen von Angestellten an die Front die Führung des Betriebs. Oberst Podhajsky versuchte die Erlaubnis zum Abzug der Schulhengste aus Wien zu erhalten, nachdem die Stallburg am 10. September 1944 bombardiert worden war. Vergeblich, weil die maßgeblichen Nazi-Größen den damit verbundenen Eindruck des Defaitismus vermeiden wollten, war doch die Reitschule für die Kriegspropaganda missbraucht worden. Wie Tausende andere Wiener wollte auch er nach dem Westen, über die Enns. Im Jahre 1944 hatten 50.000 Wiener in Oberdonau Zuflucht gefunden, im Februar 1945 waren dort 156.161 Umgesiedelte und 85.000 Flüchtlinge registriert![8] Es galt einerseits den Widerstand der politischen Führung zu überwinden, andererseits eine geeignete Unterkunft zu finden. Schon im Jänner erkundeten die Bereiter Lippert und Kastner Ausweichquartiere. Sie besuchten die Schlösser Ebenzweier und Württemberg am Traunsee, Eferding, Krummau (damals Oberdonau), Frauenberg bei Budweis, das Stift St. Florian. Alle erschienen ungeeignet oder waren von Parteiorganisationen beschlagnahmt oder von Flüchtlingen bewohnt. Auch das Landesgestüt Stadl-Paura und die

Alpenjägerkaserne in Ried boten zu wenig Platz. Schließlich fiel ihre Wahl auf das Schloss der Grafen Arco in St. Martin im Innkreis. Persönliche Beziehungen spielten dafür eine Rolle. Gräfin Gertrud aus der schwedischen Familie Wallenberg war eine Größe in der Pferdewelt. Jahre lang war sie Beauftragte des Schwedischen Olympischen Komitees für den Reitsport gewesen und wusste selbstverständlich von der Bedeutung der Spanischen Reitschule. Ihr Neffe Raoul Wallenberg setzte als Sekretär an der Schwedischen Gesandtschaft in Budapest sein Leben für die Rettung der vom Tode bedrohten Juden ein. Aber auch er war ein „horse-man", hatte in der Polo-Mannschaft Schwedens bei den Olympischen Spielen 1932 in Los Angeles gespielt und kannte den Leiter der Budapester Spanischen Reitschule, Geza von Haszlinszky. Die-

ser versuchte nach einer Verabredung mit Podhajsky, allerdings vergeblich, mit seinen Schulhengsten nach Wien zu flüchten und in den leeren Stallungen der Lipizzaner Zuflucht zu finden. Am 1. Februar 1945 durfte Podhajsky die ersten 17 Hengste, das wertvollste Inventar, Gemälde und Archiv aus Wien herausbringen; es folgten von 16. Februar bis 10. März vier weitere Transporte mit insgesamt 45 Hengsten. Zuletzt erreichte auch er am 7. April mit jungen Hengsten nach viertägiger Fahrt und einem Bombardement am Linzer Hauptbahnhof St. Martin.[9]

Eine Woche später konnte die Sowjetische Armee die Stadt Wien einnehmen. Als die Amerikaner am 26. April den Inn erreichen, steckt Podhajsky die Angehörigen der Reitschule, die als Angehörige der Wehrmacht Uniformen trugen, in Zivilkleider, um zu vermeiden,

Abtransport von Schulhengsten aus der Stallburg, 1944 vorerst nach Laxenburg, dann nach Sankt Martin.   Foto: Lipizzaner Museum Wien

dass sie zu Kriegsgefangenen würden. Am 2. Mai überschreiten die amerikanischen Truppen den Inn und besetzen am folgenden Tag St. Martin, unter dem Personal der Reitschule finden sie nur Zivilisten vor. Am 7. Mai unterzeichnen der US-General Walton H. Walker und der deutsche Generaloberst Lothar Rendulič im Schloss ein Waffenstillstandsabkommen. Die Schulhengste sind hier gut untergebracht, eine alte Scheune dient als Manege, aber Podhajsky sorgt sich um Personal und Futterbeschaffung. Die Amerikaner unterstützen ihn und er wird von General Walker gefragt, ob er zu Ehren von General Patton, einst Dressurreiter und Olympiateilnehmer, eine Vorführung der Reitschule in St. Martin veranstalten könnte. Patton kam mit mehreren hohen Offizieren mit dem Flugzeug aus Frankfurt. Er war von der Vorführung fasziniert, an der der letzte noch lebende Bereiter des Kaiserhofes, Ernst Lindenbauer, teilnahm; Podhajsky führte im Alleingang seinen Hengst *Neapolitano Africa* durch alle Figuren der hohen Schule und erbat am Ende den Schutz der 8. US-Armee für die Reitschule sowie die Rückführung der Piber-Lipizzaner aus Hostau nach Österreich. Er hat dadurch die Lipizzaner für Österreich gesichert.[10]

Major Alois Podhajsky stellt die Reitschule unter den Schutz des Generals Patton. 7. Mai 1945.   Foto: Lipizzaner Museum Wien

Vorführung vor General Patton in Sankt Martin am 22. 8. 1945.
Foto: Lipizzaner Museum Wien

Abtransport der Lipizzaner aus Hostau durch amerikanische Offiziere (Cap. Stewart, Col. Reed), rechts Obstlt. Rudofsky. 27. 4. 1945.   Foto: Lipizzaner Museum Wien

Zur gleichen Zeit gelang das Husarenstück der Rettung des Hostauer Gestüts – nicht nur der Lipizzaner – nach Bayern. Die US Truppen wollten sie so schnell wie möglich weitergeben. Podhajsky wurde nach Žinkovy (deutsch Schinkau, auch Zinkau) in der Region Plzeň / Tschechien geholt, um Details wegen der Rückführung zu besprechen, auf die er weder personell noch ökonomisch vorbereitet war.[11]

Schon am 18. und 22. Mai trafen 230 Pferde in Reichersberg ein. 85 Mutterstuten mit Fohlen und Jungstuten aus Piber und Demir Kapija wurden in den folgenden Tagen nach Wimsbach, 103 Mutter- und

Gastspiel der Reitschule in Salzburg. 1955.   Foto: Lipizaner Museum Wien

Lipizzanerherde in Bad Wimsbach.   Foto: Lipizzaner Museum Wien

Jungstuten aus Lipiza nach Weidegut bei Schärding, 42 Junghengste aus allen drei Gestütsbeständen nach Otterbach und Löfflerhof bei Schärding gebracht. Aber alle waren nur Sommerquartiere! Das Problem der Futterbeschaffung war zwar entschärft, das des Personalmangels keineswegs. Das aus Hostau mitgebrachte Personal, vor allem die Zwangsarbeiter, waren begreiflicherweise arbeitsunwillig und wollten in ihre Heimat, und die Reichsdeutschen wurden aus Österreich ausgewiesen, es blieben die beiden Gestütsmeister und der italienische Pferdewärter, aber auch nur bis Jahresende.

Die Reitschule wurde wieder dem Landwirtschaftsministerium unterstellt, die Bereiter wurden wieder Staatsbeamte. Sie erhofften ein Ende der militärischen Herrschaft Podhajskys, ja einige Bereiter forderten

sogar dessen Abberufung.[12] Ein in mehrfacher Hinsicht turbulenter Beginn des Exils in Oberösterreich, das fast elf Jahre dauern sollte! Als Winterquartier wurden endlich drei Hallen am Volksfestplatz in Ried winterfest gemacht. Neue Sommerquartiere fand man im Fürst Eulenburg'schen Gut in Hinterstoder, danach in Köppach am Hausruck, 46 Jungpferde brachte man nach Rauris, etwa 30 wurden verkauft.

Alle Pläne, die österreichischen Pferde nach Piber (in der britischen Besatzungszone!) zu bringen, zerschlugen sich, die Rückgabe von 27 Lipizzanern aus Demir Kapija an Jugoslawien erfolgte am 1. Juni 1946, die Pferde aus Lipizza (nunmehr *Lipica*) wurden hingegen nicht an Jugoslawien, sondern nach langem Streit zwischen den beiden Staaten und daher erst im November 1947 an Italien übergeben. Podhajsky konnte

Gastspiel der Reitschule in Madrid. 1954.   Foto: Lipizaner Museum Wien

Vorführung (Quadrille) in der Reithalle der Dragonerkaserne Wels. 1948.   Foto: Lipizzaner Museum Wien. © Lothar Rübelt

die Amerikaner für diese Lösung gewinnen, die Italiener bedankten sich mit der Lieferung von mehr als 300 Tonnen Hafer, Heu und Stroh. Als 1952 letztendlich 159 Pferde in Piber wieder eingestellt wurden, konnte das Gestüt in Wimsbach aufgelöst werden und Podhajsky sich nach sieben Jahren nur mehr der Schule widmen. Sie war im Oktober 1946 von St. Martin nach Wimsbach und Wels übersiedelt. In der dortigen Reithalle der ehemaligen Dragonerkaserne fanden schon seit dem Frühjahr 1946 regelmäßig Vorführungen für die amerikanischen Besatzungstruppen, für die Öffentlichkeit und Delegationen ausländischer Reitervereine statt, viele in Anwesenheit von Ministern und Staatsgästen. Bundespräsident Renner besuchte eine Vorstellung am 10. Juni 1946. Die Spanische Reitschule geriet im Exil nicht in Vergessenheit. Und als sie im Juni 1948 zur ersten Auslandstournee nach elf Jahren in die Schweiz startete, wurde sie auch international wieder wahrgenommen. Die zweite Weltkarriere der Spanischen Reitschule ging von Oberösterreich aus![13] Auch die nächste Generation der Oberbereiter wurde hier ausgebildet: Franz Rochowansky, Johann Irbinger, Josef Weibold, Georg Wahl und Ignaz Lauscha. Mit der Aufnahme von vorerst fünf ausländischen Schülern wurde begonnen. Nur die Ausbildung der Hengste verlief nicht befriedigend, doch fanden 1948 in Wels immerhin 12 große Vorführungen statt. Durch „Auslandsgastspiele" in Rom, Zürich und Genf und eine Vorführung in Dornbirn blieb die Schule auch 1949 präsent. Und nach Vorführungen in Frankfurt und Hamburg wagte Podhajsky im Herbst 1950 die Fahrt über den Atlantik. Die zweimonatige Tournee in New York und Harrisburg wurde zum Triumph. Die Bereiter beteiligten sich an Dressurprüfungen, die Zahl der Schüler stieg auf 17. Die Eintrittspreise, die Gebühren der Schüler und der Verkauf von Pferden waren die wichtigsten Einnahmsquellen. Die Tourneen wurden Jahr für Jahr wiederholt, 1951 gastierte die Schule auch in Graz und Salzburg (wie auch 1952, 1953 und 1954 während der Festspiele), 1952 außerdem in Klagenfurt und Gmunden. Anlässlich eines Gastspiels in London 1953 ritt Königin Elizabeth auf dem Schulhengst *Pluto Theodorosta*. Die Mitwirkung an dem Film *1. April 2000* soll nicht unerwähnt bleiben. Nach monatelangen Vorbereitungen kehrte die Schule nach Abschluss des Staatsvertrages (15. Mai 1955) nach Wien zurück. Am 1. Oktober gab die Schule ihre Abschiedsvorstellung in Wels zu Ehren des Gastlandes Oberösterreich.

1 Frank Westerman: Das Schicksal der weißen Pferde. Eine andere Geschichte des 20. Jahrhunderts, München 2012, passim.

2 Emil Finger: Das ehemalige K. u. K. Karster Hofgestüt zu Lippiza 1580 – 1920, Laxenburg 1930, 25 f. – Bihl. In: Georg Kugler – Wolfdieter Bihl: Die Lipizzaner der Spanischen Hofreitschule, Wien 2002, 226 f. – Die Arbeit beruht auf den jährlich verfassten Chroniken sowie den Berichten im Nachlass Podhajskys in der Spanischen Hofreitschule.

3 Westerman, wie Anm. 1: 139 f. – Bihl, wie Anm. 2: 251 f., 256, 261.

4 Erwin M. Auer: Die Auflösung des Wiener k.u.k. Hof-Marstalls im Rahmen der Obersten Verwaltung des Hofärars. In: Jahrbuch des Vereins für die Geschichte der Stadt Wien 37, Wien 1981, 198, 227 f. – Bihl, wie Anm. 2: 228 f., 230 f., 232 f.

5 Bihl, wie Anm. 2: 257.

6 Oulehla – Mazakarini – Brabec d'Ipra: Die Spanische Reitschule in Wien, 1986, ausführlich 285 ff. – Bihl wie Anm. 2: 258 – Anja Schwanhäußer: Die Wiener Hofburg seit 1918 – im kulturgeschichtlichen Spiegel der Spanischen Hofreitschule. Frau Dr. Schwanhäußer gestattete mir freundlicherweise Einblick in ihr Manuskript, das im 5. Band der Veröffentlichungen der Österreichischen Akademie der Wissenschaften zur Bau- und Funktionsgeschichte der Wiener Hofburg erscheinen wird.

7 Bihl, wie Anm. 2: 246, 259 f. – Schwanhäußer, wie Anm. 6.

8 Siegfried Haider: Geschichte Oberösterreichs, München 1987, 417.

9 Bihl, wie Anm. 2: 257.

10 Alois Podhajsky: Die Spanische Hofreitschule, Wien 1948, 1 f. Bihl, wie Anm. 2: 258.

11 Ebendort, 258, 262 f..

12 Schwanhäußer, wie Anm. 6.

13 Bihl, wie Anm. 2: 272 ff., 276.

Roman Sandgruber

Gasslfahren und Schlittenrennen
Zu oberösterreichischen Volksbelustigungen

Oberösterreich galt im 19. Jahrhundert gleich hinter Wien und Niederösterreich als eines der Zentren des Pferdesports in der Habsburgermonarchie. Natürlich waren Wien und Baden als Veranstaltungsorte übermächtig. Aber dann kam gleich Oberösterreich. Sommer-Trabfahren und Winter-Pferdeschlittenrennen sind seit dem frühen 19. Jahrhundert in der oberösterreichischen Presse immer wieder bezeugt, vor allem bei städtischen Volksfesten und landwirtschaftlichen Messen. Veranstalter waren einzelne Private oder Bürgerkomitees, ab 1870 dann die Rennvereine. Der 1870 gegründete Linzer Trabrennverein war der älteste der Monarchie. Neben Trabrennen veranstaltete er auch Schlittenrennen. Oberösterreich beherbergte von allen Kronländern die größte Zahl an Trabrennplätzen. Trabrennbahnen gab es zu Ende des 19. Jahrhunderts in Altheim, Braunau, Obernberg, Ried, Wels, Gmunden und Linz. Der Trabrennverein Gmunden wurde 1891 gegründet. Auch er veranstaltete Schlittenrennen und Trabfahrten. Besonders beliebt war der Rennsport im Innviertel. Man hatte die Bewerbe Sprungreiten, Trabfahren und Kraftziehen. Man unterschied Bauern-Pferdetrabfahren und Pferdereiten, Bürger-Pferderennen, als Trabwettfahrten und Trabreiten. Der Linzer Maler Alois Greil hat Reiter und Zuschauer bei einer solchen Veranstaltung in einem schönen Aquarell festgehalten: Die Rennleitung auf hoher Tribüne, der durch Pflöcke abgesteckte Rundkurs, Fahnen und Kränze, die Reiter auf ungesattelten Pferden in heimischer Tracht.

Aus der 2. Hälfte des 19. Jahrhunderts gibt es eine überaus reiche Berichterstattung zum Pferdesport in Oberösterreichs Zeitungen, in der Linzer Zeitung, in der Tagespost, aber auch in den Regionalzeitungen. Es wird eine Fülle unterschiedlicher Bewerbe aufgeführt: Einspänner-Trabfahren, Erstfahren, Ersttrabreiten, Fiaker-Wettfahrten, Handicap-Rennen, Herrenfahren und Herrenreiten, Hindernis-Pferderennen, Hürdenrennen, Jagd-Reiten, Hubertusritte, das Jeu de Barre, ein Reiterspiel mit Schleifenraub, und militärische Pferderennen, vor allem Distanzritte – etwa 1893 ein Distanzritt der Ennser Offiziere Enns-Gmunden-Salzburg über die Dauer von drei Tagen oder Linz-Wels-Lambach-Linz. Es gab Frühjahrs-, Sommer- und Herbst-Rennen. Zentren des Rennsports waren die Städte Linz, Wels, Ried und Braunau, ebenso die Garnisonen in Linz, Enns und Wels. Regelmäßig gab es Preisfahren, Jagdritte, Steeplechases und Distanzritte und – nach Wiener Muster – auch Fiaker-Fahren und Zweispänner-Fahren.

Aus der Linzer Tagespost hat Johann Franz Mayr 213 Orte identifizieren können, wo vor 1914 derartige Rennen veranstaltet wurden, ziemlich gleichmäßig über das ganze Land verteilt, die meisten im Hausruck- und Innviertel. Es gab Bauernfahren, Bürgerfahren und Herrenfahren, für Mitglieder eines Rennvereins, eigene Fiakerrennen und Damenrennen. Es gab Gemeinde-, Bezirks- und Landesrennen und auch überregionale Ausschreibungen. Und natürlich unterschieden nach Pferdearten und Rassen: Neulingsrennen, Zuchtrennen, seit 1884 auch die so genannten Sekundenrennen, bei denen die Zeit gestoppt wurde. Es gab auch Ochsenschlittenrennen in

Friedrich Höhnel: Gasslschlittenrennen am Gelände des heutigen Hafens, im Hintergrund der Pfenningberg. 1880.

Rüstorf und sogar die Verulkung in Form eines Mist-
wägen- bzw. Mistschlitten-Rennens, etwa im Jänner 1865 in Kleinmünchen. Die meisten Teilnehmer
waren Bauern. Die Zuschauerzahlen bewegten sich
zwischen 1.000 und 5.000. Bisweilen gab es eigene
Sonderzüge, die zu den Rennen geführt wurden. Die
Eintrittspreise waren recht hoch. Als Preise gab es
neben Geld meist seidene Fahnen. Bei einem Pferdeschlittenrennen in Urfahr im Jahr 1848 war der erste Preis 15 Taler, der siebte ein Taler, der achte vier
gezierte Hufeisen und der neunte eine Schlittenpeit-
sche. 1875 wurde beim Rennen am Linzer Exerzierfeld der erste Preis beim Inländer-Erstfahren mit 40
Gulden ausgeschrieben, beim Hauptfahren mit 60
Gulden. Unter den Siegern findet man vereinzelt auch
Frauen. Die Preise stammten vom Kaiser, den Ministerien, Stadtgemeinden und Trabrennvereinen. Nach
Wiener Muster wurde ab 1892 auch das Totalisateur-
Wettwesen eingeführt.

Die überragende Rennmeister- und Pferdezüchter-
Persönlichkeit im Oberösterreich des späten 19. Jahrhunderts war der Linzer Postmeister Adolf Winkler
mit seinem Kaplanhof-Gestüt. Er verzeichnete auch

Rennsiege in Wien. Adolf Winkler ist auch auf den
beiden Ölgemälden von Friedrich Höhnel aus dem
Jahren 1879 und 1880 abgebildet, die ein Gasslschlittenrennen zum Thema haben. Das dargestellte Ereignis lässt sich auf den Tag und die Stunde genau
datieren: 21. Jänner 1879, drei Uhr nachmittags. Die
Linzer Zeitungen haben darüber berichtet, etwa das
Linzer Volksblatt unter der Überschrift „Herrenwett-
fahren zum Besten der Linzer Armen". Die beginnende
Dämmerung im linken Bildrand bestätigt die in der
Zeitung angegebene Uhrzeit. Schauplatz des Gesche-
hens war das Militärische Exerzierfeld in Linz – dort,
wo in der Zwischenkriegszeit ein Flugplatz angelegt
wurde und sich heute das Hafengelände befindet.
Im Hintergrund erkennt man die verschneiten Hügel
des Mühlviertels, im Zentrum den Pfenningberg. Die
Donau ist durch den Auwald verdeckt. Der gesamte
Parcours, der ein Oval beschrieb, ist durch schwarz-
gelbe (kaiserliche) und rot-weiße (Linzer oder oberösterreichische) Fahnenstangen und Flaggen markiert.
Die fest gezimmerte Ehrentribüne mit Richterturm
am linken Bildrand zeigt, dass es sich um einen dau-
erhaften Rennplatz handelt, der Winter wie Sommer

genutzt wurde, ebenso das sichtbar in den Vordergrund gesetzte „Häusl".

Teilgenommen haben 34 Pferdebesitzer. Gefahren wurde mit so genannten „Gasslschlitten". Die Bahn musste einmal im Schritt und viermal im Trabe umfahren werden. Die Wettkampfteilnehmer nahmen auf den Schlitten rittlings Platz. Etwa 25 Schlitten sind zu sehen. Die Fahrer tragen Nummern auf den Ärmeln. Das Publikum ist sehr gemischt: Damen, Herren und Kinder, die nicht alle am Renngeschehen interessiert zu sein scheinen. Es sind Angehörige der bürgerlichen Gesellschaft, die Herren mit Zylinder und in Pelz verbrämten Mänteln oder Überröcken, die Damen in kunstvoll drapierten, bodenlangen Röcken, dazu mit eng taillierten Jacken mit Pelzbesatz. Die Hüte schützten kaum gegen die Kälte.

Es herrscht Volksfeststimmung. Die Gruppe mit dem Jäger und den beiden grün bejoppten Gestalten ist vielleicht zufällig dabei, andere machen Geschäfte: die beiden Männer, die auf Stangen aufgereihte Brezeln anbieten, der mobile Würstelverkäufer und der Bandlkramer. Sie müssen ohne Mantel oder Überrock auskommen. Ganz am linken Bildrand befindet sich die zweistöckige Tribüne der Preisrichter.

Friedrich Höhnel hat das Ereignis noch in einem zweiten Bild festgehalten, das den Titel „Herren-Fahren" trägt und in einer Legende die Namen der Rennteilnehmer und eine Beschreibung der Pferde bringt, insgesamt 34. Unter den Genannten unter anderem Adolf Winkler, Josef Poschacher, Johann Wankmüller, Johann Haberkorn, Franz Estermann und Ludwig Hatschek, also die Spitzen der Linzer Gesellschaft: Fabrikanten, Großhändler, Honoratioren... Was noch auffällt: die vielen Hunde. Das Gedränge auf dem Bild ist groß. Es war sogar so groß, dass es der Zeitung zufolge sogar Verletzte gab. Der Eisenbahn-Zugspacker Mathias Heizinger aus Lustenau wurde von einem als Zuschauer anwesenden Pferdehändler niedergeritten. Heizinger erlitt schwere Verletzungen.

Die Trabrennbewerbe sind aus der Mode gekommen und die Trabrennplätze in den einzelnen Orten verschwunden. Gasslschlittenbewerbe – wie auf dem Bild dargestellt – wären wohl in den meisten Orten überhaupt nicht mehr realisierbar. Es fehlt am Schnee.

Literatur:

Wacha, Georg: Linzer Schlittenrennen. Zu Bildern Friedrich Höhnels. In: linz aktiv, H. 5 (1962/63), 20-23.

Mayr, Johann Franz: Pferdeschlittenrennen in Oberösterreich. In: OÖ Heimatblätter, 29, 1975, 78-82.

Pferderennen in Wels am 15. August 1841. „Linzer Zeitung" 1841, Nr. 142.

Pferdereiten, Goaßlfahren und Georgiritte. 150 Jahre Pferdesport in Riedau. Rieder Volkszeitung Jg. 100 (1980), Nr. 5.

Mayer, Johann Franz: Pferde-Renn-Sport in Oberösterreich vor dem 1. Weltkrieg, Mattersburg 1980. 297 Bl. [maschinschr.] (Manuskript im Oö. Landesarchiv, J 591).

P[feffer, Franz]: Pferderennen in Alt-Linz und Alt-Wels. Heimatland 1933, Nr 33.

Zegermacher, Jutta: Die historisch-soziale Entwicklung des österreichischen Pferdesports am Beispiel des Reitvereins Garstnertal, Diplomarb. Univ. Wien 1994, 122 Bl. (maschinschr.).

Gasslfahren in Linz 1879, Ölgemälde von Friedrich Höhnel, 1880, 302 x 51 cm, Stadtmuseum Nordico, Inv.Nr. 479.

Kreczi, Hanns: Linz, Stadt an der Donau, 260.

Rennplakat aus Ried, Jahr 1833 (Hundert Jahre Stadt Ried)

Plakat zu Pferderennen in St. Martin bei Ried, 7. Mai 1865 und Markt Aurolzmünster, 23. April 1865, Rieder Volkskundemuseum

Ein Inserat zum Schlitten-Pferde-Rennen in Urfahr am 24. Jänner 1848 im Intelligenzblatt der Linzer Zeitung, Plakate ähnlicher Art aus 1864/65 in Haag am Hausruck, Altheim und Ried.

Bild rechts: Friedrich Höhnel: Herrenfahren Linz 1879.
Menschenmenge am Gelände des heutigen Hafens, im Hintergrund der Pfenningberg.   © Nordico Stadtmuseum Linz. Thomas Hackl

ren, Preis-Verzeichniß der Pferdebesitzer, Linz, 21 Jänner 1879.

Gattung.	Loos	Preis	Herren Besitzer	Gattung.	Loos	Preis	Herrn Besitzer	Gattung	Loos	Herrn Besitzer	Gattung	Loos	Herrn Besitzer	Gattung	Loos	Herrn Besitzer	Gattung	Loos
b.Stut.	4	11	Poschacher Jos.	Rap.Wa	19	16	Edtstadler Jos.	b.Wall.	16	Esterman Fra.	d.b.Wall	2	Schonka Fran.	d.b.Stu	24	Niesselmüller J.	Sch.St	30
b.Stut.	6	12	Steinböck Fran.	r.Sch.St	23	17	Kogler Johan.	b.Wall.	21	Pürstinger Jg.	Fuchs W.	10	Grubmüller V.	Sch.Stu	25	Mayerhofer Jos.	l.b.Stu	31
b.Stut.	1	13	Haberfellner Ja.	Rap.St.	7	18	Mayerhofer Mx	l.b.Wall.	18	Hefel Max.	l.b.Stut	11	Jungbauer Seb.	Sch.Wa.	26	Muck Franz	l.b.Wa	34
b.Wall.	17	14	Wankmüller Jo	b.Wall	20	19	Haberkorn Joh.	b.Stut.	35	Niklas Josef.	Sch.Stu	12	Zeininger Jos.	Sch.Wa.	27	Hatschek L.		
l.b.Stu.	16	15	Bremel Johan	Sch.St.	5	20	Ziegler Johan	l.b.Stut	33	Reitinger Ma.	Sch.Wa.	13	Moser Seba.	l.b.Stut	29	Red August.		

J. Höfmel.

113

Michaela Lindinger

„Sporting-Character-Manieren"

Geschichten aus der Turfgesellschaft

„Heute noch fahr' ich nach Gödöllö runter. Der Niki Esterházy hat neue Pferd' – hat er g'sagt."

Mit diesem Satz meldet sich Kaiserin Elisabeth in Peter Roseis Groteske „Franz Joseph und sein Engel" bei ihrem Mann ab. Sie flüchtet sich nach Ungarn auf ihre Besitzungen rund um das Schloss Gödöllö in der Nähe von Budapest, um dort dem Hobby der Altadeligen und Neureichen schlechthin nachzugehen: dem Pferdesport.

Im „Jockey-Club"

Der Waffen tragende Adel hatte seit fernen Rittertagen ein besonderes Naheverhältnis zum Pferd. Im Kampf war das gelehrige Tier ebenso unersetzlich wie in seiner Rolle als Verkehrsmittel. Mit Vorliebe widmeten sich die Feudalen der Pferdezucht und Dressur und ab dem 19. Jahrhundert dem neu aufkommenden Sport der Pferderennen. Diesen Interessen frönte man in den Jockey-Clubs der Metropolen wie London, Paris und Wien.

Im Allgemeinen waren die sozialen Schichten noch durch nahezu unüberwindliche Barrieren voneinander getrennt, sodass man auch im „Jockey-Club" unter sich sein wollte. Unter englischem Einfluss erkannten die maßgeblichen Leute aber sehr wohl, dass die industrielle Revolution eine große Zahl von Aufsteigern hervorgebracht hatte, die über Einfluss und Reichtum verfügten. Es hätte wenig Sinn gehabt, diese neue Klasse von vornherein auszuschließen. So wurde 1867 in den Statuten des neu gegründeten Jockey-Clubs für Österreich festgelegt, dass diese „oberste Autorität in allen Rennsachen" auch über genügend „Anziehungskraft" verfügen soll, „um Kapital für das Renn- und Zuchtwesen zu beschaffen". Eine Vereinszugehörigkeit sei äußerst erstrebenswert, da sich hier „die Sommitäten (= die „Höchsten, Vornehmsten", Anm.) der Gesellschaft" zusammen fänden. Der Nachweis von 16 adeligen Ahnen wurde manchmal dilatorisch behandelt. Wie etwa im Fall von Nathaniel Rothschild, der sich hauptsächlich als Kunstsammler und Reiseschriftsteller betätigte und auch als Förderer des Fußballsports in Wien Bedeutung erlangte. Der alt eingesessene Wiener Adel mokierte sich über den Aufwand, den Rothschild betrieb, um in den elitären Herrenclub aufgenommen zu werden. Andererseits: Es war dem Sohn des „Creditanstalt"-Gründers klar, dass der Jockey-Club eine Art Nebenregierung darstellte. Wertvolle Informationen politischer und wirtschaftlicher Art wurden dort ausgetauscht: Man sprach vom „Epizentrum hochadeliger Junggesellen", wo Verbindungen aller Art angebahnt wurden. Es ging um rasante Vollblüter, einen professionell konzipierten Rennbetrieb, erfolgreiche Zuchtställe in Ungarn, Böhmen und Mähren; aber auch um Networking und champagnerselige Stunden am Billardtisch. Bis heute dominieren im mittlerweile als „altehrwürdig" geltenden Club Angehörige des Adels der Monarchie.

Alexander Ritter von Bensa: Kaiserin Elisabeth beim Hürdenritt. Privatbesitz.   Foto: Schepe

Der schon in Teenagerjahren sehr obrigkeitskritisch eingestellte Kronprinz Rudolf ließ an den Herren im Jockey-Club kein gutes Haar. Als 19-Jähriger wütete er unter einem Pseudonym gegen die „Sporting-Character-Manieren" seiner Alters- und Standesgenossen. Diese seien „bloß eine faule Eiterbeule am Staatskörper". Ihre einzigen Auszeichnungen seien „grenzenlose Rücksichtslosigkeit" und ein „mangelnder Bildungsgrad". Der missliebige Thronfolger stand unter ständiger Bespitzelung, sodass die attackierten Aristo-Playboys über seine Ausfälle sicher Bescheid wussten.

„Lords of the rings"

Der Niki Esterházy, dessen hippologische Neuer-werbungen Rudolfs Mutter Elisabeth in Gödöllö zu inspizieren gedachte, hieß mit vollem Namen Graf Miklós Pál Esterházy de Galántha. Er war zwei Jahre jünger als die Kaiserin und einer der erfolgreichsten Herrenreiter in ganz Europa. Seine Freunde aus dem österreichischen Jockey-Club, dem er zeitweise als Präsident vorstand, nannten ihn nur „Sport-Niki". In Gödöllö fungierte er als Sisis Jagdleiter.

Bei Veranstaltungen wie der Jagdsaison in Gödöllö war nur eines wichtig: der Rennsport. Wer etwas von

Elisabeth beim Hürdenritt. Stahlstich von T. L. Alkinson. Um 1880. © Bundesmobilienverwaltung, Hofmobiliendepot, Möbel Museum Wien

Vestibül, Bibliothek und Repräsentationssaal des Jockey-Klubs in Wien.

Derby-Zimmer im Jockey-Klub in Wien.
Originalzeichnungen von W. Gause. (S. S. 82.)

Interieurs im Jockey-Club (Stiegenhaus, Vestibül, Bibliothek und Repräsentationssaal; Kamin-Derbyzimmer), Druck.

© Wien Museum

Pferden verstand, ein Pferdenarr war, nach Möglichkeit auch noch selbst ein perfekter Reiter und guter Gesellschafter, bekam relativ leicht Zugang zu den adeligen Reiterkavalieren, bis hin zur gastgebenden Kaiserin. Auf ihren Sejours und Reiterfesten gab es keinen Standesdünkel. Gut möglich, dass der Oberstallmeister Rudolf „Rudi" von Liechtenstein nicht alle Teilnehmer für „hoffähig" erachtete, doch das kümmerte seine Herrin nicht. Er genoss nicht nur ihr Vertrauen, sondern auch das des Kaisers. Von Sisi wurde Liechtenstein, der hauptsächlich auf seinen Ländereien in Mähren lebte, „der schöne Prinz" genannt. „Niki" und „Rudi", ein Jahr jünger als Elisabeth, dienten ihrer „Königin der Jagd" und blieben zeitlebens unverheiratet. Beide Männer begleiteten Sisi auch zu den gefährlichen Parforce-Jagden nach England und später nach Irland.

In der englischen Literatur über den Pferdesport im 19. Jahrhundert ist die österreichische Monarchin mit ihrer Entourage ein Dauerthema: Gerne wird berichtet, dass „Niki" und „Rudi" einander sehr zugetan gewesen seien, man hielt die beiden kaiserlichen Kavaliere für homosexuell. Elisabeths Schwester Marie, die schönste der Wittelsbacher Schwestern, streute Gerüchte, wonach Sisi eine Beziehung mit dem hervorragendsten britischen Jagdreiter begonnen habe. Dieses Gerede kam ihrem Sohn Rudolf zu Ohren, der sich in England auf Bildungsreise befand. Die von den Engländern mit einiger Sicherheit sehr romantisch ausgeschmückte Herz-Schmerz-Story war nicht dazu angetan, die negativen Ansichten des Kronprinzen über das High Life der Pferdesportgesellschaften zu verbessern. Jedenfalls hatte der aus Schottland stammende Captain William George „Bay" Middleton es abgelehnt, Marie, die Ex-Königin von Neapel, bei der Parforce-Jagd zu pilotieren. Den Wünschen der Kaiserin von Österreich konnte er sich nicht widersetzen. Jahrzehnte später verunglückte der hochtalentierte Jockey bei einem Rennwettbewerb. Er stürzte bei einer Steeplechase vom Pferd und brach sich das Genick (1892). Beigesetzt wurde er in seinem Reitdress.

Der Vater des berühmten Dirigenten Clemens Krauss starb in den Räumlichkeiten des Wiener Jockey-Clubs. Er wurde dort am Nachmittag des 2. Juni 1916 nach einem Schlaganfall im kleinen Lesezimmer aufgefunden. Sein Name: Hector Baltazzi, international angesehener Herrenreiter und Onkel von Mary Vetsera. Die Spezialität von Österreichs größtem Amateur-Jockey im 19. Jahrhundert war das Hindernisreiten. Eine gewisse Fama als furchtloser Reiter und haltloser Spieler eilte ihm voraus. Als Franz Joseph erfuhr, dass seine ebenso spielversessene Freundin Katharina Schratt auf persönliche Einladung Hectors dessen Pferde vorgeführt bekommen sollte, schrieb er der „lieben gnädigen Frau" sogleich seine Bedenken: „Hector Baltazzi hat (…) keinen ganz korrekten Ruf in Renn- und Geldangelegenheiten, so daß er vor Zeiten auf den englischen Rennbahnen nicht mehr erscheinen durfte."

Von seiner adeligen Ehefrau Gräfin Anna Ugarte ließ sich Baltazzi scheiden, nachdem ihm eine 17-jährige Balletteuse einen Sohn geboren hatte. Nach seiner Mutter Clementine Krauss hieß der Bub Clemens Krauss. Er wird im „Dritten Reich" auf der so genannten „Gottbegnadeten-Liste" stehen.

Ab Mitte der 1890er-Jahre residierte Hector Baltazzi in Paris, was ihm mehr zusagte als das vom Hochadel geprägte gesellschaftliche Leben in Wien. Er frequentierte die Pariser Bars und Clubs, mischte sich unter Künstler und Schauspieler und war der Star der französischen Parade-Ringe, Turfplätze und Steeplechases. Als eine seiner Nichten ihn auf ihrer Hochzeitsreise in Paris besuchen wollte, traf sie den Onkel mit sieben gebrochenen Rippen an. Hector hatte einen schweren Reitunfall erlitten.

Diplomaten, die in seiner Gesellschaft gesehen wurden, warnte man vorsorglich vor seinem Ruf – eher erfolglos, da er selbst aus Gesandtenkreisen stammte. Hectors Schwester Helene, die Mutter von Mary Vetsera, war zum Beispiel mit einem österreichischen Diplomaten verheiratet. Da Hector Baltazzi nach Beginn

Aristide Baltazzi und sein Pferd Kisbér. Titelblatt der Zeitschrift „Die Bombe". Holzstich. 1876.

© Wien Museum

des Ersten Weltkrieges in Frankreich keinen Zugriff mehr auf sein Geld hatte, musste er nach Österreich zurückkehren. Er war nun über 60 und blieb seinem Reitfaible bis zum Schluss treu.

Mit besonderem Reittalent ebenso überreich ausgestattet waren Hectors Brüder Aristide, Alexander und Henri (Heinrich). Alle zusammen waren Gründungsmitglieder des Wiener Jockey-Clubs und hatten beste Verbindungen zur österreichischen Hocharistokratie. Aristide und Alexander gehörte die berühmteste Pferdezucht der Monarchie in Napajedl / Mähren (heute: Napajedla), wo sie ein Gestüt gepachtet hatten. Gemeinsam besaßen sie auch das legendäre Rennpferd „Kisbér". Im Jahr 1876 gewannen sie das englische Epsom Derby (Galopprennen) – überall im Empire kannte man nun „the jovial Baltazzi brothers". In 100 Jahren gelang es nur vier Pferden, Epsom und das Grand Prix in Paris zu gewinnen; „Kisbér" gehörte dazu.

In der Nähe der Baltazzi-Reitställe, die heute nicht mehr existieren, wohnte Sisis Nichte Marie Larisch-Wallersee auf dem Gut ihres ungeliebten Ehemannes Georg von Larisch-Moennich. Man kannte sich von Gödöllö und Marie begann eine Affäre mit dem gleichaltrigen Henri Baltazzi. Das Paar hatte zwei uneheliche Kinder. Zu Besuch bei den Onkeln weilte gelegentlich die junge Baltazzi-Nichte Mary Vetsera.

Während der Turfsaison 1888 waren die Klatschblätter voll des Lobes für die stylishen Auftritte der Baronesse aus illustrer Familie. In dieser Zeit traf Mary Kronprinz Rudolf zum ersten Mal. Der britische Thronfolger Albert Edward, ein Fan der „Baltazzi brothers", stellte ihm den „Turf-Engel", wie Mary von der Presse genannt wurde, vor. Auf dem Rennplatz in der Freudenau.

„Königinnen des Gefühls"

Als 1876 die wagemutigen Baltazzi-Jockeys das berühmte englische Derby gewannen, lernte die leidenschaftliche Reiterin Kaiserin Elisabeth Lord John Spencer kennen, der auf seinem Grundbesitz Schloss Althorp prächtige Jagden für sie ausrichtete. 100 Jahre später lebte hier seine Nachfahrin Lady Diana Spencer – der „Spiegel" nannte sie und Sisi „Schwestern im Schmerz". Das war 1998, als Sisis Todestag sich zum 100. Mal jährte. „Lady Di" war ein Jahr früher bei einem Autounfall in Paris ums Leben gekommen. Sie ruht in einem Mausoleum auf Althorp. Im Schloss daneben hängen Porträts der österreichischen Kaiserin neben Bildern von Dianas Vorfahren. Sisi und Di dürften aber nur eines gemeinsam gehabt haben: öffentlichkeitswirksame Beziehungen zu ihren Reitlehrern.

Marie Larisch-Wallersee in Reitkleidung (mit der kleinen Marie Valerie). 1876.

Die Rennen auf der Freudenau im Prater zu Wien. Originalzeichnung von W. Gause.

Wilhelm Gause: Die Wiener Turfgesellschaft in der Freudenau. Druck. Um 1900.

Alexandra Demberger

Damen hoch zu Ross

„Ehedem war die Dame zu Pferde eine Ausnahme.
Heutzutage reiten fast alle Damen der guten Gesellschaft,
und, was noch mehr ist, sie reiten meist gut."[1]

Das Zitat schildert nicht nur die Situation der Frau im Reitsport, sondern ebenso das Motiv der Reiterin in der Malerei zu Beginn des 20. Jahrhunderts. Das Portrait der Frau zu Pferd entwickelte sich im Laufe des 19. Jahrhunderts zu einem beliebten Bildmotiv. Für die Damen der „guten Gesellschaft" war es zu dieser Zeit selbstverständlich, sich hoch zu Ross zu zeigen und portraitieren zu lassen. Besonders in Frankreich widmete sich die bildende Kunst in einer unvergleichbaren Quantität und Qualität diesem Sujet. Heute hegt vor allem das weibliche Geschlecht eine einzigartige und tiefe Affinität gegenüber dem Pferd, das als beseeltes und empfindsames Individuum verstanden wird. Während der vergangenen Jahrhunderte bestimmte jedoch allein der Mann die Reitkultur. Das Pferd war ein notwendiges Mittel zum Transport und Kampf. Es stand gleichsam für Mobilität. Die heutige Reitkunst ist ein Produkt jahrtausendealter Kultur. Seit dem 16. Jahrhundert wurde sie auf die Lehren europäischer Reitmeister gestützt. Sowohl in den künstlerischen wie in den literarischen Werken zeigt sich, dass die Frau in diesem Prozess kaum eine Rolle spielte. Wenn, dann waren es ausschließlich Frauen in Machtpositionen, die sich in der Reiterei hervortaten.

Eine namhafte Frauenfigur in der europäischen Geschichte des 17. Jahrhunderts ist Christina von Schweden (1626–1689). Nach dem Tod ihres Vaters im Jahr 1632 musste die junge Alleinerbin auf das Amt der regierenden Königin vorbereitet werden. Sie lernte Lesen, Schreiben und Rechnen, übte sich im kunstgerechten Reiten ebenso wie im Tanz und im königlichen Benehmen. Sie erhielt eine „gänzlich virile Ausbildung"[2]. Christinas Zeitgenosse Pierre Hector Chanut (1601–1662) unterstrich mehrfach ihre männlichen Züge.[3] Die Königin zeigte alle Qualitäten, die einem jungen Edelmann zum Ruhm gereicht hätten. Bis zu zehn Stunden hielte sie bei der Jagd auf dem Rücken ihres Pferdes aus, sie sei geschickt beim Reiten und mit dem Gewehr gewesen, auch Kälte und Hitze hätten ihr nichts ausgemacht. Mit ihrer virilen Kleidung und ihrem Federhut zu Pferde sei sie nicht als Königin zu erkennen gewesen.[4] Am 6. Juni 1654 legte Christina ihre Regentschaft nieder und konvertierte am 24. Dezember zum katholischen Glauben. Ein Jahr darauf zog sie feierlich auf einem Schimmel im Damensattel in Rom ein. Der deutsche Künstler Johannes Lingelbach (1622–1674) portraitierte Christina von Schweden hoch zu Ross vor den Toren Roms. Im Pendant ist vermutlich ihr Vater Gustav Adolf von Schweden dargestellt. Interessanterweise ist das Pferd der Königin in der Levade – eine bis dahin den Männern vorbehaltene Kunstfigur – dargestellt und das des Reiters im Schritt. Die Rollen von Mann und Frau wurden zugunsten Christinas Machtstellung vertauscht. Das kleine Reitpferd (Barockpferde hatten ein Stockmaß von nicht höher als 1,60 m) kam der Präsenz der schwedischen Königin mit ihrer kaum mittelgroßen Statur entgegen. Weitaus bekannter ist ihr zwei Jahre zuvor entstandenes Reiterporträt von Sébastien Bourdon. Es war für einen bedeutenden Empfänger, den spanischen König Philipp IV., gedacht. Galeazzo Gualdo Priorato traf 1656 die Aussage, dass es in Schweden niemanden gab, der ein Ross

Johannes Lingelbach: Königin Christina von Schweden zu Pferd. Nach 1655 (?).   © Staatliches Museum Schwerin: b p k. Berlin

besser handhaben konnte als Christina. Daher sei der spanische König neugierig gewesen und verlangte, sie in dieser Aktion gemalt zu sehen.[5] Bourdon ist einer der ersten Künstler, der mit der traditionell-männlichen Typologie des Portraits mit Levade bricht und zudem die Reiterin im Damensattel zeigt. Sie wird als „weiblicher König" in Szene gesetzt und außerdem als ein äußerst fähiger, denn die Ausführung der Levade im Damensattel stellte besonders hohe Ansprüche an das reiterliche Können.

Erste Erwähnungen der Dame zu Pferd in der Literatur finden sich ab der zweiten Hälfte des 17. Jahrhunderts. Der deutsche Reitmeister und Pferdearzt Georg Simon Winter von Adlersflügel kündigte in seinem 1678 in Nürnberg erschienenen Traktat *Wolberittener Cavallier Und Wolerfahrner Roßarzt* bereits auf dem Titelblatt einen Bericht an, wie sich die Damen auf dem „Spazier- oder Landritt" verhalten sollten. Bei der Sattelwahl empfahl er einen Typus mit Knopf, über welchen die Dame den rechten Fuß „*wol schlingen könne*". Frauen, die wie Männer zu Pferd ritten, habe er an vielen Orten gesehen. Bei „*ledigen Standspersonen*" sei das auch in Ordnung gewesen, mit „*schwangeren Frauen, fetten und schwachen Personen*" jedoch nicht. Des Weiteren wäre diese Art zu Reiten „*eine grosse Ursach der Unfruchtbarkeit*" gewesen. Die wahre Reitkunst also lag in den Händen der Männer, für die vornehmen Damen bedeutete das Reiten nur „*einiges Divertissement zu Pferde zu halten, und solches zu exerciren*".[6]

Kaiserin Maria Theresia von Österreich (1717–1780) wurde nicht explizit auf die Rolle der Regentin vorbereitet. Am 25. Juni 1741 fand ihre Krönung zur Königin von Ungarn statt. Sie reiste am 19. Juni von Wien ab und traf am Tag darauf feierlich in Pressburg (Bratislava) ein. In einem prunkvollen Wagen und in ungarischer Tracht gekleidet fuhr sie zur Kirche, wo die Zeremonie abgehalten wurde. Dort wurde sie nach dem Schwur des Eids sowie der Salbung als erste Frau „*mit dem Mantel des heiligen Stephan*

bekleidet und mit dem Schwerte dieses Königs umgürtet, [...]."[7] Dann „*ward ihr die Krone auf das von Schönheit strahlende Haupt gesetzt, das Scepter und der Reichsapfel gereicht.*" Das Volk rief schließlich seiner neuen Königin entgegen: „*Es lebe die Herrin, unser König!*" Die letzte Station der Krönungszeremonie stellte der traditionelle Ritt auf den Königshügel dar, für den die neue Königin lange und intensiv Reiten gelernt hatte. Dort angekommen, stieg sie aus dem Wagen und auf „*ein auf ungarische Art reich geschirrtes schwarzes Roß*". Das darauf folgende historische Ereignis beschrieb Arneth wie folgt:

„*Sie setzte das Pferd in Galopp und sprengte den Hügel hinan, auf dessen Höhe sie das Schwert zog und es nach allen vier Weltgegenden schwenkte, zum sichtbaren Zeichen, daß sie nicht allein das Reich gegen jedweden Feind, woher er auch kommen möge, zu vertheidigen, sondern daß sie dessen Grenzen auch nach allen Richtungen hin auszudehnen bereit sei.*" Den Moment des so genannten „Königshiebes" zeigt ein kleinformatiges Gemälde aus österreichischer Hand. Im Hintergrund ist die barocke Burganlage von Pressburg auf dem Burgberg zu sehen.

Eine Besonderheit war Kaiserin Maria Theresias Damenkarussell in der Winterreitschule der Wiener Hofburg, das am 2. Januar 1743 anlässlich der Rückeroberung Prags veranstaltet wurde. Die Kaiserin selbst führte die erste Quadrille von zahlreichen Reiterinnen an. Karusselle dieser Art waren schon seit dem Mittelalter bei Festlichkeiten beliebt, eines speziell für Damen stellte jedoch eine Seltenheit dar. Hofmarschall Fürst Johann Joseph Khevenhüller-Metsch erinnerte sich in seinem Tagebuch an das Spektakel, das seiner „*Seltsam- und Neuigkeit halber würdig anzusehen*" gewesen sei.[8] Zu diesem Anlass konnte Maria Theresia, die sich zudem im militärischen Bereich intensiv um die Verbesserung der Pferdezucht kümmerte, ihr hervorragendes Können als Reiterin zur Schau stellen. Das Reiten im Herrensitz erachtete sie als äußerst schädlich.

Ein gänzlich anderes Bild der Frau zu Pferd bot sich dem russischen Publikum. Für das Reiterinnenbildnis der drei bedeutendsten Zarinnen Russlands Katharina I. (1684–1727), Elisabeth I. (1709–1761) und Katharina II. (1729–1796) wurde der Herrensitz gewählt. Bemerkenswert ist der dunkelhäutige Page in kostbarem Gewand. Ein Mohr als dienender Begleiter sowie Uniform, Kommandostab, Degen und ein niedriger Bildhorizont sind die exklusivsten Attribute der traditionellen Herrscherikonographie, die die russischen Zarinnen wie selbstverständlich präsentieren. Unwahrscheinlich ist, dass die Zarinnen diese Reitweise auch derart selbstverständlich im wirklichen Leben praktizierten. So gefährlich das Sitzen zu Pferd im Damensattel vor allem bei Jagdritten gewesen sein mag, so war es doch die einzige von der adeligen Gesellschaft akzeptierte Form. Von Elisabeth I. ist bekannt, dass sie eine Leidenschaft für Maskenbälle hegte, zu deren Anlass sich die Frauen als Männer und Männer als Frauen verkleideten. Katharina II. berichtete in ihren *Memoiren*, dass ihre Vorgängerin es nicht liebte, wenn sie im Herrensitz zu Pferd erschien. Katharina ritt leidenschaftlich gern und je wilder es sich damit verhielt, desto lieber sei es ihr gewesen. Sie nahm regelmäßig Reitstunden und legte dafür Männerkleidung an. Um trotzdem heimlich den Herrensitz ausüben zu können, erfand sie für sich Sättel, auf denen sie beiderlei Posen einnehmen konnte. Es existieren Reiterinnenporträts, die Katharina II. sowohl im Damen- als auch im Herrensattel zeigen.

In den Niederlanden hatte das Pferd eine weitaus geringere Bedeutung, was auf die gesellschaftliche Struktur zurückgeführt werden kann. Im 17. Jahrhundert fehlten ein die Gesellschaft dominierendes Hofleben und somit höfische Auftraggeber für Reiterbildnisse im monumentalen Stil.[9] Dafür wurden ebenso nichtfürstliche Personen dargestellt. Eines der wenigen adeligen Reiterinnenporträts wurde im Jahr 1778 angefertigt und zeigt die preußische Prinzessin Friederike Sophie Wilhelmine. Tethart Philipp Christian Haag porträtierte sie mindestens fünfmal

zu Pferd – stets im Herrensattel – so wie sie auch im wahren Leben zu Pferd erschien. In den Augen der Zeitgenossen muss sie unweiblich und dominant gewirkt haben.[10] In Spanien ist mit Francisco de Goyas Reiterinnenbildnissen *Maria Teresa de Vallabriga zu Pferd* und *Königin Maria Luisa zu Pferd* ebenfalls das Phänomen des Herrensitzes zu beobachten. Die Porträts zeugen von der intensiven Auseinandersetzung Goyas mit seinem Vorbild Diego Velázquez, der jedoch die spanischen Königinnen Margarete von Österreich und Isabella von Frankreich regelkonform im Damensitz darstellte.

Kaum Beispiele finden sich zu dieser Zeit in Deutschland, dem damaligen Heiligen Römischen Reich deutscher Nation. Eines der wenigen stellt *Maria Kunigunde von Sachsen zu Pferd* von Caspar Benedikt Beckenkampf dar, das circa 1775 entstanden ist. Die Prinzessin trat im Jahr 1776 das Amt der Fürstäbtissin von Essen und Thorn an. Ab 1769 wurde die Philippsburg in Ehrenbreitstein ihre Residenz für insgesamt 25 Jahre. Sie genoss das kulturelle Leben am Hof und besonders die höfischen Jagden. Spaziergänge, Ausritte und Jagden in der Natur waren für Fürstäbtissinnen nachweislich ein beliebter Zeitvertreib. Einer Rellinghausener Pröpstin warf man sogar vor, sie habe nichts anderes im Sinn, als in der Gegend herumzureiten.[11] Kunigunde ritt nicht im Damensattel, wie es sich entsprechend der Etikette gehört hätte, sondern im Herrensattel oder – wie es Kramp formulierte – „nach der den Männern vorbehaltenen Art, breitbeinig und schamlos".[12]

Am Ende des 18. Jahrhunderts hielt in England die so genannte *Sporting Art* Einzug und erreichte ihren Höhepunkt im ersten Drittel des 19. Jahrhunderts. Die Welle der neuen Mode-Malerei schwappte von England auf ganz Europa. Vor allem die Werke von George Stubbs (1724–1806), der noch heute als „der Größte aller Britischen Pferdemaler" gilt, beeinflussten die europäischen Maler. Bemerkenswert ist seine genaue Kenntnis der Anatomie des Pferdes.[13]

Maria Theresia als Königin von Ungarn auf dem Krönungshügel bei Pressburg im Jahr 1743.

© Wien, Bundesmobilienverwaltung, Möbel Museum Wien und Silberkammer. Foto: Edgar Knaack

Caspar Benedikt Beckenkamp: Maria Kunigunde von Sachsen, Koadjutorin und ab 1676 Fürstäbtissin in Essen und Thorn, als Reiterin. Circa 1775.   © Generaldirektion Kulturelles Erbe Rheinland-Pfalz, Schloss Bürresheim. Foto: Jürgen Hocker

Der Großteil seiner Bilder waren Aufträge der englischen Oberschicht und des englischen Landadels. Eine exzellente Reiterin Englands war Königin Victoria. Bereits als Kind ritt sie auf einem Esel durch den Park und besaß ein Pony namens *Rosa*. Sie sei mitten durch die Stadt geritten, wo sie nach Herzenslust trabte und galoppierte. Ein zeitgenössischer Autor beschrieb den Eindruck, den sie beim Volk hinterließ: *„Who that has seen can never forget the magnificence of that scene… When a young and beloved sovereign sought relaxation from the cares of the state in equestrian exercise in Hyde Park… or mounted on her favourite horse, passing through the lines of loyal subjects"*.[15] Am 28. September 1837 beabsichtigte Victoria anlässlich einer Heerschau, ihre Truppen zu inspizieren. Dafür ordnete sie an, dass der *Master of the horse* einige Pferde für sie trainierte. Auf den Vorschlag hin, sie solle die Inspektion in einem offenen Wagen durchführen, soll Königin Victoria geantwortet haben: *„I shall review them on horseback, as Queen Elizabeth did."*[16] Die Reiterporträts, beispielsweise von Sir Francis Grant oder Charles Burton Barber, zeigen sie mit ihrem Hofgefolge oder auch zusammen mit ihrem treuen Diener John Brown. Dies stellt einen gültigen Bezug zur Realität dar, da Herrscher und Herrscherinnen nach dem Reglement des Hofzeremoniells nicht ohne Begleitung ausreiten durften. Neben den politischen und freizeitlichen Aspekten wurde dem Reiten nun verstärkt eine Bedeutung als Ausgleich zu den täglichen Herrscherpflichten zuteil. Am 26. September 1863 berichtete Königin Victoria: *„Ich bin mehr draußen und sitze sogar auf meinem Pony (da der Arzt so sehr darauf dringt.) und gehe etwas in den schönen Bergen; [...]."*[17] John Brown führte ihr Pferd bei den täglichen Spaziergängen. Dies zeigen auch die Gemälde, was als atypisch für das Genre der königlichen Portraitmalerei gelten kann. Der Diener hält die Zügel des Pferdes in der Hand, obwohl die Reiterin bereits im Sattel sitzt. Die Königin räumte ihm somit nicht nur eine äußerst ehrenhafte Stellung ein, sondern übertrug ihm auch Kontrolle.

Auf den deutschsprachigen Raum nahm die Entwicklung der englischen Pferde- und Jagdkultur großen Einfluss, ganz nach dem Motto: „Ross und Reiter zu porträtieren, hieß Wohlstand zu fixieren."[18] Das Ausrittbild fand einen festen Platz neben Darstellungen von Paraden oder Schlachten. Personen von hoher Herkunft unterschieden sich kaum noch vom gehobenen bürgerlichen Volk. Auch das Pferd war keine phantastisch-ideale Gestalt mehr. Die Maler verfügten nun vielfach über exakte Kenntnisse der Hippologie. Besonders tat sich die Künstlerfamilie Adam hervor, die sich vollkommen auf das Thema der Pferdemalerei spezialisierte. Zu ihren Auftraggebern zählte die österreichische Kaiserfamilie. Elisabeth von Österreich verbrachte von frühester Kindheit an viel Zeit auf dem Pferderücken. Von ihrer älteren Schwester Helene hingegen ist darüber nur wenig bekannt. Der Vater Herzog Max in Bayern stellte fest: *„Wenn wir nit Prinzen wär'n, wär'n mer Kunstreiter wor'n!"*[19] Diese Leidenschaft nahm die junge Kaiserin mit nach Wien, als sie am 24. April 1854 Kaiser Franz Joseph heiratete. Die Reiterei und Jagd war eine ihrer größten Gemeinsamkeiten. Darüber hinaus fühlte sich Elisabeth zu Ungarn hingezogen. Am 8. Juni 1867 wurde das Kaiserpaar zum Königspaar von Ungarn gekrönt und als Geschenk erhielten sie das Jagdschloss Gödöllö. Das Anwesen wurde zu Kaiserin Elisabeths bevorzugtem Aufenthaltsort. Sie nahm nicht nur an den verschiedensten Jagdveranstaltungen teil, sondern übte sich auch eifrig in der Kunst der Hohen Schule. Dafür ließ sich die Kaiserin eigens eine Manege bauen und arbeitete dort mit Zirkuspferden. Ihre Lehrerin war die berühmte Zirkus- und Kunstreiterin Elise Petzold. Elisabeth wurde zu einer der besten Reiterinnen in Europa. Das bekannte Bildnis *Kaiserin Elisabeth zu Pferd vor Schloss Possenhofen* stellt die junge Prinzessin im Alter von sechzehn Jahren dar. Kaiser Franz Joseph erhielt das Gemälde 1853, anlässlich ihres Verlobungsjahres, als Weihnachtsgeschenk.

Auch Fürstin Margarete von Thurn und Taxis (1870–1955) hegte eine besondere Leidenschaft zu Pferden.

Adolph Christian Schreyer: Helene von Thurn und Taxis zu Pferd, 1856.
© Fürst Thurn und Taxis Zentralarchiv - Hofbibliothek – Museen

Auf dem Gut ihres Vaters in Alcsút (Komitate Fejér, Ungarn) setzte sie sich das erste Mal im Alter von fünf Jahren auf ein Pferd. Die Heirat mit Fürst Albert von Thurn und Taxis führte sie nach Regensburg, wo sie einen angesehenen Marstall mit edlen Pferden vorfand. Immer wieder war in Sportzeitschriften oder Zeitungen zu lesen, mit welchem Eifer sie an den jährlichen Parforcejagden teilnahm. Mit fast 70 Jahren ritt sie auf ihrer letzten Jagd fehlerlos über 38 Hindernisse. Obwohl es zu dieser Zeit üblich wurde, dass Frauen im Herrensattel ritten, blieb Fürstin Margarete dem Damensattel treu. Das Bildnispaar von Julius von Blaas zeigt das Fürstenpaar bei der Parforcejagd. Margarete trägt ein schwarzes, hoch geschlossenes Reitkostüm, einen flachen Reitzylinder sowie hellgraue Handschuhe. Als mo-

disches Vorbild ist deutlich der kaiserliche Hof in Wien mit Kaiserin Elisabeth zu spüren. Die repräsentationslose Darstellung des gemeinsamen Ausritts oder Jagdausflugs eines adeligen Paares war eine Konsequenz des gesellschaftlichen, kulturellen und politischen Umbruchs am Ende des 18. Jahrhunderts. Dem privaten Aspekt im Alltag einer Fürstenfamilie wurde in der Folge ein größerer Stellenwert beigemessen. Der Ausritt als gemeinsamer und persönlicher Akt im inoffiziellen Format wurde jetzt darstellungswürdig. In erster Linie ist das Reiten ein Ausdruck für Freizeitaktivität. Fürst und Fürstin teilen sich ein elegantes Hobby und treten gemeinsam in ästhetische Erscheinung. In den frühen Bildnissen mit Reiterpaaren nahm die Frau eine entschieden untergeordnete Position ein. Dies wird vor allem durch ihre Platzierung im Gemälde und durch die Farbe, Haltung sowie Größe des Pferdes zum Ausdruck gebracht. Aus dieser Unterordnung wird die weibliche Figur im Laufe des 18. Jahrhunderts zunehmend herausgelöst, bis die Dame einen gleichwertigen oder sogar höheren Stellenwert als der Mann erfährt. Die Position zur linken Seite des Mannes wird grundsätzlich streng eingehalten, aber auch hier entwickeln sich gelockerte und veränderte Platzierungen innerhalb der Komposition.

Eine Reaktion auf die kulturellen und gesellschaftlichen Veränderungen ist ebenfalls in der Reitliteratur festzustellen. In der zweiten Hälfte des 18. Jahrhunderts entstanden erste schriftliche Abhandlungen, die dem Damenreiten mehr Aufmerksamkeit und Bedeutung schenkten. Im 19. Jahrhundert erschienen vereinzelte Werke, die ausschließlich diesem Thema gewidmet waren. Bei der Sitzweise der Reiterin teilten sich die Meinungen bis ins 20. Jahrhundert hinein in zwei Lager. Klar war stets, dass das Reiten im Damensattel gefährlicher ist, aber auch, dass der Herrensattel sich nicht für eine vornehme Dame schickte. Im Laufe des 20. Jahrhunderts wurde das Damenreiten endgültig als altmodisch abgestempelt. Heute erfreut sich der Damensattel immer mehr begeisterter An-

Emil Adam: Adelige Reiterin. Um 1870. Privatbesitz.   Foto: Schepe

hängerinnen, vor allem gefördert durch Königin Elisa-beth II. In Deutschland, Österreich, Schweden, Frank-reich und den Niederlanden beispielsweise steigt die Anzahl der Vereine „Reiten im Damensattel" stetig.

Joseph Berrez von Perez (1821-1912): Im Stalle. Um 1874. © OÖ. Landesmuseum

Wilhelm M. Richter (1824-1892): Kaiserin Elisabeth von Österreich zu Pferd. 1881.   Privatbesitz

Julius von Blaas: Erzherzogin Maria Theresia von Braganza zu Pferd vor Schloss Wartholz. 1885.   Foto: Schepe

Julius von Blaas: Fürstin Margarete beim Parforceritt. 1894.   © Fürst Thurn und Taxis Zentralarchiv - Hofbibliothek – Museen (St. E. 4763)

1 Unbekannte französische Schriftstellerin. In: Schoenbeck, Richard: Der Damen-Reitsport, Leipzig 1904, S. 15.

2 Zitiert nach Børresen, Kari Elisabeth: Christina's discourse on God and humanity. In: Rodén, Marie-Louise: Politics and culture in the age of Christina. Acta from a conference held at the Wenner-Gren Center in Stockholm, May 4–6, 1995, Stockholm 1997, S. 43–54, S. 45.

3 Die Aussagen von Chanut stammen aus Arckenholtz, Johan: Historische Merkwürdigkeiten, die Königinn Christina von Schweden betreffend, Leipzig u. a. 1760, S. 443–446.

4 Siehe Bodart, Diane H.: Le portrait équestre de Christine de Suède par Sébastien Bourdon. In: Bonfait, Olivier –Desmas, Anne-Lise: Les portraits du pouvoir. Actes du colloque, Paris 2003, S. 87. Im 17. Jahrhundert war der Hut Teil der strengen Regeln der Etikette: Ein Souverän nahm seine Kopfbedeckung nur für Seinesgleichen ab oder als Zeichen extremer Höflichkeit. Christina trug ihren Hut immer, wenn sie ritt.

5 Übersetzt nach Danielsson, Arne: Sébastien Bourdon's Equestrian Portrait of Queen Christina of Sweden – Addressed to "His Catholic Majesty" Philip IV. In: Konsthistorisk tidskrift, Stockholm 1989, S. 95–108, S. 99. Quelle: Burbury's English translation 1658, S. 359f. Zudem sagte Priorato aus, wenn sie einen weiteren Bukephalos gehabt hätte, hätte sie ihn so gut wie Alexander gezähmt.

6 Trichter, Valentin (Hrsg.): Hof-, Kriegs- und Reitschul, Nürnberg 1729, S. 34.

7 Arneth, Alfred von: Maria Theresia's erste Regierungsjahre, 3 Bände, 1745–1748, Wien 1865, S. 278f. Die folgenden Zitate stammen ebenfalls daraus.

8 Zitiert nach Grossegger, Elisabeth: Theater, Feste und Feiern zurzeit Maria Theresias 1742–1776, Wien 1987, S. 3.

9 Siehe Dumas, Charles (Hrsg.): In het zadel. het nederlands ruiterportret van 1550 tot 1900. Fries Museum, Leeuwarden, 7. 12. 1979–20. 1. 1980, Noordbrabants Museum, 's-Hertogenbosch, 26. 1.–16. 3. 1980, Provinciaal Museum van Drenthe, Assen, 22. 3.–4. 5. 1980, Leeuwarden 1979, S. 17 und S. 98.

10 Siehe Van Meerkerk, Edwin: Willem Ven Wilhelmina van Pruisen. De laatste stadhouders, Amsterdam 2009, S. 48f.

11 Siehe Brommer, Peter – Krümmel, Achim: Höfisches Leben am Mittelrhein unter Kurfürst Clemens Wenzelslaus von Trier (1739–1812), Veröffentlichungen der Landesarchivverwaltung Rheinland-Pfalz, Bd. 114, Koblenz 2012, S. 232. Die Pröpstin Anna Sophia von Limburg-Bronckhorst (1602–1669) war zudem Stiftsdame in Essen.

12 Kramp, Mario: Ein letzter Glanz. Die Koblenzer Residenz des Kurfürsten, zum 200. Todesjahr des Hofmalers Heinrich Foelix (1732 - 1803), Ausstellung Mittelrhein-Museum Koblenz, 12. Juli bis 14. September 2003, Koblenz 2003, S. 32.

13 1766 erschien Stubbs' The Anatomy of the horse. Grundlegende hippologische Anatomieschriften gab es davor bis auf wenige Ausnahmen, zum Beispiel Carlo Ruinis Werk aus dem 16. Jahrhundert, kaum.

14 Siehe Weintraub, Stanley: Queen Victoria. Eine Biographie, Zürich 1987, S. 117. Quelle unbekannt. Brief von Lady Cowper, geb. Emily Lamb (1787–1869), an Dorothea Fürstin von Lieven, geb. von Benckendorff (1785–1857).

15 Zitiert nach Connor, Patricia: All the Queens horses. The role of the horse in British history, Lexington 2003, S. 195.

16 Elisabeth II. wurde immer wieder als Victorias „great prototype" erwähnt. Siehe zum Beispiel Boykin, Edward (Hrsg.): Victoria, Albert and Mrs. Stevenson, London 1957, S. 98.

17 Zitiert nach Jagow, Kurt (Hrsg.): Queen Victoria. Ein Frauenleben unter der Krone. Eigenhändige Briefe und Tagebuchblätter 1834–1901, Berlin 1936, S. 279.

18 Maaz, Bernhard: Ross und Reiter: Franz Krüger und seine Zeitgenossen. In Bartoschek, Gerd (Hrsg.): Preußisch korrekt - berlinisch gewitzt. Der Maler Franz Krüger, 1797–1857. Eine Ausstellung der Stiftung Preußische Schlösser und Gärten Berlin-Brandenburg / Staatliche Museen – Stiftung Preußischer Kulturbesitz, München 2007, S. 77–89, S. 78.

19 Zitiert nach Corti, Egon Caesar Conte: Elisabeth „Die seltsame Frau". Nach dem schriftlichen Nachlass der Kaiserin, den Tagebüchern ihrer Tochter und sonstigen unveröffentlichten Tagebüchern und Dokumenten, Graz – Wien – Köln 1934[35], S. 255f.

Literatur:

Arneth, Alfred von: Maria Theresia's erste Regierungsjahre, 3 Bände, 1745–1748, Wien 1865.

Barudio, Günther: „Erziehung zur Verfassung". Christinas Weg ins Königsamt. In: Hermanns, Ulrich (Red.): Christina Königin von Schweden. Katalog der Ausstellung im Kulturgeschichtlichen Museum Osnabrück 23. November 1997 – 1. März 1998, Osnabrück 19982, S. 127–136.

Blake, Robin / Warner, Malcolm (Hrsg.): Stubbs & the Horse, New Haven 2004.

Boehme, Erich (Hrsg.): Katharina II. in ihren *Memoiren*, Leipzig 1916.

Connor, Patricia: All the Queens horses. The role of the horse in British history, Lexington 2003.

Demberger, Alexandra: Damen hoch zu Ross. Vom königlichen Herrscherportrait zum bürgerlichen Adelsportrait. Reitkultur im Haus Thurn und Taxis zu Regensburg, Phil. Diss. Masch., Regensburg 2015.

Haller, Martin: Pferde unter dem Doppeladler. Das Pferd als Kulturträger im Reiche der Habsburger, Hildesheim – Zürich – New York 2002.

Heller, Lynne – Vocelka, Karl (Hrsg.): Die Lebenswelt der Habsburger. Kultur- und Mentalitätsgeschichte einer Familie, Graz 1997.

Jaeckle, Eva: Das Auge der Zeit. Pferdebilder – vorgefunden und neu geformt, Hildesheim 2001.

Ketterl, Eugen: Der alte Kaiser. Wie nur Einer ihn sah, Wien – München – Zürich – Innsbruck 1980.

Kreuder, Petra: Die bewegte Frau. Weibliche Ganzfigurenbildnisse in Bewegung vom 16. bis zum 19. Jahrhundert, Weimar 2008.

Merkle, Ludwig: Sissi. Die schöne Kaiserin, München 1996.

Pieper, Dietmar – Saltzwedel, Johannes (Hrsg.): Die Welt der Habsburger. Glanz und Tragik eines europäischen Herrscherhauses, München 2010.

Pons, Rouven: „Gemälde von Gedanken leer…" Überlegungen zu Reiterporträts des ausgehenden 18. Jahrhunderts. In: Herklotz, Ingo – Kiefer, Marcus (Hrsg.): Marburger Jahrbuch für Kunstwissenschaften, 33. Band, Göttingen 2006, S. 225–252.

Schoch, Rainer: Das Herrscherbild in der Malerei des 19. Jahrhunderts, München 1975.

Weintraub, Stanley: Queen Victoria. Eine Biographie, Zürich 1987.

Glossar

Levade = frz. *se lever*, sich erheben. Erhebung der Vorderhand bis zu 45 Grad, Einziehen der Vorderbeine zum Pferdeleib.

Roman Sandgruber

Das Rosszeitalter – Pferd und Bauer

„I bi nu in Rosszeitalter áfgwachsn...", schrieb der bekannte Innviertler Mundartdichter Gottfried Glechner.[1] Auch der Autor dieser Zeilen ist auf einem Bauernhof aufgewachsen, wo in den 1950er-Jahren selbstverständlich noch mit Pferden gearbeitet wurde. Es war für die meisten der heute alten Bauern und Knechte der entscheidende Einschnitt in ihrem Arbeitsleben: die Weggabe der Pferde. Auch für den populären Mühlviertler Landespolitiker und Lasberger Bauern Johann Blöchl: „Der Gedanke fiel mir sehr schwer: Dass das Pferd, das edelste der Haustiere, das der Menschheit in Krieg und Frieden so gute Dienste geleistet hat, nun nicht mehr gebraucht wird!", schrieb er in seiner Autobiographie.[2]

Ross und Wagen, vielleicht auch ein Steirerwagerl, das waren früher der größte Stolz des Bauern. In der Derbheit des oberösterreichischen Bauernspruchs „Weibersterben kein Verderben, Rossverrecken großer Schrecken" werden Wertigkeiten deutlich. Ganz ähnlich übrigens im Preußischen: „O Gott, o Gott, wat best du för e Gott, nömmst mi de Kobbel (= Pferd) on lätst mi det Wiev!" Rossbauer, Ochsenbauer, Kuhbauer lautete die nach unten gestaffelte Hierarchie der Zugtierausstattung. Die Betriebsgrößen differenzierte man gerne nach „Pferdestärken": In Kleinvierkantern gab es meist nur zwei Pferde. Solche Anwesen wurden als „zweirössig" bezeichnet. Mischtypen waren meist „vierrössig", und Großvierkanter galten als „sechsrössige" Häuser. Es konnte aber bis zu „zehnrössig" hinaufgehen. Die Pferdeställe befanden sich im Vierkantgebiet meist in unmittelbarer Nähe des Wohnbereichs. Das Pferdegeschirr machte den ganzen Stolz der Geräteausstattung aus. Die Pferde waren Teil der

Johann Blöchl, „Vater des Mühlviertels", mit Pferd.

Foto: Mühlviertler Schlossmuseum Freistadt

Identität vieler Bauern und Knechte. Die Tiere wurden geachtet, auch wenn sie oft mit unvorstellbarer Härte beansprucht wurden. Sie hatten Namen: Gretl, Fritzl, Resl, Moritz...Man redete mit ihnen, kochte für sie, ließ sie teilhaben am Festzyklus. Und wenn jemand vom Hof starb, ging man in den Stall, um es den Pferden mitzuteilen. Pferde waren hoch geschätzte Helfer und Freunde.

Friedrich Gauermann: Schimmel im Stall. Um 1830. Öl auf Papier auf Leinen. Sankt Pölten   © NÖ. Landesmuseum

Die mittelalterliche Agrar- und Pferderevolution

„Im Märzen der Bauer die Rösslein einspannt", heißt es im Volkslied. Gleichwohl ist diese Vorstellung nur bedingt richtig und gilt nur für manche Regionen und ganz bestimmte Zeiten. Weltweit stellen Pferde nicht einmal zehn Prozent aller Zugtiere. In der Antike waren Pferde in der Landwirtschaft die Ausnahme. Erst im Hochmittelalter begann ihre agrarwirtschaftliche Bedeutung anzusteigen. Die mittelalterlichen Innovationen Kummet und Hufeisen und die neue Kulturpflanze Hafer als ideales Pferdefutter machten den Pferdeeinsatz wirtschaftlich. Hafer, das wichtigste „Brot" der Pferde, war lange Zeit nicht als Kulturpflanze genützt worden. Für das rauere Klima des nördlichen Europa war er jedoch hervorragend geeignet. Er ist widerstandsfähiger gegen Kälte und Nässe, reift schneller und stellt hinsichtlich Bodenqualität keine hohen Ansprüche. Als Sommergetreide konnte er die bis ins beginnende 2. Jahrtausend nach Christus übliche Zweifelderwirtschaft zu einer dreijährigen Fruchtfolge erweitern. Roggen, Hafer und Brache gingen miteinander eine strukturelle Bindung ein. Während der Hafer als Nahrungsmittel vornehmlich als Armennahrung eingestuft war, gewann er als Pferdefutter immer mehr Bedeutung.

Fritz Küffer: Pferdegespann am Holzplatz.

© NÖ. Landessammlungen. Foto: Christoph Fuchs

Pferde zogen nicht nur die Ackerwägen, sondern auch die im Hochmittelalter neu entwickelten schweren Pflüge und die auf schnelle Bewegung ausgerichteten Eggen. Das trug wesentlich zur Schwerpunktverlagerung der europäischen Wirtschaft aus dem Mittelmeerraum nach Mittel- und Nordeuropa bei. Allerdings war die Entscheidung ob Kuh, Ochse oder Pferd nicht nur von Betriebsgröße und Prestigedenken ab-

hängig. Sie war auch von der Flur- und Wirtschaftsform abhängig, von der Entfernung zu den Feldern, von den Kosten der Arbeitskräfte, von den Fütterungsmöglichkeiten. Viele Bauern bevorzugten weiter Ochsen als Zugtiere. Sie waren billiger, konnten große Lasten ziehen und verloren im Alter weniger an Wert, weil ihr Fleisch anders als das der Pferde begehrt war und teuer verkauft werden konnte. Aber Pferde wa-

Carl Fahringer: Pferdegespann mit Heuwagen.   © NÖ. Landessammlungen. Foto: Christoph Fuchs

ren stärker, schneller und gelehriger. Sie gingen beim Pflügen und Fahren auf Zuruf und Lenkung durch die Zügel, während für Ochsen und Kühe in der Regel neben dem Lenker oder Pflüger noch eine eigene Person zur Führung benötigt wurde. Pferde spielten dort eine besondere Rolle, wo dem schnelleren Vorwärtskommen ein entsprechender Stellenwert zukam, im Fernverkehr und Saumhandel oder bei der Verwendung

144

Ferdinand Andri: Bauern mit Pferd.   © NÖ. Landessammlungen. Foto: Christoph Fuchs

von Eggen, bei denen die Geschwindigkeit über die Wirksamkeit des Geräts entschied. Wo die Wege zu den Feldern lang waren, also im Bereich großer Dorfsiedlungen, war die Schnelligkeit der Pferde generell von größerem Vorteil als im Einzelhofgebiet. Kühe als Zugtiere hingegen waren nur ein Notbehelf. Wichtiger war ihr Milch- und Fleischnutzen.

Die mittel- und nordeuropäische Landwirtschaft entwickelte in der mittelalterlichen Agrarrevolution mit dem Pferd als Zugtier auf Straßen und in der Landarbeit einen eigenständigen Entwicklungspfad, während die arabische Gesellschaft sich weitgehend auf das Kamel als Transportmittel verlegte und in der chinesischen Agrarrevolution der Song-Dynastie der

Nassreisbau intensiviert wurde und nicht nur die Pferde, sondern generell die Nutztiere keine Bedeutung hatten oder diese verloren.

Durch verschiedene Verbesserungen der Anspanntechnik wurde im Hochmittelalter die Zugleistung der Pferde gegenüber der Antike um 400 bis 500 Prozent erhöht. Die antike Anschirrung der Pferde mit Jochen oder Halsgurten widersprach ihrem Körperbau. Pferde konnten erst mit Sielengeschirren, die die Zugkraft von der Brust abnehmen, oder mit Kummetanspannungen, die einen gepolsterten Halskragen verwenden, ihre volle Kraft entfalten. Auch der Hufbeschlag steigerte ihre Leistungsfähigkeit. Durch das Ortscheit wurde es möglich, Zugtier und Wagen durch zwei par-

145

Plakat aus dem Rosszeitalter.

Foto: Agrarhistorisches Archiv Prof. KR Karl Prillinger

Plakat aus dem Rosszeitalter.

Foto: Agrarhistorisches Archiv Prof. KR Karl Prillinger

Plakat aus dem Rosszeitalter.

Foto: Agrarhistorisches Archiv Prof. KR Karl Prillinger

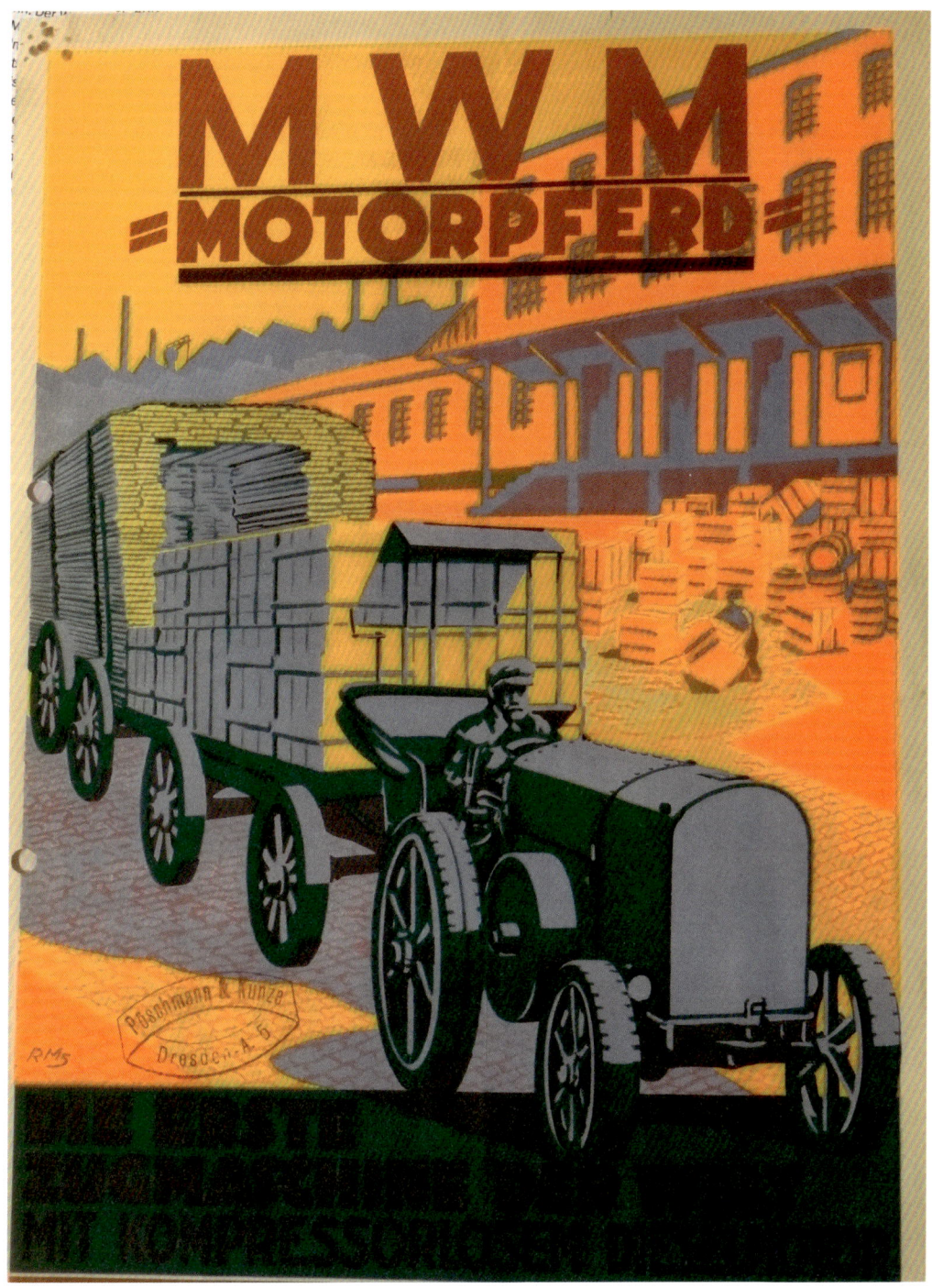

Plakat aus dem Rosszeitalter.

Foto: Agrarhistorisches Archiv Prof. KR Karl Prillinger

allele Stränge zu verbinden und damit die Kraftübertragung zu verbessern. Die vierrädrigen Leiterwägen, die nun zur Regel wurden, waren umrüstbar und dadurch besonders effizient: langgespannt und mit Leitern versehen, dienten sie als Heu- und Strohtransporter, kurzgespannt und mit Brettern zum Mist- und Grastransport, mit Truhenwänden für Hackfrüchte oder Sand und Schotter und bloß mit „Kipfen" für Bloch- und Stangenholz. Mit diesen zweiachsigen, wechselweise kurz und lang spannbaren Ackerwagen wurde nicht nur die Transportleistung vergrößert, sondern auch der Investitionsbedarf verringert. Mit dem neuen Rad- und Speichensturz und der Eisenbereifung konnte zudem die Gängigkeit und Stabilität der Fahrzeuge wesentlich verbessert werden.

Im Spätmittelalter, bei den damals wegen des Bevölkerungsrückgangs steigenden Lohnkosten, nahm die Pferdehaltung zu. In der Frühneuzeit, als die Löhne wieder niedriger wurden, war es umgekehrt. Wenn die Arbeitskräfte teuer oder die Wege zu den Feldern weit waren, war die Motivation größer, auf die schnelleren Pferde statt der langsameren Ochsen umzustellen. Das niederösterreichische Stift Zwettl, das im frühen 14. Jahrhundert über mehrere „Pferde zum Zug von Wagen und Pflug" verfügte, hielt um 1700 in keinem seiner zehn Wirtschaftshöfe auch nur ein einziges Arbeitspferd, eine deutliche Folge billiger gewordener Arbeitskräfte. Feudale Meierhöfe wie die der Herrschaft Staatz oder des großen Komplexes der niederösterreichischen Herrschaft Hardegg, die auf Robot zurückgreifen konnten, bearbeiten vom 16. bis zum 19. Jahrhundert ihre Felder wieder mit Ochsen statt wie vorher mit Pferden. Wie drastisch der Rückgang der Pferdebestände im 18. Jahrhundert war, ergibt sich aus Salzburger Viehzählungen, die 1818 (allerdings bei etwas verkleinertem Territorium) nur mehr 8.700 Pferde erbrachten, während es 1643 fast 21.000 gegeben hatte, 1649 noch 19.000 und 1805 14.000. An diesem Rückgang waren nicht nur die Napoleonischen Kriege schuld. Für Oberösterreich kommt Herbert Knittler auf Grund von bäuerlichen

Inventaren zu dem Schluss, dass im 16. Jahrhundert und teils bis ins 17. Jahrhundert der Pferdezug eine erheblich stärkere Verbreitung besaß als im 18. und frühen 19. Jahrhundert. Ähnlich war es im Böhmen. Allerdings waren die regionalen Unterschiede im Pferdebestand und in der Pferdeverwendung sehr groß. Im Raum der Habsburgermonarchie waren es Ungarn und Galizien, wo im späten 19. Jahrhundert die höchste Dichte an Pferden in der Landwirtschaft zu verzeichnen war, also nicht Regionen, wo die Lohnkosten besonders hoch gewesen wären oder schwere Maschinen verwendet worden wären.

Die erste Mechanisierung

Bis ins 19. Jahrhundert gab es in der Landwirtschaft nicht wirklich viel zu ziehen: eigentlich nur Pflug und Egge und verschiedene Transportfahrzeuge. Das änderte sich mit der im späten 19. Jahrhundert auch in Österreich einsetzenden ersten Mechanisierungswelle: Die erste Hälfte des 20. Jahrhunderts wurde zur großen Zeit des Pferdes in der Landwirtschaft. Im 19. Jahrhundert waren Ochsen als Zugtiere mit Pferden fast gleichrangig, ausgenommen in Regionen, wo die Entfernungen zu den Feldern sehr groß waren. Die Nutzlasten dieser Wägen waren im Verlauf des späten 19. und frühen 20. Jahrhunderts durch eiserne Achsen und massivere Bauweise von 300 auf 1.000 kg gesteigert worden. Durch Gummibereifung wurden sie wesentlich leichtgängiger. Zu den ersten Landmaschinen zählten Dreschmaschinen und Häckselmaschinen, die mit Pferdegöpeln angetrieben wurden. Nur zögernd fassten die pferdegezogenen Gras- und Getreidemähmaschinen Fuß, obwohl wirklich brauchbare Konstruktionen bereits seit der Mitte des 19. Jahrhunderts angeboten wurden. 1865 stellte der US-Erfinder und Hersteller McCormick bei einem Wien-Aufenthalt fest, dass in Österreich auf diesem Gebiet noch nicht viel los sei. Erst nach dem Ersten Weltkrieg nahm die

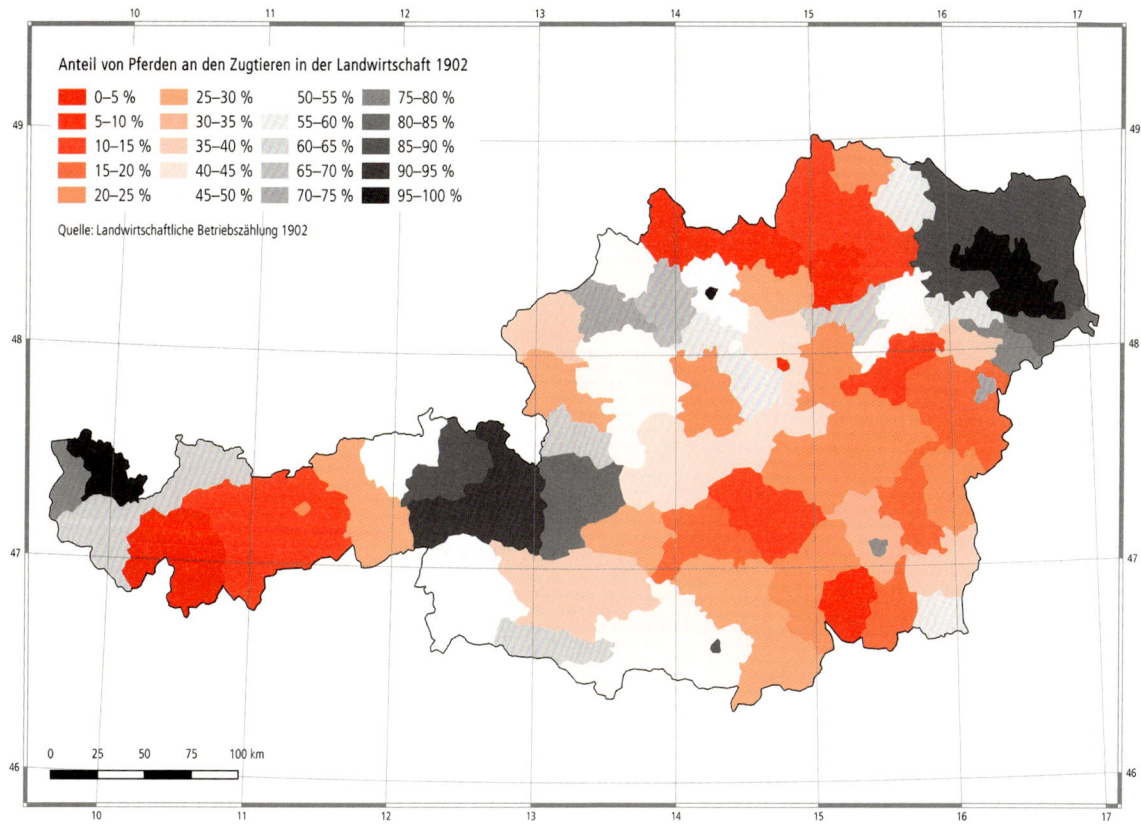

Anteil der Pferde am gesamten Zugviehbestand der Landwirtschaft nach Regionen, Österreich (ohne Burgenland). 1902.

Entwurf: Michael Pammer

Verwendung zu, vorwiegend bei der Heumahd, nicht bei der Getreidemahd. Auch von Pferden gezogene Sämaschinen und Heuerntegeräte - Gabelwender, Heurechen, Schwadenzieher – nahmen nach dem Ersten Weltkrieg rasch zu, ebenso Kartoffel- und Rübenroder, Mineraldüngerstreuer, Bodenwalzen und Grubber. Der Bindemäher hingegen, der in den USA schon vor dem Ersten Weltkrieg zu einem festen Bestandteil der Getreideernte geworden war, konnte in Österreich auch zwischen den beiden Kriegen nicht recht Fuß fassen. 1939 wurden erst 1.661 Stück gezählt. Der Kraftbedarf war so groß, dass man für einen Tag Arbeit sechs Pferde brauchte. Pferdegezogene Mähdrescher, von denen in den USA von bis zu

36 Pferden gezogene Monster im Einsatz waren, gab es in Österreich nie.

Für die neuen Maschinen brauchte man kraftvolle Pferde. Die Bauernpferde, die Noriker, Belgier, Rheinländer, Friesen, waren schwere Pferde. Die kräftigen Pinzgauer zeichneten sich durch ihre ausdauernde und genügsame Art aus. Die Haflinger, benannt nach der Südtiroler Berggemeinde Hafling, bewährten sich sowohl als Zugtiere wie Tragtiere und fanden als erstklassige Gebirgspferde immer mehr Beachtung. Die rassische Zusammensetzung des Pferdebestandes hat sich durch die wechselnden Funktionen, die das Pferd im 20. Jahrhundert einnahm, mehrmals verändert. Ging die Warmblutzucht seit dem Ersten Weltkrieg zuerst mit dem sinkenden Bedarf an Reitpferden zugunsten der schweren Ackerpferde zurück, so veränderten sich die Zuchtziele dann in Richtung der leichteren Gebirgspferde und Haflinger, wo Traktoren vorerst nicht eingesetzt werden konnten, und wechselten nach 1960 neuerdings. Das Pferd wird kaum mehr als Zugtier für schwere Lasten benötigt. Die Warmblut- und Vollblutpferde und auch die Kleinpferde sind wieder gefragt.

Die Motorisierung

Die beiden Weltkriege hatten den Bestand an Pferden jeweils dramatisch ausgedünnt. Das Wiederbefüllen der Lücken ging aber beide Male erstaunlich rasch vor sich. Die Ochsen und Zugkühe, zuerst im Flachland, dann auch im Bergland, wurden zuerst fast völlig durch Pferde ersetzt. In der nächsten Phase, ab der Mitte des 20. Jahrhunderts, wurden die Pferde dann durch die Traktoren ersetzt. Ein Bauer aus dem Sauwald erzählt: „Pferde haben viele Bauern hier erst gekauft, als die anderen schon auf den Traktor umstellten. Vorher sind sie nur mit Ochsen gefahren." Um die Mitte des 20. Jahrhunderts erreichte der Einsatz von Pferden in der österreichischen Landwirtschaft den Höhepunkt und sank dann rapide ab. Von 1950 bis 1970 war der Bestand an Zugpferden von 283.000 auf 47.000 zurückgegangen. Der Tiefststand war in den Siebzigerjahren erreicht, mit nur mehr gut 30.000 Stück.

Der Rückgang der Zugtierhaltung hatte weitreichende Folgen, zuerst einmal für die Züchter. Viele Bauern, die von der Aufzucht von Ochsen oder Jungpferden gelebt hatten, wurden um ihr Geschäft gebracht. Sie mussten sich auf Milchwirtschaft und Fleischproduktion umstellen. Mit dem Ende der bäuerlichen Pferdehaltung wurden auch die „sauren" Wiesen oder „Rossheuwiesen" unverwendbar. Einerseits gab es für dieses Heu keine Abnehmer mehr, andererseits auch keine Möglichkeit, diese sumpfigen Flächen mit dem Traktor und den zugehörigen Geräten zu bearbeiten. Diese wären dort versunken und stecken geblieben. Man musste die Flächen drainagieren und trocken legen.

Die Motorisierung durch Traktoren, Geräteträger und selbstfahrende Landmaschinen verminderte den Bedarf an Zugtieren und damit Futtermitteln und machte Platz für mehr Marktproduktion. Gleichzeitig wurde durch den Einsatz fossiler Energieträger, mineralischer Dünger und zugekaufter Futtermittel die vorher unumgänglich notwendige Verbindung zwischen Getreidebau und Viehzucht aufgelöst und der Spezialisierung der Produktion der Weg freigemacht. Man rechnete pro Pferd etwa ein Hektar Wiese, das heißt, dass 300.000 Pferde zur Fütterung etwa 300.000 Hektar Wiesen brauchten, dazu weitere Flächen für Hafer und Stroh. Zählt man dazu noch die Flächen für die Haltung von Zugochsen und Zugkühen, so ergibt dies für Österreich Einsparungen zwischen 0,5 und 1 Million Hektar landwirtschaftlicher Nutzfläche, also zwischen einem Achtel und einem Viertel der gesamten landwirtschaftlichen Nutzfläche des Landes.

Für den Schriftsteller Alois Brandstetter, der in Pichl bei Wels aufgewachsen war, war es die größte Sensation seiner Kindheit: „Eines schönen Sommertages im Jahr 1948 ratterte zur größten Verblüffung aller an unserem Haus ein Traktor vorüber. Im Fahrersitz saß Karl, der Knecht des Mikl." „Diese Probefahrt", fährt Brandstetter fort, „habe ich als die größte Sensation meiner Kindheit in Erinnerung. Alles lief ins Freie. Stolz wie ein Kaiser fuhr Karl der Große an den erstaunten und erschrockenen Leuten vorbei."[3] Es stand viel Prestigedenken dahinter. Zuerst war der Traktor, wenn er an eine vorher von Pferden gezogene Maschine oder einen Pferdepflug gespannt wurde, sogar ein Rückschritt, weil dahinter eine eigene Person, bisweilen sogar die Bäuerin, herlaufen musste, während vorne auf dem Traktor stolz der Bauer oder ein Knecht saßen. Erst mit den mittels Zapfwelle und Hydraulik direkt mit dem Traktor verbundenen Maschinen und der Maschinisierung fast aller Arbeitsgänge war der Vollmechanisierung der Weg geöffnet und ein dramatischer Sprung nach oben in der Arbeitsproduktivität erreicht. Nur mehr in extremen Hanglagen oder wo besonders schonende oder streng biologische Arbeitsweisen gefragt waren, blieben für Pferde kleine Nischen als Arbeitstiere.

Der Traktor wurde zum entscheidenden Pfeiler des bäuerlichen „Wirtschaftswunders": 1930 wurden in Österreich 720 Traktoren gezählt. Im Zeitraum 1950 bis 1965 wurden in Österreich etwa 200.000 Pferde und 120.000 Zugochsen durch etwa 185.000 Traktoren ersetzt. Erst ein neues, Freizeit bedingtes Interesse am Reit- und Fahrsport hat zu einer Stabilisierung, ja sogar wieder zu einer kräftigen Zunahme der Pferdehaltung geführt. Inzwischen arbeiten in der österreichischen Landwirtschaft mehr als 300.000 Traktoren. Aber es gibt auch wieder 120.000 Pferde.

1   Glechner, Gottfried: Unser Dorf. Erzählungen, Ried, 1979, 67.

2   Blöchl, Josef: Meine Lebenserinnerungen, Linz 1975, 266.

3   Brandstetter, Alois: Über den grünen Klee der Kindheit, Salzburg 1982, 19.

Literatur:

Strumegger, Benedikt: Eine geschichtliche Aufarbeitung der landwirtschaftlichen Nutzung des Pferdes. Diplomarbeit, Linz 2015.

Mitterauer, Michael: Warum Europa? Mittelalterliche Grundlagen eines Sonderwegs, 5., durchges. Aufl., München 2009.

Sandgruber, Roman: Die Landwirtschaft in der Wirtschaft. Menschen, Maschinen, Märkte. In: Ernst Bruckmüller, Ernst Hanisch, Roman Sandgruber und Norbert Weigel, Geschichte der österreichischen Land- und Forstwirtschaft im 20. Jahrhundert, Wien 2002, S. 191–408.

Standl, Joseph A.: …gib uns unser tägliches Brot, Innviertler Bauern im Wandel der Zeit, Oberndorf 2000, 244.

Knittler, Herbert: Das Zugvieh im Lande ob der Enns um 1800. Analyse und Vergleich mit benachbarten Regionen. In: Festschrift für Georg Heilingsetzer zum 70. Geburtstag, Linz 2015, 249–266.

Roman Sandgruber

Vom Ross zum Benzinross

Der Mensch ist für die Bewegung geboren. Gehen und Laufen sind die ältesten und selbstverständlichsten Formen menschlicher Fortbewegung. Mit „Schusters Rappen" mussten jene vorlieb nehmen, die sich Pferd oder Kutsche nicht leisten konnten. Schuster oder Schneider fielen mit Sicherheit in diese Kategorie. Aber man sagte auch: „der Zwölfboten oder Apostel Pferd nehmen", das heißt, zu Fuß gehen müssen. Auf Kirchgängen, Gesellenwanderungen, Handels- und Hausierwegen, Wallfahrten und Pilgerreisen wurden riesige Entfernungen zurückgelegt, aus Armut, sozialen Zwängen, beruflicher Notwendigkeit, zum sportlichen Vergnügen, aus touristischer Neugier und zur körperlichen Askese. Gehen konnte und kann auch eine Form der Bußübung sein. Wallfahren war aber nicht nur eine Form der religiösen Betätigung, sondern erlaubte auch ein Freispielen der Persönlichkeit von alltäglichen Zwängen und bot eine frühe Form von Urlaub.

Die gesellschaftliche Bedeutung des Gehens änderte sich im 18. Jahrhundert. Die Ende des 18. Jahrhunderts einsetzende Kultur des Spaziergangs wurde zum Symbol des bürgerlichen Zeitalters. Hatte die frühe Aufklärung noch gegen die „Spazierwut" der Gesellen polemisiert, so gehörten seit dem ausgehenden 18. Jahrhundert Promenieren und Schlendern zur Kultur der Kurorte und Nobelbäder und zur Freizeit der Bürger. Über Aufklärung, Freiheit und autonomes Denken wurde im späten 18. Jahrhundert häufig in Begriffen des Gehens und der Ge-

herziehung philosophiert. Man kann auf Kant verweisen, der mit seinem „Gehen ist Freiheit" nicht alleine stand. Die herumschweifenden Romantiker grenzten sich von den Stubenhockern ab. Bürgerliche Fußgänger verpackten in ihre Vorliebe für lange Fußmärsche und Spaziergänge antifeudale Polemik. Der Verzicht auf das Reittier, den Wagen oder die Sänfte wandelte sich vom Ausdruck der Armut zur Demonstration republikanischer Emanzipation und bürgerlicher Autonomie: „Zu Fuße! Da ist man sein eigener Herr!" Freies Ausschreiten bedeutete Freiheit. Johann Gottfried Seume, auf seiner berühmten Fußreise nach Sizilien, prägte den Satz: „Fahren zeigt Ohnmacht, Gehen Kraft."

Gehen ist auch die intensivste Form der Auseinandersetzung mit einer Gegend und die beste Möglichkeit, Land und Leben kennen zu lernen. Johann Rautenstrauch (Pseudonym „Arnold") beginnt seine Darstellung einer „Reise nach Mariazell in Steyermark, Wien 1785" mit einer bis heute, im Zeitalter des Automobils mehr denn je gültigen Ermahnung: Keineswegs sei eine Reise im Wagen zu unternehmen, wenn man das Land und seine Bewohner kennen lernen wolle. Von einem Fuhrmann und Pferden abhängig, verbringe man die meiste Zeit „in einem engen Futteral eingesperrt und sehe nichts als Gasthäuser. Wer also nichts als essen, trinken, an- und zurückkommen will, kann sich eines Fuhrwerks bedienen. Wer aber Kenntnisse hat und diese noch vermehren will, der wandere zu Fuß."

Hoch zu Ross

Pferd und Wagen waren und sind nicht nur Fortbewegungsmittel, sondern auch Statussymbole. Sprachgeschichtlich aufschlussreich ist, dass Rad und Reiten wortgeschichtlich verwandt sind. Seit frühgeschichtlicher Zeit hat das Reiten in verschiedensten Bereichen (in Politik, Krieg, Sport und Freizeit) Formen der Männlichkeit beeinflusst und maßgeblich geprägt. Der Ritter als Reiter war ein Krieger und Herr, jedenfalls aber männlich. Wer sich im Wagen fahren ließ, musste gebrechlich sein oder sich als besonders „weibisch" verspotten lassen. Man wird aber annehmen können, dass auch die hohen Herren des Mittelalters und der Frühneuzeit sehr viel häufiger, als sie zuzugeben bereit waren, die Vorteile des Wagenreisens zu nutzen wussten. Das belegen die gar nicht so wenigen Männer, die bei Wagenunfällen zu Tode kamen. Dass Frauen reitend zu Pferd unterwegs waren, wurde 1551 in einem Reisebericht als „nach Männer Art" bezeichnet. Ob Frauen reiten dürften und welcher Reittechnik sie sich dabei zu bedienen hätten, war ein häufiges Thema. Männer reiten im Spreizsitz, Frauen im Seitsitz. Darstellungen im Seitsitz gibt es von antiken Göttinnen und heidnischen Idolen. Auch Maria auf der Flucht nach Ägypten oder Christus beim Einzug nach Jerusalem werden meist im Seitsitz auf einem Esel reitend dargestellt. Reiterinnen werden bis ins 12. Jahrhundert hauptsächlich im Spreizsitz dargestellt. In der Kunst des 13. und 14. Jahrhunderts findet man sowohl den Spreizsitz als auch den Seitsitz. Im 16. Jahrhundert wurde der Damensattel erfunden und bis ins 19. Jahrhundert immer mehr verbessert. Denn der Seitsitz bedeutete für Ross und Reiterin eine wesentliche Bewegungseinschränkung. Frauen mögen auch je nach Bedingung zwischen Spreiz- und Seitsitz gewechselt haben.

Die Bequemlichkeiten des neuen, im 16. Jahrhundert als „Gutschi" bezeichneten Reisewagentyps scheinen viele standesbewusste, ehedem reitende Herren zum Umsteigen auf Wägen veranlasst zu haben. Ob das Wort Kutsche nun von einem bequemen Bett sich herleitet, das im Englischen als "couch" und französisch „coucher" erscheint, oder wegen des ungarischen „koczi", polnischen „kocz" und tschechisch „koc" auf eine osteuropäische Erfindung hinweist, sei dahingestellt. Wahrscheinlicher jedoch ist, dass die Entlehnung von West nach Ost verlief, als umgekehrt. Die neue Mode der Fortbewegung in Kutschen galt als Zeichen einer verderblichen Abkehr von alten Mannestugenden und ritterlichen Standesauffassungen. Trotz landesherrlicher Erlässe gegen das „Faullenzen und Gutschen Faaren" (1588 und 1608) war das Vordringen der „Kutschwagen" beim Adel nicht aufzuhalten; bei festlichen Gelegenheiten fuhren nunmehr nicht nur die Damen, sondern auch die feinen Herren und fremden Gesandten in Wägen vor. Die Karossen und ihre Ausstattung und Bespannung wurden im Barock immer prächtiger und immer mehr zum Status- und Rangsymbol schlechthin. Die Zahl der vorgespannten Tiere zeigte die soziale Stellung. Mehr als zwei Pferde waren Hof und Adel vorbehalten, mit Ausnahme der Postkutschen, denen zur Erzielung höherer Geschwindigkeiten die Verwendung einer größeren Zahl von Zugpferden erlaubt war. Vier Jahre zogen sich 1711 die Verhandlungen vor dem Reichskammergericht hin, ob Reichsgrafen die Benutzung von sechsspännigen Wägen gestattet sei. In einer achtspännigen Kutsche empfing der französische König den Grafen Wenzel Anton Kaunitz als österreichischen Botschafter 1752 am Pariser Königshof, als dieser in einem Zug von sechs Prunkwägen vorfuhr, um sein Beglaubigungsschreiben zu überreichen.

Bis zur Mitte des 17. Jahrhunderts war der Luxus, zur Fortbewegung im Stadtbereich eine Kutsche zu benützen, ausschließlich Mitgliedern des Hofes und des Adels oder sehr wohlhabenden Bürgern vorbehalten gewesen. In einem Gutachten, das die Stadt Wien 1689 einholte, heißt es, dass die „höheren und mittleren Stände" sich ihrer eigenen Wagen bedienten und die „fremden Kavaliere und Herren" mit Leihwagen führen, während Bürger und Handwerksmänner

Göttin Epona im Seitsitz. Aus Boppard.   Foto: Mainz, Römisch-Germanisches Zentralmuseum

„lieber zu Fuß" gingen. Neben den hohen Kosten der Anschaffung erforderte die Haltung einer Kutsche Stallungen für Pferde und die Versorgung des Bedienungspersonals. Equipagen, Tragsessel und Sänften gehörten zu einem adeligen Haushalt von Distinktion. Zu Ende des 18. Jahrhunderts wurde berichtet: „Eine Menge Bürgersleut können nimmer z'Fuß gehn. Sie halten sich eine eigene Equipagi und lassen den ersten Buchstaben von ihrn Namen auf den Wagenschlag statt ein Wappen mahln." Dem entsprach der Trend von den schweren, mit vier bis sechs Pferden bespannten Karossen hin zu immer leichteren, nur mit ein bis drei Pferden bespannten Fahrzeugen. In Paris, wo es 1641 die ersten Mietkutschen gab, wurden sie nach der vor dem Haus des Betreibers stehenden Figur des heiligen Fiacrus bald „Fiacres" genannt. Auch in Wien nahm die Zahl der Mietkutschen im 18. Jahrhundert stark zu.

1846 schreibt ein Wien-Besucher: „Wagen und Pferde, davon träumt und phantasiert jeder Wiener ... Wagen und Pferd ist das Erste, was ein durch glückliche Spekulation von gestern gleichsam auf der Dampfwagen-Eilfahrt reich gewordener Börsenmann sich anschafft, um nicht hinter seinen Kollegen zurückzustehen. Und Wagen und Pferde wünscht sich natürlich das unschuldige Mädchen, welches aus Convenienz den ersten besten Mann nimmt, um die Modepromenaden des Praters im Monat Mai mitzumachen." (*Robert G. W. Coeckelberghe-Dützele, Wagen und Pferde, 1846*). Der Besitz einer Kutsche machte Eindruck: Kein rechtschaffener Mann dürfe sich Hoffnungen machen, ein Mädchen aus einem so genannten guten Hause zum Weibe zu bekommen, wenn er nicht überzeugend dartun könne, dass er Wagen und Pferde zu halten im Stande sei, behauptete ein biedermeierlicher Kenner der Wiener Verhältnisse und gab damit Vorurteile und Klischees von sich, die bis in die Gegenwart in wechselnder Konstellation gang und gäbe sind.

Dabei war das Kutschenfahren, wenn es über weitere Strecken ging, bei den damaligen Straßenverhältnissen nicht wirklich bequem. Mozart, ein Vielreisender, war sicherlich nicht der Einzige, der über seinen feuerroten Hintern klagte: „Denn, ich versichere Sie, dass keinem von uns möglich war nur eine Minute die Nacht durch zu schlaffen – dieser Wagen stößt einem doch die Seele heraus! – Und die Sitze! – Hart wie Stein! ..." Zwei Posten fährt Mozart, die Hände auf den Polster gestützt und den Hintern „in Lüften haltend": „Aber zur Regel wird es mir seyn, lieber zu Fuß zu gehen, als in einem Postwagen zu fahren", schwört er am 8. Nov. 1780. „Bis Unter-Haag", schreibt er am 17. März 1781, „bin ich mit dem Postwagen gefahren – da hat mich aber mein Arsch und dasjenige woran er henkt, so gebrennt, dass ich es ohnmöglich hätte aushalten können ..." Mozart nahm dann eine Extrapost für sich allein.

Barocke Kutschenuhr. © Museum im Stift Sankt Paul

Pflaster-Zoll-Tarif.

Für die Benützung der Straßen innerhalb des Burgfriedens sind an den Zollpächter nachstehende durch Regierungs-Verordnung am 12. August 1841 Z. 22120. genehmigte Gebühren in Oest. W. zu entrichten

	kr.
a. Von einem leeren, oder leicht beladenen Wagen mit einem Pferde	3
b. Von eben ei em solchen zweispän. Wagen .	6
c. Von einem schweren Wagen v. jedem Paar Pferde	6
d. Von einem Reitpferde	2½
e. Von jedem Stücke Huf- oder Klauenvieh . .	2

Befreiung vom Zolle.

1. Alle welche die Befreiung v. der k. k. Aerarial-Wegmauth genießen, haben auch die städt. Pflasterzollfreiheit anzusprechen. 2. Alle Aerarialpferde u. Fuhren. 3. Alle Vorspannfuhren, dann al= Fuhren zu Kirchen,- Schul= und Straßenbauten. 4. Fuhren mit Baumaterialien für Abgabstaue im polit. Bez: Ried deren Zahl aber, um Mißbräuche zu begegnen ämtlich bestimmt wird. 5. Alle Fuhren, welche die einheimischen Pferdebesitzer sich selbst oder andern machen. 6. Alle Fuhren, welche während eines Brandes im hiesigen, oder in einem benachbarten Orte zur Rettung ge= macht werden. 7. Wägen, welche zur Beschlagung oder Reparatur zu einem hierortigen Hand= werksmanne hereingebracht werden. 8. Pferde, welche zum Beschlagen zur Schmiede hereingeführt werden. 9. Die Stadt-Fuhren des Müller in Jegl laut Regierungs-Verordn. v. 13 Juli 1857 Z. 20819.

Stadtgemeinde-Vorstehung. Ried d. 21. Febr. 1883.

. . . . Bürgermeister.

Pflaster-Zoll-Tarif. Museum Innviertler Volkskundehaus, Ried im Innkreis.

Foto: Schepe

Dampfrösser…

Die Eisenbahn war ein sensationeller Fortschritt, was Bequemlichkeit, Geschwindigkeit und auch Preiswürdigkeit betraf: „Sie wollen Freiheit, nun wohlan! Gebt ihnen eine Eisenbahn …", schrieb Franz Grillparzer anlässlich der ersten Eisenbahn in Österreich. Von Karl Isidor Beck, von dessen ansonsten völlig vergessenem Werk nur das Gedicht „An der schönen blauen Donau" in der Vertonung von Johann Strauß Sohn die Zeiten überdauert hat, stammt das Bild von der „Eisenschiene" als der großen „Rennbahn der Freiheit". Freiheit und Zwang, beides war bei der Eisenbahn gegeben, der Zwang, der in der Reglementierung des Schienenwegs enthalten war, die Freiheit in der Möglichkeit, rasch vorwärts zu kommen. Das Dampfross trat in Konkurrenz zum lebendigen Ross und übertrumpfte es rasch. Wettfahrten zwischen Lokomotive und Kutsche konnten für die Pferde nur mit einer Niederlage enden. Der spektakuläre Unfalltod des Erzherzog Wilhelm, dessen Pferd im Jahr 1894 von der neu eröffneten Badener „Elektrischen" ins Helenental erschreckt wurde und den prominenten Reiter abgeworfen hatte, mutet wie ein letzter Abgesang des Feudalzeitalters an.

Die symbolische Opposition von Kutsche und Eisenbahn erfolgte in Gegensatzpaaren von frei und geplant, von individuell und kollektiv, von privat und öffentlich/staatlich. Sich nach Fahrplänen richten zu müssen und die Fahrtroute durch die Schienen vorgegeben zu haben, war für Leute, die zu Fuß, mit eigenen Gespannen oder hoch zu Ross unterwegs gewesen waren, ungewohnt und wurde als Einschränkung empfunden. Gleichzeitig berauschte und befreite das von der Eisenbahn vermittelte Erlebnis einer vorher unmöglichen Geschwindigkeit.

Das gemeinschaftliche Reisen in der Eisenbahn oder auf den großen Passagierschiffen wurde von Anfang an als Demokratisierung empfunden. Was die einen als demokratische Erfindung begrüßten, war den anderen Ausdruck und Wegbereiter einer allgemeinen Vermassung. Mit Fremden ganz plötzlich in engen, körperlichen Kontakt zu geraten, mit aller Welt in Gemeinschaft in einem Abteil zu sitzen, war für die Aristokratie nahezu unvorstellbar. Von Beginn an wurden daher Eisenbahn-Waggons und Schiffs-Decks nach Klassen getrennt. Das bürgerliche Zeitalter schrieb sich in der Klassenteilung fest, nicht mehr nach Geburtsständen, sondern nach Kaufkraft. Die Aufteilung in verschiedene Klassen schuf Privilegien, auch wenn sich am prinzipiell demokratischen Charakter des neuen Verkehrsmittels nichts änderte: Alle kamen in gleicher Zeit zum gleichen Ziel. Jedermann konnte reisen, sofern er das Geld dazu hatte, und konnte sich auch die zu seinem Geldbeutel passende Wagenklasse frei wählen. Durften auch Frauen reisen? Und unter welchen Bedingungen: in gemeinsamen Abteilen oder getrennt nach Geschlechtern?

…Drahtesel…

Das Ende des 19. Jahrhunderts stand im Zeichen des Rades. Das Fahrrad erwies sich rasch als deutlich noch „demokratischeres Vehikel" als die Eisenbahn. Hier bot sich ohne Pferd und Motor ein billiger Weg, „aus grauer Städte Mauern" hinauszukommen. Hinaus ins Grüne: Das bedeutete Flucht sowohl vor der räumlichen Enge und Trostlosigkeit der Mietskasernen wie vor dem Drill von Schule, Kirche und Militär. Die Bewegungsfreiheit, die das Fahrrad gebracht hatte, schien den Zeitgenossen nur mit dem Pferd vergleichbar, aber in einem unendlich vielfältigeren und kostengünstigeren Sinn. Man sprach vom Drahtesel und von der Emanzipation des schwerfälligen Gemeinverkehrs durch die verführerische Leichtigkeit des Rades.

Das Fahrrad verbreitete sich sehr schnell, sobald in den frühen 1880er-Jahren die entscheidende Konstruktion in Form des Niederrads (Rovers) vorlag, die bis heute in der Grundstruktur unverändert geblieben ist. Immerhin hatte es vorher von den ersten Velocipeden und dem Laufrad des Baron Drais über die halsbrecherischen Hochräder bis zu den für den Massengebrauch tauglichen Niederrädern fast ein ganzes Jahrhundert gedauert.

Radfahren signalisierte Jugendlichkeit, Modernität, Freiheit und Emanzipation, nicht zuletzt für die Frauen, die damit die erkämpfte Autonomie und Selbstbestimmung unterstreichen konnten. Die Wiener Frauenrechtlerin Rosa Mayreder war keineswegs die Erste und Einzige, als sie 1903 auf diese emanzipatorische Wirkung des Fahrrads hinwies: „Nichts hat mehr für die Freiheit der Frauen beigetragen als das Fahrrad". Schon 1901 hatte Lily Braun in ihrem Standardwerk „Die Frauenfrage" die Rolle des Fahrrads zur Selbstbefreiung der Frauen gepriesen. Und aus Emile Zolas Paris-Roman (1898) stammt der Text: „Die Emanzipation der Frau durch das Fahrrad".

...und Benzinkutschen

Hatte man das Fahrrad zu Recht sehr rasch als Emanzipationsmöglichkeit für Frauen verstanden, so sah man das nahezu zeitgleich entwickelte Automobil als rein männliche Domäne. Das erste Automobil gab es nur ein Jahr später als das erste moderne Fahrrad. In der Geschwindigkeit und in den sozialen Wegen der Verbreitung waren die Unterschiede allerdings enorm. Das Automobil war zwar in Europa erfunden und zu einem ersten technischen Höhepunkt gebracht worden, die Massenmobilisierung erfolgte aber von den USA aus. Die USA waren um 1900 hinter Russland das pferdereichste Land der Welt. Das beeinflusste die Motorisierung. Das Automobil verbreitete sich in Europa zuerst bei den städtischen Oberschichten, in den USA aber in der ländlichen Gesellschaft. 1920 besaßen etwa ein Drittel aller amerikanischen Farmer einen Kraftwagen, 1929 schon neun Zehntel. Nur 23,1 Prozent aller Kraftwägen der USA waren 1929 in Städten mit über 100.000 Einwohnern registriert. Farmerfrauen spielten als Automobilistinnen eine erhebliche Rolle, weil sie das Auto für Einkaufsfahrten brauchten. In Europa war es ganz anders. In Deutschland war 1929 fast die Hälfte des Kraftwagenbestandes in Großstädten registriert, in Österreich 1934 mehr als die Hälfte allein in der Stadt Wien. Während in den USA Autofahren sehr rasch zu einer beruflichen und hauswirtschaftlichen Notwendigkeit für Männer und Frauen wurde und die Kutschen, Pferdewägen und Reittiere der Cowboys ersetzte, dominierte in Mitteleuropa der demonstrative Zweck des Autobesitzes. Das Auto ersetzte das ständische Prestige von Reitpferd und Kutsche.

Automobile blieben in Österreich länger als in Westeuropa oder gar den USA ein exklusives Spielzeug für die kaufkräftige Oberschicht. Erst im Wirtschaftswunder der Nachkriegszeit wurde der „Volkswagen" zum Allgemeingut. Doch was man zuerst vermutete, dass die „Benzinkutschen" sehr rasch die Pferde ganz verdrängen würden, ist nicht eingetreten. Das Pferd als treuer Begleiter des Menschen hat seinen Platz mehr als behauptet. Nicht als Nutztier, auch nicht als Statussymbol, schon gar nicht als Waffe. Sondern als eine der schönsten Möglichkeiten, die für unsere Gesellschaft immer wichtiger und länger werdende Freizeit sinnvoll und freudvoll zu verbringen.

Literatur:

Arnold = Rautenstrauch, Johann: Reise nach Mariazell in Steyermark, Wien 1785.

Braunbehrens, Volkmar: Mozart in Wien, München 1988.

Grobauer, Franz J.: Fahr'n ma, Euer Gnad'n! Vom Kobelwagen zum Straßenkreuzer, 1965.

Haubner, Barbara: Nervenkitzel und Freizeitvergnügen. Automobilismus in Deutschland 1886–1914, Göttingen 1998.

König, Gudrun M.; Eine Kulturgeschichte des Spazierganges. Spuren einer bürgerlichen Praktik 1780–1850, Wien 1996.

Merki, Christoph Maria: Der holprige Siegeszug des Automobils 1895–1930, Wien 2002.

Möser, Kurt: Geschichte des Autos, Frankfurt 2002.

Sandgruber, Roman: Cyclisation und Zivilisation. Fahrradkultur um 1900. In: Glücklich ist, wer vergißt ...? Das andere Wien um 1900, hg. von H. Ch. Ehalt, G. Heiß und H. Stekl, Wien 1986, 290 ff.

Sandgruber, Roman: Frauensachen – Männerdinge. Eine „sächliche" Geschichte der zwei Geschlechter, Wien 2006.

Scharff, Virginia J.: Taking the Wheel: women and the coming of the Motor Age, New York 1991.

Schivelbusch, Wolfgang: Geschichte der Eisenbahnreise: zur Industrialisierung von Raum und Zeit im 19. Jahrhundert, Frankfurt am Main 1995.

Seume, Johann Gottfried: Mein Sommer 1805. In: Werke in zwei Bänden, Berlin 1965.

Tarr, László: Karren, Kutsche, Karosse. Eine Geschichte des Wagens, Budapest 1968.

Wolter, Gundula: Hosen, weiblich. Kulturgeschichte der Frauenhose, Marburg 1994.

Roman Sandgruber

Der Schiffszug

Das wohl eindrucksvollste Schauspiel, das man bis nach der Mitte des 19. Jahrhunderts an der Donau erleben konnte, war die Vorbeifahrt eines Schiffszuges. Schon kilometerweit waren das Geschrei der Fuhrleute und das Wiehern der Pferde zu hören. Die ganze Umgebung geriet in Aufregung, wenn an die 60 Pferde und ebenso viele Menschen damit beschäftigt waren, solch einen mehr als 500 Meter langen Zug stromaufwärts zu manövrieren und zu schleppen. Und erst wenn abends Rast gemacht wurde: Da gab es hungrige Mägen und noch viel durstigere Kehlen zu versorgen. Und auch die Pferde brauchten riesige Mengen Futter.

Ursprünglich wurden die Schiffe Donau aufwärts mit Menschenkraft gezogen, von eigenen mit „Schiffslehen" ausgestatteten Schiffsziehern. Der Übergang zum Pferdezug ist um die Mitte des 14. Jahrhunderts belegbar. Die ersten Nachrichten über „Rosszillen" auf Inn und Donau stammen aus den Jahren 1364 und 1374. Der Zusammenhang mit den von der Pest verursachten Bevölkerungsverlusten und den dadurch gestiegenen Lohnkosten ist offenkundig. Noch lange wurde versucht, mit beschäftigungspolitischen Argumenten die Durchsetzung der Pferdeschiffszüge zu verhindern. Noch bis ins 16. Jahrhunderts gab es neben dem Rosszug immer auch weiter den Menschenzug, die „Tretler".

Der Übergang zu mit Pferden betriebenen Schiffszügen erforderte kostspielige Investitionen, die Anlage von Treppelwegen, die Bereitstellung der Pferde und ihrer Ausrüstung, die schweren Zugseile und teuren Anschirrungen, und vor allem ein komplexes Know

how. Im 16. Jahrhundert formierte sich die Technik der großen Schiffszüge: Auf den bis zu vier aneinander gehängten Lastkähnen, die von 50 und mehr Pferden gezogen und von etwa 60 Menschen begleitet wurden, konnten bis zu 500 t Nutzlast flussaufwärts bewegt werden. Solche Schiffszüge erreichten inklusive der Pferde Gesamtlängen von 400 bis 500 Metern. Voran die Hohenau, dahinter Nebenbei, Schwemmer, und eventuell eine Schwemmer-Nebenbei, dazu einige Begleitboote und „Plätten", die das Seil über Wasser zu halten, Pferde und Mannschaft bei einmündenden Flüssen oder unpassierbaren Uferhindernissen überzusetzen und sie dann auch wieder talwärts zu transportieren hatten. Mitgeführt werden mussten auch Mutzen zum Transport der mehrere Tonnen schweren, bis zu 700 m langen und 8 bis 9 cm starken Seile, ein „Kuchlschiff", einige Plätten für die persönliche Habe der Mannschaft, für Futter und sonstigen Bedarf und eine „Waidzille" als Rettungsboot. Die Strecke Wien-Passau konnte in drei bis fünf Wochen bewältigt werden. Neunmal musste zwischen Wien und Passau wegen der Schwierigkeit des Geländes mit allen Pferden das Ufer gewechselt werden.

Die Rollen auf diesen Schiffszügen waren genau verteilt. Auf dem ersten Schiff, der Hohenau, führte der Sößtaller das Kommando über den ganzen Zug. Der Seilträger hatte die Aufsicht über das Seilzeug. Sein Gehilfe war der Bruckknecht. Der Stoirer war der Steuermann der Hohenau, seine Helfer waren der Hilfsruderer, der Reserveschiffmann oder Bursch und schließlich der Koch. Auf dem zweiten und dritten Schiff befanden sich in der Regel vier Mann, auf dem vierten zwei.

Das Teuerste waren die Seile: das Hauptseil, auch Busen genannt, war 90 bis 135 Klafter (170-250 m) lang. Die Nebenbei und der Schwemmer hingen an jeweils eigenen Seilen am Hauptschiff. Mit weiteren Seilen wurde die Steuerung erleichtert. Die Beschirrung der Pferde bestand aus Riemenzeug, Kummet und Sielen. Die Pferde waren teils paarweise, teils einzeln eingespannt. Die meisten waren beritten. An der Spitze des Zuges ritt der Vorreiter. Für einen Zug mit 31 Pferden rechnete man 21 Reiter.

Die Sättel waren einfach und gewöhnlich aus Holz gefertigt. Die Pferde waren kräftig, ihr Schweif kurz am Körper abgehackt, die Hufe mit schweren Hufeisen beschlagen. Ihre Arbeit war hart, auf dem teils sumpfigen, teils felsigen, durch Gebüsch und Wurzelwerk sehr unebenen Uferland. Immer wieder mussten querende Donauarme und Zuflüsse durchschwommen

werden. Mit den Pferden wurde hart umgegangen, mit furchtbarem Lärm und nicht nur symbolischem Peitschengeknalle. Die Schiffe waren im Eigentum der Schiffsmeister. Die Pferde und Rossleute wurden von Bauern gestellt. Auf ein Pferd wurden gewöhnlich 100 q (=5,6 t) Ladung gerechnet. Die Pferde erhielten als Futter G'hack und Hafer. „Auf überall in Gottes Nam!" war das Kommando zum Start. Mit „Gwan di! Hab über! Hab'n in Gotts Nam!" setzte sich der Zug in Bewegung, mit „mörderischem, ununterbrochenem, ohrenzerfleischendem Geschrei." „Hoa" war das Kommando zum Stillstand. Die Treiber nächtigten in Zelten in den Auen, die Schiffsleute auf dem Schiff. Die Treppelwege mussten ständig erhalten werden, waren bei jedem Hochwasser in Bewegung und hernach oft kaum mehr zu finden. In den Steilstellen der Ufer waren sie fest, in den Auen oft sumpfig und von Gestrüpp überwachsen. Gekocht wurde auf der Hohe-

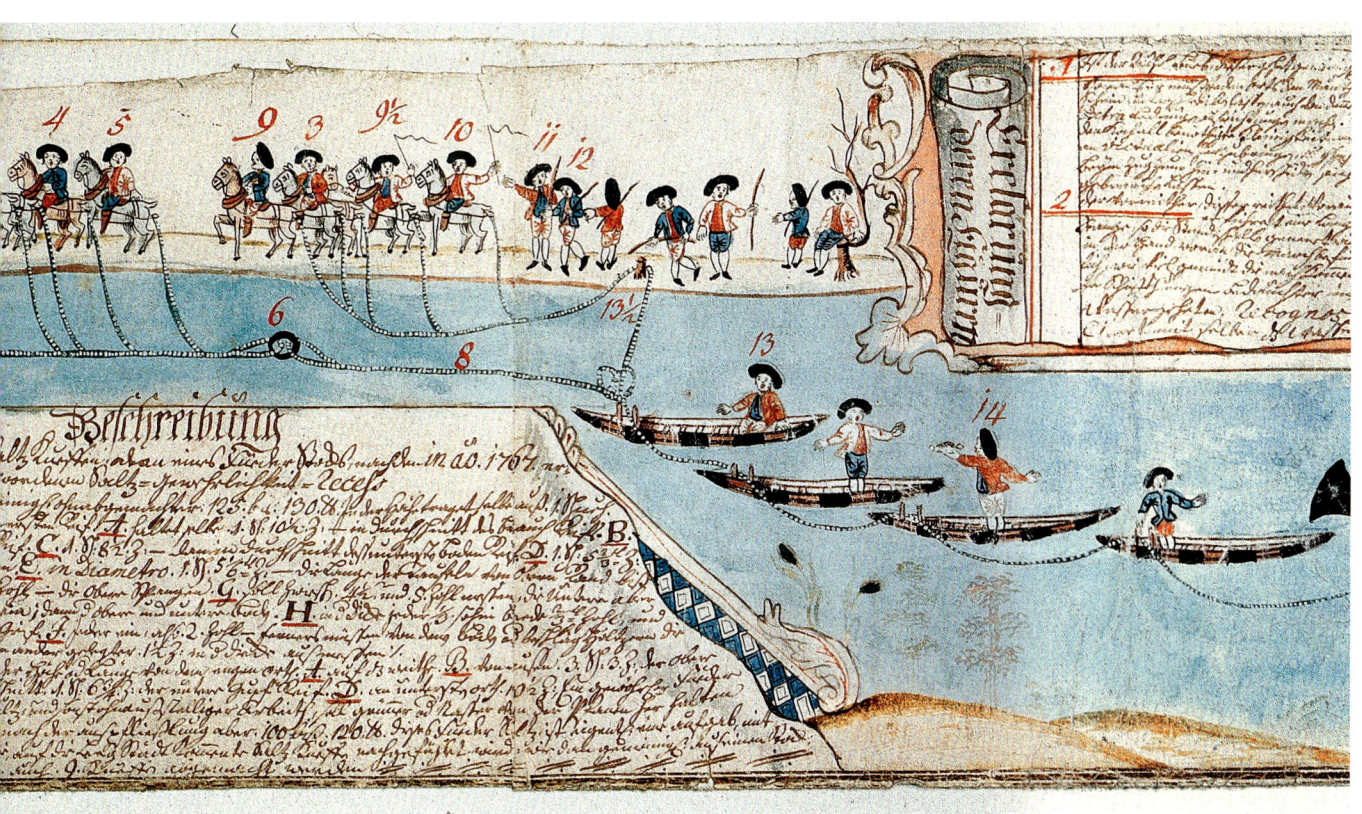

nau, mittags und abends: Suppe, Knödel, Rindfleisch, Semmelkren, an Fasttagen nur Knödel. Zum Frühstück und zur Jause gab es Trunk und Brot.

Die Geschwindigkeit war gering: von Pressburg bis Rosenheim dauerte es 10 bis 12 Wochen, von Wien nach Linz 14 bis 25 Tage, von Linz nach Passau 6 bis 8 Tage und von Wien bis Ulm im Sommer 6, im Mittelherbst 8 und im Spätherbst 10 Wochen. Ein Schiffszug von Pest bis Linz, 4 Zillen mit 10.000 Zentnern (56 t) Fracht und 60 Pferden, war im Sommer vier Wochen unterwegs. Es konnte aber auch viel länger dauern, bis zu 11 Wochen. Unfälle waren häufig. Wichtiger war es das Schiff zu retten als die Menschen.

An den Zuflüssen der Donau, an Inn, Traun, Enns, waren die Schiffszüge zwar kleiner, aber nicht weniger spektakulär. Bereits Maximilian I. hatte die

Notwendigkeit der Rückführung der entleerten Salzschiffe an der Traun erkannt. Doch leisteten die Anrainer und wohl auch die Fertiger erheblichen Widerstand. Erst unter Ferdinand I. konnte das Vorhaben realisiert werden. 1536 befahl Ferdinand, „damit die Wälder in Hallstatt nicht verwüstet und verödet werden", die Schiffe wieder Traun aufwärts zu bringen. Erst gegen 1590 konnte der Gegentrieb tatsächlich aufgenommen werden, nachdem alle Hindernisse aus dem Weg geräumt waren. Auch entlang von Traun und Enns gab es die Treppelwege. Der Traunfall wurde mit komplizierten Rinnen für Schiffe und Pferde passierbar gemacht. Durch den Laufen wurden die Zillen hinaufgewunden, über den Traunfall wurden sie in einer komplizierten Holzkonstruktion gezogen.

Am Anfang wurden etwa die Hälfte, später zwei Drit-

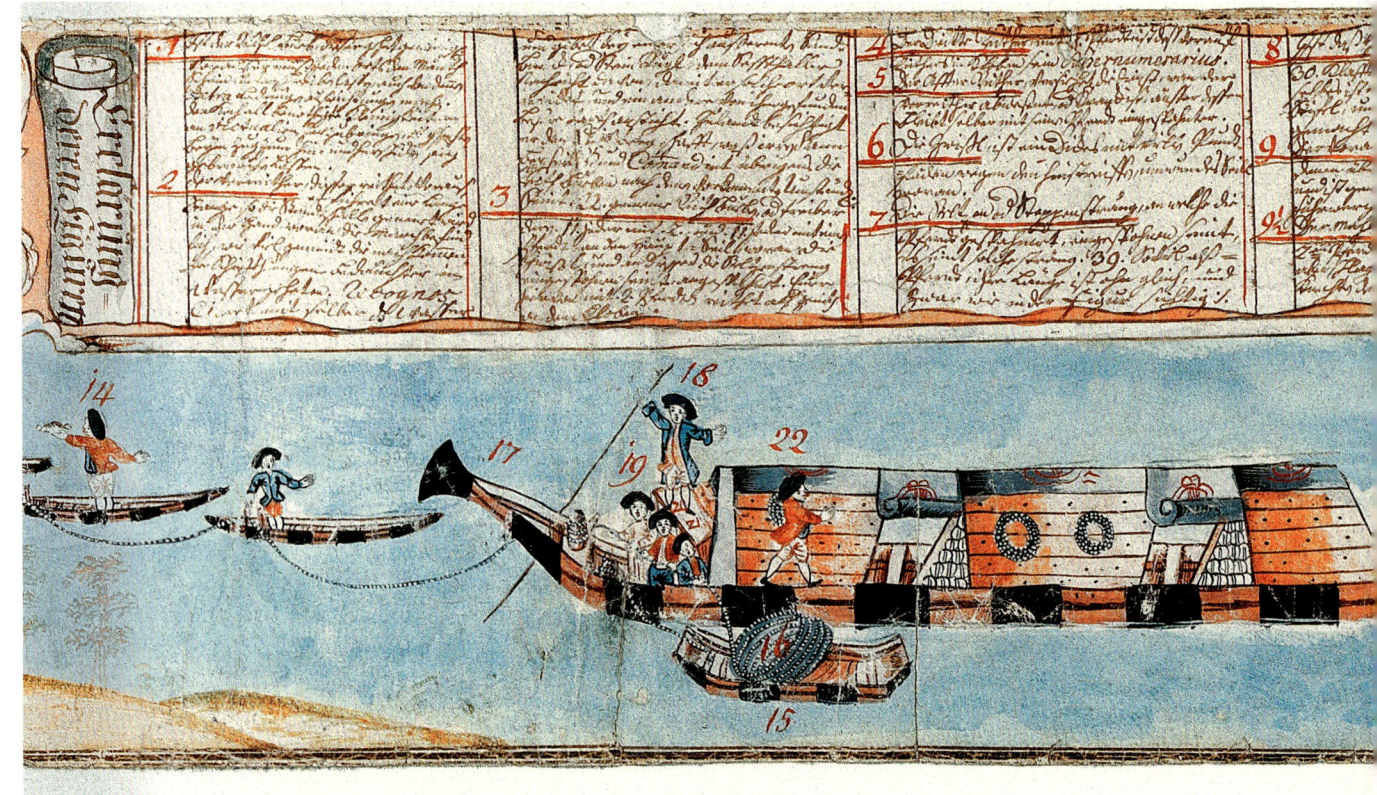

tel der Schiffe zurückgebracht. Den Zillengegentrieb besorgten von Ebensee nach Hallstatt acht Rossbauern mit 24 Pferden und 12 Rossknechten, von Stadl nach Gmunden über den Traunfall die Fallbauern. Für den Gegentrieb von Stadl nach Gmunden sorgten zehn Fallzüge mit je sieben Pferden, die von Bauern aus der Gegend von Wels und Lambach gestellt wurden. Man benötigte für eine Sechserzille fünf Rosse, für eine Siebener sechs Rosse. Für fünf Rosse waren drei Reiter erforderlich. Waren die Schiffe beladen, musste ein Pferd mehr genommen werden. Durch den Fall mussten immer zwei Züge zusammengespannt werden.

Für den Gegentrieb von Zizlau nach Stadl bestanden zwölf Züge mit je acht Pferden. Bei jedem Zug vier Reiter. Die Lenkung besorgte der Fürtaucher oder Sößstaller. Zu jedem Zug gehörte noch ein Aufleger. Die Fahrt dauerte im Allgemeinen zwei Tage, am ersten Tag bis Wels, wozu 11 bis 12 Stunden nötig waren, am zweiten bis Stadl in fünf bis sechs Stunden. Die Pferde wurden per Schiff wieder nach Zizlau gebracht.

Bis 1811 wurde der Schiffsgegenzug auf der Traun von anliegenden Bauern bewerkstelligt. Weil dann in Stadl bei Lambach eine Pferdestallung gebaut wurde, in welcher über 100 Stück schwerster Gattung Platz hatten, wurde alles in ärarische Verwaltung übernommen. Bis 1825 wurde dieser Schiffsgegenzug von kaiserlichen Beamten verwaltet. Dann wurde er Privaten übertragen. 1836, mit der Eröffnung der Pferdebahn, ging die Ära der Traunschiffahrt dann rasch zu Ende. Gegenzüge rechneten sich überhaupt nicht mehr.

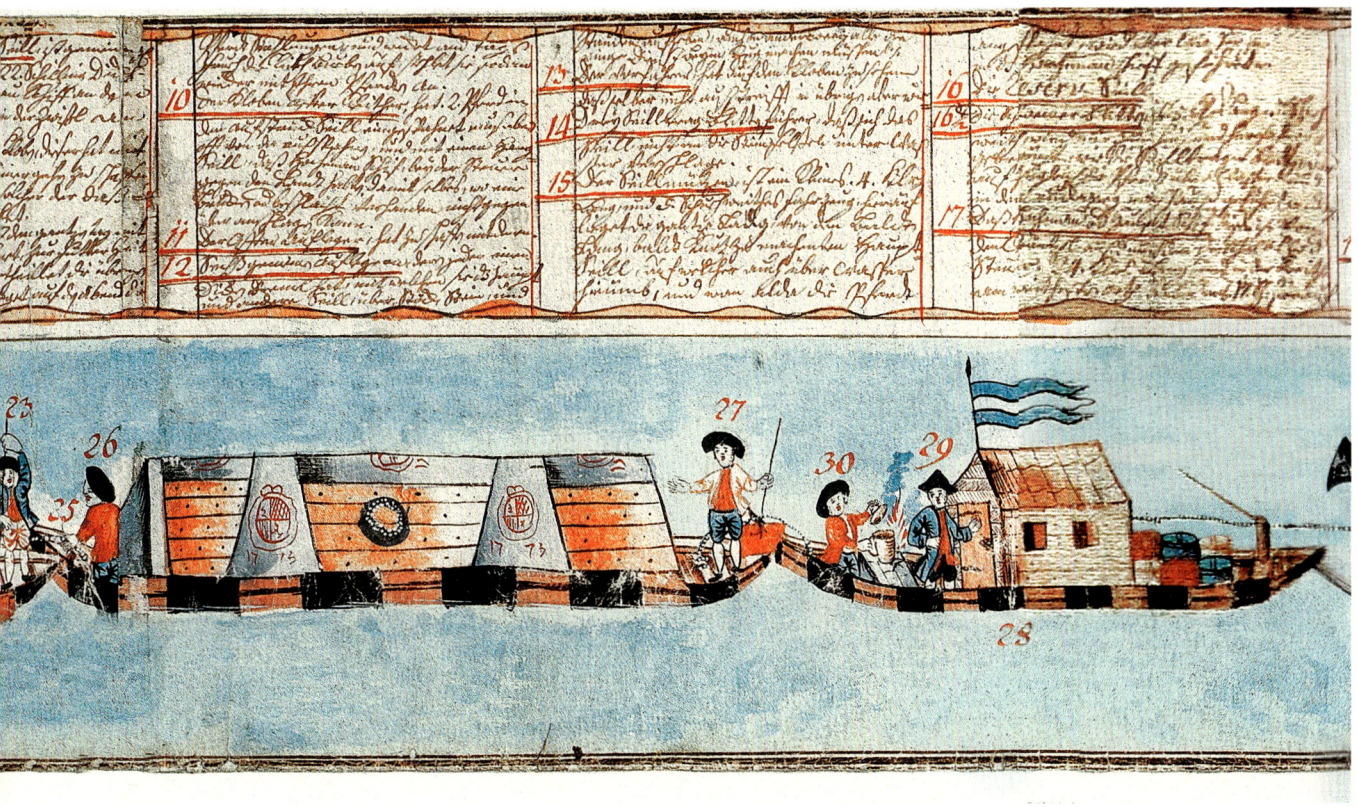

Literatur:

Adrian, Karl: Inn- und Salzschiffahrt. In: Heimatgaue, Jg. 2 (1920/21), S. 62–64.

Daxl, Roland: Die mittelalterliche Schiffahrt zwischen Hallein und Passau unter besonderer Berücksichtigung des Salzhandels, Diplomarbeit, Univ. Salzburg 1999.

Hager, Hans: Die Traun – ein uralter Salzhandelsweg. Auf den Spuren der alten Salzschiffahrt, Stadl-Paura 1996.

Hattinger, Walter: Schiffszüge auf der Donau. In: Passau und das Salz (Passau 1990), S. 143–213.

Koller, Fritz: Die Salzachschiffahrt bis zum 16. Jahrhundert. In: Mitteilungen der Gesellschaft für Salzburger Landeskunde, Jg. 123. 1983 (1984), S. 1–126.

Neweklowsky, Ernst: Die Schiffahrt und Flößerei im Raum der oberen Donau und ihrer Nebenflüsse, 3 Bände (Linz 1952–1964).

Pangerl, Karl: Erinnerung an die Traunschiffahrt. In: Oberösterreich. Kulturzeitschrift, Jg. 39 (1989), H. 1, S. 33–41.

Puchinger, Matthias: Von der alten Salzschiffahrt zu Stadl. In: Heimatgaue, Jg. 9 (1928), S. 1–14.

Sohm, Alfred: Die Salzschiffahrt auf der Traun. In: Eurojournal Mühlviertel-Böhmerwald, Jg. 2 (Linz 1996), H. 2, S. 40-44.

Wacha, Georg,: Franz Bernhard Ritter von Buchholtz im Salzkammergut. In: Oberösterreichische Heimatblätter, Jg. 21 (1967), H. 1/2, S. 58–61.

Abbildungen: „Prospect eines completen ChurPfaltz-baierischen Saltz-Schifzuges." 1773. Oberhausmuseum Passau.

Beschreibung eines Schiffszuges an der oberen

Donau – Transkription:

Prospect eines Completen Chur-Pfaltz-Baierischen Saltz-Schif-Zuges, mitls welchen das Hällingische Kueffen- und Fueder-Salz durch das löbl. Hällingische Saltzes-Haupt-Speditions-Amt St. Nicola vor Passau auf der Donau zu denen auch Churfürstlichen Saltz-Leegstädten Vilshofen, Straubing, Stadt am Hof, von dannen aus aber in halben Zügen nach Ingolstadt und Donau Wörth gegen hochenauet wird.

Beschreibung
Der qualitaet einer Saltz Kueffen, dan eines Füeder Stocks, nach dem in ao. 1767 errichtet wordenen Saltz-Gewehrlichkeit-Recess.

Eine Saltz-Kueffe weget gemeiniglich ohnabgemachter 125 bis 130 pf. In der Höhe traget selbe aus 1 Schuech 9 1/3 Zoll, im durchschnitt beym ersten Reiff A haltet selbe 1 Sch. 10 1/2 Z., im durchschnitt des Bauch-Reifs B 2 Sch., des unteren Brusthefft Reif C 1 Sch. 8 1/2 Z. - dan im Durchschnitt des unterstn Boden Reif D 1 Sch. 5 2/3 Z., ferner beym unteren Boden E. in Diametro 1 Sch. 5 1/6 Z. - Die Länge der Taufeln vom obern Rand bis zum Bauch F betragt 7 Zoll - Die Obere Spangen G soll zwischen 4 1/2 und 5 Zoll messen, die Untere aber zwischen 3 und 4 Z. breit sein; dann der obere und untere Boden H in der Dicke jeder 1/3 sohin wieder 2/3tl Zoll, und entlich der obere und untere Griff J jeder ein, also 2 Zoll - ferners müssen von denen Böden die Beschläg Höltzer die Spangen 4 Stück auf einander gelegter 1 1/2 Z. in der Dicke ausmessen.

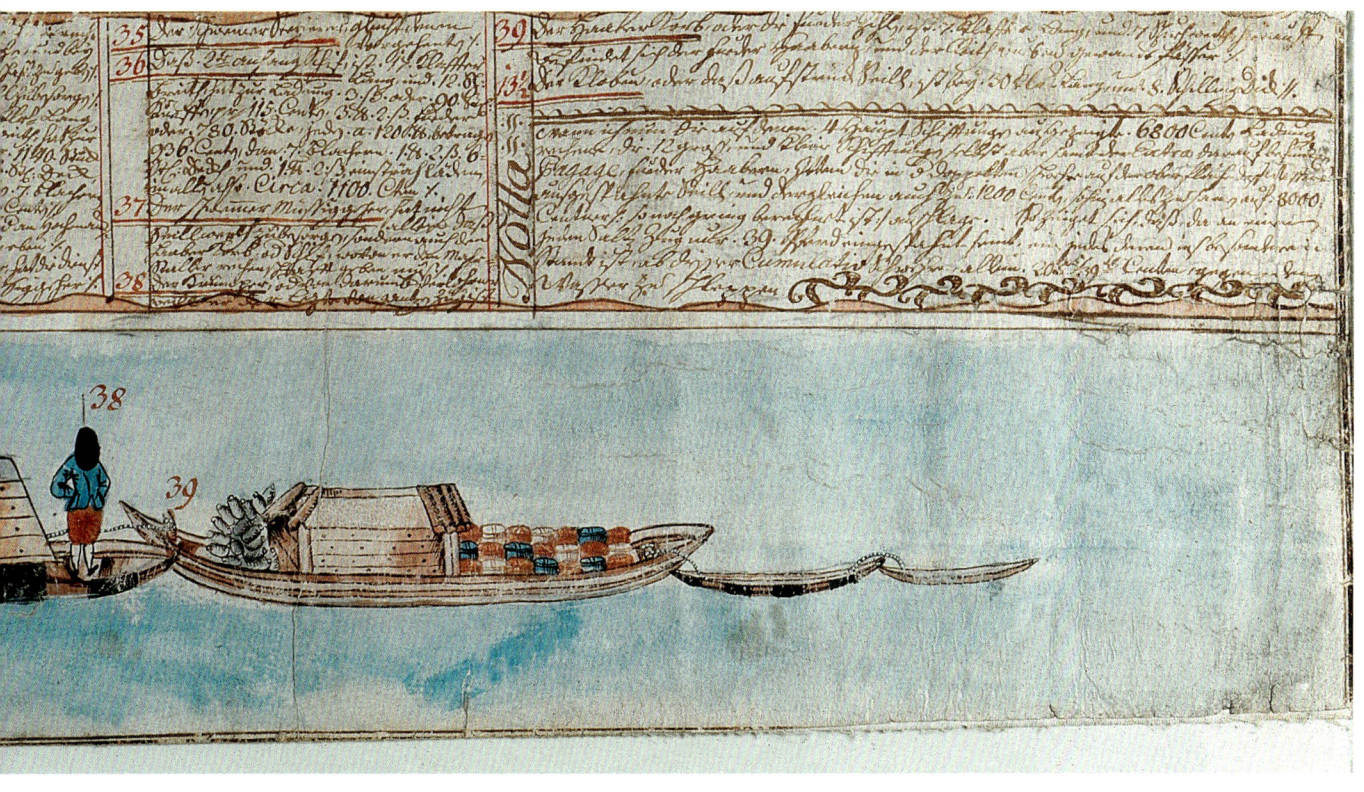

Ein Fueder Stock hat in der Höhe oder Länge von dem engen Orth A auf die weithe B von außen 3 Sch. 3 Z., der obere Härdt Reif C im Durchschnitt 1 Sch. 6 3/4 Z., der untere Gupf Reif D am untersten orth 10 1/2 Z. Ein gewöhnlicher Fueder Stock, von gewöhnlichem Saltz und sonst ohn ausstelliger Arbeith soll grüner oder nasser von der Pfannen her halten 125 bis 160 Pf, nach der auspfließlung aber 100 bis 120 Pf. Dieses Fueder Saltz ist eigentlich eine aufgab, mit welcher die auf die Leeg Stadt kommende Saltz Kueffe nachgefüllt wird, wie dan gemeiniglich aus einem Stock 6, 8, auch 9 Kueffen abgemacht werden.

1. Ist der Kuchel Bueb, diser gehet gemeiniglich voraus, er mueß jeden Orts den Mauth Schein unterschreiben lassen, auch von denen Extra-Ladungen Ausrichtungen machen, dem Koch all benöthigte Kleinigkeiten an Victualien her zu

bringen, auch sonsten beym Zug zum Hin- und Herschicken sich gebrauchen lassen.

2. Der Vorreither. Dieser reithet voraus, er führet eine lange Stange, so die Standschallen genennet wird, in der Hand, woran die March befindlich, wie viel gründt die nachkommente Schiffthungen bedauchter ins Wasser geheten. Recogniscieret mit selber das Wasser und giebet bey einer sich äusserenten Sandtbänck oder Stein Kugel dem Sesshaller Nachricht davon, damit er solche Ort vermeidet und eine andere von ihm gefundene bessere Farth ansicht. Zu Landt besichtigt er die Schiffweeg, schafft was irren kan, beyseiths und commandirt übrigens die Reithbuben nach denen vorkommenden Umständen.

3. Seindt 22 gemeine Reith Buben oder Treiber, deren 11 jeder mit zwei und 11 jeder mit einem

Pferdt an dem Haupt-Seill, woran die Zwißl und an dieser die Steltzenstreng eingespohnen seindt, angespehnet ist. Einer hievon mit 2 Pferden reithet allzeith an dem Kloben.

4. Der dritte Reiter mit 1 Pferdt ist des Voraufreithers im Kloben sein Supernumerarius.

5. Der After-Reither versiehet die Dienst, wan der Vorreither abwesent oder krank ist, ausser dessen bleibt selber mit seinem Pferdt eingespahnter.

6. Die Zwißl ist ein dickes mit viellen Pundtfäden, wegen dem Hinstreiffen umwundenes Seill, woran

7. Die Stelzen oder Steppensträng, an welche die Pferdt gespahnet, eingespahnet seindt, es seindt solche sträng 39, soviel als Pferdt, ihre Länge ist ohn gleich, und zwar wie in der Figur sichtig.

8. Ist daß Haupt-Schif Seill, ist gemeiniglich 30 Klafter lang und 22 Schilling dickh, selbes ist in dem Hohenau Schiff an dem Stifel und vorne aus an der Zwißl angemacht.

9. Der Vorausreither im Kloben, dieser hat mit denen übrigen, so nach seiner gehen, zu schaffen und ist gemeiniglich ein solcher, der das Fuhrwerch gutt verstehet.

9 1/2. Der Mahrstaller ist den gantzen Tag mit 2en Pferdten eingespahnet, zur Futterszeit aber schlagt er aus, vertheillet den übrigen Knechten den Haaber, besorget auf dem Abend die Pferdt Stallungen und wecket anderen Tags früeh die Reithbueben auf, stehlet sie sodann wieder mit ihren Pferdten an.

10. Der Kloben Affter Reither, hat 2 Pferdt in dem Aufstrick Seill eingespahnet, muß aber offt von da ausspahnen und mit einem Hang-Seill das Hochenau Schif bey der Steuer gegen dem Landt halten, damit selbes, wo eine Brücken oder Beschlächt vorhanden, nicht gegenüber anschlagen kann.

11. Der Affter Aufleger hat zu schaffen mit denen

12. sechs gemeinen Auflegern, deren jeder einen dicken Dremel hat, mit welchem sie das Haupt- und andere Seill über Stöck, Steine undt Stauden auf-

heben, auch in ander Weeg alle geringen Dienst beym Zug machen müssen.

13. Der Vorfahrer hat auf den Kloben zu sehen, dass selber nicht anstreifft, im übrigen aber wie

14. Drey Seilltrag Blettn Führer, dass sich das Seill nicht an die Steinfelsen unter Wasser verschlage.

15. Der Seillmutzen ist ein kleines, 4 Klafter langes und 5 Schuch weithes Fahrzeug, hierauf liget die ganze Läng von dem baldt lang baldt kurz zu machenten Haupt-Seill, auf welcher auch über Wasser herumb, und wan alda die Pferdt angespahnet, wieder über Wasser her in das Hohenauschiff geführet wird.

16. Die Reserv-Seille.

16 1/2 Die Schwemmer Bletten ist 5 Klafter lang, 5 Schuch weit, wird nur zum Hin- und Herfahren gebraucht, wie die Seilltrager Bletten, worauf zugleich die Pferdt über Wasser und in dem Ruckweeg nach Haus geführet werden.

17. Das Hohenau oder Haupt Schiff, dieses ist von den Cräntzel aus, durch denn Sessthal bis zu der Steuer 24 Klafter lang, und in der Breithe am weithesten Orth des Bodens 17 Sch., hierauf befindet sich bei mitteren Wasser geladen an Kueffen Salz 6 Pfundt 5 Schilling oder 1590 Stueck Kueffen, jede à 1 1/4 Centen, in allen 1987 1/2 Centen, ohne die 8 Blachern, 1 Pfundt 2 ß 18 Stück Decken, dann 1 Pfundt 2 ß 12 Stück Einsträh Läden und übrige Schifrequisiten, als Seill, Rueder, Gestuedln, Sessen, Räfeln, Hägen und dem Personall, so dass ein derley Capitall Schif allezeith bey 2500 Centner gegen dem Wasser traget.

18. Der Sessthaller. Dieser comandieret den gantzen Zug und hat mit einem jeden zu schaffen, was das Fuhrwerckh anbetriefft, er führet eine Standschalle (Messlatte) an der Hand, mit welcher er von Zeit zu Zeit die Tiefe des Wassers recognoscieret.

19. Der Seilltrager, hat Rechenschafft zu geben von allen Seillen, stehet der nächste bey dem Sessthaller und darf selben an all versehen anmahnen.

20. Der Bruckhknecht hat mit dem kleinen Seillwerckh umzugehen.

21. Der Wässerer muß wehrenter Fahrt die Schiff vom Wasser lähren, im übrigen die Seilltrag Bletten Führer zur Arbeith anmahnen.

22. Der Müessig Geher, hat die Seill in Ordnung zu halten und Reinlichkeit auf dem Schif zu besorgen, auch all schaffente Arbeit zu richten.

23. Der Steyerer hat mit dem Stinglrueder das Schif zu wenden, wie der Sessthaller anschafft.

24. Der Hülffruederer hat Vorstehentem in der Arbeith zu helffen.

25. Das 1te Anhang-Schiff ist 18 Klafter lang und 14 Schuch weit, trägt 3 Pf. 5 ß oder 870 Stück Kueffen pr. 1087 1/2 Centner mit denen Leuthen, 7 Plachen, 1 Pf. 1 ß 18 St. Decken, dan 1 Pf. 1 ß 6 St. einstrah läden so andere requisiten aber ohngefehr eine Ladung von 1400 Centnern.

26. Der Anhang Schifs-Müssiggeher wie der am Hohenau.

27. Der Nebenbeyfahrer, wie der Hohenau Steuerer.

28. Das Kuchel Schif ist 7 Klafter lang und 6 Sch. weith, hierauf wird gekocht, und befindt sich nebst dem Schifschreiber das Kuchelgeschirr und einige Gewandt Fässer nebst Brodt und Fleisch.

29. Der Schiffschreiber hat wehrender Fahrt die Rechnung zu besorgen und bey seiner Retour von allem Rechenschafft zu geben.

30. Der Koch hat nichts als die Kuchel zu besorgen.

31. Das Schwemmer Schif ist 20 Klafter lang und 15 Sch. weith, hat zur Ladung 4 Pf, 6 ß Kueffen oder 1140 Stuck, 1425 Centen, Item 1 Pf 1 ß 18 St. Decken, 1 Pf 2 ß 12 St. einsträh Läden, 7 blachen, so anderes, mithin bey 1800 Centner.

32. Der Schwemmer Sessthaler gleich dem am Hohenau.

33. Der Schwemmer BruckKnecht, ebenso.

34. Der Schwemmer Knecht-Aufleger, hat den Dienst wie der Hohenau Müßiggeher.

35. Der Schwemmer Steyerer gleich denen Vorgehenten.

36. Das 2te Anhang Schiff ist 17 Klafter lang und 12 Sch. breith, hat zur Ladung 3 ß oder 90 St. Kueffen pr. 115 Cten, 3 Pf. 2 ß Fueder oder 780 Stöcke, jeden a 120 Pf betragen 936 Centen, dan 7 Blachen 1 Pf 2 ß 6 St. Deckh und 1 Pf 2 ß einsträh läden in alle also circa 1100 Centner.

37. Der Schwemmer Müßiggeher hat nicht allein das Seillwerckh zu besorgen, sondern auch den Haaber Korb und Schiff, wovon er dem Mahrstaller Rechenschafft geben muß.

38. Der Krumper oder von darumben Verlohrene, weill er der letzte vom gantzen Zug ist.

39. Der Haaberkorb oder die Fueder-Zille ist 7 Klafter lang und 7 Schuh weit, hierauf befindet sich der Fueder-Haabern und der Reithbueben Gewandt-Fässer.

13 1/2. Der Kloben oder das aufstrickh Seill, ist bey 30 Klafter lang und 8 Schilling dick.

Notta: Wann ich nun die auf denen 4 Haupt Schiffungen ausgezeigte 6800 Centner Ladung rechne, die 12 große und kleine Schiffungen selbst aber samt der Extra darauf befindtlichen Pagage, Fueder-Haabern, ittem die in der doppelten Schwehre auf der Oberfläche des Wassers aufgespahnte Seill und dergleichen auch zu 1200 Centen, sohin alles zusammen auf 8000 Centner /: so noch gering berechnet ist:/ anschlage, so zeiget sich, daß, da an einem jeden Saltz-Zug nur 39 Pferd eingespahnt seint, ein jedes deren insbesonderen in Standt ist, ab dieser Cumulativ Schwehre allein 205 5/39 Centen gegen dem Wasser zu schleppen.

Quelle: „Prospect eines completen ChurPfaltz-baierischen Saltz-Schifzuges....", kolorierte Federzeichnung, 1773, 246 x 23 cm, Oberhausmuseum Passau.

Roman Sandgruber

Mythos Pferdebahn

Pferdebahnen kennzeichnen ein ganz kurzes Zwischenkapitel der europäischen und weltweiten Verkehrsgeschichte. Manche waren nicht einmal drei bis vier Jahre in Betrieb. Die Pferdebahn Linz-Gmunden brachte es immerhin auf 20 Jahre, jene zwischen Urfahr und Budweis sogar auf 40 Jahre, dies aber nur deshalb, weil sich eine Umstellung auf eine Dampfbahn als unmöglich erwies. Pferdebahnen waren im

Pferdeeisenbahn vor der „Natural Bridge" in Virginia. Aus der Serie „Vues de l'Amerique du Nord". Biedermeiertapete von Zuber & Cie. Rixheim, Elsass.
© Oberhausmuseum Passau, Foto: Georg Thuringer.

Verhältnis zum erzielbaren Nutzen sehr teuer. Ein Pferd konnte auf Schienen zwar das Sechs- bis Siebenfache gegenüber dem Straßentransport ziehen. Aber nicht nur wegen der hohen Errichtungskosten, sondern vor allem wegen der entsprechenden Kosten des Umladens von der Straße auf die Schiene und zurück konnten die Vorteile der niedrigeren variablen Kosten der Beförderung die Nachteile der Schienengebundenheit und der hohen Fixkosten nicht aufwiegen. Das größte Verdienst der Pferdebahnen war, den Dampfbahnen den Weg bereitet zu haben, auch wenn sie im konkreten Fall der Linie Gmunden-Linz-Budweis, insbesondere in derem nördlichen Ast, die Einführung des Dampfbetriebs eher verzögert als beschleunigt haben.

Die weltweit erste öffentliche Pferdeeisenbahnlinie wurde 1803 in England eröffnet, auf der 15 km langen Strecke zwischen Wandsworth und Croydon. 1825, beim Baubeginn der Linie Urfahr-Budweis, waren in England bereits 29 Pferdebahnen auf einer Streckenlänge von 259 km in Betrieb. Im selben Jahr 1825 verkehrte in England aber auch bereits die erste Dampfbahn auf der 39 km langen Linie Stockton-Darlington. In Frankreich wurde 1823 mit dem Bau der Pferdebahn St. Etienne-Andrézieux begonnen: Die 21 km lange Strecke wurde 1827 eröffnet. Das war aber nur das erste von drei Teilstücken. 1834 war die 155 km lange Verbindung Lyon-Roanne fertig gestellt, wurde aber bereits kurz darauf zum größeren Teil auf Dampfbetrieb umgestellt. In den USA baute man ab 1827 an der Baltimore-Point of Rocks-Linie (Baltimore & Ohio Railroad) insgesamt 210 Betriebskilometer, zunächst ebenfalls mit Pferdebetrieb, ab 1830 aber teilweise schon mit Lokomotiven.

Die Verbindung Urfahr-Budweis

Die Pferdebahn Gmunden-Linz-Budweis ist mit vielen Superlativen bedacht worden: die älteste oder die längste Pferdebahn auf dem Kontinent, die erste Gebirgsbahn der Welt, eine technische Meisterleistung des jungen Franz Anton Gerstner, ein länder- und völkerverbindendes Projekt zwischen Böhmen und Oberösterreich und zwischen Tschechen und Deutschen. Doch nicht alles davon ist wahr. Manches ist euphorisch übertrieben. Die im Endausbau 197 km lange Strecke Budweis-Linz-Gmunden, die 1836 fertig gestellt war, ist nicht die erste Pferdebahn der Welt und auch nicht die längste und auch nicht die erste auf dem europäischen Kontinent. Sie hat nur den zweifelhaften Ruhm, dass die Umstellung auf Dampfbetrieb lange dauerte (1855 auf der Südstrecke) oder auf der Nordstrecke überhaupt nicht vollzogen wurde.

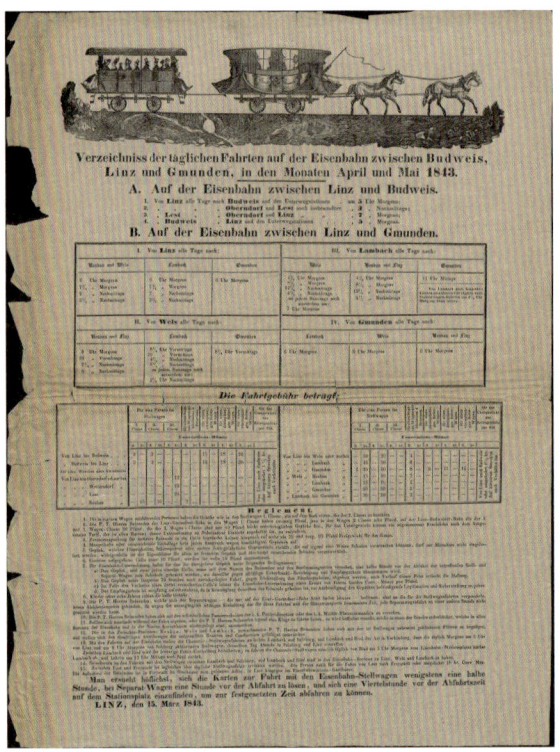

Plakat Pferdeeisenbahn. 19. Jahrhundert. Linz, OÖ. Landesarchiv.

Foto: Christian Schepe

Eine Bahnverbindung zwischen Donau und Moldau war schon 1808 von dem Prager Technikprofessor Franz Josef Gerstner sen. (1756–1832) vorgeschlagen worden. Anfang der 1820er-Jahre griff sein Sohn Franz Anton Gerstner jun. (1796–1840) den Plan auf. Er fuhr 1823 nach England, um sich mit den neuesten Entwicklungen im Eisenbahnwesen vertraut zu machen. 1824 erhielt er ein Privileg für die Linie Budweis-Mauthausen. Mit Hilfe führender Wiener Bankhäuser (Geymüller, Stametz, Sina) wurde die „k.k. privilegierte Erste Eisenbahn-Gesellschaft" gegründet.

Am 25. Juli 1825 erfolgte der Spatenstich in Netrowitz (Netřebice). Erst 1827 lief der Bahnbau auf Hochtouren und waren durchschnittlich 3.000 bis 4.000, in Spitzenzeiten sogar bis zu 6.000 Arbeiter beschäftigt. Doch dann musste das Projekt wegen dramatischer Kostenüberschreitungen gestoppt werden. Gerstner rechtfertigte sich mit der Teuerung. In Wahrheit hatte Gerstner vieles falsch eingeschätzt. Etwa die Kosten der Grundeinlösungen. Gerstner kalkulierte mit 7.590 m² notwendiger Flächen pro Bahnkilometer, tatsächlich brauchte man wegen flacherer Böschungswinkel 13.350 m² pro Kilometer. Falsch angesetzt waren auch die notwendigen Erdbewegungen und Sprengungen. So hatten sich die Kilometerkosten gegenüber dem Voranschlag fast verdoppelt. Viel zu teuer und schon damals veraltet waren auch die Gleisuntermauerungen. Gerstner musste ausscheiden und wurde durch seinen Mitarbeiter Matthias Schönerer (1807-1881), damals 21 Jahre alt, ersetzt. Er konnte die Baukosten pro Kilometer halbieren und den Baufortschritt entscheidend beschleunigen. Im Sommer 1832 war die Strecke bis Urfahr vollendet. Nach einer Besichtigungsfahrt des Kaisers nach St. Magdalena am 21. Juli 1832 wurde der planmäßige Verkehr am 1. August 1832 aufgenommen.

Franz Anton Gerstner, dessen Verdienste als Bahnpionier außer Streit stehen, traf gleichzeitig die Mitschuld an den vielen Schwierigkeiten. Es fehlte ihm nicht nur an sozialer Kompetenz im Umgang mit Mitarbeitern, Anrainern und Geldgebern, sondern auch an jenem technischen Weitblick, der seinen Vater ausgezeichnet hatte. So kam es zu schwerwiegenden Mess- und Planungsfehlern und veralteten Techniken, etwa den unnötigen und teuren Geleisemauern, von denen man in England und Amerika sehr rasch abgekommen war. So war die Pferdebahn ein bemerkenswert früher technischer Durchbruch, der gleichzeitig die Erschließung Oberösterreichs mit Dampfeisenbahnen lange Zeit einbremste.

Der südliche Ast Linz-Gmunden

Ein Mitarbeiter Gerstners, der Vermessungsingenieur Franz Zola (1795–1847), erhielt 1829 das Privileg zur Verlängerung der Bahn von Linz nach Gmunden. Auch hier kam es zu Finanzierungsschwierigkeiten, so dass Zola sein Privileg verkaufte und 1831 verbittert nach Frankreich auswanderte, wo er nach dem Vorbild der Linzer Türme für Paris Befestigungsanlagen projektieren wollte. Sein Sohn war der Schriftsteller Emile Zola (1840–1902). Eine Gruppe um Geymüller, Rothschild und Stametz, die schon beim Nordteil engagiert waren, erwarb Zolas Konzession und übertrug die Bauführung dem schon auf der Nordstrecke bewährten Matthias Schönerer. Beim Südteil war vieles leichter. Die Baukosten waren hier vergleichsweise niedrig. Erdbewegungen waren nur halb so viel nötig wie auf der Nordstrecke, sodass das Teilstück Linz-Gmunden bereits am 1. Mai 1836 vollendet und die ganz Strecke Budweis-Gmunden durchgehend befahrbar war. Letzte bürokratische Hürden bereitete noch die Stadt Gmunden, die eine Trassierung auf den Rathausplatz vorerst ablehnte. Erst 1842 war auch die Stadtstrecke in Gmunden fertig gestellt. In diesem Jahr wurden die beiden Gesellschaften für die Nord- und die Südlinie auch formal vereinigt.

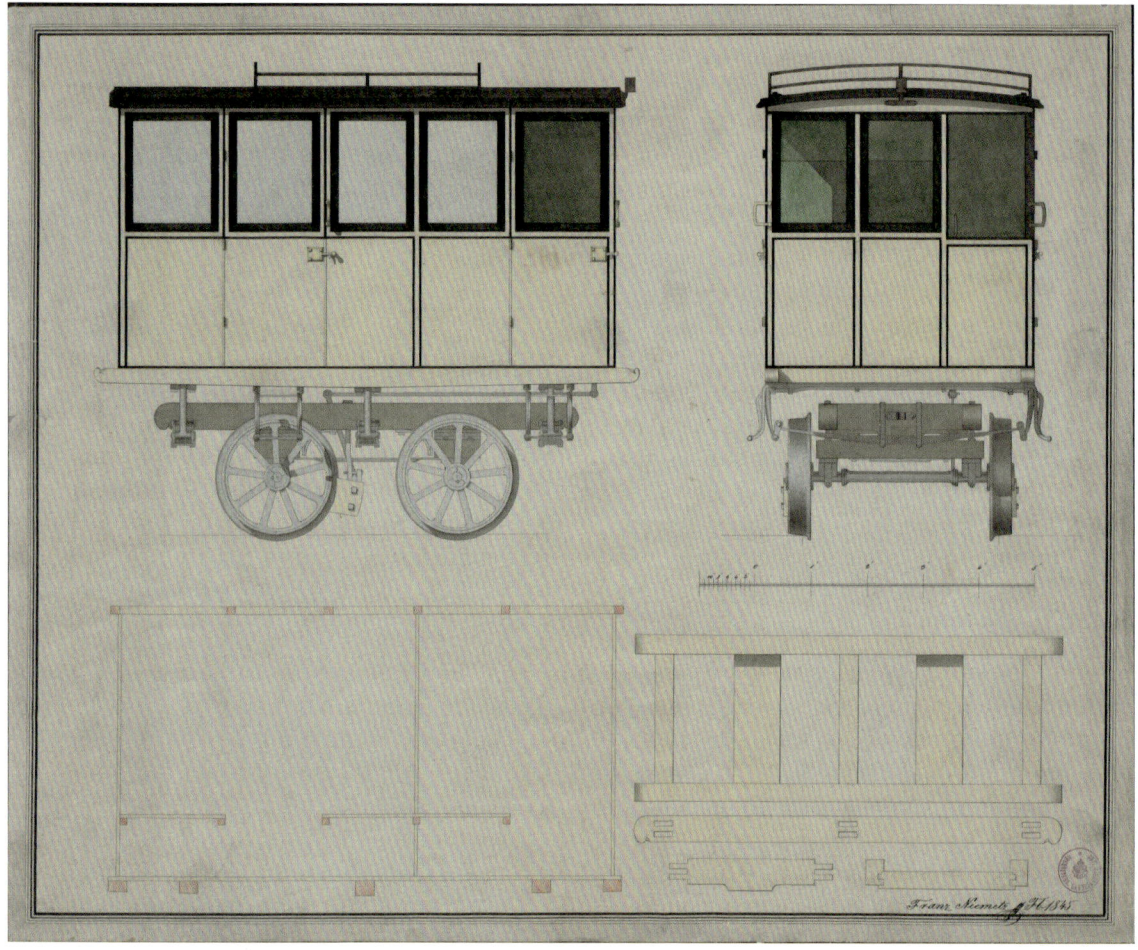

Franz Niemetz: Zeichnung eines Personenwagens der Pferdeeisenbahn. 1845.　　　　Foto: OÖ. Landesarchiv, Sammlung Bergauer

Das Verkehrsaufkommen im Südteil war deutlich höher als im Nordteil, sowohl im Personen- wie im Frachtbereich. Und es gab für die Pferde auch keine anstrengenden Steigungen zu überwinden. Dass die Pferdebahn als Ganzes kein wirklicher Erfolg wurde, lag an einer Kette von Fehlentscheidungen. Der größte Fehler war wahrscheinlich, dass man zuerst auf der Nordstrecke zu bauen begonnen hatte. Sinnvoller wäre es gewesen, zuerst die technisch viel einfachere und frachtmäßig viel ertragreichere

Strecke Linz-Gmunden zu errichten. Dann hätte man für den Nordteil eine viel bessere finanzielle Basis gehabt. Was die Pferdebahnplaner völlig übersahen, war das Potential, das sich bei einem früheren Anschluss an die Kohlenfelder im Hausruck ergeben hätte. Damit hätte man ein zusätzliches Geschäftsfeld erschließen und die Umstellung auf Dampfbetrieb forcieren können. Denn alle frühen Bahnen, auch die Pferdebahnen, machten ihr Hauptgeschäft mit Kohle.

Der Geschäftserfolg der Bahn hielt sich in Grenzen. Die Südlinie war deutlich profitabler als die Nordlinie, vor allem im Personenverkehr, aber auch im Frachtverkehr. 1852 benutzten die Südstrecke 171.000 Fahrgäste, die Nordstrecke nur 17.000. Das lag an der geringeren Siedlungsdichte, dem fehlenden Touristenstrom, aber auch an der viel zu geringen Reisegeschwindigkeit Richtung Norden. Von Linz nach Budweis benötigten die Personenzüge 14 Stunden, um zwei Stunden mehr als die Postkutsche. Von Linz nach Gmunden dauerte es nur 6 ½ Stunden. Der Fahrpreis zwischen Linz und Gmunden betrug in der 1. Klasse 1 Gulden 15 Kreuzer, in der 2. Klasse 48 Kreuzer, nach Budweis in der 1. Klasse 3 Gulden, in der 2. Klasse 2 Gulden. Das war ziemlich viel. Denn der Taglohn lag bei etwa 20 Kreuzer, also einem Drittelgulden.

Auch im Güterverkehr war das Ergebnis nicht zufriedenstellend. Das Hauptproblem Richtung Norden war die ungleiche Auslastung von Süd nach Nord und Nord nach Süd bei gleichzeitig ungünstigem Zusammenspiel mit den Höhenunterschieden. Die Richtung Budweis mit Salz schwer beladenen Züge mussten große Steigungen bewältigen, in der Gegenrichtung fuhren sie talwärts häufig ohne Fracht. Auf der Südstrecke hätte man bei einem früheren

Transportwagen der Pferdeeisenbahn. Modell.

Foto: OÖ. Landesmuseum, Techniksammlung

177

Anschluss an die Kohlenbergbaue des Hausrucks das Geschäft verbessern können. Andererseits stand man hier in Konkurrenz mit der Schifffahrt.

Die Stadlinger und die Pferdebahn

Für die Stadlinger bedeutete die Pferdebahn einen tiefen Einschnitt: 1825 war die Schifffahrt auf der Traun privatisiert worden. Zu dieser Zeit wurden noch etwa 22.000 Tonnen Salz pro Jahr verschifft. Mit der Konkurrenz der „Eisen-Bahn" gingen die Schiffstransporte rasant zurück, auf weniger als 200 Tonnen pro Jahr. Es gab verschiedenste Versuche, die Schifffahrt weiter am Leben zu halten und mit Aufträgen zu versorgen: mit Kohle, Holz oder doch wieder Salz.... Doch nicht nur die Traunschifffahrt, sondern auch die Pferdebahn hatte keine Zukunftsperspektive. Die Erhaltung der Strecke war aufwendig. Die Nordlinie hatte zuletzt 52 Bahnwächterhäuser, die Südlinie 25. Jeder Bahnwächter war für 2,8 km verantwortlich. Die Wachthäuser, von denen noch einige erhalten sind, bestehend aus Stube, Rauchküche und Vorraum, hatten 35 bis 50 m² Wohnfläche. Die Bahnhöfe (Stationsplätze) waren mit Diensträumen, Dienstwohnungen und einem Gasthaus ausgestattet. Die Stallgebäude fassten 28 bis 112 Pferde, dazu Hafer- und Heumagazin, Schmiede, da und dort auch Sattlereien und Wagnereien, dazu Gütermagazine. Der Lambacher Bahnhof hatte 14 Fremdenzimmer. Er war sozusagen Oberösterreichs erstes Bahnhofshotel.

Das Revolutionsjahr 1848 brachte das Fass bei den Traunschiffern zum Überlaufen. Am 16. April des Jahres 1848, also ungefähr ein Monat, nachdem in Wien die Revolution ausgebrochen war, machten sich ungefähr 100 Stadlinger Schiffsleute unter der Führung eines gewissen Mathias Puchinger zur Trasse der Pferdeeisenbahn auf und demontierten im Gebiet des so genannten „Langen Holzes" ungefähr 200 Me-

ter Schienen-Strecke. Mathias Puchinger (1815–1897) schreibt zu diesem Vorfall in seinen Erinnerungen: „Es war kein Verdienst bis zum März. Handels- und Gewerbesachen sind ins Stocken geraten. Wer davon leben musste, hat vieles leiden müssen, auch die Stadlinger Schiffleute. Es vergingen einige Monate – noch kein Verdienst. Endlich sollten doch einige Schiffe mit Drechslerwaren in Stadl ankommen; sie wurden aber wieder zurückbehalten, weil schlimme Nachrichten aus Wien eintrafen. Die Schiffleute hatten sich wie gewöhnlich am Schiffländeplatz versammelt. Da sie nun sahen, wie ihre Hoffnung wieder zu Wasser wurde, wie auf ihre Petitionen höheren Ortes keine Hilfe zu erwarten war, wurde wie aus einem Munde gesprochen: Gehen wir zur Eisenbahn, reißen wir einige Klafter auf, damit sie sehen, dass die Not am höchsten ist! In der Meinung, dass diese privilegierte Eisenbahn ihnen den Verdienst genommen hatte, gingen sie in den anliegenden Wald, wo die Bahn durchläuft, versehen mit Krampen und Hacken, und rissen wirklich mehrere Klafter auf, doch so, dass an Material nichts beschädigt wurde; nicht ein Nagel wurde entfremdet." Der Maschinensturm versetzte die Obrigkeit in große Aufregung. Husaren wurden geschickt, auch die Bürger von Lambach wollten einschreiten. Die Übeltäter wurden gerichtlich vorgeführt. Schließlich ging es doch ohne ernsthafte Strafen ab. Aber die Tage der Pferdebahn waren ohnehin bereits gezählt.

Das Ende der Pferdebahn

Zu einer Umstellung auf Dampfbetrieb konnte man sich lange Zeit nicht entschließen. 1846 hätte man aus der Pferdebahn sogar eine Ochsenbahn machen wollen. Die Versuche mit den in der Anschaffung und Fütterung billigeren Ochsen brachten aber keine guten Ergebnisse. Sie waren nicht nur langsamer, sondern auch schwerer zu führen. Woran die Umstellung auf Dampfbetrieb solange scheiterte, ist umstritten: der ungeeignete Bahnunterbau, die fehlenden Kohlen oder

Josef Hinterberger: Sankt Magdalena mit der Pferdeeisenbahn. 1850. © Stadtmuseum Nordico Linz. Thomas Hackl

die schlechten Gewinnaussichten und die mangelnde Investitionsbereitschaft der Aktionäre. 1838/39 ließ Salomon Rothschild das Kohlenrevier im Hausruck untersuchen und gründete 1840 die Traunthaler Gewerkschaft, die durch den Bau von Bahnen und die Einrichtung der Kohlenschifffahrt auf der Donau den Kohlenabsatz nach Wien ermöglichen sollte. 1846 begann die Traunthaler Kohlen-Gewerkschaft mit den Planungen für die 13,3 km lange Pferdebahn von Tho-

masroith nach Attnang. Die eigentlichen Bauarbeiten begannen im April 1848 und wurden, mit revolutionsbedingten Verzögerungen, im Herbst 1849 fertig gestellt. Eine geplante Verlängerung bis Lambach wurde aus Kostengründen nicht realisiert.

Im Jahre 1854 genehmigte das Handelsministerium den Lokomotivbetrieb zwischen Linz und Gmunden. Die Wiener Neustädter Maschinenfabrik W. Günther

179

(später Sigl) baute eigens für die Spurweite der Pferdebahn (1,106 m) die Dampflokomotive „Linz" mit einer Leistung von 25 PS, die Mitte des Jahres 1854 Probefahrten absolvierte. Man stellte aber fest, dass der Unterbau der Strecke Linz–Gmunden für den Dampfbetrieb nicht geeignet war, so dass dieser erst entsprechend adaptiert werden musste. 1856 verkehrten die letzten Züge mit Pferde-Bespannung zwischen Linz und Gmunden. Gleichzeitig wurde der planmäßige Dampfbetrieb aufgenommen.

Mitten in den Umbau platzte der am 10. November 1854 veröffentlichte Entwurf des neuen österreichischen Eisenbahnnetzes, das an erster Stelle die Errichtung einer längst fälligen Westbahn von Wien nach Salzburg vorsah. Um die Konzession entbrannte eine heftige Bieterschlacht. Es bewarben sich die Crédit Mobilier mit Péreire, Sina und Eskeles, die Bahngesellschaft Linz-Gmunden und die Nordbahngesellschaft. Hinter den beiden letzteren standen jeweils die Rothschilds. Erfolgreich war eine Bietergesellschaft aus dem Hamburger Großkaufmann Ernst Merck und dem aus Breslau gebürtigen und in Böhmen entsprechend hervorgetretenen Industriellen Hermann Dietrich Lindheim, die am 19. Oktober 1854 eine Vorkonzession erreichte und am 8. März 1856 das Privileg für die Errichtung der Linie Wien-Salzburg erhielt. Die geplante Streckenführung in Oberösterreich verletzte aber das bis 1882 geltende Privileg der Ersten Eisenbahngesellschaft, mit deren Linie Linz-Lambach die neue Westbahn gleich laufen sollte. Nach langwierigen Verhandlungen wurden die Aktien der Ersten Eisenbahngesellschaft um etwa 5 Millionen fl abgelöst, während das tatsächlich eingezahlte Aktienkapital etwa 2,8 Millionen fl ausmachte. Die Erste Eisenbahn-Gesellschaft stimmte dem zu und beschloss mit 1. Jänner 1857 ihre Auflösung. Rothschild, Oppenheim und die Creditanstalt zeichneten 20 Millionen von dem auf 65 Millionen angesetzten Aktienkapital der Westbahn.

Im Jahre 1857 wurde daher die Betreiberin der ehemaligen Pferdeeisenbahn, die k.k. Privilegierte Erste Eisenbahn-Gesellschaft, von der Kaiserin–Elisabeth–Westbahn übernommen. Nach der Inbetriebnahme der normalspurigen Strecke Linz – Lambach wurde die Pferdeeisenbahnstrecke vom Linzer Gleisdreieck bis Lambach eingestellt. Die Strecke Lambach-Gmunden wurde 1855/56 auf Dampfbetrieb und 1903 auf Normalspur (1,435 m) umgestellt.

Literatur:

Pfeffer, Franz – Kleinhanns, Günther: Budweis–Linz–Gmunden. Pferdeeisenbahn und Dampfbetrieb auf 1106 mm Spurweite. Wien 1982.

Lischka, Martin: Die Pferdeeisenbahn Budweis-Linz-Gmunden, Diplomarbeit, Universität Wien, 2008.

Hajn, Ivo: Die Pferdeeisenbahn Budweis – Linz – Gmunden. Verlagsanstalt Bohumír Němec-Veduta, České Budějovice 2006.

Oberegger, Elmar: Der Eiserne Weg nach Böhmen. In: Mit Kohle und Dampf –Ausstellungskatalog. Linz 2006, 247–258.

Starke, Karl: Von Grubenpferden, Kohlenhunten und Dampfrössern: zur Geschichte des Kohlentransportes im Hausruckbergbau, Vöcklabruck 2006.

Von allerlei Pferdezeug

Sattlermuseum Hofkirchen im Traunkreis.

Foto: Wikipedia

Roman Sandgruber

Zaum und Zügel

Maximilian Liebenwein: Don Quijote. 1919.   Foto: Franz Gangl. Oö. Landesmuseum

Zaum und Zügel sind die ältesten und wichtigsten Hilfen, das Pferd zu steuern und zu lenken. Seit etwa 6000 Jahren sind Druck- und Schleifspuren an Pferdegebissen nachweisbar, die von Trensen und anderen durch das Maul gezogenen Seilen aus Leder oder textilen Fasern herrühren müssen. Mensch und Tier wurden mit deren Hilfe quasi zu einem Team. Denn das Wort „Zaum" ist sprachgeschichtlich eng verwandt mit dem englischen „team", das im Altenglischen noch ein Ochsengespann meinte. Auch die „Zügel" gehören ihrer Bildung nach zur selben Wortgruppe. Zaum und Zügel haben zunächst dasselbe Ding bezeichnet. Seit der einfache Lenkriemen durch das metallene Gebiss und die daran befestigten Leinen ersetzt wurde, haben sich die beiden Wörter allmählich in spezifische Rollen geteilt, wobei die Zügel, deren Zusammenhang mit ziehen nie ganz vergessen wurde, sich auf den Lenkriemen, mit dem gesteuert wird, beschränkte, während Zaum zum allgemeinen, mehr abstrakten Wort für die ganze Zäumung wurde.

Im Laufe der langen Geschichte von Reiten und Fahren sind die verschiedensten Zäumungen, Zügel und Leinen entwickelt worden. Welche Bedeutung Zaum und Zügel für den Umgang mit Pferden zuzumessen ist, wird aus der Vielfalt der sprichwörtlichen Verwendungen deutlich: „Zaum und Sporn machen das Pferd gut." „Man fasst das Pferd beim Zügel, den Mann beim Wort." Und man soll das Pferd nicht von hinten und beim Schwanz aufzäumen, sonst wird man bald abgehalftert. Zaum und Zügel bezeichnen ganz allgemein die Herrschaft über andere, über Tiere, über Kinder, über Völker. Man kann die Zügel kurz halten oder schleifen lassen, die Zügel anlegen oder sie los lassen. „Im Zaum halten" und „die Zügel führen" sind seit der Antike zu gebräuchlichen Metaphern der Herrschaftslehre geworden, schon bei Plato und Plutarch. Bis heute signalisieren sie geordnete Verhältnisse und ist der Zaum das Bild einer gezähmten, im Dienst des Menschen stehenden Natur, mit der er sorgsam umzugehen hat.

Pferdekandare. Eisen. Privatbesitz.

Foto: Schepe

Pferdebeißkorb. Eisen. Privatbesitz.

Roman Sandgruber

Der Sattel

Sättel kamen ursprünglich nicht als Reit- sondern als Packsättel im Gebrauch. Die Ägypter und Griechen verwendeten Satteldecken, die Römer Decken mit eingearbeiteten Stützhörnern. Bei den Galopprennen im antiken Olympia ritt man ohne Sattel und ohne die noch nicht erfundenen Steigbügel, auch ohne Hosen und Unterkleidung, auf dem blanken Pferderücken, unter Einsatz von Sporen und Peitsche. Auch der im Jahr 1238 n. Chr. erstmals erwähnte und zu Recht als eines der härtesten Pferderennen der Welt bezeichnete sienesische Palio wird bis heute auf ungesattelten Pferden ausgetragen.

Die Sättel wurden von den Steppenvölkern erfunden. Sie bestanden zuerst aus zwei zusammenhängenden Sitzkissen, die allenfalls durch einen vorderen und hinteren Sattelbogen versteift wurden. Im 4. bis 6. nachchristlichen Jahrhundert entstand in Ostasien ein neuer Typus mit hohem Vorder- und Hintersteg. Diese Krippensättel gelangten durch die Awaren nach Europa und haben sich im weiteren Mittelalter nur mehr wenig verändert. Seit der Karolingerzeit gehörten Sattler zum Hofhandwerk. Sie verfertigten Reit-, Trag- und Packsättel. Sie differenzierten sich in zahlreiche Untergruppen aus: in Riemenschneider, Taschner, Beutler, Säckler.

Sprachgeschichtlich ist der Sattel mit der Wurzel „sed" bzw. sitzen verwandt. Die Grundbedeutung scheint damit klar umrissen. Im Hochdeutschen findet sich der Begriff auf den Pferdesitz eingeschränkt und ist dann auf andere Bedeutungen übertragen worden. Formal kann man zwischen zwei Satteltypen unterscheiden, dem östlichen Zwiesel-Flügel-Sattel und dem westlichen Gabel-Seitenbrett-Sattel (auch Bock- oder Trachtensattel). Letzterer wird auch als „Rittersattel" der Panzerreiter bezeichnet. Die Einheit aus diesem mit einem Sattelbaum verstärktem Sattel und den Steigbügeln war die Voraussetzung für die Entstehung des europäischen Rittertums. Mit den schweren Rüstungen und der zum Kampfeinsatz eingelegten Lanze veränderte sich die Sattelform weiter: Vorder- und insbesondere Hinterzwiesel wurden als Stütze immer höher, bis sich im Hochmittelalter der so genannte „Kastensattel" entwickelt hatte. Er wurde durch breite Sattelgurte und zusätzlich durch Vorderzeug, teils auch Schweifriemen fixiert. Im Einzelnen können die Sättel je nach Region, Verwendungszweck und Zeit recht unterschiedlich sein. Heute unterscheidet man viele Arten von Sätteln: Vielseitigkeitssättel, Dressursättel, Springsättel, Rennsättel, Polosättel, Militärsättel, Westernsättel, Wanderreitsättel, Distanzsättel, Töltsättel. Damen ritten meist im Damensattel, wobei die Füße durch einen besonders breiten Steigbügel gestützt werden konnten. Sowohl Maria auf der Flucht wie Christus bei seinem triumphalen Einzug in Jerusalem werden in den meisten Bildern im Seit- oder Damensitz reitend dargestellt. Das entspricht alten Traditionen: wer seitlich reitet, ist kein Krieger oder stolzer Herrscher, sondern kommt in friedlicher Absicht. Gottheiten und Frauen wurden schon in antiken und keltischen Bildnissen auf solche Art dargestellt, etwa die keltisch-walisische Göttin Epona. Solange Hosen für Frauen keine zulässige Kleidung darstellten, bot der Damensattel einen Ausweg, um sich auch im langen Rock formschön zu präsentieren.

Schwarzer Damensattel der Kaiserin Elisabeth von Österreich. Um 1855. © KHM Wien, Wagenburg und Monturdepot

Welch hohe symbolische Bedeutung der Sattel erlangt hat, belegt der sprichwörtliche Gebrauch: Fest im Sattel sitzen, heißt, recht unbestritten zu sein. Man kann jemandem in den Sattel helfen oder ihn umgekehrt auch aus dem Sattel werfen, aber man kann sich auch selber in den Sattel schwingen. Man kann sattelfest sein, mit allen Sätteln zurechtkommen, aber auch umsatteln oder gar aus dem Sattel fallen. Sprichwörtlich wird auch klar gemacht: Es gehören nicht zwei Sättel auf ein Ross. Wer vom Sattel lebt, repräsentiert ein Berufsbild, das früher nicht gut beleumundet war: den Raubritter. Die heutigen Reiter und Reiterinnen leben mit ganz wenigen Ausnahmen nicht vom Sattel, sondern für den Sattel. Reiten ist zu einer der schönsten Freizeit- und Sportbetätigungen geworden.

Roman Sandgruber

Goldene und silberne Sporen

Wer kennt es nicht aus den Westernfilmen: das Klirren der Sporen, wenn die bestiefelten Revolverhelden in die Bar stapfen und nach einem Whisky verlangen? Sporen waren nicht nur ein Arbeitsmittel, sie wurden auch getragen, um entsprechende Aufmerksamkeit zu erlangen. Klimpern gehört eben zum Handwerk wie der Sporn zum Reiter. Sporen sind ein Mittel der Macht. Sie verleihen Macht und spornen an. Das Wort, das aus derselben Familie wie Spor und Spur und die Zeitwörter spuren und spüren herstammt, ist gemeingermanisch, ist also sehr alt. Sporen sollen dem Pferd die Richtung vorgeben und ihm den Willen des Reiters spüren lassen. Der Plural überwiegt, weil Sporen in der Regel paarweise getragen werden, zumindest seit dem Mittelalter, während die Griechen, Römer und Kelten meist nur einen Sporn benutzten. Es gibt zwei Hauptarten von Sporen: Plattensporen, die in der Antike überwogen und deren Grundlage eine Platte bildet, die sich leicht auf die Ferse auflegte, und Bügelsporen, bei denen ein Bügel den hinteren Teil des Fußes umschließt. Aus dem Bügel tritt ein Stachel zum Antreiben des Pferdes nach außen. Während bis ins 13. Jahrhundert die Herrschaft der Stachelsporen unumschränkt war, tauchen dann die Radsporen auf. Schon die Manessische Bilderhandschrift zeigt das vielzackige Sporenrad.

Neben dem Schwert sind die Sporen wohl das wichtigste Attribut des Ritters und Kavaliers. Mit dem Ritterschlag wurden gleichzeitig die Sporen überreicht. Man verdiente sich die ersten Sporen. Gestiefelt und gespornt ging es in die raue Welt des Kriegs- und Geschäftslebens. Die Rechtsgeschichte kennt den Sporenwurf. Dabei wurde dem Freigelassenen vom herrschaftlichen Freilasser ein Sporenpaar nachgeworfen. Mancher Heißsporn verdiente sich im Kampf und Geschäft die ersten Sporen. Früher konnte man dafür als Auszeichnung goldene und silberne Sporen überreicht bekommen. Heute reichen auch eine blecherne Medaille oder eine papierene Urkunde.

Literatur:

Winkler, Otto: Das Schwert und die Sporen; in: Der Ennser Turm 2004, F. 9, S. 8, Wiederabdruck in: Mitteilungen der Gesellschaft für Landeskunde Oberösterreichischer Musealverein - gegründet 1833, 34, 2004, H. 4 (Neupräsentation von Schwert und Sporen aus dem Scherffenberg-Grab in der Lorcher Basilika).

Zschille, R., Forrer, R.: Der Sporn in seiner Formentwicklung. Band 1. Ein Versuch zur Charakterisierung und Datierung der Sporen unserer Kulturvölker, Band 2., Reitersporen aus 20 Jahrhunderten, Eine waffengeschichtliche Studie, 2 Bände, Berlin 1893 und 1899.

Jähns, Max: Ross und Reiter in Leben und Sprache, Glauben und Geschichte der Deutschen.

Mittelalterliche Sporen. Privatbesitz.   Foto: Schepe

Roman Sandgruber

Stegreif und Steigbügel

Hat der Steigbügel das mittelalterliche Europa gerettet? So oder ähnlich könnte eine der Streitfragen der Technik- und Militärgeschichte des Feudalismus lauten. Jedenfalls gilt der Steigbügel als eine der wichtigsten reit- und militärtechnischen Innovationen des Frühmittelalters. Steigbügel erleichtern nicht nur das Auf- und Absitzen. Die neue, an sich recht billige und einfache Technik verlieh dem Reiter auch einen besonderen Halt. Er konnte damit längere und schwerere Waffen wie Stoßlanze, Schwert und Plattenpanzerung viel effektiver und mit viel größerer Wucht nutzen.

Über die Anfänge lässt sich nur Unsicheres sagen. Die Römer kannten keine Steigbügel. Erst in den Gräbern der Völkerwanderungszeit sind sie mit völliger Sicherheit nachweisbar, allerdings sogleich in so vollendeter Form, dass eine schon längere Vorgeschichte vorauszusetzen ist. Erfunden wurden die Steigbügel wohl in den ersten Jahrhunderten n. Chr. in Ostasien und wurden vermutlich durch die Awaren nach Europa gebracht. Seit der Karolingerzeit gehören sie in Europa, nunmehr paarweise, fix zur Ausrüstung der reitenden Krieger und Reisenden. Wie bedeutsam die Steigbügel für die europäische Sozialgeschichte wurden, lässt sich aus der rechts- und kulturhistorischen Einordnung erkennen. Ob und wie der Kaiser dem Papst bei einem Zusammentreffen die Steigbügel zu halten habe, wurde zum viel erörterten Symbol der Rangstreitigkeiten zwischen Papst und Kaiser, zwischen Kirche und Staat. Der Steigbügeldienst wurde einerseits als Geste der Ehrenbezeugung gegenüber einer gleichrangigen Person verstanden, andererseits aber im lehensrechtlichen Sinn als Zeichen der Untertänigkeit und Unterwerfung interpretiert. Steigbü-

gelhalter spielen bis heute eine wichtige Rolle in der politischen Hippologie.

Türkische Steigbügel (türk. sim-rikáb).   Foto: Schepe

Das englische „stirrup", das altfranzösische „estrief" und das italienische „staffa", das sich von langobardisch „stapa" herleitet, haben alle denselben Hintergrund: die Hilfe zum Besteigen des Pferdes und die Stütze, um sich leichter im Sattel zu halten. Das deutsche Wort „Steigbügel" ist erst ab dem 17. Jahrhundert belegt. Es ist an die Stelle des älteren Ausdrucks „Stegreif" getreten, das sich aus dem „steg" oder „steigen" und dem „reif", dem alten Wort für Seil (bzw. rope oder reep), an dem die Steighilfe hängt, zusammensetzt. Heute ist „Stegreif" nur mehr im übertragenen Sinne gebräuchlich. Der Zusammenhang mit dem Steigbügel ist längst vergessen. Unter einem Ritter vom Stegreif war einst ein Berittener gemeint, der sich „aus dem Sattel" ernährte, und das war häufig ein Straßenräuber und Wegelagerer. Und aus dem Stegreif sprechen oder spielen meint, ohne große Vorbereitung und Überlegung etwas zu sagen oder zu erledigen, quasi im Sattel sitzend und ohne abzusteigen, keck und eilig, wie ein fröhlicher Reitersmann.

Ludwig Konraiter (?): Votivtafel des Ludwig Klingkhamer. Das Bild zeigt neben vielen Details auch die zu dessen Entstehungszeit (1487) verwendeten Steigbügel.

Foto: Prämonstratenserstift Wilten

Roman Sandgruber

Das Hufeisen

„Ein Nagel kann ein Hufeisen retten", heißt es, „ein Hufeisen ein Pferd, ein Pferd einen Reiter und ein Reiter ein Land." Erst die Hufeisen haben die Pferde zu wirklich effizienten Zug- und Reittieren gemacht. Das Problem, die Hufe der Pferde schützen zu müssen, stellte sich, sobald der Mensch das Pferd als Reit- und Zugtier zu nutzen begann. In der Pferdeliteratur der Antike finden sich ausführliche Abhandlungen über die Abnutzung der Hufe. Die Ägypter verwendeten geflochtene Sandalen aus Bast oder Lederschuhe, die mit Stricken oder Riemen ans Pferdebein gebunden wurden. Allerdings waren solche Konstruktionen wenig haltbar. Die Römer kannten eiserne ‚Hufschuhe', die so genannten Hipposandalen, die nicht auf die Hufgrundfläche genagelt, sondern mit Riemen am Pferdebein befestigt wurden. Sie erzeugten immer wieder Scheuerwunden an den Füßen und konnten bei schnellem Ritt leicht wegfliegen oder die Pferde zum Stolpern bringen. Sehr häufig dürften sie daher nicht gewesen sein. In Oberösterreich konnten bislang 57 Hipposandalen oder Bruchstücke davon archäologisch nachgewiesen werden.

Genagelte Hufeisen, wie sie heute verwendet werden, sind zweifelsfrei seit dem 5. Jahrhundert nach Christus nachweisbar. Der Streit, ob auch die Römer oder Kelten bereits derartige Beschläge verwendeten, ist bis heute nicht entschieden. Doch ein eigenes Wort für das Hufeisen kannten die Römer nicht. Vermutlich geht die Erfindung und weite Verbreitung auf die Hunnen oder Skythen zurück. Die Grundform hat sich seither nicht viel verändert. Doch die Vielzahl der Varianten ist verwirrend. Die ersten Hufeisen waren Platteneisen. Aber noch im ersten Jahrtausend n. Chr.

Altes Hufeisen.
Foto: Goran Andjelic (2006) (Wikimedia. Creative Commons 4.0 International)

entwickelte man die Stabhufeisen. In chronologischer Reihenfolge kamen: Wellenrandeisen, Stempeleisen, Falzeisen, Griffeisen und Stempeleisen mit Kappe. Heute tragen die meisten Pferde Hufeisen, nicht immer aus Stahl, sondern aus leichteren Metallen oder sogar Kunststoff. Ist der Hufschutz der Zukunft ein Kunststoffschuh? Auch österreichische Entwicklungen weisen in diese Richtung.

Hufeisen sind Glückszeichen. Nahezu überall auf der Erde. Und alles Glück dieser Erde liegt bekanntlich ja auf dem Rücken der Pferde. Das Handwörterbuch des deutschen Aberglaubens füllt mehrere Seiten mit dem magischen Nutzen des Hufeisens, im Stall, im Krankenzimmer, in der Geldbörse, im Eheglück. Man trug es in der Tasche mit, legte es den Männern in den Sarg und den Kindern in die Wiege. Autofahrer, die auf die Pferdestärken ihrer fahrbaren Untersätze stolz sind, lassen es vom Rückspiegel baumeln. Das gefundene Hufeisen wurde an ganz bestimmten Stellen aufbewahrt, auf das Haus-, Stall- oder Scheunentor genagelt, am Giebel oder auch am Schiffsmast befestigt. Warum das Hufeisen zu diesem großen Ansehen gekommen ist, dafür gibt es viele Theorien. Das Eisen an sich hat schon schützende Kraft, auch die U-Form hat Symbolcharakter, und natürlich der Zusammenhang mit Pferd und Huf. Doch die Ratgeber sind sich keineswegs einig, wie man sie hängen darf. Die geschlossene Seite nach unten soll verhindern, dass das Glück herausrinnen kann. Aber auch umgekehrt gibt es als schützendes Dach symbolischen Sinn. Wer ein Hufeisen findet, gilt als Glückspilz. Man muss es allerdings finden und darf es nicht suchen. Und man darf auf keinen Fall daran vorbei gehen. Doch die Chance, heute irgendwo auf der Straße ein Hufeisen zu finden, dürfte recht gering sein.

Literatur

Ruprechtsberger, Erwin M[aria]: Hipposandalen und Hufeisen. Die Hufeisen aus dem Ennser Museum. Jahrbuch des Oberösterreichischen Musealvereines Bd. 120, 1 (1975), S. 25-36.

Deringer, Hans: Hipposandalen – Beiträge zur Kulturgeschichte von Lauriacum, OÖHeimatblätter, 15, 1961, 23 ff.

Imhof, Urs: Die Geschichte des Hufbeschlags, Schweizer Archiv für Tierheilkunde, 152, 2010, 21-29.

Roman Sandgruber

Kummet und Siele

Percheron-Hengst (Kaltblutrasse) mit Kummet.

Foto: BS Thurner Hof. Wikimedia Creative CA-SA 3.0 Unported

Das Kummet oder Kumt hat dem Pferd die Kraft gegeben. Es war die wichtigste Neuerung im mittelal-

terlichen Transportwesen. Im Vergleich zum Wider-
ristjoch, das bei Ochsen seit der Jungsteinzeit üblich

war und lange auch für Pferde in anatomisch ganz ungeeigneter Weise verwendet wurde, ermöglichte das Kummet eine Steigerung der Zugkraft des Pferdes auf das Vier- bis Fünffache. Erst damit konnte das Pferd als effizientes Zugtier vor Pflug und Wagen gespannt werden. Mit der ebenfalls im Mittelalter neuen Brustblatt- oder Sielenanschirrung konnten ähnliche Erfolge erzielt werden. Beide Zugsysteme, das Kummetgeschirr und das Sielen- oder Brustblattgeschirr, haben sich in Europa seit dem Ende des 1. Jahrtausends nach Christus durchgesetzt. Das Kummetgeschirr wurde vorwiegend für den schweren Zug und das leichtere Sielengeschirr bei der Anspannung vor schnellen Wägen verwendet, wenn es auch landschaftliche Unterschiede und Besonderheiten gab. Die Erfolge der europäischen Agrar- und Verkehrsentwicklung sind damit zentral verknüpft.

Das Kummet wurde in China oder Zentralasien entwickelt und hat Europa im 9. Jahrhundert nach Christus erreicht. Möglicherweise geht die Erfindung bis in die chinesische Han-Periode (3. Jahrhundert vor Christus) zurück. Die Slawen fungierten als Vermittler. Auch die Verbreitung des Wortes lief von Ost nach West. Im Altslawischen heißt das Kummet „chom", polnisch „chomat" und „chom", tschechisch „chomout", russisch „chomut". Dazu passt, dass das Wort an den westlichen Rändern des germanischen Sprachraums fehlt, im Niederländischen und Englischen und auch in den nordischen Sprachen. Auch die zweite effiziente Form der Pferdeanspannung, das Sielengeschirr, wurde in China entwickelt und über die Slawen nach Westen verbreitet. Eine voll entwickelte Sielenanschirrung mit Brustblatt, Zugsträngen und Ortscheit ist auf der Bronzetür der Sophienkathedrale in Novgorod aus der Mitte des 12. Jahrhundert bei der Darstellung der Himmelfahrt des Elias abgebildet.

Obwohl die Vorteile der neuen Technik eklatant waren, dauert es mehrere Jahrhunderte, bis sich die neue Anschirrung voll durchgesetzt hatte. Doch für die schweren Pferde, die für die Landwirtschaft und das neuzeitliche Verkehrswesen gezüchtet wurden, war das Kummet, jeweils eigens angepasst, die ideale Form der Anschirrung. Jemandem das Kummet umhängen, bedeutet, ihm schwere Lasten und Arbeit auferlegen. Und andererseits: Hast du das Kummet aufgenommen, sagt das Sprichwort, dann sage nicht, dass du zu schwach bist.

Roman Sandgruber

Die Peitsche

Die Mensch-Pferd-Beziehung ist auch eine Geschichte der Leiden, eine Geschichte von Herrschaft und Einhegung: in Koppeln und Boxen, mit Zaumzeug, Kandare, Sporen und Peitsche. Wie kein anderes Accessoire der Pferdehaltung und Pferdenutzung ist die Peitsche auch ein Zeugnis der Gewalt gegen Tiere. Zu Recht wurden die großen Städte, insbesondere Paris, aber auch die abschüssigen Passstraßen, die finsteren Bergwerke, die großen Schlachtfelder und steilen Bauernäcker als Hölle der Pferde beschrieben. Die Peitsche spielte dabei eine traurige Rolle. Als Symbol der Unbarmherzigkeit gegen das Tier und der rücksichtslosen Indienstnahme. Die Opferbilanz der Pferde in Kriegen, auf Straßen und bei der Arbeit ist nie wirklich in Zahlen festgehalten worden, oft hingegen in Bildern. Rücksicht auf die Pferde zählte nicht viel.

Dressurszene unter Einsatz der Gerte. Gemälde nach Illustration zu Antoine de Pluvinels Dressurbuch „L'Instruction du Roy" (1628).

© Foto: OÖ. Landesmuseum

Nicht nur der reale Peitschenhieb, auch das drohende Schnalzen und Lärmen war für die Tiere und auch die Menschen angsterregend. Arthur Schopenhauer erschien das unentwegte Peitschengeknalle in seinem städtischen Umfeld so unerträglich, dass es ihn mehr schmerzte als das reale Zuschlagen.

Gewalt gegen Pferde fand schon seit Xenophon immer wieder ihre Kritiker. Heute gehört es zum Ehrenkodex von Reiter und Fahrer, ein Tier nicht durch Schläge zu mehr Leistung oder Gefügigkeit antreiben zu wollen. Die großen Lehrmeister der Pferdedressur haben die Gewalt immer wieder verdammt. Auch in den Regeln oberösterreichischer Bauern- und Bürgerrennen im 19. Jahrhundert waren „Unfüge" jeder Art schon verboten, insbesondere der Gebrauch einer Peitsche. Doch zum Anleiten und als Zeigehilfe, als gut sichtbare Verlängerung des menschlichen Arms, sind Peitschen und Gerten nach wie vor unersetzlich. Was dem Fuhrmann die Peitsche, ist dem Reiter die Gerte. Man verwendet die Gerte zur Kommunikation zwischen Reiter und Tier. Beim Fahren, Longieren, Voltigieren, bei der Bodenarbeit und Doppellongenarbeit dient die Peitsche der differenzierten Hilfengebung und Kommunikation mit dem Tier. Nicht eingesetzt werden darf und soll die Peitsche, um Schmerz zuzufügen. Das geschundene Pferd muss der Geschichte angehören.

Fahrer- oder Fuhrmannspeitschen sind Standeszeichen und als solche wahre Kunstwerke. Es gibt sie in allen erdenklichen Arten und aus aller Welt: aus Nilpferdleder, Schlangenhaut oder wie der klassische Ochsenziemer aus gezogenen Ochsenpenissen. Das Wichtigste aber ist der Peitschenstiel: Nicht ein bloßer Stecken, sondern ein wahres Kunstwerk. Im schwäbischen Killer, dem Hauptort der deutschen Peitschenerzeugung, der auch das Deutsche Peitschenmuseum beherbergt, verwendeten die Hersteller Eschenholz. Später entdeckten sie das extrem elastische asiatische so genannte Manila-Rohr mit eingeleimtem Metallkern. Heute haben Pferdepeitschen einen Plastikkern. Sie sind zwar weit weniger elastisch als die aus Manila-Rohr, kosten aber nur ein Zehntel. Die elegante Peitschenhaltung des Fuhrmanns ist „elf Uhr", das heißt, die von der rechten Hand gehaltene Peitsche zeigt nach schräg links oben, in einem Winkel, der ungefähr elf Uhr entspricht. Im Knallen mit der Peitsche, bei Ortseinfahrten, Begrüßungen und anderen Gelegenheiten und in ganz spezifischen Knallfolgen wurde von den Fuhrleute eine beachtliche Geschicklichkeit erreicht, die heute in diversem Brauchtum weiterlebt.

Man sagt: Mit eigener Peitsche und fremden Rossen ist gut fahren. Und natürlich: mit Zuckerbrot und Peitsche. Unter den allgegenwärtigen Nietzsche-Zitaten ist die Aufforderung, beim Gang zu Frauen die Peitsche nicht zu vergessen, eines der bekanntesten, aber auch berüchtigtsten. Die Strafe des Auspeitschens in der islamischen Scharia ist eines der schrecklichsten Relikte mittelalterlicher Rechtsausübung. Nicht nur im Umgang mit Menschen, sondern auch mit Pferden darf für die Peitsche kein Platz mehr sein.

Literatur:

Morgan, David W.: Whips and whipmaking, Centreville, Md., 2004.

Iannone, Dorothy: Die Peitsche = The Whip, Berlin 1980.

Müller, Rolf: Die Synonymik von „Peitsche": semantische Vorgänge in einem Wortbereich, Marburg 1966.

Die Peitsche. Oesterreichische Fahrzeitung. Organ des Vereines der Kutscher und deren Hilfsarbeiter, Wien 1900.

Pferd und Reiter, Reiterwelt, Die Peitsche. In: Hippologisches Jahrbuch, Mainz 1964 ff.

Roman Sandgruber

Scheuklappen

Pferde sind Fluchttiere. Sie sehen sehr viel. Mit ihrem fast vollständigen Rundblick von nehmen sie alles wahr, was sich von der Seite oder schräg hinten nähert, ohne den Kopf drehen zu müssen. Sie bemerken daher viele Ereignisse früher als ihre Reiter/innen und Fahrer/innen. Scheuklappen, auch Scheuleder, Blendklappen oder englisch Blinkers und Blinders sollen daher verhindern, dass die Pferde beim Fahren oder im Rennsport von der Seite oder von hinten abgelenkt oder aufgescheucht werden und durchgehen.

Bereits im mittelalterlichen Turnierwesen verpasste man den Pferden häufig eine Geblendete Rossstirn mit sehr engen Sehschlitzen oder ganz ohne Augenlichter. Das Blenden („Blendt und Thört") sollte unmöglich machen, dass die Pferde beim Anreiten entlang der Planke, die die beiden Turniergegner voneinander trennte, scheuten, stehenblieben oder ausbrachen. Durch ein Ausbrechen oder Scheuen hätte der Reiter verletzt werden können und ein exaktes Anvisieren des Gegners wäre unmöglich gewesen. Dass die Turnierpferde beim Turnier daher praktisch blind waren, verlangte eine besondere und teure Ausbildung dieser Pferde. Das älteste Beispiel einer geblendeten Rossstirn findet sich in einem Siegel Johannes' I. von Lothringen aus dem Jahr 1367.

Auch Grubenpferden wurde häufig eine Lederkappe als Kopf- und Augenschutz angelegt. Man erzählt sogar, dass manche Postillione blinde Pferde schätzten.

Sie gingen nicht durch. Es ging auch um den Schutz der Augen vor Peitschen. Leo Tolstoi bringt in „Krieg und Frieden" im Zusammenhang mit der Schlacht bei Austerlitz ein anschauliches Beispiel: Nikolai Rostow wäre zweifellos überritten worden, „wenn er nicht auf den Gedanken gekommen wäre, mit der Kosakenpeitsche dem Pferd des Chevaliergardisten auf die Augen zu schlagen."

Die Menschen haben ein viel kleineres Gesichtsfeld als Pferde. Vielleich ist das der Grund, dass schon früh der fehlende geistige Horizont mancher Menschen und ihre Borniertheit mit Scheuklappen vor den Augen gleichgesetzt wurden. Im Jahr 1512 ist diese Redensart erstmals belegt. Seit dem frühen 19. Jahrhundert wurden Scheuklappen immer häufiger zum Inbegriff für selektive Wahrnehmung, Realitätsverweigerung und fehlende Weitsicht, für ideologische Verblendung in der Politik, für fachliche Kurzsichtigkeit in der Wissenschaft, für nationale und rassistische Einseitigkeit im menschlichen Zusammenleben, für Engstirnigkeit in Kultur, Religion, Moral und Rechtssprechung. Man wird sich bewusst, dass die Menschen, auch wenn sie keine Scheuklappen tragen, bisweilen viel weniger sehen als ihre Pferde.

Viele Menschen wollen Scheuklappen. Es ist bequem mit Scheuklappen. Man kann sich einigeln. Manchmal erscheint es ist viel besser, wenn man nichts von seiner Umwelt wahrnimmt.

Scheuklappen.   Foto: Wikimedia (INRA DIST; Jean Weber, 2011)

Roman Sandgruber

Der Stiefel

Der Stiefel ist das Zeichen des Reiters und der Reiterin, heute wie früher. In der Tradition ist er eng mit dem militärischen Bereich verbunden. Und doch scheint das Wort aus dem friedlichen Bereich der Geistlichkeit zu kommen, wird es doch meist vom lateinischen „aestivale", dem „Sommerschuh" der Mönche hergeleitet, der in der Benediktinerregel als schützende, bis zum Knie reichende Beinbekleidung bei sommerlichen Arbeiten vorgesehen war. Vom Mittelalter bis zur Gegenwart kennzeichnen die Stiefel die adelig-militärischen Männergesellschaften. Meist werden sie zusammen mit den Sporen genannt: gestiefelt und gespornt schreiten die Cowboys der Wildwest-Filme einher, auch wenn sie nicht am Pferd sitzen. Landsknechte der Frühneuzeit und Generäle der beiden Weltkriege steckten in breitstulpigen Stiefeln und engen „Kanonenrohren". Zu den Farben tragenden Studenten, die sich in ihren Korporationen ein ritterliches und martialisches Aussehen geben wollten, gehörten Stiefel mit riesenhaften Schäften. Auch der Kater aus Grimms Volksmärchen tritt gestiefelt und gespornt vor den König. In vielen alten Sagen und wundersamen Geschichten verleihen Stiefel übernatürliche Kräfte: von den Siebenmeilenstiefeln bis zu des Teufels Stiefeln. Sie garantierten rasches Fortkommen, nicht nur im Märchen, sondern auch in der Rangleiter von unten nach oben. Ein Bauer, der Stiefel und Sporen anzog, vermeinte, er sei nun ein Edelmann. Den Gegensatz zum Stiefel bildeten die gebundenen Schuhe die Fußbekleidung der Bauern. So wurde der Bundschuh zum Symbol der aufständischen Bauern.

Andererseits haftet am Stiefel auch das Image der Arbeit und des Bäuerlichen: Schon im 16. Jahrhundert tauchte die Redewendung auf, „wie ein polnischer Stiefel sein", der links und rechts nicht unterscheiden könne. Es ist auffällig, wie häufig die Wendung „einen Stiefel zusammenreden" oder „schreiben" dem Grimmschen Wörterbuch zufolge gerade im Religionsstreit zwischen Evangelischen und Katholischen verwendet wurde. Es gebe Leute, „welche die Augsburgische Konfession aus Schimpf und Verachtung „einen polnischen stüfel, so an bayde fusz gerecht ist, gehaissen", schreibt Laurentius Forer in seinem „Lutherischen Katzenkrieg Deutsch" im Jahre 1629. „Im Stiefel sein" wird in ähnlicher Bedeutung verwendet wie „in Harnisch geraten", das heißt, zornig und zum Streit aufgelegt sein. Das könnte damit zusammenhängen, dass Stiefel auch dazu dienen konnten, sie als Trinkgefäße zu verwenden. Einen (guten, tüchtigen) Stiefel vertragen zu können, meint daher auch, viel Alkohol zu sich nehmen zu können. Dann ist es nicht weit bis zum „Stiefel" als Schimpfwort: Denn wer ein solches stiefelförmiges, mit Bier oder Wein gefülltes Trinkgefäß mit einem raschen Zug leert, darf sich nicht wundern, wenn er einen „Stiefel" daherredet oder schreibt und als Stiefel bezeichnet wird.

Der Stiefel als Zeichen der Hausherrnwürde steht im Gegensatz zum Pantoffel der Hausfrau. Die Stiefel anhaben meint, die Herrschaft im Haus besitzen. Die Stiefel signalisieren ein festes, ja gewaltsames Auftreten. Wenn der Rokoko-Kavalier zu Hofe ging, nahm er niedrige, zarte Schnallenschuhe. Die Großbauern kommen breitspurig und wuchtig in schweren Stiefeln daher, während die Knechte und kleinen Leute in billigem Schuhwerk gehen. Stiefel erlangten damit unabhängig von ihrer nützlichen Funktion hohe symbolische Bedeutung, im Märchen ebenso wie im Sexualbereich, im rechtsradikalen Milieu und im Militär. Stiefel symbolisieren autoritäre und militaristische Gesellschaften. Der Architekt Adolf Loos erwartete 1899 in einer Vorschau auf das 20. Jahrhundert eine neue, demokratischere Gesellschaft, in welcher der Schnürschuh den Reitstiefel ersetzen werde, ohne zu ahnen, wie sehr der „Kamerad Schnürschuh" in zwei Weltkriegen das Gesicht Europas bestimmen sollte.

Reitstiefel haben seit dem Ersten Weltkrieg ihre militärische Bedeutung verloren. Hohe Stiefel, die einst so betont männlich assoziiert waren, im Gegensatz zu zarten Frauenschuhen, werden heute fast nur mehr von Frauen getragen, wie auch das Reiten immer mehr zu einem Frauensport geworden ist. Dass im Trauerzug ein gesatteltes, reiterloses Pferd mitgeführt wird, die Stiefel verkehrt in die Steigbügel gehängt, kann man nur mehr bei Staatsbegräbnissen für amerikanische Präsidenten erleben. Die Stiefel signalisieren einerseits Macht und Gewalt, andererseits Emanzipation und Freiheit. Wenn der englische Künstler Malcolm Poynter, der sich im oberen Mühlviertel angesiedelt hat, ein Pferd in rote Stiefel steckt, könnte er damit beides meinen, die blutige Gewalt, die einst mit Pferden verbunden war, andererseits auch ein neues Zeitalter der Emanzipation der Pferde, wo diese nicht mehr in der Hölle, sondern im Himmel zuhause sind.

Jacques Louis David: Napoleon, Stiefel tragend, beim Überschreiten der Alpen am Großen Sankt Bernhard.

Foto: Wikimedia (Google Cultural Institute)

Roman Sandgruber

Die Reithose

Kein Kleidungsstück ist so sehr zum Zeichen männlicher Überlegenheit und gleichzeitig auch zum Signal weiblicher Emanzipation geworden wie die Hose. Jahrhunderte lang waren die Hosen in Europa Ausdruck männlicher Vorherrschaft und weiblichen Aufbegehrens dagegen. Sie gehörten zu den zentralen Codierungen von Männlichkeit. Die Hose gilt als Erfindung der zentralasiatischen Reitervölker, vor allem der Skythen, von denen sie auch zu den Kelten gelangt sein soll. Deren Hosenkleidung erschien in der Antike so auffällig, dass ein Teil Galliens, näm-

lich die Narbonensis, als Gallia bracata, das „behoste" Gallien, bezeichnet wurde. Für die Griechen und Römer waren Hosen Zeichen der Unkultiviertheit und Barbarei ihrer skythischen, sarmatischen, dakischen, keltischen und germanischen Nachbarn.

Zum Statussymbol wurden Hosen als Soldatenkleidung und durch die Ritterrüstungen. Seit dem 14. Jahrhundert begann in den Rüstungen des mittelalterlichen Rittertums der körperbetonte Plattenharnisch verbunden mit eisernen Beinschienen immer

Großer Ludovisischer Schlachtsarkophag. Um 260 n. Chr. Der Heerführer trägt eine Reithose.   Foto: Wikipedia / Jastrow (2006)

mehr das Kettenhemd zu verdrängen. Im Feld, hoch zu Ross, beim Kampf wie beim Turnier, trug der spätmittelalterliche Ritter die eng anliegende, fast auf den Leib geschmiedete Rüstung. Und was wäre im feudalen Europa angesehener gewesen als ein adeliger Krieger? Auf diesem Wege wurden auch im zivilen Leben die Kniehosen, eigentlich Beinlinge, die an das Wams geknüpft wurden, zur Männerkleidung der Oberschicht. Das bildete den Unterschied zu China, wo nicht die Ritter, sondern die Beamten die herrschende Klasse darstellten. Daher blieb dort die wallende Kleidung der Mandarine statusbestimmend, und blieben Hosen die nicht geschlechtsbestimmte Kleidung der arbeitenden Schichten.

Der Bedeutung der Hose als Kriegerkleidung ist es zuzuschreiben, dass Frauen, Priester, Universitätsprofessoren, Richter, aber auch Juden in Europa keine Hosen trugen oder tragen durften. Von klein auf identifizierte sich so der europäische Mann mit Hosen und wurde umgekehrt mit ihnen identifiziert. Damen, wenn sie ritten, taten dies wegen der langen Röcke im Seitsitz auf speziell konstruierten Damensätteln. Der Kampf um die Hose wurde zum Leitbild der weiblichen Emanzipationsbewegung, die im 19. Jahrhundert einsetzte. Beim Radfahren oder Schifahren erwiesen sich die langen Röcke wie früher schon beim Reiten als äußerst hinderlich. Man hatte zwar eigene Damenfahrräder entwickelt, die ein Fahren mit Röcken möglich machten. Doch seit dem frühen 20. Jahrhundert war der Siegeszug der Frauenhosen nicht mehr aufzuhalten, im Rad-, Schi- und Reitsport, aber auch in Freizeit und Arbeitsalltag.

Früher waren Reithosen unbequeme, harte und eng geschnittene Kleidungsstücke. Eine Abhilfe brachten Breeches. Sie boten durch ihren weiten Schnitt von der Taille bis zum Knie mehr Bequemlichkeit und passten sich erst unterm Knie in die Stiefel ein. Sie waren in der ersten Hälfte des 20. Jahrhunderts als Reit- und Stiefelhosen sehr beliebt geworden und wurden auch immer mehr von Frauen benutzt. Mit dem Aufkommen elastischer Stoffe um 1960 kehrte man im Reitsport zu den älteren Schnittformen zurück, jedoch ohne die alten Beschwerden. Die modernen Materialien und Schnitte verbinden exakte Passform mit Bewegungsfreiheit und Bequemlichkeit. Die Reithose ist wie die Hose ganz generell zu einem formvollendeten und unumstrittenen Kleidungsstück geworden.

Roman Sandgruber

Der Amtsschimmel

Jeder glaubt ihm schon einmal begegnet zu sein, dem Amtsschimmel, auch wenn dieser nicht, wie das Wort vermuten ließe, tatsächlich ein Pferd ist, sondern sich vom lateinischen „Simile", dem Muster oder Formular, herleitet. Der „Amtsschimmel" hat also nichts mit verschimmelten Akten, weißen Pferden oder berittenen Boten gemeinsam. Der Schimmelbrief machte den Amtsschimmel: Mit Hilfe von Standard-Vordrucken und Formularen ließen sich auch in einem Zeitalter, das noch nicht von Kopierern und digitalen Akten, sondern von hand- und maschinschriftlichen Büros geprägt war, ähnlich lautende Anliegen schematisch und zügig erledigen. „Von der Wiege bis zur Bahre, Formulare, Formulare…" Das hatten schon die Beamten der alten Habsburgermonarchie herausgefunden. Der niederösterreichische Statthalter Erich Graf Kielmannsegg fragte im Jahre 1906 in einer von ihm verfassten Abhandlung über „Geschäftsvereinfachung und Kanzleireform bei öffentlichen Ämtern und Behörden": „Existiert dieser so oft zitierte Amtsschimmel in Wirklichkeit? Ich sage ja, er wird trotz allen Gespöttes fleißiger geritten denn je. Das Simile, der ‚Schimmel', wird fort und fort abgeschrieben, unbekümmert um die Änderung der Zeiten; es wird geschrieben und ‚manipuliert' wie ehedem, ohne auch nur darüber nachzudenken, ob und wie eine Vereinfachung des administrativen Verfahrens möglich sei." Wie zeitlos recht Kielmannsegg doch gehabt hat!

Bürokratie ist keine österreichische Spezialität. Es gibt sie überall. Charles Dickens, der genaue Beobachter des viktorianischen Englands, hat das „Komplikationsamt" beschrieben, das zum Selbstzweck, zu einer automatisch arbeitenden Maschinerie geworden ist und im Dienste der Macht selbst zur Macht wird. Sankt Bureaukratius lässt grüßen. Aber es gibt berechtigte Hinweise, dass der Einfluss des Staates und seiner Diener in Österreich größer ist als anderswo. Der Amtsschimmel ist zum Träger der österreichischen Identität geworden. In der Habsburgermonarchie wurden die Beamten zu Meistern des bürokratischen Taktierens und des Findens von Kompromissen. Dem „Beschwichtigungshofrat" ist jede Lösung eines Problems zuwider: „Tue nichts und verhindere alles". Der Amtsschimmel ist nicht verschwunden. Aber er hat einen noch viel mächtigeren Verwandten erhalten: den „Blechtrottel". Wer jemals verzweifelt das Formular eines elektronischen Fragebogens auszufüllen versucht hat, weiß, was gemeint ist. Da sind selbst manche Beamte machtlos. „Als Beamter", lässt daher schon Arthur Schnitzler den Hofrat Winkler in seinem Theaterstück „Professor Bernhardi" mit weiser Voraussicht sagen, „da hat man nur die Wahl, Anarchist oder Trottel".

Immanuel Giel: Zum Amtschimmel.   Foto: Wikimedia. Creative Commons Attribution-Share Alike 3.0 Unported

Roman Sandgruber

Der Pferdefuß

Der Pferdefuß hat keinen guten Leumund. Das Pferd ist zwar ein edles und hochgeschätztes Tier. Und das, was so ein Pferd an seinem Fuß oder Huf trägt, das Hufeisen, gilt als Glückssymbol, das man sich gerne auf den Schreibtisch stellt oder im Auto vor die Windschutzscheibe hängt. Aber einen Pferdefuß möchte man wohl lieber nicht in seinen Akten und Projekten finden.

Wie der Pferdefuß zu seinem schlechten Image gekommen ist, ist gar nicht so leicht zu erklären. Klar ist, dass die Vorstellung von hinkenden Halbwesen zwischen Mensch und Tier nicht nur mit der Darstellung des griechischen Gottes Pan verbunden ist, sondern ein über die ganze Erde verbreitetes Motiv darstellt, von Westeuropa bis Sibirien. Halbgötter und Götter wie Hephaistos oder Wieland der Schmied werden häufig hinkend oder mit einem Klump- oder Pferdefuß dargestellt. Aber auch antike Wahrsager oder sibirische, pazifische und indianische Schamanen und Priester zeigen häufig eine Fußbeeinträchtigung. Und unser Teufel kann in noch so schönen Verkleidungen auftreten. Der Pferdefuß entlarvt ihn. Er kann seinen Pferdefuß nicht verleugnen, so freundlich er auch daherkommt. Seit dem Mittelalter werden Teufel meist mit Hörnern, Schwanz und Hufen dargestellt. Die Hexe in Goethes „Faust. Der Tragödie erster Teil" ist ratlos, als sie den Teufel nicht erkennt und ihm nicht die nötige Ehre erweist: „O Herr, verzeiht den rohen Gruß! Seh ich doch keinen Pferdefuß." Der Dorfrichter Adam in Kleists Lustspiel „Der zerbrochene Krug" hingegen wird durch einen Pferdefuß, sprich Klumpfuß, dessen Abdruck im Schnee unverkennbar ist, überführt. Sein Lügengebäude bricht zusammen: „Was find ich euch für eine Spur im Schnee? Rechts fein und scharf gekantet immer, ein ordentlicher Menschenfuß, und links unförmig grobhin eingetölpelt. Ein ungeheuer klotzger Pferdefuß. Bin ich des Teufels? Ist das ein Pferdefuß?"

Aus dem Repertoire der Theologie ist der Teufel und sein Klumpfuß inzwischen tunlichst verbannt. Und auch im Alltag ist die Angst vor dem Teufel verschwunden. Auch der Krampus, der in seinem wilden Zottelfell auf Bocks- und Pferdefüßen herumhüpft und mit der langen Rute droht, ist pädagogisch verpönt. Nur mehr in den tiefen Alpentälern, wo die Luft viel rauer ist, darf er auftreten und bei diversen Events sein Unwesen treiben. Der Nikolaus hingegen wird von vielen Österreichern sehnlichst erwartet, nicht nur von den kleinen Kindern. Viel zu viele Bürger und Wähler glauben an ihre Politiker als freigebige Nikolos oder Geld verteilende Weihnachtsmänner, die mit ihren Teams von Haus zu Haus ziehen und aus einem großen roten Sack kleine Geschenke geben, auch wenn hinter dem langen roten Mantel unverkennbar der Pferdefuß des Finanzministers hervorkommt.

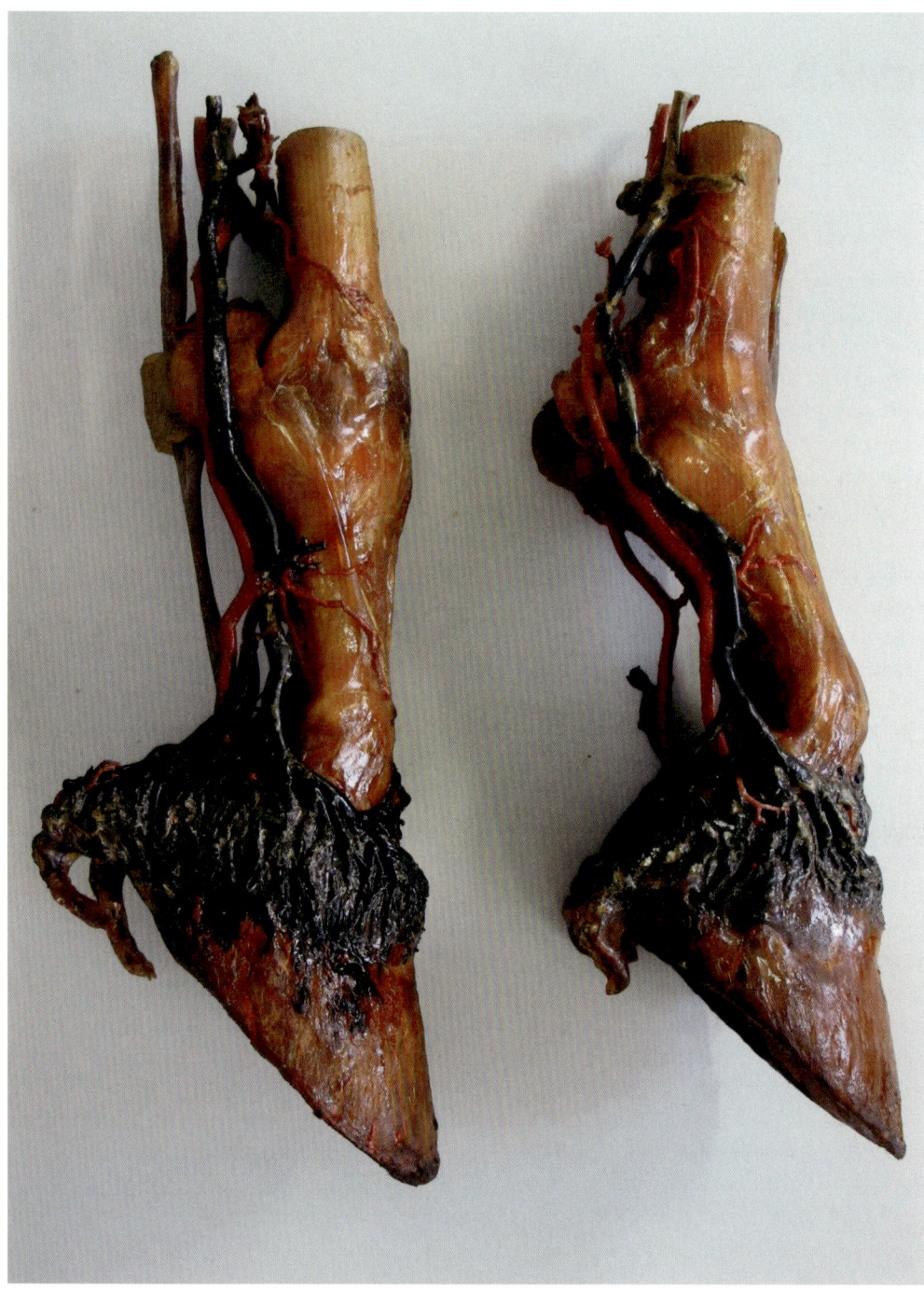

Pferdefüße mit Sehnen, Bändern, Gefäßen und Nerven. Anatomische Modelle. © Haus der Natur, Salzburg

Roman Sandgruber

Das Schaukelpferd

Generationen von Schaukelpferden sind durch die Kinderzimmer galoppiert. Das Statussymbol Pferd und das Urmotiv Schaukeln haben dieses Spielzeug so attraktiv gemacht. Ein Pferd, ein Reiter, das Auf und Ab, und schon geht die Reise in ein Traumland los. Kleine Kinder können sich auf einem Schaukelpferd wie große Krieger oder vornehme Prinzessinnen fühlen und sich weit, weit weg träumen. Schaukeln gehört zu den ältesten Erfahrungen des Menschen. Man kann es pathetisch formulieren: Von schaukelnden Baumwipfeln kommt er her, schaukelnd wird er im Mutterleib getragen, Schaukeln ist auch eine der beruhigendsten Empfindungen, die man Babies vermitteln kann, in Wiegen, Kinderwägen oder im einfachen Tragen. Und Schaukeln bleibt bis ins hohe Alter für viele ein billiges Vergnügen, ob auf Riesenschaukeln in den Vergnügungsparks oder in Hollywoodschaukeln in den Vorgärten.

Hölzerne Pferde auf Rädern zum Nachziehen oder Aufsitzen gab es als Kinderspielzeug schon im antiken Rom und Athen. Auf Kufen montierte Schaukelpferde dürften allerdings frühestens im 17. Jahrhundert in Gebrauch gekommen sein. Die Zeit ihrer größten Faszination war das 19. Jahrhundert. Da zierten sie die Gabentische reicher Adels- und Bürgerhaushalte: keine Weihnachtsbescherung in vornehmen Häusern ohne Schaukelpferd, ob nun im Hause Metternich oder in der Familie des Rieder Handelsherrn und Bürgermeisters Josef Anton Rapolter, die Franz Ignaz Pollinger 1848 um den Christbaum versammelt darstellte.

Erloschen ist der Reiz des Schaukelns nie, nicht zuletzt wegen seiner subversiven Erotik: Es ist ein „Tan-

Johann Baptist Reiter (?): Knabe mit Spielzeugpferd auf Rädern zum Nachziehen.   Foto: OÖ. Landesmuseum

zen im Sitzen", wie es der Kulturhistoriker Jürgen von der Wense formuliert hat. Die Freizügigkeit der Rokoko-Bilder, auf denen junge Männer schaukelnde junge Frauen anstoßen, war nicht der einzige Ausbruch aus dem bieder-bürgerlichen Korsett. Es vermittelt Spaß, Hochgefühl, gar Ekstase. Auf der anderen Seite steht das dramatische Bild von den Gefahren des Schaukelns, das mit dem Zappel-Philipp beschrieben wird: Störung, Entgrenzung, Enthemmung, Chaos.

Für die Skeptiker ist die Welt nichts als eine ewige Schaukel: „Alle Dinge schaukeln ohne Unterlass", heißt es in Michel de Montaignes „Essays". Schaukeln war immer nahe am Traum vom Fliegen, indem man sich ein bisschen von der Erdenschwere löst. Schaukeln kann beruhigen und in Sicherheit wiegen, aber auch zum Schwindel führen. Als „Schau-kelpolitik" und „Verschaukeln" ist es zum Sprachbild für unstetes oder gar unseriöses politisches und wirtschaftliches Handeln geworden. Heute müssen Schaukelpferde die mit ihnen verbundene Faszination allerdings mit mächtigeren Konkurrenten teilen, mit Spielzeugautos und Computerspielen.

Carl Unger: Schaukelpferd. 1948.

© Foto: Wien Museum

Roman Sandgruber

Das Steckenpferd

„Ein Kinderspielzeug, kunstvoller ausgestaltet als der einfache Stecken, welchen die Knaben rittlings zwischen die Beine nehmen und sich nun nach Herzenslust herumtummeln, mit ganzer Seele Kinderlust genießend", so definiert das Deutsche Wörterbuch der Gebrüder Grimm das Steckenpferd. Georg Krünitz schreibt in seiner 242-bändigen Enzyklopädie (1773–1858) zum Gebrauch dieses Spielzeugs: „Ein Spielzeug... auf dem kleine Kinder zu reiten pflegen, indem sie den Stab zwischen die Schenkel nehmen, den Zaum am Kopfe ergreifen, und so mit ihren eigenen Füßen, in der Einbildung, auf einem Pferde zu sitzen, mit dem Stabe oder Pferde herumgaloppieren..."

Als Kinderspielzeug waren Steckenpferde bereits im Mittelalter gebräuchlich: Sie dürften damals eine ähnliche Bedeutung gehabt haben wie zu Zeiten Kriegsspielzeug oder heute Spielzeugautos. Sie waren die billige Kopie des standesgemäßen Fortbewegungsmittels des Rittertums, des vornehmen Adels und auch von Teilen des gehobenen Bürgertums. Schon die Minnesänger Ulrich von Lichtenstein und Hugo von Trimberg beschrieben sie: Ein Kind sei aus dem Groben heraus, wenn es lernt, mit dem Steckenpferde den Tisch zu umkreisen.

Das 19. Jahrhundert war die große Zeit der Steckenpferde. Jeder Junge träumte von einer standesgemäßen Dienstzeit bei der Kavallerie, von einem Reitpferd und vom Pferdesport. „Es muss eine große Freude sein, Kinder zu haben, und ich würde ein Narr mit ihnen, ritte vergnügt auf einem Steckenpferde und hinge mir allen Ernstes eine Kindertrommel um", schreibt Adalbert Stifter, dem ein Kindersegen leider versagt blieb. So wendete er sich anderen Steckenpferden zu.

Wann der Begriff „Steckenpferd" zum Ausdruck für mehr oder weniger teure und zeitaufwendige Hobbies und Freizeitbeschäftigungen geworden ist, ist nicht ganz klar feststellbar. Seit der deutschen Übersetzung von Laurence Sternes „Tristram Shandy" im Jahre 1763, der ein ganzes Kapitel allerlei grillenhaften Steckenpferden widmete, ist Steckenpferd im übertragenen Sinne im Deutschen für besondere Liebhabereien und Freizeitbeschäftigungen lexikalisch belegbar. Der Philosoph Immanuel Kant, der selbst kein Reiter war und nie über sein Königsberg hinausgekommen war, schrieb in seiner Anthropologie: „Die gelindeste unter allen Abschweifungen über die Grenzlinie des gesunden Verstandes ist das Steckenpferd, eine Liebhaberei, sich an Gegenständen der Einbildungskraft, mit denen der Verstand zur Unterhaltung bloß spielt, als mit einem Geschäfte geflissentlich zu befassen, gleichsam ein beschäftigter Müßiggang. Für alte, sich in Ruhe setzende und bemittelte Leute ist diese, gleichsam in die sorglose Kindheit sich wieder zurückziehende Gemütslage nicht allein ... der Gesundheit zuträglich, sondern auch liebenswürdig."

Steckenpferde sind allerdings schlechte Kutschpferde, meinte schon Georg Christoph Lichtenberg in seinen Aphorismen. Mit Rücksicht auf die oft große Kostspieligkeit mancher Liebhabereien heißt es im Sprichwort auch: Ein Steckenpferd frisst mehr als zehn Ackergäule. Steckenpferde sind unmodern geworden. Als Kinderspielzeug wurden sie durch Tretroller, Dreiräder und Buggies völlig verdrängt. Heute sind die Buben vorwiegend motorisiert, die Mädchen lieben Barby-Pferde. Aber irgendwelche Steckenpferde hat fast jeder Mensch. Und das ist gut so.

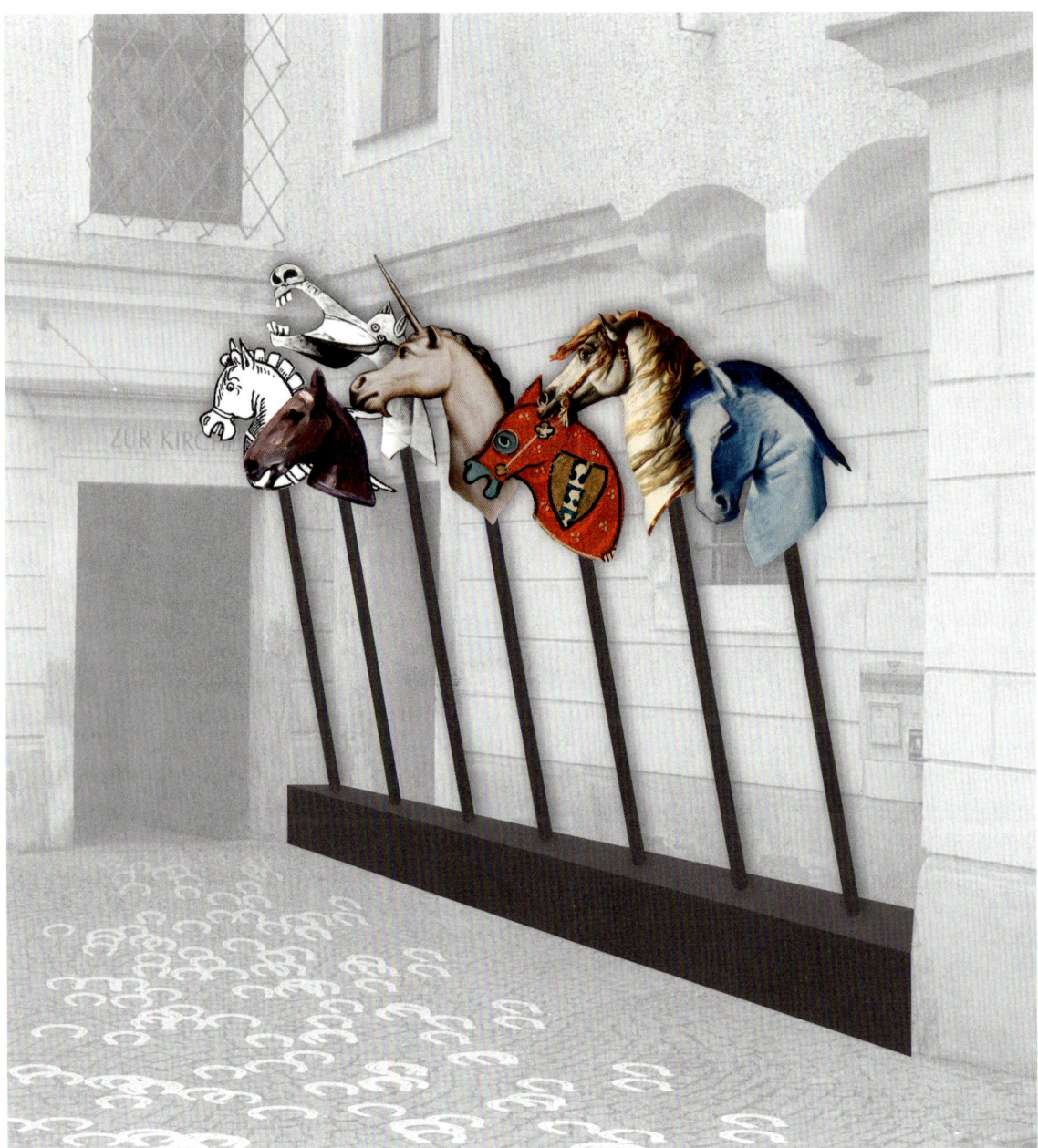

Steckenpferde. Zugang zur Ausstellung in Lambach. Grafik: Katharina Höfler

Literatur:

Gombrich, Ernst: Meditationen über ein Steckenpferd, Frankfurt am Main 1978.

Roman Sandgruber

Der Ekel vor dem Pferdefleisch

Das Pferdefleisch kann immer noch die Gemüter erregen. Im Jahr 2013 wurden Österreich und andere europäische Länder von einem Skandal um nicht deklarierte Pferdefleischbeimengungen in Wurstwaren erschüttert. Das zeigt, wie tief verankert die Aversion gegen Pferdefleisch immer noch ist, vielleicht nicht ganz so stark wie gegen Hunde- oder Katzenfleisch oder gar gegen Mäuse und Ratten, aber ebenso irrational. Nahezu alle Menschen, die sich vor Pferdefleisch ekeln, haben es nie gegessen. Entsprechend wird im „Buch von den Tieren" der Hildegard von Bingen Pferdefleisch als zäh, belastend und kaum verdaubar beschrieben. Pferdeblut stellt ihr zufolge hingegen ein Heilmittel gegen Krätze und Ausschlag dar. Nichts davon ist richtig. Pferdefleisch kann recht wohlschmeckend sein. Die Ernährungswissenschaftler sagen uns auch, dass Pferdefleisch gesund ist. Und Pferdefleisch gehört zu den ältesten Nahrungsmitteln der Menschheit. Knochenfunde bei Solutré in Frankreich, aber auch Höhlenmalereien wie in Lascaux weisen darauf hin, dass das Pferd wohl ein beliebtes Beutetier der eiszeitlichen Jäger war. Auch das ursprüngliche Ziel der Domestikation in den osteuropäischen und asiatischen Steppengebieten um 4.000 v. Chr. war den archäologischen Befunden zufolge vornehmlich auf Fleischgewinnung ausgerichtet.

Entstanden dürfte das europäische Pferdefleisch-Tabu vor etwa 1500 Jahren sein. Zumindest ist es da erstmals explizit belegt. Ein diesbezügliches Schreiben Papst Gregors III. an Bonifatius aus dem Jahr 732 wird immer wieder angeführt: „Unter anderem hast du auch erwähnt, einige äßen wilde Pferde und sogar noch mehr äßen zahme Pferde. Unter keinen Umständen, heiligster Bruder, darfst du erlauben, dass dergleichen jemals geschieht. Schreite vielmehr mit Christi Hilfe auf jede nur mögliche Art dagegen ein und lege ihnen die verdiente Buße auf. Denn dieses Tun ist unrein und verabscheuungswürdig." Das Pferdefleischverbot blieb unhinterfragt, auch wenn man sich in der Not wohl kaum darum kümmern konnte.

Doch was hat dazu geführt? Waren es die germanischen Pferdeopfer und die daran anschließenden Festmahlzeiten, die vom Christentum als heidnisch verboten und tabuisiert worden wären? Diese These ist sehr unwahrscheinlich. Denn dann hätten Ziegen, Schafe und Ochsen, die in den mediterranen Kulturen in großer Zahl geopfert wurden, vom Christentum in höchstem Maße tabuisiert sein müssen. War es der Bedarf an Streitrössern in der mittelalterlichen Ritterkultur, der zum Verbot des Pferdeschlachtens geführt hat? Das klingt schon um einiges wahrscheinlicher. Oder war es die Schönheit des Pferdes und seine Bedeutung als Statussymbol, die einen Verzehr verhindert wie eben auch bei Katzen, Hunden oder Singvögeln? Rationale Erklärungen zählen ohnehin nicht viel. Das merkt man schon an der Irrationalität der derzeitigen Aufregung.

Auch die jüdischen Speisegesetze untersagen den Verzehr von Pferdefleisch. In antisemitischen Schriften des 19. Jahrhunderts wurde das Pferdefleischverbot daher als jüdische Erfindung gebrandmarkt. Von deutschnational beeinflussten Ernährungsreformern, die Pferdefleisch als Armennahrung fördern wollten, wurde argumentiert: Rossfleisch sei ein germanisches oder arisches Festmahl gewesen. Im Islam hin-

Honoré Daumier: Pferdefleisch ist gesund und bekömmlich. Lithographie. 1856.   Foto: Wikimedia

gegen gibt es keine derartige Einschränkung. Auch das christliche Pferdefleischtabu war löchrig. Voll durchgesetzt wurde es nie. In Hungerzeiten wurde es von den unteren Schichten immer wieder durchbrochen. Im 19. Jahrhundert wurde es immer lauter hinterfragt, nicht nur, um den Armen eine zusätzliche Nahrungsquelle zu schaffen, sondern auch aus Tierschutzgründen, damit Pferde nicht bis zum Umfallen ausgemergelt würden.

Es gab große Aufregung, als im Hungerwinter des Jahres 1848 der Linzer Regierungsrat Adolf Ludwig Graf Barth-Barthenheim, der als Gründer der Oberösterreichischen Sparkasse und großer Wohltäter bis heute einen guten Namen hat, die Linzer Armen zu einem Festessen einlud und sie nachträglich informierte, dass er ihnen Pferdefleisch vorgesetzt habe. Ein Flugblatt wurde verbreitet: „Graf Barthenheim gibt Euch Rossfleisch zum Essen, dass Ihr alle krank werdet. Nieder mit Ihm! Schlagt Ihn tot!..." Die Aufregung legte sich, doch das Tabu des Pferdefleischessens konnte der aufgeklärte Graf auch in der ärgsten Not nicht brechen. Und das blieb auch weiter so. Als im April 1945 die Nahrungsmittelversorgung

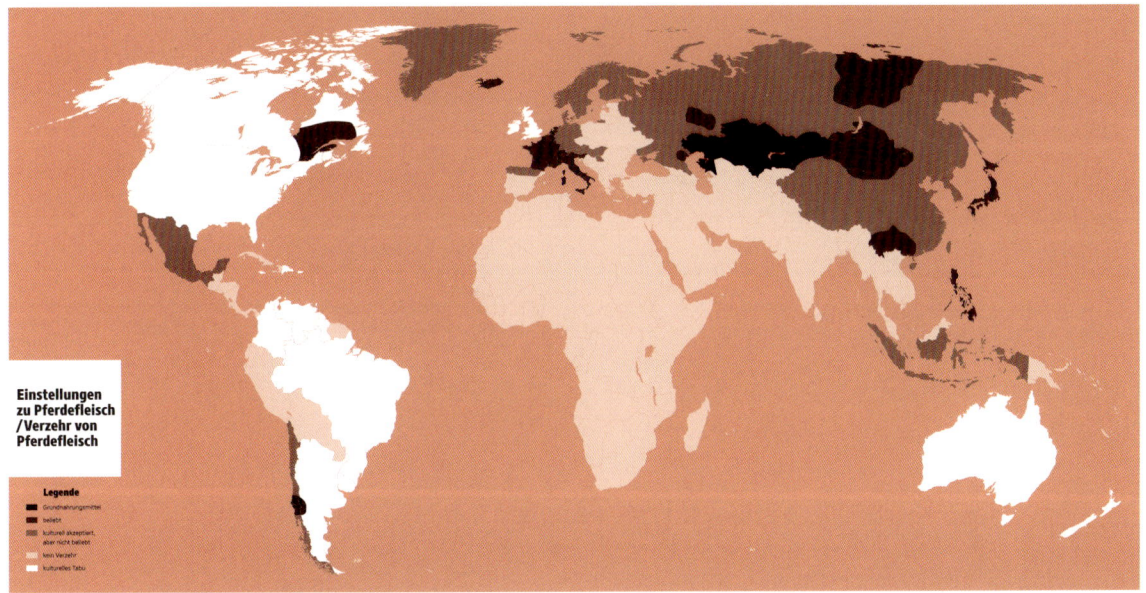

Einstellungen zu Pferdefleisch /Verzehr von Pferdefleisch

Legende
- Grundnahrungsmittel
- beliebt
- kulturell akzeptiert, aber nicht beliebt
- kein Verzehr
- kulturelles Tabu

Die Einstellungen zum Verzehr von Pferdefleisch.　　　　　Quelle: https://kristianmitk.wordpress.com/category/karte/

völlig zusammenbrach, musste man nehmen, was zu bekommen war. Glücksfälle waren, trotz des immer noch weit verbreiteten Ekels vor Pferdefleisch, die vielen notgeschlachteten Pferde der Flüchtlinge und Soldaten.

Das Pferdefleischtabu ist heutzutage ein Tabu, das auf den europäisch-nordamerikanischen Raum beschränkt ist. Am stärksten ist es im amerikanisch-angelsächsischen und mitteleuropäischen Raum präsent. In der Schweiz, in Frankreich und Italien und im osteuropäischen Raum ist es deutlich schwächer ausgeprägt. Italien liegt europaweit mit einem jährlichen Pro-Kopf-Verbrauch von nicht ganz einem Kilo vor anderen traditionellen Pferdefleischländern wie Belgien und Frankreich. Deutschland und Portugal haben den geringsten Konsum (50 Gramm pro Jahr). In einigen Staaten der USA gibt es ein explizites Pferdefleischverbot. Die USA sind das größte Pferdeland der Welt, aber mit ganz niedrigem Pferdefleischkonsum. Mit circa 50.000 Tonnen jährlich sind sie der weltweit größte Exporteur von Pferdefleisch.

Literatur:

Kundmachung über die Verbreitung des Pferdefleischgenusses in Oesterreich ob der Enns und Salzburg. „Linzer Zeitung" 1848, Nr. 10.

Andrea Euler

„Hoppa, hoppa, Reiter, wenn er fällt, dann schreit er…"[1]

Spielzeugpferde in und aus Oberösterreich

Pferde stehen für Männlichkeit

Wie oft ritten auch wir als Kinder noch auf den Knien unserer Eltern oder Großeltern und juchzten vor Freude, sobald dieser Reim unser vermeintliches Fallen und Auffangen begleitete?

Pferde gehören beinahe so selbstverständlich in die Kinderzimmer wie Teddybär und Puppe, obwohl sich ihre Rolle in der Gesellschaft in den letzten Jahrhunderten stark verändert hat: Bis das Auto seinen Siegeszug antrat, zählte ein Pferd zu den wichtigsten Transportmitteln, vor der Motorisierung kamen weder Land- noch Forstwirtschaft ohne Arbeitsrösser aus, der Adel vergnügte sich beim Reitsport und die Kavallerie stellte bis Mitte des 19. Jahrhunderts den bedeutendsten Teil des Heeres. Pferde bildeten also seit Jahrhunderten einen Teil des menschlichen Alltags, sodass es nicht weiter verwundert, dass bis in die 1930er-Jahre Buben am häufigsten mit einem Pferd porträtiert oder fotografiert wurden, stand der Vierbeiner doch für Männlichkeit. Sobald sie dem Kleinkindalter entwachsen waren, in dem ohne Unterschiede zwischen den Geschlechtern noch Kniereime wiederholt und Lieder wie „Hopp, hopp, hopp, Pferdchen lauf Galopp" gesungen wurden, ritten die Buben auf Stecken-, Schaukel- oder Räderpferden, zogen Rösser hinterher oder verwendeten kleine Pferde zum Nachspielen vieler Männerberufe.

Die einfachste Form, ein Stecken mit einem ausgestopften Socken als Pferdekopf, reicht immer noch, um auf einem „Pferd" davon zu galoppieren. Üblicherweise begegnen uns die Steckenpferde – wie treffend doch diese Bezeichnung ganz allgemein für eine geliebte Freizeitbeschäftigung! – heute eher in einer Vollholzversion aus einem Fachgeschäft mit pädagogisch wertvollem Spielzeug, während dies noch im 19. Jahrhundert immer dann genutzt wurde, wenn das Geld zu einem „richtigen" Pferd nicht reichte. Zu dem aus Leder genähten und mit Rosshaaren gefüllten oder mit ledernem Zaumzeug ausgestatteten Pferdekopf an einem Reitstock gehörte vielleicht noch ein Papierschiffchen als Kopfbedeckung und eine Peitsche in der Hand des kindlichen Reiters, wie dies durch Darstellungen in alten Bilderbüchern vermittelt wird. Der Handel bot Ende des 19. und Anfang des 20. Jahrhunderts ebenso Gesellschaftsspiele mit Pferden aus Zinn wie Garnituren für Jäger, Postillone und Jockeys an, mit denen Berufe nachgestellt werden konnten. Hier stand der Reiter im Mittelpunkt, der andere Kinder als Pferd einspannt. Auch zahlreiche Reiterheere, Kavallerien, die aus Zinnfiguren zusammengestellt werden konnten, oder mehrspännige Pferdefuhrwerke und Kutschen unterschiedlicher Größe gehörten zu den Spielwaren vor allem für Knaben.

Pferde aus der Viechtau

Neben industriell hergestellten Spielwaren aus den Erzeugungszentren der Spielindustrie wie Nürnberg-Fürth und von Eltern oder Verwandten individuell gefertigten Rössern stammten etliche Pferdchen mit und ohne Reiter von den so genannten „Rösselma-

Zu Weihnachten 1848 hat der Bub ein Räderrössel bekommen. Ausschnitt aus F. I. Pollinger: „Der erste Christbaum in Ried", 1848. – © Museum Innviertler Volkskundehaus

chern" aus der Viechtau. In diesem Hochtal zwischen Atter- und Traunsee, das gegen Altmünster steil abfällt, entwickelte sich eine Holz verarbeitende Hausindustrie: Neben der Kleinstlandwirtschaft waren die Menschen gezwungen, in hausindustrieller Arbeitsweise Holzwaren zu fertigen, die auf dem Hausierweg und über Verleger vertrieben wurden und so ein Überleben ermöglichten. Auch wenn hier geschnitzte und gedrechselte Haushaltsgegenstände, landwirtschaftliche Geräte, bemalte Löffel, Dosen und Span-

schachteln entstanden, so interessieren vor allem die einfachen Spielwaren, nämlich neben Puppenmöbeln, Docken[2], Lärmspielzeug und Scheibtruhen unterschiedliche „Rössln".[3]

So groß die Vielfalt auch war, mit dem Niedergang der Viechtau nach dem Zerfall der Monarchie und insbesondere mit dem steigenden Interesse an Spielzeugautos nach dem Weltkrieg verschwanden die Holzpferde unterschiedlicher Größe auf Kufen („Wiegenrössel", „Hutschpferde"), auf Rädern[4] oder zum

Der „Reitersmann" im Bilderbuch „Kunterbunt" von C. Hermann Roth, Nürnberg, Bing-Spiele und Verlag, o. J. [um 1930].

Aufstellen. 1910 waren noch an die 60.000 Stück kleine „Pfeifrösserl" auf den Markt gekommen. Dabei handelte es sich um das einfachste, mit wenigen, aber gekonnten Schnitten hergestellte Pferdchen, orangefarben bemalt und ein wenig weiß verziert, aufgeleimt auf einem Standbrettchen, vor allem aber mit einem Pfeifchen als Schweif. Schon im 18. Jahrhundert waren pro Woche etwa 30 Dutzend „Reiterrössel" auf vier Scheibenrädern und einem zusätzlichen Reiter mit einer Hühnerfeder am Kopf produziert worden, die etwa doppelt so hoch waren.

Etwas größer (18 cm), aber aufwändiger in der Schnitzerei und generell in der Bemalung mit Zaumzeug und Sattel präsentieren sich die „Türkenreiter": der Reiter, der „Türke" trägt eine blaue Hose mit schwarzen Stiefeln, eine rote Jacke, einen Schnurrbart, einen Säbel in der Hand und einen Turban mit einer Hühnerfeder auf dem Kopf. Ebenso wird der Schweif des

Rösserlschnitzer Johann Enichlmeier (Nachdemsee 29, Hausname „Langermann") mit halbfertigen und fertigen Erzeugnissen. Plattenaufnahme, 1910. – OÖ. Landesmuseum, Fotoarchiv der Abteilung Volkskunde und Alltagskultur.

Der 84-jährige Greis Ignaz Reiter (Eben 58, Hausname „Pfannstieleck") mit seinen Kindern beim Schnitzen und Bemalen der „Türkenreiter".
Plattenaufnahme. 1910. OÖ. Landesmuseum, Fotoarchiv der Abteilung Volkskunde und Alltagskultur.

auf Rädern stehenden Pferdchens durch eine Hühnerfeder gebildet. Wohl auf Grund des wesentlich höheren Preises (45 Kreuzer statt 9 für ein Reiterrössel) beschränkte man sich auf ein wöchentliches Erzeugungsquantum von lediglich einem Dutzend.

Vielleicht war es genau so ein Pferdchen, auf das Peter Rosegger beim Besuch einer Hausiererin sehnsüchtige Blicke warf: „...Meine Hand zuckte nach einem Rößlein, das auf einem Brettchen stand, welches ‚Radeln' hatte. Das Rößlein war ziegelrot angestrichen und hatte an den Weichen weiße Blumen. Und im Sattel saß ein blauer Reiter, der hatte einen großen Schnurrbart im Gesicht und sogar Augen und einen wirklichen Federbusch auf"[5].

Für ein Dutzend „Türkenreiter" verlangte man 45 Kreuzer, denselben Preis wie für „Gemeine Sattelpferde". Darunter verstand man etwa 25 cm große braune Pferde (oder Schimmel) zum Nachziehen oder Draufsetzen, manchmal mit eingearbeitetem Sattel und aufgemaltem Zaumzeug wie bei den „Türkenreitern".

Die wenigen auf Spielzeugherstellung spezialisierten Familien schafften gemeinsam mit helfenden Hausgenossen in den Stuben unvorstellbare Produktionsmengen und gehörten auf Grund ihres geringen Tagesverdienstes dennoch zu den Ärmsten der Armen. Sie verdienten durchschnittlich nur die Hälfte von den Drechslern und wurden nur noch von den allerdings zumeist nur als „Zeitvertreib" arbeitenden Kluppenmachern unterboten. Waren es 1863 noch 64 – durchschnittlich jede dritte – Familien, so erzeugten 1911 nur noch lediglich 38 Familien – davon die Hälfte nur mehr im Nebenerwerb – Spielwaren, was vor allem mit dem Verlust der südosteuropäischen Absatzländer in Verbindung zu bringen ist. So äußert Schönwiese in seiner Studie, dass deren besonders prekäre Situation zum einen an ihrer „unglaublichen Rückständigkeit und Beharrlichkeit sowohl in der Form ihrer Erzeugnisse als in der primitiven Herstellungsweise" liege, zum anderen an der Preisentwicklung: „Die Verlegerpriese sind auch seit den 1880er-Jahren trotz zunehmender, allgemeiner Teuerung nicht gestiegen, für manche Artikel sogar gefallen!"[6]

„Türkenreiter" und „Reiterrössl" im Viechtauer Warenkatalog von 1881. Zusammenstellung nach Nekola, Tafel 3.

„Pfeifrössl", „Reiterrössl" und „Türkenreiter" (Inv.-Nr. F 11.433, F 4.079, F 4.087). Viechtau, 1. Viertel 20. Jh.   Foto: OÖ. Landesmuseum

Sattelpferde unterschiedlicher Größe (Inv.-Nr. F 4.129, F 4.152). Viechtau, 1. Viertel 20. Jh.

Foto: OÖ. Landesmuseum

Heute finden sich diese einfachen bunten Holzpferdchen, die für nicht so begüterte Familien produziert wurden und mit denen wohl nicht ausschließlich Buben gespielt haben dürften, lediglich in Museen und Volkskunst-Sammlungen.

Mädchen lieben Pferde

Spielzeugpferde in den Kinderzimmern der zweiten Hälfte des 20. Jahrhunderts erleben nicht erst seit dem Jugendbuch / -film „Blitz, der schwarze Hengst" bzw. „Black Beauty" oder der Fernsehserie „Fury" einen wahren Triumphzug. Waren die Cowboys und Indianer auf ihren Mustangs aus Elastolin in den 1950er-Jahren sicher noch bevorzugtes Bubenspielzeug, das Pferd also eher dem männlichen Geschlecht zugeordnet, so trat danach ein massiver Wandel ein. Kleinkinder mögen noch glücklich auf dem Rücken von Schaukelpferden aus Holz – mit Lehne gegen Abstürze gesichert – wippen, mit dem aufblasbaren „Hüpfpferd Rody" durch den Kindergarten hüpfen oder auf einem kindgroßen Plüschpferd gezogen werden, bald aber zeigt sich, dass Pferde in erster Linie für Mädchen geschätztes Spielzeug darstellen. Eine ganze Reihe von Kinderbüchern thematisieren Reiten, Ponys oder Pferde ganz allgemein, lassen aber ihr weibliches Zielpublikum durch die durchwegs weiblichen Protagonistinnen erkennen. Sowohl bei „duplo", als auch bei „Lego friends" und bei „Playmobil" gehören Pferde seit langem zum Basisprogramm, jeweils erweitert zum Beispiel durch eine Großpackung „Ponyhof", „Reitstall", „Pferdekoppel" oder „Pferdeanhänger", denn längst „liegt das Glück der Erde auf dem Rücken der Pferde" in weiblicher Hand. Dorthin war es vom legendären streitbaren Frauenvolk Griechenlands, den Amazonen, als Modesport einzelner (emanzipierter) Frauen gegen Ende des 18. Jahrhunderts und als Privileg der Kaiserin (Sisi), der adeligen oder reichen Ehefrau schließlich bei „jedermann" oder eigentlich „jederfrau" gelangt. Daher verwundert es nicht weiter, dass das weibliche Interesse - weniger am Reiten als vielmehr am Tier und seiner Pflege – von der Spielzeugindustrie genutzt wird: Barbie hat selbstverständlich Reitpferde (z. B. „Majestic"), „Hasbro" bietet auf der „My little Pony-Freundschaft ist Magie!"-Homepage zwar immer noch bunte Ponys mit kämmbarer Mähne an, doch erinnert deren Aussehen seit dem 21. Jahrhundert durch ihre Riesenaugen stark an japanische Mangas und weniger an Ponys. Man kann viele Merchandise-Artikel online kaufen, von Spielkarten bis zur Fan-Zeitung. Sogar Firmen mit Spezialisierungen auf Aufstelltiere wie zum Beispiel Schleich erweitern ihr Sortiment durch einen Pferdewaschplatz. Das ist alles noch nichts gegen Verkaufskonzepte wie dasjenige der Firma Simba, die kleine „Filly"-Ponys mit „samtweicher" Oberfläche aus dem „Land hinter dem Regenbogen" als Sammelspielzeug produziert, pro Serie 21 verschiedene „Fillys" mit einer Königin und teurem Zubehör. Bisher sind bereits über 300 Arten dieser jüngsten, nur 4 bis 5 cm großen Spielzeugpferdchen für die – auch oberösterreichischen – Kinderzimmer verkauft worden und belegen: Heute sind Pferde Spielzeug für Mädchen.

1   Kniereitreim: Hoppa, hoppa, Reiter, wenn er fällt, dann schreit er. Fällt er in den Graben, fressen ihn die Raben, fällt er in den Sumpf, macht der Reiter plumps.

2   Das mhd. Wort „tocke" bedeutet Puppe.

3   Bereits in der Konskription von 1782 werden „Roß-, Schachtel und Schnitzarbeiter" genannt (Nekola, a. a. O., S. 172).

4   Schönwiese gibt 22 verschiedene Größen an.

5   Rosegger, a. a. O., S. 133.

6   Schönwiese (1910), 20.

Literatur:

Dimt, Gunter: Schnitzer, Drechsler, Löffelmaler. 450 Jahre Viechtauer Hausindustrie (Eggerhaus-Publikation Nr. 3), Altmünster 2008, 7-15, 159, 172-173.

Liesenfeld, Gertraud: Viechtauer Ware. Studien zum Strukturwandel einer Hausindustrie in Oberösterreich mit besonderer Berücksichtigung der letzten 100 Jahre. In: Mitteilungen des Instituts für Gegenwartsvolkskunde Nr. 17, Wien 1987, 124-131.

Liesenfeld, Gertraud: Löffel. Docken. Souvenirs. Auf den Spuren der Viechtauer Hausindustrie. Geschichten zum Heimathaus, Wien 2005, 55.

Mosser, Alois: Zur sozialen Stellung der Viechtauer Holzschnitzer. In: Mitteilungen des OÖ. Landesarchivs, Band 8, Linz 1964, 489-490.

Mühltaler, Rosa: Hausindustrie und Verlagswesen der Holz- und Spielwarenerzeugung: drei Regionen im Vergleich und ihre Beziehungen zur Stadt Hallein, Diplomarbeit, Univ. Salzburg, 2012.

Nekola, Rudolf: Die Holz- und Spielwaaren-Hausindustrie in der Viechtau bei Gmunden. Eine volks- und forstwirtschaftliche Studie aus dem Salzkammerguthe, Gmunden 1882 (= Berichte des Forst-Vereines für Oesterreich, 1881, H. 23, 2. Theil).

Rosegger, Peter: Als ich noch ein Waldbauernbub war. Jugendgeschichten aus der Waldheimat, München (Staackmann) o. J. [ca. 1980].

Schönwiese, Heinrich: Die Holz- und Spielwaren-Hausindustrie in der Viechtau bei Gmunden, Gmunden 1911 (Berichte des Forstvereines für Oberösterreich und Salzburg 1911).

Dagmar Butterweck und Nora Witzmann

Heiliger Leonhard bitt' für uns!

Pferdepatrone als Helfer in der Not

„Gestern, am Feste des heiligen Antonius Abbas, [...] Pferde und Maultiere, deren Mähnen und Schweife mit Bändern schön, ja prächtig eingeflochten zu schauen, werden vor die kleine, von der Kirche etwas abstehende Kapelle geführt, wo ein Priester, mit einem großen Wedel versehen, das Weihwasser, das in Butten und Kübeln vor ihm steht, nicht schonend, auf die muntern Geschöpfe derb losspritzt, manchmal sogar schalkhaft, um sie zu reizen. Andächtige Kutscher bringen größere und kleinere Kerzen, die Herrschaften senden Almosen und Geschenke, damit die kostbaren Tiere ein Jahr über vor allem Unfall sicher bleiben mögen."[1]

Johann Wolfgang von Goethe beobachtete die Segnung von Pferden während seiner Italienreise in Rom am 17. Jänner 1787, dem Festtag des heiligen Antonius des Großen, vor der Kirche des Antoniterordens.

Das Leben der Menschen vergangener Epochen war in unseren Breiten ständig von Kriegen, Missernten und Seuchen bedroht. Viele der Krankheitsursachen und heutigen Behandlungsmöglichkeiten waren noch nicht bekannt. Die alltäglichen Gefahren mussten vor allem in abgelegenen ländlichen Rückzugsgebieten bis ins 20. Jahrhundert hinein ohne die uns heute zur Verfügung stehenden medizinischen, naturwissenschaftlichen und technischen Errungenschaften bewältigt werden. Viehseuchen und andere Gefahren bedrohten immer wieder den gesamten Nutztierbestand, darunter die Pferde, die seit dem Mittelalter als Arbeitstiere in der Landwirtschaft immer mehr geschätzt wurden. „Weibersterben kein Verderben

– Rossverrecken großer Schrecken" mag derb klingen, zeigt aber, dass eine Frau leichter ersetzt werden konnte als Pferde und Rinder, deren Anschaffung kostspielig war.[2]

Zur Abwendung ihrer existentiellen Sorgen und Nöte blieb der Bevölkerung deshalb oft nur, auf den Beistand Gottes zu hoffen. Im Christentum sollten Gebete, Wallfahrten, Umritte sowie Opfergaben Mensch und Tier vor allem Übel beschützen. In den Votivmessen, die unabhängig vom Kirchenjahr für besondere Anliegen gefeiert wurden, baten die Gläubigen um die Erhaltung des Viehbestandes und um Abwendung aller Krankheiten und Unglücksfälle. Den Devotionalien, also geweihten Dingen wie Schutzbriefen, Medaillen und Amuletten, schrieb man besondere Kraft zu – sie waren sozusagen eine himmlische Apotheke für die irdischen Leiden. Heiligenbildchen und gedruckte Stallsegen wurden als Mittel gegen Krankheiten und Unglücksfälle an die Stalltüren genagelt. Das Wohlergehen von Mensch und Vieh stand dabei gleichermaßen im Fokus. Beispielsweise wurden die an den Wallfahrtsorten erworbenen Schluckbildchen oder Esszettel – identische Miniaturdarstellungen der Gnadenbilder auf einem Papierbogen – bei Bedarf stückweise abgetrennt und geschluckt, aber auch den Tieren verabreicht. Der kirchlich tolerierte Gebrauch solcher Gegenstände ließ sich jedoch nicht immer genau vom magischen abgrenzen.

Die katholische Kirche stellt den Gläubigen seit der Frühzeit des Christentums zur Bewältigung ihrer Probleme im Alltag und in schweren Notlagen eine Vielzahl an Heiligen zur Seite, die um Hilfe und Schutz angerufen werden können. Die hohe Wertschätzung beruht dabei auf dem Glauben, dass die Seelen besonderer Menschen sofort nach deren Tod in den Himmel eingehen würden, wo sie durch die gegebene Nähe zu Gott die Rolle als Fürsprecher übernähmen. Ihr – oft nur auf Legenden beruhendes – irdisches Leben macht die Heiligen scheinbar zugänglicher für die Anliegen der Menschen als Gottvater. In der katholischen Vorstellung dürfen die Heiligen offiziell verehrt werden, aber Gott lässt die Wunder geschehen und ihm allein bleibt daher die Anbetung vorbehalten. Die Kirchenobrigkeit versuchte des Öfteren, dem bisweilen überschwänglichen Heiligenkult Einhalt zu gebieten, der die Grenzen zwischen direkter Anbetung und Verehrung unscharf werden ließ. Gedacht wird der Heiligen im Rahmen der Liturgie zumeist an ihrem Todestag, der als Geburtstag im Himmel zu verstehen ist. Daneben ist es den Gläubigen erlaubt, persönliche Gebete oder Bitten jederzeit an sie zu richten.

Da die Gesundheit der Nutztiere ein existentielles Anliegen war, wurden einigen Heiligen Viehhelferpatronate zugeschrieben. Dadurch hat man ihnen eine besondere Bedeutung als Schutzheilige des Viehbestandes übertragen. An ihre Verehrung sind religiöse Bräuche und Segnungen geknüpft worden. Einige Pferdepatrone – auffällig ist, dass dieses Patronat dominant männlich besetzt ist – haben überregionales Ansehen erlangt, andere sind nur regional bekannt. Die Schutzheiligen von örtlichen Pfarrkirchen wurden lokal auch als Fürbitter in Vieh- und Pferdeangelegenheiten herangezogen. Nicht immer gibt es einen heute erkennbaren Zusammenhang zwischen den Viten und Legenden der Heiligen und den ihnen zugewiesenen Schutzfunktionen.

Wallfahrten in Pferdeangelegenheiten wurden als Pflicht der katholischen Dorfgemeinschaft gesehen. An den Wallfahrtsstätten wurden die Anliegen kundgetan. Neben gemalten Bitttafeln oder den aus Dank für die erhaltene Unterstützung gestifteten Votivbildern sowie figuralen Votivgaben sind auch Naturalopfer bekannt. Die Votive in Pferdeform waren vor allem aus Wachs oder Eisen, seltener aus Holz oder Silber. Dem heiligen Leonhard wurden beispielsweise bevorzugt Tierfiguren aus Eisen dargebracht. Der Schmied schlug dafür von einem Eisenblock, dem Schieneisen, kleinere Stücke ab und stellte daraus das gewünschte Tier her. Es gab auch Schmiede, von denen die Votivtiere gegen Entgelt geliehen werden konnten. In späterer Zeit ging man dazu über, die Tiere aus Blech zu schneiden. Da die Votivtiere in manchen Kirchen kaum noch unterzubringen waren, begann die Kirchenobrigkeit, bereits vorhandene Votivgaben gegen Entgelt zu verleihen. Die Bauern suchten entsprechend der Anzahl ihrer Tiere im Stall Votivtiere aus, umkreisten damit den Altar oder stellten sie dort auf. Eisenvotive waren vom westlichen Ungarn bis nach Schwaben und im Elsass verbreitet. Steiermark, Kärnten und Südtirol bildeten die südliche Grenze dieser Votivgaben.

Hufeisen waren ebenfalls ein beliebtes Opfer. Sie wurden bevorzugt an die Kirchentüren genagelt. Sowohl getragene Eisen als auch geschmiedete Votiveisen, manchmal mehrere zusammenhängende Stücke, mitunter auch in verkleinerter Form, fanden dafür Verwendung. Die gebrauchten Hufeisen stammten entweder von erkrankten oder verletzten Pferden. Sie wurden aber auch präventiv gespendet, um die Tiere gesund zu erhalten. In Tirol finden sich oft nur gemalte Hufeisen an den Kirchentüren. Die Einträge in den Mirakelbüchern stellen dabei eine wichtige historische Quelle für den Anlass der Wallfahrt, die Votivgaben und eine etwaige Gebetserhörung dar.

Schutz für die Tiere erhoffte man sich auch von den Umritten und Segnungen. Erste Überlieferungen von Pferdesegnungen stammen aus dem Mittelalter. Die Kirche hatte diese liturgisch nicht vorgesehen, gab aber schließlich einem dringenden Bedürfnis der Gläubigen nach, ihrem wertvollsten Besitz – Pferd und Vieh – den Segen zur Abwehr von Unheil zu erteilen. So kam es gegen Ende des Mittelalters zur Benediktion der Tiere. Das Besprengen mit Weihwasser sowie das Verabreichen von geweihtem Salz und Brot als Maulgabe galten dabei als die wirksamsten von der Kirche gebotenen Mittel gegen Tiererkrankungen. Bis zum Hochmittelalter hatte die Kirche noch versucht, die Stellung der Pferde herabzusetzen. Schließlich patronisierte sie auch die üblichen Umritte, allen voran Stephani-, Leonhardi- und Georgiritte. Joseph II. schränkte das Umritt- und Wallfahrtswesen jedoch stark ein. Geldspenden sollten fortan die Votivgaben ersetzen. Mancher frühere Brauch wurde nach der Rücknahme dieser Weisungen nicht mehr im selben Umfang aufgenommen.

Der heilige **Stephanus** (26. 12.) wird als erster Märtyrer der christlichen Kirche verehrt. Obwohl es in seiner Vita keine Anhaltspunkte für ein Pferdepatronat gibt, erlangte er große Bedeutung als Schutzheiliger der Rösser. Der Ritt am Stephanstag sollte die Pferde vor Krankheiten bewahren. Dieser führte zur Kirche, wo die Tiere eine Maulgabe erhielten. Mancherorts wurde die Kirche umritten. Eine Besonderheit im Innviertel war das Reiten von Hof zu Hof. Die Stephaniritte und regional verbreitete Pferderennen zu Ehren des Heiligen waren jedenfalls ein willkommener Anlass, die Tiere in der weihnachtlichen Ruhezeit zu bewegen. Aufzeichnungen aus der ersten Hälfte des 18. Jahrhunderts zufolge wurde der heilige Stephanus bei Gefahr für den gesamten Viehbestand genau-

Karl Langer (1902-1988): Leonhardiritt.　　　　　　　　　　　© Land Niederösterreich, Landessammlungen. Foto: Christoph Fuchs

so angerufen wie zum Schutz einzelner Pferde, etwa wenn die Kastration der Hengstfohlen bevorstand. Die Pferdeknechte und Kutscher, deren Schutzpatron Stephanus ebenfalls ist, erhielten an seinem Festtag ihren Lohn und konnten den Arbeitgeber wechseln.

Das Leben und Martyrium des heiligen **Georg** (23.4.) beruht auf vielen Legenden. Das bekannteste Motiv zeigt ihn als Ritter hoch zu Ross im Kampf mit dem Drachen. Die Kreuzritter brachten seine Verehrung aus dem Osten mit und machten ihn zum Symbol der Ritterlichkeit und zum Patron der Reiter. Sein Kalendertag im Frühling war in der Landwirtschaft jedenfalls ein wichtiger Termin für den Dienstbotenwechsel, die Zinsabgabe und den Weidebeginn. Die Georgiritte führten an seinem Festtag zu einer Kirche, wo die Pferde gesegnet wurden. Morgendliche Flurritte und das Umreiten der Gehöfte in raschem Tempo am Georgstag sollten ebenfalls vor Unheil bewahren.

Der Festtag des heiligen **Martin von Tours** (11.11.) liegt am Ende des bäuerlichen Wirtschaftsjahres. Er gilt als der erste christliche Heilige, der aufgrund seines bekennenden Lebens und nicht wegen seines Martyriums Verehrung fand. Durch die Legende der Mantelteilung auf einem Schimmel – im Gegensatz zum Rappen das Pferd der Heiligen und der tugendhaften Menschen – kam er zum Patronat der Reiter und Pferde, obwohl in der ältesten Martinsbiographie weder Schimmel noch Pferd genannt sind. Bereits im Mittelalter holte man das Öl aus den Lampen seines Grabes zur Heilung von Viehseuchen.

Der heilige **Leonhard von Noblat** (oder Limoges, 6.11.) ist bereits zu seinen Lebzeiten im 6. Jahrhundert verehrt worden, weil er sich für Gefangene, Kranke und Hilfsbedürftige einsetzte. Eine Legende berichtet, dass bei seiner Anrufung die Ketten von Gefangenen zersprungen seien. In einer Synopsis (*Zusammenschau, Übersicht*) des Jahres 1422 erstmals in seiner Eigenschaft als Viehhelfer erwähnt, wurde er um 1750 zum reinen Viehpatron. Die Ketten, die

ihn in Darstellungen bisher als Gefangenenbefreier gekennzeichnet hatten, wurden nun als Viehketten interpretiert. Gewiss haben die großen Viehseuchen in der Barockzeit zu seiner überregionalen Verehrung beigetragen. Vom süddeutschen Raum ausgehend wurde er auch in Salzburg, Oberösterreich und Teilen der Steiermark zum Rosspatron schlechthin. Die Patronatsverschiebung brachte auch einen ikonographischen Wandel mit sich. Bislang als Zisterziensermönch dargestellt – dieser Orden pflegte die Verehrung des heiligen Leonhard besonders – erscheint er fortan als Benediktinermönch im schwarzen Habit. Zahlreich waren die Umritte und Pferdesegnungen an seinem Festtag seit dem 17. Jahrhundert. In der ersten Hälfte des 18. Jahrhunderts übernahmen grenznahe österreichische Ortschaften die volksfestartigen Leonhardifahrten aus Bayern. Diese Ritte wurden oft von einem Geistlichen hoch zu Ross angeführt. Nach dem Umreiten der Kirche erhielten die Tiere auch bei dieser Segnung eine Maulgabe.

Andere Heilige sind weniger bekannt für ihr Pferdepatronat oder werden nur lokal als solche verehrt. Im späten Mittelalter scheint der heilige **Wendelin** (20.10.) als Patron der Hirten und Herden auf. Der heilige **Antonius der Große** (17.1.) fand bereits eingangs Erwähnung. Der heilige **Antonius von Padua** (13.6.), Patron für Pferde und Esel, soll einen Irrgläubigen bekehrt haben, als sich ein hungriges Maultier vor einer Hostie niederkniete, das bereitgestellte Futter aber verschmähte. Die beiden Heiligen **Hippolyt von Rom** und **Hippolytus, der Kerkermeister** (beide 13.8.) verschmelzen in den Legenden oft zu einer Person. Beide erlitten ihr Martyrium an wilde Pferde gebunden und sind als Helfer in Pferdeanliegen bekannt.

Der heilige **Koloman** (13.10.) war der Legende nach ein irischer Mönch. Auf seiner Pilgerreise ins Heilige Land 1012 wurde er der Spionage verdächtigt, gefoltert und gehängt. Die Legenden seiner Wunder verbreiteten sich rasch und führten so zu seiner Verehrung. In Österreich und Bayern ist er als

Meister S. W. (?) (tätig um 1499): Heiliger Georg. Vermutlich aus der Kapelle des Schlosses Pürnstein.   Foto: OÖ. Landesmuseum

Der heilige Martin von Tours. Benediktinerstift Lambach, Archiv.

Foto: Privat

Votivbild: Heiliger Leonhard und verletztes Pferd.

© Volkskundemuseum Wien. Foto: Christa Knott

Votivbild: Heiliger Leonhard und heiliger Antonius über Reitunfall. 1772   © Volkskundemuseum Wien. Foto: Christa Knott

Schutzheiliger für das Vieh bekannt und wurde auch immer wieder in Pferdeanliegen angerufen. Die Kolomaniritte für den Schutz der Pferde sind seit dem 18. Jahrhundert für Bayern und Salzburg belegt. Die heilige **Berthild von Chelles** (5.11., Translationstag 27.6.) war Äbtissin des Klosters Chelles in Frankreich. Sie wird um Hilfe bei Pferdekrankheiten ebenso angerufen wie der heilige **Blasius** (3.2.). Für seinen Festtag sind Ritte zur Kirche überliefert, wo die Pferde gesegnet wurden und eine Maulgabe bekamen.

Zu den Pferdesegnungen wurden ursprünglich von den Bauern auch kranke und lahme Pferde mitgeführt. Bereits um 1900 beklagten Chronisten eine Ab-nahme der Pferde bei den Umzügen. Hingegen nahm in der Nähe der Ballungszentren der weltliche Festcharakter der Umzüge zu. Die Geistlichkeit beanstandete immer wieder, dass es dabei mehr um Prunken und Prahlen mit schönen Tieren gehe. Die prächtig geschmückten Wägen würden vor allem Schaulustige anziehen. Die Verwendung des Traktors verdrängte die Pferde zusehends aus dem bäuerlichen Arbeitsalltag und damit endeten auch die meisten Umritte. In den 1970er-Jahren gab es praktisch keine Arbeitspferde mehr. Mit dem Aufschwung der Freizeitreiterei setzte eine Renaissance der Pferdehaltung ein und es kam zur Wiederbelebung lokaler Umritte. Denn auch die in der Freizeit genutzten Pferde sind ihren Besitzern besonders lieb und teuer.

Eisenvotiv für den heiligen Leonhard.

© Volkskundemuseum Wien. Foto: Christa Knott

Kräftiger Stallsegen durch die Fürbitte des heiligen Leonhard. Gedruckter Stallsegen mit Gebet.

1   Müller, Goethe und die Reitkunst, S. 81.

2   Andree, Votive und Weihegaben, S. 37.

Literatur:

Andree, Richard: Votive und Weihegaben des katholischen Volks in Süddeutschland, Braunschweig 1904.

Dallmayr, Martin: Synopsis Miracvlorvm Et Beneficiorvm Sev Vincvla Charitatis, Lieb-Bänder vnd Ketten-Glider, Welche berührt, vnd vbernatürlich an sich gezogen der wunderthätige Magnet, Abbt vnd Beichtiger S. Leonardvs, München 1659.

Dünninger, Josef: Das Viehhelferpatronat des hl. Leonhard. In: Münchener Theologische Zeitschrift, 1. Jg., Heft 3, München 1950, S. 51-54.

Euler-Rolle, Andrea: Zwischen Aperschnalzen und Zwetschkenkrampus. Oberösterreichische Bräuche im Jahreskreis, Linz 1993.

Fielhauer, Helmut Paul: Umritte. In: Österreichischer Volkskundeatlas, 2. Lieferung, Bl. 24, Wien 1965.

Fielhauer, Helmut Paul: Schutzheilige der Haustiere. In: Österreichischer Volkskundeatlas, 3. Lieferung, Bl. 53 und 54, Wien 1968.

Franz, Adolph: Die kirchlichen Benediktionen im Mittelalter. Band 2, Graz 1960 (2. Aufl.).

Kapfhammer, Günther: St. Leonhard zu Ehren. Vom Patron der Pferde, von Wundern und Verehrung, von Leonhardifahrten und Kettenkirchen, Rosenheim 1977.

Kötting, Bernhard: Die Anfänge der christlichen Heiligenverehrung in der Auseinandersetzung mit Analogien außerhalb der Kirche. In: Dinzelbacher, Peter und Dieter R. Bauer (Hg.): Heiligenverehrung in Geschichte und Gegenwart, Ostfildern 1990, S. 67-80.

Müller, Hermann B.: Goethe und die Reitkunst. In: Gräf, Hans Gerhard (Hg.): Jahrbuch der Goethe-Gesellschaft, Band 8, Weimar 1921, S. 71-87.

Niederkorn-Bruck, Meta: Koloman 1012-2012. Tradition und Wandel in der Verehrung des Heiligen (Kontinuitäten und Brüche als Ausdruck der Zeit), Melk 2012.

Nikitsch, Herbert (Red.): Heilige in Europa – Kult und Politik, Wien 2013 (2. verb. Aufl.) (= Kataloge des Österreichischen Museum für Volkskunde, Band 92).

Spiegel, Beate: Adeliger Alltag auf dem Land. Eine Hofmarksherrin, ihre Familie und ihre Untertanen in Tutzing um 1740, Münster – New York – München – Berlin 1997 (= Münchener Universitätsschriften. Münchner Beiträge zur Volkskunde, Band 18).

Unger, Klemens (Hg.): Brücke zum Wunderbaren. Von Wallfahrten und Glaubensbildern. Ausdrucksformen der Frömmigkeit in Ostbayern, Regensburg 2014.

Beschnitzter Elfenbeinzahn mit einer Darstellung des heiligen Eustachius mit Pferd. Im Stile des 17. Jahrhunderts nach einer Vorlage von Albrecht Dürer. Detail.

© Deutsches Jagd- und Fischereimuseum. Foto: Lehr

Lothar Schultes

Pferde in der Kunst

Höhlenmalerei. Um 30 000 v. Chr., Ardèche, Chauvet.

Foto: Wikimedia (Creative Commons Attribution-Share Alike 2.0 Generic)

Seit ihrer Zähmung vor 6000 Jahren wurden Pferde zu treuen Begleitern des Menschen. Sie zogen Wägen und Pflüge und dienten als wichtigstes Reittier. Ein kultischer Aspekt spiegelt sich in dem um 1400 (v. Chr.) entstandenen Sonnenwagen von Trundholm (Dänemark), der vielleicht die Bewegung der Sonne symbolisierte.[2] Gleichzeitig wurde in Ägypten der als Gottkönig verehrte Pharao als Wagenlenker dargestellt, so auf mehreren Gegenständen aus dem Grab des Tutenchamun. Tierärztliche Illustrationen wie jene auf dem Kahun-Papyrus zeugen von der hohen Wertschätzung der Tiere, bei denen es sich offenbar um grazile Araber handelte.[3]

Bronzewagen mit Quadriga aus dem Grabmal des Qin Shi Huang. Um 210/209 v. Chr. Lintong, Xi'an, Shaanxi, Museum der Qin Shi Huang Terrakotta-Armee.

Foto: Wikimedia (Creative Commons Attribution-Share Alike 3.0 Unported)

Seit etwa 31.000 Jahren sind Pferde ein wesentlicher Bestandteil künstlerischen Gestaltens, beginnend mit den erst 1994 entdeckten, erstaunlich naturgetreuen Zeichnungen in der Höhle von Chauvet in den Schluchten der Ardèche (Südfrankreich). In den 14.000 Jahre jüngeren Höhlenmalereien von Lascaux (Dordogne) gehören sie sogar zu den am häufigsten abgebildeten Motiven. Auch hier verblüfft die Naturnähe der Tiere, die mit ihren kurzen Beinen und der Stehmähne den heutigen Przewalski-Pferden gleichen, der einzigen noch lebenden Wildpferdeart.[1]

241

Darstellungen von König Darius I. belegen, dass in Persien hingegen kleine, ponyartige Pferde die Jagdwagen zogen. Auf dem Treppenfries der Apadana (Audienzhalle) von Persepolis bringen Würdenträger ein kräftiges, kurzbeiniges Ross als Tribut für den König. Ähnlich waren auch jene Pferde, die Qin Shi Huang, der erste Kaiser von China und Begründer der Qin-Dynastie (221–206 v. Chr.) zu Hunderten für sein riesiges Grabmal anfertigen ließ. Die Skythen töteten nach dem Tod eines Reiters auch dessen Pferde. So fand man in den Eisgräbern von Pazyrik im sibirischen Altai-Gebirge die Skelette von 54 Rössern mit reich verziertem Sattel- und Zaumzeug. Erhaltene Teppiche zeigen die schlanken, wendigen Tiere dieses gefürchteten Reitervolkes.[4]

Ihre Größe und unbändige Kraft machten Pferde zum Sinnbild von Macht und Stärke. Kein Wunder, dass sie von den Griechen mit Göttern in Verbindung gebracht wurden. Sie zogen nicht nur den Sonnenwagen des Apoll, sondern auch den Meerwagen Poseidons. Dieser galt als „Meister der Rosse", die ihm heilig waren. In Gestalt eines Hengstes zeugte er mit Demeter das sprechende Wunderpferd Areion und mit Medusa den geflügelten Pegasus, auf dem Bellerophon durch die Lüfte jagte. Auch Perseus befreite Andromeda auf einem fliegenden Ross, das dem Blut der von ihm enthaupteten Medusa entsprang. In den Kentauren vermischten sich Mensch und Pferd zu einem Wesen. Der berühmteste war der weise Cheiron, der Achilleus und Asklepios erzog. Zu den Gegnern Achills gehörten die reitenden Amazonen unter ihrer ebenso schönen wie heldenhaften Königin Penthesilea, einer Tochter des Kriegsgottes Ares. Zu den berührendsten Episoden des Mythos gehört ihr Zweikampf mit Achill, der sich in die Sterbende verliebte.[5]

Dem entsprechend nahmen Pferde in der antiken Kunst eine zentrale Rolle ein, von den Reitern des Parthenon-Frieses über den so genannten Alexand-

Reiterzug vom Westfries des Parthenon. Um 447–433 v. Chr., London, British Museum.   Foto: Wikimedia Commons, Marie-Lan Nguyen

ersarkophag bis zum Mosaik der Alexanderschlacht mit dem auf seinem Lieblingsross Bukephalos reitenden Herrscher. Vasenbilder und Reliefs wie jenes im British Museum (bez. „ANNIAE ARESCUSA") zeigen die seit 680 (v. Chr.) belegbaren Wagenrennen. Von einem der prachtvollsten Viergespanne der An-

Pferde von San Marco. 2. oder 3. Jh. n. Chr. (?).Venedig, Museo di S. Marco.   Foto: Wikimedia Commons, Tteske

tike stammen die vergoldeten Bronzepferde von San Marco, das wohl bedeutendste der von den Venezianern aus Konstantinopel geraubten Kunstwerke, das vielen späteren Pferdedarstellungen zum Vorbild diente. Besonders originell ist die aus einem Schiffswrack geborgene Bronzegruppe eines wild dahinreitenden Kinderjockeys.[6]

Seit der Spätantike verkünden lebensgroße Reiterstandbilder den Ruhm von Herrschern und Feldherren. Die Bronzestatue des Kaisers Marc Aurel blieb erhalten, weil man sie für eine Darstellung des ersten christlichen Kaisers Konstantin hielt. Karl der Große ließ ein antikes Reiterstandbild aus Ravenna in seine Residenz nach Aachen bringen. Unter seinem Nachfolger Karl dem Kahlen entstand die erste nachantike Reiterstatue, wenn auch in kleinem Format.[7] Ganze Reiterheere bevölkern den über 68 Meter langen, um 1070 entstandenen Bildteppich von Bayeux, dessen Pferdedarstellungen sich durch ihre Lebendigkeit von den stark stilisierten Figuren abheben.[8] Seit etwa 1230 steht im Dom von Bamberg eine le-

Teppich von Bayeux. Um 1070. Bayeux, Musée de la Tapisserie de Bayeux.   Foto: Wikimedia Commons, Myrabella

Bamberger Reiter. Um 1230. Bamberg, Dom.

Foto: Wikimedia Commons, Berthold Werner

Walther von Klingen im Turnier. Um 1305–1315. Codex Manesse, fol. 52r. Heidelberg, Universitätsbibliothek.

Foto: Wikimedia Commons

bensgroße Reiterstatue, die zuletzt als Endzeitkaiser oder König Stephan der Heilige von Ungarn gedeutet wurde.[9] Ihm sind die gleichzeitigen Figuren des hl. Martin am Dom von Lucca (jetzt im Kircheninneren) und des reitenden Podestà (Bürgermeister) Oldrado da Tresseno am Palazzo della Ragione in Mailand an die Seite zu stellen, ebenso jene freiplastische Reiterfigur Kaiser Ottos I. (?), die ursprünglich am Marktplatz von Magdeburg stand.[10] Von einem Höhepunkt ritterlicher Kultur zeugen der reitende Cangrande I. della Scala in Verona und die nur in Abbildungen erhaltenen Reiterstatuen Herzog Heinrichs von Bayern

und seines Feldhauptmanns Rasso in Mauerkirchen im Innviertel.[11] Unter zahlreichen Werken der Buchmalerei sind die Ritterszenen der berühmten Heidelberger Liederhandschrift hervorzuheben, darunter Jagden, Schlachten und Turniere. Darüber hinaus zeigen zahlreiche Siegel den mit erhobenem Schwert in den Kampf reitenden Herrscher.[12]

Vor allem aber wurden die Heiligen Martin und Georg oft zu Pferd dargestellt, so etwa um 1330 an der inneren Westwand des Regensburger Doms. Beim Baseler Münster sind sogar die beiden Fassadentürme nach den Reiterfiguren der beiden Heiligen benannt. Den wohl spektakulärsten Drachenkampf bietet die große, 1489 entstandene Gruppe des heiligen Georg in der

244

Antwerpener Meister: Drachenkampf des hl. Georg. 1489. Stockholm, Nikolaikirche.

Foto: Jürgen Howaldt. Wikimedia (Creative Commons Attribution-Share Alike 2.0 Germany)

Brüder Limburg: Der Monat Mai. Ausschnitt aus dem Stundenbuch des Herzogs von Berry. Um 1415. Chantilly, Musée Condé.

Foto: Wikimedia Commons, Google Art Project

Nikolaikirche in Stockholm, die früher als Hauptwerk von Bernt Notke galt, nun aber einem Antwerpener Meister zugeschrieben wird. Nicht weniger einprägsam ist die etwas spätere Figur des kämpfenden Heiligen in der Margaretenkirche in München-Sendling[13] Als himmlische Krieger galoppieren in Albrecht Dürers berühmtem Holzschnitt die apokalyptischen Reiter Unheil bringend über die Erde, und in einem seiner Kupferstiche begleiten Tod und Teufel einen Ritter auf seinem Weg in den Tod[14] Die Heil bringende Seite des Pferdes verkörpert hingegen das Einhorn, von dem die spätantike Naturlehre des *Physiologus* behauptete, es ließe sich nur von einer Jungfrau zähmen. Es galt deshalb als Symbol der Menschwerdung Gottes im Schoß Mariens.[15]

Geradezu märchenhaft sind die Reiterszenen der von den Brüdern Limburg gemalten Monatsbilder im Stundenbuch des Herzogs von Berry.[16]

Der Dichter Petrarca war der erste, der die antiken, Phidias und Praxiteles zugeschriebenen Rossebändiger auf dem Quirinal in Rom bewunderte. Für Antonio Pisanello, Paolo Uccello, Benozzo Gozzoli, Piero della Francesca und andere Renaissancekünstler boten der Drachenkampf des hl. Georg, der Zug der Heiligen Drei Könige oder die Kreuzeslegende Gelegenheit für sehr lebendige, auf Naturstudien beruhende Reiterdarstellungen.[17]

Ihnen stand die raue Welt der Söldnerführer gegenüber, die sich und ihre Taten verewigt sehen wollten. So malte Uccello bereits 1436 ein Reiterdenkmal für Sir John Hawkwood im Dom von Florenz, und sein großartiger Bildzyklus der Schlacht von San Romano verherrlicht den Sieg des Niccolò da Tolentino. 1445 bis 1453 entstand mit Donatellos Denkmal des Condottiere Gattamelata in Padua die erste monumentale Bronzeplastik der Renaissance, fast gleichzeitig mit der (zerstörten und durch eine Kopie ersetzten) Reiterstatue des Niccolò III. d'Este in Ferrara. 1483 bis 1493 folgte Andrea del Verrocchios viel bewundertes und für Jahrhunderte vorbildhaftes Reiterstandbild des Söldnerführers Bartolomeo Colleoni in Venedig.[18] Auch Leonardo da Vinci beschäftigte sich Zeit seines

Paolo Uccello: Die Schlacht von San Romano. Um 1438–1440 (?). London, National Gallery.

Foto: Wikimedia Commons

Andrea del Verrocchio: Denkmal für den Condottiere Bartolomeo Colleoni. 1483–1493. Venedig, Campo S. Giovanni e Paolo.

Foto: Wikimedia (Creative Commons Attribution-ShareAlike 3.0)

Lebens mit Reiterdarstellungen, deren Zerstörung zu den größten Katastrophen der Kunstgeschichte gehört. Dennoch hatte die erregend dramatische, in mehreren Kopien überlieferte *Anghiarischlacht* große Wirkung, insbesondere auf die Schlachtengemälde von Peter Paul Rubens. Nicht weniger tragisch war die 1499 erfolgte Zerstörung des fertigen Tonmodells für das dreimal lebensgroße Reiterdenkmal Francesco Sforzas, an dem Leonardo 17 Jahre gearbeitet hatte. Dennoch war auch dieses Werk von großem Einfluss, etwa auf die illusionistisch gemalten Pferdeporträts Giulio Romanos in der Sala dei Cavalli des Palazzo del Te in Mantua.[19] Angeregt durch Leonardos Entwürfe schufen Giambologna und sein Schüler Pietro Tacca nicht nur die Reiterdenkmäler für Cosimo I. und Ferdinando I. de' Medici in Florenz sowie für Philipp III. von Spanien in Madrid, sondern auch raffinierte Kunstkammerstücke mit mythologischen Themen wie der Entführung der Deianeira durch den Zentauren Nessus.[20]

Dieser Tradition folgten auch viele barocke Standbilder, so François Girardons zerstörte Reiterstatue König Ludwigs XIV. Andreas Schlüter bereicherte in seinem 1703 vor dem Berliner Schloss aufgestellten Denkmal des Großen Kurfürsten das Thema um das Motiv der lebhaft agierenden Sklaven. 1782 ließ Zarin Katharina von Étienne-Maurice Falconet und Marie-

Peter Paul Rubens: Sieg und Tod des Konsuls Decius Mus in der Schlacht. 1616/1617. Vaduz, The Princely Collections.

Foto: Wikimedia Commons, The Yorck Project

Giulio Romano: Sala dei Cavalli, 1525–1527. Mantua, Palazzo del Te.

Foto: Study Blue

Andreas Schlüter: Denkmal des Großen Kurfürsten, 1696–1700,
Berlin, Bodemuseum.   Foto: Wikimedia Commons, Norbert Aepli

Tizian: Kaiser Karl V. nach der Schlacht von Mühlberg, 1548,
Madrid, Museo del Prado.

Foto: Wikimedia Commons, The Yorck Project

Étienne-Maurice Falconet: Denkmal für Zar Peter den Großen.
1768–1770, aufgestellt 1782. St. Petersburg.

Foto: Wikimedia Commons, Alex ‚Florstein' Fedorov

Anne Collot ein Denkmal für ihren Vorgänger Peter
den Großen errichten, bei dem das Pferd eine Levade
vollführt – eine künstlerisch wie technisch erstaunliche Leistung.[21]

Spätestens seit Tizians Reiterporträt Kaiser Karls V.
nach der Schlacht von Mühlberg dienten großformatige Ölporträts dazu, den Herrschern Würde und
Majestät zu verleihen.[22] Das Bild war richtungsweisend für die Maler des Barock, insbesondere für Peter
Paul Rubens und dessen Bildnisse des Herzogs von
Lerma und des Kardinalinfanten Ferdinand von Spanien, aber auch für Antonis Van Dycks Porträts König Karls I. von England. Beiden Malern ging es auch
darum, das Pferd in seiner Eigenart zu charakterisie-
ren. Das gilt auch für Jan Brueghel d. J., der ähnliche Rosse in den Mittelpunkt seiner Paradiesland-

Antonis van Dyck: Karl I. zu Pferd , 1633, London, Royal Art Collection.   Foto: Wikipedia Commons, Google Art Project

Diego Velázquez: Prinz Baltasar Carlos zu Pferd, 1634/35, Madrid, Prado.   Foto: Wikipedia Commons

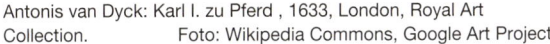

schaften stellte. Diego Velázquez porträtierte nicht nur den spanischen König Philipp IV. und dessen Gemahlin Isabella von Bourbon, sondern auch deren Sohn und Thronfolger Baltasar Carlos hoch zu Ross. Dabei wirkt der auf seinem Pony reitende Prinz in der ihm zugemuteten Rolle eines Feldmarschalls wie ein Kind, das seiner Jugend beraubt wurde.[23] Spektakuläre Pferdedarstellungen wie Paul Trogers Apotheose Kaiser Karls VI. im Treppenhaus des Stiftes Göttweig und Giambattista Tiepolos Brautfahrt der Beatrix von Burgund im Kaisersaal der Würzburger Residenz prägten auch die barocke Deckenmalerei[24].

Die Vorliebe für die klassische Reitkunst führte in den Niederlanden und in England dazu, dass sich Maler wie Paulus Potter, Adriaen van Nieulandt,

Johann Georg de Hamilton, George Stubbs, James Ward, Sawrey Gilpin und Edwin Landsser auf Pferdeporträts spezialisierten. Im 19. Jahrhundert widmeten sich Albrecht und Franz Adam, Julius von Blaas, Josef Berres von Perez und Ludwig Koch dem Leben der Pferde. In England und Frankreich, aber auch in Osteuropa wurden damals Pferderennen zu einem beliebten Thema, dem auch Edgar Degas, Henri de Toulouse-Lautrec und Wassily Kandinsky ihre besondere Aufmerksamkeit schenkten. Hingegen wandten sich in der Neuen Welt viele Maler Themen des „Wilden" Westens zu.[25] Théodor Géricault verdanken wir erregend dramatische Reiterbilder, ebenso Eugène Delacroix, der während seiner Aufenthalte in Nordafrika neben wilden Kampfszenen auch – in der Nachfolge

Eugène Delacroix: Löwenjagd, 1855, Stockholm, Nationalmuseum, Stiftung Grace and Philip Sandblom.　　　Foto: Wikimedia Commons

von Rubens – furiose Löwenjagden malte. Von ganz anderer Dramatik sind hingegen Jacques-Louis Davids pathetisch übersteigerte Porträts des über die Alpen reitenden Napoleon.[26]

Angeregt von David schuf Johann Peter Krafft ein Reiterbildnis Erzherzog Karls, das wiederum Vorbild für das berühmte, 1853 bis 1859 von Anton Dominik von Fernkorn geschaffene Denkmal auf dem Wiener Heldenplatz war. Während das Pferd hier (wie auch jenes des Prinzen Eugen) in die Levade geht, folgt das Reiterstandbild des kroatischen Nationalhelden Joseph Jelačić von Bužim in Zagreb eher dem klassi-

schen Vorbild Verocchios. Dies gilt auch für Christian Daniel Rauchs Reiterstandbild König Friedrichs II. von Preußen, das nach langwieriger Planung 1840 bis 1851 ausgeführt wurde. Neu ist hier neben der realistischen Auffassung die Bereicherung des Sockels um stehende und reitende Begleitfiguren – ein Aufwand, der später von Caspar von Zumbusch 1874 bis 1886 in seinem Denkmal für Maria Theresia in Wien noch überboten wurde.[27]

Zu den wenigen denkmalwürdigen Frauen gehörte die zum nationalen Mythos gewordene Jeanne d'Arc. Sie war Teil jener Mittelalter-Begeisterung, die sich auch

Johan Collier: Lady Godiva, um 1898, Coventry, The Herbert Museum and Art Gallery.   Foto: Wikimedia Commons

dem Einhorn wird dabei ihr weißer Schimmel zum Symbol unantastbarer Reinheit – ein Gegenbild zu jenen kämpferischen Amazonen, mit denen sich Franz von Stuck und Maximilian Liebenwein in Skulpturen und großformatigen Gemälden auseinander setzten.[28] Auch mittelalterlichen Rittergestalten wie Parzifal oder Walther von der Vogelweide wurde um 1900 wieder gehuldigt. So fordert auf Gustav Klimts „Das Leben ein Kampf" ein Reiter in goldener Rüstung die Kräfte der Finsternis heraus. In Pablo Picassos ‚Junger Zirkusreiterin' vertraut eine kleine Akrobatin ihr junges Leben ihrem Pferd an. Für Franz Marc wurden Pferde zum Symbol für Unschuld, Unberührtheit und Harmonie. Sie gewinnen eine geradezu sakrale Dimension, etwa bei jenem Blauen Pferd, das einsam in die Natur blickt.[29] Hingegen bäumt sich Herbert Böckls Springendes Pferd in panischem Schrecken auf. Während in Marino Marinis stürzenden Reitern Mensch und Tier zu einem einzigen leidenden Wesen verschmelzen, scheinen Maurizio Cattelans Installationen toter Pferde eher zu verstören als zu erschüttern.[30]

in Themen wie der *Belle dame sans Merci* oder jener *Lady Godiva* manifestierte, die nackt durch Coventry ritt, um die Befreiung der Stadt von der Steuerlast zu erwirken. Wie beim Mythos von der Jungfrau und

Maximilian Liebenwein: Amazonenjagd, 1910. Privatbesitz.   Foto: Ernst Grilnberger, OÖ. Landesmuseum

Franz Marc: Der Turm der blauen Pferde. 1913 (seit 1945 verschollen).   Foto: Wikimedia Commons, The Yorck Project

1 Tamsin Pickeral: Das Pferd. 30.000 Jahre Pferde in der Kunst, Köln 2007. S. 6–9, 25–28; https://de.wikipedia.org/wiki/Chauvet-Höhle (abgerufen am 27. 11. 2015).

2 Christoph Sommerfeld: ... nach Jahr und Tag - Bemerkungen über die Trundholm-Scheibe. In: Praehistorische Zeitschrift 85(2) 2010, S. 207–242.

3 Pickeral 2007 (wie Anm. 1), S. 9 f., 41.

4 Ebenda, S. 29–32 und 46.

5 https://de.wikipedia.org/wiki/Kentaur (abgerufen am 2. 12. 2015).

6 Ausstellungskatalog: Die Pferde von San Marco. Berlin 1982; Erika Simon: Pferde in Mythos und Kunst der Antike, Ruhpolding – Mainz 2006; Pickeral 2007 (wie Anm. 1), S. 36–40.

7 Joachim Poeschke – Thomas Weigel – Britta Kusch-Arnhold (Hg.): Praemium Virtutis III – Reiterstandbilder von der Antike bis zum Klassizismus. Münster 2008.

8 https://de.wikipedia.org/wiki/Teppich_von_Bayeux (abgerufen am 25. 11. 2015).

9 https://de.wikipedia.org/wiki/Bamberger_Reiter (abgerufen am 25. 11. 2015).

10 Ernst Schubert: Der Magdeburger Reiter, Magdeburg 1994; Joachim Poeschke: Die Skulptur des Mittelalters in Italien, Band 1: Romanik, München 1998, Taf. 160; https://it.wikipedia.org/wiki/Oldrado_da_Tresseno (abgerufen am 26. 11. 2015).

11 Sergio Marinelli – Giulia Tamanti (Hg.): La statua equestre di Cangrande I della Scala. Studi, ricerche, restauro, Verona 1995; Lothar Schultes: Die Reiter von Mauerkirchen und das Bild des Ritters um 1300. In: Festschrift Gerhard Winkler zum 70. Geburtstag (Jahrbuch des OÖ. Musealvereines, Gesellschaft für Landeskunde, 149. Band), Linz 2004, S. 403–434.

12 Lothar Voetz: Der Codex Manesse. Die berühmteste Liederhandschrift des Mittelalters, Darmstadt 2015; http://heraldik-wiki.de/index.php/Reitersiegel (abgerufen am 25. 11. 2015).

13 Peter Tångeberg, Wahrheit und Mythos – Bernt Notke und die Stockholmer St.-Georgs-Gruppe. Studien zu einem Hauptwerk niederländischer Bildschnitzerei (Studia Jagellonica Lipsiensia, Band 5), Ostfildern 2009; https://de.wikipedia.org/wiki/Georg_(Heiliger) (abgerufen am 25. 11. 2015).

14 https://de.wikipedia.org/wiki/Apokalypse_(Dürer); https://de.wikipedia.org/wiki/Ritter,_Tod_und_Teufel (abgerufen am 25. 11. 2015).

15 Winfried Hagenmaier: Das Einhorn. Eine Spurensuche durch die Jahrtausende, München 2003; https://de.wikipedia.org/wiki/Einhorn (abgerufen am 26. 11. 2015).

16 https://de.wikipedia.org/wiki/Très_Riches_Heures (abgerufen am 3. 12. 2015).

17 Anna Maria Maetzke: Piero della Francesca, Mailand 1998; Franco Cardini: Die Heiligen Drei Könige im Palazzo Medici, Florenz 2004; Pickeral 2007 (wie Anm. 1), S. 16, 88–93, 175 und 177. https://en.wikipedia.org/wiki/Paolo_Uccello (abgerufen am 30. 11. 2015).

18 Poeschke 2008 (wie Anm. 7), passim; Raphael Beuing: Reiterbilder der Frührenaissance – Monument und Memoria, Münster 2010, passim.

19 Claudia List: Tiere. Gestalt und Bedeutung in der Kunst, Stuttgart 1993, S. 12 –129; Pickeral 2007 (wie Anm. 1), S. 69–71; 94, 135 f.; https://de.wikipedia.org/wiki/Tavola_Doria; https://de.wikipedia.org/wiki/Reiterstandbild_Francesco_Sforzas (beide abgerufen am 26. 11. 2015).

20 Charles Avery: Giambologna. The Complete Sculpture, Oxford 1987.

21 http://www.historisches-stadtschloss.de/cms/upload/pdf/01_Der_grosse_Kurfuerst_KV.pdf (abgerufen am 28. 11. 2015).

22 https://de.wikipedia.org/wiki/Kaiser_Karl_V._nach_der_Schlacht_bei_Mülberg (abgerufen am 26. 11. 2015).

23 Pickeral 2007 (wie Anm. 1), S. 16–18, 72–77 und 81; Wolf Moser: Diego de Silva Velázquez. Das Werk und der Maler. 2 Bände, Lyon 2011; Sylvia Ferino – Sabine Haag (Hg.): Velázquez, München 2014.

24 Peter O. Krückmann (Hg.): Der Himmel auf Erden – Tiepolo in Würzburg. 2 Bände, München 1996; Johann Kronbichler: Paul Troger 1698–1762, Berlin – München 2012, S. 74 f..

25 List 1993 (wie Anm. 19), S. 116 f.; Pickeral 2007 (wie Anm. 1), S. 147–169, 200–202, 218 f., 227 und 231–251.

26 List 1993 (wie Anm. 19), S. 202, 206 f.; Pickeral 2007 (wie Anm. 1), S, 210–217.

27 Wieland Giebel (Hg.), Das Reiterdenkmal Friedrichs des Großen, Berlin 2007; Poeschke 2008 (wie Anm. 8), passim; https://de.wikipedia.org/wiki/Jeanne_d'Arc (abgerufen am 3. 12. 2015).

28 Pickeral 2007 (wie Anm. 1), S. 223, 229; https://de.wikipedia.org/wiki/Lady_Godiva (abgerufen am 3. 12. 2015).

29 Pickeral 2007 (wie Anm. 1), S. 252–258, 261; https://de.wikipedia.org/wiki/Der_Turm_der_blauen_Pferde (abgerufen am 1. 12. 2015).

30 Cristina Steingräber (Hg.): Marino Marini, Ostfildern 2006; https://de.wikipedia.org/wiki/Herbert_Boeckl; https://en.wikipedia.org/wiki/Maurizio_Cattelan (abgerufen am 9. 12. 2015).

Weitere Literatur:

John Baskett: Das Pferd in der Kunst, München 1980.

Nicolau Chaudun (u. a.): Le cheval dans l'art, Paris 2008.

Lothar Schultes: Pferde in der Kunst, Weitra 2016 (in Druck).

Birgit Schumacher: Pferde. Meisterwerke des Pferde- und Reiterbildes, Stuttgart–Zürich 1994.

Ruthild Kropp: Pferde in Kunst und Literatur, Petersberg 2008.

Michael Imhoff: Pferde: Kunst von der Antike bis heute, Petersberg 2010.

Hannes Etzlstorfer

„Ich fragte: Herr, was bedeuten diese Pferde?" (Zacharias 1, 9)

Ross und Reiter in bildlichen Darstellungen des Stiftes Lambach

Und der Engel, der mit mir redete, sprach: Ich will dich sehen lassen, was sie bedeuten – so lautet der weitere Wortlaut des biblischen Eingangszitats. Die Bibel leistet auch hier eine enorme Vorgabe, kommt doch der Begriff *Pferd* in der Einheitsübersetzung der Bibel laut Bibelserver an 112 Stellen vor, darunter allein 94-mal im Alten Testament. Die restlichen Erwähnungen im Neuen Testament beziehen sich fast zur Gänze auf die bildgewaltige Offenbarung des Johannes. Die zahllosen Pferdedarstellungen namhaft zu machen, die sich allein im Benediktinerstift Lambach und seinen Sammlungen nachweisen ließen, ist daher schier unmöglich. Jede noch so ausgeklügelte Zuspitzung des Pferdethemas ließe sich wohl anhand der umfangreichen Bestände der Stiftsbibliothek mit ihren 40.000 Druckschriften, 140 Inkunabeln, 200 Pergamenthandschriften und circa 800 Papierhandschriften belegen. Auf unserer ikonografischen Spurensuche tasten wir uns daher vor allem entlang der 950-jährigen Stiftsgeschichte von Lambach.

Ein unscheinbares Detail erlaubt es uns, diese Zeitreise mit den 1956/57 entdeckten Fresken im ehemaligen Westchor der Stiftskirche, die ins letzte Drittel des 11. Jahrhunderts datieren, zu eröffnen. Sie zählen zu den bedeutendsten Zeugnissen der Romanik in Österreich und reichen in die Frühgeschichte Lambachs zurück, als im Jahr 1056 Bischof Adalbero das Säkularkanonikerstift in ein Benediktinerkloster umwandelte. Im komplexen Freskenprogramm nimmt die Magier- und Kindheitsgeschichte Jesu eine zentrale Stellung ein. Darunter finden sich im westlichen Gewölbe des Nordturms auch Fragmente vom Heimritt der Magier, nachdem sie dem Jesuskind im Stall zu Bethlehem ihre Aufwartung gemacht haben – gemäß dem Evangelisten Matthäus 2, 11-12. Die Bibel lässt zwar unbeantwortet, wie bzw. worauf sie die Reise absolvierten, doch aufgrund der Bezüge zu Psalm 72,10 und Jesaja 60, wo Könige als Überbringer von Geschenken agieren, wurden die Weisen oder Magier schon zu Beginn des dritten Jahrhunderts vom Kirchenlehrer Tertullian mit Königen gleichgesetzt. Und Könige pflegten ihre Reise standesgemäß mit kostbaren Pferden zu absolvieren. Im Lambacher Freskenfragment sind neben der Architekturdarstellung nur mehr die Pferde und spärliche Reste der Reiter erkennbar. Bei den Pferden handelt es sich offensichtlich um Schimmel, die schon seit der Antike als christliches Herrschaftszeichen galten und in der Apokalypse 19, 11-13 auch dem reitenden Christus dienten.

Die typologische Verschränkung von Altem und Neuem Testament lässt sich auch eindrucksvoll in der Buchmalerei mitverfolgen. In der aus dem 12. Jahrhundert stammenden Darstellung *Aminadab und Sunamitis als dritte Braut des Sponsus"* in Honorius von Autuns *Super cantica* sind es Zugpferde, die einen Wagen in der Art einer Quadriga ziehen. Sie hat jedoch vier Räder, in die man die Symbole der vier

255

Evangelisten eingezeichnet hat. Während im Wagen die im Hohelied 7,1 gepriesene schönste Jungfrau Sulamith mitreist, werden die Pferde von Aminadab geführt, von dem es im Hohelied 6, 12 heißt: *Ich wusste nicht, dass meine Seele mich gesetzt hatte zu den Wagen Ammi-Nadibs.* Honorius von Autun bzw. Augustodunensis (1080-1154) macht damit deutlich, dass die alte Lehre oder Synagoge, die mit Sulamith identifiziert wird, sich von den Juden entfernt und zu den anderen Völkern fortzieht. Sulamith trägt in ihrer Rechten bereits die Kreuzesfahne, während links die Juden mit ihren spitzen Hüten dem Wagen nachschauen. Rupert von Deutz (um 1120) bringt den Sinn dieser Kompilierung auf einen Punkt: *„Der neue Wagen, auf dem die Arche des Bundes des Herrn gefahren wird, ist das neue Evangelium Christi, wodurch die Auferstehung, wie vorausgesagt ist, in der ganzen Welt bekannt wird. Die vier Räder sind die Evangelisten."* Es sind wieder weiße Pferde, die den symbolbefrachteten Wagen ziehen und diese Tiere als Symbol der Kirche nobilitieren, wie dies schon Rupert von Deutz in seiner Offenbarungsexegese *De sancta trinitate et operibus eius* tat: Er setzt das weiße Pferd mit der Urkirche gleich.

Nicht nur in komplexen Bildinhalten des Mittelalters kommt dem Pferd eine vorzügliche Stellung zu, sondern auch in den Rechtsgeschäften, wenn etwa auf Reitersiegeln Herrscher zu Pferd posieren. Dazu hält das Stiftsarchiv Lambach eindrucksvolle Beispiele bereit. So ist Herzog Albrecht II. als Ritter zu Pferd mit Topfhelm und österreichischem Bindenschild auf dem Wachssiegel einer Lambacher Urkunde zu sehen, die in Wien am 3. Dezember 1372 ausgestellt wurde und in der Herzog Albrecht die Privilegien des Klosters Lambach über die Mautfreiheit bestätigt. Auf diesem Reitersiegel sitzt der Siegelführer in voller Rüstung auf einem Pferd. Der Kämpfer hält einen Kampfschild, der zugleich als Wappenschild mit seinen Zeichen fungiert sowie eine Fahne. Solche Reitersiegel wurden im Mittelalter nur vom hohen Adel geführt und repräsentieren in der Siegelabbildung nicht

den Regenten, sondern den Feldherren in seinem Territorium. Schon seit der Babenbergerzeit verwendeten die österreichischen Landesfürsten Siegelstempel bzw. Typare, die den Herrscher zu Pferd zeigten. Unter den mittelalterlichen Typaren der Habsburger, die zunehmend prächtiger und mit mehreren Wappen ausstatteten wurden, gilt das Reitersiegel Herzog Rudolfs IV. des Stifters, das diesem Lambacher Pendant großteils gleicht, als eines der schönsten Beispiele. *"Ein Königreich für ein Pferd!"* – diesen Hilfeschrei lässt Shakespeare den als ruchlos charakterisierten König Richard III. (1452-1485) in seinem gleichnamigen Drama ausrufen. Ohne Pferd kein Regent – und auch kein Kirchenfürst: Etwa zur gleichen Zeit ersuchte auch Kardinal Georg Hessler (Heßler), Bischof von Passau (1480–1482), den Lambacher Abt um ein gutes Pferd, wie aus einer Urkunde des Stiftsarchivs Lambach vom 11. November 1481 hervorgeht...

Wie in den anderen Klöstern sickern auch in Lambach in der ersten Hälfte des 16. Jahrhunderts die protestantischen Lehren rasch ein und zersetzen in weiterer Folge das klösterliche Leben. Erst gegen Ende des Jahrhunderts gelingt es Abt Burkhart Furtenbacher sowie seinem Nachfolger Johannes Bimmel, die Rekatholisierung Lambachs erfolgreich umzusetzen. Unter dem Barockabt Placidus Hieber (1644-1678) kommt es zu jener baulichen Umgestaltung der Klostergebäudes, die schließlich mit dem auch als Kunstmäzen und Bauherrn in Erscheinung getretenen Abt Maximilian Pagl (1705-1725) ihren Höhepunkt findet. Damit geht ein künstlerischer Aufschwung einher, der einige illustre Künstler der Zeit auftragsmäßig ans Stift binden sollte wie etwa den Frankfurter Maler Joachim von Sandrart (1606-1688). Dieser malt ab dem Ende der 1650er-Jahre für Lambach einige seiner besten Altarblätter. In der Stiftssammlung hat sich auch Sandrarts Entwurf zum 1666 realisierten Altarblatt in St. Emmeram in Regensburg mit der Darstellung des Martyriums des heiligen Emmeram erhalten. Darin ordnet sich der hoch zu Ross gegebene Herzogssohn Lantpert (oder

Joseph III. Daniel Heintz: Einzug der Königin von Saba in den Palast Salomos. 4. Viertel 17. Jh.   Foto: Schepe

Landfried) ganz dem dramatischen Duktus der Szene unter. Sandrart bezieht in der Ausformulierung des dynamischen Pferdes Vorbilder der flämischen Malerei, allen voran Anthonis van Dyck (1599-1641). Von diesem hochbegabten Rubensschüler van Dyck erzählt übrigens die Legende, dass ihm sein um 22 Jahre älterer Lehrer Peter Paul Rubens ob seines Talents sogar sein bestes Pferd vermacht habe, um schnellstens nach Italien zum weiteren Studium reisen zu können. Sandrart hat die Szene auf den Moment zugespitzt, in dem Lantpert den vermeintlich flüchtenden Wanderbischof Emmeram auf eine Leiter binden, ihm bei lebendigem Leibe nach und nach die Körperteile abschneiden und ihn schließlich enthaupten lässt. Der Grund: Uta, die Tochter des Herzogs, erwartete aus einer Liaison mit einem Beamten ein Kind, was dem Paar die Strafe des Her

zogs eingetragen hätte. Emmeram riet ihr, ihn selbst als Vater anzugeben, um sie zu schützen. Deswegen nahm Emmeram auch eine Pilgerreise zum Papst nach Rom auf sich, um sich vor dem Papst für den vermeintlichen Fehltritt zu verantworten und nach seiner Rückkehr auch vor dem Herzog den wahren Sachverhalt aufzuklären. Ähnlich wie hier Sandrart den Reiter zu Pferd als dynamisches Element und als Symbol der Staatsgewalt ins Bild einfügt, handeln auch die nachfolgenden Generationen ähnliche Sujets ab, wobei die Kreuzigung Jesu mit den Soldaten und dem letztlich reuigen Hauptmann, der Jesus laut Markusevangelium beim Sterben gegenüberstand und ausrief: *"Wahrhaftig, dieser Mensch war Gottes Sohn"* (Mk 15, 39), zweifellos zu den klassischen Themen zählt, die verschiedene dramaturgische Lösungen mit Pferdestaffage ermöglichen.

Kompositorisch kommt diesen scheinbaren Randfiguren zu Pferde, oder auch Pferden allein die Rolle eines Repoussoirs zu (vom franz.: *repousser* = zurückdrängen). Gemeint ist damit ein im Vordergrund eines Gemäldes positioniertes Objekt, das durch seine übergroße Darstellung und kontrastierende Farbigkeit im Verhältnis zum Rest der dargestellten Objekte eine Verstärkung des Tiefeneindruckes bewirkt. Nach diesem Prinzip ist beispielsweise das venezianische Gemälde mit dem *Einzug der Königin von Saba in den Palast Salomons* aufgebaut, das vom kunsthistorisch nur wenig greifbaren Maler Joseph III. Daniel Heintz im dritten Viertel des 17. Jahrhunderts geschaffen wurde: Die perspektivisch kühn in die Bildtiefe führenden Palastfassaden kontrastiert das festliche Gefolge der Königin von Saba mit ihren aufgeputzten Kamelen, gemäß dem biblischen Bericht: *Die Königin von Saba hörte vom Ruf Salomos und kam mit sehr großem Gefolge, mit Kamelen, die Balsam, eine Menge Gold und Edelsteine trugen, nach Jerusalem, um ihn mit Rätselfragen auf die Probe zu stellen.* (2. Buch Chronik, 9, 1). Der Maler Heintz schließt damit das Bild zum Mittelgrund ab. Entsprechend unserer üblichen Leserichtung folgen wir links vorne den prominent postierten Reitern auf ihren prachtvoll geschmückten Pferden, die zwar nur in Rückenansicht gegeben werden, dadurch aber unsere Blicke direkt ins Geschehen hinein führen. Die reizvolle Kontrastierung von Pferden und Kamelen dient in dieser Massenszene auch der Gegenüberstellung der gelehrten Welt Salomos und der orientalisch-exotischen Aura der begüterten Königin von Saba, wozu damals wohl auch hochoffizielle Besuche orientalischer Delegationen an europäischen Höfen Anregungen geboten haben dürften.

Noch ungestümer und dazu in sprichwörtlicher luftiger Höhe an prominenter Stelle zieht hingegen ein anderes feuriges Gespann mit vier prachtvollen

Feurige Himmelfahrt des Propheten Elias. 1709.   Foto: Schepe

Untergang des Pharaos im Roten Meer. Deckengemälde im Ambulatorium. 1709.   Foto: Schepe

Schimmeln über das Firmament: In dem um 1709 entstandenen Deckenbild der *Feurigen Himmelfahrt des Propheten Elias* (Werkstatt Carlone?) im barocken Ambulatorium, einer Art Rekreationssaal für Mönche aus der Zeit Abt Maximilian Pagls. Dabei bildet erneut das Alte Testament die Quelle, demzufolge Elias der einzige Mensch des Alten Bundes ist, der nicht starb, sondern *„im Wirbelsturm"* gen Himmel entschwebte: (...) *Während sie miteinander gingen und redeten, erschien ein feuriger Wagen mit feurigen Pferden und trennte beide voneinander. Elija fuhr im Wirbelsturm zum Himmel empor.* (2 Könige 2, 11). Elias verteidigte den Gott des Volkes Israel bereits im neunten vorchristlichen Jahrhundert gegen die wachsende Schar derer, die zum Konkurrenten, dem populären Berg-, Wetter- und Fruchtbarkeitsgott Baal

übergelaufen waren. Im Neuen Testament wird der hl. Johannes der Täufer mit dem Propheten Elias verglichen, der vor dem *„großen und schrecklichen Tag des HERRN"* erscheint. Als jedoch seine Sendung unerfüllt bleibt, muss Johannes den Juden erklären, dass er nicht Elia sei. Erfüllt wird die Sendung des Elias nach christlichem Verständnis erst in jenem Moment, in dem Christus in Herrlichkeit erscheint (vgl. Mal 3, 23.24, Mt 11, 14, Lk 1, 17 und Joh 1, 21).

Präfiguriert ist das Thema schon im Helios-Kult der Antike, zumal Helios den Sonnenwagen, der von vier Hengsten gezogen wurde, über den Himmel lenkte. Durch die Gleichsetzung mit Zeus und Apollon wird die Fahrt im feurigen Sonnenwagen schon in antiken Bildquellen präfiguriert. In der christlichen Umformung des Motivs werden die zumeist als Schimmel dargestellten Pferde der *Feurigen Himmelfahrt des Propheten Elias* mit Gott und der Kirche gleichgesetzt. In dieser Interpretationslinie entschlüsselt sich übrigens auch Giotto di Bondones Fresko der *Vision des hl. Franziskus im feurigen Wagen* in der Basilika San Francesco in Assisi (1297-1300), demzufolge der hl. Franziskus wie ein zweiter Elija von Gott zum Wagen und Lenker aller geistlichen Männer gemacht worden war - so der hl. Bonaventura in seiner Legenda Maior. Im Lambacher Fresko führen zwei Putti diskret die Zügel der ungestümen Rösser, während Elias den Pferden ängstlich Direktiven erteilt, weil ihm – noch ganz Mensch – dieser Feuerritt himmelwärts mehr unheimlich denn vertrauenswürdig scheint. Es nimmt daher kaum wunder, dass man zu Beginn des Eisenbahnzeitalters mancherorts selbst Dampflokomotiven als *feurigen Elias* bezeichnete.

Die Kraft des Feuers lässt sich übrigens in einem der Lambacher Deckenbilder auch in künstlerischen Zusammenhang mit den Pferden bringen: So zeigt ein auf Putz gemaltes Deckenbild im kleinen Bibliothekssaal das von zwei Protagonisten besetzte Thema *Rhoikos von Samos bildet die ersten Rosse aus Erz und Archimedes mit Zirkel,* das 1711 von einem unbekannter Maler geschaffen wurde. Der vermutlich Ende des 7. Jahrhunderts v. Chr. geborene Grieche soll laut Plinius dem Älteren und Pausanias nicht nur das Schmelzen von Bronze revolutioniert, sondern auch als erster die Kraft des Feuers für das Gießen von Bronzestatuen genützt haben. Zu seinen berühmtesten Werken zählte eine Bronzestatue der Nyx (Göttin der Nacht) im Tempel der Artemis in Ephesos. Rhoikos begutachtet in diesem Deckenbild in Rückenansicht sein Werk, das hier bewusst archaisch geformt ist und noch kaum an jene kraftstrotzenden Reiter-

Rhoikos von Samos bildet die ersten Rosse aus Erz. Deckengemälde im Kleinen Bibliothekssaal.   Foto: Schepe

denkmäler denken lässt, die uns neben den historischen Schriftquellen schon seit der Antike überliefert sind. Damit fügt sich diese Szene nahtlos ins Bildprogramm der Bibliothek ein: Sie ist als Referenz zu den Geschichtswissenschaften zu verstehen, als deren Hüter Klosterbibliotheken über Jahrhunderte galten. Darin durfte auch Plinius der Ältere (gest. 79 n. Chr.) nicht fehlen, in dessen 35. Buch seiner *Historia naturalis* Rhoikos als Erfinder des Bronzegusses Erwähnung findet. Der griechische Reiseschriftsteller und oft auch den Historikern zugerechnete Pausanias (gest. 180 n. Chr.) geht in seiner ausführlichen Reisebeschreibung von Griechenland ebenfalls auf Rhoikos ein.

Das Beziehungsfeld von Wissen und Macht, das den barocken Stiftsbibliotheken den Beinamen *Rüstkammern des Geistes* eintrug, berührt auch ein anderes

W. A. Heindl: Allegorische Personifikation Europas.   Foto: Schepe

beliebtes Pferdemotiv, das wir hier an zwei Beispielen vorstellen wollen: Die allegorische Personifikation Europas in einem Deckenbild Wolfgang Andreas Heindls (1693–1757) im Sommerrefektorium (wohl um 1740) und in einer Sandsteinplastik im Konventgarten (Hof des Neuen Konvents) vom Anfang des 18. Jahrhunderts, die beide das Pferd als zentrales Attribut mit sich führen. Das Entstehen dieser Erdteilallegorien hängt mit der verstärkten Fremdwahrnehmung anderer Völker, ihrer Sitten und Gebräuche zusammen. Dies schärfte spätestens seit der Endeckung der Neuen Welt die eigene Wahrnehmung in Abgrenzung zu diesen fremden Kontinenten, doch wandelte sich die anfängliche Faszination und Neugierde durch die wachsenden Handelsbeziehungen, Besiedelung und Missionierung in ein Gefühl der Überlegenheit sowie auch Abgrenzung. Als ein Ausdrucksmittel dieses Prozesses sind die Erdteilallegorien in der bildenden Kunst zu verstehen, die in der zweiten Hälfte des 16. Jahrhunderts aufkamen. Diesbezüglich leistete Cesare Ripas Publikation *Iconologia* eine ganz entscheidende Rolle. Sie erschien erstmals 1593 und dann 1603 bereits mit Illustrationen, um so zum wichtigsten Nachschlagwerk für Künstler zu werden. Krone und Pferd werden darin zu Europas wichtigsten Attributen: Nach Ripas Vorbild charakterisiert auch der Maler Heindl diesen Erdteil als vornehme Dame mit Pferd und Krone. Das Pferd erinnert vor allem daran, dass es die Kriegskunst war, die Europa zur Königin der Welt erhoben habe, so Cesare Ripas diesbezügliche Erklärung. Die Krone ist Symbol der Vorherrschaft dieses Kontinents über alle anderen Erdteile "denn in Europa residieren doch die größten und mächtigsten Herrscher der Welt", so Cesare Ripa. Der spielerische Duktus, der sich schon in der Sandsteinfigur abzeichnet und in Heindls spätbarocker Version bereits die Form über den Inhalt zu stellen droht, mildert hier allerdings den eurozentristrisch-militärischen Aspekt der ursprünglichen Bildidee.

Die Konstellation Macht und Pferd ist in der Kunst beileibe nicht nur auf spitzfindige Allegorien be-

261

Sandsteinplastik Personifikation Europas. Hof des neuen Konventes.   Foto: Schepe

schränkt, sondern wurde im martialischen Schlacht-tross bis ins späte 19. Jahrhundert zum Synonym militärischer Gewalt bzw. des Kriegs. Generationen von Schlachten- bzw. Bataillenmaler waren damit beschäftigt, den kampfbereiten Krieger hoch zu Ross und streng getrennt nach Feind und Freund im jeweils militärischen Rang und in pittoresker Uniform als Sinnbild der Macht zu zementieren.

Dieser Faszination erlagen offensichtlich selbst Mönche, wie die Radierung *Russischer Kavallerietypen* des Lambacher Benediktinerpaters Koloman Fellner (1750–1818) von 1799 nahelegt, in dem sie der

Künstler auch einzeln benennt: *"Kalmucken. Kosaken. Offizier"*. Die Vorlage dazu bezog er jedoch wie bei vielen seiner Arbeiten von seinem Freund und Mentor Martin Johann Schmidt, genannt Kremser-Schmidt (1718–1801), die sich noch heute in einem der so genannten Lambacher Klebebände befindet. Diesen entstammt auch Kremser-Schmidts Skizze zur *Bekehrung des heiligen Paulus* (Skizze für ein Altarblatt im ungarischen Kálló bzw. Nógrádkálló aus dem Jahr 1778). Obgleich die Bibel bei seiner Konversion vom Christenverfolger zum Apostelfürsten (Apostelgeschichte 9) kein Pferd erwähnt, bildet gerade das plötzliche Durchgehen des Tieres und

Koloman Fellner: Russische Kavallerietypen. Radierung. 1799.

Foto: Privat

der dadurch ausgelöste Sturz des Paulus den Kern der Szene, der zufolge Saulus zu Paulus wurde: " *Er stürzte zu Boden und hörte, wie eine Stimme zu ihm sagte: Saul, Saul, warum verfolgst du mich?*" Tausendfach durchzieht diese Frage die Weltgeschichte – mit immer neuen Namen herrischer Naturen wie duldsamer Opfer – und stets neuen kampfbereiten Schlachtrössern...

Herrische Züge machen freilich auch vor Klostermauern nicht Halt, wie das tragische Los des 1678 durch einen Mitbruder vergifteten Lambacher Abtes Placidus Hieber bestätigt, der seine ambitionierten Projek-

te vielfach gegen den Willen des Konvents durchsetzte. Damit war er in seiner Epoche kein Einzelfall: In seinem Auftreten gab sich auch der siebte Schlierbacher Abt Christian Stadler (1715-1740) als resoluter Feudalherr des Barock, der stets vierspännig vorfuhr und den seine Mönche immer im Mönchgewand zum Wagen begleiten und so auch empfangen mussten. Die Schlierbacher Mönche nahmen dieses Gehabe ihres Abtes zum Anlass, ihn mit dem achten Vers des 19. Psalms zu empfangen: „*Die kommen einher im Wagen und auf Pferden, wir aber im Namen unseres Herrn und Gottes.*" Aber welcher Abt will solche Kritik schon gern in Bildern verewigt wissen?

Literatur:

Roland ANZENGRUBER: Lambach. In: Germania Benedictina, Band III/2: Die benediktinischen Mönchs- und Nonnenklöster in Österreich und Südtirol, hrsg. von Ulrich FAUST und Waltraud KRASSNIG (St. Ottilien 2000) 253-317 (mit ausführlicher Bibliographie).

Wolfgang BRAUNFELS (Hrsg.): Lexikon der christlichen Ikonographie. Bd. 6, Ikonographie der Heiligen: Crescentianus von Tunis bis Innocentia (Rom u. a. 1994).

900 Jahre Klosterkirche Lambach. Oberösterreichische Landesausstellung 1989 (= Katalog zur Ausstellung, Linz 1989).

Des Pausanias ausführliche Reisebeschreibung von Griechenland: T. 6.-10. Buch. Hrsg. von Johann Eustachius BIRNSTIEL (Berlin und Leipzig 1766).

Arno EILENSTEIN: Die Benediktinerabtei Lambach in Österreich ob der Enns und ihre Mönche (Linz 1936).

Hannes ETZLSTORFER: Das Pferd als Thema der bildenden Kunst. In: Rösser und Leut'. Ausstellungskatalog Schloss Niederweiden (Gänserndorf 1988).

Hannes ETZLSTORFER: Abt Maximilian Pagl und die Lambacher Klosterlandschaft. In: Kulturzeitschrift Oberösterreich, 39. Jg., 1. Heft, S. 9f. (Linz 1989).

Hannes ETZLSTORFER: Die Kunstsammlungen des Stiftes Schlierbach. CD-Beilage. In: Hannes ETZLSTORFER und Klaus RUMPLER: 650 Jahre Stift Schlierbach (Schlierbach 2005), S. 34.

Klaus Landa (Red.): Im Fluss - am Fluss. 950 Jahre Benediktinerstift Lambach. Katalog zur Jubiläumsausstellung (Lambach 2006).

Klaus LANDA - Christoph STÖTTINGER - Jakob WÜHRER (Hrsg.): Stift Lambach in der Frühen Neuzeit. Frömmigkeit, Wissenschaft, Kunst und Verwaltung am Fluss. Tagungsband zum Symposion im November 2009 (Linz 2012).

Walter LUGER: Barock in Lambach. In: 900 Jahre Klosterkirche Lambach.

Oberösterreichische Landesausstellung 1989 (= Katalog zur Ausstellung, Linz 1989), 81-92.

Sabine POESCHL: Europa - Herrscherin der Welt? Die Erdteil-Allegorie im 17. Jahrhundert. In: Klaus BUSSMANN - Elke Anna WERNER (Hrsg.): Europa im 17. Jahrhundert. Ein politischer Mythos und seine Bilder (Wiesbaden 2004), S. 269-288.

Cesare RIPA: Iconologia (Rom 1603).

Marion ROMBERG: Die Welt in Österreich. 57 Beispiele barocker Erdteil-Allegorien, Diplomarbeit, Band 1, (Wien 2008).

Roman Sandgruber

Der Palmesel

Unseres Herrgotts Pferd nannte Hans Sachs den Esel. Denn Jesus ritt den Evangelien zufolge wenige Tage vor seiner Hinrichtung auf einem jungen Esel im Triumph in Jerusalem ein, getreu dem alten Prophetenwort: „Siehe dein König kommt, reitend auf einem Eselsfüllen." In den Weihnachtsevangelien kommt zwar kein Esel vor. Aber in der Legendenbildung rund um die Weihnachtsgeschichte nahmen die Esel bald eine wichtige Position ein, im Stall zu Bethlehem und auf der Flucht nach Ägypten. Sowohl Maria auf der Flucht wie Christus bei seinem triumphalen Einzug in Jerusalem werden in den meisten Bildern im Seit- oder Damensitz reitend dargestellt. Das entspricht alten Traditionen: Wer seitlich reitet, ist kein Krieger oder stolzer Herrscher, sondern kommt in friedlicher Absicht. Gottheiten und Frauen wurden schon in antiken und keltischen Bildnissen auf solche Art dargestellt, etwa die keltisch-walisische Göttin Epona. Die Botschaft der Palmprozession ist eine friedliche. Der Esel als unkriegerisches Tier ist Zeuge dieses Friedenswillens.

Die Bibel liebt die Esel mehr als die Pferde. In den vier Evangelien kommt kein einziges Mal ein Pferd vor, der Esel aber zwölfmal. Die Legende schmückte das noch weiter aus. Schon im Alten Testament waren die Esel dazu ausersehen worden, dereinst den Messias zu tragen. Dieser König, „ein Gerechter und ein Helfer", wie es bei Zacharias (9,9) heißt, „reitet auf einem Esel". Ausdrücklich wird dabei betont, dass dies für die kriegstauglichen Verwandten der Esel, für die Pferde, eine Degradierung bedeutet. „Wegtun" werde Gott „die Rosse aus Jerusalem". In der Kirchen- und Papstkritik spielte das immer wieder eine Rolle. Die

Gegenüberstellung des armen, auf einem Esel reitenden Heilands mit dem auf einem prunkvollen Pferd daherkommenden Papst gehörte zu den beliebtesten Flugblattmotiven der Reformationszeit. Dass der Papst auf einem Pferd reite, Christus aber auf einem Esel, blieb bis ins 20. Jahrhundert ein Topos der Kritik an der verweltlichten Kirche und dem feudalen Papsttum.

Da und dort gibt es ihn heute noch im Volksbrauchtum: den Palmesel. Er geht auf alte Volksbräuche zurück, bei denen Bischöfe und Dorfpfarrer bei der Palmprozession in Nachfolge Christi statt auf einem Pferd auf einem Esel mitritten. Später wurden solch lebendige Tiere und ihre stolzen Reiter durch eine hölzerne Figur ersetzt. Das wurde zur Zeit der Aufklärung als ungebührliche Darstellung Christi verboten. Übrig blieb nur der Spott: Zum Palmesel wurde derjenige, der mit seinem Palmbuschen als letzter die Kirche betrat oder als letztes Familienmitglied am Palmsonntagmorgen aufstand.

Der Esel ist der verachtete Verwandte des Pferds. Bezichtigt man jemanden der Dummheit, nennt man ihn gern einen Esel. In der Fabel und im Volksmund wird er als stures, oft auch dummes Tier verunglimpft, was bis heute in Begriffen wie Eselsbank und Eselsohren erhalten geblieben ist. Die Eselsbank war eine Strafecke abseits von den übrigen Schülern. Und Eselsohren in einem Buch oder Schulheft sprechen für eher nachlässigen Umgang mit unseren höchsten Kulturgütern. Doch der Esel war und ist nicht immer und überall der „dumme Esel". Er kann auch für Schlauheit, Fleiß, Genügsamkeit und Friedenswillen stehen.

Im Märchen von den Bremer Stadtmusikanten, wo der Esel, der Hund, die Katze und der Hahn um ihr Leben fürchten müssen, ist es schließlich der Esel, der die Initiative ergreift und den anderen Tieren eine Zukunftsperspektive aufzeigt. Er spricht den bekanntesten Satz des ganzen Märchens: „Etwas Besseres als den Tod findest du überall". Ein Esel muss also nicht immer ein Esel sein.

Christus auf Palmesel. Aus Frauenchiemsee. 1571.

© Heimathaus Traunstein. Foto: Conrad Schätz

Roman Sandgruber

Das Goldene Rössl

In weiten Teilen Oberösterreichs, im Innviertel, Sauwald oder Mühlviertel, war zu Ende des 19. Jahrhunderts vom Christkind noch keine Rede. Zu Weihnachten kam das Goldene Rössl. Es habe für die Kinder etwas eingelegt, sagte man. Ihm wurde zu Weihnachten Stroh vors Scheunentor geschüttet, dann flog es mit seinem Schlitten über die Dächer und es regnete für die Kinder Nüsse, Äpfel und Süßigkeiten. Dieses „Goldene Rössl" oder auch „Heißl" bzw. „Hengstl" ist seit dem Spätmittelalter in verschiedenen Teilen Süddeutschlands als Gabenbringer bekannt. In den Kindheitserinnerungen alter Mühlviertler Bäuerinnen und Bauern war in den 1950er-Jahren von noch recht kargen Weihnachten die Rede, von kalten Nächten, spärlichen Geschenken und einem für uns Kinder sehr geheimnisvollen „goldenen Rössl". In die Konsumgesellschaft passte es nicht. Schon in den 1930er-Jahren war das Rössl fast überall vom Christkind als Gabenbringer abgelöst und verdrängt worden.

Doch woher kommt das Goldene Rössl? Man könnte natürlich an alte Vorstellungen von der Wilden Jagd denken, die durch die weihnachtlichen Raunächte braust, oder an allerlei alte germanische Pferdegottheiten und Pferdemythen. Doch die Erklärung ist wahrscheinlich viel naheliegender. Das „Goldene Rössl" ist das Juwel der Altöttinger Schatzkammer und ist durch die Bedeutsamkeit dieser Wallfahrt weitum bekannt geworden. Es ist ein Meisterwerk der Pariser Goldschmiede- und Emailkunst des 15. Jahrhunderts. Das Rössl wurde im Jahre 1404 im Auftrag der französischen Königin Isabeau de Bavière, einer Wittelsbacherin, als Neujahrsgeschenk für ihren Ge-

mahl König Karl VI. angefertigt. In einer mit großen Rubinen, Saphiren und Perlen reich verzierten Laube thront Maria mit dem Jesuskind. Davor knien Johannes der Täufer und Johannes der Evangelist, links daneben die heilige Katharina von Alexandrien, und vor dem Sockel auf einem Kissen betend König Karl VI. in einem blauen, reich dekorierten Mantel, gegenüber ein Ritter mit dem Helm des Herrschers in Händen. Doch was entscheidend ist: Unter dieser Laube steht ein gesattelter und reich gezäumter Schimmel, der von einem Reitknecht gehalten wird: das „Goldene Rössl". Das so auffällig postierte Rössl hat dem gesamten Kunstwerk den Namen gegeben.

Auf Umwegen kam das „Rössl" 1506 nach Altötting. Mit der Wallfahrt nach Altötting und zu dem herausragenden Andachtsbild passt zusammen, dass sich der Glaube ans Goldene Rössl seit dem ausgehenden Mittelalter im südbayerisch-österreichischen Raum verbreitete und populär geworden ist. Doch was hat es mit dem Rössl auf sich? Soll es nur das Pferd Karls VI. darstellen, mit dem er zur Verehrung Marias und des Christuskinds geritten kam? Dazu ist es vielleicht zu prominent platziert. Wurde es als das Reittier eines himmlischen Herolds oder der anbetenden Könige verstanden? Oder ist es doch eine Reminiszenz an ältere Vorstellungen von göttlichen Reitern auf goldenen Pferden?" Das Rössl ist ein Beispiel, wie Interdisziplinarität in den Wissenschaften weiterhelfen könnte. Die Kunsthistoriker rund ums Altöttinger Goldene Rössl wissen nichts von den Weihnachtsmythen und die Volkskundler nichts vom Altöttinger Wallfahrtsjuwel. Doch der Zusammenhang ist evident.

Literatur:

Eikelmann, Renate: Das goldene Rößl: ein Meisterwerk der Pariser Hofkunst um 1400, Katalog zur gleichnamigen Ausstellung des Bayerischen Nationalmuseums, München, 3. März bis 20. April 1995, hrsg. von Reinhold Baumstark, München 1995.

Goldenes Rössl.   Foto: Oberhausmuseum Passau. Sammlung Böhmerwaldmuseum

Goldenes Rössl der Königin Isabeau de Bavière. 1404.

Foto: Bischöfliche Administration der Kapellstiftung Altötting. / Wikimedia: Creative Commons Attribution-Share Alike 4.0 International

Otta Wenskus

Menschen, Pferde und Kentauren

Die Griechen haben ein anthropozentrisches Weltbild. Wenn uns dies nicht auffällt, so deshalb, weil wir diese Einstellung gleichermaßen von ihnen wie von den Juden und den frühen Christen übernommen haben. Schon früh stellen sie sich ihre Götter – anders als etwa die Ägypter – grundsätzlich menschengestaltig vor (örtlich eng begrenzte Kulte ausgenommen). Mischwesen gehören der niederen Mythologie an und werden in der Regel nicht kultisch verehrt. Zu den als sterblich vorgestellten Mischwesen gehören die so genannten Kentauren (deutsch auch „Zentauren"). Meist sind damit Mischwesen aus Menschen und Pferden gemeint; wenn dies nicht der Fall ist, wird dies durch die Bezeichnung deutlich gemacht: Auch von „Eselkentauren" ist gelegentlich die Rede. Die Griechen stellten sich meist vor, die Kentauren stammten aus Thessalien, wohl deshalb, weil diese Gegend als eines der Pferdezuchtgebiete schlechthin galt. Da man nun aber andererseits in den thessalischen Ebenen nicht auf Kentauren stößt, gelten als ihre Aufenthaltsorte meist unwegsame Gebirge. Kentauren werden schon im vermutlich ältesten Text der griechischen Literatur, der Ilias, kurz erwähnt; dort wird aber nicht gesagt, wie sie aussehen (1, 267 f. und 2, 742-744). Der erste Dichter, von dem wir wissen, dass er Kentauren als Mischwesen aus Pferd und Mensch beschrieb, ist Pindar (5. Jh. v. Chr.) in seinen ‚Pythischen Oden' (2, 42-48): Der Frevler Ixion hat mit einer wolkenförmigen Truggestalt einen Sohn, Kentauros, dessen Nachkommen die Hippokentauren (Pferdekentauren) sind – es gab aber auch andere Stammbäume; der griechische Mythos ist flexibel (es gab nichts unserer Bibel Entsprechendes).

In der bildenden Kunst, vor allem auf Sarkophagen des 2.–3. Jahrhunderts (n. Chr.), wird oft der Kampf der Kentauren gegen die Lapithen dargestellt, der eigentlich mehr eine Massenschlägerei ist (als solche beschrieben von Ovid, Metamorphosen 12, 210-535): auf der Hochzeit des Lapithenkönigs Peirithoos vergreifen sich die betrunkenen Kentauren an den Frauen der Lapithen. Solche Lüsternheit ist vielen mythischen Mischwesen eigen, vor allem den Satyrn, die meist als hässliche Humanoide mit Tierohren und Pferdeschweif dargestellt werden (gelegentlich auch mit Pferdebeinen, aber stets zweibeinig), doch nur die Kentauren erscheinen als zivilisationsgefährdend. Sie stellen dadurch ein Pendant zu den auf andere Weise aggressiven Amazonen dar und werden daher in Bildprogrammen ganz ähnlich eingesetzt oder sogar gekoppelt. Die aggressive Sexualität der Kentauren wird gleichermaßen als Charakteristikum der Menschen wie auch der Pferde zu erklären sein. Die jahreszeitlich nicht begrenzte sexuelle Aktivität des Menschen (von der modernen Biologie als Ergebnis der Selbstdomestikation des Menschen erklärt) wird von der antiken Philosophie unterschiedlich bewertet. Was nun die Pferde betrifft (und zwar sowohl die Hengste als auch die Stuten), so gelten sie in den wenigen, aber deutlichen antiken Textstellen, in denen ihre Sexualität ein Thema ist, als die erotisch aktivsten Lebewesen nach den Menschen – klar formuliert und ausführlich beschrieben wird dies in der ‚Tiergeschichte' (*Historia animalium* 6, besonders Kap. 18 und 22) von Aristoteles (4. Jh. v. Chr.). Tatsächlich zeigen Hengste während der Deckzeit Verhaltensweisen, die in den meisten Werken aller fiktionalen Gattungen der abendländischen Hoch- und Trivialliteratur von

Giambologna-Werkstatt: Der Kentaur Nessus und Deianeira, die Gattin des Herakles. Italien, Mitte des 17. Jahrhunderts.

Foto: © MAK/Georg Mayer

der Antike bis jetzt unerwähnt bleiben oder allenfalls diskret angedeutet werden. Die Sexualität der Pferde ist fast nur in der Fachliteratur ein Thema, vor allem in zoologischen sowie landwirtschaftlichen Texten; Ausnahmen finden sich fast nur in der komischen Literatur. Selbst antike wie moderne Reitlehren sind in dieser Beziehung äußerst zurückhaltend. Möglicherweise wirkt hier immer noch der Einfluss von Xenophons ‚Reitlehre' (*Hipparchikos* und *Peri Hippikes*) – als einem der wenigen paganen antiken Texte, vielleicht sogar dem einzigen, der auch heute noch von anderen als von Intellektuellen in wesentlichen Punkten als für die Praxis grundlegend anerkannt wird. Da Xenophon sehr viel von Pferden versteht, liegt die Annahme nahe, dass er die Sexualität der Pferde „verdrängt" – etwa, weil sie nicht zum sonstigen Image des „edlen" Pferdes passt, denn zur griechischen Adelsethik der klassischen Zeit gehört die Beherrschtheit (‚*Sophrosyne*') und dieses Ideal wirkt als eine der Kardinaltugenden bis in die christliche Philosophie des Mittelalters. Die Zügellosigkeit (im ursprünglichen Sinne des Wortes) während der Deckzeit und andere als negativ empfundene Charakteristika der Pferde einschließlich der Aggressivität einiger dieser Tiere projizieren die Griechen oft auf die Kentauren und verallgemeinern besagte Charakteristika, indem sie diese nicht nur fast allen Kentauren zuschreiben, sondern auch jahreszeitenunabhängig machen. Außerdem kommen noch Elemente der Barbarentopik hinzu, etwa die Neigung zum unmäßigen Weintrinken (häufig) oder der Verzehr rohen Fleisches (selten). Dazu passt, dass bösen Königen gelegentlich auch menschenfressende Pferde zugeschrieben werden.

In der bildenden Kunst zeigt sich diese negative Bewertung seit der klassischen Zeit häufig darin, dass die Kentaurenköpfe dem jeweils gängigen Schönheitsideal widersprechen. Vor Verallgemeinerungen und Schematisierungen ist allerdings zu warnen: Kentauren können auch aristokratische Züge haben; zumindest gelten sie im Gegensatz zu den Satyrn nicht als

feige und zeigen eine klare Gruppensolidärität. Die ältesten bildlichen Darstellungen der Kentauren aus dem Ende des 8. Jahrhunderts (v. Chr.) zeigen diese als vollständige Menschen mit zusätzlichem Pferderumpf und -hinterleib, aber schon seit der 2. Hälfte des 7. Jahrhunderts finden wir Pferde mit menschlichem Oberkörper – der Kopf ist oft hässlich, während die Ohren in der Regel groß und spitz zulaufend sind: Um Pferdeohren handelt es sich allerdings nicht. Als Waffen tragen sie zunächst nur Äste oder ganze entwurzelte Bäume, im 6. Jahrhundert (v. Chr.) auch Steine, Felsblöcke und Keulen – und im Kampf gegen die Lapithen außerdem Hausrat aller Art. Wann aber tauchen Pfeil und Bogen auf – die Waffen, welche fast alle Kentauren in der heutigen Fantasy-Literatur führen? Sehr spät: Der erste mir bekannte Beleg findet sich für den weisen Cheiron (oder Chiron) auf einer Illustration einer koptischen Handschrift aus dem Fayoum aus dem 6. oder 7. Jahrhundert (n. Chr.).[1] Hierzu ist anzumerken, dass Cheiron eine andere Genealogie hat als die anderen Kentauren und auch nicht immer zu diesen gezählt wird, im Verlauf der Zeit aber auf die anderen Kentauren positiv abfärbt. Für die Fixierung dieses Typus der Kentauren als – inzwischen meist nicht mehr hässliche – Bogenschützen ist die hellenistische Identifizierung des Cheiron mit dem Sternbild bzw. Sternzeichen ‚Schütze' verantwortlich, die literarisch zuerst bei Eratosthenes (3. Jh. v. Chr.) greifbar ist, der sich selbst jedoch in seinem Werk „Sternsagen" (*Katasterismen* 28) gegen diese Gleichsetzung wendet: „Die meisten" behaupten laut Eratosthenes, der Schütze sei ein Kentaure, aber andere verneinten dies, weil der Schütze des Tierkreises a) nicht vierbeinig sei und b) ein Bogenschütze, wohingegen kein Kentaure je einen Bogen benutze. Unproblematisch ist hingegen für Eratosthenes die Gleichsetzung des Sternbilds Kentaure mit dem Chiron.

Die Ikonographie des Sternbildes bzw. Sternzeichens ‚Schütze' als Kentaure wurde im Mittelalter gängig. In Dantes ‚Divina Commedia' (Inferno 12) fungieren die Kentauren im siebten Höllenkreis (dem der Gewalttä-

273

Antonio Susini (1558–1624) nach Giovanni Bologna, gen. Giambologna. Herkules erschlägt den Kentauren Eurytion. Florenz. Um 1600.

Foto: KHM Wien, Kunstkammer

tigen) als mit Bogen bewaffnete Wächter dieses Kreises; sie sind verhältnismäßig entgegenkommend und völlig ehrlich, aber auch für sie ist der siebte Kreis ein Strafort, an dem sie sich zu Recht befinden. Verantwortlich für diese Entwicklung sind vermutlich die in hellenistischer Zeit einsetzenden und im Mittelalter sowie der frühen Neuzeit zahlreichen Darstellungen des als Kentauren dargestellten Sternzeichen ‚Schütze' auf Himmelsgloben, Kirchenportalen (etwa auch der Kirche von Schloss Tirol), Illustrationen zu astronomischen und astrologischen Manuskripten (u. a.) sowie Botticellis Bild der ‚Pallas Athene mit dem Kentauren' (1482. Florenz, Uffizien).

Vermutlich ebenfalls spät hat sich eine Tradition entwickelt, welche aus den Kentauren Wahrsager und vor allem Sterndeuter macht; die Sternsagen dürften dabei eine wichtige Rolle gespielt haben, allerdings erst seit dem 3. Jahrhundert (v. Chr.) (vorher sind griechische astrologische Texte nicht belegt). Es wäre zu prüfen, ob sich für diese Vorstellung bereits mittelalterliche oder gar antike, vielleicht sogar altorientalische Belege finden. Ein erster Schritt zur Verbürgerlichung der Kentauren lässt sich jedoch schon Ende des 5./Anfang des 4. Jahrhunderts (v. Chr.) feststellen: In der griechischen bildenden Kunst werden gelegentlich Kentaurinnen und Kentaurenfamilien dargestellt, aber von den insgesamt 490 Belegen für Kentauren im ‚Lexicon Iconographicum Mythologiae Classicae' gehören nur die Nummern 326 bis 333 diesem Typ an. Die Künstler, die sich für solche Darstellungen entschieden haben, sehen in den Kentauren offenbar keine Hybriden, die nur fallweise aus Vereinigungen von Menschen und Pferden oder pferdegestaltigen Wesen entstehen und ihrerseits vorwiegend Nymphen oder menschlichen Frauen nachstellen, sondern eine eigene Spezies, welche für die unsere keine Bedrohung mehr darzustellen braucht. Vermutlich gerade deshalb bleibt die Kentaurenschlacht auch in der Literatur ein beliebteres Motiv als die Kentaurenfamilie; bezeichnenderweise ist es der große Ironiker Ovid, der eine „Quotenkentaurin" am Kampf teilneh-

men lässt: Die gepflegte Hylonome (Metamorphosen / *Metamorphoseon libri* 12, 405-428), die zweimal pro Tag badet, sich Blumen in die Haare knüpft und nur erlesene Pelze um ihre Schulter oder ihre linke Flanke drapiert. Hier findet sich vermutlich ein Reflex der schon im 7. Jahrhundert (v. Chr.) belegten griechischen Vorstellung von Pferden im Allgemeinen und von Stuten im Besonderen als eitlen Tieren; das zwei- oder dreimalige Baden pro Tag gehört etwa zu den Lastern der Stutenfrau im so genannten Weiberjambus des Semonides (63 f.). Sonst ist Hylonome aber vorbildlich; sie lebt in einer monogamen Ehe mit Cyllarus; beide werden unschuldig in diese Schlägerei verwickelt.

Die Vorstellung von Kentauren als eigener Art war jedoch in der Antike nie fest verankert, wie die Kontroverse über die Frage zeigt, ob Kentauren existieren können. Wenn im 1. Jahrhundert (v. Chr.) Plinius der Ältere (*Naturalis Historia* 7, 35) schreibt, Kaiser Claudius habe geschrieben, in Thessalien sei ein Hippokentaure zur Welt gekommen, aber am selben Tag gestorben, so macht er sich nicht über diesen Kaiser lustig – er ist überzeugt, selbst einen in Honig konservierten Kentauren gesehen zu haben, der Claudius aus Ägypten geschickt worden war. Diejenigen, welche die mögliche Existenz von Kentauren bestreiten, vor allem Aristoteles (Über die Entstehung der Tiere / *De generatione animalium* 4, 3), der die Kentauren speziell nicht erwähnt, sondern generell von Mischwesen spricht; Palaiphatos, vermutlich ein Zeitgenosse des Aristoteles, Unglaubliche Geschichten (*Peri apiston historion),* Kap. 1; im 1. Jahrhundert (v. Chr.) dann Lukrez, Über die Natur der Dinge (*De rerum natura)* 5, 878-891 und im 2. Jahrhundert (n. Chr.) Galen, Über den Gebrauch der Glieder des menschlichen Körpers (*De usu partium)* 3 Anfang, führen – wenn auch mit unterschiedlichen Begründungen – als entscheidendes Argument an, dass zu unterschiedliche Spezies im Allgemeinen (Aristoteles) bzw. Menschen und Pferde im Besonderen (Lukrez und Galen) keine gemeinsamen Nachkommen haben

Anton Kothgasser (Dekor): Kentaurin. Vase der Wiener Porzellanmanufaktur. 1795-1800.   Foto: © MAK/Georg Mayer

können. Dieses Problem würde sich nicht stellen, wenn Kentauren eine eigenständige Spezies wären, aber angenommen, es gäbe Mischwesen mit menschlichem Oberkörper und menschlicher Vernunft sowie mit Rumpf und Beinen eines Pferdes – wäre eine solche Anatomie erstrebenswert? Der erste erhaltene Text, in dem dieses Gedankenexperiment angedeutet wird, findet sich im 4. Jahrhundert (v. Chr.) in Xenophons ‚Erziehung des Kyros' (*Kyru paideia*; es handelt sich um eine weitgehend unhistorische Biographie des Gründers des Perserreichs). In Kapitel 4, 3 begründet Kyros seinen Entschluss, die Perser sollten reiten lernen und die Kunst des Bogenschießens vom Pferderücken ausüben. Der Adelige Chrysanthas pflichtet ihm bei und fügt unter anderem hinzu (§ 17), kein Lebewesen scheine ihm beneidenswerter als die Hippokentauren, wenn sie denn wirklich über die planende Vernunft und die geschickten Hände der Menschen, aber die Schnelligkeit und Geschwindigkeit von Pferden verfügen (Chrysanthas drückt sich so aus, als halte er die Existenz solcher Wesen für nicht bewiesen, aber auch nicht für ausgeschlossen). Diese positive Bewertung nimmt er allerdings in den folgenden Paragraphen zurück, wenn er meint, als

Reiter werde er über dieselben Vorteile verfügen wie die Kentauren, ohne jedoch an den Pferdekörper gebunden zu sein: Als Reiter, so Chrysanthas, sei er wie ein Kentaure, den man nach Belieben auseinander nehmen und wieder zusammensetzen könne. Noch interessanter ist ein Text, der bis jetzt kaum beachtet und auch nicht ins Deutsche übersetzt worden ist: der Anfang des dritten Buches von Galens Schrift ‚De usu partium', entstanden zwischen 169 und 175 n. Chr. Galen argumentiert in drei Schritten: 1) Pferde und Menschen können keine gemeinsamen Nachkommen haben; 2) wenn sie es könnten, könnten sich diese nicht ernähren, weil der menschliche Teil menschliche Nahrung braucht und der tierische Teil tierische, 3) selbst wenn diese Mischwesen entstehen und sich ernähren könnten, hätten sie es schwer und könnten unter anderem nicht auf Leitern klettern oder in die Takellage von Schiffen. Dabei ist Argument 1 besonders interessant, weil hier zum ersten Mal in der erhaltenen Literatur der Gedanke geäußert wird, dass alle Mythen unzuverlässig sind und dass Dichterzitate nichts beweisen, aber auch Argument 3 ist bemerkenswert, als geistreiche Proto-Science-Fiction, in der die Frage „Was wäre, wenn...?" gestellt wird.

1 Nr. 244 im LIMC-Artikel Cheiron.

Literatur:

LIMC = Lexicon Iconographicum Mythologiae Classicae.

Jeri Blair DeBrohus: Centaurs in Love and War: Cyllarus and Hylonome in Ovid Metamorphoses 12.393-428. In: American Journal of Philology 125 (2004), 417–452.

Madeleine Gisler-Huwiler: Cheiron. In: LIMC 3/1 (1986), 237–248, und 3/2, 185–197.

Mark Griffith: Horsepower and Donkeywork: Equids in the Ancient Greek Imagination, I und II. In: Classical Philology 101 (2006), 185-246 und 307–358.

David M. Johnson: Persians as Centaurs in Xenophon's Cyropaedia. In: Transactions of the American Philological Association 135 (2005), 177–207.

Maria Leventopoulou (u.a.): Kentauroi et Kentaurides. In: LIMC 8/1 (1997), 671–772 und 8/2, 416–493.

Otta Wenskus: Die so genannte Niedere Mythologie in Michael Hoffmans *A Midsummer Night's Dream* (1999) und in Fantasyverfilmungen. In: Stefan Neuhaus (Hg.), Literatur im Film, Würzburg 2008, 239–262.

Dies.: Wenn wir alle Kentauren wären. Wissenschaftliches Denken und Vorformen der *science fiction* bei Galen, *De usu partium 3, 1* (im Druck; wird in den Würzburger Jahrbüchern für die Altertumswissenschaften erscheinen)

Franz von Stuck: Amazone und Kentaur. 1912.

Otta Wenskus

Mythische Amazonen und berittene skythische Bogenschützinnen

Die Frage, ob die Griechen Amazonenmythen entwickelt hätten, auch wenn sie nie von zu ihrer jeweiligen Zeit real existierenden kämpfenden Frauen gehört hätten, lässt sich nicht sicher beantworten. Grundsätzlich verfehlt ist jedenfalls die Grundannahme, jeder Mythos müsse einen wahren Kern gehabt haben. Die Griechen und Römer waren kein phantasieloser Haufen, unfähig, sich eine gute Geschichte auszudenken. Ich neige dazu, die eingangs gestellte Frage zu bejahen: Die Amazonen erfüllen im Mythos wichtige Funktionen, denn sie repräsentieren zumindest in der offiziellen griechischen Propaganda der klassischen Zeit eine ,Verkehrte Welt', eine unnatürliche Bedrohung: Kriegerinnen, welche angeblich mehrmals in griechisches Gebiet eindrangen und von den Griechen erfolgreich abgewehrt wurden[1]. Hierzu ist anzumerken, dass die romantische Vorstellung, Frauen seien friedfertiger als Männer, der griechisch-römischen Antike fremd ist. In den antiken Berichten über Amazonen, welche meist als aggressiv und oft als grausam dargestellt werden, sind zwei widerstrebende erzählerische Tendenzen festzustellen, ähnlich wie in modernen Horrorfilmen: Einerseits ist die völlige Vernichtung der Monster ein befriedigendes Ende jeder Geschichte, andererseits will man weitere Monstergeschichten erzählen, und wenn man nicht ständig neue Monster erfinden will, muss man auf den Topos „Something has survived" zurückgreifen. Um dies einigermaßen glaubhaft tun zu können, werden die Amazonen von unseren Quellen vorzugsweise zeitlich und / oder räumlich in weiter Entfernung verortet, meist im nördlichen Kleinasien oder Thrakien, seltener auch in Afrika oder anderen Randgebieten der den Griechen mehr oder weniger bekannten Welt.

Grundsätzlich sollten wir unterscheiden zwischen den Amazonen des Mythos, die im Matriarchat oder sogar (bis auf regelmäßige Hochzeitsfeiern) getrennt von den Vätern ihrer Kinder lebten, und den meist im weiteren Sinne skythischen[2] berittenen Bogenschützinnen der frühen Eisenzeit, auch wenn viele Forscher und vor allem Forscherinnen (möglicherweise ermutigt durch ihre Verleger) häufig der Versuchung erliegen, die gesamte Schwarzmeerküste als Einheit zu betrachten, um die Amazonenmythen historisierend „erklären" zu können. Bis in das sechste Jahrhundert (v. Chr.) werden die mythischen Amazonen als Fußkämpferinnen dargestellt, in griechischer Tracht oder in heroischer Teilnacktheit; später wirkt sich die Kenntnis der berittenen Bogenschützinnen iranischer Stämme des nördlichen Schwarzmeergebietes und vor allem des Sarmaten- (oder Sauromaten-)gebiets an der unteren Wolga auf die Darstellung auch der mythischen Amazonen aus: Immer häufiger werden diese als Reiterinnen dargestellt, werden ihnen Namen zugeschrieben, die sie als Reiterinnen ausweisen, und werden sie in der Tracht skythischer Bogenschützinnen (bestehend unter anderem aus buntbestickten, vermutlich aus Lederstreifen zusammengenähten Leggins, sowie einem Kampfgurt) abgebildet; daneben bleiben aber auch die älteren Bildtypen bestehen.

Mit hoher Wahrscheinlichkeit nahmen die skythi-

Ariana-Maler: Amazone geht gegen griechische Krieger (Hopliten) vor. Attisch-rotfiguriger Kolonettenkrater. Um 440 v. Chr.
© Staatliche Antikensammlungen und Glyptothek München. Foto: Renate Kühling

schen und sarmatischen reitenden Bogenschützinnen[3] aktiv an Kampfhandlungen teil, aber wir sind in ihrem Fall auf archäologische Befunde angewiesen, die von Natur aus meist mehrdeutig sind und von denen wir oft nicht wissen können, ob sie repräsentativ sind. Zumindest haben paläopathologische Untersuchungen zweifelsfrei bewiesen, dass einige dieser Frauen sowohl viel ritten als auch mit dem Bogen schossen; selbst Verletzungen durch Waffen sind nachweisbar. Dies lässt sich zwar etwa auch durch die Teilnahme an Jagden oder Kampfspielen sowie vor allem durch die Notwendigkeit erklären, das Weidevieh vor Raubtieren und Viehräubern zu schützen, aber auch Kämpfe gegen Viehdiebe lassen sich als Kriege deuten und, wie einige Verletzungen beweisen, lebten diese bewaffneten Reiterinnen jedenfalls riskant. Andere Indizien zeigen, dass sie voll integriert in männerdominierten Gemeinschaften lebten, der außer ihnen auch (hosentragende) Männer und (röcketragende) nichtkämpfende Frauen angehörten.

Von einer echten Gleichberechtigung der Geschlechter zu sprechen, ist sicher verfehlt; skythische oder sarmatische Königinnen sind nicht bezeugt. Die Griechen identifizieren die kämpfenden Sarmatinnen in der Regel nicht ausdrücklich mit den Amazonen; typisch ist die Haltung des Historikers Herodot (5. Jh. v. Chr.), der sowohl die Ähnlichkeiten als auch die Unterschiede plausibel (aber sicher falsch) mit der Behauptung erklärt[4], die letzten Amazonen seien an die nördliche Schwarzmeerküste verschlagen worden und hätten dort zusammen mit einer Gruppe junger skythischer Männer ein neues Volk gegründet: die Sauromaten (4, 110-117). Laut Herodot 4,110 nennen die Skythen die Amazonen *„Oiorpata"*, was „Männertöterin" bedeute, aber weder Herodot noch der Verfasser der anonymen, im so genannten hippokratischen Corpus überlieferten Schrift, die unter dem deutschen Konventionaltitel „Über die Umwelt" bekannt ist (Kap. 17), scheinen zu wissen, dass es auch unter den Skythinnen im engeren Sinne (und nicht nur unter den Sarmatinnen) berittene Kriegerinnen gab; andererseits übertreiben sie wahrscheinlich, wenn sie das Kriegerinnen-Stadium im Leben aller Sauromatinnen als verpflichtenden Kriegsdienst vor der Ehe darstellen. Auch in anderen Punkten scheinen sowohl die älteren Amazonenmythen als auch die griechischen Wertvorstellungen die Wahrnehmung dieser fremden Völker verzerrt zu haben. So projiziert der Verfasser der Schrift ‚Über die Umwelt' (anders als Herodot) vermutlich eine griechische Wertvorstellung auf die Sauromaten, wenn er erklärt, in der Regel ritten nur die Jungfrauen der Sauromaten in den Krieg. Nicht, dass die griechischen Jungfrauen[5] in der Regel reiten, aber erstens sehen die Griechen in der Ehe einen so starken Einschnitt, dass sie das, was die Jungfrauen anderer Völker vor der Ehe tun, weitgehend neutral bewerten, und zweitens können in der griechischen Literatur der klassischen Zeit Jungfrauen, die in Ausnahmefällen reiten, positiv beurteilt werden.[6]

Publikumswirksame, aber irreführende Behauptungen des Typs „Die Griechen hatten schon immer recht; Amazonen gab es wirklich!", wie wir sie leider immer häufiger auch in Veröffentlichungen als seriös geltender Verlage lesen, stellen also bestenfalls eine grobe Vereinfachung bzw. eine Verwässerung des Begriffs „Amazone" dar.[7] Meist liegt der systematische Denkfehler vor, den die moderne Kognitionsforschung *identification game* nennt: Die bewaffneten sauromatischen Reiterinnen kommen dem, was die Griechen unter „Amazonen" verstehen, am nächsten, also sind sie mit „Amazonen" gemeint bzw. stammen von diesen ab. Außer Frage steht hingegen, dass die Existenz dieser Reiterkriegerinnen die griechischen Autoren und bildenden Künstler spätestens ab Ende des 6. Jahrhunderts (v. Chr.) beeindruckt hat, mit den Folgen, dass Amazonen später vor allem als Reiterinnen galten und dass die deutsche hippologische Fachsprache unter „Amazone" eine den Reitsport betreibende Frau versteht.

Franz von Stuck (1863–1928): Speerschleudernde Amazone. 1897/98.   © Nachlass des Künstlers

Armen Gasparyan (* 1966): Die Amazonen. 2015.   Foto: Wien, A. R. C. O.

1 Diese Ansicht vertritt u. a. Dowden (1997). Dass die Amazonen als zivilisationsgefährdend gesehen werden, nähert sie den Kentauren an; siehe den Beitrag ‚Menschen, Pferde und Kentauren' in diesem Band.

2 Ich gebrauche diesen Ausdruck mangels eines besseren; es ist zweifelhaft, ob sich alle von den Griechen so genannten Skythen tatsächlich selbst als Skythen bezeichnet hätten (sicher sprachen sie das Wort anders aus).

3 Außer Pfeilspitzen (die Bögen sind in der Regel nicht erhalten) hat man bei den Skeletten von Reiterinnen auch andere Waffen gefunden, ferner die in ihrer Gesellschaft typisch weiblichen Grabbeigaben. Ab dem 3. Jahrhundert (v. Chr.) fehlen, soweit ich sehe, archäologische Belege für reitende bewaffnete Frauen im Skythen- und Sarmatengebiet.

4 Es handelt sich hier um eine der für die frühe Historiographie typischen ad-hoc-Erklärungen, das heißt, das einzige Argument, das für die Wahrheit der Erklärung spricht, ist, dass sie das zu erklärende Faktum tatsächlich erklären würde, wenn sie zuträfe.

5 Der Begriff „Jungfrau" (gr. *Parthenos*) ist problematisch: Er kann – auf fremde Ethnien angewendet – auch junge Frauen bezeichnen, die noch nicht verheiratet sind (wobei auch der Begriff „Heirat" problematisch ist).

6 Wenskus (1997).

7 So etwa in Adrienne Mayor: The Amazons. Lives and legends of warrior women across the ancient world, Princeton – Oxford 2014. Die sprachwissenschaftlichen Prämissen, aus denen die Verfasserin (21-25) den Schluss ableitet, unter „Amazonen" hätten die Griechen ursprünglich eine Ethnie verstanden, der außer Frauen auch Männer angehören, sind nachweislich falsch und viel zu selten trennt Mayor Fakten von Spekulationen. Dies gilt auch für ihre befremdliche Idealisierung des Lebens der skythischen Kriegerinnen, welches laut ihr von Kameradschaft und erfülltem Sexualleben gekennzeichnet war. Noch bedauerlicher ist freilich, dass selbst eine so seriöse Wissenschaftlerin wie die Skythologin Renate Rolle (2011) weit über das Ziel hinausschießt, wenn es um den Einfluss der kämpfenden Sauromatinnen auf die Amazonenmythen geht.

Literatur:

Pierre Devambez: Amazonen, Lexicon Iconographicum Mythologiae Classicae, I/1 (1981), 586-653 und I/2, 440–532.

Kenneth Dowden: The Amazons. Development and Functions. In: Rheinisches Museum 140 (1997), 98–128

R. L. Fowler: Early Greek Mythography, Band 2: Commentary, Oxford 2013.

Renate Rolle: Amazonen in der archäologischen Realität. In: Joachim Kreutzer (Hg.), Kleist-Jahrbuch 1986, 38–62.

Dies.: The Scythians. In: L. Bonfante (Hg): The Barbarians of Ancient Europe: Realities and Interactions, Cambridge 2011, 107–131.

Otta Wenskus: Das Haus als Bereich der Frauen und Tyrannen in der griechischen Tragödie. In: Philologus 141 (1997), 21–28.

Dies.: Amazonen zwischen Mythos und Ethnographie. In: Sieglinde Klettenhammer – Elfriede Pöder (Hg.): Das Geschlecht, das sich (un)eins ist?, Innsbruck – Wien – München 2000, 63–72.

Dies.: Geschlechterrollen und Verwandtes in der pseudohippokratischen Schrift Über die Umwelt. In: Robert Rollinger – Christoph Ulf (Hg.): Geschlechterrollen und Frauenbild in der Perspektive antiker Autoren, Innsbruck – Wien 1999, 173–186.

Norbert Loidol

Mensch und Pferd: Eine kleine Geschichte des Mythos

Sonnenwagen von Trundholm. Um 1.400 v. Chr.   Foto: Römisch-Germanisches Zentralmuseum, Mainz / D. Chr. Beeck

Als 1902 ein Bauer beim Pflügen den bronzezeitlichen Sonnenwagen von Trundholm (Solvognen bei Nykøbing Sjælland auf der Insel Seeland / Dänemark), aus der Zeit um 1.400 v. Chr. entdeckte, war dies eine archäologische Sensation, die bis heute zu vielen gelehrten Spekulationen über das erstaunlich ausdifferenzierte Weltbild prähistorischer Völker Anlass gibt. Die Mutmassungen und offenen Fragen über das kalendarische Wissen haben insbesondere nach dem von Raubgräbern 1999 geborgenen Fund der so genannten Himmelscheibe von Nebra (Fundort in der Gemeinde Ziegelroda in der Nähe des Stadt Nebra / Sachsen-Anhalt) neuen Auftrieb erhalten[1].

Der Phaeton-Mythos

Wenn der von Pferden gezogene Sonnenwagen aus der Bahn gerät, ist das Thema des Phaeton-Mythos.Phaeton (wörtlich „der Leuchtende"), ein Sohn des Sonnengottes Helios, erhält von seinem Vater die Erlaubnis, einmal den Sonnenwagen selber zu lenken. Aber die Fahrt misslingt und der aus der Bahn geratene Wagen droht, die Erde in Brand zu setzen, weshalb ihn Zeus mit einem Blitz in den Fluss Eridanos, den Po, stürzen lässt. Phaetons Schwestern, die Heliaden, die am Ufer um ihn trauern, werden ihn Bäume verwandelt. So erzählt der römische Dichter Ovid (1. Jh. v. Chr.) in seinem Werk „Metamorphosen" den alten Mythos, der schon von Platon in seinem Dialog „Timaios" als Weltenbrand gedeutet wurde und der auch Gegenstand einer Tragödie des Euripides und der „Dionysiaka" des ägyptischen Dichters Nonnos von Panopolis war. Die unteritalienische Hafenstadt Locri (Lokroi Epizephyrioi), eine griechischen Kolonie, wo im 5. Jahrhundert vor Christus ein Zeustempel in ionischer Ordnung errichtet worden war, in dessen Eingangsbereich zwei gut lebensgroße berittene Türsteher aufgestellt waren (heute im Museum von Reggio di Calabria), war die Heimatstadt des Timaios, der Titelfigur des platonischen Dialoges, in dem das Missgeschick des wagenfahrenden Phaeton angesprochen wird. Auch im nach einem athenischen Bürger benannten Dialog „Phaidros" werden von Platon die aufeinander abzustimmenden Regungen der Seele mit einem von Pferden gezogenen Wagen verglichen. Pferde spielen auch in den Dramen des Euripides (5. Jh. v. Chr.) (namentlich Hippolytos, Melanippe die Kluge, Melanippe die Schwarze) eine wichtige Rolle und diese literarischen Motive boten wiederum den Vasenmalern interessanten Stoff.

Am hellenistischen Athenatempel von Troja hat Heinrich Schliemann 1872 eine Metope (Architekturrelief des Frieses) ergraben, die Helios mit einem vierspännigen Sonnenwagen zeigt. Darstellungen des Helios

Helios auf dem Sonnenwagen. Darstellung vom Athena-Tempel in Troja.   Foto: Wikimedia (Gryffindor, 2007)

mit Pferden finden sich auch auf einem Metopenrelief des Tempels C von Selinunt in Sizilien und auf antiken Vasenmalereien.

Mythologische und religiöse Bedeutung hatte das Pferd auch im luwischsprachigen Königreich Kizzuwatna (in Südostanatolien, Kleinasien) – sowohl im Kult als auch im königlichen Begräbnisritual. Auch im Reich der Mitanni (15. Jh. v. Chr.), in dem Hurriter, Amoriter und Assyrer zusammenlebten und in welchem der Hurriter Kikkuli – gewissermaßen als Vorläufer der Athener Simon und Xenophon – eine erst 1906 in der hethitischen Stadt Stadt Ḫattuša (Boğazkale / früher Boğazköy, 170 km östlich von Ankara) entdeckte Schrift über das Trainieren von Pferden verfasste, sind Wagenrennen in kultischem Zusammenhang bezeugt. Pferdebestattungen, wie später bei den Skythen, sind in der minoischen und mykenischen Kultur und in der mittelhelladischen Nekropole von Varnas bei Marathon (2.000–1.600 v. Chr.) nachweisbar. In einem hethitischen Gebet des

15. Jahrhunderts, das Beziehungen zur altbabylonischen Tradition zeigt, wird eine Quadriga (Vierergespann) des Sonnengottes erwähnt. Eine Eigentümlichkeit stellen die im 1. Jahrtausend vor Christus in Assyrien dem Gott Assur und dem Mondgott von Harran geweihten weißen Pferde dar. Vom Nabu-Tempel in Kalḫu (bibl. Kalach, 30 Kilometer südöstlich von Mossul, Nordirak) wurden weiße Pferde nach Assur überstellt, um beim Frühlingsfest den Wagen des Gottes Assur zu ziehen. Die im 13./14. Jahrhundert vor Christus in Syrien-Palästina und Ägypten weit verbreitete Ikonographie einer auf dem Pferd stehenden und reitenden Göttin (Anat / Astarte / Ašera) scheint sich von wesensverwandten Pferdeschutzgöttinnen im Südosten Kleinasiens (Malija, Pirwar, Pirinikr) herzuleiten.

Die Dioskuren

In vielen Städten Kleinasiens wurden Standbilder der als Rossebändiger bekannten Dioskuren (Zeussöhne) Kastor und Polydeukes aufgestellt, ebenso in Argos und Athen (Anakeion), wie der Reiseschriftsteller Pausanias berichtet, aber auch in Agrigent und Neapel (der Dioskurentempel wurde zur Kirche San Paolo Maggiore umgebaut) und in Rom am Forum Romanum (Aedes Castoris). Zwei marmorne Castores aus neronischer Zeit stehen seit dem 16. Jahrhundert am Aufgang zum Kapitolsplatz in Rom. Und auch auf der Standarte des Iuppiter Dolichenus, die aus dem Depotfund von Mauer an der Url (Bezirk Amstetten / NÖ; Antikensammlung des Kunsthistorischen Museums Wien) stammt, finden sich die Bilder der beiden Dioskuren. Der Dioskurenkult war zunächst in Sparta beliebt und verbreitet, dehnte sich dann über Griechenland und mit der Schifffahrt über das ganze Mittelmeer aus. Die Dioskuren galten als Helfer in der Schlacht und als Beschützer der Seeleute. Der Sieg der Römer am See *Regillus* über die Latiner soll der Sage nach erst durch ihr Eingreifen auf römischer Seite

möglich geworden sein. Anschließend ritten sie auf das Forum Romanum, um den Ausgang der Schlacht zu verkünden. Ihre Pferde ließen sie an der im Forum gelegenen Quelle der Nymphe Juturna tränken. Der Sieger der Schlacht, der spätere Konsul Aulus Postumius Regillensis gelobte ihnen zu Ehren die Errichtung eines Tempel auf dem Forum Romanum, der 484 v. Chr. geweiht wurde.

Triton und Amphitrite

Triton, ein Sohn von Poseidon und Amphitrite, der die Fluten mit dem Muschelhorn aufwühlt, wird teils als Meeresgottheit mit menschlichem Oberkörper und Fischschwanz dargestellt, zum Teil aber auch als Ichthyo- d. h. Fischkentaurus mit Pferdevorderbeinen. Im Mythos der Argonauten tritt Triton als Herr des Tritonischen Sees in Libyen auf, zeigt Jason und seinen Begleitern den Weiterweg und schenkt in Gestalt des Eurypylos dem Euphemos eine Erdscholle, aus der Thera (Santorin), die Mutterinsel der libyschen Stadt Kyrene, entsteht. Der Trompeter Misenos, einer der Gefährten des Äneas, fordert Triton zum musikalischen Wettstreit heraus und wird von ihm ins Meer gestürzt. Nur ikonographisch belegt ist Triton statt Nereus als Gegner des Herakles im Ringkampf und als Geleiter des Theseus zum Meeresgrund, und zwar auf dem Relief des Architravbalkens des Tempels von Assos (in der südwestlichen Troas, heute in der Provinz Çanakkale, Türkei). Im Meeres-Thiasos, d. h. im Gefolge von Poseidon und Aphrodite, bilden die in Mehrzahl auftretenden Tritonen ein beliebtes Element als Reittiere der Nereiden. Mitunter kommen sogar Tritoninnen als weibliche Gegenstücke vor. Das beliebte Motiv der auf Seetieren reitenden Nereiden findet sich auf dem Münchener Relief des so genannten Altars des Domitius Ahenobarbus (115–110 v Chr., München, Staatliche Antikensammlung und Glyptothek). Kulte für Poseidon Hippios und für Athena Hippia gab es auf dem Pferdehügel (*kolonós híppios*) in

Athen. In Rom bestand auf dem Mons Palatinus ein von einem Griechen aus Arkadien, Euandros, begründeter Kult für das römische Pendant von Poseidon Hippios, für Neptunus Equestris, der auch mit Consus, dem römischen Gott der Getreidernte, gleichgesetzt wurde. Bei den Consulia - den beiden Festtagen des Getreidegottes am 21. August und 15. Dezember – der erste nach Einbringung der Ernte, der zweite nach dem rituellen Öffnen der Getreidevorräte – wurden Pferderennen abgehalten und die Pferde mit Blumen bekränzt.

Auch auf dem von dem König Eumenes II. von Pergamon (221–158 v. Chr.) aus dem hellenistischen Geschlecht der Attaliden - aufgrund seiner Errettung bei einem während einer Rückreise aus Rom im Apollonheiligtum in Delphi erfolgten Mordanschlages (172 v. Chr.) – um 170 errichteten Pergamonaltar, an dessen Hauptfries der Kampf der Götter mit den Giganten die Bildthematik bildet, findet sich eine kunsthistorisch und für den Pferdemythos inhaltlich interessante Ikonographie: Den Abschluss des Nordfrieses bildet der am Gigantenkampf teilnehmende Meeresgott Poseidon, der mit einem Seepferdgespann aus dem Okeanos auftaucht, und am Ostfries findet sich die Olympierin Hera, die Schwester und Gattin des Zeus, auf einem vierspännigen Streitwagen mit geflügelten Pferden, die man als die Personifikationen der vier Winde Notos, Boreas, Zephyros und Euros deutet. Auf dem Tempeldach steht ebenfalls ein Pferdegespann.

Mythische Pferde

In einer engen Weggabelung zwischen Delphi und der Stadt Daulis traf Oidipus, der Sohn des Königs Laios, auf den Wagen seines Vaters, ohne diesen zu erkennen. Polyphontes, der Fahrer des Wagens, forderte Ödipus auf, Platz zu machen. Da ihm die Reaktion des Ödipus zu zögerlich erschien, tötete er eines seiner Pferde, woraufhin Ödipus Polyphontes und seinen

Mitfahrer, von dem er nicht ahnte, dass es sein Vater Laios war, erschlug.

Zwischen 447 und 437 v. Chr. wurde der Parthenon, der Tempel der Stadtgöttin Athena, vom Bildhauer Phidias auf der Akropolis geplant und errichtet. An seinen Südmetopen findet sich dasselbe Thema wie am Westgiebel des Zeustempels von Olympia. Am Ostgiebel des Parthenons wird die Geburt der Athena aus dem Okeanos dargestellt: Dieses Ereignis war dermaßen wunderbar und beeindruckend, dass der Bildhauer in seiner Komposition gewissermaßen das Stehenbleiben der Zeit zum Ausdruck bringen wollte. Der Sonnengott bringt die über das Firmament eilenden Rosse zum Stehen und ebenso verhält sich die Nachtgöttin Nyx mit ihrem Gespann (jeweils auf der linken und rechten Seite des Ostgiebels dargestellt). Goethe hat dieses von Lord Elgin nach London gebrachte Skulpturenfragment des Pferdekopfes vom Gespann der Nyx so sehr beeindruckt, dass er in seinem Aufsatz von 1823 „Zur Morphologie" von ihm als einem wahrhaften „Urpferd" sprach.

Der sagenhafte athenische Stadtgründer Theseus

Pferd der Nachgöttin Nyx vom Parthenon-Tempel.

Foto: Wikimedia (Urban, 2006)

wird mit den Amazonen in Verbindung gebracht. Viele Götter und Heroen – u. a. Zeus, Mars, Hermes - besitzen Pferde oder lenken diese meisterhaft. Von Athena wird berichtet, sie habe Wagen und Zügel erfunden. Poseidon soll das Pferd erschaffen haben und gilt als Vater des geflügelten Zauberpferdes Pegasus, das er mit der Gorgo Medusa, einem Ungeheuer, dessen Anblick jedermann zu Stein erstarren ließ, zeugte. Als es dem Heros Perseus gelingt, ihr mithilfe einer List das Haupt abzuschlagen, springen Pegasus und der mythische Held und Krieger Chrysaor aus ihrem Rumpf, was bereits der Dichter Hesiod in seiner Theogonie (um 700 v. Chr.) schildert. Nach dieser Darstellung schickt Poseidon dem Bellerophon ein goldenes Zaumzeug, nach anderer Überlieferung (Oden des Pindar) erhält Bellerophon dieses von Athena: In beiden Fällen zeichnet sich das Zaumzeug dadurch aus, dass es besondere Wunderkraft besitzt. Erst damit kann Bellerophon den Pegasus an der korinthischen Quelle Peirene fangen und zäumen. Mit Hilfe des Pegasus bezwingt Bellerophon die Amazonen, das Ungeheuer Chimaira und die Solymer, einen Volksstamm in Ostlykien und Südwestpisidien. Er überredet Stheneboia (Anteia) von Tiryns zu einem Ritt auf Pegasus und stürzt sie unterwegs aus Rache ins Meer. An anderer Stelle berichtet Pindar, dass Bellerophon von Pegasus abgeworfen wird, als er in den Himmel fliegen will. Nach Hesiod fliegt Pegasus nach seiner Geburt von der Erde zu den Göttern, wo er im Haus des Zeus wohnt und dessen Blitz und Donner trägt. Etymologisch wird Pegasus von *pegé* (griech. Quelle) hergeleitet, weil er an den Quellen des Okeanos geboren sein soll und weil die Hippokrene, eine Quelle auf dem Musenhügel Helikon, einem Gebirge in Böotien, und andere Quellen durch seinen Hufschlag entstanden seien. Pegasus erscheint auf vielen griechischen Münzen, zuerst in Korinth (um 640 v. Chr.) und in korinthischen Kolonien (u. a. Syrakus). Auch die Satyrn und Silene, die oft in Zusammenhang mit der Rückführung des Schmiedegottes Hephaist auf dem Olymp dargestellt werden, weisen ursprünglich Pferde-, später dann auch Esels- und Bocksmerkmale auf.

Auf den Giebeln des in den Jahren 480/470 bis 456 v. Chr. errichteten Zeustempels in Olympia war auf der Westseite die Hochzeit des Peririthoos mit der Lapithin Hippodameia dargestellt, bei der die trunkenen Kentauren die Hochzeit störten und sich ein Kampf und ein wildes Ringen zwischen Lapithen und Kentauren entwickelte. Auf der Ostseite war die Wettfahrt des Pelops gegen Oinomaos, den König von Pisa und damit auch von Olympia, dargestellt. Oinomaos, der von seinem Vater, dem Kriegsgott Ares (Mars), pfeilschnelle Pferde geschenkt erhalten hatte, versprach seine Tochter Hippodameia demjenigen, der ihn im Wagenrennen besiege. Dem Verlierer drohte nach einer Weissagung des Orakels von Delphi der Tod. Zwölf Freier der Hippodameia fanden den Tod, ehe der Antalolier Pelops mit seinen schnellen Pferden den Sieg davontragen kann. Auf einer Metope unterhalb des Ostgiebels sind die menschenfressenden Rosse des Diomedes, die Herakles bändigt, dargestellt.

„Trojanische und römische Pferde"

Auch der Trojamythos, dessen Hauptquelle „Homers Ilias" darstellt, ist von Anfang an mit dem Pferd verbunden: Zeus und Poseidon, Gott des Meeres und Schöpfer der Pferde, wollten jeweils die schönste der Nereiden (Töchter des Meeresgottes Nereus, oft auf Hippokampen reitend dargestellt), Thetis, freien. Da aber Zeus von Prometheus geweissagt wurde, dass der Sohn aus dieser Verbindung größer als der Vater sein würde, übergab Zeus Thetis einem Sterblichen, dem Peleus. Bei der Hochzeit von Peleus und Thetis kam es zu einem Schönheitswettbewerb zwischen Hera, Athene und Aphrodite, den Paris, der Sohn des trojanischen Königs Priamos, zugunsten der Aphrodite entschied, da ihm diese die Ehe mit Helena, der Gattin des Menelaos in Sparta, versprach. Da diplomatische Versuche, Helena zurückzuerhalten, scheitern, sammelt Agamemnon, der Schwager der Helena, ein rie-

Mykonos-Vase.   Repro: Autor

siges Truppenaufgebot der Griechen. Es beginnt die Belagerung Trojas durch die Griechen, die sich über mehrere Jahre hinzieht, zumal es den Griechen nicht gelingt, die Trojaner von ihren kleinasiatischen Verbündeten abzuschneiden. Erst nach zehnjähriger Belagerung gelingt die Eroberung durch das von Epeios erbaute hölzerne Pferd, das als Inschrift trug „Die Griechen widmen dieses Dankopfer der Göttin Athene für eine sichere Heimfahrt." Das vermeintliche Weihegeschenk wurde trotz der Warnungen der Kassandra und des Priesters Laokoon und seiner Söhne von

den Trojanern in die Stadt gezogen, wodurch den im Pferd befindlichen Griechen die Eroberung der Stadt gelang. Die früheste bekannteste Darstellung des Trojanischen Pferdes ist übrigens auf der um 670 v. Chr. datierten so genannten Mykonos-Vase (einer kykladischen Reliefamphora im Archäologischen Museum von Mykonos) zu finden. Die homerische Erzählung von der Belagerung Trojas stellt eine zeitliche Rückblende in eine Epoche dar, in der die Stadt unter der Oberherrschaft der Hethiter stand, die passionierte Pferdezüchter waren.

„Mithradates-Grab". Foto: Wikimedia (Sharon Mollerus, 2009)

Das so genannte Trojaspiel, das unter Kaiser Augustus erneuert wurde, ist ein altitalisches Kampfspiel von Knaben und Jugendlichen zu Pferde, das die bei Vergil dichterisch überhöhte, sich von der Flucht des Aeneas aus Troja ableitende Gründungsgeschichte Roms als fernen Hintergrund hatte.

Als Erinnerung an den Untergang Trojas bzw. als Rache für die griechische List des hölzernen Pferdes wurde von dem sizilischen Historiographen Timaios von Tauromenion (3./2. Jh. v. Chr.) der römische Brauch des so genannten Oktoberpferdes (October equus) interpretiert. An den Iden des Oktober, also zu dessen Mitte, wurde alljährlich auf dem Marsfeld (Campus Martius) in Rom ein Wagenrennen abgehalten, bei welchem das rechte Pferd des siegreichen Zweigespanns getötet wurde. Der Kopf des Pferdes wurde (zuvor?) mit Broten oder Tüchern (die Lesart des Textes ist unsicher) umwunden. Nach der Tötung des Tieres durch Speerwurf kämpften die Bewohner der römischen Stadtteile von Via Sacra und Subura um den

Kopf: Dieser wurde anschließend in das Gebäude der Regia an der Via Sacra am Forum Romanum gebracht oder an einen Turm (die turris Mammilia im Stadtteil Subura) gehängt, während man den Schwanz zum Abtropfen des Blutes zu einem Herd in der Regia (das alte Königsgebäude) brachte. Der Schriftsteller Festus (2. Jh. n. Chr.) interpretiert das Oktoberpferd als Opfer an den Kriegsgott Mars und auch ein Zusammenhang mit dem Getreidewachstum wurde bereits in der Antike hergestellt. Das Blut des Oktoberpferdes wurde zusammen mit Kälberasche und Bohnenstroh als von den Vestalinnen gehütetes Räucherwerk auch am 21. April, einem der Göttin Pales gewidmeten Hirtenfest und gleichzeitig dem Geburtstag der Stadt Rom, verwendet. Ein grausames Pferdeopfer ist aus dem 3. Mithradatischen Krieg (74–67 v. Chr.) bezeugt, der mit einem erneuten militärischen Übergriff des Königs von Pontos, Mithradates VI., auf das von den Römern beanspruchte Bithynien im Nordwesten Kleinasiens begann. Der König warf nicht nur Pferde, sondern auch Menschen als Opfer vor Beginn des Feldzugs ins Meer. Diese Szenen wurden sehr lange erinnert und waren noch auf einem Wandgemälde in einem spätantiken römischen Landsitz, dem so genannten Burgus Pontii Paulini (Bourge-sur-Gironde, Region Aquitanien), dargestellt, wie der heilige Bischof und Dichter Apollinaris Sidonius bezeugt. Die Pferdeopfer des Mithradates könnten ein Opfer an Poseidon Hippios gewesen sein, der in Athen und Arkadien unter diesem Beinamen verehrt wurde, dem aber andererseits auch ein Heiligtum als Poseidon Taraxippus („Pferdeschreck") geweiht war. Dass sich Mithradates tatsächlich von religiösen Überlegungen leiten ließ, ist nicht so wahrscheinlich. Er wollte wahrscheinlich vor allem seine unberechenbare Übermacht und Überlegenheit demonstrieren. 1948 kam bei Grabungen in der Nähe der U-Bahnstation Larisa in Athen ein 2 x 1,9 Meter großes Relief aus pentelischem Marmor zum Vorschein, das ein laufendes, von einem afrikanischen Stallburschen geschlagenes Pferd zeigt. Vertreter der Spätdatierung dieses Reliefs (1. Jh. v. Chr.) bringen es mit einem Ehrenmal für Mithradates VI. in Verbindung.

Attisch-spätgeometrische Deckelpyxis.   © Staatliche Antikensammlungen und Glyptothek, München. Foto: Renate Kühling

Das Einhorn

Das Einhorn, das bereits auf einem in das 6. Jahrhundert datierten Gefäß des Hallstätter Gräberfelds (Grab 682) bezeugt ist, spielt in der griechisch-römischen Mythologie keine signifikante Rolle. Es gibt allerdings Berichte wie die des Reiseschriftstellers Kte-

sias von Knidos (5./4. Jh. v. Chr.), der in seinen Indika von einem einhörnigen Wildesel fabulierte, der sich unter anderem durch ein spitzes Stirnhorn und ein besonderes Sprunggelenk auszeichnete. Das Trinken aus einem aus seinem Stirnhorn gefertigten Becher solle Krankheiten verhindern, behauptete er. In der Bibel und auch in den hellenistischen und römischen

Übersetzungen (Septuaginta, Vetus Latina) erscheint das Einhorn, und der babylonische Talmud stellte sogar die Frage, wie das Einhorn die Sintflut überstehen konnte, obwohl es nicht in die Arche passte. Inwieweit mit dem in der pseudocaesarischen Schilderung des hercynischen Waldes (Exkurs in dessen „Gallischem Krieg") erwähnten hirschartigen Tier mit langem, geraden Horn, das sich an der Spitze palmenartig verzweige, ein Einhorn gemeint sein könnte, bleibt unklar. Die Kirchenväter deuteten das Einhorn zum Teil als Symbol Christi. Zur Quelle der christlich gedeuteten Einhorn-Fanggeschichte wurde der Physiologus (2. Jh. n. Chr.), eine in griechischer Sprache überlieferte frühchristliche, volksbuchartige Naturlehre, die das Einhorn wirklich populär gemacht hat. Im Physiologus wird vermerkt, dass das Einhorn nur von einer Jungfrau eingefangen werden könne, was allegorisch auf die Jungfrau Maria bezogen wurde und eine Deutung des Einhorns als Symbol Christi in die Kunstgeschichte einführte. Eine der ältesten bekannten Darstellungen eines Einhorns in der christlichen Kunst findet sich auf einem Antiphonale aus dem 12. Jahrhundert im Kloster Einsiedeln in der Schweiz. Die Miniatur zeigt eine Verkündigungsszene mit Maria, die in ihrem Schoß das Einhorn beschützt, vor Maria kniet der Erzengel Gabriel.

Totenpferde

Pferde spielen auch im Totenkult eine tragende und übersinnlich-mythologische Rolle: Deckelpyxiden und Amphoren mit Pferdedarstellungen fanden als Urnen in Friedhöfen Verwendung. In altitalischen Nekropolen und Gräbern lassen sich an die 280 Prunkwagen nachweisen, die, wenn sie auch Gemeingut wurden, auf etruskischen Einfluss hinweisen: Einer der am besten erhaltenen ist der Wagen von Monteleone di Spoleto (in der Provinz Perugia, Umbrien, Italien, 550/540 v. Chr., 1903 gefunden, heute im Bestand des Metropolitan Museum of Art in New York), dessen

Szenen auf den Seitenwangen die Rosse des Achill, Xanthos und Balios als Flügelwesen zeigen, die dem Helden auch im Jenseits dienen. Auch das römische Relief des Reisewagens an der Domkirche in Maria Saal zeigt vordergründig eine Reiseszene mit einem zweispännigen Wagen, die ebenfalls eine Reise durch die Unterwelt meinen könnte.

Germanen

Als Unterweltross wird gerne auch das achtbeinige Pferd des Gottes „Odin" Sleipnir angenommen. Es ist das schnellste Pferd der Welt und Odin reitet auf ihm nach Niflheim („dunkle Welt", ein eisiges Land im Norden), um die Träume seines durch einen Mistelzweig getöteten Sohnes Balder zu erkunden. Sleipnir ist laut einer sagenhaften Überlieferung auch der Grund, warum die Ásbyrgi-Schlucht auf Island die Form eines Hufeisens hat. Odin gilt auch als Herr der Wilden Jagd, bei der Tiere, vor allem Pferde und Hunde, mitziehen.

Im Nibelungenlied erhält Siegfried von Odin sein Schwert zum Geschenk und von Brünhilde deren Pferd Grani. Siegfried leistet vor der Werbung um Brünhild Gunther den Stratordienst, d. h., er führt dessen Pferd am Zügel. Die frühmittelalterlichen Walküren werden in einer naheliegenden Interpretation ursprünglich als Todesdämoninnen angesehen, denen die am Schlachtfeld gefallenen Krieger zufielen. Auf dem Runenkästchen von Auzon (Franks Casket) (Anfang des 8. Jahrhunderts aus Northumbria, British Museum London), einem kleinen aus Walknochen gefertigten Behältnis, das vermutlich dem König von Northumbria oder Mercia gehörte, tritt die Walküre Fylgja in Tiergestalt (Schwanengestalt) auf. Die späteren, in künstlerischen Darstellungen ab dem 19. Jahrhundert behelmten und reitenden Walküren sind Konstrukte, die natürlich auch von Richard Wagners Opfernstoff „Der Ring des Nibelungen" inspiriert sind.

Viel Stoff für Spekulationen über heilige weiße Pferde der Germanen gab auch eine Stelle aus der „Germania" (10,3–5) des römischen Historikers und Politikers Publius Cornelius Tacitus, wo es heißt: „Eigentümlich aber ist es diesem Volk, es auch mit Vorahnungen und Weissagungen der Pferde zu versuchen. (4) Sie werden auf öffentliche Kosten in den Waldtriften und Hainen gehalten, sind glänzend weiß und von keiner irdischen Arbeit berührt. Diese werden vor den heiligen Wagen gespannt, und der Priester und der König - oder das Haupt der Gemeinde - begleiten ihn und geben auch ihr Wiehern und Schnauben Acht. (5) Und tatsächlich wird keinem Wahrzeichen größere Glaubwürdigkeit beigemessen, nicht nur bei dem einfachen Volk, sondern auch bei den Vornehmen, bei den Priestern; denn sich betrachten sie als Diener der Götter, jene als deren Vertraute."

Kelten

Die Kelten waren besonders mit Pferden verbunden, dies spiegelt sich unter anderem auch ganz besonders in ihren Münzprägungen, die oft stark stilisierte, von griechischen Prägungen beeinflusste Pferdedarstellungen zeigen. Bei Stämmen in England und Zentralgallien (Häduer) wird das Pferd von einem Sonnensymbol und oder Stern begleitet.

Die Kelten verehrten auch die Gestalt einer eigenen Pferdegöttin, deren Name Epona sich von *epos*, irisch *ech* (beides: „Pferd") und kymrisch *ebol* („Fohlen") ableitet. Unter Eponas Schutz standen alle Reit- und Lasttiere sowie die Menschen vom Reiter und Futterknecht bis zum Pferdejungen, was auch ihre Ausbreitung im Imperium Romanum förderte. Epona ist ohne Pferd undenkbar: Sie wurde vielfach im Damensitz, mit oder ohne Sattel, manchmal in einem Korbgestell, selten in einem Wagen, manchmals rittlings auf dem Pferd, vor einer Stute oder von Pferden umgeben abgebildet (besonders schön eine Darstel-

lung aus Thessaloniki der zwischen den Pferden eines Viergespannes in einem heiligen Hain sitzenden Epona). Mehrere hundert Weihinschriften und Darstellungen sind bisher bekannt, besonders prächtige Exemplare wurden unter anderem auch in Alesia und in Freiberg am Neckar (Ortsteil Beihingen) (heute im Landesmuseum Württemberg in Stuttgart) gefunden. Der Göttin Popularität und weite Verbreitung gab Anlass zu römischem Spott: Ein zu Unrecht Plutarch zugeschriebener Text referiert eine Stelle des griechischen Schriftstellers Agesilaos (FGrH 828), wonach ein Römer namens Fulvius Stellus aus Weiberhass Umgang mit einer Stute gepflegt und mit dieser die Pferdegöttin Epona gezeugt habe. Der Satiriker Juvenal (1./2. Jh. n. Chr. / Satiren 8, 155–157) lässt einen Konsul unstandesgemäß wie einen Pferdeknecht bei der Epona und einem über den Futterkrippen im Stall gemalten Eponabildchen schwören und Apuleius (Metamorophosen 3,27,2) überliefert den weit verbreiteten Brauch, für Mutter Epona einen Schrein im Stall herzurichten, an dessen rosenbekränzte Nische im Stützbalken der arme verzauberte Esel Lucius heranzukommen versucht, indem er sich auf die Hinterbeine stellt. Für die richtige Einschätzung der Wertigkeit solcher Texte muss man aber in Rechnung stellen, dass die Römer überhaupt ihre Freude an skurrilen Geschichten hatten. Nach den Berichten von Sueton und Cassius Dio wollte der römische Kaiser Caligula (37–41 n. Chr.) an sein Lieblingspferd Incitatus, ein erfolgreiches Rennpferd, für das Jahr 42 n. Chr. die Konsulwürde und einen ständigen Sitz im Senat verleihen. Caligula habe sein Pferd mit einer Tränke aus Marmor, Zaumzeug aus Elfenbein, einem Sattel aus Purpur und einem Halsband aus Edelsteinen und Perlen beschenkt, Incitatus habe seinen eigenen Palast mit eigenem Gesinde und kostbaren Möbeln bewohnt u. a. m.

Für die keltische Aristokratie, die aus den umgebenden Kulturen die Technik von Pferd und Streitwagen übernommen hatte, gewann das Pferd eine zentrale, repräsentative und geradezu heilige, hoch geachtete

Stellung. In Hochdorf in der Gemeinde Eberdingen (Landkreis Ludwigsburg, Baden Württemberg) wurde 1978 ein Fürstengrab mit reichen Beigaben und einem vierrädrigen Wagen, wie er 1984 in unvollständiger Erhaltung auch in Mitterkirchen im Machland (Bezirk Perg / Oberösterreich) entdeckt wurde, ausgegraben. Im Fürstengrab von Hochdorf fand sich auch eine 2,75 Meter lange, ihrer Form nach aus Oberitalien importierte Bronzekline (Ruheliege) des 6. Jahrhunderts, die auf ihrer Rückenlehne zwei Pferde zeigt. Auch der irische Ulster-Zyklus bestätigt, wie eng die Beziehung zwischen einem keltischem Streitwagenkrieger und seinem Pferd war. Die Darstellungen von Pferd und Schiff werden in der Regel als Totenschiffe (die so genannten „Andersweltbarken") interpretiert. Der White Horse Hill in Uffington (Oxfordshire, Großbritannien) zeigt eine in den Kreideboden gescharrte 107 x 37 Meter große Pferdefigur. Es handelt sich um ein vorchristliches Monument, seine genaue Datierung ist aber bislang sehr umstritten. Der Umstand, dass es über die Zeiten (Invasion der Römer und der Sachsen mit ihren nach Pferden benannten Anführern Hengist und Horsa) erhalten blieb, zeigt, dass die Bedeutung des Pferdes für sich allein von allen Kulturträgern in den verschiedenen Epochen geachtet wurde. Der keltische Gott Taranis wurde mit Dis Pater (Iuppiter, Mars) identifiziert und war mit dem Pferd sowie dem Attribut des Rades verbunden; allem Anschein nach sind auch die Reiterfiguren darstellenden, in den römischen Provinzen Ober- und Niedergermanien errichteten Juppitergigantensäulen, die den reitenden Gott Juppiter zeigen, als interpretatio Romana vor dem Hintergrund der Verbindung von Mars und Pferd zu sehen. In den latènezeitlichen Fürstinnengräbern von Reinheim (um 370 v. Chr., in den 1950er-Jahren entdeckt) und von Waldalgesheim (330–320 v. Chr., 1869 entdeckt) wurden Röhrenkannen gefunden, die heute im Staatlichen Museum für Vor- und Frühgeschichte in Saarbrücken (Rheinheim) und im Rheinischen Landesmuseum Bonn (Waldalgesheim) aufbewahrt sind und auf deren Deckel jeweils ein Pferd steht. Das Pferd der Kanne von Rein-

heim ist ein Menschenpferd, das ein ernstes bärtiges Antlitz zeigt, dessen Ohren in Mistelblätter übergehen, was – wie beim doppelgesichtigen Janus von Holzgerlingen / Böblingen (Baden-Württemberg), der Stele von Holzgerlingen (4.-2. Jh. vor Christus, Landesmuseum Baden-Württemberg), beim so genannten Fürsten von Glauberg (Wetterau, Hessen) und den Goldmasken von Weiskirchen (Landkreis Merzig-Wadern, Saarland), Schwarzenbach an der Saale (Landkreis Hof, Oberfranken, Bayern) und vom Ferschweiler-Plateau (Eifelkreis Pitburg-Prüm, Rheinland-Pfalz) – auf Esus, den keltischen Gott des Handels und der Wege, verweist. Auch dem wahrscheinlich mit Mars identifizierten Gott „Rudobios" wurden in gallo-römischer Zeit in Neuvy-en-Sullias (Region Centre-Val de Loire) ein elegantes Bronzepferd als Votivgabe gestiftet, vielleicht ein Hinweis auf ein Gestüt an diesem Ort. Die Gottheit „Mars Mullo", für die sich Votive aus Angers (Département Maine-et-Loire, Region Pays de la Loire) erhalten haben, meint das Maultier, die Kreuzung aus einer Hauspferdstute und einem Hauseselhengst. Zwei geflügelte Pferdchen finden sich im Winkel zwischen Knauf und Bügel an den Diademenden der Fürstin von Vix (Châtillon-sur-Seine im Département Côte-d'Or in der Region Burgund, um 500 v. Chr), das auch sonst reich an Pferdedarstellungen ist. Der Fries des 1953 entdeckten, 1,64 Meter hohen und 208 Kilogramm schweren Bronzekraters von Vix zeigt schwer gerüstete Wagenlenker neben Fußkriegern sowie an den Knaufenden die Maske der Gorgo Medusa, aus deren Blut das Flügelpferd Pegasus geboren wurde. Auf der Benvenuti-Situla von Este (6. Jh.) im Museo Nazionale Atestino ist das Beschlagen eines Pferdewesens dargestellt und es erscheint ein Vexierbild Eule / Pferd mit sphingenartigen Flügeln. Auf der etruskischen Situla Arnoaldi (500–450 v. Chr.), benannt nach ihrem Fundort (Grab 104 der Arnoaldi-Nekropole in Bologna), sind zahlreiche Wagenpferde abgebildet und auf der 1891 in Kuffern (Gemeinde Statzendorf, Bezirk Sankt Pölten Land) gefunden Situla (5. Jh.) sind ebenfalls Wagenrennen mit Pferden zu sehen: Es sind Szenen, die mit dem Leben–

und auch mit dem Tod – der fürstlichen Personen zu tun haben. Der Kessel von Gundestrup, benannt nach seinem Fundort nördlich des Borremose im jütländischen Himmerland (Dänemark), wurde im Jahre 1891 entdeckt. Er hat eine Höhe von 42 cm und einen Durchmesser von 49 cm, besteht aus Silber und hat ein Gewicht von 8,885 Kilogramm. Er wird in die Jüngere Eisenzeit, in das 5. bis 1. Jahrhundert vor Christus, datiert. Auf einem der Bildfelder hält ein Gott, den man als Taranis interpretieren könnte, je einen kleineren Mann am Arm, die beide nach oben zu einem Eber greifen. Zu Füßen der Götterdarstellung befinden sich ein Hund und ein geflügeltes Pferd. Auf dem Bild daneben hält ein Gott in jeder Hand ein Seepferdchen und einen Drachen: Diese Gestalt wurde versuchsweise mit dem Meeresgott Manannan der irischen Sage und seinem Pferd Aonbharr in Verbindung gebracht. Auf einer fünften Bildszene ziehen vier Reiterkrieger von einer Szene weg, bei der eine große Gestalt einen Mann in einen Kessel taucht. Auf dem ins 4. Jahrhundert datierten Tonbecher von La Cheppe (Dep. Marne, Région Alsace-Champagne-Ardenne-Lorraine), der heute im Archäologischen Nationalmuseum Saint-Germain-en-Laye gezeigt wird, erscheinen ebenfalls zwei der seltenen Seepferdchen. Auch an den von keltoligurischen Künstlern ausgeschmückten Portalen von Heiligtümern in Südfrankreich erscheinen Pferde, so am aus dem 4./3. Jh. v. Chr. stammenden, im Museum Arlaten in Arles befindlichen Türsturz von Mouriès (Dép. Bouches-du-Rhône, Reg. Provence-Alpes-Côte d'Azur), der eine ganze Herde stilisierter Pferde mit ebensolchen, mit Lanzen bewaffneten Reitern zeigt, welche an die in Felsen geritzten Zeichnungen von Pferden und Reitern in Valcamonica (in der Prov. Brescia zwischen dem Tonalepass und dem Iseosee, Reg. Lombardei, 1. Jh.) erinnern, die von Künstlern aus dem von antiken Autoren mit den Kelten in Zusammenhang gebrachten Volk der Camunnen stammen. Auf dem Porticus des Heiligtums der Salluvier von Roquepertuse (nahe der Stadt Velaux, Dép. Bouches-du-Rhône, Reg. Provence-Alpes-Côte d'Azur) (ausgestellt im Musée

d'Archéologie Méditerranéenne im Marseille) sind vier Pferdeköpfe in kühnen Strichen im Profil gezeichnet. Auf dem Sturz von Naches (Dép. Tarn, Region Midi-Pyrénées) im Musée Archéologique de Nîmes wechseln sich zwei galoppierende Pferde mit zwei menschlichen têtes coupées (abgeschlagenen Köpfen) ab. Pferdeschädel, ganze Pferdeskelette oder auch nur Teile der Ausstattung wie Pferdegeschirr sind überall im Keltengebiet als Opfer und Grabbeigaben belegt. Immer wird deutlich, wie sehr das Pferd gewissermaßen ein heiliges Tier und mehr als das, ein heiliges Prestigeobjekt war. In dem am Südrand von Villingen-Schwenningen (Schwarzwald-Baar-Kreis, Baden-Württemberg) gelegenen größten Grabhügel Mitteleuropas aus dem späten 7. Jh. v. Chr. waren 450.000 Kubikmeter Erde über einem Fürstengrab aufgeschüttet worden. 1890 wurde dort eine erste Grabung durchgeführt. 1970 bis 1973 wurden bei einer Zweituntersuchung des Hügels 136 nach dem nördlichen Sternenhimmel und dem Mondzyklus angeordnete Gräber aufgefunden. Verkeilte Holzstangen wurden versuchsweise, aber wahrscheinlich nicht zu Recht als Pferdebestattungen in der allerdings weitgehend leer aufgefundenen Grabkammer des Fürsten interpretiert, ähnlich den bei Herodot geschilderten und auch archäologisch nachgewiesenen Grabsitten der Skythen. Ein im Grabhügel von Jalžabet (Kroatien) zusammen mit einer Pferdebestattung aufgefundener seltener skythischer Schuppenpanzer legt hier Zusammenhänge mit östlichen Reiterkulturen nahe.

Völkerwanderung

Pferdebestattungen finden sich in der Völkerwanderungszeit bei Franken und Sachsen. Ein historisch bedeutsames Beispiel ist das durch eine Bestattung von 21 Pferden (das Reitpferds des Königs und weitere 20 Tiere) besonders prominente und auch sonst reich ausgestattete Grab des Merowingerkönigs Childerich, das am 27. Mai 1653 in Tournai (heute Door-

Gérard de Lairesse: Apollo und Aurora. 1671.   Foto: Wikimedia

nik, Provinz Hennegau, Belgien) von Johann Jakob Chiflet, dem Leibarzt des Habsburger Erzherzogs Leopold Wilhelm, zwei Jahre nach der Bergung publiziert wurde. In einem 1853 entdeckten Großgrabhügel, der Kuppe Žuráň bei dem Ort Velatice (Okres Brno-venkov, dt., Wel(l)atitz, Bezirk Brünn-Land) (um

600 n. Chr.) wurden in Grab I fünf oder sechs Pferde und in Grab II, einer Frauenbestattung, zwei Pferde, gefunden, um nur ein weiteres Beispiel einer völkerwanderungzeitlichen Pferdebestattung im Detail anzuführen. Pferdefiguren aus Holz, Ton und Bronze waren beliebte Votiv- und Grabbeigaben. Der cambro-normannische Adelige, Archidiakon von Brecknock (Breces / Wales) und Kirchenschriftsteller Giraldus Cambrensis (1146–1223) beschrieb mit nicht geringem Entsetzen ein Pferderitual bei der Einsetzung eines Königs, wie er es in Ulster miterlebte. Der Königsanwärter hatte mit einer weißen Stute eine „Heilige Hochzeit" zu vollziehen. Das Tier wurde anschließend getötet und der Königsanwärter hatte ein Bad in der Brühe aus dem Fleisch des Tieres zu nehmen und musste dann davon zusammen mit seinen Getreuen essen, um sich die Kräfte des geweihten Tieres einzuverleiben und um auf sein Reich die Fruchtbarkeit, Fülle und Kraft des Tieres zu übertragen. Wenn man davon ausgehen darf, dass solche magische Praktiken weiter verbreitet waren, ist bei dem Pferdefleischverbot von Papst Gregor III. aus dem Jahr 732 an den Legaten von Germanien auch der missionarische Aspekt und die Unterbindung von Aberglauben zu beachten, zumal es in dessen Wortlaut heißt: „Unter anderem hast du auch erwähnt, einige äßen wilde Pferde und sogar noch mehr äßen zahme Pferde. Unter keinen Umständen, heiligster Bruder, darfst du erlauben, dass dergleichen jemals geschieht. Schreite vielmehr mit Christi Hilfe auf jede nur mögliche Art dagegen ein und lege ihnen die verdiente Buße auf. Denn dieses Tun ist unrein und verabscheuungswürdig." Pferde der keltisch-irischen Sage, die Helden begleiten, stehen in deren Vorstellungswelt mit einem Hufpaar in der Anderswelt, dem Reich der abgeschiedenen Seelen, das man sich als unsichtbaren Bestandteil der sichtbaren Welt dachte und das voll solcher magischer Geschöpfe ist, angefangen von den farbig schillernden Pferden der Paradiesinseln und den herrlichen Rennern, mit denen die Herrinnen der Anderswelt ihre irdischen Geliebten heimholen, bis zu den gefährlichen roten Pferden der Muttergöttin Mor-

rígan oder des Hochkönigs von Tara, Conaire Mór, die Tod oder Verderben bringen, oder den grauen, geisterhaften Rossen, wie sie Arawn, Fürst der Anderswelt, besitzt und die sich mit den Pferden der Fianna, des stehenden Heeres des irischen Hochkönigs anlegen und sie verletzen, sodass der draufgängerische Krieger Mael Duin Pferde mit herausgerissenen Hautstreifen sehen und schildern kann. 14 Männer sind nötig, um dieses magische Pferd Arawns in Bewegung zu setzen, das dann, ohne aufzuhalten, über Land und Meer rast, ähnlich dem grauen Pferd Manannán mac Lirs, dem Sohn des Meeres Lir und Lokalgeist oder Verkörperung der Isle of Man, das über die Wellen reiten kann. In der irischen Sage ist die Überlieferung aus der neutestamentlichen Offenbarung des Johannes (Apokalypse 6,2–7f.) spürbar, in welcher die vier apokalyptischen Reiter, der Krieg auf einem weißen Pferd, der Bürgerkrieg auf einem feuerroten Pferd, die Teuerung und die Hungersnot auf einem schwarzen Pferd sowie der Tod auf einem fahlen Pferd, die Plagen der Endzeit bringen.

Christentum

Das weiße Ross in der Apokalypse (19,11–16) des Johannes ist eine Überbietung der alttestamentlichen Verheißung des messianischen Friedensreiches durch den Propheten Sacharja (9,9: „Du, Tochter Zion, freue dich sehr, und du, Tochter Jerusalem, jauchze! Siehe, dein König kommt zu dir, ein Gerechter und ein Helfer, arm und reitet auf einem Esel, auf einem Füllen der Eselin"): In dem expressiven Text der Offenbarung: „Und ich sah den Himmel aufgetan; und siehe, ein weißes Pferd. Und der darauf saß, hieß: Treu und Wahrhaftig, und er richtet und streitet mit Gerechtigkeit. Seine Augen sind wie eine Feuerflamme, und auf seinem Haupt viele Kronen; und er hatte einen Namen geschrieben, den niemand wusste denn er selbst. Und war angetan mit einem Kleide, das mit Blut besprengt war; und sein Name heißt „das Wort Gottes". Und ihm folgte nach

Paul Troger: Kaiser Karl VI. als Helios mit dem Sonnenwagen. Kaiserstiege des Stiftes Göttweig.   Foto: Wikimedia (Johann Jaritz, 2014)

das Heer im Himmel auf weißen Pferden, angetan mit weißer und reiner Leinwand. Und aus seinem Munde ging ein scharfes Schwert, dass er damit die Heiden schlüge; und er wird sie regieren mit eisernem Stabe; und er tritt die Kelter des Weins des grimmigen Zorns Gottes, des Allmächtigen. Und er hat einen Namen geschrieben auf seinem Kleid und auf seiner Hüfte also:

Ein König aller Könige und ein Herr aller Herren." Bei einer langen, in die Antike zurückreichenden heidnischen Vorgeschichte des heutigen Weihnachtsfesttermins, an welchem ursprünglich ein Fest der Wintersonnenwende gefeiert wurde, ist es verständlich, dass das Pferd und insbesondere auch das weiße Pferd, der Schimmel, in die christliche

Portrait des Admirals Maarten Harpertsz Tromp (1598–1653).   Foto: Benediktinerstift Lambach

Überlieferung und Legende eingeflossen sind. Das Goldene Rössl bringt den Kindern die Gaben, ein Herold auf reich geschmücktem Pferd kündigt die Geburt Christi an, am 26. Dezember, unmittelbar nach Weihnachten, gibt es Stephanusumritte mit Pferde- und Hafersegnungen. Insbesondere die Künstler gestalten das Lichtsymbol des weißen Pferdes, verbunden mit den jeweiligen segenbringenden Heiligen, aus: Der heilige Georg kämpft auf einem sich aufbäumenden weißen Pferd gegen den Drachen als Symbol des Bösen, der heilige Benedikt triumphiert auf einem von Schimmel gezogenen Wagen, der heilige Antonius erkennt an einem Pferdefuß den Teufel und auch dem heiligen Eligius gelingt es der Legende nach, den Teufel, den er an seinem Pferdefuß erkennt, durch Zwicken in die Nase zu verscheuchen. Einen zu beschlagenden Pferdefuß kann der heilige Eligius abschneiden und nahtlos wieder „anheilen". Von der historischen Gestalt des heiligen Eligius, Goldschmied und Schatz- und Münzmeister am Hofe König Dagoberts I (628–638), hat sich im Klosterschatz des Augustinerchorherrenstiftes

Saint Maurice d'Agaune im Schweizer Kanton Wallis eine der Überlieferung nach von Eligius selbst gefasste Sardonyxkanne erhalten, die ein Gegenstand aus einer Hofwerkstätte des Augustus sein dürfte: Sie zeigt nach einer überzeugenden Hypothese von Erika Simon Anchises, den Vater des Aeneas, Venus und zwei Reitpferde in Trauer um die beiden verstorbenen principes iuventutis und Adoptivsöhne des Kaisers Augustus, Gaius und Lucius Caesar, die 2 und 4 n. Chr. auf Missionen fern von Rom starben. Der heilige Mauritius wird als ritterlicher Heiliger an seinem Silberschrein in Saint Maurice ebenfalls mit dem Pferd in Verbindung gebracht.

Rezeption des Mythos in der Neuzeit

In der Antike war auch Aurora (griech. *Eos*), Schwester von Selene und Helios, die Göttin der Morgenröte, die von Homer auch ob ihrer himmlischen Schönheit (Rosenfinger, Safrankleid) gepriesen wird, mit einem Gespann ausgestattet, mit welchem sie sich allmorgendlich aus dem Okeanos erhob, und Hesiod in seiner Theogonie bezeugt Aurora auch als Mutter der Winde. Apoll als Lenker des Sonnenwagens und Aurora treten in zahlreichen neuzeitlichen Bildschöpfungen gemeinsam auf, so auf einem von Guido Reni (1575–1642) im Auftrag des Kardinals Scipione de Borghese 1612 bis 1614 für den stadtrömischen Palazzo Rospigliosi gemalten Fresko „Zug der Aurora", auf einem von Carlo Innocenzo Carlone und Gaetano Fanti für den Prinzen Eugen zwischen 1721 und 1723 auf der Decke des westlichen Gartensaals, auch Gesellschafts-Sommer-Zimmer genannt, des Belvedere platzierten Fresko und auf einem von dem niederländischen Maler und Kupferstecher Gérard de Lairesse (1640–1671) für eine Decke eines Stadthauses in der Herengracht in Amsterdam 1671 bestimmten Bild „Apollo und Aurora" (heute im Metropolitan Museum in New York).

Sardonyxkanne. Antik. Fassung durch den hl. Eligius.

1739 hat der Barockmaler Paul Troger nach einem Programm des Abtes Gottfried Bessel (1672–1749) und vermutlich inspiriert durch eine Konzeption von Johann Michael Graf Althann (1679–1722) eine katholisch und propagandistisch-reichsimperial konzipierte und auf das Vorbild der Antike zurückgreifende Ikonographie und Apotheose Kaiser Karls VI. als Helios-Apoll, der mit einem von zwei Schimmeln gezogenen Sonnenwagen über das Firmament fährt und seinem Reich den Frieden bringt, als Deckenfresko über der Kaiserstiege des Benediktinerstiftes Göttweig gemalt. Bereits 1694 hatte Johann Michael Rottmayr für Althanns Vater Johann Michael den Älteren (1643–1702) das ebenfalls durch einen pferdebespannten Wagen des Gottes Apollo hervorragende Deckengemälde mit dem Motiv „Die antiken Götter Apollo, Diana und Ceres bestätigen durch geflügelte Siegesgöttinnen den Ruhm des Geschlechts Althann" im Kuppelgewölbe des Ahnensaales des Schlosses Frain (Vranov nad Dyjí / Mähren) geschaffen.

Der Mythos ist eine gleichsam unendliche Geschichte, die in immer neuen Variationen lebendig wird und bleibt. Für den 1680 in Linz geboren Adam Franz Karl Fürst zu Schwarzenberg schuf Daniel Gran 1726 das durch Kriegshandlungen 1945 zerstörte Kuppelfresko „Allegorie des Tagesanbruchs" im Wiener Gartenpalais Schwarzenberg, von dem ein Modello in den Sammlungen des Augustinerchorherrenstiftes Sankt Florian aufbewahrt wird. Aurora eilt dem Sonnenwagen Apolls voraus. Das Motiv der „Aurora" führte Daniel Gran 1746/47 in Wien ein zweites Mal im Auftrag von Kaiserin Maria Theresia für den Deckenspiegel des Vestibüls im Schloss Hetzendorf aus. Auch im Linzer Landhaus gibt es mythologische

Pferdedarstellungen: Am um 1570 entstandenen Nordportal des Linzer Landhauses findet sich die Darstellungen eines pferdeleibigen Tritonen und ein Relief am Türsturz des zum Arkadenhof führenden Portals des Steinernes Saales des Landhauses zeigt die beiden berittenen altrömischen Helden Horatius Cocles und Marcus Curtius. Horatius Cocles hatte 507 vor Christus die Tiberbrücke in Rom gegen die Etrusker verteidigt und Marcus Curtius hatte sich 392 vor Christus in voller Rüstung zu Pferde in den durch ein Erdbeben am Forum Romanum entstandenen Erdspalt gestürzt, um durch seinen Opfertod das Wohl des Staates zu sichern. Aber auch am Ort der Landesausstellung in der barocken Bibliothek und in der Graphischen Sammlung des Benediktinerstiftes Lambach verbergen sich Darstellungen geheimnisvoller und interessanter mythischer Pferdewesen. So ist auf einem Stich des Zeichners, Kupferstechers und Verlegers Cornelius van Dalen der bedeutende niederländische Marineadmiral Maarten Harpetsz Tromp (1598–1653) auf einem von Seepferden gezogenen Wagen dargestellt. In der vom Lambacher Benediktinerpater Karl Pacher (1665–1729) verfassten „Geschichte der Äbte Severin Blaß und Maximilian Pagl 1678–1724" findet sich ein munter levadierender Pegasus.

[1] Die hinter den steinzeitlichen Höhlenmalereien stehenden Vorstellungen mögen durchaus ebenso mythologischen Charakter gehabt haben, bleiben aber aufgrund der großen zeitlichen Distanz und der methodischen Unsicherheit unberücksichtigt.

Moritz von Schwind: Das Zauberpferd.

Foto: Wien Museum

Ernst Seibert

Königreiche und Pferdebücher.
Zur Faszination des Tierbuches der besonderen Art

„A horse! A horse! My kingdom for a horse!" schreit der Titelheld in Shakespeares *König Richard III.", 5,4*. Nicht nur Könige und pubertierende junge Menschen, und da wieder, wie man psychologisch tief schürfend zu vermuten wähnt, vor allem die Mädchen, sondern auch und vor allem schon Kinder, die noch keine Königreiche zu verschenken haben, fühlen sich in höheren schicksalsschweren Gefielden, sobald sie auf einem Pferd zu sitzen kommen, sei es auch nur das Schaukelpferd oder das Hutschpferd auf dem Karussell.

> Heut ritt ich im Traum
> auf schneeweißem Pferde
> ohne Zügel und Zaum
> rings um die Erde.
> […]

So beginnt ein Gedicht von Christian Morgenstern mit dem Titel des Anfangsverses, das sich noch auf das Achtfache erweitert. Der auch kinderliterarisch orientierte, meist in einem Atemzug mit ihm genannte Joachim Ringelnatz dichtet – ebenfalls mit dem Anfangsvers als Titel – noch auf das Fünffache weiter:

> Kind, spiele!
> Spiele Kutscher und Pferd!
> Trommle! – Bau dir viele
> Häuser und Automobile!
> […]

In der Lyrik scheint die Erhebung des pferdbegeisterten Kindes auf Augenhöhe des Dichters diesen geradezu zu beflügeln, Pegasus ist nahe; anders hingegen in der Pferdebuch-Epik, wo die literarischen Hürden meist sehr tief herabgesetzt werden und Ross und Reiter jeden Parcours, sei er auch noch so lang, mit geringem literarischem Anspruch zu bewältigen. Eine scheinbar sehr einfache Möglichkeit, die unter Kritikern generell nicht sehr hoch im Kurs stehende Gattung Pferdebuch als Literaturgattung zu definieren, wäre die Behauptung, es handle sich schlicht um eine von vielen Tierbucharten, und deren gebe es so viele wie Tierarten, also auch Bücher über Hunde und Katzen, Vögel und Käfer, Fische und Rehe, Bären und Eichhörnchen. Es erweist sich aber sehr schnell, dass dieses Parallelunternehmen der Klassifizierungen nicht funktioniert. Es funktioniert allenfalls bei den Katzen, da kann man noch von Katzenbüchern sprechen (das Musical *Cats* und T. S. Eliot winken aus der Ferne); auch Marlen Haushofer hat sich zur Gattung Katzenbücher bekannt. Es gibt aber keine Hundebücher oder Fischbücher, und es gibt kaum namhafte AutorInnen, die sich zur Gattung Pferdebuch bekennen. Ein Buch über ein Reh gibt es, erstaunlicherweise nur im Singular: *Bambi*, von Felix Salten (obwohl es gar nicht so sicher ist, dass es sich bei der Titelfigur um ein Reh handelt). Pferdebücher gibt es hingegen en masse, jeder Buchhändler weiß, dass danach gefragt wird, weiß aber auch, dass dieses Begehr nicht unbedingt mit hohen Leseansprüchen einher geht. Angesichts dieser beängstigenden Quantität steht man in der Absicht des Definierens eher vor der schwierigen Aufgabe, eine Binnenstruktur innerhalb dieser

Gattung zu suchen, die nicht zuletzt Qualitätsunterschiede im Auge haben sollte; es gilt also Weizen und Spreu zu unterscheiden – um kurz von der Zoologie in den Pflanzenvergleich abzuweichen, oder guten und schlechten Hafer, um wieder zum Lesefutter zu führen.

Präliminarien

Gleich zurück in die Tierwelt bzw. zunächst in die der Fabeltiere: Wenn wir als König der Tiere den Löwen zu nennen gewohnt sind, dann ist mit Blick auf Pferde hinzuzufügen, dass es in der Fabel keine Pferde gibt; andernfalls wäre die Rolle des Löwen vermutlich in Frage gestellt. Das Majestätische des Pferdes ist offenbar von anderer Natur. Ihm eignet tatsächlich etwas viel Ursprünglicheres, man denke an die apokalyptischen Reiter aus der Offenbarung des Johannes. Der Nimbus, der diesen Reitern und ihren erhabenen Tieren zukommt, ist scheinbar weit entfernt von den Konnotationen des Pferdes in den so genannten Pferdebüchern und ist hier nicht näher zu erläutern; auch über Zentauren und Einhörner soll hier hinweg gesehen werden. Wenn wir aber die offensichtlich so selbstverständliche Präsenz der so genannten Pferdebücher nach ihrer literatur- bzw. gattungsgeschichtlichen Herkunft befragen, stellen sich eigenartige Zusammenhänge ein. Zum einen zeigt sich, dass ihre Geschichte eigentlich nicht weit zurück reicht. Seltene Begegnungen mit Pferden in der Literatur, wie im *Michael Kohlhaas* (1808) des Heinrich von Kleist oder in Theodor Storms *Schimmelreiter* (1888) seien einmal als symbolische Besonderheiten ausgespart. Aber mit Storm, der ja mit seinem *Pole Poppenspäler* (1874) auch der Jugendliteratur angehört, stehen wir schon in jener Zeit, in der ein ganz anderer Großautor, man könnte fast sagen, hoch zu Ross, seine literarischen Imperien zu entfalten begann, die für ganze Generationen zum Inbegriff der Jugendliteratur wurden: Karl May. 1892 erscheint *Durch die Wüste*, und was wäre Kara Ben Nemsi ohne Rih, „Wind", ein Geschenk von

Karl May' s Illustrierte Werke: Old Surehand I. Reprint.

Mohammed Emin zum Dank für erfolgreiche Späherdienste gegen die Feinde der Haddedihn; 1894 erscheint Old Surehand I, und was vermöchten die darin handelnden Protagonisten ohne Iltschi, „Wind" (abermals), Rapphengst Winnetous und Hatatitla, „Blitz", Bruder Iltschis, den Old Surehand von Winnetou geschenkt erhält. Ross und Reiter werden nicht nur anlautend zu einer Einheit. Die genannten vierbeinigen Protagonisten sind nur die namhaftesten einer ganzen Genealogie von Reittieren, die in den Romanen Karl Mays eigene narrative Felder eröffnen, die bis zum Propheten Mohammed zurück führen, und mit denen sich Karl May-Kenner natürlich auch schon akribisch befasst haben.[1] Diese Gewichtung des auserwählten Pferdes als Begleiter des auserwählten Menschen auf seinem abenteuerlichen Lebensweg ist bei allfälligen Vorläufern wie etwa J. F. Cooper noch nicht so ausgeprägt, sodass wir Karl May mit seiner postkolonial-spätromantischen Mystifikation des Pferdes als den entscheidenden Wegbereiter ansehen können, und zwar nicht der fraglichen Gattung Pferdebuch, sondern der Thematisierung dieses besonderen Begleittieres als Helferfigur in einem poetologischen Ensemble, das am treffendsten als Queste, kurz „Suche, Suchmission" zu bezeichnen ist. Das so genannte Pferdebuch – oder besser diese triviale Mystifikation der Figur des Pferdes – ist allenfalls als eine epigonale Schwundstufe dieses poetologischen Komplexes zu verstehen, das allerdings seine interessantesten Ausprägungen in der Kinder- und Jugendliteratur findet, wo es keineswegs nur auf der trivialen Ebene fortgeschrieben wird.

Dem entsprechend soll es in den folgenden Überlegunen weniger darum gehen, Beispiele von Trivialitäten auszubreiten, sondern Parallelentwicklungen zu der in Frage stehenden Gattung Pferdebuch in Augenschein zu nehmen. Das heißt nicht, dass das Pferd beim Schwanz aufgezäumt werden soll, sondern dass das Thema Pferd in der Literatur für Kinder und Jugendliche etwas allgemeiner zur Sprache kommt, und die fragliche Gattung des so genannten Pferdebuches eher als triviale Begleiterscheinung zu behandeln ist, auch wenn sie quantitativ bzw. ihren Beliebtheitsfaktor betreffend bedenkliche Ausmaße angenommen hat. Besondere Beachtung unter den Gegenbeispielen zum Trivialen soll dabei einigen Werken aus der österreichischen Kinder- und Jugendliteratur zukommen.

Suche nach den Anfängen

Noch etwas früher als die genannten Werke von Karl May erschien ein Werk, das geradezu als Prototyp

des Pferdebuches genannt werden muss, das einzige Buch der englischen Autorin Anna Sewell, *Black Beauty* (1877), in deutscher Übersetzung 1891, also zeitgleich mit Mays ersten Romanen. Anlass für die Entstehung des späteren Bestsellers war die Empörung über die schlechte Behandlung der Kutscherpferde in England, die die seit ihrer Kindheit durch einen Unfall gelähmte Autorin auf die Idee brachte, ein Buch zu schreiben, in dem der Titelheld, das Rassepferd Black Beauty, seine eigene Lebensgeschichte als Ich-Erzähler vorträgt. „The first place that I can well remember was a large pleasent meadow with a pond of clear water in it." lautet der erste Satz. Besonders erwähnenswert erscheint der Umstand, dass dieses Buch ursprünglich nicht für Kinder und eigentlich fast eher als Sachbuch gedacht war, und zwar zur Lektüre für Stallburschen und Kutscher, um sie zum behutsameren Umgang mit den ihnen anvertrauten Pferden zu veranlassen. Das ist gewiss der Grund für die sehr einfache Sprache und gleichzeitig für den großen Erfolg bei Kindern, die sich mit dem Schicksal der vielfach gepeinigten Kreaturen identifizierten.[2] (Vgl. Kümmerling-Meibauer, Bd. 2, S. 995-997)

Die US-amerikanische Jugendbuchreihe *Fury*, die mit *Black beauty* oft fast synonym in Erinnerung ist, hat jedoch mit dem englischen Bestseller von Sewell eigentlich gar nichts zu tun. Die *Fury*-Serie wurde von mehreren Autoren verfasst, der bekannteste von ihnen ist Albert G. Miller, und erreichte ihre Popularität vielmehr durch die gleichnamige Fernsehserie bzw. durch die Übersetzungen in den Verlagen Engelbert bzw. Tessloff, später auch Arena. Mit *Fury*, also mit den frühen 1960er-Jahren, beginnt denn auch erst die Konjunktur des eigentlichen Pferdebuches, wie es heute einerseits bei JungleserInnen anhaltend beliebt, andrerseits von den Kritikern ziemlich pauschal verpönt ganze Regale in Buchhandlungen und auch in öffentlichen Büchereien füllt. Was vor 1960 zum Thema Pferd in der Kinder- und Jugendliteratur aufscheint, ist allenfalls motivgeschichtlich von Interesse, wenn es auch mit den so genannten Pferdebüchern

Fury 5: Abenteuer in der gelben Felsenhöhle. 1960.

Felix Salten: Florian, das Pferd des Kaisers. Ausgabe 1965.

kaum irgendetwas gemeinsam hat. Es handelt sich also bei dieser Literatur eigentlich um die Nachfolge zu einem Medienphänomen und insofern sind auch Pferdebücher an sich eher als Lesemedien denn als Literaturgattung zu sehen.

Untypische Vorstufen

Stellvertretend seien nur drei extrem unterschiedliche Beispiele für die Zeit vor 1960 genannt: Ein ziemlich weit zurück liegendes Beispiel wäre der Roman *Florian, das Pferd des Kaisers* (1933) des *Bambi*-Autors Felix Salten, etwa zehn Jahre nach der

bekannten Reh-Geschichte entstanden; ab 1938 hat Salten im Schweizer Exil auch noch mehrere andere Tierbücher geschrieben, die auf jeden Fall für die Gattung Tierbuch prägend geworden sind. Es wäre vielleicht in mehrfacher Hinsicht aufschlussreich, diesen leider nicht mehr verfügbaren Roman faszinierten Pferdebuch-JungleserInnen vorzulegen, vielleicht Hand in Hand mit *Bambi*, und ihr Urteil einzuholen. Ganz und gar kein Pferdebuch liegt mit Astrid Lindgrens *Pippi Langstrumpf* (1945) vor; allerdings hat sich gewiss bei allen *Pippi*-LeserInnen die geradezu ikonographische Szene eingeprägt, in der Pippi ein Pferd stemmt. Bei genauerem Erinnern oder auch Nochmal-Lesen ist gleich ergänzend zu sagen: Es ist nicht irgendein Pferd, sondern es ist ihr Pferd, ein Schimmel, und die sehr bekannte Aktion der Protagonistin in Teil 1, Kapitel 1 von 11 hat nicht nur den Zweck, Pippis Muskelkräfte augenscheinlich zu machen ; ihr Pferd dient ihr etwa in Kapitel 4 für einen fulminanten Auftritt, als sie beschließt, so wie die beiden angepassten Kinder Thomas und Annika zur Schule zu gehen. Selbstverständlich kann Pippi nicht ganz normal „gehen", also hebt sie ihr Pferd von der Veranda, seinem ständigen Platz in der Villa Kunterbunt, und fegt im „wilden Galopp" durch das Städtchen, wie immer auch begleitet vom kleinen Äffchen namens Herr Nilsson. Dass das Pferd keinen Namen hat und eigentlich sehr unbehaust das Phantastische der Phantasiebehausung noch verstärkt, lässt das phantasiefördernde Haustier ein bisschen an den Urahn Pegasus erinnern. Auch wenn es keine Flügel mehr hat, hängt das Fabulieren und das Herstellen ziemlich unmöglicher Situationen, mit denen Pippi ihre Spielgefährten fortwährend zum Staunen bringt, offenbar mit der symbolischen Kraft dieses Musenrosses zusammen. Dass auch in anderen Büchern Lindgrens, wie *Mio mein Mio* und *Die Brüder Löwenherz* Pferde eine symbolisch sehr bedeutsame Rolle spielen, sei nur am Rande angedeutet.

Wenige Jahre nach Lindgrens *Pippi* erscheint der erste Band der dann weiter geführten *Gulla*-Serie, *Gulla bleib bei uns* (1952 im Ueberreuter-Verlag in Wien) der ebenfalls schwedischen Autorin Martha Sandwall-Bergström. Natürlich würde auch dieses Buch kaum jemand als Pferdebuch bezeichnen. Auffallend ist aber, dass gleich im ersten Kapitel das Pferd des Gutsherren, bei dem dann Gulla in Dienst genommen wird, sehr im Vordergrund steht. Es ist krank geworden, und ihm soll von weither Medizin gebracht werden. So kommt Gulla, das Waisenmädchen, an den Hof und kümmert sich auch um das kranke Pferd, von dem mehr die Rede ist als von seinen adeligen Besitzern. Erste Anzeichen im sozialen Gepräge dessen, was dann in den Pferdebüchern zum permanenten Klischee erstarrt, liegen hier bereits vor.

Es muss nicht eigens betont werden, dass die beiden schwedischen Autorinnen bzw. ihre Protagonistinnen, Gulla und Pippi, auf die Entwicklung der deutschsprachigen Kinder- und Jugendliteratur von nachhaltigem Einfluss geworden sind. Dass beide eine gewisse Verbundenheit mit Pferden aufweisen, und dass es dabei nicht nur um Pferdestall-Romantik geht, sondern damit auch eine gewisse Symbolik verbunden ist, ist zumindest Anlass für die Vermutung, dass das Thema Pferd in der deutschsprachigen und damit auch der österreichischen Kinder- und Jugendliteratur neben dem amerikanischen einen vielleicht noch stärkeren Einfluss aus der skandinavischen Literatur aufweist. Sehr evident zeichnet sich jedenfalls ab, dass wir es in der Thematisierung des Pferdes mit zwei sehr unterschiedlichen literarischen Einflussbereichen zu tun haben, und dass der amerikanische *Fury*-Einfluss mehr auf der trivialen Ebene fortwirkt, der wesentlich innovativere skandinavische hingegen eher in parodistischer Stillage fortgeführt wird. In Erweiterung bzw. Präzisierung des oben angedeuteten methodischen Vorgehens soll dieses Gegenüber von einer zur Trivialität verkommenen Mystik einerseits und andrerseits einer verhaltenen oder auch parodistischen Poetik in einigen Werken aus den nachfolgenden Jahrzehnten erläutert werden.

Fallbeispiele aus fünf Jahrzehnten

Spätestens an dieser Stelle der durch die Jahrzehnte galoppierenden Argumentationen wäre es vielleicht angebracht, für einen tatsächlichen Vergleich einige Titel „echter", d.h. eigentlich banal-trivialer Pferdebücher näher in Augenschein zu nehmen, als da sind:

Linda Chapman: *Sternenschweif*; *Geheimnisvolles Fohlen*; Peter Clover: *Sheltie und das kleine Fohlen*; [...] *und der Doppelgänger*; [...] *und der Schatz am Meer*; [...] *und die Piraten*; *Wie Sheltie zum Star wurde*; Ruth Gellersen: *Chaos bei der Reiter Rallye*;

Meike Haas: *Die Liebesbrief-Echtheits-Prüfung*; Sarah Herzhoff: *Fohlengeschichten*; Dagmar Hoßfeld: *Das einzig coole Pferd, die Killerenten und ich*; Ursula Isbel: *Flucht von Burg Ravensmoor*; *Pferdeabenteuer auf Burg Ravensmoor*; *Pferdeglück auf Ravensmoor*; Marlene Jablonski: *Hexen, Herzen, Pferdeträume*; *Kleiner Sturz mit großen Folgen*; *Mädchenpower, Pferdeglück*; *Pferde, Liebe, Liebes-Stress*; *Verflixte Pferdeflüsterei*; *Vorsicht Pferdekuss*; *Zickentricks und Pferdewetten*; Andreas Jähnel: *Ein Fest für unsere Ponys*; Karin Müller: *Die Pferdebande auf der Spur der Ponyhändler*; [...] *und das Rennen am Silberweiher*; [...] *und das Versteck im Wald*; [...] *und der fremde Hengst*; [...] *und der rätselhafte Reiter*; [...] *und der Spuk auf der Insel*; [...] *und der unheimliche Fremde*; [...] *und die vertauschten Ponys*; [...] *und die Wassergeister*; Mark Stichler: *Lenas Ranch*.[3]

Spätestens beim Überfliegen dieser Titel wird aber auch erkennbar, dass genauere Inhaltsangaben und Interpretationsversuche vermutlich nur wenig Vergleichsmöglichkeiten eröffnen, vielmehr die Titelaneinanderreihung allein schon Inhaltsangabe genug ist, um zu wissen, da ist nicht viel zu interpretieren.

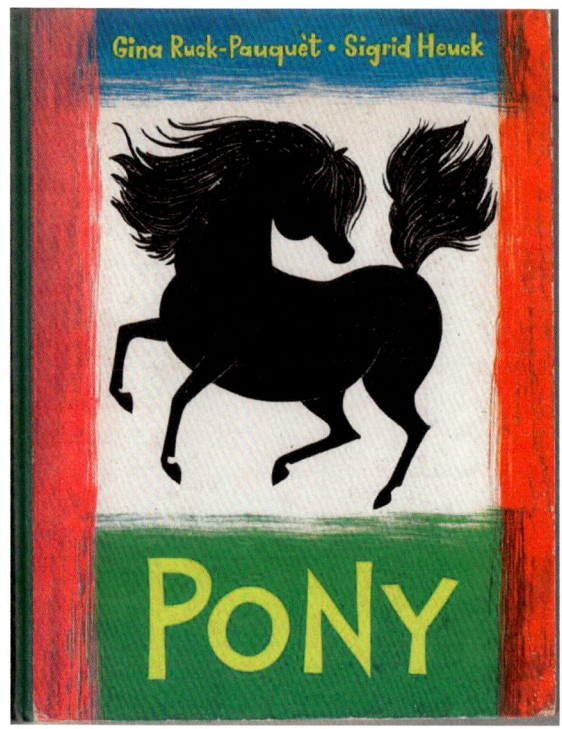

Sigrid Heuck: Pony. 1961.

Aus den 1960er-Jahren

Als eine etwas namhaftere Wegbereiterin des banaltrivial eingeschätzten Pferdebuches in den 1960er-Jahren wäre die aus Bayern stammende Sigrid Heuck zu nennen, die neben anderen Genres, 1961 beginnend, auch eine ganze Reihe von Pferdebüchern verfasste; genauer gesagt handelt es sich zunächst um Pony-Bücher, die dann ab 1995 gleichsam mit ihrer Leserschaft mitwachsen und aus den zarten Jahren langsam ins wirkliche, allerdings immer noch pferdefixierte Leben wachsen: *Pony* (1961), *Pony, Bär und Apfelbaum* (1977), *Pony, Bär und Abendstern* (1985), *Pony, Bär und Schneegestöber* (1988), *Ponys, Mustangs und andere Pferde* (1995), *Das Pferd aus*

den Bergen (1996) und schließlich *Ein Pferdesommer* (2005). Das zweitgenannte aus 1977 soll dann chronologisch platziert noch näher betrachtet werden. Eine weitere der vielen „typischen" Pferdebuchautorinnen ist Lore Hummel, die 1960 ihr erstes Kinderbuch vorlegte und mit dem Titel *Ferien auf dem Ponyhof*, der wie die meisten ihrer Bücher, von ihr selbst naiv illustriert und keine Jahresangabe aufweisend, im Engelbert Dessert Verlag erschien.

Gleichzeitig mit diesen eher durch Quantität gekennzeichneten Karrieren beginnt die der österreichischen Großautorin Käthe Recheis, die 1961 ihr erstes Werk, *Kleiner Adler und Silberstern* vorlegt. Das ist zwar nicht eigentlich ein Pferdebuch, fällt vielmehr in die Kategorie Indianerbuch, ist jedoch sehr bewusst, wie auch einige nachfolgende gegen die Indianerklischees

Sigrid Heuck: Pony, Bär und Apfelbaum. 1977.

geschrieben, die die Autorin in intensiver Karl May-Lektüre kennen gelernt hat. Es ist aber auch eine Initiationsgeschichte, bei der das Pferd insofern eine gewichtige Rolle spielt, als der kleine Indianer lernt erwachsen, also Krieger zu werden, wobei Krieger zu werden gleich bedeutend damit ist, reiten zu können.

Wohl noch weniger als Recheis war es Mira Lobe daran gelegen, zur literarischen Diskussion um das Pferd im Kinderbuch beizutragen. In Ihrer Phantastischen Erzählung *Die Omama im Apfelbaum* (1965) kommt es jedoch zu einem sehr deutlichen Anknüpfen an einen schon genannten einschlägigen Long- und Bestseller, an Lindgrens *Pippi*. In der wohlbekannten Geschichte des Andi, der anders als alle Kinder in der Straße keine Großmutter hat, spielt der Bub, Jüngster von drei Geschwistern, Phantasie-Episoden mit seiner erdachten Großmutter durch. Eine der Episoden, das dritte der acht Kapitel, ist das Abenteuer in der Step-

pe, wohin Andi von der Großmutter mit ihrem Auto geführt wird, um für sich und den Buben zwei Pferde einzufangen. Selbstverständlich kann die Großmutter fabelhaft reiten, und auf den Pferden sitzend ergeben sich in Gesprächen gleich weitere Abenteuererzählungen. Dass dies eine der ausführlichsten Episoden ist, die Andi durchlebt oder durchspielt, eine sehr deutliche und auch in der Illustration erkennbare Erinnerung an die galoppierende Pippi Langstrumpf, wäre noch nicht Anlass, von Pferdebuch zu sprechen. Dass aber dann in Kapitel sechs Andis ältere Schwester Christl im Stalldienst bei den Pferden vorgeführt wird, eben an einem Punkt der Handlung, an dem Andis Phantasien ein Ende nehmen, lässt das Buch zumindest als Pferdebuch-Anleihe und gleichzeitig -Parodie erscheinen, die auch bei Lindgren nahe liegt. Und dass die Figur der Omama im Apfelbaum eine entfernte Verwandte von Lindgrens Pippi sei, vielleicht sogar die in die Jahre geratene Pippi selbst, mutet vielleicht etwas weit hergeholt an. Aber da gibt es zunächst auch die Präsenz des weißen Pferdes, das sowohl Pippi, als auch der Omama nicht nur Beschleunigung der Fortbewegung ermöglicht, sondern auch die Phantasie in der Auswahl der Ziele erweitert.

Nicht zuletzt fällt natürlich die Ähnlichkeit der Wohnorte in beiden Romanen auf. Im einen Buch gibt es die Nachbarschaft zwischen der Villa Kunterbunt mit dem Pferd auf der Veranda, zu der neben dem Wohnhaus der wohlbehüteten Kinder auch ein Baum mit Baumkrone gehört; im andern ein ähnliches irreales Vis-a-vis zwischen alltäglichem Elternhaus, in dem wie Andi noch zwei Geschwister leben, und dann daneben den den Tagtraum vermittelnden Apfelbaum mit all seinen ihm entspringenden Phantasieabenteuern, ausgehend von einem wilden Ritt auf Pferden. Schließlich hat auch Lobes Omama einen Kapitän zum Vater wie Pippi und auch die in beiden Romanen angesprochene Zirkuswelt ist mit diesem Ahnen verbunden. Dramaturgisch eindeutig ist in beiden Geschichten die Präsenz des Pferdes auslösend für das etwas familienkritische Fabulieren.

Milo Dor: Das Pferd auf dem Balkon. 1971.

Aus den 1970er-Jahren

Am Beginn dieses Jahrzehnts steht ein Roman, in dem sich – damals noch selten – ein Autor aus der Allgemeinliteratur in das Genre Kinder- und Jugendliteratur einbringt und dies gleich auch mit einem Pferdebuch, Milo Dor mit dem Titel *Das Pferd auf dem Balkon* (1971), also mit einer Lokalität im Titel, die eigentlich auch wieder an Lindgrens Pippi mit ihrem Pferd auf der Veranda erinnert.

Der sehr linkische und lebensuntüchtige Alexander ist in einer Lampenfirma angestellt und versucht,

seinen kargen Lebensunterhalt im Glücksspiel aufzubessern. Auch seine verhalten amouröse Beziehung zu einer etwas flatterhaften Arbeitskollegin ist nicht sehr hoffnungsvoll, weil deren Zuwendung davon abhängt, ob er auf diese Weise der Glücksuche Erfolg hat, und der scheint ihm nun mal nicht beschieden zu sein. Hoffnung kommt auf, als er in einem Lotteriespiel ein Pferd gewinnt, noch dazu ein nicht unansehnliches, von dem sich bald herausstellt, dass es eigentlich ein Rennpferd war, jedoch aufgrund einer Verletzung der Lotterie geschenkt wurde. Es stellt sich nun aber auch die ganze Ungeschicklichkeit des Alexander heraus, der in verschiedenen skurril-absurden Versuchen irgendwie mit dem Danaer-Glücksgeschenk zurechtkommen möchte. Stationen auf diesem Parcours der besonderen Art sind der Rennplatz (Krieau und Freudenau), die Polizei, eine Tierhandlung, ein Fiaker, ein Pferdefleischhauer und ein pferdegezogener Bestattungswagen, Stationen, die so gerafft gereiht an einen Totentanz mit Pferd erinnern, wenngleich die tatsächliche Handlung humorig in ein etwas wackeliges Happyend mündet.

Dass es Alexander letztendlich gelingt das Glück zu finden, und zwar in einem Pferderennen, für das sein Glückspferd noch zugerichtet werden konnte, liegt freilich jenseits jeglichen Anspruches auf Wirklichkeit, damit aber durchaus nicht außerhalb der Dramaturgie des Pferdebuches, wenngleich mit einer besonderen Note: Wenn man im fünften der 14 Kapitel erfährt, dass Alexanders Pferd den Namen Buzephalus (das Streitross Alexander des Großen) trägt, gerät die Handlung auch zur Antike-Travestie, zu der dann noch das Pferdepaar Kastor und Pollux des Begräbniswagens sowie das Rennpferd Cäsar beitragen. Milo Dor erzählt also eine Geschichte, die zwischen Wienerischer Lokalposse und antik-mythologischem Hintergrund einen weiten interpretatorischen Spielraum eröffnet.

Im gleichen Jahr streift Mira Lobe nochmals an das Pferdebuch an und zwar mit der Bilderbuch-Erzählung *Denk mal Blümlein* (1971). Blümlein ist der Name eines Parkwächters; er liebt alle Natur in seinem Park, hat aber auch Verständnis für Kinder, die dort spielen möchten. Als ein martialisches Denkmal im Park, einen General auf einem Pferd darstellend, abgetragen wird, nützen die Kinder das Pferd zum Schaukeln. Bittere Folge ist, dass Blümlein entlassen wird, die heitere „Revanche", dass der Reiter von den Kindern zum Denkmal für Blümlein verwandelt wird. Hier ist nicht nur hintergründiges Sprachspiel und antiautoritäres Denken im Gange, sondern plötzlich auch ein völlig neuer Zug in der Figuration des Pferdes: Es kann zum einen Symbol für Krieg und Machtanspruch sein (was es bislang im Kinder- und Jugendbuch nicht war), im nächsten Moment aber auch Spielobjekt und dann gleich wieder eine Metapher für Autoritätskritik.

Ein Jahr später tritt nach Milo Dor die nächste Autorin der Allgemeinliteratur in den Reigen der Jugendbuchautorinnen und abermals gleich mit einem Pferdebuch, wobei wir es diesmal wirklich mit einem Pferdebuch mit all seinen Ingredienzien zu tun haben. Die Ferien-Erzählung *Ida, die Pferde und Ob* (1972) von Barbara Frischmuth ist so geschrieben, dass sie zum einen sämtliche Erwartungen der Pferdebuch-LeserInnen erfüllen müsste, zum andern weist sie eine Motivdichte auf, die eigentlich nur den Frischmuth-LeserInnen geläufig werden könnte. Zum einen haben wir es schlicht mit einem Großstadt-Mädchen zu tun, das zu seinem Onkel aufs Land kommt, dort zuerst widerwillig und aufmüpfig in den Pferdestall und auch auf die Pferderennbahn gerät, sich aber dann doch abarbeitet und an allem irgendwie Gefallen findet. Zum andern ist das Buch zeitlich eingebettet in die so genannte Demeter-Trilogie, in der Frischmuth eine Kette von Frauenschicksalen, teilweise durchaus im gleichen Milieu wie Idas Ferienabenteuer, mit Symbolgehalten der griechischen Mythologie aufbereitet. Es liegt also ein werkgeschichtlicher Zusammenhang vor, der in der jüngeren Literaturgeschichte immer öfter aufscheint, dass nämlich Kinder- und Ju-

Barbara Frischmuth: Ida, die Pferde und Ob. 1972.

gendliteratur und in den beiden Fällen Pferdebücher von anspruchsvollen AutorInnen zum Experimentierfeld genutzt werden, und dabei das (vermeintlich) triviale Pferdebuch Gegenstand der Parodie wird (vgl. Seibert 2012).

Das wohl berühmteste Bilderbuch von Mira Lobe und vielleicht überhaupt der neueren Kinderbuchgeschichte ist das zusammen mit Susi Weigel gestaltete *Das kleine Ich bin ich* (1972). Nachdem das allbekannte künstliche Stoffwesen von einem etwas aufsässigen Frosch gefragt wird, was es denn eigentlich sei, gerät es durch diese Frage in eine fatale Identitätskrise und beginnt seine Ich-Such-Wanderung durch die Tierwelt bei Pferdemutter und Pferdekind. Dass die Reihe der zum Vergleich erwählten Tiere mit dem Pferd beginnt, mag Zufall sein, kann aber auch an ein Anknüpfen an die beiden erwähnten vorangehenden Bücher von Lobe, *Omama* und *Denkmal Blümlein*, gesehen werden. Als ein noch tieferer oder auch naheliegender Grund für die Wahl des Pferdes als Einstieg ist aber gewiss auch dessen im eigentlichen Sinn des Wortes überragende Symbolbedeutung. Bei keinem anderen der nachfolgend geschilderten Tierbegegnungen ist der Größenunterschied zwischen dem ichsuchenden elternlosen Wesen und den Orientierung gebenden oder auch verweigernden Umwelt-Wesen auch in der Illustration so deutlich betont wie bei den Pferden.

Ein Jahr darauf erscheint die Übersetzung von *Pony, das kleine Pferd* des dänischen Autors Kjeld Iversen (1971, dt. 1973). Die Übersetzerin ist die Kinderbuchautorin Gertrud Rukschcio, die Illustratorin Emanuela Delignon-Wallenta; es sind also zwei namhafte österreichische Kinderbuchschaffende, die dieses kleine Juwel der Pferdebuchliteratur in den deutschsprachigen Raum gebracht haben. Die Ausgangsszene erinnert an Samuel Becketts *Warten auf Godot*; ein alter Bauer sitzt in seiner Stube und denkt nach, mit wem er reden könnte. Sein einziger Gesprächspartner ist sein Pony, aber beide stellen fest, dass es nichts zu reden gibt, bis sie die Idee haben, das Pony könnte „in die weite Welt" ziehen. Damit beginnt ein Stück absurdes Theater mit wenigen weiteren Figuren, das schließlich in ein versöhnliches, wenngleich ebenso absurdes Weihnachtsfest mündet. Zwischendurch wohnt das Pony bei einem Mädchen im fünften Stock in der Stadt, womit nochmals, wie auch bei Milo Dor, die schon bei Astrid Lindgren anklingende Unmöglichkeit aufgegriffen wird, ein Pferd als Haustier zu halten. In solchen Figurationen des Pferdes wird auf dem Wege des epischen Experiments die Grenze zur

Kjeld Iversen: Pony, das kleine Pferd. 1973.

Unsinnspoesie, die eher der Lyrik vorbehalten ist, überschritten, gleichzeitig aber auch die Grenze zwischen kindlicher und erwachsener Wirklichkeitseinschätzung. Was in solchen Büchern stattfindet, ist die Fortschreibung einer Ursprungsidee der Kinderliteratur, die Gestaltung einer „Verkehrten Welt". Mit dem Mundus-inversus-Motiv ist vielleicht das vorrangige Kriterium angesprochen, das die anspruchsvollen von den trivialen Pferdebüchern unterscheidet; dort, wo es von den Kinderbuchschaffenden bewusst gestaltet wird, beginnt das Pferdebuch interessante Literatur zu werden.

Zu den vielen Werken, in denen Pferde scheinbar nur als Randfiguren in Erscheinung treten, gehört etwa auch Mira Lobes Aufsehen erregender Roman zwischen Kindheit und Jugend, *Die Räuberbraut* (1974), worin Don Diegos Rappe und Isabella della Pontes Speranza (so die Phantasienamen der Hauptfiguren in den Tagträumen der Mathilde Meier aus Wien) wesentlich dazu beitragen, dass der realen Welt eine Wunschwelt entgegen gesetzt werden kann.

Eine doppelte Welt scheint allemal gegeben, wenn in der Kinderliteratur die Figur des Pferdes über ihre biologische Faktizität hinaus gegenwärtig wird. Die oben schon erwähnte Autorin Sigrid Heuck führte auch in den 1970er-Jahren ihre Pferdegeschichten weiter. *Pony, Bär und Apfelbaum* (1977) ist ein scheinbar einfaches Kinderbuch, eine als Lückentext erzählte Geschichte von einem Pony-Pferd, das sich im Herbst gerne Äpfel schmecken lässt, bis diese eines Tages verschwunden sind. Zusammen mit einem Teddybären macht es sich auf die Suche. Nach mehreren Begegnungen, unter anderem mit einem Fuchs, treffen die beiden auf einen Papagei, der ihnen verrät, dass einige Raben die Apfel-Diebe seien. Als sie diese finden, hält jeder stolz einen Apfel im Schnabel, als sie aber die beiden erblicken, erschrecken sie und lassen die Äpfel wieder zu Boden fallen.

Das ist nicht eben ein Pferdebuch, vielleicht die noch phantasievolle Vorstufe dazu, bzw. schlicht eine Pferdegeschichte mit einem Pony als Protagonisten. Es ist aber insofern auch ein ziemlich komplexes Konstrukt, eine andere Art der Weltverdoppelung, die hier vorgeführt wird, weil damit eigentlich eine Paraphrase der bekannten Fabel *der Rabe und der Fuchs* vorliegt. Das Pferd, in der Gattung der Fabel nicht präsent, wird hier als Verkörperung der Klugheit an die Stelle des Fuchses gestellt, der zwar noch vorkommt, aber zur Randfigur wird. Damit hält das Pferd vermutlich erstmals Eingang in die altehrwürdige Gattung der Fabel, und es ist deutlich spürbar, dass es dort ebenso wenig am richtigen Platz ist, wie bei Astrid Lindgren auf Pippis Veranda, bei Milo Dor auf dem Balkon oder bei Kjeld Iversen im fünften Stock eines Wohnhauses.

Aus den 1980er- und -90er-Jahren

Die bereits breit aufgefächerte Palette von Pferdegeschichten, Pferdebuch-Annäherungen, -Anleihen, -Parodien und -Paraphrasen setzt sich in den 1980er-Jahren fort, soll aber hier nur durch ein einzelnes Werk ergänzt werden. Mit Friederike Mayröckers einschlägigem Kinderbuch, es ist ihr drittes von vier kindheitsadressierten Werken, die zwischen 1971 und 1981 entstanden[4], *Pegas, das Pferd* (1980), wird die vermeintliche Gattung Pferdebuch ein weiteres Mal nicht unvermittelt fortgeschrieben, sondern angesprochen und unterlaufen. Die Autorin bekundet, es sei für ein bestimmtes Kind geschrieben: „Ich schrieb 1976 diese Geschichte für Philipp Breicha, den damals neun Jahre alten Sohn meines Freundes Otto Breicha." ist dem Klappentext zu entnehmen (zit. nach Riha S. 340) und „Von dessen leidenschaftlichem Interesse für Pferde und Hunde" ist die Rede (ebd.); und wie der Titel ahnen lässt, ist vom antiken Götter- bzw. Musenpferd Pegasus die Rede, dann aber doch nicht, denn, verkürzt wie der Name sind auch die Fähigkeiten des Namensträgers eingeschränkt. Pegas hat keine Flügel, vermag also nicht zu fliegen und einleitend heißt es gar: „Es war einmal ein Pferd, das eigentlich ein Hund war (ebd.)." Dennoch kann es sich dann aber mittels einer Wolke den Traum vom Fliegen erfüllen. Weitab von Klischees des Pferdebuches ist bei Mayröcker dessen knappste und originellste Kontrafaktur zu lesen.

Aus den 1990er-Jahren ist ein Werk hervor zu heben, in dem, wie vielleicht kaum zuvor, jenseits schriller Zeichnungen und Überzeichnungen still und geradezu beruhigend einfache Pferde-Geschichten erzählt werden, wie sie wirklich gewesen sein könnten oder auch sich wirklich ereignet haben; es heißt auch *Pferdegeschichten* im Untertitel bzw. noch zurückhaltender *Pferdegeflüster* im Haupttitel und ist so wenig pompös, dass es nicht einmal einen Herausgeber hat (1999). Unter den elf Beiträge sind vier von österreichischen AutorInnen: Othmar Franz Lang erzählt von einer Freundschaft mit einem Pferd in der Koppel auf dem Schulweg, Sigrid Laube von Erinnerungen einer humorvollen Großmutter (die ein bisschen an die Omama im Apfelbaum gemahnt) an ihre ernüchternden ersten Erfahrungen mit Pferden, Evelyn Stein-Fischer davon, dass die Angst vor Pferden in einer ersten Begegnung mit Pferd und männlichem Reiter etwas gemildert werden kann und Jutta Treiber davon, dass die Fürsorge für ein kleines Mädchen wichtiger werden kann als ein Flirt auf dem Pferderücken. Endlich scheint man bei einem „normalen" Pferdebuch angelangt.

Aus den Jahren nach 2000

Es ist nicht unbedingt unausweichlich, dass bei einer Buchgattung wie dem Pferdebuch, das zu weitaus größeren Anteilen dem Trivialen zugehört, früher oder später auch ein vielschreibender Autor wie Thomas Brezina sich einstellt. Jedenfalls hat er spätestens mit *Ein Pferd fürs Leben* (2002) ausführlich zu erkennen gegeben, dass er mit seiner Breitband-Leadership auch in diesem Sattel gute Figur machen kann. Den Inhalt dieses fast 300-Seiten-Romans wiederzugeben soll hier nicht begonnen werden; er widerspiegelt so ziemlich alle Motive, die am Beginn des Fallbeispiele-Kapitels (s.o.) aufgezählt wurden. Was er nicht widerspiegelt, ist die verschiedentlich festgestellte literarische Qualität, die Figur des Pferdes auch als literarisches Symbol zu verstehen, aus dem sich eine Gegenwelt-Konstruktion zumindest erahnen lässt.

Nicht minder gewichtig, was den Umfang betrifft, wenngleich mit gänzlich anderem literarischem Zugang gerät die in Wien geborene und in England lebende Autorin Eva in die Nähe des Pferdebuches. Der umfangreiche Jugendroman *Annika und der Stern von Kazan* (dt. 2006) handelt im Kern in Österreich, und zwar im noch kaiserlichen Wien nach 1900 mit einem Handlungsteil in Norddeutschland. Das auf dem Cover erkennbare Riesenrad ist jenes im Wurstelprater.

Wenn sich in vierfacher Größe davor ein Pferd mit jugendlichem Reiter in die Levade erhebt, ist das nicht nur Bildschmuck, sondern zeigt mit dieser Erhöhung auch den Höhepunkt der Handlung. Rocco, so der Name des Pferdes, das jedenfalls zu den wichtigen Handlungsträgern zu zählen ist, vollführt hier instinktiv ein Kunststück, das ihn und mit ihm gleich auch seinen Besitzer, den Zigeunerjungen Zed, bald darauf völlig überraschend zum Auserkorenen für die Spanischen Hofreitschule macht. Das ist der Schluss der ausgiebigen Handlung, die völlig anders beginnt, nämlich mit dem Findelkind Annika (der Name der Titelfigur ist aus Lindgrens *Pippi* geläufig), die von ihrer vermeintlichen Mutter wiedergefunden wird und jählings von armen wienerischen in reichere norddeutsche Verhältnisse gerät. Das Ganze ist aber Trug, weil sich die vermeintliche Mutter als Betrügerin erweist, was Annika die längste Zeit nicht wahr haben will. Zed, der Zigeunerjunge und Pferdehüter in der Familie der trügerischen Mutter, ahnt es schon früher und versucht, Annika, vor allem als sie in einem grauenvollen Internat untergebracht wird, zu beschützen, wobei das Pferd Rocco kräftig reitend mitspielt.

Ein Pferdebuch im herkömmlichen Sinn ist der Roman deswegen nicht, fast eher ein ziemlich komplizierter und durchaus dramatischer Familienroman, dann auch wieder eine Detektivgeschichte, letztendlich einige Kapitel lang sogar eine Internatsgeschichte mit unübersehbarer Nähe zu J.K. Rowlings *Harry Potter*, zu dem Ibbotson auch in anderen Werken ein unübersehbares Naheverhältnis hat. Die Deus-ex-machina-Lösung aller Probleme, Roccos schließlicher Einzug in die Hofreitschule, ist aber dann doch ein Pferdebuch-Schluss, ein Pferdebuch-Klischee, wie auch manche andere, etwa der Exkurs zu den himmlischen Pferden des Kaisers Wu-Ti, in Kapitel 28, dem der Ausflug in die Geschichte der Spanischen Hofreitschule in nichts nachsteht. Die Klischees aus dem

Pferdebuch-Devotionalenhort werden dann von denen aus dem Wiener Lokalkolorit doch wieder überboten und lassen einen staunenden Leser zurück.

Die beiden auch in ihrer jeweils eigenen Trivialität sehr unterschiedlichen Beispiele Brezina und Ibbotsom lassen erkennen, dass das Pferdebuch, sobald es in die größeren Dimensionen des Romans ausufert, und dann der Jugendliteratur zugehören möchte, fast unausweichlich banal wird. Pferdebücher können vielleicht nur mehr noch als Kinderbücher, also in der kleineren Form auch literarisch interessant sein. Ein besonderes und letztes Beispiel dazu ist Christine Rettls *Ein Pony für Mia*, das in der G&G PISA-bibliothek erschienen ist. Die an sich tierliebende Mia hat unbändige Angst vor Pferden. Gerade sie wird von ihrer Freundin Lena, deren Vater einen Reitstall hat, auserkoren, sich um ein Pferd zu kümmern, das einen Schock erlitten hat. Das bringt natürlich Komplikationen, dann auch deren Lösungen und schließlich ein Happy-end, und das ist allein schon sehr originell ausgedacht. Ebenso originell sind aber viele kleine Ideen, beginnend damit, dass am Beginn, als Mia eine Katze rettet, im Pferdebuch von einem Katzenbuch als Belohnung die Rede ist, führt über eine Reihe von psychologisch komplexen Situationen, die sprachlich einfach, eben ver-dichtet, in eine sehr logische Handlungskette gebracht werden und endet – ziemlich kurios – damit, dass Lena eigentlich Angst vor Spinnen hat. Der in den Pferdebüchern meist sehr sture Trott durch die schon tausendmal abgehandelten Standardmotive ist hier mit einer Leichtigkeit aufgehoben, die dem Pauschalkritiker der pauschalisierten Gattung zeigt, es kann sich immer wieder herausstellen, dass man gerade Pferdebuch-Schreibende sträflich unterschätzt: Plötzlich ein Pferdesprung von einem schwarzen auf ein weißen Feld, und der Kritiker ist Schachmatt.

1   http://karl-may-wiki.de/index.php/Pferde; 28. 10. 2015 .

2   Am Rande sein erwähnt, dass die hier zitierte amerikanische Ausgabe im Innentitel den folgenden Hinweis enthält: *The „Uncle toms Cabin" of the Horse.*

3   Diese kleine sehr willkürliche Auswahl bezieht sich auf die aktuellen einschlägigen Bücher einer Zweigstelle in den Büchereien Wien, die in der Systematik mit „NP" (Natur/Pferde) gekennzeichnet sind.

4   *Sinclair Sofokles der Baby-Saurier* 1971, *meine träume ein flügelkleid* 1974, *Pegas, das Pferd* 1980 und *Ich, der Rabe und der Mond* 1981.

Primärliteratur:

Brezina, Thomas: Ein Pferd fürs Leben (= Sonderband aus Sieben Pfoten für Penny). Ravensburger Buchverlag 2002.

Frischmuth, Barbara: Ida, die Pferde und Ob. 4. Aufl., Jugend und Volk Verlag, Wien 1988 [EA: 1972].

Dor, Milo: Das Pferd auf dem Balkon. Jugend und Volk, Wien – München 1971.

Heuck, Sigrid: Pony, Bär und Apfelbaum. Thienemann Verrlag, Stuttgart 1977.

Hummel, Lore: Wiedersehen auf dem Ponyhof. Engelbert Dessart Verlag, Bad Aibling o. J.

Ibbotson, Eva: Annika und der Stern von Kazan. Cecilie Dressler Verlag, Hamburg 2006 [EA: London 2004].

Iversen, Kjeld: Pony, das kleine Pferd. Illustr. von Emanuela Delignon-Wallenta; Übers. aus dem Dänischen von Gertrud Rukschcio. Obelisk Verlag, Innsbruck – Wien 1973.]EA: Kopenhagen 1971].

Lang, Othmar Franz: Abraxas. In: Pferdegeflüster, S. 94–101.

Laube, Sigrid: Als Großmutter Klassenbeste wurde. In: Pferdegeflüster, S. 65–81.

Lindgren, Astrid: Pippi Langstrumpf. Oetinger, Hamburg 1970.

Lobe, Mira: Die Omama im Apfelbaum. Jungbrunnen, Wien 1965.

Lobe, Mira: Denk mal Blümlein. Illustr. von Susi Weigel. Jungbrunnen, Wien 1971.

Lobe, Mira: Das kleine Ich bin ich. Illustr. von Susi Weigel. Jungbrunnen, Wien – München 1972.

Lobe, Mira: Die Räuberbraut. Rowohlt Verlag, Reinbek bei Hamburg 1977 [EA 1974].

Mayröcker, Friederike: Pegas, das Pferd. Illustr. von Angelika Kaufmann, Salzburg 1980.

Miller, Albert G.: Fury. Der Hengst auf der Broken Wheel Ranch. Engelbert-Verlag, Balve 1959.

Pferdegeflüster. Die schönsten Pferdegeschichten. Ueberreuter, Wien 1999.

Rettl, Christine: Ein Pony für Mia. G&G Verlag, Wien 2012.

Salten, Felix: Florian. Das Pferd des Kaisers. Zsolnay, Berlin – Wien – Leipzig 1933.

Sandwall-Bergström, Martha: Bleib bei uns Gulla! Ueberreuter, Wien – Heidelberg 1958.

Sewell, Anna: Black Beauty. His Grooms and Companions. Educational Publishing Company, Boston o. J.

Stein-Fischer, Evelyn: Pferde, wilde Stiere und ich mittendrin. – in: Pferdegeflüster, S. 101–115.

Treiber, Jutta: Weiss ich alles von Anita. In: Pferdegeflüster, S. 115–124.

Sekundärliteratur:

Herr, Alfred: Pferde im Jugendbuch. In: Jugendschriften-Warte 1959, H. 7/8, S. 52 f.

Kümmerling-Meibauer, Bettina: Klassiker der Kinder- und Jugendliteratur. Ein internationales Lexikon. 2 Bände, Metzer, Stuttgart – Weimar 1999.

Novak, Dana: Pferdebücher. In: Fundevogel 1991(92), H. 93/94, S. 15–19.

Riha, Karl: Vom Musenpferd Pegas, vom Baby-Saurier Sophokles und dem Raben und dem Mond. In: Siegfried J. Schmidt (Hg.): Friederike Mayröcker. Suhrkamp, Franfurt am Main 1984, S. 337–349.

Seibert, Ernst: Barbara Frischmuths „Machtnix" und was Literatur alles (aus-) machen kann. In: libri liberorum Jg. 13, H. 39, 2012, S. 35–46.

Siegfried Haider

Reitersiegel

Ob als Standbild oder auf dem Parcours, auf der Rennbahn oder auf dem Reiterhof – Pferd und Reiter bilden eine Einheit, die auf den Betrachter immer eine gewisse Faszination ausübt. Diese Wirkung war sicherlich in früheren Zeiten noch größer beim Anblick von uniformierten Kavalleristen und von gepanzerten Rittern, die über ihre prunkvolle Erscheinung hinaus auch etwas Bedrohliches ausgestrahlt haben. Solche Gefühle hegt heutzutage niemand, wenn er sich mit den aus dem Mittelalter und aus der frühen Neuzeit erhaltenen Siegeln mit Reiterbildern eingehender befasst. Und doch wird er sich dem Reiz zumindest jener Exemplare, die in hoher und höchster künstlerischer Ausformung entstanden sind, nicht völlig entziehen können.

Siegel (vom lateinischen ‚sigillum‘) dienen dem Verschluss von Briefen und Schriftstücken, der Beglaubigung von Urkunden und Dokumenten sowie im weitesten Sinn als Erkennungszeichen. Schon bei den altorientalischen Kulturen waren sie in Form von Stempel- und Rollsiegeln auf Gegenständen aus Ton bzw. auf Tontafeln in Gebrauch. Seit römischer Zeit wurden Briefe verschlossen, indem man die bildliche Darstellung auf einem Siegelring in die weiche Masse des Siegelstoffes drückte. Im Mittelalter wurde das Siegel als Beglaubigungsmittel zuerst bei den Königs- und Kaiserurkunden und seit dem hohen Mittelalter allgemein von Bedeutung. Es entstand durch Abdruck eines harten metallenen Siegelringes oder Siegelstempels (Typar) auf einem durch Erhitzen weich gemachten Siegelstoff, zumeist ungefärbtes oder verschieden, am häufigsten rot gefärbtes Wachs. Dieses formbare Wachs konnte direkt auf ein Pergament- oder Papierblatt gedrückt werden, sodass es dort haften blieb, es

konnte aber ebenso in eine naturfarbene Wachsschale, später auch in Holz- und Metallkapseln gegossen werden. Diese Siegelschale wurde an der betreffenden (Pergament-)Urkunde befestigt, indem man das noch weiche Wachs durch einen Kreuzschnitt presste und zu einem breiteren Knauf formte oder indem man die Schale bzw. Kapsel mittels schmaler Pergamentstreifen oder verschiedener Fäden und Schnüre an das durch Umbiegen verstärkte untere Ende der Urkunde hängte. Zweiseitige Wachssiegel mit Abdrücken unterschiedlicher Stempel auf Vorder- und Rückseite nennt man Münzsiegel.

Reitersiegel, d. h. Siegel, die den zum Führen des betreffenden Siegels Berechtigten als Reiter zu Pferde abbilden bzw. darstellen, sind seit dem 11. Jahrhundert bekannt; zuerst in Frankreich und England, bald auch innerhalb des römisch-deutschen Reiches. Im österreichischen Raum sind die Siegel des Herzogs Heinrich III. von Kärnten von 1103 und des Markgrafen Leopold III. von Österreich von 1115 frühe erhaltene Beispiele. Siegel dieser Art waren zumeist rund, selten schildförmig oder spitzoval. Reitersiegel wurden hauptsächlich von Fürsten, Landesherren und hohen Adeligen, vereinzelt auch vom niederen Adel geführt. Solche von Städten, von geistlichen Institutionen sowie von hohen Geistlichen sind seltene Ausnahmen, die sich zumeist auf die Heiligenfiguren Georg und Martin beziehen. In der Regel zeigt das Siegelbild einen gerüsteten und bewaffneten Reiter (Ritter), in dem man ein Symbol für die Wehrhaftigkeit des betreffenden Standeszugehörigen sehen kann. Die Majestätssiegel der römisch-deutschen Könige und Kaiser geben für gewöhnlich den thronenden

Siegel des Markgrafen Leopold III. von Österreich. Urkunde im Stiftsarchiv St. Florian (nach 9. Juni 1115).   Foto: Franz Reischl

Herrscher wieder; Reitersiegel fanden nicht sehr oft entweder auf der Rückseite von Münzsiegeln Verwendung oder, wenn der Betreffende als Landesherr eines selbständigen Fürstentums handelte. Nur das große Staatssiegel der Könige und Königinnen von England weist in der Form eines Münzsiegels vom 11. Jahrhundert bis in jüngste Zeit auf der Vorderseite ein Thronsiegel und auf der Rückseite ein Reitersiegel auf.

Reitersiegel waren allein schon wegen des Motivs ihres Siegelbildes – die Darstellung von Pferd und Reiter – für die künstlerische Ausgestaltung prädestiniert. Das Schneiden der metallenen Siegelstempel galt im Mittelalter „als einer der schwierigsten und wertvollsten Zweige des Goldschmiedehandwerks" (Kletler, S. 3). Aus kunsthistorischer Sicht kann die Kunst des Siegelschneidens als Teilbereich der Kleinplastik gesehen werden. Die Stempelschneider konnten teilweise an die antiken Vorbilder von Reiterdarstellungen auf griechischen und römischen Münzen

anschließen, auf Gemmen (geschnittenen Edelsteinen), besonders aber auf den zu Geschenkzwecken hergestellten prunkvollen römischen Kaisermedaillen, auf deren Vorderseite der Herrscherkopf und auf deren Rückseite der Kaiser zu Pferd in repräsentativer oder kriegerischer Szene zu sehen ist.

Künstlerisch-stilistisch ist eine Entwicklung von anfänglich steifen und unnatürlichen Darstellungsformen im 11. Jahrhundert über zunehmende Lebendigkeit seit dem 13. Jahrhundert zu einem Höhepunkt an Wirklichkeitsnähe und Eleganz der Bewegung im 14. Jahrhundert festzustellen. Besonders die Reitersiegel des österreichischen Herzogs Rudolf IV. (1358–1365) erreichten eine Qualität, die sie zu Gipfelleistungen nicht nur „in der heimatlichen Reitersiegelkunst, gewiß was die Lebendigkeit der gotischen Darstellung eines sprengenden Pferdes betrifft" (Chimani, S. 126), sondern auch darüber hinaus werden ließen. Seit dem 15. Jahrhundert ging der Gebrauch von Reitersiegeln zugunsten von weniger schmuckvollen Wappensiegeln zurück. Im 16. Jahrhundert verringerte sich ihr künstlerischer Wert, weil das Niveau der Technik des Siegelschnittes gesunken ist, und schließlich kamen die Reitersiegel überhaupt gänzlich außer Mode.

Abgesehen von diesen Aspekten stellen Reitersiegel aber auch wichtige kulturgeschichtliche Quellen dar, weil uns ihre Darstellungen die zeitlich verschiedenen Arten und Formen der Ausrüstung von Reiter und Pferd zu erkennen geben. Dabei ist von Bedeutung, in welche Richtung der Reiter auf dem Siegelbild ausgerichtet ist. Reitet er vom Beschauer aus gesehen nach links, wird seine Figur größtenteils von seinem Schild verdeckt. Reitet er nach rechts, sind auf der unbedeckten Seite mehr Details der Rüstung ersichtlich. Im Allgemeinen zeigt sich beim wehrhaften Reiter (Ritter) eine Entwicklung der Rüstung vom Panzerhemd über den Ring- und Kettenpanzer zum vollständigen Plattenharnisch im 15. Jahrhundert. Bei den Helmen ist eine Abfolge von Sturmhaube, Topf- und Kübel-

Kleines Reitersiegel des Herzogs Rudolf IV. von Österreich (1359). Stadtarchiv Freistadt, Urkunde vom 5. Juni 1363.   Foto: Schepe

Markterhebungsurkunde von Lambach durch Herzog Rudolf den Stifter vom 14. Februar 1365.   Foto: monasterium.net

---

helm zum Stech- und Spangenhelm zu beobachten. Bei den Schilden verlief die Entwicklung vom normannischen Langschild über den kleineren Dreiecksschild (mit Wappen) zu einer halbrunden Schildform. Dazu kommen als Angriffswaffen Fahnenlanzen, Schwerter (seit der Mitte des 13. Jahrhunderts) und Dolche. Alle diese Ausrüstungsgegenstände tragen seit dem 13. Jahrhundert in zunehmendem Maße Verzierungen und Ausschmückungen ebenso wie Waffenröcke, Gürtel, Helmzieren, Helmdecken und andere Beiwerke, die ihrerseits jeweils mit Wappenbildern versehen sein können. Dazu gesellen sich Herrschaftszeichen, die den Rang und die Würde des betreffenden Reiters bzw. Siegelführers zum Ausdruck bringen wie Krone,

Herzogshut, Zepter und (Fürsten-)Mantel. Weist das bereits darauf hin, dass Reitersiegel wirkungsvolle Mittel der Repräsentation und der Propaganda sein konnten, so wird der Eindruck der Machtdemonstration durch die Aufzählung der Titel, die dem Siegelführer durch die von ihm beherrschten Länder und Gebiete erwachsen sind, in den Umschriften der Siegel und durch die immer zahlreicher werdenden Wappen seiner verschiedenen Besitzungen noch verstärkt. (Reiter-)Siegel sind daher nicht zuletzt auch wichtige Quellen für die historische Hilfswissenschaft Heraldik (Wappenkunde).

Mit dem Reiter steht natürlich das Pferd im Mittelpunkt. Dargestellt wurden sowohl schwere Streitrosse als auch leichtere und beweglichere Pferde. Die Tiere konnten stehend, schreitend, galoppierend oder steigend abgebildet werden, wobei allgemein die Dynamik der Bewegung mit der stilistisch-künstlerischen Entwicklung zugenommen hat. Erscheinen die Pferde anfangs ungeschützt mit einfachen Schabracken (Decken), so tragen sie seit dem 13. Jahrhundert Rüstkleider und seit dem 14. Jahrhundert einen Rossharnisch, der im 15. Jahrhundert mit dem Plattenharnisch seine stärkste und schönste Ausformung erfährt. Der (geschützte) Kopf des Pferdes konnte mit einem von der Wappenkunde so genannten Kleinod (z. B. Krone, Federbusch, Wappenfigur) verziert sein, die Decken und Rüstkleider mit Wappen. Besondere Beachtung verdienen die Details der Ausrüstung, die ebenfalls zeitlichen Veränderungen unterworfen ist. Dies gilt für die verschiedenen Formen und Arten des Zaumzeugs (Kopfgestell, Gebiss, Zügel, Trense), der Sättel (Turnier- und Rennsättel) und Satteltaschen, der Bauchgurte, der Brustriemen und des Hinterzeugs, der Steigbügel und des Hufbeschlags, soweit dieser erkennbar ist. Alle diese Ausrüstungsgegenstände konnten auf unterschiedliche Art ausgeschmückt sein. Durch ihre Zeitgebundenheit dienen sie manchmal als Datierungsmerkmale zur zeitlichen Bestimmung der Dokumente, auf denen die betreffenden Siegel angebracht sind.

Reitersiegel Rudolf IV. des Stifters auf einer Urkunde des Stiftes Schlägl vom 28. Juli 1362.   Quelle: Monasterium.net

Beispielhaft sei hier eines der qualitätsvollsten unter den bekannten Reitersiegeln vorgestellt, das die Vorderseite des großen Münzsiegels von Herzog Rudolf IV. von Österreich von 1359 bildet. Karl von Sava hat es wie folgt beschrieben: „I. Vorderseite: [Umschrift:] + RUDOLFUS · QVARTUS · DEI · GRACIA · PALATINUS · ARCHIDUX · AUSTRIE · STIRIE · KARINTHIE · SUEVIE · ET · ALSACIE · DOMINVS · CARNIOLE · MARCHYE · AC · PORTUSNAONIS · NATVS · ANNO · DOMINI · M · CCC · XXXIX. Gothische Majuskel, zwischen drei Perlenlinien, mit einem gerauteten Siegelrande. AN in ANNO verschränkt. ...

Der Herzog zu Pferde, [heraldisch] rechts gewendet [= vom Beschauer aus links], in voller Rüstung. Diese besteht aus einem Panzerhemde, über welchem ein eng anliegendes Oberkleid ohne Ärmel getragen wird, es reicht bis über die Hüften, ist unten ausgezackt, und etwas kürzer als das Panzerhemd. Drahtgeflecht schützt die Arme und die Beine, die Handschuhe dagegen, die Kniestücke und die vordere Bedeckung der Schienbeine bestehen aus Plattenstücken, die Fussbekleidung aus Schnabelschuhen mit Sporen. Auf dem Haupte trägt der Fürst den Schlachthelm, an der Vorderseite kantig, zu beiden Seiten mit dem Sehschnitte, und unter dem letzteren an der linken Helmwand mit einem unbeweglichen Gitter versehen. Auf der flatternden Helmdecke ruht eine Laubkrone, aus welcher der Pfauenstutz [Pfauenstoß] emporragt. Die Hüften umgibt ein verzierter Gürtel, an welchem ein kurzes, schmales Schwert (perswert, Bohrschwert) hängt, dessen Griff oben in einen Knauf endet, die Parierstange ist sichelförmig nach abwärts gebogen. In der Rechten hält der Herzog das Banner, worin der steierische Panther, am linken Arme trägt er den Schild mit dem österreichischen Wappen, das Feld ist durch schräg gekreuzte Linien gegittert, darin je eine Blume, und die Durchschneidungspunkte sind je mit einem Sternchen belegt, die Binde ist damascirt."

Das Pferd ist in eine faltenreiche Decke gehüllt, welche rückwärts hoch aufflattert, und am Halse mit dem Schilde von Kärnthen, an der Brust mit jenem von Habsburg, und am Schenkel mit jenem von Pfirt belegt ist. Das Hinterzeug der Decke wird mit Ringen an den Sattel befestigt, welcher vorne und rückwärts hohe Bogen hat, die mit dem österreichischen Schild belegt sind. Auf dem Haupte des Pferdes ruht eine Krone mit einem darüber schwebenden Adler, von ihr hängt ein Kreuz auf die Stirne des Pferdes herab, der Stangenzügel besteht in einer Kette.

Das Siegelfeld wird durch in Reihen gestellte Blumenornamente (jedes aus vier Zirkeltheilen bestehend) ausgefüllt, in jedem derselben befindet sich ein geflü-gelter Drache, von denen je zwei neben einander sich zugekehrt sind. In den Räumen, welche zwischen vier an einander stossenden Blumenornamenten entstehen, befindet sich je ein einfacher Adler" (Sava, Regenten, S. 114f. mit Abb. 27).

Gleichsam als eine Unterabteilung der Reitersiegel, zumindest für das Herzogtum Österreich, könnte man jene Porträtsiegel bezeichnen, die von Angehörigen bestimmter österreichischer Adelsgeschlechter als Inhaber der ehrenvollen Landes-Erb-Hofämter bekannt sind. Auch auf diesen für feierliche Anlässe verwendeten Amtssiegeln werden ihre Träger als Reiter dargestellt, allerdings nur der Marschall und der Bannerträger als wehrhafte Ritter. Alle anderen dieser Amtsträger erscheinen im Friedenskleid (Tunika und Mantel) bzw. der Jägermeister in Jagdkleidung mit den Attributen des jeweiligen Hofamtes in der Rechten. Die Marschälle mit einem Streitkolben oder einem Morgenstern, die Bannerträger mit der an einer Lanze befestigten Landesfahne, die Jägermeister mit einem Hifthorn, die Kämmerer mit einem (kurzen) Stab, die Mundschenken mit einem Becher und die Truchsessen mit einer ovalen Speisenschüssel, auf der ein Fisch liegt. Ihre Pferde werden entweder im Schritt oder im Galopp abgebildet und die Körper der Tiere treten entweder bedeckt oder unbedeckt, später auch durch Plattenrüstung geschützt in Erscheinung.

In einem gewissen Gegensatz zu den Reitersiegeln mit den Abbildungen martialisch-kriegerisch wirkender Ritter stehen die kleineren Siegel der unmündigen Jungherren (Junker), die zwar ebenfalls als Reiter, aber selten gerüstet, zumeist in Haus- oder Jagdkkleidung dargestellt werden. Die Pferde erscheinen meist in ruhiger Gangart inmitten von Jagdszenen, in denen der Reiter mit Jagdfalken, Jagdhund und fliehendem Wild aufgestellt sein konnte. Solche Jagdsiegel mit ihrem Abbild auf einem Pferd oder auf einem Maultier haben auch adelige Damen verschiedentlich geführt.

Als Reitersiegel in einem speziellen Sinn sind jene Siegel mit Reiterdarstellungen zu betrachten, die von Städten sowie von geistlichen Institutionen und höheren Amtsträgern bekannt sind. Ein Beispiel besonderer Art ist dafür das Siegel der oberösterreichischen Stadt Vöcklabruck, das Herzog Rudolf IV. von Österreich zwischen 1358 und 1364 verliehen hat. Alois Zauner hat es so beschrieben: „Es zeigt eine Brücke mit drei Bogenöffnungen, die nach [heraldisch] links zum Torturm einer Stadtmauer mit hochgezogenem Fallgitter führt, und auf der Brücke zwei geharnischte Ritter auf [heraldisch] linkshin gewendeten Pferden mit Decken, auf denen dreimal ein Wappen mit zweimal geteiltem Schild dargestellt ist. Die Ritter, mit Kübelhelm, Helmdecke, Helmkrone und Pfauenstoß, halten in der Rechten je eine Lanze mit zweimal geteiltem Fähnlein, in der

Linken einen Schild mit zweimal geteiltem Wappenschild. Vor dem ersten Ritter und nach dem zweiten stehen die [lateinischen] Inschriften: ALB(ER)TI PATER und RVDOLFVS FILIVS. Die [gleichfalls lateinische] Umschrift lautet: + S(IGILLVM): QVOD FECIT DE FECLEPRVGKA". Bei den abgebildeten Rittern handelt es sich um die österreichischen Herzöge Albrecht II. (1330–1358) und dessen Sohn Rudolf IV. (1358–1365), der mit diesem Siegel symbolisch die der Stadt erwiesene besondere Gunst und Förderung durch seinen Vater und sich selbst ausdrücken wollte.

War es in diesem Fall die spezielle Beziehung zwischen Stadt und habsburgischen Stadtherren, so gibt es Beispiele anderer Städte, deren Stadtsiegel mit den Heiligenfiguren ihrer Pfarrpatrone geschmückt worden ist. So erscheinen in der Steiermark sowohl in Pettau (heute Ptuj in Slowenien) in der ersten Hälfte des 13. Jahrhunderts der heilige Georg als auch in Hartberg zu Beginn des 14. Jahrhunderts der heilige Martin ihrer Legende nach zu Pferd, der eine als ritterlicher Drachentöter, der andere als Reiter, der mit seinem Schwert seinen Mantel für einen Bettler teilt. Der heilige Georg begegnet aber ebenso als namengebender Patron im Siegelbild des Tiroler Benediktinerklosters St. Georgenberg (-Fiecht). Im Jahr 1431 ließ der Propst des niederösterreichischen Augustiner-Chorherrenstiftes Herzogenburg Johannes III. von Parsenbrunn (1402–1433) ebenfalls den heiligen Georg auf seinem Siegel abbilden, wohl in der Tradition der Anfänge dieser geistlichen Gemeinschaft in St. Georgen an der Traisen(-mündung in die Donau).

Nur der Kuriosität halber sei schließlich erwähnt, dass in der ersten Hälfte des 13. Jahrhunderts der Mundschenk Konrad von Nürnberg einen Zentauren, ein griechisches Fabelwesen mit Pferdeleib und menschlichem Oberkörper, als Wappen- bzw. Siegelsymbol gewählt hat (Seyler S. 268 und 270, Abb. 227). Die mittelalterlichen und frühneuzeitlichen Reitersiegel spiegeln nur eine winzige Facette des über

Bronzeabguss des Vöcklabrucker Stadtsiegels (Mai 1400).
OÖ. Landesarchiv   Foto: Schepe

Zwei Siegel des Klosters St. Georgenberg(-Fiecht). Um 1200.   Repro[1]: Schepe

Siegel der Stadt Pettau (Ptuj). 1. Hälfte 13. Jh.   Repro[2]: Schepe

Reitersiegel Herzog Albrechts IV von Österreich. Urkunde vom 25. Februar 1416[3].   Foto: Schepe

große Zeiträume hinweg sehr engen Verhältnisses von Mensch und Pferd wider, das sich erst seit dem 20. Jahrhundert in einer völlig technisierten Welt immer mehr gelockert hat. Die Siegelkunde (Sphragistik) hat jedoch gezeigt, dass die Kunst des Siegelschneidens auf ihrem Höhepunkt im 14. und 15. Jahrhundert der natürlichen Schönheit der Pferde in hohem Maße gerecht geworden ist.

1   Nach Kletler (1927), S. XXIII, Abb. 61.

2   Wie Anm. 1, S. XXIII, Abb. 62.

3   OÖ. Landesarchiv, Starhembergische Urkunden, Nr. 882 (Bestätigung über die Errichtung der Festung Oberwallsee).

Literatur (mit zahlreichen Abbildungen):

Egon Freiherr von Berchem: Siegel (Bibliothek für Kunst- und Antiquitäten-Sammler 11, Berlin ²1923).

Bibliographie zur Sphragistik. Schrifttum Deutschlands, Österreichs und der Schweiz bis 1990, bearb. von Eckart Henning und Gabriele Jochums (Bibliographie der Historischen Hilfswissenschaften 2, Köln–Weimar–Wien 1995).

Rudolf Chimani: Die Reitersiegel der österreichischen Regenten von Mitte des 14. bis Mitte des 15. Jahrhunderts. Versuch eines Beitrages zur Entwicklung des Reiterstandbildes. In: Mitteilungen des Österreichischen Instituts für Geschichtsforschung 54, 1942) 103–146.

Erich Kittel: Siegel (Bibliothek für Kunst- und Antiquitätenfreunde 11, Braunschweig 1970).

Paul Kletler: Die Kunst im österreichischen Siegel (Wien 1927).

Karl von Sava: Die Siegel der österreichischen Regenten (Separatabdruck aus den Mittheilungen der k. k. Central-Commission zur Erforschung und Erhaltung der Kunst und historischen Denkmale, Wien 1869).

Ders: Die Siegel der Landes-Erbämter des Erzherzogthumes Österreich unter der Enns im Mittelalter (Wien 1861).

Gustav A. Seyler: Geschichte der Siegel (Illustrierte Bibliothek der Kunst- und Kulturgeschichte, Leipzig 1894).

Urkundenbuch zur Geschichte der Babenberger in Österreich 3: Die Siegel der Babenberger, von Oskar Freiherr von Mitis, ergänzt und mit einer Einleitung versehen von Franz Gall (Publikationen des Institutes für Österreichische Geschichtsforschung III/3, Wien 1954).

Alois Zauner: Vöcklabruck und der Attergau 1: Stadt und Grundherrschaft in Oberösterreich bis 1620 (Forschungen zur Geschichte Oberösterreichs 12, Linz 1971).

Reitersiegel Kaiser Friedrichs III. Marktarchiv Perg. Urkunde vom 17. November 1470.   Foto: Schepe

Roman Sandgruber

Die Marke Pferd

Pferde in der modernen Welt der Waren

Was vereinigt Ferrari und Porsche, die Luxusmarken Hermès und Burberry, Coach und Etro, La Martina und Ralph Lauren, den französischen Cognac-Erzeuger Rémy Martin und die indischen United Breweries, die Londoner Lloyds-Bank und die Myanmar Airways, die großen amerikanischen Sportvereine Dallas Maverick und Denver Broncos, den oberösterreichischen Getränkehersteller Spitz und die Oberösterreichischen Nachrichten? Natürlich die Bekanntheit der Marke. Natürlich das große Geld. Aber nicht nur. Es ist das Pferd.

Das Pferd ist das wohl häufigste Motiv für Firmenlogos: Ob für Autos und Flugzeuge, teure Mode, noble Getränke und feine Delikatessen. Pferde in allen Formen, Pferde für alle Produkte. Mehr als dreihundert international tätige Unternehmen und Markenartikelerzeuger lassen sich benennen, die sich mit Pferden im Firmenlogo schmücken. Wahrscheinlich sind es noch sehr viel mehr. Es sind Unternehmen aus allen fünf Kontinenten. Manche der Logos sind mehr als hundert Jahre alt. Eine ganze Reihe ist aber auch erst in jüngster Zeit dazugekommen. An die Logo-Wahl knüpfen sich bisweilen stimmige Anekdoten. Manchmal ist es auch nur der Familienname des Unternehmensgründers: Knight, Rapp, Pferd, Rossmann… Wenn jemand Ludwig Reiter heißt und feine Schuhe erzeugt, ist ein Reiterlogo durchaus logisch. Manchmal ist es ein Schild oder ein altes Wappen, oft aber auch die Pferdeliebe und Pferdebewunderung der Unternehmensgründer und immer die Schönheit, Kraft und das Ansehen, das man mit Pferden verbindet. Pferde sind Sympathieträger. Sie sind schnell und stark, edel und elegant. Sie stehen für Freiheit und Grenzenlosigkeit, für Natur und Abenteuer. Und sie sind teuer und exquisit. Kinder und Frauen mögen sie. Der Adel hat sie. Das macht sie zu idealen Werbeträgern.

Die ältesten Pferdelogos sind die Reitersiegel und Wappenschilde mittelalterlicher Herrschaftsträger. Allerdings sind Wappen, die ein Pferd zum Motiv haben, viel seltener, als man meinen würde. Weil das Pferd so zentral mit dem Erscheinungsbild mittelalterlicher Feudalherren verbunden war, hätten Pferde gar kein wirkliches Unterscheidungsmerkmal auf den Schilden und Wappenbildern darstellen können. Da wählte man Exotischeres: Panther, Löwen, Adler. Einzig das weiße Sachsenross ist zu einem Begriff der Heraldik geworden. Es steht für das alte Stammesherzogtum Sachsen und die aus ihm entstandenen politischen Einheiten, vor allem für die welfischen Herrschaftsgebiete. Es ist heute das Wappenmotiv des Landes Niedersachsen und der Welfen. Als Westfalenpferd mit erhobenem Schweif ist es das traditionelle Wappenmotiv von Westfalen und bildet in dieser Form auch einen Bestandteil des Wappens des Landes Nordrhein-Westfalen. Logischerweise ist es auch das Wappen des hannoveranischen Fürstenhauses. Die niederländische Nachbarregion Twente und die britische Grafschaft Kent tragen dieses Motiv ebenfalls in ihren modernen Wappen.

Dass sich mit Pferden verbundene Unternehmen und Vereine ein Pferdelogo geben, ist nicht weiter auffällig:

© Haus Hannover

© Ferrari

nischen Farben hinzu. Enzo Ferrari arbeitete in den Dreißigerjahren unter der Bezeichnung "Scuderia Ferrari", Rennstall Ferrari, für Alfa Romeo. 1932 nutzte er erstmals das schwarze Pferd auf gelbem Grund mit den Buchstaben SF. Nach dem Zweiten Weltkrieg begann Ferrari mit dem Bau eigener Rennwägen, später auch von Straßenwägen. Das eigentliche Wappen, das Scudetto, war früher den offiziellen Werksautos vorbehalten, die rechteckige Variante mit den italienischen Landesfarben den Straßenwägen.

Für Reit- und Zuchtvereine, pferdebezogene Tourismusbetriebe und Ausrüster ist ein Pferdelogo geradezu logisch. Viel interessanter sind jene Unternehmen, deren Unternehmenszweck nichts oder nur wenig mit Pferden zu tun hat. Autos sind auf Pferdestärken fokussiert. Die teuersten Marken sind die Pferdemarken: Ferrari und Porsche. Ferrari wurde 2013 zur weltweit besten Marke gewählt – das mag subjektiv sein. Aber mit Sicherheit ist das springende Pferd, das "cavallino rampante", das bekannteste Pferdelogo. Und auch das Porsche-Pferd ist unersetzlich. Zu ihren Pferdemotiven sind sie beide allerdings auf recht prosaische Weise gekommen. Enzo Ferrari erzählte einst die Entstehungsgeschichte: Das Pferd befand sich auf den Flügeln des Flugzeugs von Francesco Baracca – eines berühmten Militärpiloten aus dem Ersten Weltkrieg, der 1918 über Österreich abgeschossen wurde. Das springende Pferd war das Wappentier der Familie Baracca. 1923 traf Enzo Ferrari mit den Eltern des Kriegshelden zusammen. Die Gräfin Paulina Baracca soll zu ihm gesagt haben. "Bring das springende Pferd auf die Karosserie deines Autos. Das wird dir Glück bringen." Das Pferd war schwarz. Ferrari fügte das Gelb seiner Heimatstadt Modena und die italie-

Porsche entlehnte sein Logo von der Stadt Stuttgart ('stuotgarten'), in deren Nachbarschaft in Zuffenhausen sich das Unternehmen nach dem kriegsbedingten Exil von 1944 bis 1950 im kärntnerischen Gmünd angesiedelt hatte. Der Entwurf mit den Württemberger Geweihstangen und dem Rössle aus dem Stuttgarter Stadtwappen stammt von den Ingenieuren Franz Xaver Reimspieß und Erwin Komenda als Reverenz an den neuen Standort in Württemberg. Er tauchte Ende 1952 erstmals auf der Lenkradnabe auf, ziert seit 1954 die Fronthaube jedes Serien-Porsche und seit 1959 auch die Radkappen bzw. Felgen.

Ford ließ sich sein Mustang-Logo 1964 vom Designer Phil Clark entwerfen. Zur Diskussion stand auch der Name Cougar. Der Ford-Sportwagen für den Mittelstand hätte also statt in einer Pferdewelt auch in einer Puma-Welt angesiedelt sein können. Ford wollte einen Sportwagen für weniger als 2500 Dollar bauen. Mit exquisitem Blickfang und doch alltagstauglich. 1966 lief der millionste Mustang vom Band. In der Folge legte sich Ford einen ganzen Pferdestall zu: Bronco, Pinto, Maverick, Mustang.

© Ford Mustang

Aber auch andere Automobilbauer schmückten sich mit Pferden. Die russischen Kamaz-Lastwagen mit ihrem grafisch ansprechenden Pferde-Logo haben die Ralley Paris Dakar seit 1996 bereits zwölfmal gewonnen. Die iranische Automarke Khodro fährt mit einem Pferd als Logo, ebenso der größte indische Zweiraderzeuger TVS oder die freilich weniger relevante azerbaidschanische Automarke Aziz, ebenso die chinesische Marke Baojun, die gemeinsam von General Motors mit dem chinesischen Konzern SAIC entwickelt wurde. Und auch das berühmte BMW-Logo ist der Rest eines Pferdelogos: der stilisierte Rappe der Rapp Motorenwerke, deren Nachfolge 1917 die Bayrische Motoren Werke GmbH antrat.

Im Jahr 1960, also zu einer Zeit, als die Pferde in den industrialisierten Ländern schon weitgehend als landwirtschaftliche Zugtiere vom Traktor abgelöst waren, wählte Antonio Carraro die vier sich aufbäumenden Pferde als Firmenlogo des seit 1910 im Landmaschinenbereich tätigen Unternehmens. Das Symbol stammt aus einer persischen Graffitozeichnung aus dem Anfang des 17. Jahrhunderts, seine Präsenz wurde jedoch schon im Alten Griechenland nachgewiesen, wo es Symplegma genannt wurde. Antonio Carraro produziert Traktoren mit vier Antriebsrädern und Leistungen von 20 bis 100 PS.

© Mobil Oil

Motoren fressen nicht Hafer, sondern Öl. Mobil Oil liegt in der Liste der bekanntesten Logos aller Zeiten ganz vorne. Es hatte sein geflügeltes Pferd 120 Jahre lang. Warum es gegen eine abstrakte Chiffre getauscht wurde, ausgenommen in Australien, ist schwer zu ergründen. Auch der Tankstellen-Diskonter Avanti, dessen 141 Stationen im In- und Ausland 2003 von der OMV übernommen wurden, führte das Pferde-Logo. Dass Fluglinien den Pegasus – das fliegende Pferd – nutzen, ist durchaus logisch, so der 1990 gegründete türkische Flugdiskonter Pegasus Airways. Aber auch die burmesische Luftfahrtgesellschaft Myanwar Air vertraut auf das Pferd ebenso wie die Air India und die Iran Air, in Form des Vogelpferdes "Homa". Bei der amerikanischen Transportfirma Knight Transportation, die 1990 von den vier Knight-Brüdern gegründet wurde, ist das Logo dreifach sprechend: ein K, ein Ritter (Knight), ein Pferd. Beim niedersächsischen Reifenkonzern Conti AG – der ehemaligen Continental Kautschuk und Gutta-Percha Gesellschaft – steckt die Firmengeschichte zweifach im Firmenlogo – dem sich aufbäumenden Sachsen-Ross und den ursprünglichen Erzeugnissen. Denn bevor Continental in der weit über 100-jährigen Geschichte zum Reifengiganten aufstieg, fertigte man aus Gummi rutschsichere Hufüberzieher für Pferde. Bereits 1876 hatte die damalige „Continental-Caoutchouc- und Gutta-Percha Compagnie" ein springendes Pferd als Warenzeichen für seine Hufpuffer beim Kaiserlichen Patentamt in Hannover angemeldet. 1882 wurde daraus das heutige, im Lauf der Jahrzehnte leicht abgewandelte bzw. verschlankte Markenzeichen. Der August Rüggeberg-Konzern vertreibt seine Werkzeuge und Werkzeugmaschinen unter dem Namen und Logo „Pferd". Auch die AMAZONEN-Werke sind bereits mehr als 125 Jahre alt. Unter dem charakteristischen Amazonenlogo erzeugen und verkaufen sie Landmaschinen.

Faber Castell ist einer der weltgrößten Bleistifterzeuger, ein Familienbetrieb in achter Generation, der 1761 von Kasper Faber begründet wurde. Mit Alexander Graf zu Castell-Rüdenhausen, der 1898 in die Familie einheiratete, kam auch das Logo der beiden mit Bleistiften turnierenden Ritter, von der naturalistischen Variante der Jahrhundertwende bis zum etwas abstrahierenderen, aber immer noch sehr bewegten Logo der Gegenwart.

© Faber-Castell

Exquisite Modemarken vertrauen auf teure Pferde. Die Pariser Nobelmarke Hermès begann im Jahr 1837 als Sattlerei von Thierry Hermès. Das Logo wurde in den 1950er-Jahren geschaffen: der staunende Mensch vor dem großen Pferd. Hermès erzeugt immer noch auch Reitausrüstung, die manchmal mehr kostet als ein mittleres Pferd und wohl mehr in eine Kunstgalerie passen würde als auf ein Pferd. Die berühmten handbedruckten Seidentücher mit Reitermotiven und Variationen von Steigbügeln, Reitgerten, Pferden und Kutschen brachte das Unternehmen erstmals Ende der 1930er-Jahre auf den Markt.

Arzu Fatura baute als Architektin früher Häuser und Einkaufszentren in Istanbul und Wien. Ihre wahre Liebe aber galt rassigen Springpferden und exklusivem Modedesign. Mit FTR – Fashion to Ride – machte sie ihren Traum zu ihrem Beruf. 2010 wurde FTR gegründet und nur zwei Jahre danach das Angebot bereits um die erste Freizeit-Kollektion erweitert. Heute designt Arzu Fatura pro Jahr ein bis zwei Kollektionen mit Schwerpunkt Sport und Freizeit für den Verkauf in Europa, Asien und den USA. Etro hingegen wurde 1968 von Gimmo Etro, einem Mann mit Leidenschaft für das Besondere, gegründet. Wo anders als in Mailand, der Stadt der Mode und Kultur, könnte ein solches Haus der feinsten Stoffe und Tücher, Homeaccessoires und Parfums seinen Sitz haben. Das Firmenlogo ist der Pegasus, das fliegende Pferd aus der griechischen Mythologie.

Das konstanteste Pferde-Logo der Modebranche ist der Burberry-Ritter. Das Unternehmen wurde 1856 von Thomas Burberry gegründet. Das 1901 entworfene Logo blieb seither unverändert, relativ selten in der Welt der Marken. Das Lateinische Wort "Prorsum" auf der Fahne steht für "vorwärts". Die Gabardine, der Trench Coat und das Karo-Muster sind markante Burberry-Entwicklungen.

Das Polo-Spiel steht seit jeher für Exklusivität und High Society. Ralph Lauren kaufte 1967 von Brooks Brothers die Rechte an der Marke Polo Fashion, die ursprünglich als Modelinie für Polospieler gedacht war. Das Logo der in den 1890er-Jahren gegründeten USPA, der U.S. Polo Association, aus der sich ebenfalls

FASHION TO RIDE

© Fashion To Ride

© La Martina

ein feines Mode-Label herleitet, schaut dem Ralph Lauren Logo ziemlich ähnlich. Daher haben sich die beiden Gesellschaften in den vergangenen dreißig Jahren ziemlich oft vor Gericht getroffen. Auch der 1981 gegründete Beverly Hills Polo Club, mit ebenfalls ähnlichem Logo, wurde zur Grundlage für eine Modelinie und zum Symbol für kalifornischen Lifestyle. Und La Martina, heute ein weltweit agierendes argentinisches Modelabel, erzeugt immer noch auch Polo-Kleidung und sponsert das beste Polo-Team der Welt, natürlich ein argentinisches. Gegründet wurde das Unternehmen in den 1980er-Jahren von Lando Simonetti, der auch heute noch mit seinem Sohn das Unternehmen leitet. Seinen Namen erhielt es von Martina de Estrada Lainez, der Mutter des argentinischen Polospielers Adolfo Cambiaso.

Longchamp ist der Name der Pariser Rennstrecke. Die Geschichte der gleichnamigen Taschen-Marke geht auf eine kleine Pariser Tabaktrafik zurück, die

Jean Cassegrain 1948 geerbt hatte. Er begann, die Pfeifen, die er verkaufte, in Leder zu verpacken, und bald wurden sie ein Luxusprodukt, welches nur bei ihm gekauft werden konnte. Mit der Zeit wurde das Angebot immer breiter: Taschen, Geldbörsen und andere Leder-Accessoirs, signiert mit dem galoppierenden Pferd. Auch die New Yorker Firma Coach fertigt noble Taschen. Das Unternehmen entstand 1941 als Familienbetrieb in einem Loft der Manhattaner 34. Straße. Das Kutschen-Logo in noblem Schwarz wurde 1962 von Bonnie Cashin entworfen, einem legendären amerikanischen Künstler und Designer, der auch viele der Taschenkreationen von Coach schuf.

Pferde stehen nicht nur für noble Eleganz, sondern auch für Kraft und Freiheit. Das verbindet sie mit den Jeans, den unverwüstlichen Hosen für freie Menschen, die Levi Strauss für die kalifornischen Goldwäscher erzeugte. Das alte, erstmals im Jahr 1886 benutzte Levi's-Logo bestand aus zwei Pferden, die versuchen, ein Paar Hosen entzweizureißen. 1940 wurde das Pferde-Logo zwar durch den nüchtern Schriftzug "Levis" ersetzt. Aber man kann immer noch, und heute wieder zunehmend häufiger, Exemplare mit dem auf

333

die robuste Verarbeitung hinweisenden „two-horse-brand" an der hinteren rechten Hosentasche kaufen, je nach Modell in Rot oder in Orange. In Deutschland waren Jeans nach Kriegsende gleichzeitig verpönt und begehrt. 1948 gab es die ersten Jeans "made in Germany". Albert Sefranek kopierte im Hohenloheschen Künzeslau amerikanische Arbeiterhosen, zuerst ohne echte Denim-Stoffe, und kreierte damit die ersten deutschen Jeans. 1958 wurde der Markenname Mustang eingetragen. Name und Logo sollten den American Way of Life ins deutsche Wohnzimmer bringen. Die Erfolgsgeschichte der von den drei Brüdern Joe, Ralph and Avi Nakash 1969 gegründeten Jeans-Firma Jordache begann erst Ende der 1970er-Jahre. Mit agressiver Werbung und wehender Pferde-Mähne als Logo produzierten sie nicht nur Designer-Jeans, sondern bauten einen großen Mischkonzern auf, der heute in vielen Feldern tätig ist.

© Mustang Jeans

Von der Welt der Mode ist es nirgendwo weit in die Welt des Sports: Das Logo des Football-Clubs der Denver Broncos in Denver / Collorado hat eine bewegte Geschichte. Die erste Version gab es bereits 1960, damals noch recht unbeholfen, was die Pferdedarstellung betraf. Erst 1997 wurde die heutige Form kreiert, eines der bemerkenswertesten Logos der Sportwelt: ein Pferdekopf mit oranger Mähne, blauen Umrissen und weißer Fläche. Orange steht für Aktivität und Energie, Blau für Exzellenz und Eleganz, Weiß für Charme und Integrität. Die Dallas Mavericks, ein Team der US-amerikanischen Basketball-Profiliga NBA, änderten ihr ursprünglich recht ausdrucksloses Cowboy-Hut-Logo 2001 in das kantig finster blickende Pferd. Das "M" für Mavericks versteckt sich in der Stirnlocke des Pferdes. Auch im europäischen Fußball gibt es Pferde-Logos: vom niederländischen Twente Enschede bis zum französischen FC Le Mans.

In einer Welt, wo der Stier von Red Bull zu einem Synonym für 'energy drink' geworden ist, wird leicht vergessen, dass die nahezu gleich starke Energy-Drink-Marke "Power Horse" ein großes Stück Oberösterreich beinhaltet, 1994 wurde sie von dem österreichischen Lebensmittelunternehmen S. Spitz auf den Markt gebracht. Jährlich werden unter dem sich aufbäumenden schwarzen Pferd rund 150 Millionen Dosen hergestellt. 99 Prozent davon werden ins Ausland exportiert. Im arabischen Raum und in Afrika ist das Getränk zum Teil stärker vertreten als der Branchenprimus Red Bull.

© Holsten

Brauereien haben eine lange Tradition der Beziehung zum Pferd. Was wäre das Bier ohne die Bierkutscher.

© Mythos Brauerei

Beim Münchner Oktoberfest fungieren sie als werbewirksame Folklore. Brauereipferde sind starke Pferde. Hamburg war immer die Braustadt der Hanse, mit jahrhundertelanger Tradition. 1879 wurde in Altona eine moderne Großbrauerei errichtet: ihr Markenzeichen: der Ritter auf schwarzem Ross, im Schild der Buchstabe H, ob Hamburg oder Holsten, und in einer Pose, wie sich schon der Schaumburger Graf Johann III. von Holstein auf seinem Siegel darstellen ließ. Holsten zählt nicht zu den ältesten Brauereien Europas, stellt aber seine Tradition stolz zur Schau. Bei Indiens größter Brauerei-Gruppe, den United Breweries oder UB Group, mit einem Marktanteil von fast 50 Prozent, tauchte das fliegende Pferd als Logo erstmals 1940 auf. Damals trug es eine Bierkiste zwischen den Flügeln. Später wurde dieser zu offensichtliche Hinweis auf die Bierbranche entfernt, um die vielfältigen Bereiche des Mischkonzerns, neben Getränken auch Flugzeuge, Elektrizität und Chemikalien, sichtbar zu machen. Heute erscheint nur mehr das Pferd ohne das Bierfass. Der Japanische Kirin-Brauerei-Konzern hat ein recht exotisch wirkendes Pferd als Zeichen. In Österreich hat die Bludenzer Brauerei Fohrenburg das Einhorn als Markenzeichen, nicht überraschend allerdings: Es ist auch das Wappentier der Stadt Bludenz. Auch die bekannteste griechische Brauerei, Mythos, verkauft ihr starkes, fünfprozentiges Bier mit einem Einhorn-Logo. Selbst im Iran findet man Pferdeköpfe auf Bierdosen, dort freilich nur alkoholfrei. Auch Weinerzeuger wählen sich nicht selten ein Pferd als Marke. Und die zahlreichen Gasthöfe und Hotels mit weißen, schwarzen und goldenen Rössln verdanken ihre Namen und Marken zwar meist der Rolle als Poststation, leben aber heute vom Image des Namens Rössl.

Von Bier und Wein ist es nicht weit zu den starken Getränken. Es sind starke Marken: Der irische Tyrconnell Whiskey, benannt nach dem erfolgreichen Rennpferd des Destillateurs, oder Blanton's Single Barrel Bourbon mit dem Jockey als Flaschenstöpsel, und natürlich White Horse, benannt nach dem berühmten White Horse Inn in der Edinburgher Canongate, in der Mackies Familie seit 1650 ansässig war. White Horse Whisky erscheint erstmals 1883, von Mackie & Co.Distillers Ltd aus Edinburgh. Die Werbekampagnen mit dem mythischen weißen Pferd wurden legendär. Rémy Martin, 1724 von dem Charentaiser Winzer Rémy Martin gegründet und nach eigenen Angaben der zweitgrößte Cognac-Hersteller weltweit, hat sich 1870 aus nicht näher bekannten Gründen den Zentauren zum Symbol gewählt. Bei Rossbacher, dem 1897 gegründeten österreichischen Kräuterlikörspezialisten, ist das leichter zu erklären: Der Familienname des Unternehmensgründers schuf die Marke. Aber auch prickelndes Mineralwasser kann man mit geflügelten Pferden vermarkten: etwa die Oberlausitzer Marke Oppacher.

© Oppacher Mineralquellen

Belgische Schokolade vom Feinsten gibt es bei Chocolatier Godiva in der Brüsseler Innenstadt. Der Name und das Firmenlogo beziehen sich auf die Legende der Lady Godiva. Das Logo wurde inzwischen modernisiert: Nicht mehr die nackte Reiterin im Damensattel, sondern ein junges Hippiemädchen zu Pferd ziert heute das Label. Auch eine der ältesten französischen Schokolademarken, "Poulain", wirbt mit einem Pferd als Logo, ebenso der oberitalienische Kaffee-Konzern Dersut, in diesem Fall mit einem recht österreichisch wirkenden Lipizzaner.

Man schläft aber auch bestens mit Pferden: Der schwedische Möbelkonzern Hästens erzeugt nach eigener Aussage die besten Betten der Welt. Nicht mehr und nicht weniger, seit 1852, damals mit Rosshaar und Springfedern. Der Name Hästens (nach schwed. hästen = Pferd) und das Logo erinnern immer noch an den Ursprung als Sattlerei.

Und man wird auch schön und gesund mit Pferden: Von Einhörnern als mythischen Symbolen für Apotheken und Drogerien, über die Drogeriemarktkette Rossmann, die 1972 von Dirk Roßmann in Hannover gegründet wurde und heute zu den führenden Drogerieketten Deutschlands zählt, oder die 1880 am Wiener Graben eröffnete österreichische Parfümeriekette Nägele & Strubell könnte die Aufzählung bis zu Pegasys, einer der größten Pharmamarken der Welt, führen.

Dass auch Banken und Versicherungen auf Pferde vertrauen, hat gute Gründe: Pferde sind stark und zuverlässig. An die Dachfirsten wurden Pferdeköpfe als Wetterschutz genagelt. Am bekanntesten sind das Lloyds-Pferd und das Raiffeisen-Giebelkreuz: Die Geschichte der Lloyds Banking Group begann 1765, was sie zu einer der ältesten im Vereinigten Königreich und weltweit macht. Lloyds verwendete zuerst einen Bienenkorb als Logo, nach der Fusion mit Barnetts, Hoares & Co im Jahr 1884 erbte man das Schwarze Pferd. Auch das Raiffeisen-Logo ist ein Pferdelogo:

© Nägele & Strubell

Das Giebelkreuz mit den beiden Pferdeköpfen wurde bereits 1877 – noch zu Lebzeiten von Friedrich Wilhelm Raiffeisen – als Markenzeichen ausgewählt. Mit dem Anschluss 1938 wurde es auch in Österreich eingeführt und ersetzte den bis dahin sowohl von den Raiffeisenkassen als auch von den Sparkassen als Symbol der Sparsamkeit und des Fleißes verwendeten Bienenkorb. Pferde als Logo verwendet auch die „LVM", ursprünglich „Landwirtschaftlicher Versicherungsverein Münster", heute eine der 20 führenden Erstversicherungsgruppen in Deutschland, oder die 1989 gegründete FBR Capital Markets, früher bekannt unter dem Namen Friedman, Billings, Ramsey & Co., heute eine der führenden Investmentbanken. Auch die Banque Populaire du Maroque hat ein schönes Araber-Pferd als Emblem.

© Raiffeisen

Das geflügelte Pferd Pegasus ist das Symbol der publizierenden und schreibenden Gewerbe und steht für Wissenschaft und Forschung. So ist es nicht überraschend, dass die forschungsintensive Pharma-Branche sich gerne des Pegasus-Logos bedient: Aber auch die österreichische Weltraumforschung arbeitet mit einem Pferdelogo. Mehrere Verlage führen das geflügelte Pferd, Readers Digest vermarktet seine Buchauszüge unter diesem Logo, ebenso wie Dark Horse Comics, der drittgrößte Comic-Book-Publisher in den USA, der 1986 von Mike Richardson mit Firmensitz in Milwaukie gegründet wurde. Star Wars, Buffy the Vampire Slayer, Conan, Hellboy and viele andere Publikationen sind im Programm vertreten, ebenso wie Übersetzungen japanischer Manga. Das Spicy horse / Spicy Pony gehört zu einem Shanghai-basierten Videospiel-Entwickler, der 2007 gegründet worden war. Das Originallogo der 1983 gegründeten Filmfirma Tristar wurde 1984 mit Hilfe von Sydney Pollack geschaffen und das Pferd im Logo war das gleiche wie in Pollack's Oscar-nominiertem Film 'The Electric Horseman'.

Und wenig überraschend hat auch der Wissenschafts-Verlag Springer ein sprechendes Logo. Der rasch wachsende Internet-Buchversand Amazon hingegen hat sich zwar eine Pferdeassoziation als Namen gewählt, aber kein Pferdelogo.

In Oberösterreich ist der "Pegasus" zum Symbol für wirtschaftlichen Erfolg geworden: Jährlich vergeben die Oberösterreichischen Nachrichten Pegasus-Trophäen in mehreren Kategorien für herausragende unternehmerische Leistungen: Dass die oberösterreichische Wirtschaft weiterhin so schnell und stark wie Pferde sei, das wollen wir Oberösterreich aufrichtig wünschen.

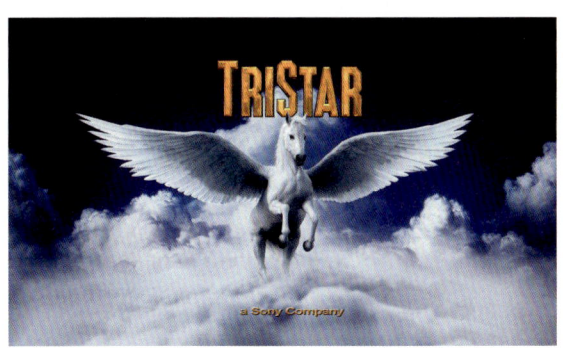

© TriStar Pictures

© OÖ. Nachrichten

337

Literatur:

Baum, Marlene: Das Pferd als Symbol, Frankfurt 1993.

Bache, Heinz-Michael – Peters, Michael (Hg.): Die tierischen Verführer. Auf Safari durch den Dschungel der Werbung, Berlin 1992.

Führer, Bettina: Werbung und Mythos, Saarbrücken 2005.

Horx, Matthias – Wippermann, Peter: Markenkult: Wie Waren zu Ikonen werden, Düsseldorf 1995.

Markenzeichen Pferd. Katalog, hg. vom Westfälischen Pferdemuseum, Münster 2008.

Schnath, Georg: Das Sachsenross. Entstehung und Bedeutung des niedersächsischen Landeswappens, Hannover 1961.

Pegasus – Trophäe der OÖ. Nachrichten.

© Volker Weihbold, OÖN

Otto Kurt Knoll

Das Pferd in seiner kulturellen Dimension – ein Wegweiser in die Zukunft

Ganz im Zeichen des Mottos „Gelebte Werte", bei der die Werte der Vergangenheit mit der Leidenschaft der Gegenwart verschmelzen, schuf Christian Ludwig Attersee ein Bild, um der Spanischen Hofreitschule zum 450-Jahr-Jubiläum zu gratulieren.

Foto: Bildrecht, Wien, 2015

„Die Kultur kann in ihrem weitesten Sinne als die Gesamtheit der einzigartigen geistigen, materiellen, intellektuellen und emotionalen Aspekte angesehen werden, die eine Gesellschaft oder eine soziale Grup-

pe kennzeichnen. Dies schließt nicht nur Kunst und Literatur ein, sondern auch Lebensformen, die Grundrechte des Menschen, Wertsysteme, Traditionen und Glaubensrichtungen."[1]

Dieser weit gefasste Begriff von Kultur – eine Formulierung der Weltkonferenz der UNESCO über Kulturpolitik in Mexiko-Stadt im Jahr 1982 – bietet Gelegenheit, Überlegungen zur kulturellen Dimension des Pferdes in Gegenwart und Zukunft anzustellen.

Im Laufe der Geschichte war das Pferd immer wieder Gegenstand von Betrachtungen. Daraus leiteten sich unter anderem neue Zugangs- und Einsatzweisen rund um das Ross ab. Der legendäre Leiter der Spanischen Hofreitschule zu Wien und Olympiamedaillengewinner, Alois Podhajsky, der zu den großen Reitmeistern des 20. Jahrhunderts zu zählen ist, zollt in seinen Büchern dem griechischen Staatsmann Xenophon (um 400 v. Chr.) großen Respekt. Zu Xenophons Buch „Über die Reitkunst" hält Podhajsky im Jahr 1965 in seinem Standardwerk „Die klassische Reitkunst" fest: „Xenophons bedeutendes Werk, das vor nahezu 2400 Jahren geschrieben wurde, macht in seiner Einfühlung in das andere Lebewesen und in seiner präzisen Ausdrucksweise auf jeden Pferdekenner tiefen Eindruck. ... Am besten kennzeichnet diese Einstellung folgender wundervolle Satz des großen Griechen: ‚Erzwungenes und Unverstandenes ist niemals schön und wäre ... gerade so, als ob man durch Peitschen und Stacheln einen Tänzer zum Umherspringen zwingen wollte; dadurch wirkt Mensch wie Pferd eher hässlich als schön.' Meiner Meinung nach gelten die Grundsätze der klassischen Reitkunst gerade wegen ihrer Einfachheit und Klarheit für jede Art des Reitens. Sie entstanden in einem Zeitalter, da das Pferd als Reittier im täglichen Leben eine Rolle spielte und zugleich Ausdrucksform einer besonderen Kultur war, in einer Epoche, da die Menschen sich mit der Ergründung des Zusammenwirkens zweier Lebewesen – Mensch und Pferd – intensiv beschäftigten. … Glauben wir, neue Erkenntnisse gefunden zu haben, so können wir sicher sein, dass sie schon früher bestanden haben und nur vorübergehend in Vergessenheit geraten waren."[2]

Ethische und moralische Grundsätze sowie rechtliche und gesellschaftliche Regelwerke, die das Wohl von Mensch und Pferd zum Inhalt haben, sind das Fundament, um das prosperierende Zusammenwirken von Mensch und Pferd zu fördern. Mit welcher Geisteshaltung und auf Basis welchen Wertesystems ich dem Pferd begegne, ist Ausdruck meiner Lebensform – meiner persönlichen Kultur. Diese Frage hat sich jeder Mensch selbst zu stellen, und er hat für die Umsetzung seiner Antwort auch selbst Verantwortung zu tragen! Der weite Begriff von Kultur, wie im weiter oben stehenden Bericht der UNESCO ausgeführt, der sich unter anderem auf Lebensformen, Grundrechte, Wertesysteme, Traditionen und Glaubensrichtungen erstreckt, kann auch für Überlegungen zum Thema Mensch und Pferd herangezogen werden. Analog zur Meinung von Podhajsky könnte man das Etablieren des Zusammenwirkens von Mensch und Pferd als eine besondere Form der Kultur sehen.

Abwege

Im Laufe der Geschichte bis in unsere Zeit herauf haben einige Menschen aus den verschiedensten Motivationen heraus unvorteilhaft bzw. negativ für die Pferdewelt gewirkt. Der große Bogen spannt sich

vom schlechten Stil und Erscheinungsbild bis hin zur strafrechtlichen Dimension. Exemplarisch seien angeführt: Im 16. Jahrhundert hat der neapolitanische Reitmeister Frederigo Grisone nach fast 2000 Jahren die in Vergessenheit geratene Reitkunst Xenophons aus dem Dornröschenschlaf erweckt. Grisone verfolgte jedoch durch seine gewaltsame Unterwerfung des Pferdes und seine zahlreich erfundenen Pferdegebisse (darunter versteht man unter anderem Trensen und Kandaren) die gegenteilige Intention Xenophons, der das Einfühlungsvermögen in das Tier hoch gehalten hatte. Das Pochen auf das Einhalten des Tierschutzes und anderer Rechtsvorschriften bzw. ethischer Werte waren und sind für Gegenwart und Zukunft aber angesagt! In den Medien unserer Zeit sind uns beispielsweise als negative Schlagzeilen aus der Pferdewelt das Doping oder die Rollkur bekannt. Bei der „Rollkur" wird das Pferd durch extremen Einsatz der Zügel dazu gezwungen, den Kopf über den Hals in Richtung Brust „einzurollen", bis es sich quasi in die Brust beißt. Die selbstkritische Betrachtung innerhalb der Pferdewelt und das transparente Eingeständnis solchen Fehlverhaltens (inkl. daraus resultierender Konsequenzen) von schwarzen Schafen in den eigenen Reihen sind nicht nur eine zielführende, sondern vielmehr eine glaubwürdige zukunftsgebende Maßnahme, um die große Zahl der integren Personen zu bestärken und nach außen als verlässlicher Partner mit Handschlagqualität ernst genommen und geschätzt zu werden. Dies gilt konkludierender Weise für alle Interessensgruppierungen zum Zwecke eines guten Miteinanders unter den Menschen. Diesen Wissensstand vorausgesetzt, muss anerkennend hervor gestrichen werden, dass die offiziellen Pferdesportverbände in unserem Lande heute klar auf Seiten des Tierschutzes stehen und gegen jede Form von Rechtsverletzungen auftreten. Es gilt nämlich einzufordern, dass integre Menschen, die mit dem Pferd zu tun haben, in der Öffentlichkeit auch als integer wahrgenommen werden. Wie viele Menschen mit dem Partner Pferd unzählige wertvolle Beiträge für junge Menschen im Sinne von Gesundheit und

Sportausübung, für Menschen mit Bedürfnissen der medizinischen Therapie, für das Erleben der Natur, für das Gemeinschaftsleben und … und … leisten, das überwiegt bei weitem – ohne diese relativieren zu wollen – die negativen Schlagzeilen.

Dem Stil und dem Erscheinungsbild des Menschen im Zusammenhang mit dem Pferd kommt auch heute Bedeutung zu! Wer heute mit klarem Auge beispielsweise manch aktuellen Auswuchs in der Pferdesportbekleidung – von der Kopfbedeckung bis zu den Reitstiefeln / Schuhen – sieht, wird feststellen, dass damit der rote Faden, der sich durch die Pferdekulturgeschichte zieht, gleichsam durchtrennt wird. Man muss jedoch jenen Personen auch zu Gute halten, dass unwissentlich durchaus auch mit den besten Absichten gehandelt wird. Bei den Bekleidungsformen der unterschiedlichsten Epochen im Reit- und Fahrwesen wurde bei der Materialwahl und bei der Verarbeitung auf die Qualität, die Authentizität und den guten Stil geachtet. In unserer Zeit wird dem natürlich auch Rechnung getragen, obwohl, bedingt durch aktuelle Entwicklungen, gilt, bei Neukreationen vermehrt die tradierte Reit- und Fahrkultur wieder verstärkt zu reflektieren. An der weltweit bedeutendsten Stätte der klassischen Reitkunst, der Spanischen Hofreitschule zu Wien, ist sehr deutlich zu sehen, dass die Kleidung der Bereiter und Bereiterinnen sich durch hohe Qualität und guten Stil auszeichnet und selbstgebend Charme und Eleganz vermittelt. Ich kann es mir nicht verkneifen, zu Papier zu bringen, dass beim Anblick von zunehmend mehr „Glitzer und unechten oder kitschigen Elementen / Formen" bei neugeschaffenen bzw. pseudohistorischen Ausstattungen für Mensch und Pferd in mir immer wieder die Frage hochkommt, warum Qualität, Authentizität und guter Stil in einer altehrwürdigen Disziplin bei mancher Neukreation nicht mehr der Maßstab sein sollen! Ein wesentliches Augenmerk gilt zudem der Sicherheit. In der heutigen Zeit ist die Sicherheit Gott sei Dank ein wesentlicher Faktor der Bekleidung, und bei einigem guten Willen und mit einer Hand für Ästhetik ist dies auch leicht

mit den kulturgeschichtlichen Aspekten der Reit- und Fahrkultur zu vereinbaren. Der gute Umgang mit Mensch und Pferd, Traditionen und Wertesystemen sowie mit Recht und Ethik ist etwas, das sich mit den anderen Formen unter dem weit gefassten Begriff „Kultur" subsumieren lässt.

Kultur – Impulse

Auch wenn eine ausführliche Darstellung und eine Reflektion von Geschichte und Gegenwart rund um die Pferdekulturthematik im Rahmen des vorliegenden Artikels nicht möglich sind, soll mit einigen Beispielen für jüngst in der Reit- und Fahrkultur gesetzte Akzente eine Inspiration für zukünftige authentische Neukreationen gegeben werden. Man kann es mit dem Gedanken „Gutes Altes bewahren, Gutes Neues ermöglichen" zusammenfassen!

Tradition – Ein zünftiger Rosspfarrer und eine Reiterin in der „Reit- und Fahrtracht Knoll–Tostmann" mit einem prächtigen Noriker bei der Ross-Raststation des „WallfahrtsWeg WienerWald" auf dem Hafnerberg.
© Marlene Mandl, 2015

Der Niederösterreichische Pferdesportverband (NOEPS) hat im Jahr 2004 als erste Landesorganisation des Österreichischen Pferdesportverbandes (OEPS) das Referat „Kultur und Pferd" errichtet, um den kulturellen Aspekt zum Thema Pferd sowie dessen spezifisches Verständnis zu fördern. Analog zum NOEPS wurde im Jahr 2015 im Oberösterreichischen Pferdesportverband (OOEPS) ein diesbezügliches Referat eingerichtet. Es gibt – forciert durch den OEPS Vizepräsidenten Gerold Dautzenberg – in weiteren Landesorganisationen des OEPS aktuelle Bestrebungen, ein Referat „Kultur und Pferd" einzurichten. Über die rein sportliche Dimension hinaus – diese wird im Zusammenhang mit dem Thema Pferd im gängigen Sprachgebrauch ja in erster Linie assoziiert – soll in einer breiten Fächerung mit jenen Kulturbereichen, die den Konnex zwischen Kultur und Pferd im engeren und weiteren Sinne aufzuzeigen bestrebt sind, der Dialog gesucht und gepflegt werden. Die kulturelle Dimension des Pferdes ist zweifelsohne ein wesentlicher gesellschaftlicher und kulturgeschichtlicher Faktor.

Im Konkreten kann ein Bundesreferat „Kultur und Pferd" als eine Einrichtung des OEPS in einer Art institutioneller Zusammenschau der korrespondierenden Referate in den Landesorganisationen des OEPS und anderer hippologischer Institutionen die Forschung in den historischen Fachbereichen und die Erhebung der gegenwärtigen Kulturformen und daraus resultierend in vielfältiger Form eine Zusammenführung und Vermittlung von Wissen betreiben. In etlichen Disziplinen – angefangen von der Ur- und Frühgeschichte über die Kunst- und Rechtsgeschichte bis hin zur zeitgenössischen Kunst – findet nämlich das Pferd verschiedentlich häufig bzw. wirkungsvoll Eingang in die jeweiligen Forschungsgegenstände. Des Weiteren könnte angesichts neuer Wege, die in der Pferdewelt eingeschlagen werden, wesentlich dazu beitragen werden, dass der rote Faden, der sich durch die Pferdekulturgeschichte zieht, auch bei Herausforderungen in der Zukunft als Maßstab gilt. Auf den Punkt gebracht, würden die Reflektion der Pferdekulturgeschichte und die daraus gezogenen Erkenntnisse ein gutes Fundament für künftig zu treffende Maßnahmen sein. Warum die Verwendung des Konjunktivs? Der Realität ins Auge sehend, zeigt sich, dass die Voraussetzung für eine reale Umsetzung eines solchen Vorhabens das Errichten einer Basis für personelle, organisatorische und institutionelle Kapazitäten ist. Die derzeit bestehenden Referate „Kultur und Pferd" in den Landesorganisationen des OEPS sind demnach heute schon mit Engagement mit den ihnen zur Verfügung stehenden Ressourcen bestrebt, Beitrag um Beitrag für die Pferdekultur zu leisten. Es ist als prosperierendes Zeichen zu werten, dass seitens des OEPS das Pferd zusätzlich zum Sportfaktor auch als Kulturfaktor an Stellenwert aktuell gewinnt.

Trägt man dem Pferd generell Rechnung, dann anerkennt man auch, dass einer der Parameter, der die Welt um das Pferd ausmacht, die Kultur ist. Der kulturelle Aspekt wird manchmal, sehr oberflächlich betrachtet, einzig als Gegensatz zum sportlichen verstanden. Das Gegenteil ist wahr. In vereinfachter Weise ausgedrückt: die Ausübung von Sport – das gilt für alle Disziplinen – ist auch immer eine Frage der persönlichen und gemeinschaftlichen Lebenskultur. Für mich gehören Sport und Kultur als Einheit zu jenen Bereichen im menschlichen Leben, die für das Wohlbefinden von enormer Bedeutung sind. Neu zu Schaffendes im Bereich der Pferdekultur muss also aus einer Reflektion der Pferdekulturgeschichte bestehen, damit zeitgemäße Formen geschaffen werden, die sich als Brücke für die Zukunft verstehen lassen.

Eine Tracht für Pferdefreunde

Eine mögliche Form, Österreich gleichsam als Botschafter von Pferd und Kultur im Inland und Ausland zu repräsentieren, ist die „Reit- und Fahrtracht Knoll–Tostmann". Ausgehend von der Überlegung, für

Gutes Altes (Pferderasse) und Gutes Neues (Tracht) ergänzen sich harmonisch. Eine Fahrerin in der „Reit- und Fahrtracht Knoll–Tostmann" mit einem eindrucksvollen Noniusgespann.

© Marlene Mandl, 2015

Reiter und Reiterinnen bzw. Fahrer und Fahrerinnen eine Tracht zu entwerfen, die einerseits den kulturellen Ansprüchen einer Tracht und andererseits den zeitgemäßen Formen des Reit- und Fahrwesens entspricht, haben Gexi Tostmann, die Grande Dame der Tracht in Österreich, und ich im Jahr 2012 eine für Pferde- und Trachtenfreunde stilkonforme Ausstattung kreiert. Tostmann und mir ist es darum gegangen, niemanden vereinnahmen zu wollen, sondern eine dezent formulierte Möglichkeit des Tragens einer Reit- und Fahrtracht zu offerieren. Immer wieder langen bei mir Anfragen ein, ob dies die „Österreichische Reit- und Fahrtracht" sei. Auf diese Fragen kommt meinerseits immer ein klares Nein, denn ob diese Tracht eine solche wird, hängt unter anderem von den Entscheidungsträgern im OEPS sowie den

Reitern und Reiterinnen bzw. Fahrern und Fahrerinnen selbst ab. Diese Tracht gibt es in Ausführungen für Frauen und Männer. Sie wurde für das Reiten und Fahren sowie für Festanlässe geschaffen und zeichnet sich durch hohe Qualität sowohl im Material als auch in der Herstellung aus. Analog zu vergleichbaren qualitativ hochwertigen Kleidungsstücken könnte sie tatsächlich von Generation zu Generation weitergegeben werden. Damit könnte diese Tracht (Tracht in Ableitung von „tragen") im wahrsten Sinne des Wortes Bestandteil der Tradition (Tradition in Ableitung von „tradere" – „weitergeben") einer Familie, eines Vereins oder einer anderen Institution werden.

Die Niederösterreichische Rosswallfahrt

Ehrenabzeichen – Die 2. Niederösterreichische Rosswallfahrt im Jahr 2013 stand ganz im Zeichen des Mottos „Hl. Leopold. 350 Jahre Landespatron in Österreich".　© NOEPS, 2015

Mit dieser in Österreich einzigartigen Form des Wallfahrens hoch zu Ross soll unter anderem das Miteinander von verschiedenen Interessensgemeinschaften des Reitens und Fahrens auf der einen Seite und der breiten Öffentlichkeit, den Gemeinden, der Wirtschaft, der Land- und Forstwirtschaft, der Jagd, dem Tourismus, den Medien, vielfältigen Kultureinrichtungen und Interessensvertretungen auf der anderen Seite zum Ausdruck gebracht werden. Der NOEPS will mit seiner im Jahr 2012 erstmals abgehaltenen und jährlich stattfindenden Niederösterreichischen Rosswallfahrt einen Beitrag für die Pferdefreunde und deren Partner sowie für die religiöse Traditionspflege und die Reit- und Fahrkultur leisten. Das messbare Charakteristikum dieser in der Regel zweitägigen Veranstaltung ist, dass sie jedes Jahr zu Wallfahrtskirchen meist in eine andere Region Niederösterreichs und darüber hinausgehend gelegentlich im Sinne des guten Miteinanders in Nachbarbundesländer führt. Einerseits bringt die NÖ Rosswallfahrt den Rosswallfahrern und Gästen die gastgebende Region näher, andererseits ist es für die jeweilige Region eine Chance, sich – vor allem auf Grund des

medialen Interesses – öffentlichkeitswirksam zu präsentieren. Das Pilgern findet zurzeit großen Zuspruch und hat laut renommierten Trendforschern eine vielversprechende Zukunft; u.a. sehen der Tourismus und die Wirtschaft darin für sich eine große Chance. Warum also nicht auch einer breiten Öffentlichkeit den Impuls zum Pilgern mit dem Ross geben?

Stephani-Ritt – eine neue Brücke von der Gegenwart zur Geschichte

Der Wienerwald-Wallfahrtsort Schwarzensee zum hl. Ägydius wurde in früheren Zeiten am Stephanitag (26. Dezember) von den Bauern der Region aufgesucht, um vor dem Stephanusbild in der Kirche den Erzmärtyrer Stephanus, den ältesten Pferdepatron, um Fürbitte für ihre Rosse anzurufen.[3] Mit dem vom

Prozessionsritt – Die 4. Niederösterreichische Rosswallfahrt führte im Jahr 2015 auf der Via Sacra zu den Wallfahrtsorten Maria Siebenbrünn / Türnitz, Annaberg, Joachimsberg und Josefsberg.

© NOEPS, 2015

Referat „Kultur und Pferd" des NOEPS im Jahr 2014 initiierten Stephani-Ritt wird nach Jahrhunderten, wenn auch in anderer Form, die Tradition der Verehrung des Pferdepatrons Stephanus in Schwarzensee wieder aufgegriffen. Stephani-Ritte wurden im Laufe der Zeit unter anderem von Leonhardi-Ritten immer mehr verdrängt und beschränken sich heute nur mehr auf einige Orte in Österreich. Umfragen im Jahr 2014 bei erfahrenen Pferdeleuten zufolge wird diese Tradition in Niederösterreich nicht (mehr) gepflegt. Schwarzensee beherbergt also den nach Jahrzehnten ersten in Niederösterreich wieder stattfindenden Stephani-Ritt.

Bildungs- und Beratungskompetenzen

Stellvertretend für die Veranstaltungen des Referates „Kultur und Pferd" des NOEPS sei die Führung durch die Archäologisch-Zoologische Sammlung des Naturhistorischen Museums Wien (NHM) im Jahr 2014 genannt, bei der das Hauspferd in Österreich im Mittelpunkt stand. Dabei wurden ur- und frühgeschichtliche Pferdeknochenfunde gezeigt. Der zuständige wissenschaftliche Leiter des NHM, Erich Pucher – ein ausgewiesener Experte seines Faches weltweit – sprach bei der Führung den Wunsch aus, dass sich aktuelle Publikationen über die Entwicklung des Pferdes zunehmend am derzeitigen Wissensstand orientieren sollten, anstatt überholte Erkenntnisse zu wiederholen.

Dem Selbstverständnis des Referates „Kultur und Pferd" entspricht es, unter anderem bei Anfragen beratend zur Seite zu stehen und Impulse zu geben. Wie sehr die kulturelle Dimension der Pferdekultur Österreichs von internationaler Bedeutung ist, zeigt das Beispiel der bei mir eingelangten Anfrage der Past-Präsidentin des FRDI (Federation Riding for the Disabled International), Gundula Hauser. Hauser, die im Rahmen ihrer Vortragstätigkeit in Seoul (Südkorea) 2015 zum Thema Pferdekultur in Österreich gesprochen hat, hatte das Referat für „Kultur und Pferd" des NOEPS gebeten, sie bei der Vortragserstellung zu beraten.

Kultur ist Zukunft

Jede Epoche bringt selbstredend neue Aufgabenstellungen mit sich. Welche es in Zukunft sein werden, wird sich weisen. Im Hinblick auf die kulturelle Dimension des Pferdes werden sich unterschiedliche Fragen ergeben, beispielsweise inwieweit es sinnvoll ist, gewisse Traditionen zu pflegen, diese weiterzuentwickeln bzw. neue zu schaffen, oder welche Bekleidungsformen bei Turnieren als Vorschrift zu gelten haben. Ob sich diese oder andere Fragen morgen, in zehn Jahren oder in einem Jahrhundert stellen werden, ist nicht entscheidend. Primär entscheidend ist, den Herausforderungen der jeweiligen Zeit offen gegenüberzustehen und dabei gut gewappnet zu sein, damit sich der rote Faden der Pferdekultur von historischen Zeiten in die Zukunft authentisch weiterzieht.

Ich schätze die – oft sehr alten – guten Gepflogenheiten im Zusammenhang mit dem Ross, hoffe einen Beitrag für die aktuelle Reit- und Fahrkultur zu leisten und sehe hoffnungsvoll neu entstehenden Formen der Pferdekultur entgegen.

1   Weltkonferenz über Kulturpolitik. Schlussbericht der von der UNESCO vom 26. Juli bis 6. August 1982 in Mexiko-Stadt veranstalteten internationalen Konferenz. Hgg. von der Deutschen UNESCO-Kommission. München: K. G. Saur 1983. (UNESCO-Konferenzberichte, Nr. 5), S. 121.

2   Podhajsky, Alois: Die klassische Reitkunst – Reitlehre von den Anfängen bis zur Vollendung, Stuttgart 1998.

3   Knoll, Otto Kurt: WallfahrtsWeg WienerWald, Berndorf 2015.

Karl Platzer

Vergangenheit, Gegenwart und Zukunft des Pferde-Dienstleistungszentrums Stadl-Paura

GEBURT

Seit 500 Jahren spielen Pferde eine wichtige Rolle in der Geschichte von Stadl-Paura. Schon bei der Rückführung der leeren Salzzillen waren sie unentbehr-

lich. Damals, als sie ihre Last im so genannten „Gegenzug" traunaufwärts nach Hallstatt transportieren, oder später, als sie manchen „Sommerfrischler" auf der berühmten Pferdeeisenbahnverbindung Budweis-Gmunden ins schöne Salzkammergut brachten.

Reiter im Stallgeviert des heutigen Pferdedienstleistungszentrums Stadl-Paura. Mitte 20. Jahrhundert.   Foto: Pferd Austria

Durch zahlreiche Kriege (Siebenjähriger Krieg, Napoleonische Kriege) schrumpfte der Pferdebestand und auf Initiative der Kaiserin Maria Theresia wurde Pferdezucht unter staatlicher Kontrolle herbeigeführt. Dieser Umstand und der Platzmangel im Schloss Lichtenegg bei Wels resultierten am 17. September 1826 durch eine Verfügung von Kaiser Franz I. in der Verlegung des staatlichen Hengstenpostens in die k.k. Salzregie Stadl Paura. Der Grundstock für die Zuchtstation und das heutige Pferdedienstleistungszentrum war gelegt, das k.k. Hengstendepot geboren und neue Heimat für rund 200 wertvolle Vatertiere. Das Gelände gehörte damals dem Stift Lambach, dem man als Miete jährlich 66 Fuhren Pferdedünger liefern musste.

AUFBAU

In den Regierungsjahren von Kaiser Franz I. und seinem Enkel, dem längstregierenden Habsburger-Monarchen Kaiser Franz Joseph I., gab es weitreichende technische Entwicklungen, die auch die Verwendung der Pferde beeinflussen sollten. Doch zeitgleich zur der Entwicklung der Dampfschifffahrt, der Dampflokomotive und später des Telefons hatte das k.k. Hengstendepot andere Entwicklungsarbeit zu leisten.

Die heute repräsentative Anlage befand sich noch in den Kinderschuhen: Es galt Brunnen zu graben; bei späteren Renovierungen von Gebäuden und Stallungen wurden neue Einrichtungen wie Futterscheunen, Eiskeller, Wagenremisen und eine Brückenwaage geschaffen. Und ein Teil des noch heute prachtvollen Baumbestandes wurde 1892 gepflanzt.

Doch im Mittelpunkt stand und steht das Pferd: Die in Stadl stehenden Hengste dienten zur Aufzucht von Fuhrpferden und für das Militär. Um 1850 erzielte man in der Zucht von Kaltbluthengsten erste Erfolge. Bisher waren nur Warmbluthengste zur Zucht herangezogen worden. Der noch heute heiß geliebte

Noriker bildet hierbei eine fundierte Basis und wird in den späteren Jahren durch den Haflinger ergänzt. 1855 hatte die Pferdezucht in Ober- und Niederösterreich einen qualitativ so hohen Stand erreicht, dass Händler aus allen Himmelsrichtungen anreisten und hohe Preise für Zucht- und Luxuspferde zahlten. Der Hengstbestand belief sich 1857 auf 172 Hengste.

In den Kriegswirren des Jahres 1866 wurde die Leitung der Gestütsverwaltung dem Reichskriegsministerium entzogen und an das Ackerbauministerium weitergegeben. Da an die 200 Hengste eingestallt waren, wurde Stadl Paura 1869 zum selbständigen ‚Staats-Hengstendepot' befördert, das für die Provinzen Ober- und Niederösterreich, Salzburg, Tirol und Vorarlberg zuständig war. Der Personalstand wuchs auf 192 Bedienstete. Südlich der Stallungen wurden 1880 eine ‚gedeckte Reitschule' errichtet.

KRIEGSJAHRE

Während des 1. Weltkrieges wirken sich die allgemeinen Sparmaßnahmen auch für den Zuchtbetrieb negativ aus. Nach dem Umsturz im November 1918 verließ ein Großteil der Mannschaft den Dienst und es kam zu Plünderungen. Es entfiel nun aber auch die militärische Funktion des Pferdes. Der Schwerpunkt wurde auf den landwirtschaftlichen Bereich gelegt.

Für den Bereich der Haflinger-Zucht hatten der Zerfall der Monarchie und der Wegfall von Südtirol, der Heimat des Haflingers, ungeahnte Folgen: Das gesamte Stutenmaterial war zur Gänze in Südtirol verblieben! Der anfängliche Versuch, Huzulen-Stuten als Ersatz heranzuziehen, brachte nicht den gewünschten Zuchterfolg und resultierte im Ankauf von Haflinger-Stuten im Jahre 1920. Durch diese gezielten züchterischen Maßnahmen gelang die Entwicklung des Haflingers zu einem ausdauernden Gebirgslastpferd und einem beliebten Freizeitpferd.

Die Anlage des Pferdedienstleistungszentrums in Stadl-Paura. 2015

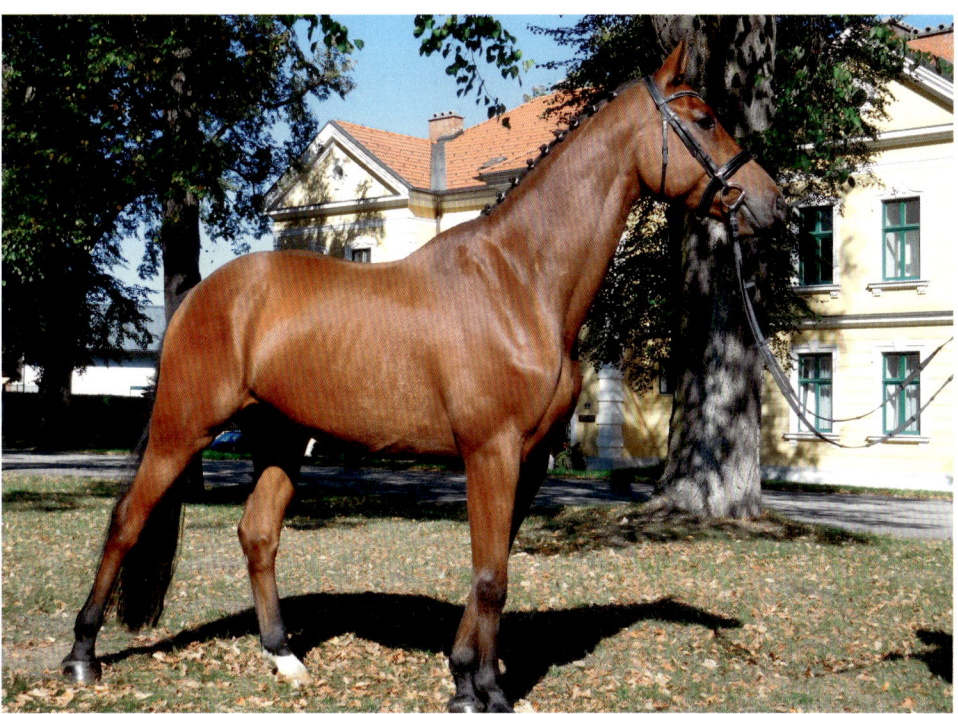

Pferd vor Direktionsgebäude des Pferdedienstleistungszentrums Stadl-Paura.   Fotos: Sonja Bauer

Lipizzaner-Zweispänner im Hengstendepot Stadl-Paura. Circa Mitte des 20. Jahrhunderts.   Foto: Pferd Austria

Bis zum Beginn des 2. Weltkrieges wurden neuerliche Baumaßnahmen umgesetzt: Einleitung von Wasserleitungen, Herstellung einer Kanalisierung, Dusch- und Wannenbad anstatt des Eiskellers und der Bau einer Halle.

Ab dem 2. Weltkrieg wurde Stadl-Paura dem Reichsministerium für Landwirtschaft in Berlin unterstellt und von felduntauglichen Soldaten aufrechterhalten. Der Bestand an staatlichen Zuchthengsten, der sich zum Teil in Privatpflege befand, zählte 1939 560 Beschäler und dezimierte sich in den Folgejahren auf 240. Diese wurden in den letzten Kriegsjahren aus Sicherheitsgründen ausquartiert, um nicht Opfer von Bomben-Angriffen zu werden. Mit Kriegsende belief sich der Personalstand auf 66 Beamte,

2 Angestellte, 20 Arbeiter, 38 Soldaten und 10 Kriegsgefangene.

UMBRUCH und AUFBRUCH IN GEGENWART und ZUKUNFT

Nach dem Zweiten Weltkrieg gab es aus Mangel an motorischen Betriebsmitteln und Treibstoff zunächst eine rege Nachfrage nach Arbeitspferden. Durch die rasante technische Entwicklung und Motorisierung ab den 1950er-Jahren verlor das Pferd aber seine Bedeutung als Arbeitskraft. Diesem Umstand musste die Pferdezucht nun Rechnung tragen und es vollzog

Noriker-Gespann.   Foto: Slawik

sich ein Wandel zur Aufzucht von Sport- und Freizeitpferden. Die einheitliche Zucht eines dafür geeigneten Reitpferdes war aber nicht vorhanden, denn die alten Zuchtstämme der einstmals so berühmten Halbblutpferde der Donaumonarchie waren, falls sie überhaupt noch existierten, in alle Winde zerstreut. Eine der Aufgaben Stadl Pauras war es, die altösterreichischen Stämme Furioso, Nonius, Przedswit, Gidran und Shagya zu erfassen und neuerlich der Zucht zuzuführen.

Im Jahre 1950 wird noch die „Schmiede" erbaut. Ihre Einrichtung stellt den letzten baulichen Eingriff in der Anlage bis 1999 dar.

Nach sehr bewegten Zeiten wurde die seinerzeitige

Bundesanstalt für Pferdezucht im Jahr 1997 völlig privatisiert. Die Eröffnung der modernen Reit- und Veranstaltungshalle im Jahr 1999 markierte einen Meilenstein in der Geschichte des oberösterreichischen Pferdesports. Die Weltmeisterschaften der Islandpferde 2001 und das Europachampionat des Haflingerpferdes 2003 stellten Höhepunkte in der Geschichte dieser altehrwürdigen Anlage dar.

Ein neuerlicher Wandel erfolgte 1998 weg von der Zucht hin zum international anerkannten Kompetenz- und Dienstleistungszentrum rund ums Pferd:

- Ausbildungszentrum für Pferd, Reiter und Fahrer
- Austragungsort für internationale Pferdesport- und Zuchtveranstaltungen: Neben den Weltmeisterschaften der Gespannfahrer mit Handicap,

Islandpferde und Voltigierer, finden jedes Jahr Internationale Dressur-, Fahr- und Springturniere als sportliche Höhepunkte statt.

- Zusammenarbeit mit der Fachschule für Pferdewirtschaft im benachbarten Lambach
- Von April bis Dezember werden Stuten und Hengste aller Rassen aus ganz Österreich in stationären Leistungsprüfungen unter dem Sattel und vor dem Wagen präsentiert.
- Viele interessante Kurse und Seminare zum Thema Pferd.

Die Besucher umfängt nach wie vor das Flair des denkmalgeschützten Gestütsensembles.

Sie werden zurückversetzt in vergangene Zeiten, eingefangen von einem pulsierenden Leben: Sie können prachtvolle Pferde bewundern – Noriker, Haflinger, Warmblutpferde, Lipizzaner, Shagya-Araber und Huzulen,...

Das Dienstleistungszentrum Stadl-Paura für Pferd, Reiter, Fahrer und Schule ist ein Juwel in der österreichischen Pferdekultur und hat es verdient, durch solide Bewirtschaftung nachhaltig im Bestand abgesichert zu werden.

Das Pferd ist entschieden mehr als nur ein Wirtschaftsfaktor. Es ist ein lebendiges Kulturgut mit einem festen und anerkannten Platz in Geschichte, Brauchtum und Zukunft, beim Menschen und mit dem Menschen!

Franz Hochreiner

Lambach und Stadl-Paura: Das Zentrum der Pferdewirtschaftsausbildung in Österreich

Das abz Lambach - die Bildungsdrehscheibe an der Traun.

Foto: Alpine Luftbild

Der Anfang und die Entstehung

Die Fachschule für Pferdewirtschaft in Lambach kann als Geburtsstätte der Pferdewirtschaftsausbildung in Österreich bezeichnet werden. Bereits im Jahr 1988 kam es zu ersten konkreten Gesprächen über eine Fach-ausbildung für Pferdewirtschaft zwischen der dama-ligen Bundesanstalt für Pferdezucht Stadl-Paura, und der Landwirtschaftlichen Fachschule Lambach. In Zu-sammenarbeit dieser Einrichtungen und unter Einbe-ziehung weiterer pferdewirtschaftlicher Organisatio-nen wurde das Berufsbild „Pferdewirt/in" entwickelt.

353

Mit Beginn des Schuljahres 1991/92 konnte die Ausbildung zum Pferdewirt in Lambach bzw. Stadl Paura gestartet werden. In der Anfangsphase war diese Ausbildung als Schulversuch eine Sonderform der Fachrichtung Landwirtschaft. Aufgrund der erfolgreichen Etablierung wurde die Ausbildung mit Beginn des Schuljahres 1997/98 als eigene Fachrichtung Pferdewirtschaft installiert. Laufende Weiterentwicklungen im Bildungsangebot führten mit Beginn des Schuljahres 2004/05 zu einer weiteren Reform der Fachschule für Pferdewirtschaft. Durch eine Verlängerung der Schulzeit und die Aufnahme neuer Lehrinhalte in den Lehrplan wurde den immer höher werdenden Anforderungen an die Absolvent/innen Rechnung getragen. Im September 2010 startete erstmals in Kooperation mit der Handelsakademie Lambach der 6-jährige Lehrgang „Horse Management & Economics", der Pferdewirt mit Matura.

Das Agrarbildungszentrum Lambach

Im September 2009 übersiedelte die Landwirtschaftliche Fachschule Lambach in das neu eröffnete „Agrarbildungszentrum Lambach". Dieses Bildungszentrum wurde durch das Land Oberösterreich als Schulerhalter errichtet. Mit rund 400 Schülern/innen, 60 Lehrkräften und 25 nichtlehrenden Mitarbeitern/innen zählt dieses Haus zu Österreichs größten Bildungsdrehscheiben für den ländlichen Raum. Die modern ausgestattete Bildungsstätte liegt zentral auf einer Halbinsel an der Traun und ist gut mit öffentlichen Verkehrsmitteln erreichbar.

Der Unterricht findet in modern ausgestatteten Schul- und Praxisräumen statt. Die Schüler/innen haben die Möglichkeit, direkt am Campus im Schülerinternat oder im Schülerwohnhaus zu wohnen.

Im abz Lambach werden neben der Fachrichtung Pferdewirtschaft auch die Fachrichtung Landwirtschaft und die Fachrichtung Ländliches Betriebs- und Haushaltsmanagement geführt. Ein umfassendes Bildungsangebot für Erwachsene, wie Facharbeiter- und Meisterkurse, Fortbildungsveranstaltungen der Absolventenverbände, diverse Fachtagungen sowie zahlreiche kulturelle Veranstaltungen komplettieren das Angebot.

Der Praxisunterricht hat einen hohen Stellenwert

Neben einer allgemeinen und grundlegenden theoretischen Ausbildung nimmt die praktische Ausbildung einen hohen Stellenwert ein. Für den praktischen Unterricht steht uns das „Österreichische Pferdezentrum Stadl-Paura" mit mehreren Reithallen, verschiedenen Reitplätzen, einer Rennbahn und einem großzügigen Freigelände zur Verfügung. Ein Teil des praktischen Unterrichts findet auf dem bestens ausgestatteten Reitbetrieb Berger in Lambach statt. Nirgends in Österreich besteht eine vergleichbar gute Infrastruktur für die Pferdewirtschaftsausbildung.

Insgesamt werden im praktischen Unterricht etwa 55 Lehrpferde der Rassen Österreichisches Warmblut, Lipizzaner, Haflinger und Noriker eingesetzt. Qualifizierte, in der Pferdewirtschaft anerkannte und erfolgreiche Lehrkräfte für Reiten und Gespannfahren sind weitere Grundlagen für einen erfolgreichen Unterricht.

Der Erwerben von Kompetenzen hat in unserer Ausbildung eine besondere Bedeutung. Das Vermitteln von Wissen ist zu wenig. Das Wissen, das mit dem Kopf erkannt wird, muss im täglichen privaten und beruflichen Leben anwendbar werden. Der hohe Anteil an praktischem Unterricht macht es möglich, die inhaltliche Dimension des Unterrichts auf die Ebenen des Verstehens, Analysierens und Bewertens auszu-

Gespannfahren auf hohem Niveau.   Foto: Alexandra Buschmann

weiten. Kompetenzen können nicht vermittelt oder gelehrt werden, sie müssen durch ständiges Üben und Tun erworben werden.

Die 4-jährige Fachschule für Pferdewirtschaft

Das breite Einsatzspektrum des Pferdes im Sport- und Freizeitbereich, das wiederum auch der Pferdezucht zugute kommt, verlangt eine umfassende, praxisorientierte Ausbildung. Darauf sind die Ausbildungsinhalte der 4-jährigen Fachschule ausgerichtet. Organisatorisch ist das erste, zweite und vierte Jahr jeweils als Vollschuljahr mit zehn Monaten Schulzeit

Elegante Dressurübungen.   Foto: Alexandra Buschmann

konzipiert. Das dritte Schuljahr (ebenfalls zehn Monate) verbringen die Schüler/innen als Praktikant/innen auf verschiedenen Reit-, Fahr- und Pferdezuchtbetrieben.

Unser Ziel ist es, den Schülern/innen eine qualifizierte Ausbildung in den Bereichen Pferdehaltung, Pferdezucht, Pferdeausbildung und Pferdesport zu bieten. Die Absolvent/innen können als Reit- oder Fahrlehrer/in arbeiten oder in allen anderen Bereichen, in denen Fachkräfte für die Pferdewirtschaft benötigt werden, ihre Berufskarriere starten. Einen pferde-

wirtschaftlichen Betrieb zu führen, streben ebenfalls viele Absolvent/innen an.

Die Schüler/innen werden im Unterricht zur Ablegung einer Reihe von Sonderprüfungen herangeführt. Reiterpass, Reiternadel, Reitlizenz und bronzenes Fahrabzeichen sowie Fahrlizenz, Wanderreitführer und Übungsleiterprüfung sind wichtige Stationen der Ausbildung. Zusätzlich besteht die Möglichkeit, dass sich die Absolvent/innen mittels einer Eignungsprüfung für die Ausbildung zum Reit- und / oder Fahrinstruktor qualifizieren.

Organisation		
	AUSBILDUNGSINHALT	ANMERKUNGEN
1. Fachschuljahrgang (10 Monate)	Allgemeine Grundausbildung Zum Beispiel Tierhaltung, Pflanzenbau, Landtechnik, Reittheorie, u. a. Reiterpass	9. Schulstufe Abschluss der allgemeinen Schulpflicht
2. Fachschuljahrgang (10 Monate)	Spezialausbildung in Theorie und Praxis Reiternadel, Reitlizenz, Fahrabzeichen	10. Schulstufe Erfüllung der pferdewirtschaftlichen Berufsschulpflicht
3. Fachschuljahrgang (10 Monate)	Praxisjahr	11. Schulstufe Mitarbeit und Ausbildung in verschiedenen Reit-, Fahr- und Zuchtbetrieben
4. Fachschuljahrgang (10 Monate)	Management und Marketing von Pferdebetrieben Spezielle Weiterbildung in Reiten und Fahren, Ausbildung des jungen Pferdes. Wanderreitführer, Fahrlizenz, Übungsleiterprüfung, Eignungsprüfung für Reit- bzw. Fahrinstruktor	12. Schulstufe Abschlussprüfung und Facharbeiteranerkennung

Mensch und Pferd in Harmonie als Basis für eine erfolgreiche Ausbildung.   Foto: Andreas Röbl

Der 6-jährige Lehrgang „Horse Management & Economics"

Die Ausbildung „Horse Management & Economics" ist einzigartig in Österreich. Dieser Lehrgang verbindet die praxisorientierte Ausbildung rund um das Pferd mit der kaufmännischen Ausbildung einer Handelsakademie. Der Unterricht findet drei Jahre am Agrarbildungszentrum Lambach und dann überwiegend an der Handelsakademie Lambach statt. Diese Schule wird vom Schulverein am Benediktinerstift Lambach als Privatschule geführt. Aufbauend auf die 3-jährige Facharbeiter/innenausbildung am abz Lambach stehen Qualifikationen für kaufmännische Berufe im Vordergrund.

Das Prüfungsangebot in Reiten und Gespannfahren ist mit der 4-jährigen Fachschule ident. Im kaufmännischen Bereich liegen die Schwerpunkte auf Betriebswirtschaft, Unternehmensrechnung, Businesstraining und Horse Management & Economics. In einem pferdewirtschaftlichen Seminar werden vertiefende Inhalte der Pferdewirtschaft vermittelt. Zwischen dem 2. und 3. Fachschuljahrgang ist ein zwölf Wochen dauerndes pferdewirtschaftliches Pflichtpraktikum zu absolvieren (vier Wochen am Ende des zweiten Jahrganges, vier Wochen in den Ferien und vier Wochen zu Beginn des 3. Jahrganges). Im Aufbaulehrgang an der HAK ergänzt ein wirtschaftliches Praktikum den theoretischen Unterricht.

357

Neben dem Abschluss als Facharbeiter/in der Pferde-wirtschaft erwerben die Absolvent/innen auch Qualifikationen für kaufmännische Berufe. Nach erfolgreichem Abschluss steht dem Berufseinstieg in die Pferdewirtschaft und in kaufmännische Berufe nichts mehr im Weg. Die Ablegung der Reife- und Diplomprüfung berechtigt die Absolvent/innen in ein Universitätsstudium einzusteigen.

Organisation des 6-jährigen Lehrganges HME	
1. Fachschuljahrgang – abz (10 Monate)	9. Schulstufe Abschluss der allgemeinen Schulpflicht
2. Fachschuljahrgang – abz (9 Monate Unterricht + 4 Wochen Praxis)	10. Schulstufe Erfüllung der pferdewirtschaftlichen Berufsschulpflicht
3. Fachschuljahrgang – abz (4 Wochen Praxis + 9 Monate Unterricht)	11. Schulstufe Abschlussprüfung und Facharbeiteranerkennung
1. HME – Jahrgang – HAK (10 Monate)	12. Schulstufe Umstieg vom abz Lambach in die HAK Lambach
2. HME – Jahrgang – HAK (10 Monate)	13. Schulstufe Abschluss der praktischen pferdewirtschaftlichen Ausbildung
3. HME – Jahrgang – HAK (9 Monate)	14. Schulstufe Reife- und Diplomprüfung

Die Berufsmöglichkeiten von Pferdewirt/innen

Als „Facharbeiter/in für Pferdewirtschaft" sind die Absolvent/innen zur Führung eines Pferdebetriebes, zur Aufzucht und Ausbildung von Jungpferden in Reiten und Gespannfahren und als Instruktor bzw. Übungsleiter zur Erteilung von Reit- und Gespann-fahrunterricht befähigt. Die Kombination Facharbeiter – Übungsleiter – Wanderreitführer, also Reitausbildung im Viereck und Gruppenreiten im Gelände, ist eine ideale Basis für das Service- und Dienstleistungsprogramm eines jeden Reitbetriebes. – Drei Jahre nach dem Erlangen des Facharbeiterbriefes können die Absolvent/innen die Prüfung zum/zur Pferdewirtschaftsmeister/in ablegen.

Für die heimische Pferdewirtschaft stellt diese Fachausbildung eine wichtige Bereicherung dar. Die umfassende Ausbildung ermöglicht den Pferdewirten, ihre Betriebe spezialisiert und marktgerecht zu führen. Generell bestehen in Österreich gute Aussichten für qualifizierte Fachkräfte. Der Pferdewirt ist ein Produktveredler – und gut ausgebildete Pferde erreichen gute Preise. Auch in den Bereichen Haltung, Zucht und Aufzucht sowie in weiteren Spezialgebieten wie Voltigieren oder therapeutisches Reiten werden Pferdewirte benötigt. Ein breites Wirkungsspektrum eröffnet sich für den Pferdewirt auch im Tourismus.

Um im anstrengenden, aber sehr schönen Beruf eines Pferdewirtes erfolgreich zu sein, stellt beste schulische Ausbildung die fachliche Grundlage dar. Schlüsselqualifikationen wie engagiertes und selbständiges Arbeiten verbunden mit einem hohen Maß an Flexibilität und örtlicher Mobilität sind weitere Notwendigkeiten. Wer diese Voraussetzungen mitbringt, wird Freude und Erfolg im pferdewirtschaftlichen Berufsleben erfahren. Jede Menge an Beispielen von Absolvent/innen und laufende Anfragen nach fertig ausgebildeten Pferdewirt/innen dokumentieren den Bedarf an qualifizierten Fachkräften.

Elisabeth Max-Theurer

Ein Verband mit vielen Pferdestärken

Eine Analyse der Ist-Situation und ein Ausblick in die Zukunft des Pferdesports in Österreich

„Das Pferd hat große Zukunft, weil wir viel von ihm lernen können. Der Umgang mit diesen großartigen Lebewesen ist spannend und charakterbildend."
Elisabeth Max-Theurer, Olympiasiegerin, Präsidentin des Österreichischer Pferdesportverbandes

Österreichs Pferdesportverband hat viele Pferdestärken in den Bereichen Sport, Wirtschaft und Freizeit und Österreichs Pferdesportler gehören zur Weltspitze. Rang 7 im Medaillenspiegel unter 74 teilnehmenden Nationen bei den Weltreiterspielen 2014 in Caen (Frankreich) und Rang 6 unter 30 Nationen im Medaillenspiegel bei den Europameisterschaften in Aachen (Deutschland) sind der aktuelle, in Zahlen gegossene Beweis dafür. Die erfolgreichsten Pferdesport-Sparten, die vom internationalen Verband FEI organisiert werden, sind in Österreich das Voltigieren und – dank der Erfolge von Paralympics-Goldmedaillengewinner Pepo Puch – die Para-Dressur. Grandiose Leistungen für die einzelnen Sportlerinnen und Sportler samt ihren Teams und eine Bestätigung für die professionelle Arbeit im Österreichischen Pferdesportverband (OEPS).

Spitzensport gibt es natürlich nur mit entsprechender Breite. Das gilt für alle großen Sportverbände – und der Österreichische Pferdsportverband gehört hierzulande mit weit mehr als 47.000 Mitgliedern zu den Top-Zehn-Organisationen. Er ist die Interessenvertretung der heimischen Pferdesportfamilie, gegliedert in neun Landesverbände und ausgerichtet

auf zwei Säulen: Turniersport, sowie der umfassende Bereich Freizeit und Pferd. Die zehntausenden pferdesportbegeisterten Amateure und Hobbysportler sind uns deshalb ein ebenso großes Anliegen wie der Spitzensport.

Sport und Freizeit mit Pferden haben sich hierzulande einen hohen Stellenwert erarbeitet. Die österreichische Pferdewirtschaft hat sich über viele Jahrzehnte positiv und mit steigenden Zahlen in der Pferdepopulation entwickelt. Von der steigenden Pferdezahl profitiert natürlich auch die österreichische Landwirtschaft und sie hat sogar direkte und sehr positive Auswirkungen auf den Arbeitsmarkt. Wie aus vielen unabhängigen Studien einheitlich hervorgeht, sichern in etwa vier Pferde einen Arbeitsplatz. Das heißt, die Pferdewirtschaft ist mit 25.000 bis 30.000 Beschäftigten und einer Wertschöpfung von ca. 2,5 Milliarden Euro ein enormer Wirtschaftsfaktor.

Das Pferd wirkt positiv auf uns Menschen

Was die Zukunft des Pferdesports betrifft, bin ich trotz aller wirtschaftlichen Schwierigkeiten sehr zuversichtlich. Ich denke, dass das Pferd gerade in der heutigen Zeit eine immer wichtigere Rolle spielt. Pferde sind Lebewesen, die ihren eigenen Charakter, ihre ganz individuellen Bedürfnisse haben. Es ist einfach spannend, auf diese einzugehen. Eine Beziehung zu

EM Aachen: Eröffnungszeremonie. 11. 8. 2015

© OEPS. Tomas Holcbecher

EM Aachen: Springen. 19. 8. 2015.

© OEPS. Tomas Holcbecher

EM Aachen: Westernreiten. 14. 8. 2015.

© OEPS. Tomas Holcbecher

Beide Bilder auf dieser Seite: EM Aachen: Marathon-Fahren. 22. 8. 2015. © OEPS. Tomas Holcbecher

EM Aachen: Dressurreiten (Victoria Max-Theurer). 23. 8. 2015.
© OEPS. Tomas Holcbecher

Mein Pferd ist für mich meine bessere Hälfte.
© OEPS. Foto: Barbara Einsiedl

EM Aachen: Voltigieren. 23. 8. 2015.

Nachwuchs-EM im Springreiten. Lake Arena in Wiener Neustadt.

© OEPS. Foto: Lukas Jahn

Nachwuchs-EM im Springreiten. Lake Arena in Wiener Neustadt. © OEPS. Foto: Lukas Jahn

einem Pferd gleicht einer höchst individuellen Partnerschaft. Pferde reagieren auf uns Menschen, sie fordern unsere Aufmerksamkeit und dabei tut sich etwas in unserem Innersten. Für mich persönlich ist es immer wieder eine Freude zu sehen, wie die Arbeit mit Pferden den Charakter von Menschen formt und wie positiv Pferde auf die Gefühlslage der Menschen wirken. Auch aus diesen Gründen ist die Hippotherapie so erfolgreich und allseits anerkannt.

Weil das Pferd uns Menschen hilft, ist es mein größtes persönliches Anliegen, dass wir Menschen unsere Pferde als Partner behandeln. Der verantwortungsvolle Umgang mit diesen wundervollen Lebewesen steht für mich deshalb auch im Zentrum unserer Verbandsarbeit. Wir sind die zentrale Anlaufstelle für den Tierschutz rund ums Pferd und haben mit dem Schiedsgericht und der Disziplinaranwaltschaft wirkungsvolle Instrumente für die Durchsetzung der Tierschutzinteressen geschaffen. Tierquälern – egal ob durch übertriebenen Ehrgeiz im Sport oder durch Unwissen im Freizeitbereich – haben wir damit den Kampf angesagt! Wir achten dabei auch auf Details wie etwa die entsprechende Mindest-Boxengröße, damit die Lebensbedingungen für Pferde in Österreich einem hohen Standard entsprechen. Dafür setzen wir uns ein. Außerdem haben wir mit dem Referat „Unser Partner Pferd" eine Einrichtung, die sich für in Not geratene Pferde einsetzt, geschaffen.

Die größte Hoffnung liegt naturgemäß in der Nachwuchsarbeit, in der Förderung von jungen Pferdesporttalenten. Dafür hat der Österreichische Pferdesportverband vor mehr als zwei Jahren ein ehrgeiziges Nachwuchsförderprogramm, das OEPS Talente Team,

ins Leben gerufen. Die Nachwuchssportler von heute haben die Chance, die Stars von morgen zu werden. Um unsere jungen Talente auf dem Weg Richtung Spitze bestmöglich zu begleiten, bedarf es eben einer permanenten und konsequenten Betreuung. Das Förderprogramm bereitet ausgewählte Jugendliche auf alle Anforderungen des internationalen Turniersports vor. Neben den praktischen Trainingseinheiten bekommen österreichische Talente auf ihrem Weg nach oben auch Fortbildungen im Bereich Trainingswissenschaften, mentales Training, Aufklärung über Doping und Tierschutz sowie Coaching in eigener Vermarktung und Tipps im Umgang mit Medien.

Sport beeinflusst nachhaltig die Entwicklung von Körper und Geist bei Kindern und Jugendlichen, vermittelt Selbstvertrauen und Selbstwertgefühl und trägt damit in positiver Weise zur Entwicklung der Persönlichkeit bei. Wer Sport betreibt und sich mit Gleichgesinnten umgibt, nimmt ein Gesellschaftsbild an, das geprägt ist von Leistung, Teamarbeit und gegenseitigem Respekt. Dies zu fördern ist ein ideeller Auftrag, der dem Österreichischen Pferdesportverband sehr am Herzen liegt. Wir wollen, dass junge Menschen den respektvollen Umgang mit einem Lebewesen lernen, deshalb setzen wir als Verband im Rahmen der OEPS Bildungsinitiative auch schon Aktivitäten in Kindergärten und Schulen. Für eine erfolgreiche Zukunft mit vielen Pferdestärken.

Faktenbox
Österreichischer Pferdesportverband (OEPS)
GRÜNDUNG 1962
MITGLIEDER mehr als 47.000
VEREINE 1.359

Vorhergehende Seite: Julius von Blaas: Drei Jockeys. 1885. Leihgeber: Wiener Rennverein

AUSSTELLUNG PFERDEZENTRUM STADL-PAURA

EINGANGSBEREICH

1.0.1 Lena Göbel (*1983 Ried): Jagdszene
2012. Birnholz. 6 Einzelteile.
H. 200 cm. Leihgabe der Künstlerin.
Lena Göbel lebt und arbeitet in Wien
und Frankenburg am Hausruck.

1.0.2–1.0.3 Zwei Pferdeköpfe
Terrakotta. 19. Jahrhundert.
Tierärztliche Universität.
Vermutlich vom Gebäude der Alten
Veterinärmedizinischen Universität in
Wien (III. Bezirk). H. 85 cm, B. 50 cm,
T. 50 cm. Wien, Veterinärmedizinische
Universität, Historisches Archiv.

1.0.4 Elfriede Österle (*1950 Kefermarkt): In der Zielgeraden (Galopperfries)
Schwarze Acrylfarbe auf Leinwand.
2006/2009. B. 2 x 200 cm. H. 160 cm.
Leihgabe der Künstlerin
(www.oesterle-arts.com)
Elfriede Österle lebt nach einem
Design-Studium an der Kunsthoch-
schule Dortmund und verschiedenen
Auslandsaufenthalten seit 1993 als
freischaffende Künstlerin in Linz.

1.0.1 Lena Göbel: Jagdszene

Foto der Künstlerin

EVOLUTION UND HERKUNFT DES PFERDES

1.0 Medieninstallation Junge Pferde
Peter Hans Felzmann.
Eine Stute trägt ihr Fohlen elf Monate lang. Bei der Geburt wiegt es circa 50 kg. Bereits zehn Minuten nach der Geburt kann es stehen. Es folgt sofort seiner Mutter, spielt und kann auch schwimmen. Die Hufe härten noch am ersten Lebenstag aus. Mit drei Jahren sind Pferde geschlechtsreif. Endgültig erwachsen sind sie mit etwa fünf Jahren.

1.1 Die Herkunft des Pferdes
Vor rund 55 Millionen Jahren, im Eozän, nach dem Aussterben der Saurier, lebte der älteste bislang bekannte Vorfahre des heutigen Pferds, das Urpferdchen oder Eohippus („Pferd der Morgenröte"), nur 50 Zentimeter groß und noch mit drei bzw. vier Zehen. Im Lauf der Jahrmillionen schrumpfte die Zahl der Zehen. Aus der mittleren Zehe wurde der Huf. Aus den mehrzehigen Pfotengängern wurden Zehenspitzengänger. Aus Blattfressern wurden Grasfresser. Der erste echte Einhufer war das etwa ein Meter große Pliohippus. Vor etwa vier bis zwei Millionen Jahren traten die direkten Vorfahren der modernen Pferde auf den Plan: Sie waren etwa ponygroß und an die Lebensbedingungen in den Kaltsteppen der Eis- und Zwischeneiszeiten ideal angepasst. Vor 30.000 bis 40.000 Jahren wurden in Südwesteuropa die ersten Höhlenzeichnungen angefertigt. Pferde sind dort die am häufigsten abgebildeten Tiere. Pferde waren für die Menschen der Altsteinzeit wichtige Fleischlieferanten. Der Lebensraum der Wildpferde schrumpfte rapide. In Amerika starben sie aus. In Europa, Afrika und Asien lebten Wildpferde noch länger in Koexistenz mit dem Menschen.Die Nutzung als Haustiere begann vor etwa 6.000 Jahren.

1.1.1 Pferdeskelett. Schädel. Moorfund aus Murnau am Staffelsee.   Foto: SNSB – BSPG

1.1.1 Pferdeskelett
Mutmaßliches Wildpferd. Moorfund aus Murnau am Staffelsee. Känozoikum. L. 265 cm, B. 70 cm, H. 180 cm. München, Staatliche Naturwissenschaftliche Sammlung Bayerns (SNSB) – Bayerische Staatssammlung für Paläontologie und Geologie (BSPG), Inv.-Nr. 1.954 I 598.

1.1.2 Fossile Schädel-, Kiefer und Extremitätenfragmente von Equiden

1.1.2.1 Xenicohippus craspedotum
Vorderfuß. Zeitliche Einordnung: Eozän. Fundort: Wyoming (USA). München, Staatliche Naturwissenschaftliche Sammlung Bayerns (SNSB) – Bayerische

1.1.2.1 Xenicohippus craspedotum.
Foto: SNSB – BSPG

Staatssammlung für Paläontologie und Geologie (BSPG), Inv.-Nr. 1.959 XXIII 287.

1.1.2.3 Mesohippus bairdi.
Foto: SNSB – BSPG

1.1.2.4 Merychippus sp.
Foto: SNSB – BSPG

1.1.2.5 Hippotherium brachypus.
Foto: SNSB – BSPG

1.1.2.2 Hipparion sp.

Unterkiefer mit Zähnen. Datierung. Miozän (23,03–5,33 Mio. Jahre). Fundort: Maragheh. Iran. München, Staatliche Naturwissenschaftliche Sammlung Bayerns (SNSB) – Bayerische Staatssammlung für Paläontologie und Geologie (BSPG), Inv.-Nr. 2.008 XXXIV 150.

1.1.2.3 Mesohippus bairdi

Vorderfuß. Datierung: Eozän (56–33,9 Mio. Jahre). Fundort: Nebraska (USA). München, Staatliche Naturwissenschaftliche Sammlung Bayerns (SNSB) – Bayerische Staatssammlung für Paläontologie und Geologie (BSPG), Inv.-Nr. 1.959 XXIII 278.

1.1.2.4 Merychippus sp.

Oberkiefer mit Zähnen. Miozän. Onata Creek. Sioux County. Nebraska (USA). München, Staatliche Naturwissenschaftliche Sammlung Bayerns (SNSB) – Bayerische Staatssammlung für Paläontologie und Geologie (BSPG), Inv.-Nr. 1.959 XXIII 277.

1.1.2.5 Hippotherium brachypus

Vorderfuß. München, Staatliche Naturwissenschaftliche Sammlung Bayerns (SNSB) – Bayerische Staatssammlung für Paläontologie und Geologie (BSPG), Inv.-Nr. 1.959 XXIII 250.

1.1.2.6 Merychippus primus

Unterkiefer mit Zähnen. Datierung: Miozän. Stonehouse Draw. Sioux County. Nebraska (USA). München, Staatliche Naturwissenschaftliche Sammlung Bayerns (SNSB) – Bayerische Staatssammlung für Paläontologie und Geologie (BSPG), Inv.-Nr. 1.959 XXIII 1.

1.1.2.7 Merychippus paniensis

München, Staatliche Naturwissenschaftliche Sammlung Bayerns (SNSB) – Bayerische Staatssammlung für Paläontologie und Geologie (BSPG), Inv.-Nr. 1.923 I 507.

1.1.2.2 Hipparion sp. Unterkiefer.   Foto: SNSB – BSPG

1.1.2.8 Eohippus angustidens
Oberkiefer / Unterkiefer mit Zähnen. Eozän. Big-Horn Basin, Wyoming (USA). Eohippus angustidens. München, Staatliche Naturwissenschaftliche Sammlung Bayerns (SNSB) – Bayerische Staatssammlung für Paläontologie und Geologie (BSPG), Inv.-Nr. 1.912 I 3.

1.1.2.9 Hipparion mediterraneum
Oberkiefer mit Zähnen. Miözan. Pikermi bei Athen, Griechenland. München, Staatliche Naturwissenschaftliche Sammlung Bayerns (SNSB) – Bayerische Staatssammlung für Paläontologie und Geologie (BSPG), Inv.-Nr. AS II 620.

1.1.2.10 Propachynolophus sp.
Schädel mit Zähnen. Datierung: Eozän (56–33,9 Mio. Jahre). Fundort: Aumelas, Frankreich. München, Staatliche Naturwissenschaftliche Sammlung Bayerns (SNSB) – Bayerische Staatssammlung für Paläontologie und Geologie (BSPG), Inv.-Nr. 1.993 IX 417.

1.1.2.6 Merychippus primus. Unterkiefer.   Foto: SNSB – BSPG   1.1.2.7 Merychippus paniensis.   Foto: SNSB – BSPG

1.1.2.8 Eohippus angustidens. Oberkiefer.   Foto: SNSB – BSPG

1.1.2.9 Hipparion mediterraneum. Oberkiefer.   Foto: SNSB – BSPG

1.1.2.8 Eohippus angustidens. Unterkiefer.   Foto: SNSB – BSPG

1.1.2.10 Propachynolophus sp. Schädel mit Zähnen.   Foto: SNSB – BSPG

1.2.0.1 Anatomisches Modell eines Pferdes
Messingguss. 18./19. Jh. H. 23 cm, L. 25 cm. Wien, Österreichisches Museum für angewandte Kunst, Inv.-Nr. KS 21.

1.2.0.2 Joseph Machold (1824–1889): Zehn Tafeln zur Anatomie des Pferdes
Wien 1878. H. 32 cm, B. 45 cm. Wien, Veterinärmedizinische Universität, Inv.-Nr. 3931 b. Der Maler und Illustrator Joseph Machold, ab 1857 Professor an der Theresianischen Militärakademie in Wiener Neustadt, wurde von der Armee immer wieder mit künstlerischen und illustrierenden Aufgaben betraut. Die Publikation dieses sehr seltenen Anatomischen Atlanten wurde gemacht, um die Soldaten mit der Anatomie des Pferdes vertraut zu machen.

1.2.4.3 Ostfries. Prämienstute.   Restaurierung und Dokumentation: Dieter Schön

1.2.4.4 Dänischer Hengst.   Restaurierung und Dokumentation: Dieter Schön

1.2.0.3 Pferde-Maß

Achtgliedriger, zusammenklappbarer Maßstab aus Messing von 16 Faust L. (= 168,6 cm). Eingravierte Bezeichnung: „REMONTE-PFERD-MAASS". Wien, Heeresgeschichtliches Museum, Inv.-Nr. 9774. Die Faust als ein österreichisches Längenmaß diente zur Messung der Höhe eines Pferdes. 1 Faust = 4 Wiener Zoll = 16 Strich = 10,537 Zentimeter.

DIE BIOLOGIE DES PFERDES

1.2.1 Wie Pferde sehen

Installation Peter Hans Felzmann Pferde sind Fluchttiere. Ihr Sehvermögen ist darauf ausgerichtet. Mit ihren seitlich am Kopf platzierten Augen haben sie einen fast vollständigen Rundblick (ca. 340°). Es gibt nur zwei kleine tote Winkel, unmittelbar vor dem Kopf und hinter dem Körper. Wahrscheinlich sehen Pferde kein oder nur schlecht Rot. Das Hörvermögen ist deutlich besser als das menschliche. Was für Menschen laut ist, ist für Pferde fast unerträglich. Pferde haben einen ausgezeichneten Geruchssinn. Ihr Geschmackssinn reagiert auf süß, sauer und salzig, offensichtlich aber nicht auf bitter.

1.2.2 Was Pferde fressen

Installation. Inge Friedl.
Pferde sind reine Pflanzenfresser. Trotzdem sind ihre Mägen extrem klein. Das bedingt, dass sie häufig Futter brauchen und bis zu 16 Stunden am Tag beim Fressen verbringen. Eine dreimalige Fütterung am Tag entspricht nicht ihren natürlichen Bedürfnissen. Im Unterschied zu Rindern sind sie keine Wiederkäuer. Die Verdauung erfolgt in ihrem großen Darmtrakt.

1.2.3 Was Pferde leisten

Installation. Peter Hans Felzmann.
Pferde sind schnell und kräftig. In ihrem Kreislauf fließen bis zu 40 Liter Blut. Das Herz wiegt zwischen drei und vier Kilo und ist viel leistungsfähiger als das menschliche. Die Lunge ist für extremen Sauerstoffbedarf gerüstet. Sie hat bei einem Warmblut bis zu 50 m² innere Oberfläche (beim Menschen etwa 9 m²). Das Gehirn ist mit 600 g im Vergleich zum menschlichen Gehirn (1200 bis 1500 g) verhältnismäßig klein. Die von dem Erfinder der Dampfmaschine James Watt eingeführte Pferdestärke (PS oder HP/Horsepower) ist noch immer eine weit verbreitete Maßeinheit für Leistung, auch wenn sie wissenschaftlich durch Kilowatt (kW) ersetzt ist. Ein PS ist die Leistung, die erbracht werden muss, um eine Masse von 75 kg mit einer Geschwindigkeit von 1 Meter pro Sekunde hoch zu heben. 1 PS entspricht etwa ¾ kW.

1.2.4 Pferderassen

Die letzten noch lebenden echten Wildpferde sind die Przewalski-Pferde. In freier Wildbahn wurden sie 1968 zum letzten Mal beobachtet. In Zoos und Wildparks konnten sie überleben. Durch systematische Züchtung und Auslese wurde das Pferd immer besser an die menschlichen Bedürfnisse und Verwendungen angepasst. Die Zuchtziele werden von der Nutzungs- und Einsatzart bestimmt: ob Kriegs- und Ackerpferde, Rennpferde und Traber oder Sport- und Freizeitpferde. Aktuell sind in der Rassenliste von Caballo 438 Pferderassen verzeichnet: Warmblüter (Lipizzaner, Friesen, Andalusier, Appaloosa, Quarter Horse…), Kaltblüter (Noriker, Rheinisch-deutsches Kaltblut, Freiberger, Shire Horse…), Ponys und Kleinpferde (Haflinger, Shetland, Isländer, …), Rennpferde (Englisches Vollblut, Deutsche Traber…). Als wichtigste österreichische Traditionsrassen, deren Zucht in Stadl-Paura besonders gepflegt wird, gelten Noriker, Haflinger, österreichisches Warmblut, Lipizzaner, Shagya Araber und Huzulen (vgl. die Präsentation im Vierer-Stall).

1.2.4.1 Englisches Vollblut

Schulmodell. Gips. H. 63 cm, L. 63 cm, T. 26 cm. Wien, Veterinärmedizinische Universität, Historisches Archiv. Englisches Vollblut bezeichnet eine speziell für den Galopprennsport gezüchtete Pferderasse. Englische Vollblüter gelten als die schnellsten Rennpferde der Welt.

1.2.4.2 Belgisches Kaltblut (Brabanter oder Flämisches Pferd)

Schulmodell. Gips. H. 63 cm, L. 63 cm, T. 26 cm. Wien, Veterinärmedizinische Universität, Historisches Archiv. Die mächtigen Arbeitspferde haben ein Stockmaß von ungefähr 165 bis 173 cm. Sie sind eines der stärksten Zugpferde. Kaltblüter zeichnen sich durch einen schweren Körperbau, durch ein entsprechend hohes Körpergewicht und ein ruhiges Temperament aus.

1.2.4.3 Ostfriesische Prämienstute

H. 42 cm, B. 14 cm, Länge 37 cm. Privatbesitz Präparator Dieter Schön. Das Ostfriesische und Alt-Oldenburger Pferd werden zu den schweren Warmblütern gerechnet und sind einander so ähnlich, dass sie meist als eine Rasse angesehen werden.

1.2.4.4 Dänischer Hengst (Dänisches Warmblut)

H. 43 cm, B. 15,5 cm, L. 39 cm. Privatbesitz Präparator Dieter Schön.

377

1.2.5. Die Zahl der Pferde

Die weltweiten Pferdebestände sind im 20. Jahrhundert stark zurückgegangen, nachdem im 19. Jahrhundert eine entsprechende Zunahme zu verzeichnen war. Doch die Trends weisen regional große Unterschiede auf. Das Land mit den meisten Pferden sind heute die USA, während um 1900 Russland diesen Rang beanspruchen konnte. Im ersten Jahrzehnt des 21. Jahrhunderts ist wieder ein zunehmender Trend zu beobachten, vor allem in den wohlhabenden Staaten des Westens. Quelle: Roman Sandgruber, Österreichische Agrarstatistik; Statistik Austria, Viehzählungen; 2010 Schätzung.

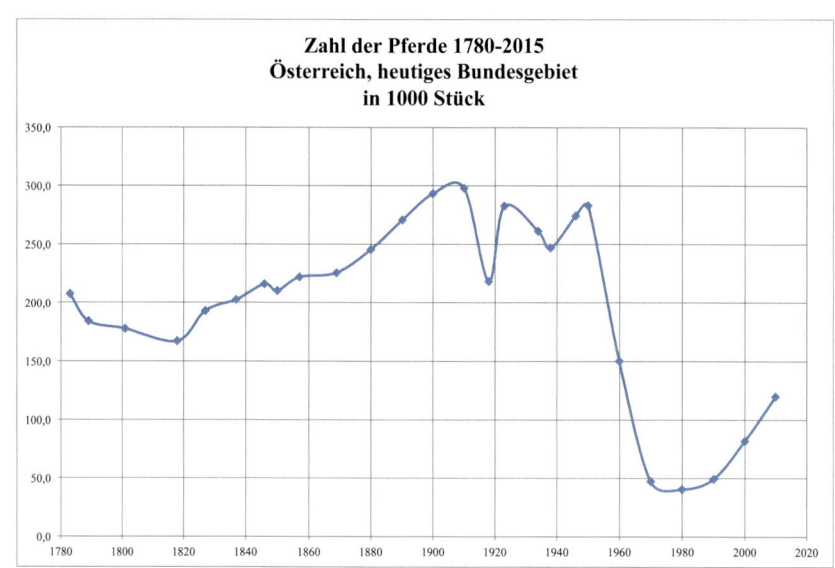

Entwurf: Roman Sandgruber

Welt-Pferdebestand 1910–2013 (in Tausend)

	1910	1939	1950	1960	1980	1990	2004	2013
Welt	100000	74700	75000	67400	59626	60920	54966	58316
Davon u.a.:								
Argentinien	8894	8319	7265	4800	3000	3000	3655	3620
Brasilien	7290	6583	6937	8273	5055	6100	5901	5437
China	4934	5880	5217	7600	11146	20294	7902	6337
Deutschland	4516	2391	2300	1157	446	491	525	1100
Frankreich	3236	2692	2380	1729	364	265	350	408
Indien	1540	1780	1527	1351	900	960	800	528
Mexiko	859	2509	4000	5228	6205	6170	6260	6356
Österreich	298	247	283	150	40	49	85	120
Polen	.	3916	2560	2731	1780	941	335	207
Russland	32877				5620	5921	1500	1378
Schweiz	144	140	131		45	42	53	57
Türkei	.	964	1173	1312	807	620	271	141
USA	20567	10629	5409	3089	2261	2427	5300	10350
Kanada	2478	2776	1496	514	370	415	385	407

Quellen: Brian Mitchell ([6]2007), Historical Statistics; FAO.

1.3 Das Pferd im „Wilden Westen"

Ein Western-Film ohne Pferde ist kaum vorstellbar. Die USA sind bis heute das Land mit den weltweit meisten Pferden. In der Pionierzeit des 18. und 19. Jahrhunderts waren diese das wichtigste Transportmittel in Richtung Westen. Doch 10.000 Jahre lang war Amerika ohne Pferde. Sie waren am Ende der letzten Eiszeit ausgestorben. Erst mit der Entdeckung Amerikas gelangten wieder Pferde nach Amerika.

Es waren Tiere aus spanischer Zucht, eine Kreuzung aus Berberpferden, Arabern und Andalusiern. Sie fanden in den amerikanischen Prärien ein ideales Ambiente und wilderten aus. Nach und nach wurden sie auch von den Indianerstämmen als Reittiere übernommen. Die Stämme der Sioux, der Cheyenne, Shoshone oder Apachen konnten damit die Herrschaft über andere Stämme erringen.

Auch für die Cowboys war das Pferd die ideale Hilfe. Die Western-Reitweise, die Sättel, die Zäumung und die Kleidung stammen von der alten spanischen Reitweise. Aus der Cowboyarbeit entwickelten sich die Westernreitbewerbe: Reining und Cutting stehen an erster Stelle. Cutting ist nach Formel 1 und Golf die Sportart mit den höchsten Preisgeldern. Quarter-Pferde bilden die zahlenmäßig größte Pferderasse der Welt.

Wilde Mustangs.

Fotos: Anna Jutta Wirth

1.3.1 Wilde Mustangs

Installation: Peter Hans Felzmann.

Erich Pröll und seine Mustangs

Der Name Mustang stammt von dem spanischen Wort „Mestengo" – der Fremde oder Vagabund. Es sind ausgewilderte Pferde. Um 1800 soll es zwischen drei und sieben Millionen solcher Wildpferde in den nordamerikanischen Prärien gegeben haben. Sie wurden gnadenlos gejagt.

Seit 1971 gibt es in den USA ein Gesetz, das die Jagd auf die noch verbliebenen ein paar Tausend Mustangs untersagte und sie unter Naturschutz stellte. Dem Naturfilmer Erich Pröll ist es gelungen, allen Ausfuhrverboten zum Trotz drei Mustangs nach Oberösterreich zu bringen.

Der berühmte Pferdetrainer und „Pferdeflüsterer" Monty Roberts sagte zu Pröll: „Wenn Du es falsch machst, hast Du ein Riesenproblem – wenn Du es aber richtig machst, dann hast Du einen engen Freund ein Pferdeleben lang". Pröll hat wirklich Freunde gewonnen. Seine Herde ist inzwischen auf elf Mustangs angewachsen, darunter zur Hälfte Fohlen.

1.3.2 Das Bild vom „Wilden Westen" – Filmplakate

1.3.2.1 Die Tochter der Wildnis
Entwurf: Georg Pollak. Druck: Emanuel Kafunek. Mehrfarbendruck. 1923. Wien, Österreichische Nationalbibliothek, Inv.-Nr. PLA 16301611.

1.3.2.2 Wild West Romance
Mehrfarbendruck 1928, Wien, Österreichische Nationalbibliothek, Inv.-Nr. PLA 16300494. Western-Stummfilm, Regie: Robert Lee Hough.

1.3.2.3 Die Fellräuber von Dakota.
Entwurf: Willy Stieborsky, Mehrfarbendruck, 1928, Reproduktion. Wien, Österreichische Nationalbibliothek, Inv.-Nr. PLA 16301263.

1.3.2.4 Überfall auf Silver-City
Originaltitel: Texas Gun Fighter (1950), Eichler, Mehrfarbendruck, 1952, Reproduktion. Wien, Österreichische Nationalbibliothek, Inv.-Nr. PLA 16301572.

1.3.2.5 Snowy River
Plakat, 1984, Twentieth Century Fox, Wien-Bibliothek, Plakatsammlung, Konvolut P 119.072 | P-227310. Cover des amerikanischen Soundtrack-Albums nach dem australischen Filmdrama „The Man from Snowy River", 1982, mit Kirk Douglas, Regie George Miller.

1.3.2.6 Das Gesetz der Wildnis. Der schwarze Dämon
1948, Ein Sensations-Wildwest Film mit dem „neuen" Rin-Tin-Tin und dem Teufelspferd Rex, Wien-Bibliothek, Plakatsammlung, Inv.-Nr. AC10523183.

1.3.2.7 Buffalo Bill
Twentieth Century Fox Film Corporation, Los Angeles, 1949, Wien-Bibliothek, Plakatsammlung, Inv-Nr. AC10523374.

Das Cowboyleben ist auf den großen Ranches Wyomings und Montanas noch lebendig. Gearbeitet wird mit dem Pferd.   Foto: Anna Jutta Wirth

Cowboys und Cowgirls auf der Hideout Ranch im Nordosten Wyomings.   Foto: Anna Jutta Wirth

1.3.2.8 Im Lande der Comanchen
1951, Regie: George Sherman, Universal Pictures, Los Angeles, Calif., Wien-Bibliothek, Plakatsammlung, Inv.-Nr. AC10523727.

1.3.2.9 Herr der Silberminen
(Silver River). Mit Errol Flynn und Ann Sheridan, Warner Brothers Pictures, New York, 1952, Wien-Bibliothek, Plakatsammlung, Inv.-Nr. AC10523834.

Eine Herde Mustangs wird durch den Creek getrieben, Cowboyarbeit in seiner besten Form in Wyoming.

Foto: Anna Jutta Wirth

Mit einem Paint Horse auf der Ranch in Wyoming.

Foto: Anna Jutta Wirth

1.3.2.10 König der Gauchos
(Way of a Gaucho), mit Gene Tierney, Rory Calhoun,, Regie: Jacques Tourneur, Twentieth Century Fox Film Corporation, Los Angeles, 1953, Wien-Bibliothek, Plakatsammlung, Inv.-Nr. AC10524002.

1.3.2.11 Der weiße Sohn der Sioux
(The Savage), Klaus Dill, Charlton Heston, Susan Morrow, Regie: George Marshall, Paramount Pictures Corporation, New York, 1953, Wien-Bibliothek, Plakatsammlung, Inv.-Nr. AC10524020.

1.3.2.12 Pony Express
Buffalo Bill's grösstes Abenteuer, Regie: Jerry Hopper, Paramount Pictures Corporation, New York, 1954, Wien-Bibliothek, Plakatsammlung, Inv.-Nr. AC10524134.

1.3.2.13 Geronimo, die Geißel der Prärie
Regie: Paul H. Sloane, Paramount Pictures Corporation, New York, 1954, Wien-Bibliothek, Plakatsammlung, Inv.-Nr. AC10524135.

1.3.2.14 Der Häuptling der Apachen
Lex Barker, Regie: Reginald de Borg, 1966, Wien-Bibliothek, Plakatsammlung, Inv.-Nr. AC10526801.

1.3.2.15 Winnetou
1975, Wien-Bibliothek, Plakatsammlung, Inv.-Nr. AC10573075.

1.4 Der Krieg: Gewalt mit Pferden, Gewalt gegen Pferde
Mit den Pferden kam das Tempo als Waffe in die Kriegsgeschichte. Zunächst ab etwa 2.000 v. Chr. mit den Streitwägen, ab etwa 1.200 v. Chr. mit schnellen Reiterangriffen mit Pfeil und Reflexbogen. Seit dem 8. Jahrhundert n. Chr. konnten die Europäer mit schwer gepanzerten Reitern erfolgreich gegenhalten. Feudalismus und Pferd gingen eine enge Verbindung ein.

Seit dem 14. Jahrhundert wurden die mit Langbogen, Armbrust und Gewehr in eng geschlossenen Verbänden kämpfenden Fußtruppen für die Ritterheere immer gefährlicher. Aber bis ins 19. Jahrhundert blieb die Kavallerie die nobelste Waffengattung. Erst die schnell feuernden Gewehre und schweren Waffen verdrängten die Pferde von den Schlachtfeldern. Aber für Logistik und Nachschub blieben sie auch in den Kriegen des 20. Jahrhunderts unverzichtbar. Sie bezahlten in den beiden Weltkriegen einen extrem hohen Blutzoll.

1.4.1.1 Reitergrab, Linz-Zizlau.　　　　　　　　　　　　　　© NORDICO Stadtmuseum Linz. Foto: Thomas Hackl

1.4.1 Viertausend Jahre Pferd und Krieg

Installation: Peter Hans Felzmann.

1.4.1.1 Reitergrab, Linz-Zizlau

Verkleinertes Modell. L. 150 cm, B. 88 cm, H. 78 cm. NORDICO Stadtmuseum Linz, Prähistorische Abteilung.

Lit.: Max Martin: Awarische und germanische Funde in Männergräbern von Linz-Zizlau und Környe Wosinszky Múzeum Évkönyve 15, 1990, 65–90; Ulrich Kössler: Das frühmittelalterliche Gräberfeld von Linz, St. Peter (Zizlau II). Hg. vom Magistrat der Landeshauptstadt Linz – Stadtmuseum Nordico, Linz 2015 (Linzer archäologische Forschungen 46).

Das Modell gibt maßstabsgetreu verkleinert ein völkerwanderzeitliches Reitergrab aus dem Gräberfeld von Linz-Zizlau wieder. Der Kopf des Pferdes fehlt. Wahrscheinlich wurde er gesondert bestattet oder auf dem Grabhügel deponiert. Der beim Bau der damaligen Hermann Göring Werke freigelegte und aus dem 7. Jahrhundert stammende frühmittelalterliche Friedhof – er wird in der wissenschaftlichen

Literatur nach der Ortschaft Zizlau bezeichnet – umfasste 152 Gräber mit 181 Bestatteten und sechs Pferdegräber. 1958 kam es zur Entdeckung eines zweiten, mit dem ersten nicht zusammenhängenden frühmittelalterlichen Gräberfeldes (Linz-St. Peter). Bis 1973 konnten hier insgesamt 68 Gräber und vier bestattete Pferde freigelegt werden.

1.4.1.2 Rossstirn

L. 58 cm, B. 29,5 cm, H. 15 cm. Wien, Kunsthistorisches Museum, Hofjagd- und Rüstkammer, Inv.-Nr. B 182 d. Der Wunsch des abendländischen Ritters durch eine allseits bewegliche stählerne Rüstung unverwundbar zu sein, galt natürlich auch seinem wertvollen Pferd. Parallel mit der Entwicklung des ritterlichen Plattenharnisches wurden auch Rossharnische konstruiert, die Kopf, Hals und Körper des kostbaren Pferdes schützen sollten. Beim deutschen Gestech war der einzige Schutz des Pferdes die eiserne „geblendete" Rossstirn, welche

die Augen des Pferdes bedeckte, um das Scheuen im Turnier zu vermeiden. Die Tatsache, dass die Turnierpferde beim Turnier praktisch blind waren, verlangte eine besondere Ausbildung dieser Pferde, die oft von den Veranstaltern von Turnieren und auch von befreundeten Fürstenhöfen ausgeliehen wurden.

1.4.1.3.1 Türkische Streitaxt

Aus der Türkenbeute vor Wien. 1683. Griff und Hals mit Silberblech beschlagen, Schmuckornamente vergoldet, Schaft mit schwarzem Leder bezogen. Gesamtlänge: 67 cm. Eferding, Sammlung Schloß Starhemberg, Inv.-Nr. W 11/22.

1.4.1.3.1 Großer Türkensäbel

Aus der Türkenbeute vor Wien. 1683. Griff: gelbliche Hornschalen, Parierstange und Scheibenbeschläge ornamentiert, versilbert und vergoldet. Gesamtlänge: 97,5 cm. Eferding, Sammlung Schloß Starhemberg, Inv.-Nr. W 11/31.

1.4.1.4 Pferdetrense und Kopfschmuck eines Pferdes

Aus der Türkenbeute. 40 x 25 x 25 cm. Kremsmünster, Benediktinerstift, Kunstsammlung

1.4.1.5 Pferdegasmaske

Russisch. Erster Weltkrieg. Mit der Aufschrift „ МОСКОВСКИЙ КОМИТЕТ ПО СНАБЖЕНИЮ ПРОТИВОГАЗАМИ ЛОШАДЕЙ АРМИИ". Ca. 30 x 30 cm. Ingolstadt, Bayerisches Armeemuseum, Inv.-Nr. I 2.477. Die Russische Pferdegasmaske aus dem Ersten Weltkrieg erinnert in ihrer Inschrift an eine Gedenkfeier zum Gedächtnis des russischen Sieges über Napoleon 100 Jahre zuvor.

1.4.2 Das Turnier

Die größten Events des europäischen Rittertums waren die Turniere. Sie wurden im späten 11. Jahrhundert in Nordfrankreich erfunden. Anfangs waren sie nichts anderes als ein Training, um spielerisch für den kriegerischen Ernstfall zu üben: In der ungefährlichsten Variante zeigten die Teilnehmer ihre Geschicklichkeit in der Waffenführung. Die zweite Art war das eigentliche Turnier, in dem zwei Reitergruppen ein tatsächliches Gefecht nachahmten. Die dritte und nobelste Form war der Einzelkampf zweier Reiter.

Aus diesem Zweikampf entwickelten sich im Spätmittelalter das „Gestech" und das „Rennen". Das „Stechzeug" wurde immer mehr zu einer technisch ausgereiften, überschweren und extrem teuren Sportausrüstung. Auch die Pferde wurden mit Rossstirnen und über die Brust gehängten „Stechsäcken" speziell geschützt. Die zweite Form, das „Rennen" war wegen der Verwendung spitzer Lanzen wesentlich gefährlicher als das Stechen, die Ausrüstung war aber billiger. Turniere konnten für die Teilnehmer zu großem Ruhm führen,

1.4.2 Ritter zu Pferd, Kinderinstallation.   Entwurf: Michael Gletthofer grafik design illustration

aber auch zum völligen finanziellen und körperlichen Desaster werden. Im ersten Drittel des 17. Jahrhunderts wurden Turniere immer seltener und schließlich ganz vom Karussell und den höfischen Rossballetten verdrängt.

1. 4.2.1 Rennzeug

H. 189 cm, B. 71 cm, T. 71 cm. Kunsthistorisches Museum Wien, Hofjagd- und Rüstkammer, Inv.-Nr. R IV.

Bei dem zu Pferde ausgeübten Turniersport des Rennens kam es im Unterschied zum Stechen auf äußerst präzise Lanzenführung an, sollte doch vom Reiter der Schild des Gegners getroffen werden. Das Rennen war zwar wegen der Verwendung von scharfen Lanzen gefährlicher als das Stechen, konnte aber im Rennzeug oder im Feldharnisch ausgeführt werden, weshalb sich die Anschaffungskosten für die Ausrüstung reduzierten. Unbedingt erforderlich war ein

1.4.1.2 Rossstirn.   Foto: KHM Wien, Museumsverbund

1.4.2.1 Rennzeug.   Foto: KHM Wien, Museumsverbund

Ausstellung Pferdezentrum Stadl-Paura

1.4.2.2 Anton Peffenhauser: Stechtartsche.

Foto: KHM Wien, Museumsverbund

385

1.4.2.3 Darstellung eines Turniers.

Foto: Landesmuseum Joanneum, Graz

großer, gewölbter Schild, die Renntartsche. Als gefährlicher, dazu billiger Sport empfahl sich das Rennen besonders für junge Edelleute. Für das Rennen entwickelte sich im Laufe des Spätmittelalters ebenso eine Spezialausrüstung wie für das Stechen. Das so genannte Rennzeug hat die Form eines spätgotischen Halbharnisches und besteht aus einem hutartigen Helm, einem steifen Bart, Brust und Rücken mit Rüst- und Rasthaken für die Lanze sowie aus knielangen Schößen, hat jedoch keine Arm- und Beinzeuge. Die Arme wurden links durch einen großen fixierten Schild, die Renntartsche, rechts durch eine halbkreisförmige Stahlscheibe (Brechscheibe) gedeckt, durch die man die Lanze steckte.

1.4.2.2 Anton Peffenhauser (Plattner) (um 1525–1603, tätig in Augsburg): Stechtartsche der Trophäengarnitur
Für das Realgestech. Getriebenes Eisen, vollständig bedeckt mit geätztem Dekor: teilweise blank und schwarz gefüllt, teilweise feuervergoldet. Augsburg. Um 1575. H. 40,5 cm, B. 32 cm, T. 10,2 cm. Kunsthistorisches Museum Wien, Hofjagd- und Rüstkammer, Inv.-Nr. B 40.

1.4.2.3 Darstellung eines Turniers
Österreich, 16. Jahrhundert. Öl auf Leinwand. H. 59,5 cm, B. 102 cm. Graz, Landesmuseum Joanneum, Inv.-Nr. 866.

Das Bild zeigt das große Turnier in Wien. Es wurde um 1570 von einem unbekannten Maler nach einem Holzschnitt von Jost Amman gefertigt.

1.4.2.4 Radschlossbüchse
Aus kaiserlichem Besitz. Stahl. Elfenbein. 16. Jahrhundert, L. 112 cm, B. 10 cm, H. 10 cm. Privatbesitz. Dieses Prunkgewehr ist mit dem Wappen des Hauses Österreich gekennzeichnet, es stammt aus kaiserlichem Besitz und ist mit Eisenschnitt und sehr feinen Einlagen aus Bein ausgestaltet. In Kupferstechermanier sind Jagdszenen mit Berittenen und Wildtieren dargestellt.

1.4.2.4 Radschlossbüchse   Foto: Schepe

1.4.2.4 Radschlossbüchse, Detail.   Foto: Schepe

1.4.2.5 Armbrust mit Darstellung der Wilhelm-Tell-Geschichte.

Foto: Schepe

1.4.2.5 Armbrust mit Darstellung der Wilhelm-Tell-Geschichte. Detail.

Foto: Schepe

1.4.2.5 Armbrust

Mit Darstellung der Wilhelm-Tell-Geschichte. L. 80 cm, B. 85 cm. Privatbesitz

Die Armbrust ist äußerst kunstvoll mit Elfenbeinauflagen ausgestattet, die sich durch kunstvoll gravierte Szenen aus der Geschichte des Schweizer Freiheitskämpfers Wilhelm Tell auszeichnen. Dieser, ein mit einer Armbrust bewaffneter Jäger, verweigert der Obrigkeit den Gruß. Der Landvogt Gessler weiß, dass Tell ein Meisterschütze ist und stellt Tell als Strafe vor die Wahl, entweder einen Apfel vom Kopf seines Sohnes Walter zu schießen oder zu sterben. Tell besteht die Probe, hat aber noch einen zweiten Pfeil bereit. Er gibt freimütig zu, dass er damit Gessler erschossen hätte, wenn der Apfelschuss misslungen wäre.

1.4.2.6 Tiroler Maler (wohl Ludwig Konraiter, Hofmaler Erzherzog Sigmunds): Votivtafel des Ludwig Klingkhamer

1487. Öl auf Tafel. H. 63 cm, B. 55 cm. Innsbruck, Prämonstratenserstift Wilten. Das Votivbild entstand aufgrund eines Versprechens an Maria und den damals als Heiligen verehrten Simon von Trient, das Ludwig Klingkhamer für seine wunderbare Errettung in Calliano (Roßbach, Trentino, Italien) abgab, als sein Pferd durch eine Geschützkugel getötet wurde. Das Bild zeigt deutlich den Wandel der Kriegstechnik: einerseits die schwere Rüstung des Ritters, andererseits den Übergang zur neuzeitlichen Artillerie: unter dem Pferd eine zerbrochene Armbrust, Teile des Zaumzeugs und die Kanonenkugel, die aus einem so genannten "Falkonet" stammt. Am

unteren Rand steht: „Ich lüdwig klingkhamer wass geschossen worden mit einem falconpikchss unde rofreyt vor der klüsn in dem fenedige krieg. da rieft ich unser liebe frawe an mit irem lieben khind und dass lieb khindlein von thriendt die haben mir geholfen das ich bey dem leben gebliben und alsbald ich mich zu der müotte gots versprochen da ward mir bass des ich got danckh sagt, anno domini 1487".

1.4.3 Kriege – Reiterschlachten

1.4.3.1 Anonymer Meister: Die Schlacht am Weißen Berge

Bei Prag am 8. November 1620. H. 41 cm, B. 68 cm. Ingolstadt, Bayerisches Armeemuseum, Inv.-Nr. A 10.756.

1.4.3.3 Unbekannter Maler, Der heilige Valentin als Retter Passaus und des Bistums vor der Türkengefahr.

Foto: Oberhausmuseum Passau

1.4.3.4 Alexander Ritter von Bensa: Schlacht bei Custozza.　　　　　Foto: Heeresgeschichtliches Museum Wien

An der Schlacht waren auf Seiten der Katholischen Liga 32.400 Infanteristen und 7.550 Kavalleristen beteiligt, auf Seiten der böhmischen Protestanten 8.000 Fußsoldaten und 5000 Kavalleristen.

1.4.3.2 Türkensattel
Holz, Stoff, Leder. L. 70 cm, B. 50 cm, H. 55 cm. Lambach, Benediktinerstift.

1.4.3.3 Unbekannter Maler: Der heilige Valentin als Retter Passaus und des Bistums vor der Türkengefahr
Öl auf Leinwand. B. ca. 120 cm, H. ca. 90 cm. Nach 1683. Passau, Oberhausmuseum, Inv.-Nr. 4.062.

Der hl. Valentin gilt als erster Bischof von Passau. Er soll der Überlieferung nach um 435 nach Passau gekommen sein. Die dargestellte Szene zeigt zwar gut die Kampftechnik, hat aber keinen historischen Realitätsgehalt. Denn die Osmanen kamen nie bis Passau.

1.4.3.4 Alexander Ritter von Bensa (1820–1902): Schlacht bei Custozza
Am 24. Juni 1866: Attacke der Trani-Ulanen unter Oberst Maximilian Ritter von Rodakowski (1825–1900), links italienische Infanterie. Signiert unten rechts: „de Bensa"; undatiert. Öl auf Holz, H. 45 cm, B. 67 cm. Wien, Heeresgeschichtliches Museum, Inv.-Nr. 1960/15/BI32813.

Obwohl von den etwa 74.000 Mann der österreichischen Armee nur 2.936 auf Reiter entfielen, brachte das Eingreifen der Kavallerie unter Anton Freiherr von Bechtolsheim (1834–1904) den italienischen linken Flügel – die 1. und 5. Division – vollständig zum Wanken. Berühmt wurde Oberst Maximilian von Rodakowski durch mehrere kühne Attacken seiner Ulanen gegen italienische Infanterie-Karrees.

1.4.3.5 Karl August Aerttinger (1803–1876): Erzherzog Karl und sein Stab
Bezeichnet rechts unten: „Aerttinger 1842". Erzherzog Karl, umgeben von seinem Stab und der Truppe auf einem Schlachtfeld. 1874 von Kaiser Franz

1.4.3.5 Karl August Aerttinger (1803–1876): Erzherzog Karl und sein Stab.   Foto: OÖ. Landesmuseum

Joseph I. dem oö. Kunstverein für die Landesgalerie geschenkt. Öl auf Leinwand. H. 87 cm, B. 114 cm. Linz, OÖ. Landesmuseen, Inv.-Nr. G 337.

Der aus München stammende Maler Karl August Aerttinger besuchte die Kunstschule in Augsburg und bildete sich dann an der Münchener Akademie und in Paris aus. Seit 1846 wirkte er für längere Zeit in Wien, wo er die österreichische Kaiserfamilie zu Pferde und Erzherzog Karl samt allen österreichischen Generälen des Jahres 1809 – reitend und die ästhetische Pracht ihrer kavalleristischen Ausstattung betont ins Bild setzend – in großformatigen Gemälden darstellte. Nach 1848 stand Aerttinger fünf Jahre im

Dienste des polnischen Fürsten Iwan Fjodorowitsch Paskewitsch-Eriwanski, ehe er wieder nach Deutschland zurückkehrte. Sein Spezialgebiet waren Schlachtendarstellungen, militärische Vorgange und Paradestücke. Das bereits vor Aerttingers Wiener Zeit im Jahr 1842 entstandene Gemälde scheint Johann Peter Kraffts Darstellung Erzherzog Karls, des Siegers von Aspern, unmittelbar als Vorlage zu haben. Kaiser Franz Joseph I. widmete Karl August Aerttingers Gemälde – zusammen mit sieben weiteren Werken aus den Depots der k. k. Gemäldegalerie – im Jahr 1860 der sechs Jahre zuvor begründeten Oberösterreichischen Landesgalerie.

1.4.3.6 Albrecht Adam (1786–1862): Napoleon vor Regensburg am 23. April 1809

Um 1840. Öl auf Leinwand. H. 71,5 cm, B. 64 cm. Ingolstadt, Bayerisches Armeemuseum, Inv.-Nr. 0329-1968

Der Schlachten-, Portrait- und Pferdemaler Albrecht Adam war Zeitzeuge der Schlacht bei Regensburg am 23. April 1809. In seiner Autobiographie berichtet er über dem Moment, in dem er dem Kaiser der Franzosen gegenüberstand: „Napoleon, welcher den ganzen Tag hindurch anwesend war und allenthalben gesehen wurde, stand gegen Abend nicht ferne von mir auf der Anhöhe mit einer

1.4.3.6 Albrecht Adam (1786–1862): Napoleon vor Regensburg am 23. April 1809. © Bayerisches Armeemuseum Ingolstadt. Foto: Christian Stoye

ungeheuren Suite von mehr als hundert Köpfen; fast alle Generäle mit ihren Adjutanten hatten sich in einer Entfernung von etwa 40 bis 50 Schritten hinter ihm versammelt. Das Ganze war prachtvoll von der Abendsonne beleuchtet. Unverwandt blickte er nach der Stadt in das mittlerweile bedeutend gewachsene Feuer. Er schien mir unheimlich, ich dachte an Nero. Plötzlich kam Froberg, welcher sich unter der Suite des Kaisers befand und mich bemerkt hatte, zu mir hergeritten und redete mich mit den Worten an: „Adam, haben Sie den Muth, mit mir in die Stadt hinein zu reiten?" – „Ja wohl", sagte ich, „ich möchte gerne sehen, wie es da drinnen aussieht."

Erst mehr als drei Jahrzehnte nach der Schlacht, 1840, führte Adam die bildliche Umsetzung des Erlebten durch und schuf ein großformatiges Gemälde, das Napoleon und seine Generäle beim Anblick der in Brand geschossenen Stadt Regensburg zeigt (heute im Niedersächsischen Landesmuseum in Hannover). Das ausgestellte Gemälde ist eine Detailstudie, in der Adam 1840 seinen Blick ausschließlich auf den Kaiser der Franzosen fokussiert.

1.4.4 Das Pferd im Ersten Weltkrieg

Die traditionelle Kavallerie war im Ersten Weltkrieg gegen Maschinengewehre und Stacheldraht chancenlos geworden. Die Dragoner, Husaren und Ulanen wurden zu normalen Infanteristen. Aber das Pferd blieb wichtiger denn je. Der enorme Transportbedarf war nur mit Zugtieren zu bewältigen. Mit Pferden waren die Kriege nicht mehr zu gewinnen. Aber ohne Pferde erst recht nicht. Der Blutzoll der Pferde war etwa gleich hoch wie jener der Menschen. Im Ersten Weltkrieg wurden auf allen Fronten insgesamt etwa 16 Millionen Pferde eingesetzt,

von denen mehr als die Hälfte den Tod fanden, durch Seuchen, Verletzungen, Giftgas oder auch durch Erschießen, um sie nicht dem Gegner in die Hände fallen zu lassen. Die Beschaffung neuer Pferde war schon 1916 schwierig geworden. Und ab 1917 musste man die Zahl der eingesetzten Pferde drastisch reduzieren, weil man sie nicht mehr füttern konnte. Während im Zweiten Weltkrieg im Westen bereits die Motorfahrzeuge dominierten, blieb in Russland das Pferd unersetzlich. Von den ungefähr 2,7 Millionen Pferden, die im Zweiten Weltkrieg auf deutscher Seite eingesetzt wurden, sind etwa zwei Drittel, d. h., an die 1,8 Millionen, umgekommen.

1.4.4.1 Alexander Pock (1871–1950): Granattreffer in einer russischen Protzenstellung bei Przemysl

Juni 1915. Vorne zerfetzte Pferdekadaver, dahinter österreichisch-ungarische Sanitätswagen und Sanitäter, russische verwundete Gefangene versorgend. Signiert unten rechts: „ALEXANDER | POCK"; undatiert. Öl auf Leinwand, H. 118 cm, B. 220 cm. Wien, Heeresgeschichtliches Museum, Inv.-Nr. 1939/15/BI20589.

Alexander Pock, der Sohn eines Znaimer Schokoladefabrikanten, studierte 1886 unter Professor Christian Griepenkerl an der Akademie der bildenden Künste in Wien und setzte seine Studien 1890 an der Spezialschule für Tiermalerei bei Professor Carl Rudolf Huber fort. Pock erhielt für das Gemälde „Löwenmaul" den Spezialschulpreis, beteiligte sich an zahlreichen Ausstellungen und war bis 1914 Mitarbeiter der Gesellschaft für vervielfältigende Kunst, der „Meggendorfer Blätter" und des Schulbücherverlags, für den er zahlreiche Buchillustrationen ausführte. Sein wichtigster

Förderer und auch Auftraggeber war der Thronfolger Erzherzog Franz Ferdinand. Durch sein Talent für naturalistische Tier-, vor allem Pferdeporträts wurde er der bevorzugte Maler der Bierbrauerfamilie Dreher, welche auf ausgedehnten Gestüten in Ungarn zahlreiche Pferde hielt. 1916 bis 1918 war Pock als Kriegsmaler im Kriegspressequartier tätig und schuf zahlreiche detailgenaue Darstellungen des Kriegsgeschehens und der k. k. Armee, neben dem ausgestellten Gemälde u. a. auch „Tragtierführer an der Kärntner Front" (1916). Er kam an verschiedenen Fronten, in Galizien, Siebenbürgen, auf dem Krn (Berg in den Julischen Alpen, Slowenien / Isonzofront) zum Einsatz und auch hier, wie zuvor in Friedenszeiten, zeigte sich seine besondere Begabung für Pferdedarstellungen, insbesondere von k. u. k. Husaren, k. u. k. Dragonern und k. u. k. Ulanen.

1.4.4.2 Robert Angerhofer (1895–1987): Kriegspferd

Öl auf Leinwand. 1920er-Jahre. H. 78 cm, B. 86 cm: Privatbesitz, Robert Angerhofer wurde als Sohn des Schullehrers und -leiters in Hinterstoder geboren, besuchte das Gymnasium in Wels. Prägend und einschneidend für ihn war das Erlebnis der Schrecken des Ersten Weltkrieges, mit seinen Gräueln an Mensch und Tier, die er vielfach in seiner späteren Kunst verarbeitet hat. Nach 1918 studierte Angerhofer an der Akademie der Bildenden Künste bei Peter Halm und ließ sich anschließend in Schloss Dorff bei Schlierbach nieder, er trat 1926 der Künstlervereinigung MAERZ bei und wurde 1937 und 1950 Mitglied des Wiener Künstlerhauses. 1938 heiratete er Hertha Deissinger. Während des Zweiten Weltkrieges war er als Maler im Kriegseinsatz tätig, 1941 erhielt er den Kulturpreis des damaligen Gaues Oberdonau. 1960 ließ er sich in Linz nieder und gewann einen großen Kreis von Freunden und Liebhabern seiner Kunst. Sein Schaffen umfasst und verarbeitet – auch aufgrund seines langen Lebens und Wirkens – viele Stilrichtungen. Besonders geschätzt wird Robert Angerhofer heute als wichtiger Vertreter der Neuen Sachlichkeit in Österreich.

1.4.4.3 Wilhelm Gotthelf Höhnel (1871–1941): Totes Pferd in Flachlandschaft (Wiesenlandschaft)

1916. Öl auf Leinwand. H. 27,5 cm, B. 36,5 cm. Linz, Stadtmuseum Nordico, Inv.-Nr. G 109.
Nach dem frühen Tod des Vaters Friedrich Romilo Höhnel 1882 ermöglichte die Mutter durch Fortführung des väterlichen Betriebes die Ausbildung bei Ferdinand Seebacher in München. Von Seebacher und dem bekannten Historienmaler Karl Gebhardt wurde er an die Akademie der Bildenden Künste in München empfohlen, wo er beim Militärmaler Louis Braun und beim Tiermaler Johann Heinrich von Zügel studierte und auch in seiner Vorliebe für das Malen von Pferden angeregt wurde, was ihm bisweilen seinen scherzhaften Beinamen „Pferde-Raffael von Linz" einbrachte. Nach der Rückkehr aus München übernahm er zur Jahrhundertwende die Leitung des väterlichen Familienbetriebes. Die Darstellung des Toten Pferdes entstand während des Einsatzes im Ersten Weltkrieg. Neben der Führung seines Betriebes (bis 1935) entstanden im Rahmen seines künstlerischen Wirkens auch großformatige Gemälde, so vier Linz-Veduten für den Speisesaal des Kaufmännischen Vereinshauses.

1.4.5 Fotoaufnahme. Totes Pferd am Schlachtfeld

1.4.6 Kriegsanleihen – Plakate:

1.4.6.1 Maximilian Lenz (1860–1948): Zeichnet die sechste Kriegsanleihe

Aufruf zur Zeichnung der 6. Kriegsanleihe. Plakattext: „M. LENZ. | Mitte (Signatur)". „1914–1917/ Zeichnet die Sechste/ Kriegsanleihe (Plakattext)". Wien, Österreichische Nationalbibliothek, Kriegssammlung, Signatur: KS 16305141; 1914-18/II/6 (5751).
Maximilian Lenz fungierte als Gründungsmitglied der Wiener Sezession, als Zeichenlehrer war er eng mit der Familie Kupelwieser verbunden. 1926 heiratete er Ida Kupelwieser.

1.4.6.2 Anton Peschka (1885–1940): Zeichnet 7. Kriegsanleihe

1917. Aufruf zur Zeichnung der 7. Kriegsanleihe. Plakattext: „APESCHKE | Mitte links (Signatur). DURCH SIEG ZUM FRIEDEN!/ ZEICHNET/ 7. KRIEGSANLEIHE!/ BANKHAUS / Schellhammer & Schattera/ (...). „PAUL GERIN WIEN II. (Druckvermerk). Wien, Österreichische Nationalbibliothek, Signatur: KS 16305170; 1914-18/II/7 (2406).
Peschka studierte an der Akademie der bildenden Künste Wien bei Christian Griepenkerl, wo Egon Schiele sein Freund und Studienkollege war, von dem er stark geprägt war.

1.4.6.3 Adolf Karpellus (1869–1919): Zeichnet 7. Kriegsanleihe

Aufruf zur Zeichnung der 7. Kriegsanleihe. Wien 1917."AKARPELLUS. | unten links (Signatur). Zeichnet/7. Kriegsanleihe (Plakattext.) K. u. K. HOFL. J. WEINER WIEN (Druckvermerk)". Wien, Österreichische Nationalbibliothek,

Signatur: KS 16305153; 1914-18/II/7 (2377).
Adolf Karpellus studierte an der Akademie der bildenden Künste in Wien bei Christian Griepenkerl und in Paris an der Académie Julian, er arbeitete als Maler und Illustrator.

1.4.6.4 Kurt Libesny (1892–1938 USA / in Emigration): Zeichnet 8. Oesterreichische Kriegsanleihe

Aufruf zur Zeichnung der 8. Kriegsanleihe. Wien 1918. „Kurt Libesny | unten rechts (Signatur)". Zeichnet oesterr./ 8. Kriegsanleihe! / Anmeldungen nimmt die / Anglo Oesterr. Bank / entgegen. (Plakattext) J.N. VERNAY WIEN IX (Druckvermerk)". Wien, Österreichische Nationalbibliothek, Signatur: KS 16305176 ; 1914-18/II/8 (5826).
Als Maler und Radierer tätig, beschäftigte sich Kurt Libesny frühzeitig mit Reklamezeichnungen und Werbegraphik. 1918 war die Friedenssehnsucht schon sehr groß geworden.

1.4.6.5 Alfred Wesemann (1874–1942): Pflug und Waffen

Helft uns schaffen! Aufruf zur Zeichnung der 8. Kriegsanleihe. „ALFRED WESEMANN. | oben links (Signatur) PFLUG UND WAFFEN/ HELFT IHR UNS SCHAFFEN/ ZEICHNET 8. KRIEGSANLEIHE/ ZENTRAL-SPARKASSE/ DER GEMEINDE WIEN (Plakattext). F. ROLLINGER, WIEN XII. (Druckvermerk)". Wien, Österreichische Nationalbibliothek, Signatur: KS 16305175 ; 1914-18/II/8 (5824).
Das Plakat zeigt im düsteren Habitus und der Ausrüstung des Infanteristen das moderne Gesicht des Krieges, mit der Frau am Pflug allerdings das ganz andere Gesicht an der Heimatfront.

1.4.6.6 Otto Ubbelohde (1867–1922): Der Feinde Ring ist zersprengt / es gibt die 8. Deutsche Kriegsanleihe!

Aufruf zur Zeichnung der 8. Kriegsanleihe. 1918. „Otto Ubbelohde | Mitte rechts (Signatur). Der Feinde Ring ist zersprengt. Rußlands Riesenkraft ist/ Deutschem Schwerte endgültig erlegen. Wir sind rückenfrei!/ (...) (Plakattext)". Wien, Österreichische Nationalbibliothek, Signatur: KS 16305192 ; 1914-18/II/8 (9123a). Utto Ubbelohde, deutscher Maler, Radierer und Illustrator, hatte Kontakte zu den Künstlerkolonien Dachau und Worpswede und seine Kunst stand insbesondere unter dem Einfluss des Jugendstils.

1.4.6.7 Maximilian Lenz (1860–1948): Zeichnet 8. Kriegsanleihe!

Wien 1918. Aufruf zur Zeichnung der 8. Kriegsanleihe. „ZEICHNET ACHTE/ KRIEGSANLEIHE (Plakattext). K.u.K. HOFL J. WEINER, WIEN (Druckvermerk). M. LENZ | Mitte links (Signatur)". Wien, Österreichische Nationalbibliothek, Signatur: KS 16305174 ; 1914-18/II/8 (5822). Viktoria auf einem von Pferden gezogenen Wagen, gegen Drachen anstürmend.

1.4.6.8 Rudolf Ledl: Zeichnet Kriegsanleihe!

K. k. priv. Österreichische Länderbank. Wien, 1918. Aufruf zur Zeichnung der 8. Kriegsanleihe. „R. LEDL | Mitte rechts (Signatur). Zeichnet Kriegsanleihe!/ k. k. priv. Österreichische Länderbank (Plakattext). K. u. K. HOFL. J. WEINER, WIEN. (Druckvermerk)." Wien, Österreichische Nationalbibliothek, Signatur: KS 16305113 ; 1914-18/II/1 (5790).
Rudolf Ledl arbeitete nach 1918 vor allem als Plakatkünstler für Wahl- und Filmplakate in den Atelieren Ledl-Exinger, Ledl-Bernhard und Ledl-Schmidt. 1918 standen der Hunger und die Sicherung der Lebensmittelversorgung bereits ganz im Vordergrund.

Pferde am Vorabend des Ersten Weltkriegs (in 1000 Stück)

	1910
Österreich-Ungarn	4.376
Davon Cisleithanien	1.803
Ungarn	2.351
Bosnien	222
Deutschland	4.516
Frankreich	3.236
Großbritannien	2.228
Russland/europ.	23.860
Russland/asiat.	9.017
Argentinien	8.894
Kanada	2.535
USA	21.195
Japan	1.533
Indien	1.554
Welt	100.000

1.4.7 Assentierungsaufruf

Rohrbach; Vorführung von 8. bis 17. Mai 1917.

1.4.8 Das Elend der Pferde: Kriegsphotographie

1.4.8.1 Totes Pferd im Schnee

Wien, Österreichische Nationalbibliothek, Inv.-Nr. WK!ALB04813133.

1.4.8.2 Scheuendes Pferd

Nach einer Explosion. Wien, Österreichische Nationalbibliothek, Inv.-Nr. WK1/ALB066/19033.

1.4.8.3 Versorgung mit Heu

Wien, Österreichische Nationalbibliothek, Inv.-Nr. WK1ALB00200372.

1.4.8.4 Strömender Regen

Wien, Österreichische Nationalbibliothek, Inv.-Nr., WK1ALB00200422.

1.4.8.5 Monte San Gabriele

Wien, Österreichische Nationalbibliothek, Inv.-Nr. WK1ALB00300676.

1.4.8.6 Verwundetentransport

Wien, Österreichische Nationalbibliothek, Inv.-Nr. WK1ALB00300772.

1.4.8.7 Gorizia

Wien, Österreichische Nationalbibliothek, Inv.-Nr. WK1ALB00300789.

1.4.8.8 Operation eines verwundeten Pferdes

Wien, Österreichische Nationalbibliothek, Inv.-Nr. WK1ALB02205996.

1.4.8.9 Behandlung eines schwerverwundeten Pferdes

1917. Wien, Österreichische Nationalbibliothek, Inv.-Nr. WK1ALB07321044.

1.4.8.10 Pferdevisite

Wien, Österreichische Nationalbibliothek, Inv.-Nr. WK1ALB02306211.

1.4.8.11 Verendetes Pferd

Wien, Österreichische Nationalbibliothek, Inv.-Nr. WK1ALB02707476.

1.4.8.12 Kadaververwertung

Villach. Wien, Österreichische Nationalbibliothek, Inv.-Nr. WK1ALB04111216.

1.4.8.13 Aasplatz
Wien, Österreichische
Nationalbibliothek, Inv.-Nr.
WK1ALB04812983.

1.4.8.14 Aasplatz
Wien, Österreichische
Nationalbibliothek, Inv.-Nr.,
WK1ALB04812984.

1.4.8.15 Rotzkranke Pferde
Wien, Österreichische
Nationalbibliothek, Inv.-Nr.
WK1ALB04913266.

1.4.8.16 Ausladen eines Pferdes
Wien, Österreichische
Nationalbibliothek, Inv.-Nr.
WK1ALB05715957.

1.4.8.17 Pferdeschwimmbad
Wien, Österreichische
Nationalbibliothek, Inv.-Nr.
WK1ALB05114183.

1.4.8.18 Artillerietransport
Wien, Österreichische
Nationalbibliothek, Inv.-Nr.
WK1ALB06719364.

**1.4.8.19 Behandlung eines
schwerverwundeten Pferds**
1917. Wien, Österreichische
Nationalbibliothek, Inv.-Nr.
WK1ALB07321044.

**1.4.8.20 Operation eines Pferdes
Isonzo**
Wien, Österreichische
Nationalbibliothek, Inv.-Nr.,
WK1ALB07421326.

**1.4.8.21 Tote Pferde, italienischer
Rückzug bei Muzzano**
1917. Wien, Österreichische
Nationalbibliothek, Inv.-Nr.
WK1ALB07521949.

**1.4.8.22 Von italienischer Granate
getroffenes Pferd**
Wien, Österreichische
Nationalbibliothek, Inv.-Nr.,
WK1ALB08524832.

1.4.8.23 Kadaversammelstelle
Wien, Österreichische
Nationalbibliothek, Inv.-Nr.
WK1ALB08524910.

**1.4.8.24 Überfahrt am Dniester
Ruchotin**
Wien, Österreichische
Nationalbibliothek, Inv.-Nr.
WK1ALB08825831.

1.4.8.25 Sturmkurs marschbereit
Wien, Österreichische
Nationalbibliothek, Inv.-Nr.,
WK1ALB08926212.

1.4.8.26 Pferdespital
Wien, Österreichische
Nationalbibliothek, Inv.-Nr.
WK1ALB09428019.

**1.5 und 1.6 Ballett der Pferde – Die
hohe Kunst der Dressur**
2015 wurde die Spanische
Hofreitschule in das Verzeichnis des
immateriellen Weltkulturerbes der
UNESCO aufgenommen. Ihre Wurzeln
gehen bis auf Kaiser Ferdinand I.
zurück, der 1521 Pferde von Spanien
mitbrachte. Aus dem Jahr 1565,
während der Regierungszeit Kaiser
Maximilians II., stammt die erste
Erwähnung der späteren Spanischen
Hofreitschule. 1580 kam es zur
Gründung des Hofgestüts Lipica durch
Erzherzog Karl von Innerösterreich.
Kaiser Karl VI. ließ schließlich in den
Jahren 1729 bis 1735 die berühmte
Winterreitschule errichten. Im
19. Jahrhundert entwickelte sich
die Hofreitschule zu einem Zentrum
der europäischen Reitkunst. Nach
dem Ersten Weltkrieg war das
Gestüt in Lipica (ital. Lipizza) an
Italien gefallen. Auch die Aufgabe,
Pferde für den Kaiserhof zu liefern,
gab es nicht mehr. Doch es gelang,
die Reitschule zu konsolidieren
und zu einem internationalen
Wahrzeichen Österreichs zu machen.
Die Vorführungen der Spanischen
Hofreitschule sind höchste Perfektion
der Hohen Schule auf der Erde und
über der Erde. Unter den Figurinen
der Porzellanmanufaktur Augarten
nimmt die Serie „Hofreitschule"
nach traditionellen Entwürfen einen
besonderen Platz ein. Die Ausstellung
vereinigt sie zu einem ins Unendliche
gehenden Rossballett.

1.5.1.1–1.5.1.9 Reiterspiele
Öl auf Leinwand. Insgesamt
neun kleine Bilder. H. jeweils
35 cm, B. jeweils 46, Linz, OÖ.
Landesmuseum, Inv.-Nr. G 201.
Die neun Szenen gehen auf Matthäus
Merians Illustrationen zu Antoine de
Pluvinels Dressurbuch „L'Instruction
du Roy" von 1628 zurück. Pluvinel
war bereits mit 17 ein vollendeter
Reiter und stieg bis zum Reitlehrer
und Berater König Ludwigs XIII.
von Frankreich auf. Im Gegensatz zu
den brutalen Methoden seiner Zeit
berücksichtigte er die Psyche der
Tiere und empfahl eine gewaltfreie
Dressur.

1.5.1.2 Reiterspiele. Nach Pluvinels Dressurbuch.   Foto: OÖ. Landesmuseum

1.5.1.3 Reiterspiele: Übung der Levade.   Foto: OÖ. Landesmuseum

1.5.1.4 Reiterspiele: Levade.   Foto: OÖ. Landesmuseum

1.5.1.5 Reiterspiele: Kapriole.   Foto: OÖ. Landesmuseum

1.5.1.6 Reiterspiele: Übungen zum Ringelstechen.   Foto: OÖ. Landesmuseum

1.5.1.7 Reiterspiele: Ringelstechen.   Foto: OÖ. Landesmuseum

1.5.1.8 Reiterspiele: Beginn des Turnieres.

Foto: OÖ. Landesmuseum

1.5..2 Johann Georg Hamilton: Lipizzanerherde.   Foto: Schepe

1.5.2 Johann Georg Hamilton (1672–1737): Lipizzanerherde aus kaiserlichem Gestüt
H. 100 cm, B. 123 cm. Privatbesitz.

Der aus einer schottischen Adelsfamilie stammende Tier- und Stillebenmaler Johann Georg Hamilton kam in den 1690er-Jahren zusammen mit seinem Bruder Philipp Ferdinand nach Wien. Dort gelang ihm eine Anstellung beim kaiserlichen Hof von Karl VI., wo er 1712 zum Hof- und Kammermaler ernannt wurde.

1.5.3 Philipp Ferdinand Hamilton: Pferd und Hund.

Foto: Schepe

1.5.4 Ludwig Kübler: Im Stall. Foto: Schepe

1.5.3 Philipp Ferdinand Hamilton (1666–1750): Pferd und Hund

Öl auf Leinwand. H. 80 cm, B. 60 cm. Privatbesitz.

Philipp Ferdinand Hamilton war wie sein Bruder Sohn des aus Schottland nach Belgien ausgewanderten Stillebenmalers Franz Jacob de Hamilton. Beide Brüder wurden in Brüssel geboren, ein dritter Bruder, Karl Wilhelm (1668–1754), war Augsburger Hofmaler. Philipp Ferdinand Hamilton war ab etwa 1705 bis zu seinem Tod als kaiserlicher Kammermaler tätig; ab 1741 war er verpflichtet, alljährlich zwei Bilder zum Preis von je 500 Gulden zu liefern, die wahrscheinlich Ausstattungszwecken dienten. Hamilton malte überwiegend Tierbilder und Jagdstillleben.

1.5.4 Ludwig Kübler (um 1850–nach 1868): Im Stall

Der zwischen 1850 und 1868 in Wien nachweisbare Ludwig Kübler erlangte als besonders produktiver und fleißiger Maler und insbesondere als Schöpfer von naturalistisch-einfühlsamen Pferdedarstellungen große Beliebtheit und Wertschätzung. H. 72 cm, B. 85 cm. Privatbesitz.

1.5.6 Siegfried Stoitzner: Alois Podhajsky.

1.6.1–1.6.2 Steigender Hengst.

© Foto: Wiener Porzellanmanufaktur Augarten

1.6.11–1.6.12 Kämpfende Pferde.

© Foto: Wiener Porzellanmanufaktur Augarten

1.6.13–1.6.14 Rasendes Pferd.

1.6.15–1.6.23 Courbette.

© Foto: Wiener Porzellanmanufaktur Augarten

1.6.24–1.6.25 Levade.

1.5.5 Julius von Blaas (1845–1922): Morgenarbeit in der Winterreitschule zu Wien

Gemälde. Öl auf Leinwand. 1890. H. 76 cm, B. 113 cm. Wien, Spanische Hofreitschule.

Der Schlachten- und Tiermaler Julius von Blaas wurde als Sohn des renommierten Malers Karl von Blaas in Albano Laziale bei Rom geboren. Einen ersten großen Erfolg erlangte er 1869 mit einem Pferdemotiv, der „Wettfahrt betrunkener slowakischer Bauern", auf der Jahresausstellung des Wiener Künstlerhauses. In den 1870er-Jahren wandte er sich der Schilderung der Lebenswelt der Tiroler Heimat seines Vaters zu. Er schilderte das Straßenleben in den Tiroler Dörfern, historische Bräuche, Bittgänge und Umzüge, so schuf er u. a. einen „Antlassritt in Tirol" (1899), ein „Leonhardi-Reiten" (1901) oder Pferdemärkte – in Ungarn oder im Pongau (1890). Immer war ihm die Darstellung des Pferdes die Hauptsache. Von Julius von Blaas werden in Stadl-Paura zehn Werke gezeigt. Blaas war Professor an der kaiserlichen Akademie der Bildenden Künste in Wien. Für Kaiser Franz Joseph I. schuf er unter anderem auch das Werk „Parforce-Jagd in Gödöllö". Julius von Blaas starb im August 1922 in Bad Hall.
Folgende Personen sind auf dem Bild dargestellt (v. l. n. r.): Oberststallmeister Prinz Emmerich Thurn und Taxis, einen gesattelten Schimmel (Pluto Montedora) in den Pilaren zur Kapriole animierend, im Hintergrund stehend: Erster Stallmeister Graf Adam Berzeviczy. Oberbereiter Franz Gebhardt, an der Hand einen Braunen (Neapolitana Bionda) in der Piaffe produzierend. Bereiter Carl Wittofsky einen Schimmel (Conversano Virtuosa) im spanischen Schritt passagierend. Bereiter Wilhelm Wagner einen

Schimmel (Pluto Mascula) in der Courbette reitend. Bereiter Eugen Zeugswetter einen Rotschimmel (Maestoso Mascula) in der Gallopade, Scolar Anton Gress einen noch grauen Schimmel (Maestoso Slavina) in der Pesade reitend. Auf der Galerie drei Zuschauer: Kanzleidirektor Hofrat Leopold von Ivoy, Gestütsmeister zu Kladrub Josef Hrusa, Gestütsmeister zu Lipizza Emil Finger.

1.5.6 Siegfried Stoitzner (1892–1976): Alois Podhajsky (1898–1973)

Direktor der Spanischen Hofreitschule.
Öl auf Leinwand. H. 122 cm, B. 98 cm. Wien, Kunsthistorisches Museum, Wagenburg, Inv.-Nr. WB Z 231.
Podhajsky war Offizier, Olympiabronzemedaillengewinner 1936 im Dressurreiten, von 1939 bis 1964 Leiter der Spanischen Hofreitschule und war maßgeblich an deren Evakuierung 1945 beteiligt.

1.5.7 Robert Angerhofer (1895–1987): Lipizzaner

Nach 1956. H. 30,5 cm, B. 29 cm. Privatbesitz.
Robert Angerhofer nahm unter anderem mit einem Gemälde „Lipizzaner" an der Biennale in Venedig des Jahres 1956 teil, seine Werke wurden in der italienischen Öffentlichkeit und von den italienischen Medien sehr beachtet und die Teilnahme wurde ein Verkaufserfolg. Das Gemälde „Lipizzaner" zeugt von der Verbundenheit und Wertschätzung Angerhofers für die Spanische Hofreitschule und könnte auch eine Reminiszenz an Darbietungen der Lipizzaner während ihres Aufenthaltes in Oberösterreich sein.

1.6 Das Ballett der Weißen Pferde

Installation: Peter Hans Felzmann.

1.6.1–1.6.25 Das Ballett der Weißen Pferde

25 Figurinen. Leihgeber: Wiener Porzellanmanufaktur Augarten.

1.6.1–1.6.2 Steigender Hengst

Art.-Nr. 002 120 1747. Sockel: 34 x 17 cm. H. 47 cm, L. (W.) 42 cm, Entwurf: Jarl-Sakellarios Karin, Keramikerin. (1885–1948), 1938.

1.6.3–1.6.10 Scheuendes Pferd

Art.-Nr. 0021201791. Sockel: 25 x 14 cm. H. 34 cm, L. (W.) 38 cm, Entwurf: Robert Ullmann (1903–1966), 1950.

1.6.11–1.6.12 Kämpfende Pferde

Art.-Nr. 0021201736. Sockel: 33 x 33 cm. H. 36 cm, L. (W.) 42 cm; Entwurf: Robert Ullmann (1903–1966), 1936.

1.6.13–1.6.14 Rasendes Pferd

Sockel: 31 x 17 cm. H. 32 cm, L. (W.) 43 cm, Entwurf: Robert Ullmann (1903–1966), 1950.

1.6.15–1.6.23 Courbette

Sockel: 17 x 8 cm. H. 28 cm, L. (W.) 19 cm, Entwurf: Prof. Albin Döbrich (1872–1945), 1925.

1.6.24-1.6.25 Levade ohne Reiter

Weiß: Sockel: 17 x 8 cm. H. 26 cm, L. (W.) 24 cm, Karin Jarl-Sakellarios, Keramikerin. (1885–1948), 1926.

1.6.3 Grundgangarten des Pferdes

Die drei Grundgangarten des Pferdes sind Schritt, Trab und Galopp. Gangpferde beherrschen daneben auch Tölt und Pass. Das Islandpferd ist die bekannteste Gangpferderasse. Die hohe Schule der Reitkunst, wie sie in der Spanischen Hofreitschule gelehrt und gezeigt wird, beinhaltet

1.5.7 Robert Angerhofer: Lipizzaner.

Foto: Schepe

als wichtigste Figuren „auf der Erde" die Pirouette, die Passage und die Piaffe, „über der Erde" die Levade und Pesade, die Courbette und die Kapriole. Diese schwierigen Schulsprünge beherrschen nur wenige, besonders talentierte und sensible Hengste.

Schule auf der Erde: Pirouetten reitet man als Schritt-, Galopp- und Piaffepirouetten. Die Galopppirouette wird meist als ganze oder halbe Pirouette ausgeführt, die ganze (360 Grad) in 6 bis 8 Galoppsprüngen, die halbe (180 Grad) in 3 bis 4 Sprüngen. Die Passage besteht in einem Trab in verzögerten Tritten und geringem Raumgewinn mit einer verlängerten Schwebephase. Bei der Piaffe zeigt das Pferd eine trabartige Bewegung auf der Stelle oder mit nur maximal einer Hufbreite Raumgewinn.

Schule über der Erde: Bei der Levade verlagert das Pferd das Gewicht auf die gebeugte Hinterhand und hebt seinen Rumpf in einem Winkel von weniger als 45°. Ist der Winkel größer, spricht man von einer Pesade. Bei der Courbette hebt sich das Pferd und vollführt einen oder mehrere Sprünge auf der Hinterhand mit angezogenen Vorderbeinen. Bei der Kapriole springt das Pferd und schlägt am höchsten Punkt mit der Hinterhand aus. Diese Sprünge haben sich aus den Bedürfnissen des Kavalleriekampfes heraus entwickelt.

1.7 Galopp- und Trabsport

Pferderennen haben eine lange Geschichte. Schon bei den olympischen Spielen der Antike standen Wagenrennen (ab 680 v. Chr.) und Galopprennen (ab 648 v. Chr.) auf dem Programm. Bis zum Verbot der Olympischen Spiele im Jahr 393 n. Chr. und weit darüber hinaus blieben Pferderennen in Rom und Byzanz die populärste Freizeitunterhaltung. Das berühmteste, heute noch existierende

Pferderennen des Mittelalters ist der Palio von Siena. Im Jahr 1238 n. Chr. ist er zum ersten Mal erwähnt. Auch im mittelalterlichen Wien und deutschen Städten fanden ähnliche Rennen statt.

Der moderne Galoppsport wurde im 18. Jahrhundert in England entwickelt, mit dem dafür gezüchteten englischen Vollblut und den Regeln, nach denen geritten wird. Auch Trabrennen wurden im 19. Jahrhundert immer beliebter. Der Galopprennsport wird heute in etwa 85 Ländern betrieben und zählt über 100 Millionen Zuschauer pro Jahr. Beträchtlich sind die Umsätze bei Pferdewetten. Der Erfolg wird dabei weniger vom Glück als vom Sachverstand entschieden.

Wien war natürlich das Zentrum des österreichischen Rennsports, mit den Galopprennen in der Freudenau und den Trabrennen in der Krieau. Pferderennen waren der Treffpunkt der Reichen und Schönen. Aber sie waren von Anfang weg auch ein Volkssport und eine Volksunterhaltung.

Auch in Oberösterreich war im 19. Jahrhundert der Pferdesport sehr beliebt. Sommer-Trabfahren und Winter-Pferdeschlittenrennen sind immer wieder bezeugt, vor allem bei städtischen Volksfesten und landwirtschaftlichen Messen. Der 1870 gegründete Linzer Trabrennverein war der älteste der Monarchie. Besonders beliebt war der Rennsport im Innviertel. Man unterschied Bauern-Pferdetrabfahren und Pferdereiten, Bürger-Pferderennen, Trabwettfahrten und Trabreiten. Es wurde in den Zeitungen über eine Fülle unterschiedlicher Bewerbe berichtet: Einspänner-Trabfahren, Erstfahren, Ersttrabreiten, Fiaker-Wettfahrten, Handicap-Rennen, Herrenfahren und Herrenreiten, Hindernis-Pferderennen,

Hürdenrennen, Jagd-Reiten, Hubertusritte, das Jeu de Barre, ein Reiterspiel mit Schleifenraub, und militärische Pferderennen, vor allem Distanzritte.

Heute ist der Rennsport in der Krise: Die Zahl der Rennen, die Rennpreise und auch die Wettumsätze sind stark gefallen, in Deutschland ebenso wie in Österreich.

1.7.1 Julius von Blaas (1845–1922): Graf Wilhelm von Starhemberg (1862–1928) beim Distanzritt Wien-Berlin

Öl auf Leinwand. H. 124 cm, B. 98,5 cm. Rahmen: 12 cm. 1893 (?). Eferding, Sammlung Schloß Starhemberg, Inv.-Nr. G 105.

Der Ausschreibung des Distanzrittes Wien-Berlin im Herbst 1892 soll eine Wette zwischen dem österreichischen Kaiser Franz Joseph I. und dem deutschen Kaiser Wilhelm II. über die Einsatzmöglichkeiten der jeweiligen berittenen Truppenteile vorangegangen sein. Der österreichische Kaiser sei über den Distanzritt wenig begeistert gewesen, weil er ihn für eine überzogene Leidenschaft von Offizieren ohne Rücksichtnahme auf die physiologischen Grenzen der eingesetzten Pferde hielt. Der Ritt sollte aber der Erprobung der Kriegstüchtigkeit der beiden Armeen dienen und fand statt. Beide Kaiser stifteten je einen Ehrenpreis für den Besten des anderen Landes. Außerdem wurden von verschiedenen Ministerien beider Länder Geldpreise für die nachfolgend Platzierten ausgelobt. Gesamtsieger über die 572 km lange Strecke wurde der Oberleutnant im Husaren-Regiment Nr. 7 Wilhelm Graf Starhemberg (1862–1928) auf dem englisch-ungarischen Halbblut „Athos". Er war am 1. Oktober 1892 in Wien aufgebrochen und kam nach einer

1.7.1 Julius von Blaas: Graf Wilhelm von Starhemberg.

Foto: Schepe

1.7.6 Preis für Sieger des Distanzrittes Wien–Berlin. 1892.

Foto: Schepe

1.7.8 Pokal mit Darstellung eines Husaren. 1888.

Foto: Schepe

Gesamtzeit von 71 Stunden und 26 Minuten in Berlin an. Nur elf Stunden an der Gesamtzeit waren auf Pausen entfallen. Starhemberg erhielt 20.000 Mark Preisgeld sowie den Ehrenpreis des Kaisers Wilhelms und den Roten Adlerorden 4. Klasse. Sein Pferd „Athos" überlebte die Strapazen nicht und verstarb wenige Stunden nach dem Ritt.

1.7.2 C. Wickede & Sohn: Sattel von Oberleutnant Wilhelm Graf Starhemberg

L. 45 cm. Sattel von Oberleutnant Wilhelm Graf Starhemberg des k. u. k. Husarenregiments Nr. 7 auf dem Distanzritt Wien-Berlin, 21 Stunden 20 Minuten im Oktober 1892. Eferding, Sammlung Schloß Starhemberg, Inv.-Nr. GG 11. Die Firma Carl Wickede & Sohn, Fabrik für Reit-, Fahr- und Stallrequisiten, Wien, 2. Bezirk (Asperngasse 3), war einer der renommiertesten Sattelerzeuger der Habsburgermonarchie mit Niederlagen in der gesamten Monarchie und wurde bereits 1844 im Hofschematismus als Hoflieferant erwähnt.

1.7.3 Joseph Karl Klinkosch (1822–1888): Statuette Kaiser Franz Josephs I.

Silber (?). H. 56 cm, L. 39 cm. Aufschrift: Gegeben von seiner Majestät dem Kaiser und König Franz Joseph I. 1894. Wappen. Große Gmundner Armee Steeple Chase. Punze: Doppeladler Blume J. C. Klinkosch. Eferding, Sammlung Schloß Starhemberg, Inv.-Nr. P 19.

1.7.4 Zwei Hufeisen

Holzgestell. Mit der Aufschrift (links): „Athos". Rückwärtige Eisen, (rechts): Distanzritt Wien-Berlin, 1892.

H. 13,5 cm, B. 11 cm. Eisen, versilbert, Holz. Eferding, Sammlung Schloß Starhemberg, Inv.-Nr. KS 67.

1.7.5 Pferdehuf mit Silberauflage

Mit der Inschrift „Athos Sieger im Distanzritt Wien Berlin 1892, 592,5 km, 71 Stunden 26 Minuten. Silber. H. 6,5 cm. Eferding, Sammlung Schloß Starhemberg, Inv.-Nr. GG 86.

1.7.6 Büste von Kaiser Wilhelm II.

Preis für den Distanzritt Wien-Berlin. 1892. Silber (?), vergoldete Bronze, schwarzgrüner Marmorsockel. Punze: G. Lind. Beschriftung: Kaiser Wilhelm dem siegreichen Reiter der österreichisch-ungarischen Armee, Berlin 1892. H. 67 cm. Eferding, Sammlung Schloß Starhemberg, Inv.-Nr. P 20.

1.7.7 Ehrenpreis / 1. Preis, Großes Steeple Chase Regimentsrennen

Debreszin 1900. Holz, Metall, Email. L. 41 cm, B. 21 cm, H. 9,5 cm, Statuette: 10 cm. H. (gesamt): 19,5 cm. Eferding, Sammlung Schloß Starhemberg, Inv.-Nr. GG 91.

1.7.8 Pokal mit Darstellung eines Husaren.

Vergoldetes Silber. H. 50,5 cm. Dm. (des Sockels) 29 cm. Inschrift: „Großes Steeple Chase des VII Husarenregiments zu CZEGED am 5. August 1888. Wappen: Österreich, Ungarn, Portugal. Oben auf Deckel: Reiter in Husarenuniform. Beschriftung auf Unterseite: Starhemberg. Punzen: K (?), Blume, unten und oben am Rand. Eferding, Sammlung Schloß Starhemberg, Inv.-Nr. KP 33.

1.7.9 Preis „Regimentsrennen 1901

Silber, Holz, Glas. L. 32,5 cm, B. 17 cm, H. 7,5 cm. Eferding, Sammlung Schloß Starhemberg, Inv.-Nr. GG 90.

1.7.10 Wilhelm Zwick (1839–1916): Silberne Reiterfigur mit Pferd

Neusilberblech. Aufschrift: Rennen der Wilhelm Husaren Debrecen 1907. Vorne: Wappen: S und Krone. Keine Punze erkennbar. H. 52 cm, L. 43 cm. Eferding, Sammlung Schloß Starhemberg, Inv.-Nr. P 31. Wilhelm Zwick, deutscher Bildhauer, schuf zahlreiche Reiter- und Traber-Figurinen. Viele Modelle Zwicks wurden in der Firma Kayserzinn in Krefeld gegossen, die von Johann Peter Kayser geleitet wurde und zu den führenden Zinngießereien Deutschlands gehörte.

1.7.11 Preis aus Anlass des „Preisreitens 1909"

Jagdmotive. Silber, Malerei hinter Glas. L. 60 cm, B. 25 cm. Privatbesitz.

1.7.12 Erster Preis: Herrenfahren. 1. Oktober 1907

Trabrennen. Silber, Malerei hinter Glas. Größe: L. 20 cm, B. 15 cm. Privatbesitz.

1.7.13. Preis „Für das bestgerittene Campagne Pferd"

Gegeben von seiner Majestät dem Kaiser Franz Joseph. Krieau 1878." Silber, Holz. Hofjuwelier Klinkosch. L. 40 cm, H. 24 cm, T. 15 cm. Privatbesitz.

1.7.14 Julius von Blaas (1845–1922): Jockeys mit ihren Pferden

Beim Überspringen eines Hindernisses. Bezeichnet rechts unten: „Jules Blaas 1868". Öl auf Leinwand. H. 86 cm, B. 112 cm. Wien, Rennverein.

1.7.11 Preisreiten 1909.   Foto: Schepe

1.7.12 Herrenfahren. 1. Oktober 1907.   Foto: Schepe

1.7.13 Preis: Für das bestgerittene Campagne-Pferd. 1878.

Foto: Schepe

1.7.15 Wilhelm Richter: Cambusier.   Foto: Schepe

1.7.16 Julius von Blaas: Drei Jockeys.   Foto: Schepe

1.7.15 Wilhelm Richter (1824–1892): „Cambusier"

Aus dem Gestüt des Herrn Joseph von Döry-Dombowär. Bezeichnet rechts unten: „Wilh. Richter". Zweite Hälfte der 1880er-Jahre. Öl auf Leinwand. H. 86 cm, B. 101 cm. Wien, Rennverein

1.7.16 Julius von Blaas (1845–1922): Drei Jockeys

Öl auf Leinwand. 1885. H. 105 cm, B. 133 cm. Wien, Rennverein.

1.7.17 Friedrich R. Höhnel (1826–1882): Schlittenrennen

Vor dem Pfenningberg im Gebiet des heutigen Linzer Hafens. 1879. Öl auf Leinwand. H. 51 cm, B. 302 cm. Linz, Stadtmuseum Nordico, Inv.-Nr. G 479. Schlittenrennen vor dem Pfenningberg im Gebiet des heutigen Linzer Hafens. Das dargestellte Ereignis lässt sich auf den Tag und die Stunde genau datieren: 21. Jänner 1879, drei Uhr nachmittags. Der ganze Kurs des Rennens, von Fahnenmasten begrenzt, ist im Vordergrund wiedergegeben, etwa 34 Schlitten auf der Strecke (die Fahrer tragen eine Nummer auf dem Ärmel) und mehr als 110 wohl porträtgetreue Ganzfiguren, zahlreiche volkstümliche Typen (Brezelbub, Würstelkocher, Bandelkramer, Jäger etc.). Links zweistöckige Tribüne, im Hintergrund der Pfenningberg, verschneit im Dunst. Der Maler Friedrich Romilo Höhnel stammt aus einer protestantischen Salzburger Emigrantenfamilie, er wurde in Graudenz (poln. Grudziądz) in Pommern geboren und kam nach langen Lehr- und Wanderjahren 1853 nach Linz, wo er eine ab 1874 in der Bischofsstraße gelegene Maler-, Wagenlackierer- und Vergolderwerkstätte begründete, deren Nachfolgebetrieb noch heute besteht.

419

1.7.19 Claus Philipp: Pferderennen.

Foto: Schepe

1.7.20 Claus Philipp: Pferderennen.

1.7.18 Friedrich R. Höhnel (1826–1882): Herrenfahren

Linz 1879. Öl auf Leinwand.
H. 55,1 cm, B. 75 cm. Linz,
Stadtmuseum Nordico, Inv.-Nr. G 478.
Dargestellt ist das gleiche
Ereignis wie auf Bild Nr. 1.7.17.
Menschenmenge am Gelände des
heutigen Hafens, Fahnenmaste, im
Hintergrund zweistöckige Tribüne,
Bäume und Bergzug, der Pfenningberg
schneebedeckt bei nebeligem Wetter.
Unter den Figuren vorne etwa 32
wohl porträtgetreue Ganzfiguren mit
detailreicher Kostümwiedergabe,
dazwischen Pferde und Reiter.
Preisverzeichnis der Pferdebesitzer.

1.7.19 Claus Philipp (* 1932): Pferderennen

Öl auf Leinwand. H. 110 cm, B. ca.
140 cm. 2006/2007 Privatbesitz.
Der in Aue im Erzgebirge geborene
Klaus Philipp war zunächst Chef der
berittenen Polizei in Stuttgart und
gilt heute als der beste Pferdemaler
der Welt, der ganz besonders auch
in England geschätzt wird. Seit
Jahrzehnten portraitiert der Künstler
für viel Geld und mit großer Verve und
künstlerischer Brillanz die Rösser der
Reichen und Erfolgreichen (so Olaf
Stampf in der Zeitschrift "Spiegel" am
29. 5. 2000). Und das hat sich seither
nicht geändert.

1.7.20 Claus Philipp (* 1932): Pferderennen

Signiert: "Philipp 1957 /12/13". Öl
auf Leinwand. H. 19 cm, B. 12 cm.
Privatbesitz.

1.8 Hoch zu Ross

Reiten ist Herrschen. Über mehrere
tausend Jahre hinweg war Reiten die
Metapher für Herrschaft. Die mittelalterlichen Könige und Herrscher
regierten im Umherziehen vom Sattel
ihrer Pferde aus. Viertausend Jahre
unserer Geschichte waren politisch

1.8.1 Jan Wyck: Aufbruch zur Jagd.

Foto: Dorotheum Wien

vom "Sattel" geprägt. Das meint der
Begriff der "Sattelzeit". Andererseits
versteht man unter "Sattelzeit" auch
jene Übergangsperiode vom 18. bis ins
20. Jahrhundert, als Pferde Schritt für
Schritt ihre militärische, wirtschaftliche und politische Funktion verloren.
"Hoch zu Ross" symbolisiert Macht,
auch noch im 20. Jahrhundert. Der
Philosoph Friedrich Hegel spottete
einmal über "all die Helden, die zu
Pferde saßen" und auch hoch zu Ross
oft so klein und lächerlich wirken.
Männer reiten: von Alexander dem
Großen bis Napoleon, von römischen
Kaisern und mittelalterlichen Päpsten
über Söldnerführer, Eroberer und
Conquistadoren bis zu den Mächtigen
des 19. und 20. Jahrhunderts, gleich
ob Monarchen oder Präsidenten,
Revolutionäre oder Diktatoren. Auch
im 20. Jahrhundert lassen sie sich

immer noch hoch zu Ross malen und
fotografieren, auch wenn längst Automobile, Hubschrauber und Flugzeuge
die statusgerechten Fortbewegungsmittel geworden sind.
Pferde begeistern noch immer, Junge
wie Alte, Reiche und weniger Reiche,
Männer und heute zunehmend mehr
Frauen als Männer.

1.8.1 Jan Wyck (1652–1702): Aufbruch zur Jagd

Monogrammiert unten links: JW, Öl
auf Leinwand, 62 x 70,2 cm. Schloß
Potzneusiedl, www.castleofarts.at .
Der niederländische Barockmaler und
Radierer, Schüler seines Vaters Thomas
Wyck, wurde in Haarlem geboren. Jan
Wyck begleitete seinen Vater nach
Rom und später nach England, wo er
heiratete und sich ansässig machte
und aufgrund seiner hervorragenden

Landschaftsmalerei die Schirmherr-
schaft der Herzöge von Ormond und
Monmoth genoss. Er malte zum Teil
großformatige Reiterbildnisse sowie
Reiterschlachtenbilder (Marschall
Friedrich von Schomberg in der
Schlacht an der Bothwell Bridge, 1679;
König William III. in der Schlacht am
Boyne, 1693).

**1.8.2 Wolfgang Heimbach (1615–1678)
zugeschrieben: König Friedrich III.
von Dänemark mit seiner Gemahlin
Sophie Amalie, Prinzessin von
Braunschweig-Calenberg**
Vor weiter Landschaft. Öl auf
Leinwand, H. 130 cm, B. 158 cm.
Schloß Potzneusiedl,
www.castleofarts.at .

Der ob seiner Taubstummheit auch
als „Der Stumme von Ovelgönne" (sein
Geburtsort Ovelgönne bei Oldenburg)
bezeichnete Maler Wolfgang Heimbach
war nach nicht näher überlieferter
Lehrzeit zur Ausbildung in den
Niederlanden. Diese war ihm durch
den Oldenburger Grafen Anton

1.8.2 Wolfgang Heimbach: König Friedrich III. von Dänemark mit seiner Gemahlin.   Foto: Dorotheum Wien

1.8.3 B. Bachmann-Hohmann: Herr Ramsdorfer.

Günther vermittelt worden, der bei
seinen regelmäßigen Aufenthalten
in seiner Burg Ovelgönne auf das
Mal- und Zeichentalent Heimbachs
aufmerksam wurde. 1636/37 ist
Wolfgang Heimbach als Portraitmaler
in Bremen nachweisbar. In den
Jahren 1640 bis 1651 hielt er sich
in Italien auf und arbeitete für die
fürstlichen Familie Doria-Pamphilj in
Rom und ab 1648 für den Großherzog
Ferdinando II. Medici in Florenz.
1645 hatte Heimbach in Rom Papst
Innozenz X. gemalt. 1650 hielt sich
der Maler bei Fürst Piccolomini auf
Schloss Nachod auf und reiste 1652
über Prag und Brüssel zurück nach
Ovelgönne. Von 1653 bis 1662/3
war Heimbach Hofmaler bei König
Friedrich III. in Kopenhagen. Auf
seinem Gemälde zur Erbhuldigung des
dänischen Königs 1660 hat er sich im
Selbstportrait dargestellt (Kopenhagen,
Schloss Rosenborg). Seit 1665 lebte
der Künstler wieder in Oldenburg und
malte 1669 das Bild „Der Kranke".
Nach 1670 wirkte Wolfgang Heimbach
als Hofmaler des Bischofs Christoph
Bernhard von Galen in Münster. Sein
Œuvre umfasst Genrebilder, Stillleben,
Portraits und Landschaften und sein
künstlerisches Schaffen steht unter
den befruchtenden Einflüssen der
zeitgenössischen niederländischen,
italienischen und französischen
Malerei.

1.8.3 B. Bachmann-Hohmann (tätig in Wien und Leipzig um 1850): Bildnis des Herrn (k.k. Hofrat Anton?) Ramsdorfer zu Pferd

Hintergrund: Ständische Reithalle auf
der Promenade in Linz. 1850. Öl auf
Leinwand. H. 65 cm, B. 51 cm. NORDICO
Stadtmuseum Linz, Inv.-Nr. 328.
Kaiser Ferdinand III. hatte 1644 den
Ständen des Landes ob der Enns einen
an der Promenade gelegenen, zum
Schloss gehörigen „Mauthgarten" für
die Errichtung einer Reitschule samt

1.8.4 Carl Rudolf Huber: Kronprinz Rudolf.
© Wien, Bundesmobilienverwaltung, Möbel Museum Wien und Silberkammer. Foto: Marianne Haller

Turnierplatz zum Geschenk gemacht.
Dieser im Jahr 1645 errichtete
Reitstadel wurde 1693 zu einer
Reitschule erweitert, die fortan als
Unterkunft für die neugeschaffene
Landschaftsakademie diente. 1781
übergaben die bisherigen Besitzer, die
Stände, die Reitschule kostenlos dem
ehemaligen Stallmeister des Fürsten
Thurn und Taxis, Jakob Schneider,
mit der Bedingung, die Reitschule
zu erhalten und sie bei bestimmten
Anlässen zur Verfügung zu stellen.
Solche Anlässe waren in der Folge
meist Ballveranstaltungen. Während
der Erbauung des Landestheaters
wurde die Reitschule Spielstätte von
Schauspielen und Opern. Im Jahre
1907 musste die Reitschule einem von
Matthäus Schlager entworfenen, in
der Folge der Landwirtschaftskammer
dienenden Neubau weichen und

wurde abgerissen. Das Gemälde zeigt
einen in dieser Reitschule zu Pferd
sitzenden Herrn, der mit dem k. k.
Postdirectionssekretär und späteren
Hofrat Anton Ramsdorfer identifiziert
wird.

1.8.4 Carl Rudolf Huber (1839–1896): Kronprinz Rudolf (1858–1889) zu Pferd

1869. Öl auf Leinwand.
H. 108,5 cm, B. 124,5 cm. Wien,
Bundesmobilienverwaltung, Möbel
Museum Wien und Silberkammer,
Legat Petznek (Eigentum der Kaiserin
Elisabeth, Nr. 119).
Das Gemälde zeigt den etwa
zehnjährigen Thronfolger in der
Pose eines sehr selbstbewusst
zu Pferd sitzenden jungen
Mannes und entsprach damit den
Idealvorstellungen seiner Mutter, der

1.8.5 Julius von Blaas: Emmerich Prinz von Thurn und Taxis.　　　　　　　　Foto: Heeresgeschichtliches Museum Wien

Kaiserin Elisabeth, aus deren Besitz das Gemälde stammt. Die Beziehung zwischen der Kaiserin und ihrem Sohn war nicht sehr eng. Elisabeth blieb größtenteils verborgen, mit welchen Schwierigkeiten ihr Sohn zu kämpfen hatte und dass er ebenso wie sie unter den Zwängen des Hofes litt. Kronprinz Rudolf war im Gegensatz zu seiner Mutter auch kein begeisterter und tollkühner Reiter und hatte sich ursprünglich – in seiner frühesten Jugend – vor Pferden sogar gefürchtet. Carl Rudolf Huber (1839–1896) war einer der beliebtesten und bestbezahlten Wiener Künstler für Tier- und besonders für Pferdedarstellungen, die er seit den 1870er-Jahren mit Portraitmalerei kombinierte. Der in Schleinz bei Wiener Neustadt geborene Maler hatte an der Wiener Akademie, dann auch in Düsseldorf studiert. Er war gern gesehener Gast bei kaiserlichen Jagdveranstaltungen. Er unternahm mehrere Reisen in den Orient, in den Jahren 1875/76 reiste er gemeinsam mit seinen Künstlerkollegen Hans Makart, Franz von Lenbach und Leopold Carl Müller nach Ägypten. 1880 wurde er zum Leiter der Spezialschule für Tiermalerei an der Wiener Akademie ernannt. Als höchste Ehre wurde es ihm zuteil, das Schlafzimmer der Kaiserin in der Hermesvilla mit drei Wandgemälden aus Shakespeares Sommernachtstraum zu schmücken.

1.8.5 Julius von Blaas (1845–1922): Reiterportrait Emmerich Prinz von Thurn und Taxis (1820–1900)
General der Kavallerie, Ganzfigur zu Pferd nach rechts, mit zwei Begleitoffizieren zu Pferd (links hinter dem Dargestellten) sowie einer weiteren Reitergruppe im Hintergrund rechts. Links unten:

1.8.7 Pferd beim Rennplatz.   Foto: Schepe

„Julius von Blaas. 1881". Öl auf
Leinwand, H. 76 cm, B. 100 cm;
Rahmenmaß: H. 103 cm, B. 127 cm.
Wien, Heeresgeschichtliches Museum,
Inv.-Nr. 1933/15/BI11738.
Emmerich Prinz von Thurn und Taxis
(1820–1900) durchlief eine glänzende
Karriere in Wien: Er war 1876 bis 1900
General der Kavallerie, Vliesritter,
Oberstallmeister und in dieser
Eigenschaft Direktor der Spanischen
Hofreitschule, Gardekapitän der
k. k. Leibgarde – Reiterescadron,
k. k. Geheimrat, Kämmerer, Mitglied
des Herrenhauses und Träger
des kaiserlich-österreichischen
Leopoldsordens. Er wurde bei der
der Niederschlagung der Revolution

dienenden Belagerung von Temesvár
1849 verwundet und büßte sein linkes
Augenlicht ein.

1.8.6 Fanny Newald (1893–1970):
Reiter mit Schimmel
H. 29 cm, B. 39 cm. Linz, OÖ.
Landesmuseum.
Bei diesem Bild handelt es sich
vermutlich um eine Kopie eines
niederländischen Meisters von der
Hand Fanny (Franziska) Newalds.
Diese war die Tochter des
Präsidenten der Rechtsanwalts-
kammer Dr. Richard Newald und
erhielt ihre erste Ausbildung im
Zeichnen bei der Aquarellistin Marie
Hedwig Ney, dann in der Malschule

Berta von Tarnóczys, bei Tina Kofler
und ab 1917 bei Matthias May, von
1924 bis 1932 studierte sie an der
Akademie in München (bei Angelo
Jank, Adolf Schinnerer, Olaf
Gulbransson), daneben bei Fritz
Hoffmann. Wieder in Linz war sie
von 1945 bis 1960 in der städtischen
Kulturverwaltung tätig, malte die
Kulissen für die Linzer Puppenspiele,
aber auch Stadtansichten und
Landschaftsbilder.

1.8.7 Nicht identifizierter Künstler:
Pferd beim Rennplatz
Öl auf Leinwand. H. 43 cm, B. 60 cm.
Wien, Rennverein.

427

1.8.8 Ludwig Koch (1868–1934): Ausfahrt zum Markt

1921. Öl auf Leinwand. H. 59 cm, B. cm. Sankt Pölten, NÖ. Landesmuseum, Inv.-Nr. KS-A 240/84. Ludwig Koch studierte 1883 bis 1891 an der Wiener Akademie der Bildenden Künste, unter anderem bei den Professoren August Eisenmenger und Christian Griepenkerl, 1880 wurde er für sein Historienbild „General Pappenheim" mit dem Spezialpreis der Akademie ausgezeichnet und beteiligte sich 1891 erstmals an einer Künstlerhausausstellung. 1892 gehörte er zu den Mitbegründern des Siebenerclubs, einer hauptsächlich von Architekten (Josef Hoffmann, Joseph Maria Olbrich, Josef Urban) getragenen Künstlervereinigung und wurde 1895 Mitglied der Genossenschaft bildender Künstler. 1908 entstand das expressive Schlachtengemälde „Oberst Maximilian Rodakowski an der Spitze seiner Ulanen in der Schlacht bei Custozza am 24. Juni 1866" (Wien, Heeresgeschichtliches Museum). Schon vor 1914 schuf Koch Porträt- und Uniformserien der k. u. k.-Armee, die vielfach auf Postkarten reproduziert wurden. 1914 erhielt er die Karl-Ludwig-Medaille für sein Gemälde „Entscheidender Reiterkampf in der Schlacht bei Würzburg". 1915 zum Kriegsmaler ernannt, musste er aber wegen eines Nierenleidens im Herbst 1916 vom aktiven Einsatz zurückgezogen werden: Er lieferte in weiterer Folge für das vom Kriegsfürsorgeamt herausgegebene Tafelwerk „Österreich-Ungarns Wehrmacht im Weltkrieg" sowie für Postkarten die Gemäldevorlagen. Ludwig Koch war der Ilustrator vieler hippologischer Werke und sein für Pferdefreunde bekanntestes Werk ist „Die Reitkunst im Bilde". Koch war lange zu Gast an der Hofreitschule und hat viele Figuren und Sprünge der Hohen Schule (Levade, Pesade, Croupade, Ballotade, Kapriole, Courbette) künstlerisch erfasst.

1.8.9 Wilhelm Mende: S. K. H., der Prinz of Wales (später König Edward VIII.)

Nach Fuchsjagd. 1932. Öl auf Leinwand. H. 85 cm, B. 80 cm. Privatbesitz.
Edward (1894–1972) war von 1910 bis 1936 Prince of Wales, vom Januar 1936 bis zu seiner Abdankung im Dezember des gleichen Jahres König des Vereinigten Königreichs und Kaiser von Indien und ab Dezember 1936 Duke of Windsor. Edward weilte oft in Österreich, vor allem auch während und nach seiner Abdankung.

1.8.10 Jürgen Goertz (* 1939): Alptraum zu Pferde

1978 (Entwurf) / 1984 (Guss). Aluminium (Relief), partiell verschieden farbig gefasst und Holz (Rahmen). 93,5 x 93,5 x 13,5 cm (Relief). 114,3 x 114,3 x 13,5 cm (Relief mit Rahmen). Regensburg, Kunstforum Ostdeutsche Galerie, Inv.-Nr. 14.379.
Das Werk des in Albrechtshagen / Czeluscin (Landkreis Gnesen, heute Gemeinde Schwarzenau/ Czerniejewo,Polen) geborenen und nach dem Zweiten Weltkrieg in Küsten (Wendeland) aufgewachsenen Bildhauers Jürgen Goertz greift in seinem Schaffen immer wieder auch die geballte Kraft, Energie und Vitalität des Pferdes auf und setzt seine Vorstellungen in monumentaler bildhauerischer Form um: Pferdeskulpturen von Goertz stehen in Ansbach (Anscavallo), Berlin (Rolling Horse), Bieting-Bissingen (Turm der grauen Pferde) Karlsruhe („Musengaul" / Trojanisches Pferd) und in Heidelburg, wo vor der Printing Media Academy das „S-Printing Horse" – derzeit mit 13 Metern Höhe und 90 Tonnen Gewicht die größte Pferdeskulptur der Welt – steht. Das Relief „Alptraum zu Pferde" bietet einen besonderen Schlüssel für das Verständnis dafür, warum das Pferd für Jürgen Goertz solch eine besondere Bedeutung hat. Die Familie Goertz ist am Ende des Zweiten Weltkrieges mit 80 Pferden geflüchtet. Das Pferd ist für den Bildhauer ein ausdrucksstarkes Motiv des Überlebenskampfes und gleichzeitig der Rettung.

1.8.11 Auf hohem Ross

Historische Installation (19.–21. Jahrhundert).
Macht wird hoch zu Ross demonstriert, auch noch in der Politik des 20. und 21. Jahrhunderts. Sie posieren auf Pferden: Könige und amerikanische Präsidenten, brutale Diktatoren und Revolutionsführer, Andreas Hofer, Fidel Castro, Che Guevara, Emiliano Zapata, Subcomandante Marcos oder der Kurdenführer Mustafa Barzani sind ebenso darunter wie die brutalen Diktatoren Benito Mussolini, Hermann Göring, Miklós Horthy, Józef Piłsudski, Francisco Franco, Juan Peron, Mao Tse Tung, Muammar al-Gaddafi, Saddam Hussein, Kim Jong-un, die US-Präsidenten William Howard Taft, Theodore Roosevelt, Dwight D. Eisenhower, Ronald Reagan, George Bush, Lyndon B. Johnson, Bill Clinton oder Jimmy Carter, der tschechische Präsident Tomáš Garrigue Masaryk, Wladimir Putin, Jawaharlal Nehru, erster Ministerpräsident Indiens oder Otto Fürst Bismarck, der legendäre deutsche Kanzler, der türkische Staatsgründer Mustafa Kemal Atatürk, Sowjetmarschall Georgi Konstantinowitsch Schukow, die Kaiser Franz Joseph I., Karl I. oder

1.8.8 Ludwig Koch: Ausfahrt zum Markt.

© Land Niederösterreich, Landessammlungen Niederösterreich. Foto: C. Fuchs

1.8.9 Wilhelm Mende: König Edward VIII., damals Prinz of Wales (Titel des englischen Thronfolgers).

Foto: Schepe

1.8.10 Jürgen Goertz: Alptraum zu Pferde.

Wilhelm II., Hirohito, 124. Tenno, oder Haile Selassie, Mohammad Reza Schah Pahlavi, die Könige George V., George VI. oder Edward VIII., Indianerhäuptlinge, Papst Pius X. oder Arnold Schwarzenegger.

1.9 Reiterinnen

Zu allen Zeiten sind auch Frauen geritten. Früher aber deutlich weniger als Männer. Ob und wie Frauen reiten, war ein wichtiges Thema der Kulturgeschichte, aber auch des Geschlechterdiskurses, von den Amazonen im antiken Griechenland bis zur Emanzipationsbewegung im 19. und 20. Jahrhundert. Antike Göttinnen und heidnische Idole wurden meist im Seitsitz reitend dargestellt. Das gilt für die keltische Pferdegöttin Epona wie auch für Maria auf der Flucht nach Ägypten. In mittelalterlichen Abbildungen findet man sowohl im Spreizsitz wie im Seitsitz reitende Damen. Für schnelles Reiten oder im unwegsamen Gelände war der Seitsitz allerdings wenig geeignet. Es war kaum Einwirkung auf das Pferd möglich, da man quer zur Reitrichtung saß. Aus diesem Grund wurden als Damenpferde Zelter mit weichen und bequem zu sitzenden Gängen bevorzugt.

Nach Männerart zu reiten war in der höfischen Welt der Frühneuzeit für Frauen verpönt. Maria Theresia untersagte es ihren Hofdamen explizit. Um dennoch schnell und selbst bestimmt reiten zu können, wurde seit dem 16. Jahrhundert der Damensattel erfunden und sukzessive verbessert. Man schlug ein Bein über den Sattelknauf und verwendete für den anderen Fuß einen Steigbügel statt der Fußstütze. Damit saß die Reiterin trotz Rock in Reitrichtung und somit mit ihren Schultern fast parallel zu den Pferdeschultern und konnte auf das Pferd einwirken. Beim Gabelsattel wurde der Sattelknauf

durch zwei Hörner ersetzt, zwischen die der rechte Oberschenkel zu liegen kam. Gegen Ende des 19. Jahrhunderts wurde das Schraub- oder Sprunghorn entwickelt. In der Übergangszeit gab es „Drei-Horn-Sättel". Aus Sicherheitsgründen wurde dann das rechte Horn weggelassen. Damit war der moderne Damensattel entwickelt. Die Frauen ritten in den im frühen 20. Jahrhundert modischen, weiten Jodhpurhosen und immer häufiger auch in den heute üblichen enganliegenden Reithosen. Die sich seit dem ausgehenden 19. Jahrhundert auch für Damen immer mehr durchsetzenden Hosen machten den Damensattel überflüssig. Emanzipation! Und für viele eine neue große Liebe: die Liebe zu Pferden! Aber auch das Damensattelreiten hat seine Faszination nicht ganz eingebüßt.

1.9.1.1 Elisabeth Max-Theurer: Olympische Goldmedaille im Dressurreiten

Sommerspiele in Moskau. 1. August 1980. Dm. 50 mm. Leihgabe: Elisabeth Max-Theurer.
Elisabeth „Sissy" Theurer wurde 1979 Europameisterin im Dressurreiten und holte bei den Olympischen Sommerspielen 1980 in Moskau die einzige Goldmedaille für Österreich auf ihrem Pferd „Mon Cherie". Seit dem Jahr 2002 ist sie Präsidentin des Österreichischen Pferdesportverbandes (OEPS).

1.9.1.2 Reitkostüm mit Zylinder

Lebensgröße. Leihgabe: Elisabeth Max-Theurer

1.9.1.3 Anonymer Meister: Maria Theresia als Königin von Ungarn auf dem Krönungshügel bei Pressburg

1743. B. 32,2 cm, H. 43,8 cm, T. 1,7 cm. Wien, Bundesmobilienverwaltung, Möbel Museum Wien und Silberkammer, Inv.-Nr. 74.880.

Maria Theresia (1740–1780) musste um das in der Pragmatischen Sanktion festgelegte Erbe viele Jahre kämpfen. Als sie als Erbin ihres Vaters in Preßburg erschien und die Stände um Hilfe ersuchte, hing die Existenz des Reiches von Ungarn ab. Man bot ihr zwar „Leben und Blut" an und innerhalb kurzer Zeit stellten die Stände eine aus 35.000 Mann bestehende Armee auf die Beine, doch vorher erhoben sie die Steuerfreiheit des adeligen Bodens zum Gesetz. Maria Theresia erlebte in Pressburg den Durchbruch zur eigenen Führung des Staates. Nach schweren Verhandlungen mit den Ständen, in welchen sie den eben geborenen Thronfolger, den späteren Kaiser Joseph II., mit sich führte, erreichte sie die Zustimmung zur Krönung als Königin von Ungarn. Am 25. Juni 1741 wurde sie im Martinsdom zu Pressburg (Bratislava) mit der Stephanskrone gekrönt und zur ungarischen Königin gesalbt und hatte eine wichtige Machtprobe bestanden. Nach der Zeremonie ritt sie im Seitsitz als gekrönte Königin, gemäß der Tradition ihr Schwert in alle Himmelsrichtungen schwingend, auf den Pressburger Krönungshügel.

1.9.1.4 Adolph Christian Schreyer (1828–1899), Helene von Thurn und Taxis zu Pferd

1856. Signatur: „A. Schreyer 56". Öl auf Leinwand, H. 104 cm, B. 80 cm. Regensburg, Fürst Thurn und Taxis Kunstsammlung, StE 193.
Helene Caroline Therese Herzogin in Bayern, genannt Néné (1834–1890 in Regensburg), war die ältere Schwester von Kaiserin Elisabeth / Sisi, durch Heirat Erbprinzessin von Thurn und Taxis. Adolf Christian Schreyer war seit 1843 Schüler Jakob Beckers am Städelschen Institut in Frankfurt am Main und wurde dort zusammen mit Anton Burger, Jakob Maurer und

1.9.1.1 Elisabeth Max-Theurer: Olympische Goldmedaille im Dressurreiten.

Foto: Schepe

Philipp Rumpf Schüler u. a. von Jakob Becker und Johann David Passavant. Schreyer studierte dort bis 1854, unterbrochen von einigen kurzen Aufenthalten an den Kunstakademien in Düsseldorf (1847/48), München und Stuttgart. 1854 verließ Schreyer Frankfurt und schloss sich bis 1856 als Freiwilliger der österreichischen Armee im Krimkrieg an. Anschließend fungierte er als Reisebegleiter für Prinz Emmerich von Thurn und Taxis auf dessen Reise durch Ungarn, Rumänien und Russland. 1856 ging Schreyer nach Paris, 1857 nach Bukarest und kehrte am Ende dieses Jahres nach Frankfurt zurück. 1872 erwarb Schreyer ein Haus in Kronberg und verlebte nun bis an sein Lebensende die Sommer im Taunus und die Winter in Paris. 1895 wurde er zum Ehrenbürger der Stadt Kronberg ernannt. Er malte vor allem Pferde- und Reiterbilder, militärische Szenen aus der Walachei sowie Bilder von seinen Reisen nach Algerien und Kleinasien.

1.9.1.5 Emil Adam (1843–1924): Adelige Reiterin

Öl auf Leinwand. H. ca. 80 cm, B. ca. 60 cm (ohne Rahmen: 60 x 48 cm). Um 1870. Privatbesitz
Emil Adam, Sohn des Tiermalers Benno Rafael Adam (1812–1892) und Schüler seines Onkels, des Malers Franz Adam (1815–1866), und später von Jean-François Portaels (1818–1895) in Brüssel, malte vorzugsweise Pferdebilder, Reiterporträts und Jagdszenen. 1867 entstand sein erstes größeres Werk „Die Pardubitzer Jagdgesellschaft". Er war ein geschätzter Portraitist des süddeutschen, aber auch des westfälischen und rheinischen Adels, der sich immer wieder repräsentativ zu Pferde abbilden ließ. Aus Emil Adams Ehe mit Josephine Marie Wurmb ging der Sohn Richard Benno

Adam (1873–1937) hervor, der die Malertradition in seiner Familie fortsetzte.

1.9.1.6 Joseph Berrez von Perez (1821–1912): Im Stalle

Öl auf Holz; rücks. Zettel. Um 1874. Linz, OÖ. Landesmuseum, Inv.-Nr. G 2.279 (Legat Kienmoser 1982). Der 1863 als Regimentskommandant belegte Maler war ein Spezialist für Pferdedarstellungen. Das aus dem Nachlass der Enkelin Hans Makarts stammende Bild zeigt als Rückenfigur eine vornehme Dame mit einem edlen Pferd.

1.9.1.7 Julius von Blaas (1845–1922): Erzherzogin Maria Theresia von Braganza (1855–1944) vor Schloss Wartholz

1885. Öl auf Leinwand. H. 132 cm, B. 188 cm. Privatbesitz. Maria Theresia, Prinzessin von Bragança und Infantin von Portugal, heiratete 1873 als 17-jährige den 39 Jahre alten Witwer Karl Ludwig Erzherzog von Österreich und wurde damit Stiefmutter des späteren in Sarajewo ermordeten Thronfolgers Franz Ferdinand. Nach dem Zusammenbruch der Monarchie ging sie mit dem letzten Kaiserpaar Karl und Zita ins Exil nach Madeira, verbrachte aber ihren Lebensabend wieder in Wien. Eine Darstellung der reitenden Erzherzogina Maria Theresia von Braganza hat Julius von Blaas für Kaiser Franz Joseph I. angefertigt.

1.9.1.8 Julius von Blaas (1845–1922): Fürstin Margarete von Thurn und Taxis (1870–1955) zu Pferd

Öl auf Leinwand, 1894, H. 144 cm, B. 176 cm, T. 12 cm (inkl. Rahmen). Regensburg, Fürst Thurn und Taxis Kunstsammlung, StE. 4.763. Erzherzogin Margarethe war eine Tochter des Erzherzogs Joseph Karl Ludwig von Österreich. Sie heiratete

1890 Fürst Albert von Thurn und Taxis, Sohn von Erbprinz Maximilian Anton von Thurn und Taxis und Herzogin Helene in Bayern.

1.9.1.9 Maximilian Liebenwein (1869–1926): Reiterin

In langem schwarzem Kleid mit schwarzem Hut, hellgelben Stulpenhandschuhen und Fächer auf braunem Pferd. Im Hintergrund grüne sonnige Parklandschaft und Zaun. Im Vordergrund ein Reitweg. 1895. Öl auf Leinwand. H. 75,5 cm, B. 99,5 cm. NORDICO Stadtmuseum Linz, Inv.-Nr. G 10.510.
Maximilian Liebenwein lebte nach dem Studium an den Kunstakademien Wien, Karlsruhe und München als freischaffender Künstler in München, Wien und Burghausen. Er war seit 1901 Mitglied, seit 1910 Vizepräsident der Wiener Sezession, seit 1904 Mitglied des Deutschen Künstlerbundes, seit 1907 der „Luitpoldgruppe" und seit 1922 der Innviertler Künstlergilde. Liebenwein malte vor allem Märchen- und Sagenzyklen, Darstellungen von Tieren (vielen Pferden) und Rittern sowie Heiligen- und Marienbilder. Darüber hinaus schuf er Wandfriese, Druckgraphiken, Buch- und Zeitschriftenillustrationen. Nach Ausbruch des Ersten Weltkrieges hatte sich Liebenwein im Alter von 45 als Kriegsfreiwilliger gemeldet und er wurde am 3. Juni 1905 tatsächlich zum XVII. Korpskommando einberufen, wo er an verschiedenen Fronten, in Polen, Wolhynien (Ukraine) und Tirol eingesetzt, war. Nach drei Isonzoschlachten wurde er im Sommer 1918 zum Rittmeister befördert. Durch den Großvater Josef Kundrat, der Jagdleiter und Leibkammerdiener von Kaiser Franz Joseph I. war, erhielt Liebenwein die persönliche Erlaubnis des Kaisers, während seines Kriegsdienstes weiter

1.9.1.9 Maximilian Liebenwein: Reiterin.

zu malen und seine Motive frei zu wählen. Immer wieder portraitierte er neben der Bevölkerung und den Soldaten auch viele der Pferde, die unter seiner Obhut standen.

1.9.1.10 Anton Gregorisch (1868–1923): Reiterin (Alice Slatin, geb. Baronin Ramberg, 1873–1921)

1914. Öl auf Leinwand, H. 213 cm, B. 118 cm. Klagenfurt, Museum Moderner Kunst.

Alice Baronin von Ramberg heiratete 1914 den um 16 Jahre älteren Sir / Freiherrn Rudolf Carl von Slatin, genannt Pascha (1857–1932), mit 22 Jahren Gouverneur der Provinz Darfur, Gefangener des Mahdi, nach seiner abenteuerlichen Flucht Mitbegründer und Generalinspekteur des Sudan, britischer Baron, k. u. k. Freiherr und gern gesehener Gast der Hocharistokratie. 1897 erwarb er die Spitzvilla in Traunkirchen. Nach dem Tod seiner Frau Alice 1921 zog sich der Witwer Rudolf von Slatin mit seiner fünfjährigen Tochter Anne Marie nach Südtirol zurück.

1.9.2.1 Seitsitz

Mag. Daniela Kabele, Wien.
Dieser Seitsitzsattel ist eine sehr frühe Form für die Fortbewegung der Dame. Die Dame sitzt seitlich, also quer zur Reitrichtung. In diesem Fall muss die Dame geführt werden. Dazu wurden in den meist kleine Pferde benutzt, so genannte Zelter. Später wurden Maultiere und Mauleseln dafür eingesetzt. Diese Art des Reitens geht bis in die Antike zurück. In Frankreich wurde im 19. Jahrhundert das Reiten im Seitsitz „nach Bäuerinnen Art" genannt. Man findet es heute noch an Orten, wo Esel eingesetzt werden, um Touristen zu einem historischen Gebäude zu „führen".

435

1.9.1.10 Anton Gregorisch: Reiterin (Alice Slatin). Kunstsammlung des Landes Kärnten / MMKK.
Foto: Ferdinand Neumüller

1.9.2.2 Damensattel

Mag. Daniela Kabele, Wien.
Die Firma Wilhelmy war eine in der Führichgasse in Wien ansässige Sattlerei. W. Wilhelmy hat für die österreichische Armee einen Gliederbock-Sattel entwickelt. In der Inventarliste der Fürsten Thurn und Taxis findet man Damensättel der Firma Wilhelmy. Das Schraubhorn bietet der Dame einen guten Halt für das Springen. Der Damensattel hat kein Sicherheitsschloss und muss mit einem Sicherheitssteigbügel geritten werden.

1.10 Sisi, die reitende Kaiserin

Kaiserin Elisabeth ist zum Mythos geworden: wegen ihrer Schönheit, wegen ihrer gesellschaftlichen Extravaganzen, aber auch wegen ihrer Reitleidenschaft. Sie war zweifellos die beste Reiterin ihrer Zeit und die wohl bekannteste Vertreterin des Reitens im Damensattel. Durch ihren Vater Herzog Max in Bayern, einen begeisterten Kunstreiter war sie sehr früh mit Pferden in Kontakt gekommen. Von ihm lernte sie nicht nur die Liebe zu Pferden, sondern auch zahlreiche Zirkuslektionen. Sie übte sich in waghalsigen Distanz- und Parforceritten, beherrschte auch die hohe Schule der Dressur und ritt auch Schulen über der Erde – und alles im Damensattel.
So mag es für sie ein traumatischer Einschnitt gewesen sein, als ihr seit den frühen 1880er-Jahren rheumatische Beschwerden das Reiten zunehmend unmöglich machten. Den Auftrag, ihre Stallungen aufzulösen, erteilte sie im November 1886. Von Sisi als Reiterin kursieren zahlreiche Bilder, Graphiken und Fotografien, von denen die wenigsten authentisch sind, weil sie sich im Alter jegliche Abbildung verbat. Als sie 1898 durch die Hand eines Attentäters am Genfer See verstarb, blieb der Ruhm ihrer

1.10.3 Otto von Thoren: Kaiserin Elisabeth als Reiterin.

Foto: OÖ. Landesmuseum

1.10.5 Reitgerte der Kaiserin Elisabeth.

Foto: Schepe

Schönheit und ihrer Kühnheit als Reiterin ungebrochen.

1.10.1 Alexander Ritter von Bensa (1820–1902): Kaiserin Elisabeth beim Hürdenritt

Öl auf Leinwand. H. 35 cm, B. 42 cm. Privatbesitz.
Bensa malte vor allem Schlachtenbilder und kleinere Landschaftsbilder in der Art des August von Pettenkofen und war vor allem im Wiener Hofadel geschätzt. Seine Bilder sind selten datiert.

1.10.2 Wilhelm M. Richter (1824–1892): Kaiserin Elisabeth von Österreich zu Pferd

Öl auf Leinwand. 1881. H. 120 cm, B. 100 cm. Privatbesitz.
Als Schlachten- und Pferdemaler war Richter mehrmals für Mitglieder des Kaiserhauses tätig und malte auch

1.10.6 Huf eines Reitpferdes der Kaiserin Elisabeth.
© Bundesmobilienverwaltung, Möbel Museum Wien und Silberkammer. Foto: Marianne Haller

die 24 Bilder von Elisabeths Pferden aus den Jahren 1870 bis 1876, die in Elisabeths „Reitkapelle", einem Salon in Schloss Gödöllö, hingen.

1.10.3 Otto von Thoren (1828–1889). Kaiserin Elisabeth als Reiterin

Bald nach 1854. Öl auf Leinwand. H. 47 cm, B. 65 cm. Linz, OÖ. Landesmuseum, Inv.-Nr. 1.896. Thoren malte in den 1860er Jahren auch ein Reiterbildnis Kaiser Franz Josephs I. und andere Pferde- und Reiterbilder.

1.10.4 Casimir Foltz (Hersteller): Schwarzer Damensattel der Kaiserin Elisabeth von Österreich

Um 1855. L. 72 cm, B. 52 cm, H. 65 cm. Kunsthistorisches Museum Wien, Wagenburg und Monturdepot, Inv.-Nr. WB_G_299.
Elisabeth besaß natürlich mehrere Sättel. In die Wagenburg sind drei davon gelangt. Die berühmtesten sind die vom Wiener Hofsattelmacher Casmir Foltz 1855 angefertigten. Das ausgestellte Exemplar ist mit drei Halt gebenden Hörnern, einem Steigriemen und einem Steigbügel in Form eines Pantoffels ausgestattet und mit edlem schwarzem Marquinleder überzogen, das reich mit abgesteppten Palmetten- und Blättermotiven verziert ist. Dazu gehörte ein Steigriemen und ein Steigbügel in Schuhform.

1.10.5 Reitgerte der Kaiserin Elisabeth

Holz, Silber. Mit gravierter Initiale: „E". L. 120 cm. Privatbesitz

1.10.6 Huf von einem Reitpferd der Kaiserin Elisabeth

2. Hälfte des 19. Jahrhunderts. L. 16 cm, B. 11,5 cm, H. 9,5 cm. Wien, Bundesmobilienverwaltung, Inv.-Nr. MD 054.041.

2.1 Landwirtschaft

Treue Helfer der Bauern: Pferde bei Holz- und Feldarbeit

Durch fast 1000 Jahre waren Pferde treue Helfer der Bauern. In der Antike waren sie in der Landwirtschaft noch die Ausnahme. Erst die mittelalterlichen Innovationen Kummet und Hufeisen und die neue Kulturpflanze Hafer als ideales Pferdefutter machten den Pferdeeinsatz wirtschaftlich. Bis ins 19. Jahrhundert gab es in der Landwirtschaft nicht wirklich viel zu ziehen: eigentlich nur Pflug und Egge und die verschiedenen Wägen und Schlitten. Das änderte sich mit der im 19. Jahrhundert auch in Österreich einsetzenden ersten Mechanisierungswelle: Die zweite Hälfte des 19. und die erste Hälfte des 20. Jahrhunderts wurden zur großen Zeit des Pferdes in der Landwirtschaft. Zu den ersten Landmaschinen zählten Dreschmaschinen und Häckselmaschinen, die mit Pferdegöpeln angetrieben wurden. Auch von Pferden gezogene Sämaschinen und Heuerntegeräte wie Gabelwender, Heurechen und Schwadenzieher nahmen nach dem Ersten Weltkrieg rasch zu, ebenso Kartoffel- und Rübenroder, Mineraldüngerstreuer, Bodenwalzen und Grubber. Nur zögernd fassten die pferdegezogenen Gras- und Getreidemähmaschinen in Österreich Fuß, noch später Bindemäher. Pferdemähdrescher mit bis zu 36 Zugpferden rentierten sich in Europa zu keiner Zeit. Pferde waren nicht nur notwendige Helfer, sondern auch Statussymbole. Man taxierte die Höfe nach der Zahl der Pferde: Einrössler, Zweirössler, Vierrössler… Ob und mit wie viel Pferden gefahren und gearbeitet wurde oder ob Ochsen oder gar Kühe

zum Einsatz kamen, war regional sehr unterschiedlich. Während im Mühlviertel um 1900 fast 90 Prozent der Zugtiere auf Ochsen und Kühe entfielen, lag dieser Prozentsatz im oberösterreichischen Zentralraum und mittleren Innviertel bei 50 bis 25 Prozent und ging in Wien und Umgebung gegen null. Um die Mitte des 20. Jahrhunderts erreichte der Einsatz von Pferden in der österreichischen Landwirtschaft den Höhepunkt. Der Übergang verlief sukzessive, war aber für die Pferdehaltung ein jäher Absturz. Zuerst wurden die Zugkühe und Zugochsen durch Pferde ersetzt, dann die Pferde durch Traktoren. In einer ersten Phase waren Ochsen und Zugkühe fast völlig durch Pferde ersetzt worden. In der nächsten Phase zwischen 1950 und 1970 wurden innerhalb von zwei Jahrzehnten die Pferde fast gänzlich durch die Traktoren ersetzt. Die Zahl der Zugpferde war von 283.000 im Jahr 1950 auf etwa 30.000 Stück Mitte der 1970er-Jahre zurückgegangen. Nur in extrem schwierigen Ungunstlagen der Forstwirtschaft und in betont ökologisch arbeitenden Biobetrieben wird noch eine kleine Zahl von Pferden eingesetzt. Ein neues, freizeitbedingtes Interesse am Reit- und Fahrsport hat aber wieder zu einer kräftigen Zunahme der Pferdehaltung geführt: als Dienstleistung für die gesamte Volkswirtschaft.

2.1.1 Kummet

Linz, OÖ. Landesmuseum.

2.1.2 Kummet

Linz, OÖ. Landesmuseum.

2.1.3 Amerikanischer Harvester

Pferdgezogen. Foto, 19. Jahrhundert. Von bis zu 36 Pferden gezogene Mähdrescher waren in der Praxis ab dem späten 19. Jahrhundert in dem wegen der großen landwirtschaftlichen Flächen als „Brotkorb des Landes" geltenden Mittleren Westen der USA im Einsatz. Der Erfolg und die Effizienz waren eher mäßig und der Weg zum selbstfahrenden Mähdrescher war noch weit: 1886 baute George Stockton Berry einen mit einer Dampfmaschine

angetriebenen Mähdrescher und 1911 kamen in Kalifornien erstmals Verbrennungsmotoren für den Antrieb zum Einsatz.

2.1.4 Plakate und Prospekte für pferdegezogene Landmaschinen
Aus der Sammlung KR Karl Prillinger. Reproduktionen.

KR Karl Prillinger sammelt und dokumentiert seit mehr als vier Jahrzehnten Landmaschinenprospekte aus aller Welt und aus mindestens vier Jahrhunderten. Sein Archiv umfasst inzwischen rund 700.000 Belege aus aller Welt, die bis ins 17. Jahrhundert zurückreichen.

2.1.5 Werner Berg (1904–1981): Pferd
1938. Öl auf Leinwand. 1938. H. 95 cm, B. 75 cm. Künstlerischer Nachlass Werner Berg.
Der in Elberfeld geborene Werner Berg zog sich 1931 auf einen entlegenen Bauernhof in Südostkärnten zurück und arbeitete bis zu seinem Tode 1981 unter zeitweisen prekären Verhältnissen als Bauer und Maler. Pferde und auch ihr Einsatz in der Landwirtschaft waren wichtige Motive bereits in der ersten Hauptphase des Schaffens Werner Berg auf dem Rutarhof in Dolintschach-Rosegg (Kärnten).

2.1.6 Ferdinand Andri (1871–1956): Bauern mit Pferd
Öl auf Pappe. Leinen, aufgegangen. H. 45 cm, B. 62 cm. Sankt Pölten, NÖ. Landesmuseum, Inv.-Nr. KS-2.828.
1899 trat Ferdinand Andri der Wiener Secession bei, wurde 1909 zu deren Präsidenten bestellt und kam in Kontakt zu Kolo Moser und Ferdinand Hodler. 1920 wurde Andri Professor an der Akademie der bildenden Künste in Wien. 1923 leitete er bereits eine Meisterklasse und wurde zum Prorektor ernannt.
Die Werke Ferdinand Andris sind von traditionellen bäuerlichen und religiösen Motiven geprägt, die er dekorativ und farbenfroh gestaltete. Er malte zahlreiche Szenen mit Pferden aus dem bäuerlichen Arbeitsjahr.

2.1.4 Moderner Metallpflug.　　　　Foto: Archiv Prof. KR Karl Prillinger

Feldgespannspritze

Badenia

2.1.4 Unkrautbekämpfung.

Foto: Archiv Prof. KR Karl Prillinger

2.1.4 Mähmaschine.

Foto: Archiv Prof. KR Karl Prillinger

2.1.4 Bindermäher.

Foto: Archiv Prof. KR Karl Prillinger

2.1.4 Düngerstreuer.

Foto: Archiv Prof. KR Karl Prillinger

2.1.4 Vom Pferd zum Traktor.

Foto: Archiv Prof. KR Karl Prillinger

2.1.4 Heu- und Getreideernte.

Foto: Archiv Prof. KR Karl Prillinger

2.1.4 Mähmaschine.

2.1.4 Vom Pferdegöpel zum Benzinmotor.

Foto: Archiv Prof. KR Karl Prillinger

2.1.4 Jauchefass.

Foto: Archiv Prof. KR Karl Prillinger

2.1.5 Werner Berg: Pferd.

Foto: Künstlerischer Nachlass Werner Berg

2.1.7 Friedrich Gauermann (1807–1862): Schimmel im Stall

Um 1830. H. 29,6 cm, B. 42,4 cm. Öl auf Papier auf Leinen. Sankt Pölten, NÖ. Landesmuseum, Inv.-Nr. KS 3.612. Friedrich Gauermann, der Sohn des aus Öffingen bei Waiblingen (Baden Württemberg) stammenden Malers Jakob Gauermann, studierte 1822 bis 1827 an der Wiener Akademie der bildenden Künste, bildete sich autodidaktisch weiter und unternahm zahlreiche Reisen durch Österreich, nach Oberitalien und Deutschland. 1830 feierte er seinen ersten großen Ausstellungserfolg, 1836 wurde er zum Mitglied der Wiener Akademie ernannt und war in den 1830er- und 1840er-Jahren einer der beliebtesten Maler der Aristokratie und Finanzwelt, u. a. des Staatskanzlers Metternich. So malte er 1834 den Überfall auf eine Pferdekutsche für den Baron Rothschild in Paris. Gauermann stattete seit etwa 1830 seine Wald- und Berglandschaften mit Jagd- und Raubwilddarstellungen aus und gilt als bahnbrechend für den Wiener Landschaftsnaturalismus.

2.1.8 Carl Fahringer (1874–1952): Pferdegespann mit Heuwagen

Öl auf Leinen. 128,5 cm x 128,5 cm. Sankt Pölten, NÖ. Landesmuseum, Inv.-Nr. KS 4.154.
Fahringer hinterließ hunderte von Werken, in der Hauptsache Aquarelle, Zeichnungen und Ölgemälde. In beiden Weltkriegen war er als Kriegsmaler eingesetzt.

2.1.9 Fritz Küffer (1911–2001): Pferdegespann am Holzplatz

Öl auf Leinen. Bildmaß: 81 x 91 cm. Rahmen: 92 x 102 cm. Öl auf Leinen. Sankt Pölten, NÖ. Landesmuseum, Inv.-Nr. KS 559.

Lit.: Siegfried Nasko und Thomas Pulle: Fritz Küffer. 1911–2001. Österreichs unbekannte Malergröße, Wilhelmsburg 2011.

2.1.11 L. v. Norvey: Idylle. Foto: Schepe

2.1.10 Ferdinand Andri (1871–1956): Pferdegespann mit Holzschlitten

B. 120 cm, H. 90 cm. Sankt Pölten, Stadtmuseum.

2.1.11 L. v. Norvey: Idylle am Bauernhof

Pferd mit Hühnern und Küken. H. 44 cm, B. 36 cm. Privatbesitz.

2.1.13 Julius von Blaas: Steiermärkischer Pferdemarkt.

2.1.12 Benno Rafael Adam (1812–1892): Gute Freunde

1869. Öl auf Leinwand. H. 59 cm, B. 73,5 cm. Linz, OÖ. Landesmuseum, Inv.-Nr. G 859.

Benno Adam, der älteste Sohn des Münchener Malers Albrecht Adam, zeichnete sich besonders durch Darstellung der jagdbaren Tiere und Jagdhunde in figurenreichen Kompositionen (Hirschjagd, Fuchs-hetze, Sauhatz, Halali) und wie auch schon sein Vater der Pferde und der Haustiere aus. Er trat zuerst 1835 im Münchener Kunstverein selbständig hervor und fühlte sich der Künstler-kolonie Frauenchiemsee (Frauenin-sel) verbunden (zu der Maximilian

Foto: Schepe

Haushofer, Christian Christoph Ruben, Arthur Georg Freiherr von Ramberg, Ferdinand Barth, Josef Friedrich Lentner, Ludwig von Löfftz, Gustav Paul Cloß, Carl Adolf Mende und Franz von Seitz) zählten. 1834 heiratete er Josepha, die Tochter des Architekturmalers Johann Domenico Quaglio. Aus dieser Ehe ging Emil Franz (1843–1924) hervor, der ebenso – wie wiederum sein Sohn Richard Benno Adam (1873–1937) – als Pferde- und Tiermaler in Bayern und darüber hinaus Bekannt- und Beliebtheit erlangte.

2.1.13 Julius von Blaas (1845–1922): Steiermärkischer Pferdemarkt
B. 153 cm, H. 93 cm, Privatbesitz.

453

21.14 Großes Pferd
H. 200 cm, B. 50 cm, L. 240 cm. Linz,
OÖ. Landesmuseum, Abteilung
Volkskunde.
Das „Große Pferd" wurde
wahrscheinlich unter der
Direktion Franz Carl Lipp von den
museumseigenen Werkstätten
nach der Vorlage historischer
Gebrauchsgemälde hergestellt (vgl.
zum Beispiel die beiden in das Jahr
„1918" datierten Bilder im OÖ. Landesmuseum, Inv.-Nr. F 7.348 und F 7.349).

**2.1.15 Wilhelm Höhnel (1871–1941):
Pferdeportrait vor Stall**
Rhombenform. 1904. Öl auf Leinwand.
Geschätzt: 45 x 45 cm. Privatbesitz

2.1.16 Hörbilder
Konzeption: Inge Friedl.
„Der Gedanke fiel mir sehr schwer:
Dass das Pferd, das edelste der
Haustiere, das der Menschheit in
Krieg und Frieden so gute Dienste
geleistet hat, nun nicht mehr
gebraucht wird!", schrieb der
populäre Mühlviertler Landespolitiker
und Lasberger Bauer Johann Blöchl
(1895–1987) im Jahr 1975. Pferde
waren nicht nur notwendige Helfer
der Landwirtschaft, sondern auch
Statussymbole. Man taxierte die Höfe
nach der Zahl der Pferde: Einrössler,
Zweirössler, Vierrössler, Sechsrössler…

Landmaschinenmodelle
Technisches Museum Wien.

2.1.17 Einfache Pferdeharke
Pferdeharke. B. 49 cm, T. 9,2 cm,
H. 14,3 cm. Technisches Museum
Wien, Inv.-Nr. 9.479 (Alte Inv.-Nr. TM
2.987/19,43).
Pferdeharke, von Pferden oder Ochsen
gezogener Apparat zur Bearbeitung
der Zwischenräume von in Reihen
angebauten Kulturgewächsen,
namentlich der Rüben. Von Pflügen
unterscheidet sich die Pferdeharke
hauptsächlich dadurch, dass sie
gleichzeitig die Zwischenräume
mehrerer Reihen bearbeitet und
somit eine weit erheblichere
Leistungsfähigkeit besitzt als der
gewöhnliche Pflug. Die vorzüglichsten
Systeme in der 2. Hälfte des
19. Jahrhunderts stammten von Smith,
Taylor, Garrett, Sack, Bölte.

2.1.18 Pferdeharke
(Pferdeharke) von Francis Blaikie
(1771–1857). Hersteller des Modells:
Aloys Harder. 1830–1831. Wien.
Maßstab 1:5. B. 41 cm, T. 30 cm,
H. 17 cm. Technisches Museum Wien,
Inv.-Nr. 9.508 (Alte Inv.-Nr.
TM3.339/226, LWG449, 700/26).
Francis Blaikie machte sich als
Pionier des Rübenanbaus in der
englischen Landwirtschaft verdient.
Dazu entwarf er eine Pferdeharke, um
die in Reihen gepflanzten Rüben
besser bearbeiten zu können. Blaikie,
aus einer schottischen Bauersfamilie,
arbeitete von 1816 bis 1832 für
Thomas William Coke, Earl of
Leicester, als Gutsverwalter auf Gut
Holkham, einen der größten Guts-
betriebe in Norfolk und weithin als
Musterbetrieb berühmt. Abbé Aloys
Harder baute in der k.k. Landwirt-
schaftsgesellschaft in Wien eine große
Sammlung von landwirtschaftlichen
Maschinen- und Gerätemodellen auf.
Lit.: Susanna Wade Martins: A great Estate at
Work. The Holkham Estate and its Inhabitants
in the Nineteenth Century, Cambridge 1980.

2.1.19 Garrett's Pferdeharke
B. 55 cm, T. 33 cm, H. 25 cm.
Technisches Museum Wien, Inv.-Nr.
21.084.
Die Garret'sche Pferdeharke
und die Garret'sche Sämaschine
waren zu ihrer Zeit sehr bekannt;
John Dunnel Garrett (1831–1900),
aus einer englischen Familie
von Landmaschinenerzeugern,
übersiedelte 1860 nach Deutschland
und baute die in Magdeburg-Buckau
gegründete Lokomobilfabrik Garrett
Smith &. Co. auf, deren Eigentümer
John Dunnell Garrett war. Garrett
gab der Landmaschinenindustrie
wichtige Impulse (Drillmaschinen,
Dreschmaschinen…).

**2.1.20 Fellenberg's Sämaschine für
Cerealien**
B. 28 cm, T. 28 cm, H. 23 cm.
Technisches Museum Wien, Inv.-Nr.
21.192.
Philipp Emanuel von Fellenberg
(1771–1844) war ein Schweizer
Pädagoge und Agronom. 1799
kaufte er das Gut Hofwil in der
Nähe von Bern und baute es zu
einem Musterbetrieb aus. Berühmt
war er vor allem als Pädagoge.
1809 eröffnete Fellenberg das für
künftige Grundbesitzer bestimmte
Landwirtschaftliche Institut. Es
wurde bis 1821 in der Weise moderner
landwirtschaftlicher Schulen geführt
und war wohl das erste derartige
Institut in Europa.

2.1.21 Englischer Pferderechen
B. 50 cm, T. 34 cm, H. 12 cm.
Technisches Museum Wien, Inv.-Nr.
9.470 (Alte Inv.-Nr. 700/179 1175
TM 3339/191)

**2.1.22 Stecker's
Getreideschneidmaschine**
B. 45 cm, T. 23 cm, H. 26,5 cm. Techni-
sches Museum Wien, Inv.-Nr. 21.554:
Die Smith'sche englische Getreide-
Schneidemaschine wurde 1818 von
Schuhmann und Stecker verbessert.
„Mit zwei Pferden mähe man in einer
Stunde einen englischen Morgen
Getreide", berichtete 1819 der Allge-
meine Anzeiger der Deutschen.
1807/1811 baute James Smith,
Manager einer Textilfabrik im
schottischen Deanston, eine Getreide-
mähmaschine: Auf einer horizontalen

2.1.15 Wilhelm Höhnel: Pferdeportrait vor Stall.

Foto: Schepe

Trommel befand sich eine Schneidevorrichtung, die mithilfe des sonst zum Schärfen der Sense eingesetzten Wetzsteins scharf gehalten werden musste. Die 1828 von John Bell entwickelte Mähmaschine zeigte schon die hin und her gehende Messerstange und das Anlegrad (Haspel) sowie das Tuch ohne Ende zum Seitwärtsablegen; die Zugtiere stießen die Maschine von hinten. Erst auf der Londoner Ausstellung von 1851 erschienen zwei Mähmaschinen, die praktische Arbeit leisteten, die Maschinen von Mac Cormick in Chicago und Hussey in Cincinnati, letztere war schon mit Handablage ausgestattet. Beide Maschinen wurden durch die Zugtiere gezogen; der Schneidapparat war seitwärts angebracht. 1858 tauchte die Marshsche Maschine mit Garbenbindvorrichtung auf. In demselben Jahr erfand Appleby seinen Knotenknüpfer, während der erste Deeringsche Bindemäher mit einem Knüpfer für Schnur nach verschiedenen Versuchen mit Binden mit Draht erst 1877 in praktischen Gebrauch kam.

2.1.23 Dreschmaschine
Nachinventarisiert. Bez. O. M. 832. B. 60 cm, T. 47 cm, H. 37 cm. Technisches Museum Wien, Inv.-Nr. 21.598

2.1.24 Bölte's Hebelhackmaschine für Rüben und Getreide
Bez.: Friedrich Müller Ingenieur Cannstatt. B. 113 cm, T. 54 cm, H. 53 cm. Technisches Museum Wien, Inv.-Nr. 35.591 (Alte Inv.-Nr. 4955). Gustav Bölte, Maschinenfabrik und Eisengießerei, in Oschersleben, in der Magdeburger Börde baute Hackmaschinen mit bis 4 und mehr Meter Arbeitsbreite, für bergiges Gelände und für Gegenden mit leichtem Zugvieh solche für halbe Drillspur.

2.1.25 Pferdegöpel von Bogardus
Hersteller: Aloys Harder. 1849–1850. Wien. Maßstab 1: 12. B. 45 cm, T. 34 cm, J. 23 cm. Technisches Museum Wien, Inv.-Nr. 9.326 (Alte Inv.-Nr. TM 3.339/146, LWG1130, 700/103). James Bogardus (1800–1874) war ein New Yorker Erfinder, unter anderem der Ringspinnmaschine (1828), verschiedener Mühlen und eines nach ihm benannten Pferdegöpels. Er war einer der wichtigsten Pioniere des Gusseisenbaus.

2.1.26 Grubberegge
Beschriftungstafel: I. & F. Horwarth-Bedford's Grubberegge für 4 Pferde mit 25 Zinken und Selbstaushebung: 1,5 m breit: 245 kg. Blechschild: P. Gross Hohenheim. B. 79 cm, T. 44 cm, H. 20 cm. Technisches Museum Wien, Inv.-Nr. 21137. Die schweren Cultivatoren nützen nach englischem Vorbilde meist die Zugkraft des Gespannes zum Ausheben der Schare aus, etwa die nur in grossen Wirtschaften angewendete Grubberegge von Hofherr & Schrantz in Wien.

2.1.27 Malzquetschmühle
Für Pferde- oder Ochsenbetrieb. Modell. B. 24 cm, T. 20,5 cm, H. 33 cm. Technisches Museum Wien, Inv.-Nr. 22.169.

2.2 Fuhrwerke und Kutschen
Bis ins 19. Jahrhundert entfiel der Großteil aller Transportleistungen auf Pferde: Sie trugen Waren und Personen. Sie arbeiteten als Grubenpferde und an Göpelrädern, sie zogen Schlitten und Wägen, Schiffe und Postkutschen, Eisen- und Straßenbahnen. Die 2er-, 4er-, 6er- und 8er-Züge waren die nobelsten Statussymbole des Vorautomobilzeitalters. Bequem war das Fahren in Kutschen nicht

wirklich. Die Unebenheit der Straßen, die ungenügenden Federungen der Wägen, Wind, Regen und Kälte, aber auch die Umweltprobleme durch Pferdemist und Lärm wurden immer wieder kritisiert. Das 19. Jahrhundert blieb auf diese Weise eine Hölle der Pferde!

Wer kein Geld hatte, musste mit „Schusters Rappen" vorlieb nehmen. Seit dem frühen 19. Jahrhundert führten die „Dampfrösser" zu einer ersten „Demokratisierung" des Verkehrs. 1885 wurde das Fahrrad, der „Drahtesel", in der heutigen Form erfunden. Es war für ärmere Schichten, vor allem aber auch für Frauen eine revolutionäre Möglichkeit, sich „selbstbestimmt" zu bewegen. In den Städten ersetzte die „Elektrische" die Pferdestraßenbahnen und Fiaker. Die 1886 von Carl Benz erfundene „Benzinkutsche" blieb hingegen lange Zeit ein für die Massen unerreichbares Statussymbol.

2.2.1 Barocke Kutschenuhr
Dm. 25 cm. Sankt Paul im Lavanttal, Benediktinerstift.
Uhren, die man zur Postkutschenzeit mit auf die Reise nahm, mussten robust sein. Darüber hinaus sollten sie die gehobene Stellung ihres Besitzers augenfällig dokumentieren. Aus diesen Gründen wurden Kutschenuhren groß und kostbar gearbeitet. Vom Prinzip her sind sie aber nur vergrößerte Taschenuhren mit einem Durchmesser von 9 bis 12 cm.

2.2.2 Votivbild, Wagenunglück in hügeliger grüner Wiesenlandschaft
H. 101 cm, B. 69 cm. Linz, OÖ. Landesmuseum, F 3.808.
Inhalt: Ein Bauer mit erhobenen Händen steht mit seinen zwei Söhnen neben dem Wagen, der umgestürzt ist. Unter ihm liegt das Pferd begraben. Darüber: Trinitasdarstellung in

2.2.3 Modell eines römischen Reisewagens.
© Land Niederösterreich, Landessammlungen Niederösterreich. Foto: C. Fuchs

Bild aus jener Zeit, in der über die ausgezeichneten römischen Straßen ein vielfältiger Verkehr von Poststation zu Poststation bestanden hat.

2.2.5 Modell einer Kutsche
L. 52 cm, B. 24 cm, H. 29 cm. Privatbesitz.

2.2.6 Postkutsche Separatwagen Type XII
Zur Beförderung von Personen, Reisegepäck und Postsendungen in der Steiermark. Viersitziger Kasten mit Galerie, 2 Türen (mit versenkbaren Fenstern) und je einem Fenster in der Vorder- und Rückwand, vorgebautem Kutschersitzkasten (sattelseitig zu öffnen) und nachgebautem Hinterkasten (rückwärts zu öffnen). Kasten schwarz-gelb lackiert mit Postwappen an den Türen. Vorder- und Hinterkasten schwarz lackiert. Vorder- und Hintergestell orange

offenem Himmel, auf Wolken mit zwei Engeln, gekrönte Maria, Josef und, Jakob als Pilger. In den oberen Eckfeldern Inschrift: In tiefster Dankbarkeit gewidmet, für die wunderbare Errettung im Jahre 1848 von Franz X. Ployer.

2.2.3 Modell eines römischen Reisewagens
Holz, Leder, Eisen. H. 32 cm, B. 53 cm, T. 28,5 cm. Sankt Pölten, NÖ. Landesmuseum, Inv.-Nr. R6/01.

Lit.: J. Nikodém-Makovicky. Modell eines römischen Reisewagens im Archäologischen Museum Carnuntinum: Carnuntum Jb 1992 (1993) 49–56.

2.2.4 Römischer Reisewagen
Abguss. B. 115 cm, H. 70 cm, T. 15 cm. Klagenfurt, Landesmuseum Kärnten, (Maria Saal, Grabsteinrelief). Vierrädriger Wagen mit aufgehängtem Kasten. Der Wagen zeigt ein lebendiges

2.2.5 Modell einer Kutsche.

Foto: Schepe

2.2.8 Modell eines Rottfuhrwerkes.

lackiert, schwarz beschnitten. Innenausstattung drapiert. Dazu: 4 Sitzpolster, 1 Deichsel, 2 Drittel, 1 quadratische Laterne randseitig an der Galerie befestigt. Modell: Maßstab: 1:5, Deichsellänge: 70 cm, Radstand: 43 cm, Deichsel-Durchmesser: 14–19 mm. B. 66 cm, T. 30 cm, H. 49,5 cm. Technisches Museum Wien, Inv.-Nr. 74.858.

2.2.7 Modell eines Fiakers um 1890

Geschlossene Form „Coupé" dieses seinerzeit beliebten zweispännigen Wiener Fuhrwerkes. B. 80 cm, T. 24 cm, H. 29 cm. Technisches Museum Wien, Inv.-Nr. 15.085.

2.2.8 Modell eines Rottfuhrwerkes

Mittenwald oder Partenkirchen. 1. Hälfte des 19. Jahrhunderts (?). 31,5 x 27 x 105 cm. Garmisch-Partenkirchen, Werdenfels Museum, Inv.-Nr. 2.324.

2.2.9 Großer Kariolwagen, Type XXIII

Modell. B. 90,5 cm, T. 32 cm, H. 39 cm. Der nieder gebaute, nach rückwärts durch eine Türe zu öffnende Kasten trägt eine Dachgalerie und ein mit einer Galerie versehenes Kutschersitzbrett. Vorgebaut sind 3 Bretter als Kutscherfußbrett. Der innen grün gestrichene Kasten ist außen schwarz und gelb lackiert, schwarz beschnitten und trägt auf beiden Seiten das österr. Postwappen. Am Vorderkasten ist sattel- und handseitig die Nr. 423 mit schwarzer Farbe aufgemalt. An der Vorderseite ist die Aufschrift "Tragfähigkeit 700 kg" in schwarzer Farbe angebracht. Vorder- und Hintergestell orange lackiert, schwarz beschnitten. Dazu: 1 Kutschersitzkasten, 2 Drittel, 1 Deichsel, 1 hochviereckige Stecklaterne, 2 Schlüsseln, 1 Schraubenschlüssel. Maßstab 1:5. Deichsel: 48 cm, Radstand: 24 cm, Deichsel-Durchmesser: 12 mm. Technisches Museum Wien, Inv.-Nr. 99.683.

2.2.10 Molkereimodell

Fuhrpark, Kutsche Nr. 21. B. 75 cm, T. 24 cm, H. 24 cm. Bestehend aus: Kutsche Nr. 21, 2 Pferden, 1 Figur, 1 Behälter für Milchflaschen mit 2 Milchflaschen. Technisches Museum Wien, Inv.-Nr. 9.297/9.

2.2.11.1 Fritz Zerritsch (1888–1985): Zweispännige flämische Kutsche

Nachbildung nach dem Gemälde „Das Vogelschießen zu Brüssel" von David Teniers d. J. Original im KHM Wien. Ölgemälde. 1916. H. 65,4 cm, B. 108 cm. Technisches Museum Wien, Inv.-Nr. PA-00.012.

2.2.11.2 Auffahrt von Galawagen

Postkutsche des 18. Jahrhunderts vor dem hochfürstlichen Residenzgebäude in Salzburg. Auf jedem der Handpferde des sechsspännigen Wagens ein in den Farben der Herrschaft gekleideter Reiter, der ein Posthorn trägt. Gemälde. H. 65 cm, B. 86 cm, Technisches Museum Wien, Inv.-Nr. PA-00.013.

2.2.12 Hans Geyer: Paradeposthorn

Wien, 1698. Silber, vergoldet, Meisterstempel „G". Befreiungsstempel Wien, signiert und datiert (Geschenk Josch, 1918). Linz, OÖ. Landesmuseum, Inv.-Nr. Go 186.

2.2.12 Hans Geyer: Paradeposthorn.   Foto: OÖ. Landesmuseum

2.2.13.1 Unbekannter Künstler:
Wirtshausschild mit fahrender
Kutsche
1815. Öl auf Blech. H. 42 cm,
B. 67,5 cm. Sankt Pölten,
Stadtmuseum, Inv.-Nr. IX – 5.

2.2.13.2 Unbekannter Künstler:
Wirtshausschild mit zwei sich auf
Landstraße begegnenden Kutschen
Öl auf Blech. Vermutlich
19. Jahrhundert. Schild Landkutscher.
Sankt Pölten, Stadtmuseum, Inv.-Nr.
X – 47.

2.2.14.1 Unbekannter Künstler:
Hungerjahr 1816
Öl- und Aquarellfarben auf Papier.
H. 27,5 cm, B. 41 cm. Museum der Stadt
Steyr, Inv.-Nr. XV-6.546.

2.2.13 Wirtshausschild mit fahrender Kutsche.   Foto: Stadtmuseum St. Pölten

2.2.14.2 Unbekannter Künstler: Hungerjahr 1816

H. 27,5 cm, B. 41 cm, Museum der Stadt Steyr, Inv.-Nr. XV-6.547.
1816 war das „Jahr ohne Sommer" oder, wie man sagte: „Achtzehnhundert und frier mich zu Tode". Die ungewöhnlich tiefen Temperaturen dieses Jahres mit dem total verregneten, immer wieder auch von Schneefällen unterbrochenen Sommer hatten eine katastrophale Missernte und Hungersnot zur Folge. Es war die schlimmste Hungerkatastrophe des 19. Jahrhunderts, und man erlebte sie in Europa, in Nordamerika und in China. Denjenigen, der daran die Schuld trug, hat man erst sehr viel später gefunden: den Vulkan Tambora auf der Insel Sumbawa im heutigen Indonesien. Die im Lauf des Jahres 1815 erfolgenden Eruptionen waren der größte Vulkanausbruch, von dem man aus den vergangenen 1000 Jahren weiß. Die weltweite Abkühlung hielt bis 1819 an. Die Hungersnot erreichte im Frühjahr 1817 ihren Gipfelpunkt. In Mitteleuropa fiel sie mit den Nachwirkungen der mehr als 20jährigen Phase der Napoleonischen Kriege zusammen.

2.2.15 Pflaster-Zoll-Tarif

Metalltafel. H. 70 cm, B. 35 cm. Ried im Innkreis, Museum Innviertler Volkskundehaus.

2.3 Pferdebahn

Die Pferdebahnen waren zwar nur ein kurzes Intermezzo in der langen Geschichte des Pferdes. Aber sie bereiteten der Eisenbahn den Weg. Die im Endausbau 197 km lange Pferdebahn Budweis-Linz-Gmunden war die längste auf dem europäischen Festland. Doch auch sie blieb nicht lange in Betrieb: auf der Südstrecke Linz-Gmunden 20 Jahre, im Nordteil nach Budweis immerhin 40 Jahre.

Die Planungen gehen auf den Prager Technikprofessor Franz Josef Gerstner und dessen Sohn Franz Anton Gerstner zurück. 1825 erfolgte der Spatenstich in Netrowitz (Netřebice). 1832 konnte der Nordteil Urfahr-Budweis feierlich eröffnet werden, die 1832 begonnene Verlängerung nach Gmunden im Jahr 1836. Ein Pferd konnte auf Schienen zwar das Sechs- bis Siebenfache gegenüber dem Straßentransport ziehen. Aber nicht nur wegen der hohen Errichtungskosten, sondern auch wegen der hohen Manipulationskosten blieben die Vorteile vor allem auf der Nordrampe gering. Der Südteil war deutlich rentabler. Für die Stadl-Paurer Schiffsleute bedeutete die Pferdebahn einen tiefen Einschnitt: Mit der Konkurrenz der „Schienen-Bahn" gingen die Schifftransporte rasant zurück. Die Erbitterung gegen die Bahn war so groß, dass es in der Revolution von 1848 sogar zu gewaltsamen Aktionen kam und die Schienen ein Stück weit heraus gerissen wurden.

Die Umstellung auf Dampfbetrieb war mühsam. Auf dem Südteil verkehrten 1855/56 die letzten Züge mit Pferde-Bespannung. Nach der Inbetriebnahme der normalspurigen Westbahn im Jahre 1858 wurde die Pferdebahntrasse vom Linzer Gleisdreieck bis Lambach aufgelassen. Der Streckenteil Lambach-Gmunden wurde 1903 auf Normalspur (1,435 m) umgestellt. Der Nordteil blieb bis 1872 als Pferdebahn erhalten und wurde dann stillgelegt. Der verdienstvolle Pferdebahn-sammler Heinz Schludermann hat in seinem Museum in Maxlhaid liebevoll Erinnerungen an die Pferdebahn zusammengetragen. Die wenigen Relikte entlang der Südstrecke wurden mit Markierungstafeln versehen.

2.3.1 Hannibal. Personenwagen II. Klasse der ehemaligen Pferdeeisenbahn Linz–Budweis

Auf dieser Strecke bis zum Jahr 1872 in Betrieb. Originalgetreue Nachbildung. Im Maßstab 1:2,5. Lehrwerkstätte der HTBLA-Hollabrunn. 1981–1982. H. 108 cm, L. 177 cm, B. 70 cm. NORDICO Stadtmuseum Linz. Modell 159. Der Wagen ist in der Art der Post-kutsche als geschlossener Coupé-wagen mit sechs Sitzplätzen gestaltet, vorne und hinten mit einem offenen Kutschbock versehen und gut gefedert, die Räder sind für die bei der Pferdeeisenbahn einst verwendeten, auf Holzbalken aufge-nagelten Flachschienen gearbeitet.

2.3.2 Josef Hinterberger: St. Magdalena mit Pferdeeisenbahn

Im Hintergrund Linz, Im Vordergrund Pferdebahn, links Kirche. 1850. Öl auf Leinwand. H. 39 cm, B. 49,5 cm. NORDICO Stadtmuseum Linz, Inv.-Nr. G 353.

2.3.3 Tapete Pferdebahn Virginia

Biedermeiertapete mit dem Motiv der Pferdeeisenbahn vor der „Natural Bridge in Virginia" aus der Serie "Vues de l'Amerique du Nord" (OHM, Inv.-Nr. 4393) der Elsässer Tapetenfabrik Zuber. Passau, Oberhausmuseum. Reproduktion.

In den USA arbeitete man ab 1827 an der Baltimore-Point of Rocks-Linie (Baltimore & Ohio Railroad), insgesamt 210 Betriebskilometer, zunächst ebenfalls mit Pferdebetrieb, ab 1830 aber teilweise schon mit Lokomotiven. Am 28. Februar 1827 wurde sie als erste öffentliche Eisenbahn Amerikas gegründet und am 4. Juli 1828 feierlich der Grundstein gelegt. Die von Pferden gezogenen Wagen fuhren auf Holzschienen, die mit Eisenriemen auf Steinen befestigt wurden. 1830

2.3.1 Hannibal. Personenwagen II. Klasse der ehemaligen Pferdeeisenbahn Linz–Budweis. © NORDICO Stadtmuseum Linz. Foto: Thomas Hackl

wurde der erste offizielle Passagier vom Mount Clair in Baltimore zum Carrollton Viaduct, das am 7. Januar 1830 vollendete wurde, transportiert. Am 24. Mai 1830 wurde die Linie bis Ellicott´s Mills fertiggestellt, insgesamt 15 Meilen (= 24 km). Im August 1830 erfolgte der erste Versuch mit Peter Cooper´s Tom Thumb. Die Holzschienen mussten gegen Eisenschienen getauscht werden, da das Gewicht der Wagen zu groß wurde.

2.4 Schiffszug
Das wohl eindrucksvollste Schauspiel, das man bis zur Mitte des 19. Jahrhunderts an der Donau erleben konnte, war die Vorbeifahrt eines Schiffszuges. Schon kilometerweit war der Lärm der Rossknechte und Pferde zu hören. Kostspielig waren nicht nur die Pferde und ihre Ausrüstung, sondern auch die Treppelwege, die schweren

Zugseile, das Futter der Tiere und die Verpflegung der Menschen. Bis zu 500 Meter waren diese Schiffszüge lang. An die 60 Pferde und ebenso viele Menschen waren beteiligt. Etwa 500 Tonnen Nutzlast konnten flussaufwärts bewegt werden. Drei bis fünf Wochen dauerte die Fahrt Wien-Passau. Neunmal mussten die Ufer gewechselt werden. Zahlreiche Nebenflüsse waren schwimmend oder watend zu durchqueren.
An den Zuflüssen der Donau, an Inn, Traun und Enns, waren die Schiffszüge zwar kleiner, aber nicht weniger spektakulär. Auf der Traun wurde der Gegenzug im frühen 16. Jahrhundert aufgenommen. Bis 1811 wurde er von anliegenden Bauern bewerkstelligt, dann in ärarische Verwaltung übernommen und 1825 Privaten übertragen. 1836, mit der Eröffnung der Pferdebahn, rechneten sich Gegenzüge nicht mehr. Doch das Schauspiel lässt sich wieder

erleben: In den vom Schifferverein Stadl-Paura nachgestellten Gegenzügen mit einem original nachgebauten Salztrauner.

2.4.1 Votivbild mit Darstellung eines Säumerzugs
Bayerischer Wald / Sankt Oswald, 1685; Holz, Öl auf Leinwand. H. 26 cm, B. 30 cm. Ingolstadt, Stadtmuseum, Inv.-Nr. 1.434 alt / 2.276 neu.

2.4.2 Stefan Simony (1860–1950): Reiter vor einem Schiffszug
Öl auf Presskarton. H. 65,5 cm, B. 55,7 cm, T. 5,7 cm. Sankt Pölten, NÖ. Landesmuseum, Inv.-Nr. KS 345. Der österreichische Maler und Radierer Stefan Simony studierte bei den Professoren Christian Griepenkerl und Rudolf Carl Huber an der Akademie der bildenden Künste. Bereits in den späten 1870er-Jahren begann Stefan Simony die Wachau mit ihren Schiffszügen

und Schiffsperden, die damals das Bild der Donaulandschaft prägten, zu malen. 1903 trat er dem Wiener Künstlerhaus bei. In den Kriegsjahren 1914 bis 1918 war er nicht mehr zum Kriegseinsatz verpflichtet, sondern hielt sich regelmäßig in der Wachau auf, wo er die Gelegenheit nutzte, sich in seine Arbeit zu vertiefen. 1915 wurde Simony mit dem Drasche-Preis ausgezeichnet, 1936 erhielt er die Silberne Jubiläumsmedaille. 1945 wurde das Atelier des Künstlers in Wien (IV, Argentinierstraße 35) durch einen Bombenangriff schwerst beschädigt und so suchte der greise Maler in Dürnstein Zuflucht und schuf auf der Basis von fotografischen Vorlagen weitere Darstellungen von Schiffsreitern und Schiffszügen, wobei sich die Farben und die Stimmung aufhellten. Ein Jahr vor seinem Tod, 1949, wurde Stefan Simony mit dem Professorentitel ausgezeichnet.

2.4.3 Stefan Simony (1860–1950): Schiffszug bei Dürnstein
Öl auf Papier. 1886. H. 33,5 cm, B. 45,1 cm. Sankt Pölten, NÖ. Landesmuseum, Inv.-Nr. KS 364.

2.4.4 Stefan Simony (1860–1950): Schiffspferde an der Donau
1894. Öl auf Leinen. Bildmaß: 62,1 cm x 83 cm. Rahmenmaß: 76,5 cm x 98 cm x 6,5 cm. Sankt Pölten, NÖ. Landesmuseum, Inv.-Nr. KS 6.272.

2.4.5 Teutwart Schmitson (1830–1863): Treidelpferde
Nach 1850. Öl auf Leinwand. H. 55 cm, B. 49 cm (1970 Ankauf von Ferdinand Pierer). Linz, OÖ. Landesmuseum, Inv.-Nr. G 2.039.
Teutwart Schmitson wurde als Sohn des österreichischen Bevollmächtigten beim deutschen Bundestag in Frankfurt am Main und Militärschriftstellers Teutwart Schmitson des Älteren (1784–1856)

geboren. Evangelischen Bekenntnisses A. B., war er im Wesentichen Autodidakt, er betrieb seine Studien zunächst am Städelschen Kunstinstitut Frankfurt am Main, 1854 ging er nach Düsseldorf und war in der Folge in Karlsruhe (1856) und Berlin (1857) tätig, 1860 bis 1861 ging er nach Italien, um sich im Anschluss daran dauernd in Wien niederzulassen. 1861 erhielt er bei der Internationalen Kunstausstellung in Brüssel die Goldene Medaille für sein Bild „Der Bauernvorspann". Mit großem Enthusiasmus widmete er sich auch der Darstellung von Pferden im Galopp, er war aber kein traditioneller „Pferdemaler", sondern es ging ihm um die Darstellung von Tieren in Bewegung. Eine kräftige Malweise und eine in der Tradition des Spätbiedermeier empfundene Verherrlichung des Landlebens brachten ihm in Wien positives Echo und gute künstlerische Erfolge, denen aber durch seinen frühen Tod 1863 die Nachhaltigkeit versagt blieb.

2.4.6.1–2.4.6.2 Hohenau und Schwemmer
Hohenau: L. 155 cm, B. 40 cm, T. 17 cm. Schwemmer: L. 165 cm, B. 40 cm, T. 19 cm. Lastschiffe aus einem insgesamt 11 Meter langen und maßstabsgetreu angefertigten Schiffszug. Modell. Um 1937. Linz, OÖ. Landesmuseum, Inv.-Nr. T 1975/0113.

2.4.7 Helmut Krauhs (1912–1995): Personen und Pferde des Schiffszugs
Der Schiffszug. Textil, Holz, Metall. Textil, Holz, Metall. Sankt Pölten, NÖ. Landesmuseum, Inv.-Nr. LK 1.701/1–10. Nach dem Zweiten Weltkrieg begann Helmut Krauhs Figurinen herzustellen. Sie sind weltweit in bedeutenden Museen und Sammlungen vertreten und sind auch international gesuchte Sammlerobjekte. Zu seinen bedeutendsten Gruppenschöpfungen zählte

der Erbhuldigungszug für Kaiserin Maria Theresia sowie der Erbhuldigungszug für Kaiser Karl VI.

2.4.7.1 Schiffszug-Vorreiter
Textil, Holz, Metall. L. 43 cm, H. 46 cm, Gesamtlänge: 60 cm. Sankt Pölten, NÖ. Landesmuseum, Inv.-Nr. LK 1.701/1.

2.4.7.2 Aufleger mit Peitsche
Textil, Holz, Metall. L. (Schrittlänge) 13 cm, H. (bis Hutende) 32 cm. Sankt Pölten, NÖ. Landesmuseum, Inv.-Nr. LK 1.701/2.

2.4.7.3 Schiffszug-Reiter
Textil, Holz, Metall. L. 49 cm, H. (bis Zylinder) 44 cm. Sankt Pölten, NÖ. Landesmuseum, Inv.-Nr. LK 1.701/3.

2.4.7.4 Schiffszug-Reiter
Textil, Holz, Metall. L. (von der Schnauze bis zum Schwanz): 47 cm, H. (bis Zylinderende) 44 cm. Sankt Pölten, NÖ. Landesmuseum, Inv.-Nr. LK 1.701/4.

2.4.7.5 Schiffszug-Pferd
Textil, Holz, Metall. L. (Mähne bis Sühlbogen): 47 cm, H. (bis Klesterholzende) 44 cm. Sankt Pölten, NÖ. Landesmuseum, Inv.-Nr. LK 1701/5.

2.4.7.6 Schiffszug-Reiter
Textil, Holz, Metall. L. (rechtes Ohr bis Schwanz): 47 cm, H. (bis Zylinder) 44 cm. Sankt Pölten, NÖ. Landesmuseum, Inv.-Nr. LK 1701/6.

2.4.7.7 Aufleger mit Hacke und Seil
Textil, Holz, Metall. L. (Schrittlänge) 13 cm, H. (bis Hacke) 32 cm. Sankt Pölten, NÖ. Landesmuseum, Inv.-Nr. LK 1.701/7.

2.4.7.8 Schiffszug-Reiter
Textil, Holz, Metall. L. (von Schnauze bis Schwanz: 47 cm, H. (bis Zylinder) 44 cm. Sankt Pölten, NÖ. Landesmuseum, Inv.-Nr. LK 1.701/2. Inv.-Nr. LK 1.701/8.

2.4.5 Teutwart Schmitson (1830–1863): Treidelpferde   Foto: OÖ. Landesmuseum

2.4.7 Helmut Krauhs: Personen und Pferde des Schiffszuges
© Land Niederösterreich, Landessammlungen Niederösterreich. Foto: C. Fuchs

2.4.8 Prospect eines completen ChurPfaltz-baierischen Saltz-Schifzuges....".

2.4.7 Helmut Krauhs: Schiffszug-Reiter.

© Land Niederösterreich, Landessammlungen Niederösterreich. Foto: C. Fuchs

2.4.7.9 Schiffszug-Pferd
Textil, Holz, Metall. L. 51 cm, H. (bis zum rechten Klesterholz) 35 cm. Sankt Pölten, NÖ. Landesmuseum, Inv.-Nr. LK 1.701/9.

2.4.7.10 Schiffszug-Reiter
Textil, Holz, Metall. L. (von Schnauze bis Schwanz): 43 cm, H. (bis Hutende) 43 cm Sankt Pölten, NÖ. Landesmuseum, Inv.-Nr. LK 1.701/10.

2.4.8 Prospect eines completen ChurPfaltz-baierischen Saltz-Schifzuges...."
Kolorierte Federzeichnung, 1773, 246 x 23 cm, Reproduktion. Passau, Oberhausmuseum.

2.5 Reiten und Fahren lernen
Die Lambacher Schulen, ABZ und Handelsakademie stellen ihre Ausbildungslehrgänge zum Pferdewirt vor.

2.6 Symbole / Accessoirs

2.6.1.1–2.6.1.2 Zaumzeug und Zügel
Pferdekandare. Eisen. 25 x 30 cm und Pferdebeißkorb. Eisen. Dm. ca. 20 cm, L. 25 cm. Privatbesitz.
Zäume sind die ältesten und wichtigsten Hilfen, um ein Pferd zu steuern und zu lenken. Seit etwa 6.000 Jahren sind sie anhand von Scheuerspuren an Pferdeschädeln und Zähnen nachweisbar. Das deutsche „Zaum" und das englische „team" haben dieselbe sprachliche Wurzel. Mensch und Tier werden mit deren Hilfe quasi zu einem Team. „Im Zaum halten" und „die Zügel führen" sind schon seit der Antike allgemein gebräuchliche Metaphern der Herrschaftslehre. Welche Bedeutung Zaum und Zügeln zugemessen wird, wird auch aus der Vielfalt der sprichwörtlichen Verwendungen deutlich: Man fasst das Pferd beim Zügel, den Mann beim Wort. Und man soll das Pferd nicht von hinten aufzäumen, sonst wird man bald abgehalftert.

2.6.12 Sattel
Die Ägypter und Griechen verwendeten nur Satteldecken, die Römer Decken mit eingearbeiteten Stützhörnern. Sättel kamen ursprünglich als Packsättel im Gebrauch. Die Reitsättel wurden von den Steppenvölkern erfunden. Die Einheit aus einem durch einen Sattelbaum verstärkten Sattel mit den Steigbügeln war die Voraussetzung für die Entstehung der europäischen Panzerreiter und ihrer militärischen Erfolge. Welch hohe symbolische Bedeutung der Sattel erlangte, belegt der sprichwörtliche Gebrauch: Vom fest im Sattel sitzen, jemandem in den Sattel helfen und sattelfest sein bis zu mit allen Sätteln zurechtkommen, aber auch umsatteln oder gar aus dem Sattel geworfen werden.

Foto: Oberhausmuseum Passau

2.6.3 Kummet

Das Kummet oder Kumt hat dem Pferd die Kraft gegeben. Es war die wichtigste Neuerung im mittelalterlichen Transportwesen. Es ermöglichte eine Steigerung der Zugkraft des Pferdes auf das Vier- bis Fünffache. In China oder Zentralasien entwickelt, hat es sich in Europa seit dem Ende des 1. Jahrtausends nach Christus durchgesetzt. Die Fortschritte der mittelalterlichen Agrar- und Verkehrsentwicklung sind damit eng verknüpft. Jemandem das Kummet umhängen, bedeutet, ihm schwere Lasten und Arbeit auferlegen. Und andererseits: Hast du das Kummet aufgenommen, sagt das Sprichwort, dann sage nicht, dass du zu schwach bist.

2.6.4 Sporen

Eisen. Größe: L. 25 cm. Privatbesitz. Wer kennt es nicht aus den Westernfilmen: das Klirren der Sporen, wenn die bestiefelten Revolverhelden in die Bar stapfen und nach einem Whisky verlangen? Klimpern gehört eben zum Handwerk wie der Sporn zum Reiter. Sporen sind ein Mittel der Macht. Sie sollen dem Pferd die Richtung vorgeben und ihm den Willen des Reiters spüren lassen. Neben dem Schwert waren sie das wichtigste Attribut des adeligen Reiters. Man verdiente sich die ersten Sporen. Früher konnte man als Auszeichnung goldene und silberne Sporen überreicht bekommen. Heute reicht auch eine blecherne Medaille oder eine papierene Urkunde.

2.6.5 Steigbügel

Türkische Steigbügel. Größe: L. 30 cm, H. 30 cm, B. 15 cm. Privatbesitz. Die Steigbügel sind eine der wichtigsten reit- und militärtechnischen Innovationen des Frühmittelalters. Die Römer kannten sie noch nicht. Sie wurden wahrscheinlich in Ostasien erfunden und durch die Awaren nach Europa gebracht. Seit der Karolingerzeit gehörte der Stegreif oder Steigbügel fix zur Ausrüstung des reitenden Mannes und wurde wegen seiner wehr- und reittechnischen Bedeutung rasch zum wichtigen Rechtssymbol. Jemandem den Steigbügel zu halten, konnte Ehrerbietung oder Unterwerfung bedeuten. Aber als Steigbügelhalter benutzt zu werden, ist nicht gerade ehrenhaft. Ein Ritter vom Stegreif lebte einst von Straßenräuberei. Aber aus dem Stegreif spielen und reden kann sehr erfrischend sein.

2.6.6 Hufeisen

Hufschmiede des Pferdezentrums Stadl-Paura.
„Ein Nagel kann ein Hufeisen retten", heißt es, „ein Hufeisen ein Pferd, ein Pferd einen Reiter und ein Reiter ein Land." Erst die Hufeisen haben die Pferde zu wirklich effizienten Zug- und Reittieren gemacht. Genagelte Hufeisen, wie sie heute verwendet werden, sind seit dem 5. Jahrhundert nach Christus zweifelsfrei nachweisbar. Die Grundform hat sich seither nicht viel verändert. Hufeisen gelten als Glücksbringer. Warum? Das weiß man nicht wirklich. Wegen ihrer Form? Wegen des Werts ihrer Träger. Man muss sie allerdings finden und darf sie nicht suchen. Und man darf auf keinen Fall daran vorbei gehen. Doch die Chance, heute irgendwo auf der Straße ein Hufeisen zu finden, dürfte recht gering sein.

2.6.7 Stiefel

Pferdezentrum Stadl-Paura.
Der Stiefel ist eng mit der Reiterei und dem militärischen Bereich verbunden. Und doch leitet sich das Wort aus dem friedlichen Bereich der Geistlichkeit her, vom lateinischen „aestivale", dem „Sommerschuh" der Mönche. Bis ins 20. Jahrhundert kennzeichneten die Stiefel die adelig-militärisch geprägten Männergesellschaften:

Generäle, Cowboys, Landsknechte und Studenten. Adolf Loos erwartete 1899 für das 20. Jahrhundert eine neue, demokratischere Gesellschaft, in welcher der Schnürschuh den Reitstiefel ersetzen werde, ohne zu ahnen, wie sehr der „Kamerad Schnürschuh" in zwei Weltkriegen das Gesicht Europas bestimmen sollte. Inzwischen hat der Stiefel ein anderes Gesicht bekommen: als Fußkleidung für Frauen und friedliche Reiter.

2.6.8 Hose
Pferdezentrum Stadl-Paura.
Kein Kleidungsstück ist so sehr zum Zeichen männlicher Überlegenheit und gleichzeitig Signal weiblicher Emanzipation geworden wie die Hose. Die Hosen gelten als Erfindung der Reitervölker. Zum Statussymbol wurden sie durch die fast auf den Leib geschmiedeten Rüstungen mittelalterlicher Panzerreiter. Frauen ritten im Seitsitz. Der Kampf um die Hose wurde zum Leitbild der im 19. Jahrhundert einsetzenden Frauenemanzipation, sowohl im Sport wie im Gesellschaftsleben. Heute ist die Reithose wie die Hose ganz generell zu einem formvollendeten und auch unumstrittenen weiblichen Kleidungsstück geworden. Doch wer die Hose anhat, dem wird noch immer viel Einfluss zugeschrieben.

2.6.9 Peitsche
Pferdezentrum Stadl-Paura.
Die Mensch-Pferd-Beziehung ist auch eine Geschichte der Leiden, eine Geschichte von Herrschaft und Einhegung: in Koppeln und Boxen, mit Zaumzeug, Kandare, Sporen und Peitsche. Wie kein anderes Accessoire der Pferdehaltung und Pferdenutzung ist die Peitsche auch ein Zeugnis der Gewalt gegen Tiere. Als Symbol der Unbarmherzigkeit gegen das Tier und seiner bisweilen sehr rücksichtslosen Indienstnahme. Schön

gestaltete Peitschen und Gerten sind Statussymbole. Doch es gehört zum Ehrenkodex von Reiter und Fahrer, sie richtig zu nutzen und ein Tier nicht durch Schläge zu mehr Leistung oder Gefügigkeit antreiben zu wollen. Das geschundene Pferd muss der Geschichte angehören.

2.6.10 Scheuklappen
Pferdezentrum Stadl-Paura.
Pferde sind Fluchttiere. Mit ihrem fast vollständigen Rundblick von nehmen sie alles wahr, was sich von der Seite oder von schräg hinten nähert. Geblendete Rossstirnen und Scheuklappen sollten schon seit dem Mittelalter verhindern, dass die Pferde von der Seite oder von hinten abgelenkt oder aufgescheucht werden. Die Menschen haben ein viel kleineres Gesichtsfeld. Das ist der Grund, dass schon früh der fehlende geistige Horizont mancher Menschen mit Scheuklappen gleichgesetzt wurde, weil Menschen bisweilen viel weniger sehen als ihre Pferde.

2.6.11 Pferdefuß
2 Stück. L. 30 cm, Dm. 10 cm., Salzburg, Haus der Natur, Inv.-Nr. D 0.800.
Das Pferd ist ein Zehenspitzengeher. Sein Fuß ist ein Wunderwerk der Natur. Doch der Pferdefuß ist zum Kennzeichen des Teufels geworden. Dass sagenhaften und geheimnisvollen Schmieden wie Dädalus oder Wieland Gehbehinderungen zugeschrieben wurden, mag vielleicht auch mit Berufskrankheiten erklärt werden. Hinkende Zauberer und Schamanen, die übernatürliche Kräfte besitzen und meist mit Bocks- oder Pferdefüßen dargestellt werden, sind im ganzen eurasischen Kulturkreis verbreitet. Auch unser Teufel gehört in diesen Kontext. Er kann in noch so schönen Verkleidungen auftreten.

Der Pferdefuß entlarvt ihn. Aus dem Repertoire der Theologie ist er inzwischen tunlichst verbannt. Nicht einmal mehr im Brauchtum darf er auftreten. Aber einen Pferdefuß möchte man immer noch lieber nicht in seinen Akten und Projekten finden.

2.6.12 Amtsschimmel
Installation.
Jeder glaubt ihm schon einmal begegnet zu sein, dem Amtsschimmel, auch wenn dieser nicht, wie das Wort vermuten ließe, tatsächlich ein Pferd ist, sondern sich vom lateinischen „Simile", dem Muster oder Formular, herleitet. Der „Amtsschimmel" hat also nichts mit verschimmelten Akten, weißen Pferden oder berittenen Boten gemeinsam. Der Schimmelbrief machte den Amtsschimmel: Mit Hilfe von Standard-Vordrucken und Formularen ließen sich auch in einem Zeitalter, das noch nicht von Kopierern und digitalen Akten, sondern von hand- und maschinschriftlichen Büros geprägt war, ähnlich lautende Anliegen schematisch und zügig erledigen. Im Zeitalter von „copy and paste" ist das „Simile" Geschichte. Aber der Amtsschimmel wiehert immer noch.

2.6.13 Steckenpferd
Als Kinderspielzeug waren Steckenpferde bereits im Mittelalter gebräuchlich: Sie hatten damals eine ähnliche Bedeutung wie hernach diverses Kriegsspielzeug oder heute Spielzeugautos. Das 19. Jahrhundert war die große Zeit der Steckenpferde. Seit dem 18. Jahrhundert ist der Begriff „Steckenpferd" auch zum Ausdruck für mehr oder weniger teure und zeitaufwendige Hobbies und Freizeitbeschäftigungen geworden. Als Kinderspielzeug sind Steckenpferde längst unmodern geworden. Sie sind durch Tretroller, Dreiräder und Buggies verdrängt. Aber irgendwelche

Steckenpferde hat fast jeder Mensch. Und das ist gut so.

2.6.14 Schaukelpferd

Schaukelpferd. Holz, bunt bemalt. OÖ, 18. Jh. L. 82 cm, H. 57 cm. Linz, OÖ. Landesmuseum, Inv.-Nr. F 260. Schaukeln gehört zu den ältesten Erfahrungen des Menschen. Generationen von Schaukelpferden sind durch die Kinderzimmer galoppiert. Hölzerne Pferde auf Rädern zum Nachziehen oder Aufsitzen gab es als Kinderspielzeug schon im antiken Rom und Athen. Auf Kufen montierte Schaukelpferde dürften allerdings frühestens im 17. Jahrhundert in Gebrauch gekommen sein. Die Zeit ihrer größten Faszination war das 19. Jahrhundert. Da zierten sie die Gabentische reicher Adels- und Bürgerhaushalte. Erloschen ist der Reiz des Schaukelns auch heute nicht. Schaukeln kann beruhigen und in Sicherheit wiegen, aber auch zum „Verschaukeln" führen.

2.6.15 Rossknödel

Installation. Gefriergetrocknet. Was hinterlässt ein Pferd? Jedenfalls Rossknödel. Pferde äpfeln alle 30 bis 120 Minuten, wobei sie bis zu 50 Kilogramm pro Tag abgeben können. In Norddeutschland, wo man weder die Wörter Knödel noch Ross gebraucht, heißen sie Pferdeäpfel, in Amerika „road apples". Pferdemist ist zwar ein hervorragender Dünger. Aber in den Städten wurde er zum Problem. Die Stadtplaner fürchteten, dass die Straßen bald in meterhohem Pferdemist ersticken würden. Die Geschichte strafte ihre Voraussage zwar Lügen. Aber die Umweltprobleme sind mit den Automobilen nicht kleiner, sondern größer geworden.

2.7 Sattlerei

Firma Niedersüß / Rohrbach und Achenbachsattlerei / Lochen
Die Sattlerei ist ein altes Gewerbe. Sattler machen mehr als Zaumzeug und Sättel. Sie waren auch Beutler, Nadler, Gürtler, Riemer, Taschner und Tapezierer. Mit der Motorisierung verlor das traditionelle Sattlergewerbe sehr rasch an Bedeutung. Viele führten nur noch Reparaturen aus, andere sind Tapezierer, Polsterer und Raumausstatter geworden. 1937 gab es in Österreich 3.471 Riemer und Sattler, 1955 noch 2.432, im Jahr 1994 nur noch 274, davon 249 aktiv. Mit Ende 2013 gab es in Österreich noch 110 Sattler einschließlich Fahrzeugsattler und Riemer. Ledergalanteriewarenerzeuger und Taschner gab es noch 64. In den letzten 35 Jahren erfuhr mit der Wiederbelebung der Pferdenutzung im Hobby- und Sportbereich auch der Beruf des Sattlers eine Renaissance. Seit mehr als 300 Jahren ist die Sattlerei Niedersüß in Rohrbach im oberen Mühlviertel beheimatet. Der Betrieb wurde über 30 Jahren von Karl Niedersüß geleitet, der mit seinen 25 Mitarbeitern, davon 19 Frauen und 6 Männer einen modernen Betrieb aufbaute. Jährlich werden etwa 1000 Sättel sowie das dazu passende Zubehör hergestellt. 90 Prozent davon werden exportiert. Die Produkte der Sattlerei Niedersüß waren bereits einige Male bei den olympischen Spielen vertreten.
Die Achenbach-Sattlerei HAMA in Lochen wurde im Jahre 1981 von Hans Maislinger als Einmann-Betrieb gegründet. Mittlerweile gibt es einen Western- und einen Englisch-Shop und einen getrennten Verkaufsbereich speziell für den Fahrsport. 2006/09 übernahm Sohn Markus Maislinger den vergleichsweise jungen, aber erfolgreichen Betrieb.

2.8 Heilen mit Pferden

Linz-Leonding, St. Isidor, Hippotherapie

Die Hippotherapie ist eine spezielle, physiotherapeutische Behandlungsmethode mit Hilfe des Pferdes. Diese muss ärztlich verordnet werden. Die Überweisungen können durch Kinderfachärzte, Neurologen, sowie Neuroorthopäden oder auch durch Ambulanzen von Spitälern ausgestellt werden. Zielgruppe sind PatientInnen mit Bewegungsstörungen, welche durch Erkrankungen des cerebralen Nervensystems verursacht werden. Zum Beispiel spastische und schlaffe Lähmungen, Multiple Sklerose, körperliche Verfassung nach Schlaganfällen und Schädelhirntraumata, Querschnittslähmungen, Muskel- und Stoffwechselerkrankungen. Das Integrative Reitzentrum St. Isidor der Caritas bietet ein besonderes Leistungsangebot für Menschen mit unterschiedlichen Beeinträchtigungen.

2.9 Pferdemedizin

2.9.1 Zahnmodelle

Zur Bestimmung des Alters von Pferden. H. 25 cm, B. 25 cm. Sankt Florian bei Linz, Pferdeklinik Tillysburg.

2.9.2 Zahnzange

L. 50 cm. Sankt Florian bei Linz, Pferdeklinik Tillysburg.

2.9.3 Pferdebeißkorb

16. Jh. Eisen. Privatbesitz.

2.9.4 Autokauter nach Déchery

Im Holzkasten nebst Spirituslampe und Reservebrennstiften. (Hersteller: H. Hauptner Instrumentenfabrik,

Solingen, Deutschland) Datierung:
Ende des 19. Jahrhunderts bis
1932, L. 43 cm, H. 6,5 cm, T. 12,5 cm.
Wien, Veterinärmedizinische
Universität, Historisches
Archiv, Veterinärmedizinische
Instrumentensammlung, Inv.-Nr.
6.2.2.1.

2.9.5 Rossarzneibuch

Linz, OÖ. Landesbibliothek,
Handschriftensammlung, Signatur
neu: 182 (Signatur alt: 458).
Inhaltsbeschreibung: 1. Bl. 3r-136r
Rosarzneibuch, deutsch, geschrieben
von Isaak Jakob Haggner, kais.
Fleisch-Aufschlager in Pettenbach,
Vorchdorf u. Wartberg, gewesenem
Schulmeister in Weisskirchen,
1707. – Bl. 102–108 u. 137–139r
Register. – Bl. 110 u. 111 zwei
‚Lasspferde' mit Beschreibung. 2. Bl.
146r-184 ‚Mayrschafft, Gartten und
Rossartzney Buechl', deutsch, vom
gleichen Schreiber, 1707. – Bl. 185–188
Register. Kodexbeschreibung: Saec.
XVIII (Bl. 3r u. 146r: 1707), Pap.,
200x140, 190 Bll. Bl. 6–101, 113–136,
146–185 alte Paginierung, je mit eins
beginnend, mit Doppelzahlung von
Bl. 64. Bl. 110 u. 111 eingeklebt. Bl. 1,
2v, 3v, 5v, 101v, 109, 112, 136v, 139–
145, 189, 190 leer. – Brauner Lederbd.
– Bl. 2r. Besitzvermerke.

2.10 Vierer-Stall des Pferdezentrums.

2.10.1 Box 1: DER HAFLINGER – Von Österreich in die ganze Welt

Herkunft und Abstammung
Erstmals wird Ende des späten
Mittelalters über eine kleine
Gebirgspferderasse südlich der
Alpen berichtet. Dies war ein
leichter, dem orientalischen Pferd
nahestehender Pferdetyp. Die
dokumentierte Zuchtgeschichte
des Haflingers beginnt im Jahr

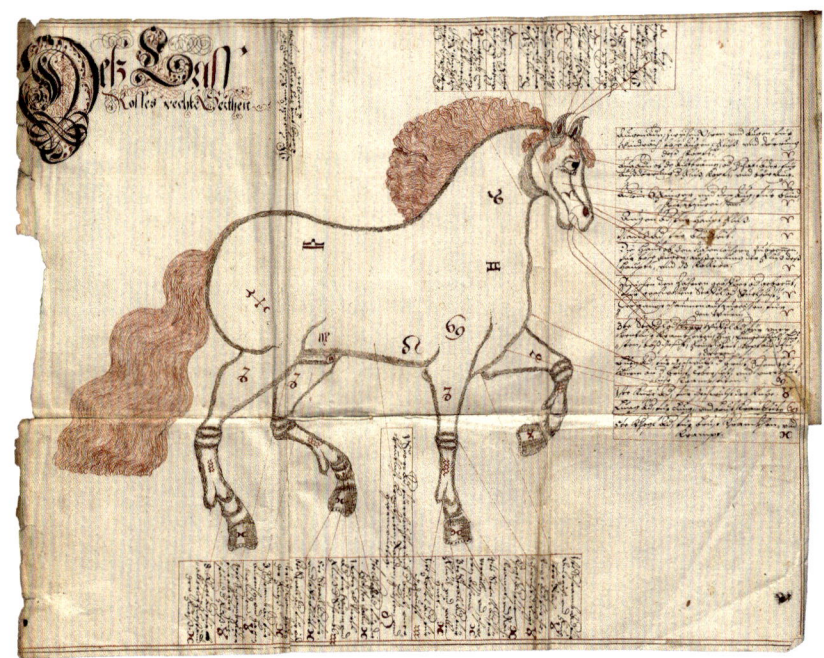

2.9.5 Rossarzneibuch

2.9.5 Rossarzneibuch

2.10.1 Haflingerherde.   Foto: Pferdezentrum Stadl-Paura

2.10.2 Ausfahrt mit einem Norikergespann.   Foto: Pferdezentrum Stadl-Paura

1874 mit der Geburt des Hengstes 249 Folic, der als Begründerhengst der Haflingerzucht angesehen wird. Die ursprüngliche Heimat des Haflingers sind die Sarntaler Alpen im heutigen Südtirol. Im Jahr 1904 erfolgte die Gründung der ersten Haflingerzuchtgenossenschaft in Mölten. Nach 1918 wurde die Herde aufgeteilt. Die Hengste blieben in Stadl-Paura. Die Stuten kamen nach Südtirol. 1921 wurde die erste Pferdezuchtgenossenschaft in Nordtirol gegründet. Die Errichtung des Haflingeraufzuchthofes in Ebbs im Jahr 1947 war für die weitere Entwicklung der Haflingerzucht von größter Bedeutung.

Beschreibung
Der Haflinger ist ein ausdrucksvoller, moderner, mit Reitpferdepoints ausgestatteter Fuchs mit weißem Langhaar. Die Größe soll 140 bis 150 cm betragen. Der Kopf ist edel und ausdrucksvoll mit schönem Auge, leicht konkaver Nasenlinie und guter Ganaschenfreiheit. Der Hals soll genügend lang mit leichtem Genick, sowie gut aufgesetzt sein. Eine lange, schräge Schulter mit deutlichem Widerrist und eine längsovale Rippung ergeben eine gute Sattellage. Das Fundament ist kräftig und trocken, die Hufe sind hart und korrekt gestellt. Die Bewegungen sollen, mit guter Schulterfreiheit und genügend Schub aus der Hinterhand, raumgreifend und elastisch sein.

Verwendung
Der Haflinger war ursprünglich Saumpferd für die Gebirgsbauern sowie Trag- und Arbeitspferd für Militär und Landwirtschaft. Heute wird er als Allround- und Mehrzweckpferd in Freizeit und Sport verwendet. Aufgrund seiner Anspruchslosigkeit, Gutmütigkeit und Gängigkeit kann er als Reit- und Fahrpferd, vor allem aber auch als Kinderpferd verwendet werden. Er wird aufgrund seines hervorragenden Charakters und seines allerbesten Temperaments geschätzt. Haflinger werden in etwa 40 Ländern auf allen Kontinenten gezüchtet und gehalten. Österreich ist mit einem Zuchtbestand von 4.000 eingetragenen Stuten und 100 Hengsten das Zentrum der weltweiten Haflingerzucht.

2.10.2 Box 2: DER NORIKER – Nationales hippologisches Kulturgut

Herkunft und Abstammung
Die norische Rasse erhielt den Namen von der römischen Provinz Noricum. Mit dem Vordringen der römischen Heere wurde auch das schwere römische Pferd weit verbreitet. Nach dem Ende der Römerherrschaft gingen Zucht und Verwendung stark zurück und konzentrierten sich lediglich in den Bergtälern der Provinz. Ab Mitte des 16. Jahrhunderts engagierte sich das Erzbistum Salzburg in besonderer Weise für die Zucht von Pferden, die im Rückgriff auf die antike Geschichte den Namen „Noriker" erhielten. Durch den Ankauf des Gestüts Schwaighof und die Festlegung von besonderen Maßnahmen zur Hebung der Norikerzucht wurde der Erhalt der Rasse gesichert. Anfangs wurden auch englische oder belgische Hengste eingekreuzt, heutzutage wird die Norikerzucht in einem geschlossenen Zuchtbuch in Reinzucht betrieben.

Beschreibung
Der Noriker ist ein mittelschweres, breites Gebirgskaltblutpferd mit tiefer Schwerpunktlage, guter Trittsicherheit und gutem Gleichgewichtssinn. Die Größe soll zwischen 158 und 163 cm liegen. Der Kopf soll trocken, typvoll und von herbem Adel sein. Der Hals ist kräftig, mittellang und gut bemuskelt. Die Vorhand ist schräg, mit genügend Brustbreite und -tiefe und erkennbarem Widerrist ausgestattet. Die Mittelhand soll lang und tief, die Kruppe breit und deutlich gespalten sein. Besonderes Augenmerk wird auf ein kräftiges, trockenes und mit gut ausgeprägten Gelenken ausgestattetes Fundament gelegt. Großer Beliebtheit erfreut sich der Noriker aufgrund seiner Farbenvielfalt. Neben den klassischen Farben Braune, Rappen und Füchse gibt es noch Tiger, Mohrenköpfe und Schecken.

Verwendung
Ursprünglich war der Noriker ein reines Arbeits- und Wirtschaftspferd, heute wird er als Freizeitpferd im Reiten und Fahren verwendet und ist ein wesentlicher Teil des bäuerlichen Brauchtums. Der Noriker wird von ländlichen Reitergruppen zum Reiten und Fahren genauso verwendet wie zum Beispiel als Paradepferd bei verschiedenen Festumzügen. Besonders geschätzt werden seine Gesundheit, Langlebigkeit, Gutmütigkeit, sein hervorragender Charakter und sein ausgeglichenes Temperament. Die hohe Leistungsbereitschaft des Norikers wird auch durch die großen Erfolge im Norikerfahrsport unter Beweis gestellt. Österreich ist mit 4.700 eingetragenen Zuchtstuten und 200 Hengsten das größte geschlossene Norikerzuchtgebiet Europas.

2.10.3 Box 3: DAS WARMBLUT – Vom weltbesten Militärpferd zum erfolgreichen Sportpferd

Herkunft und Abstammung
Die Warmblutzucht hatte in der Doppelmonarchie weltweite Bedeutung. Zur Zeit der Habsburger wurde vor allem in der östlichen

2.10.3 Das Warmblut, ein Sportpferd.   Foto: Pferdezentrum Stadl-Paura

2.10.4 Ritt mit einem Lipizzaner.   Foto: Pferdezentrum Stadl-Paura

Reichshälfte die Zucht der „altösterreichischen Halbblutrassen" betrieben. Diese wurden überwiegend als Kavalleriepferde gezüchtet – als brauchbare, harte Pferde von sehr großer Ausdauer und Schnelligkeit. Diese Altösterreicher Furioso-North Star, Gidran, Nonius und Przedswit galten als die besten Militärpferde der Welt. Das heutige, moderne Warmblutpferd ist ein Sportpferd mit internationaler Blutführung. Die Reitpferdezucht ist eine Kombinationszucht, wobei die weltbesten Zuchtlinien dem österreichischen Warmblutpferd als Grundlage dienen. Vollblut und Trakehner werden vorwiegend als Veredler verwendet.

Beschreibung

Gewünscht wird ein edles, großliniges, korrektes und leistungsstarkes Warmblutpferd mit guten Bewegungseigenschaften und gutem Springvermögen, das für Reitzwecke jeder Art geeignet ist. Die speziellen Veranlagungen der Pferde werden durch ein umfassendes System an Leistungsprüfungen für Stuten und Hengste bestimmt. Durch gezielte Anpaarungen können besondere Veranlagungen in Dressur oder Springen verstärkt werden. Von großer Bedeutung für die österreichische Reitpferdezucht sind generell Rittigkeit, Leistungsbereitschaft, guter Charakter und ausgeglichenes Temperament.

Verwendung

Trotz einer relativ geringen Zuchtbasis von 2.500 Stuten und 90 Hengsten erreichen österreichische Warmblutpferde im nationalen und internationalen Reitsport sehr beachtliche Erfolge. Etwa 70 % aller in Österreich gezogenen Warmblüter sind im Turniersport aktiv. Jeder fünfte Start eines österreichischen Warmblutpferdes führt im langjährigen Durchschnitt zu einer Platzierung in den ersten drei Rängen. Darüber hinaus beweisen sowohl eine Vielzahl von Meistertiteln auf Landes- und Bundesebene in den verschiedenen Sparten des Reit- und Fahrsportes, als auch Erfolge bei Welt- und Europameisterschaften den hohen Qualitätsstand der einheimischen Warmblutzucht.

2.10.4 Box 4: DER LIPIZZANER – Eine der ältesten Kulturpferderassen Europas

Herkunft und Abstammung

Der Lipizzaner gilt als eine der ältesten „Kulturpferderassen" Europas. Die Entstehungsgeschichte führt zurück in das 16. Jahrhundert. Die in der Renaissance wieder entdeckte „klassische Reitkunst" der Antike hat zur Entwicklung höfischer Reitschulen geführt. Äußerst begehrt waren spanische Pferde. 1580 gründete der Habsburger Erzherzog Karl II. das Hofgestüt am Karst, nahe bei Lipizza, und begann mit Pferden aus Andalusien eine Pferdezucht aufzubauen, die in den folgenden Jahrhunderten durch ihre einmalige Qualität am kaiserlichen Hof sehr geschätzt wurde. Bis in das späte 18. Jahrhundert wurden diese Pferde „Spanische Karster" genannt. Erst ab 1790 wurde die Bezeichnung „Lipizzaner" mehr und mehr gebräuchlich.

Beschreibung

Die Rassemerkmale lenken auf das ursprüngliche Zuchtziel und die Verwendung als barockes Schul-, Prunk- und Paradepferd. Der Lipizzaner ist ein äußerst ausdrucksvolles Pferd mit adeliger Haltung und einem hervorragenden Gesamtbild nach den Idealen des Barock. Der Kopf besticht durch große dunkle Augen, breite Stirn, feine Kinnlade und genügende Ganaschenfreiheit. Der Hals ist kräftig mit schwungvoll gebogener Oberlinie, starkem Ansatz und erhobener Haltung. Der Rücken ist breit und muskulös, die Lende kräftig, die Kruppe sehr gut bemuskelt. Typisch ist eine H.re Aktion der Vorderbeine, ideale Voraussetzung für den „spanischen Schritt". Das Stockmaß des ausgewachsenen Pferdes liegt zwischen 154 und 160 cm, es dominiert die Schimmelfarbe.

Verwendung

Den Lipizzaner zeichnet Genügsamkeit, Ausdauer, Gelehrigkeit, Leistungsbereitschaft und ausgesprochene Gutmütigkeit aus. Seine besondere Eignung für die klassische Reitkunst der Hohen Schule wird in der Spanischen Hofreitschule zu Wien präsentiert und hat den Lipizzaner weltberühmt gemacht. Als Reitpferd wird der Lipizzaner für die Dressur, Dressurküren und für Schauquadrillen besonders geschätzt. Der Lipizzaner ist bei Hof auch im leichten, eleganten Gespann sehr geschätzt worden und erfreut sich als Gespannpferd heute zunehmender Beliebtheit. Die Lipizzanerherde im Bundesgestüt Piber zählt über 300 Pferde. Ein Besuch ist immer ein Erlebnis.

2.10.5 Box 5: DER SHAGYA-ARABER – Das Offizierspferd der k. u. k. Monarchie

Herkunft und Abstammung

Der Shagya-Araber ist die auf internationaler Basis in Reinzucht gepflegte Weiterentwicklung der „Araber-Rasse" der Gestüte Babolna und Radautz. Bewährte Stuten aus den Militärgestüten wurden

2.10.5 Shagya-Araber.

Foto: Pferdezentrum Stadl-Paura

2.10.6 Huzulenherde.

Foto: Jan Myslinski

mit Originalarabern gedeckt, um die Vorteile des arabischen Blutes mit denen eines europäischen Reitpferdes zu verbinden. In der Österreichisch-Ungarischen Monarchie war der Shagya-Araber wegen seiner Schönheit und der guten Eigenschaften am kaiserlichen Hof, auch zur Repräsentation, hoch geschätzt; er war – damals noch unter der Bezeichnung Araber-Rasse – in der gesamten K.u.K. Monarchie eine der besten Pferderassen. Seine Schönheit, Härte, Leistungsfähigkeit und Ausdauer sowie seine Vererbungskraft waren geradezu Legende.

Beschreibung

Der Shagya-Araber ist ein Pferd, das die Qualitäten des arabischen Blutes besitzt, jedoch im Rahmen, in der Größe und in der Knochenstärke die Normen das arabischen Vollblutes deutlich übertrifft. Der Shagya-Araber soll zwischen 150 und 160 cm groß sein. Er ist zumeist ein Pferd im Quadratformat mit ausdrucksvollem Gesicht, wohlgeformtem Reitpferdehals, markanter Oberlinie, langer Kruppe und getragenem Schweif bei kräftigem, trockenem Fundament. Von großer Bedeutung ist ein ergiebiger, elastischer und korrekter Bewegungsablauf in den drei Grundgangarten.

Verwendung

Sowohl in der äußeren Erscheinung wie im Temperament soll der Shagya-Araber alle Anforderungen an ein edles und leistungsfähiges Familien- und Freizeitpferd, als Turnier-, Jagd- und Wagenpferd wie als Distanzpferd erfüllen. Nicht zuletzt durch ihre Rolle in der Warmblutzucht sind sie ein unwiederbringlicher Teil der Geschichte aufgrund ihrer 200-jährigen Selektion bezüglich Gebrauchseigenschaften, aber auch aufgrund ihrer Leistungsfähigkeit und

ihres Leistungswillens. Zahlreiche europäische Reitpferdezuchten sind durch die Zuführung von arabischem Blut modernisiert worden. Die Shagya-Araberzucht in Österreich umfasst eine Zuchtpopulation von 220 Stuten und 50 Hengsten.

2.6.10 Box 6: DER HUZULE: Ein Alleskönner – das robuste und leistungsfähige Kleinpferd seit den Zeiten der Habsburger Monarchie

Herkunft und Abstammung

Das Ursprungszuchtgebiet von Pferden der Rasse Huzule sind die Ostkarpaten, mit dem Schwerpunkt in der heutigen Ukraine. Durch die Habsburger Monarchie wurden die Pferde bis in das heutige Österreich verbreitet und gezüchtet. Die Zuchtmethode ist die Reinzucht, Fremdrassen sind in den Ahnenreihen nicht zulässig. Man unterscheidet sieben Hengstlinien Hroby, Goral, Gurgul, Polan, Ousour, Pietrosu und Prislop, die auch für die Namensgebung von Bedeutung sind. Die Zucht der Pferderasse Huzule ist nach der ÖPUL 2015 –Maßnahme „Gefährdete Nutztierrassen" förderungsfähig.

Beschreibung

Die Rasse Huzule beschreibt ein besonders trittsicheres, robustes, genügsames Gebirgspferd, das im Format eines Kleinpferdes steht. Die häufigsten Farben sind Braune, Rappen und Falben. Es kommen aber auch Füchse und Schecken vor. Der Huzule repräsentiert einen ursprünglichen Pferdetypus. Daher ist auch das Auftreten von Wildpferdemerkmalen wie Mehlmaul, Schulterkreuz, Aalstrich und Zebrierung charakteristisch. Der Huzule zeigt einen gedrungenen, harmonischen Körperbau mit guter Brusttiefe und Rippenwölbung. Er ist

mit einem Exterieur ausgestattet, dass ihn zu enormen Leistungen befähigt, auch im Ausdauerbereich. Die Pferde stehen im Rechteckformat. Der Kopf ist ausdrucksvoll mit leicht konkaver Profillinie. Der Hals trägt eine dichte Mähne. Er ist gut angesetzt, eher kurz und kräftig. Die Oberlinie ist geschwungen und harmonisch verlaufend. Die Kruppe ist gut bemuskelt und die Hinterhand kräftig. Dadurch sind der Einsatz vor dem Wagen und das Reiten in schwierigem Gelände gut möglich. Das Fundament ist sehr tragfähig. Kräftige Gelenke und starke Sehnen erlauben das Tragen von schweren Lasten. Besonders harte, gut geformte mittelgroße Hufe erlauben oftmals eine Nutzung ohne Beschlag. Der Bewegungsablauf ist in allen Grundgangarten ökonomisch und taktsicher. Das Idealmaß (Stockmaß) beträgt etwa 140 cm, das Bandmaß etwa 148 cm. Der Umfang des Röhrbeins beträgt durchschnittlich 18 cm, der des Karpalgelenks 29 cm. Das Maß für den Brustumfang soll das Maß für das Stockmaß um mindestens 25 cm überschreiten.

Verwendung

Der Huzule weist hauptsächlich eine Eignung zum Reiten und Fahren auf. Er kann aber auch als Wirtschaftspferd für den Zug und das Tragen von Lasten verwendet werden. Durch seine Trittsicherheit ist er ein ideales Wanderreitpferd. Außerdem springen Huzulen gut und gerne. Als Kleinpferde sind sie trotzdem „Gewichtsträger", sie können auch Erwachsene ohne Problem tragen, ein Umstand der sie zu einem idealen Familienpferd macht. Als „Robust-Rasse" eigenen sie sich besonders gut für naturnahe Haltungsformen.

2.10.7 Das Pferdezentrum Stadl-Paura bittet als international anerkanntes Kompetenzzentrum eine umfassende Infrastruktur für die Institution Pferd.

Foto: Pferdezentrum Stadl-Paura

2.10.8 Das Pferd ist ein kaum zu überschätzender Wirtschafts- und Tourismusfaktor.

Foto: Pferdezentrum Stadl-Paura

2.10.7 Box 7: STADL-PAURA – Das österreichische Pferde-Dienstleistungszentrum

Geschichte und Entwicklung

Vor 200 Jahren hielten die ersten Pferde Einzug auf dem Areal des heutigen Pferde-Dienstleistungszentrums. Die Salzregie errichtete Stallungen für jene Pferde, die die Salzzillen flussaufwärts zogen. Nach Auflösung der Pferdestation wurde 1826 ein zentrales Hengstendepot gegründet, um die Pferdezucht durch geeignete Vatertiere zu fördern. Der Schrumpfungsprozess in der Pferdezucht ab 1950 führte 1997 zur Privatisierung der ehemaligen „Bundesanstalt für Pferdezucht". Die Landespferdezuchtverbände Österreichs gründeten die „Pferdezentrum Stadl-Paura GesmbH". Heute ist das Pferdezentrum ein international anerkanntes Kompetenzzentrum für Zucht, Sport, Freizeit und Kultur, das eine umfassende Infrastruktur für die Institution Pferd bietet.

Zucht und Ausbildung

Zu den wichtigsten Aufgaben des Pferde-Dienstleistungszentrums gehört die Ausbildung von Jung- und Verkaufspferden. Mit der Durchführung von Leistungs- und Veranlagungsprüfungen für Stuten und Hengste aller Rassen sollen die österreichischen Zuchtprodukte bestmöglich gefördert und eine Grundvoraussetzung für eine bessere Vermarktung geschaffen werden. Besondere Bedeutung im Bereich der Berufsausbildung bildet die Integration der Landwirtschaftlichen Fachschule mit der Ausbildung zum Pferdewirt. Den Schülern stehen etwa dreißig Schulpferde zur Verfügung, sie finden im Pferdezentrum optimale Ausbildungs- und Trainingsbedingungen vor.

Sport und Veranstaltungen

In den letzten Jahren wurden zahlreiche Großveranstaltungen im neuen Bundesleistungszentrum Stadl Paura durchgeführt. So zum Beispiel die Weltmeisterschaften der Fahrer mit Behinderung, die Islandpferde- und Voltigierweltmeisterschaften, die Haflinger- und Vollblutaraber-Europachampionate, der Casino Grand Prix, jährlich ein internationales Dressurturnier sowie das Bundeschampionat des österreichischen Warmblutpferdes. Neben diesen hochkarätigen Sport-Events finden jedes Jahr noch zusätzlich bis zu 100 kleinere Aktivitäten wie Seminare, Kurse, Kadertrainings, Rassenschauen, Reiterpass-, -nadel- und -lizenzprüfungen statt.

2.10.8 Box 8: Das Pferd als Wirtschaft- und Tourismusfaktor

Wirtschaftsfaktor Pferd

In Österreich gibt es derzeit etwa 120.000 Pferde. Jährlich werden etwa zwei Milliarden Euro mit dem Pferd erwirtschaftet und etwa 22.000 Arbeitsplätze bereitgestellt. Fünf Pferde sichern jeweils einen Arbeitsplatz. Sechs Prozent der Touristen reiten. Freizeitreiten boomt, besonders bei Mädchen. Relativ zur Sektorgröße profitiert der primäre Sektor am meisten vom Wirtschaftsfaktor „Pferd": durch Pferdezucht, Pferdegestüte, Reitbauernhöfe u. ä., ebenso durch Ausgaben der Stall- und Pferdebesitzer für Futter, Einstreu usw. In absoluten Werten fallen die größten Effekte im tertiären Sektor an: Veranstaltungswesen, Reitklubs, Pferderennbahnen, Pferdezuchtveranstaltungen, Tiergärten, Zirkusse usw.

Sozialfaktor Pferd

80 Prozent der Österreicher haben eine positive Beziehung zum Pferd. 70 Prozent nehmen an, dass die soziale Bedeutung des Pferdes in Zukunft noch steigen wird. Der wachsende Wunsch nach Freizeitbeschäftigung rund ums Pferd trägt zur Stärkung des ländlichen Raumes bei. Kinder und Jugendliche profitieren von der sinnvollen Freizeitgestaltung mit dem Pferd. Jugendliche und Erwachsene verbessern ihre Gesundheit durch die körperliche Betätigung oder durch Therapien mit dem Pferd.

Tourismus- und Freizeitfaktor Pferd

Pferde generieren in Österreichs Tourismus- und Freizeitwirtschaft einen Produktionswert von bis zu 2,1 Mrd. Euro. Darin stecken rund 0,83 Mrd. Euro an Tourismuseffekten und 1,27 Mrd. Euro an Freizeiteffekten. Geht man von einem Pferdebestand von rund 120.000 Tieren aus, dann bedeutet dies, dass jedes Pferd im Durchschnitt eine Produktion in der H. von bis zu 17.400 Euro auslöst. Gesamtwirtschaftlich lassen sich rund 1,1 Mrd. Euro Wertschöpfung auf den Tourismus- und Freizeitfaktor Pferd zurückführen. Es werden bis zu 23.060 Arbeitsplätze bzw. 19.663 Vollzeitäquivalente geschaffen. Rund fünf Pferde schaffen somit einen Arbeitsplatz, etwa sechs Pferde ein Vollzeitäquivalent in Österreichs Volkswirtschaft.

2.10.9 Box 9: Artgerechte Pferdehaltung und Ausbildung

Aufgrund der Prägung durch seinen ursprünglichen Lebensraum stellt ein Pferd präzise Anforderungen an die Haltung. Nur wenn es richtig gehalten wird, bleibt es gesund, leistungsfähig und ausgeglichen.
Pferde sind soziale Tiere, die in Gruppen leben möchten. Moderne Laufstallsysteme mit entsprechender

2.10.9 Pferde genießen als Lauftiere freien Auslauf und Weidegang.   Foto: Pferdezentrum Stadl-Paura

Bewegungsmöglichkeit und ständig zugänglichem Außenbereich tragen diesem Umstand Rechnung.
Werden Pferde einzeln in Boxen gehalten, ist eine Box mit Paddock (Auslauf) die zeitgemäße Form. Miteinander verträgliche Pferde sollen zumindest stundenweise einen gemeinsamen Auslauf genießen.
Pferde sind „Lauftierc". Neben dem Reiten muss ihnen noch zusätzliche Bewegungsmöglichkeit in einem freien Auslauf und Weidegang geboten werden.
Junge Pferde müssen zur Sozialisierung in Gruppen aufwachsen, bei ständiger Bewegungsmöglichkeit durch Laufstallsysteme im Winter und Weidegang im Sommer.
Das Pferd hat einen kleinen, einhöhligen Magen. Es ist ein „Dauerfresser" und nimmt ständig Futter in geringen Mengen auf. Die natürlichsten und verträglichsten Futtermittel sind Heu und Gras, aber mit geringerem Eiweiß- und höherem Rohfasergehalt, als sie heute meist in der Landwirtschaft produziert werden.
Kraftfutter benötigen Pferde nur bei schwerer Arbeit, im Spitzensport oder auf gewerblichen Pferdebetrieben, wie Fiaker- und Forstbetrieben. Auch die laktierende Mutterstute mit Fohlen bei Fuß kann darunter fallen. Auf die meisten Freizeitpferde trifft das nicht zu.

Pferdeausbildung
Die klassische Ausbildung in Österreich fußt auf der Tradition des k. u. k. Militär-Reitlehrerinstitutes in Wien und der Spanischen Hofreitschule.
Pferdeausbildung in klassischer Form, die auch im Österreichischen Pferdezentrum Stadl-Paura durchgeführt wird, bedeutet schrittweises motivierendes Lernen, bei gleichzeitiger athletischer Körperausbildung des Pferdes, um es gesund und leistungsfähig zu erhalten.
Aus der spanischen klassischen Reitweise entstand in Amerika die Arbeitsreitweise des „Westernreitens". Sie konnte auch bei uns viele Freunde finden.
Ausbildungswege, die besonders das natürliche Dominanz-Verhalten innerhalb von Pferdegruppen nutzen, wie zum Beispiel Monty Roberts, oder Kombinationen von Körperaktivierung und klassischen Elementen der Ausbildung einsetzen (Linda Tellington Jones) sind weitere Wege, die eigenständig oder in Kombination mit anderen in der Pferdeausbildung angewendet werden.

479

Ein Grundsatz sollte universell gelten: Das Wohl des Pferdes muss im Mittelpunkt aller Handlungen und Überlegungen stehen.

2.10.10 Kutschen und Schlitten

2.10.10.1 Lohner-Kutsche
Um 1910. 2,90 x 1,50 m. Leihgeber: Großraming, Kutschenmuseum Gruber.
Die vom Wagnermeister Heinrich Lohner 1821 gegründete Wiener Werkstätte wuchs zur größten und renommiertesten Kutschenfabrik der Habsburgermonarchie heran. Heinrich Lohners Sohn Jacob (1821–1892) war ein Wagenfabrikant von Weltruf, spezialisiert auf Luxus- und Ambulanzwagen. 1873 wurde bereits das 10.000. Fahrzeug produziert. Ab 1876 durfte Lohner den Titel eines „k.u.k. Hof-Wagenlieferanten" führen. Unter der Führung von Ludwig Lohner (1858–1925) wurden ab 1897 auch Benzin-Motorwägen und etwas später vor allem Elektroautos serienmäßig hergestellt. Ab 1909 wandte sich Ludwig Lohner dem Flugzeugbau zu und wurde damit in Österreich-Ungarn führend. Zehn Fahrzeuge und zahlreiche Kutschenzeichnungen von Lohner befinden sich heute in der Wagenburg im Schloss Schönbrunn. Kutschen in Naturholz ohne Farbanstrich wie die ausgestellte bedurften einer besonders sorgfältigen Auswahl und Bearbeitung des verwendeten Holzes.

2.10.10.2 Hotel-Taxi, Ischler Hof
3,15 x 1,90 m. Leihgeber: Großraming, Kutschenmuseum Gruber.
Das Pferdetaxi war für renommierte Kurorte ein unverzichtbarer Bestandteil des Luxus. Der Kurgast des späten 19. Jahrhunderts erwartete auch im Kurort und in der Sommerfrische jenen Komfort, der ihm auch in der Stadt zur Verfügung stand: Kutschen und sonstige Beförderungsmittel.

2.10.10.3 Stangenwagen/Kohlwagen
3,90 x 1,90 m. Leihgeber: Großraming, Kutschenmuseum Gruber.
Vor dem Einsatz fossiler Energieträger benötigte man Unmengen von Holzkohle: in der Eisenindustrie, aber auch in vielen anderen wärmeintensiven Gewerben. Die Holzkohle transportierte man mit Stangenwagen in geflochtenen Körben, den so genannten Mutwagen. Es war dies ein großer Korb auf Rädern. Die Menge der Holzkohle maß man in der Eisenwurzen hauptsächlich in Mut. Ein Mut war jene Menge, die in einem solchen Mutwagen Platz hatte, nämlich 30 Metzen = 1.844 Liter = 18,4 Hektoliter. Jeder Mutwagen musste (vom Waldmeister) geeicht sein. Für den Holzkohlentransport durften nur geeichte Mutwagen verwendet werden. Jegliche Veränderung an den Wagen war verboten. Ein Kohlwagen durfte nicht mit Stricken zusammengebunden sein. Denn durch starkes Festzurren der Stricke konnte man das Volumen in den geflochtenen Kohlkrippen verringern.

2.10.10.4 Muschelschlitten
2,30 x 1,20 m. Leihgeber: Kutschenmuseum Gruber.
Pferdegezogene Schlitten waren für den Winter ein nobles Verkehrsmittel. Das Fahren war viel angenehmer als mit Kutschen, weil eine Schneebahn weniger holprig war als eine Straße. Und es konnten wegen der geringeren Reibung auch deutlich größere Geschwindigkeiten erreicht werden. Daher waren Schlittenrennen und Vergnügungsfahrten sehr beliebt und die Schlitten entsprechend prunkvoll ausgestattet. Aber auch für den Alltagsverkehr waren Schlitten wichtig, zumal im 19. und frühen 20. Jahrhundert die Winter deutlich härter und schneereicher waren als am Beginn des 21. Jahrhunderts.

2.10.10.5 Kinderschlitten
1,60 x 0,90 m. Leihgeber: Kutschenmuseum Gruber.

Vorhergehende Seite: Kaiserin Maria Theresia zu Pferd 2. Hälfte 18. Jahrhundert.   Foto: KHM Wien, Museumsverbund

AUSSTELLUNG STIFT LAMBACH

1 Hufeisenspuren

Hufspuren weisen den Weg ins Stift und zur Ausstellung. Hufeisen bringen Glück. Aber man muss sie finden.

2 Der Steckenpferdweg

Ein Spalier aus Steckenpferden symbolisiert die veränderte und doch immer gleiche Rolle des Pferdes. Pferde waren immer ein „Steckenpferd": ein geliebtes Hobby und Spielzeug. Aber mehr als 4.000 Jahre waren sie für den Menschen wichtige und unverzichtbare Nutztiere, für Krieg, Arbeit und Fortbewegung. Heute sind sie Begleiter in Freizeit, Sport und Vergnügen. Sie erfüllen aber immer noch eine wichtige soziale, wirtschaftliche und kulturelle Funktion.

3 Der Ort: das Stift Lambach – eine tausendjährige Geschichte

3.1 Kurze Stiftsgeschichte

Graf Arnold II. von Wels-Lambach errichtete um 1040 auf seinem Stammschloss in Lambach eine Stiftung für zwölf weltliche Kanoniker. Sein Sohn, der hl. Adalbero, Bischof von Würzburg, mit dessen Tod 1090 das Geschlecht

Triumph der Eucharistie. Deckengemälde in der so genannten Schatzkammer des Benediktinerstiftes Lambach.

Foto: Schepe

483

der Wels-Lambacher ausstarb, wandelte diese Stiftung 1056 in eine Benediktinerabtei um. Die Mönche kamen aus Münsterschwarzach bei Würzburg. 1089 wurde von Lambach aus das Stift Melk besiedelt. Im gleichen Jahr wurde die romanische Lambacher Stiftskirche geweiht. Nach einer Hochblüte im 12. Jahrhundert und einer Krise im 13. und 14. Jahrhundert folgte im 15. Jahrhundert eine rege gotische Bautätigkeit. In Reformation und Bauernkriegen kam es zu schweren Zerstörungen. Eine neue religiöse und wirtschaftliche Hochblüte gab es im späten 17. und frühen 18. Jahrhundert insbesondere unter den Äbten Placidus Hieber von Greifenfels, Severin Blaß und Maximilian Pagl. Das Kloster erhielt seine heutige barocke Form.

Unter Joseph II. verlor das Stift zwar viel Vermögen, konnte aber durch Abt Amandus Schickmayer (1746–1794) vor der schon beschlossenen Aufhebung bewahrt werden. Von den schweren Schäden in den Napoleonischen Kriegen konnte es sich aber nie mehr wirklich erholen. Im Nationalsozialismus wurde es 1941 aufgelöst und in eine Napola (Nationalpolitische Erziehungsanstalt) umgewandelt. 1945 konnte das Klosterleben wieder beginnen.

In der klösterlichen Gemeinschaft leben derzeit 15 Mönche als Priester und Brüder. 22 Betten stehen für Gäste zur Verfügung. Hunderte Pilger gehen am Jakobsweg durch Lambach und viele nächtigen in der Pilgerherberge des Klosters. Der Forst umfasst circa 580 ha und liefert auch Hackgut für die klostereigene umweltfreundliche Biowärme. In Forst, Fischerei, Gastronomie und Stiftsverwaltung finden 20 Personen Arbeit. Das Stift beherbergt neben dem Stiftsarchiv auch ein wertvolles Musikarchiv und eine Handschriften-, Gemälde- und Graphiksammlung. Der Schulverein am Stift unterhält ein Realgymnasium und eine Handelsakademie mit einem Aufbaulehrgang nach der landwirtschaftlichen Berufs- und Fachschule (ABZ).

3.2 Das Stift Lambach – ein Baujuwel

Die Stiftsanlage ist durch die vielen Bauphasen sehr unregelmäßig. Die Kernanlage umfasst die Stiftskirche, den Kreuzgang, die Loretokapelle (darüber der Winterchor), die Sakramentskapelle (darüber der Kapitelsaal), den „Gotischen Raum" und den alten Küchenflügel. Im Westen gruppieren sich als neuere Bauteile um den Stiftshof die Winterabtei, die Sommerabtei und die Gast- und Verwaltungsgebäude, im Osten um den Konventgarten die Zellen der Mönche, das Sommerrefektorium mit dem darüber liegenden Ambulatorium im Norden, der Bibliotheksflügel im Westen und der astronomische Turm ganz im Osten. Der aus Ischl stammende Abt Severin Blaß (1651–1705, Diss. 1670, Priesterweihe 1675, Abtwahl 1678) hatte Pferde in seinem persönlichen Wappen, dieses Wappentier erscheint unter anderem im Hauptportal des Stiftes, im Taufbecken in der Stiftskirche (beide von Jakob Auer in Landeck), an den Fresken der Großen Bibliothek und an der Brunnenfigur im Konventgarten. Pferde finden sich auch sonst vielfach in der Kunstgeschichte des Stiftes Lambach (siehe den Beitrag von Hannes Etzlstorfer).

Ein für Österreich einzigartiges kulturhistorisches Kleinod ist das Barocktheater, das anlässlich der Reise Marié Antoinettes nach Frankreich im Jahre 1770 seine heutige Fassung erhielt und immer noch bespielt wird. Eine prächtige Barockausstattung zeigen neben Refektorium, Ambulatorium und Bibliothek auch die Sakristei, die geistliche Schatzkammer mit dem romanischen Adalbero-Kelch, die Sakramentskapelle und der Kapitelsaal. Die Loretokapelle aus 1682/90 ist eine originalgetreue Nachbildung des Heiligen Hauses von Loreto.

Der Ausstellungsrundgang führt durch den Kreuzgang in die Repräsentationsräume des Sommerrefektoriums und Ambulatoriums und in die kleine und große Bibliothek und von dort durch den Konventgarten mit den Zwergerlfiguren zurück in den Kreuzgang und zum Ausgang. Die Kirche, der Kapitelsaal, die romanischen Fresken und das einzigartige Barocktheater können in einer gesonderten Führung besichtigt werden.

4 Einstimmung

„Pferdezitate"

Wer ein Pferd hat, hat den Schlüssel zur Welt (aus Afrika).

Ein Königreich für ein Pferd! (William Shakespeare, Richard III., um 1593).

Dass nicht manches Pferd bisweilen gescheiter als der, der drauf sitzt, ist ohne Zweifel (Abraham a Sancta Clara, Der Pferdenarr, 1703).

Das Pferd hat kein Vaterland (Michel Ney, Marschall Napoleons, um 1800).

Das Automobil ist eine vorübergehende Erscheinung. Ich glaube an das Pferd (Wilhelm II. deutscher Kaiser, um 1900).

Wenn ich die Menschen gefragt hätte, was sie wollen, hätten sie gesagt: schnellere Pferde (Henry Ford, Automobilbauer, um 1930).

Regieren ist Reiten (Carl Schmitt, Deutscher Staatsrechtler, 1950).

Der Gedanke fiel mir sehr schwer: Dass das Pferd, das edelste der Haustiere, das der Menschheit in Krieg und Frieden so gute Dienste geleistet hat, nun nicht mehr gebraucht wird! (Johann Blöchl, Landeshauptmannstellvertreter, Oberösterreich, 1975).

*Die Dampfmaschine war das Beste, was dem Pferd passieren konnte (*Raik Dalgas, Künstler und Aphoristiker, 1976).

5 Das Pferd in der prähistorischen Höhlenmalerei und Skulptur

Die zwischen 40.000 und 10.000 Jahre alten Höhlenmalereien Südwesteuropas stellen erste Höhepunkte der Kunstgeschichte dar. Gleichzeitig war es der Gipfel der letzten Eiszeit. Die Höhlen boten Schutz, hatten aber auch kultische Bedeutung. Die meisten bislang bekannten Fundorte befinden sich in Südwesteuropa, darunter die Höhlen von Lascaux in Südfrankreich und Altamira in Nordspanien. Die ältesten bislang bekannten Malereien stammen aus der kantabrischen El-Castillo-Höhle.

Nach der Häufigkeit der dargestellten Tiere liegen die Pferde voran. Sie galten als geschätzte Jagdbeute und Totemtiere mit magischen Kräften. Die Technik der Höhlenmaler erreichte erstaunliche Höhen. Die Farben wurden aus Erde, Gesteinen, Erzen oder organischen Substanzen hergestellt. Sie mussten im Fackellicht mit Mund, Fingern oder einfachsten Pinseln aufgetragen werden.

Seit etwa 6.000 Jahren gibt es Nachweise für die Zähmung des Pferdes anhand von Abriebspuren von Zäumen und Trensen am Kiefer. Das Pferd erlangte eine völlig neue Funktion. Es wurde vom Beutetier der steinzeitlichen Jäger zum Reit- und Arbeitstier und zur gefürchteten

Waffe der Streitwagenfahrer und Reiterkrieger.

5.1 Höhle mit Wandmalereien

Entwurf: Atelier Mag. Magdalena und Stephan Macala. Nach Vorlagen der Höhlen in Altamira, Chauvet, Ekain, Kapowa und Lascaux.

5.2 Funde

5.2.1 Pferdchen aus der Vogelherdhöhle

Kopie. Original: Mammutelfenbein. Jüngere Altsteinzeit 37.000 Jahre. Wien, Naturhistorisches Museum, Prähistorische Abteilung.

Das 4,8 cm große Pferdchen aus der Vogelherdhöhle in der Schwäbischen Alb in Süddeutschland ist aus Mammutelfenbein geschnitzt und gehört zu den berühmtesten Pferdedarstellungen der Altsteinzeit. Es wurde im Jahr 1931 bei ersten Ausgrabungen in der Vogelherdhöhle von Gustav Riek gefunden. Die Stellung der Beine und der geschwungene Hals zeigen deutlich ein springendes Pferd.

5.2.2 Lochstab aus La Madeleine

Kopie. Rentiergeweih mit eingeritzten Pferdedarstellungen. Jüngere Altsteinzeit, 15.000 Jahre. Wien, Naturhistorisches Museum, Prähistorische Abteilung, Inv.-Nr. 8.162/19.520.

Der Lochstab von der berühmten Fundstelle La Madeleine in Frankreich wurde aus dem Geweih eines Rentiers hergestellt. Das Fragment zeigt auf beiden Seiten der Geweihstange je vier eingravierte Wildpferde, die jeweils knapp hintereinander dargestellt sind. Die Pferde sind dabei so orientiert, dass beim Drehen des Lochstabes die Pferde immer aufrecht stehen. Ein einziges Pferd erscheint beim Drehen des Stabes anders, nämlich am Rücken

liegend und den übrigen Pferden der Reihe entgegenschauend. Es wird angenommen, dass die Lochstäbe zum Geradebiegen von Knochen- und Geweihspitzen verwendet wurden. Früher wurden sie fälschlicherweise als „Kommandostäbe" bezeichnet.

5.2.3 Pferdezähne von Willendorf

Kopie. Jüngere Altsteinzeit 30.000 Jahre. Zwei durchlochte Vorderzähne eines Wildpferds. Wien, Naturhistorisches Museum, Prähistorische Abteilung.

Das Original dieser beiden Pferdezähne stammt aus der obersten Fundschicht des altsteinzeitlichen Fundplatzes von Willendorf in der Wachau. Das Loch wurde durch Bohrung von beiden Seiten mit einem Feuersteingerät erzeugt. Die Zähne könnten an Lederbändern getragen oder auf Kleidung und Kappen genäht worden sein. Durchlochte Pferdezähne waren die ganze jüngere Altsteinzeit hindurch als Schmuck beliebt.

5.2.4 Bernsteinpferdchen von Dobiegniew (ehemals Woldenberg)

Kopie. Jüngere Altsteinzeit 14.000 – 13.500 Jahre. Wien, Naturhistorisches Museum, Prähistorische Abteilung.

Die Bernsteinfigur wurde 1859 von einem Arbeiter beim Ausheben eines Grabens zwischen dem damaligen Woldenberg und Driesen, heute Polen, gefunden. 1899 gelangte es an die vorgeschichtliche Abteilung der Königlichen Museen zu Berlin. Da die Figur selbst nicht datierbar ist, schwanken die Altersangaben sehr stark. Zunächst wurde sie für frühgeschichtlich gehalten, später für jungsteinzeitlich aus der Zeit um 3000 v. Chr. Erst 1994 wurden bei einer Oberflächenuntersuchung im Jeetzeltal bei Grabow und Weitsche ein im Stil ähnliches Bernsteintier und weitere Bernsteinartefakte zusammen mit spätpaläolithischen

Feuersteinartefakten gefunden. Bohrungen und Ausgrabungen in der Nähe dieses Fundes datieren dieses Ensemble in die Zeit vor 14.000 bis 13.500 Jahren. Daher ist für das Bernsteinpferdchen von Dobiegniew ein ähnliches Alter wahrscheinlich. Das Original des Pferdchens ging in den Kriegswirren verloren. Heute gibt es nur noch Abgüsse davon.

5.2.5 Reiterfigürchen

Hallstattkultur: 800–500 v. Chr. Wien, Naturhistorisches Museum, Prähistorische Abteilung.
Die bronzene Pferdefigur mit Reiter wurde dem Naturhistorischen Museum mit Funden aus der Ambraser Sammlung übergeben. Der genaue Fundort ist heute leider nicht mehr genau eruierbar. Der Reiter mit Kappe oder Helm sitzt ohne Sattel auf dem Pferd und dürfte in der rechten Hand – mit dem Loch – ursprünglich eine Lanze gehalten haben. Auch der linke Arm ist unvollständig; möglicherweise war auf dieser Seite einst ein Schild angebracht. Das Pferd, das allmählich als Symboltier neben das Motiv des Vogels tritt, war ursprünglich ein östliches Symbolgut, das dann vom Westen aufgenommen wurde. Das Motiv des Reiters findet man vor allem dort, wo ostalpiner Kultureinfluss zu erkennen ist.

5.2.6 Goldarmreif aus Vad (Rumänien)

Mit Pferdekopfenden. Kopie. Späte Bronzezeit / Ältere Eisenzeit. 9.–7. Jh. v. Chr. Wien, Naturhistorisches Museum, Prähistorische Abteilung.
Der Goldarmreif mit Pferdekopf-Enden wurde in Vad, an der ehemaligen Militärgrenze zu Siebenbürgen gefunden, und im Jahr 1817 angekauft. Der Armring ist mit durch Stege getrennten Reihen von kleinen Buckeln verziert. Auf den beiden Pferdeköpfchen ist das Zaumzeug als Kette eingravierter Ringe dargestellt.

5.2.7 Bronzespiralring aus Voghenza

Mit Pferdeanhängern.
Hallstattkultur 800–500 v. Chr. Wien, Naturhistorisches Museum, Prähistorische Abteilung.
Der Spiralring mit den beiden Anhängern wurde in einem Grab bei Voghenza in der Provinz Ferrara gefunden. Er wurde 1890 vom Naturhistorischen Hofmuseum angekauft.
Die Enden des großen Bronzeringes überlappen einander zu einem Drittel des Umfanges. An diesem Ring hängt eine Kette aus runden Kettengliedern, die sich nach zwei Gliedern auf zwei Ketten verteilt, an deren Enden jeweils eine pferdeartige Tierfigur hängt. Auf dem Kopf und auf dem Gesäß der beiden Pferde sitzt je ein Vogel, der nach vorne schaut. Die Kombination von Pferd und Vogel kommt hauptsächlich in Italien und der Slowakei vor.

5.2.6 Goldarmreif aus Vad.

© Foto: NHM Wien, Prähistorische Abteilung

5.2.8 Prähistorische Schwertscheide

Grab 994 in Hallstatt. Galvanoplastische Rekonstruktion. L. 79,5 cm. Mainz, Römisch-Germanisches Zentralmuseum. Rekonstruktionszeichnung: Wien, Naturhistorisches Museum, Prähistorische Abteilung. Die Schwertscheide aus dem Gräberfeld von Hallstatt gehört zu den berühmtesten Funden der Frühlatène-Zeit. Die Darstellungen sind nicht – wie bei den Situlendarstellungen – plastisch reliefartig erhöht, sondern völlig eben eingraviert. Vom Griff zum Ortband sind verschiedene Szenen dargestellt: Zwei Radträger, die einander gegenüber stehen, Reiter mit Lanzen, Krieger zu Fuß, zwei weitere Radträger und Faustkämpfer und eine Art Mischwesen. Interpretierte man die Darstellungen früher als Kriegszug, so betrachtet man heute den Mittelteil mit den Kriegern als Kampf von Reitern gegen Krieger zu Fuß, wofür auch der am Boden liegende Krieger sprechen würde. Die Radträger zu beiden Seiten der Kampfszene und das Mischwesen bei den Faustkämpfern lassen auch einen mythologischen Inhalt der Darstellung nicht ausschließen. Die Darstellung der Hosen zählt zu den ältesten gesicherten Hosendarstellungen in Mitteleuropa (Egg, Schönfelder 2007, Grömer 2010). *[Text zu den Objekten 5.2.1–5.2.8: Walpurga Antl-Weiser, NHM Wien, Prähistorische Abteilung]*

5.2.9 Trense

L. 13 cm; Knebel: L. 12 cm. Bronze. 8./7. Jahrhundert vor Christus / Luristan. München, Archäologische Staatssammlung, Inv-Nr. 1.973, 137.

5.2.8 Prähistorisches Schwert (Bilder links).

Foto: Römisch-Germanisches Zentralmuseum, Mainz

5.2.8 Umrisszeichnung Prähistorisches Schwert (rechts). © Foto: NHM Wien, Prähistorische Abteilung

5.2.10 Trense
L. 17,3 cm; Knebel: L. 12,3 cm. Bronze.
8./7. Jahrhundert vor Christus /
Luristan, München, Archäologische
Staatssammlung, Inv-Nr. 1.973, 138.

5.2.11 Trense
Trense. L. 13 cm; Knebel: L. 10,5 cm.
Bronze. 8./7. Jahrhundert vor Christus
/ Luristan. München, Archäologische
Staatssammlung, Inv-Nr. 1.973, 139.
Die nomadischen Bewohner von
Luristan im West-Iran waren berühmt
für ihre Pferdezucht. Deshalb gibt es
in dieser Kultur auch eine Vielzahl
von Objekten, die zur Ausrüstung
und zum Schmuck von Pferden
gehören. Viele funktionelle Dinge
wie Trensen und Zügelringe wurden
mit reicher Verzierung ausgestattet.
Sie gehören alle in die Blütezeit der
Bronzekunst Luristans, in das erste
Viertel des ersten vorchristlichen
Jahrtausends. Sobald die Bewohner
von Luristan das Pferd als Nutztier
kennengelernt und in Verwendung
genommen hatten, lassen sich
ab dem früheren 1. Jahrtausend
vor Christus Pferdegeschirrteile
nachweisen. Bei vielen der Trensen
sind die Fundzusammenhänge
nicht nachvollziehbar. Bei
archäologischen Grabungen in War
Kabud (Čavār in Ilām) ließen sich
Anschirrungsknöpfchen, Glöckchen
und Phaleren in Gräbern nachweisen.
Die Wertschätzung der Pferde
drückte sich darin aus, dass man
sowohl deren Zaumzeug als auch die
Ausstattung mit in die Gräber gab.
Die Pferde wurden aller Evidenz
nach in der Regel nicht mitbestattet.
Bei zwei Pferdebestattungen (einem
Einzelgrab in Baba Jan und einem
Grab innerhalb des Friedhofs
von War Kabud) fehlten alle
Ausrüstungsgegenstände der Pferde.

6 Dreißigtausend Jahre Pferdekunst
Seit mindestens 40.000 Jahren ist das
Pferd Gegenstand der Kunst: Von den
urzeitlichen Höhlenmalereien über
die edlen Pferdeplastiken, Mosaiken
und Fresken der Perser, Griechen
und Römer, die mittelalterlichen
Miniaturen und die Reiterbilder
der Renaissance und des Barock
bis zu den vielfältigen Lösungen in
der klassischen Moderne und der
zeitgenössischen Kunst wird der Weg
der bildnerischen Auseinandersetzung
mit dem Thema Pferd in 22 Stationen
nachgezeichnet. Damit wird die ganze
lange Kunstgeschichte gleichsam in
Einzelbilder zerlegt. Es entsteht eine
serielle Abfolge des konsequenten
Bemühens um das Verständnis der
Mensch-Pferd-Beziehungen und um
eine exakte Wiedergabe des Wesens
der Pferde und ihrer Bewegungen.

6.0 Hängung des Gemäldes „Infant Baltasar Carlos zu Pferd"
2014/15. Für die Diego Velázquez-
Schau im Kunsthistorischen Museum
in Wien. Foto von Georg Hochmuth,
Wien 2014.
Wenn Bilder reisen: Ein Gemälde in
einer Ausstellung aufzuhängen ist ein
feierlicher Akt. Da ist viel Zeremoniell
enthalten. Hängt es sicher? Ist es
richtig platziert? Stimmt das Licht?
Passen die Nachbarn? Es ist ein Akt
der Sorgfalt, aber auch ein Anlass
zur Freude. Eine neue Bekanntschaft.
Vielleicht ein Wiedersehen. Auf jeden
Fall eine gute Gelegenheit!

6.1 Pferde. Höhlenmalerei in Chauvet
30.000–22.000 v. Chr. Holzkohle,
aber auch roter und hellerer Ocker.
Reproduktion.
Die Chauvet-Pont-d'Arc Höhle in
den Schluchten der Ardèche in der
südfranzösischen Region Auvergne
– Departement Rhône-Alpes wurde
1994 entdeckt. Zusammen mit

der spanischen El-Castillo-Höhle
enthält sie die ältesten bekannten
Darstellungen von Pferden – und das
gleich in einer Qualität, die einen
Vergleich mit späteren Lösungen nicht
zu scheuen braucht und ein tiefes
Verständnis der Urzeit-Menschen für
das Wesen der Pferde erkennen lässt.

6.2 Grab der Stiere (Tomba dei Tori). Tarquinia
Achill und Troilos. 550 / 540 v. Chr.
Fresko. Reproduktion.
Die Fresken der „Tomba dei Tori"
(Grab der Stiere) in der insgesamt
mehr als 6.100 Gräber umfassenden
Monterozzi-Nekropole (seit 2004
UNESCO-Welterbe) am südöstlichen
Stadtrand von Tarquinia zeigen
ein Motiv aus dem trojanischen
Sagenkreis: den gemeinen Mord des
griechischen Helden Achill an Troilos,
dem jüngsten Sohn des trojanischen
Königs Priamos. Troilos kommt nichts
ahnend auf seinem geliebten Pferd
angeritten und wird von Achill in
einen lieblichen, von Blumen und
Bäumen bestandenen Hinterhalt
gelockt und brutal erschlagen.

6.3 Reiter. Westfries des Parthenon in Athen
447–433 v. Chr. Halbrelief, Marmor.
Reproduktion.
Der Parthenonfries erstreckt sich mit
einer Gesamtlänge von 160 Metern
und einer Höhe von 1,06 Metern
über alle vier Seiten des Parthenons,
des Haupttempels auf der Athener
Akropolis. 360 Menschen und Götter
und über 200 Pferde und andere Tiere
ziehen alljährlich in einer großen
Prozession anlässlich des Hauptfestes
der Stadt, der Panathenäen, zum Altar
der Athena, um der Stadtgöttin ein
gewebtes Festgewand zu übergeben.
Der Fries, an dem eine große Zahl von
Bildhauern gearbeitet hat, gilt als
Hauptwerk des großen athenischen
Bildhauers Phidias, der überdies bei

6.0 Hängung des Gemäldes „Infant Baltasar Carlos zu Pferd" im KHM Wien. 2014.

Foto: Georg Hochmuth

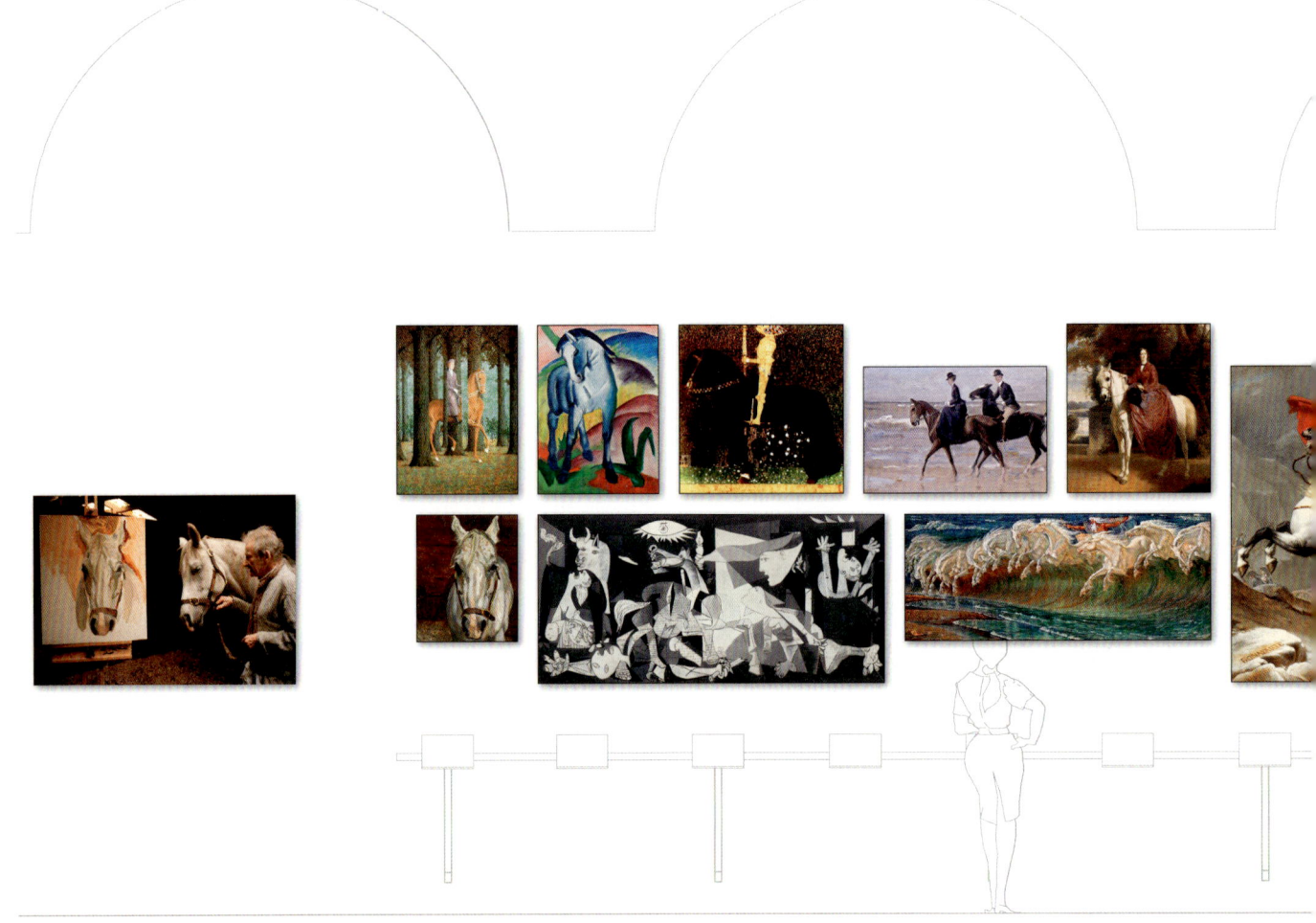

6.1–6.24 30.000 Jahre Pferdekunst. Installation im Kreuzgang.

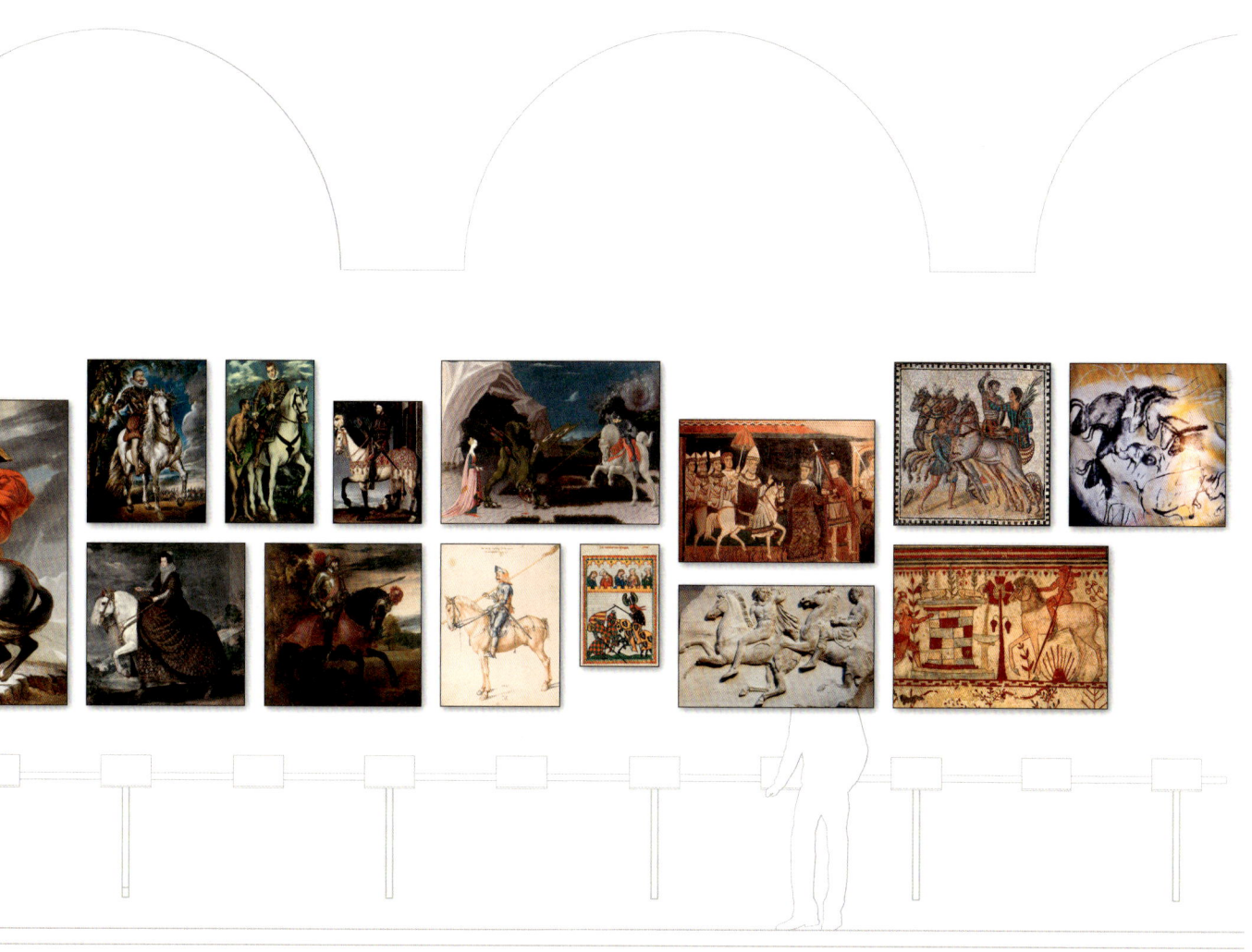

Grafik und Gestaltung: Katharina Höfler

der Errichtung des gesamten Tempels die Bauaufsicht hatte. Die reitenden Jünglinge und Wagengespanne bilden den wohl eindrucksvollsten Festzug der ganzen Kunstgeschichte.

6.4 Ein siegreiches Viergespann
Spanisch-Römische Kunst. 3. Jh. Mosaik. Reproduktion.
Ausschnitt aus einem großen Mosaik einer Landvilla in Spanien aus dem 3. Jh. n. Chr. Dargestellt ist eine Quadriga, ein Viergespann, nach der Siegerehrung in einem Wagenrennen im Circus. Das Mosaik aus dem spätrömischen Spanien besticht durch seine farbenfrohe Gestaltung und Dynamik. Viergespanne wurden bei Wagenrennen und Triumphzügen eingesetzt und häufig abgebildet. Als großfigurige vollplastische Bronzedarstellung ist aus der Antike nur die 1204 von Konstantinopel nach Venedig verschleppte Quadriga am Markusdom in Venedig erhalten.

6.5 Kaiser Konstantin und der reitende Papst Silvester
Kirche SS. Quattro Coronati, Rom. Linke Seitenwand der Silvesterkapelle. 1246. Fresko. Reproduktion.
Dargestellt ist die Entstehung und Bedeutung der so genannten „Konstantinischen Schenkung", die im Mittelalter als Begründung für ein eigenes päpstliches Territorium und den Kirchenstaat diente. Papst Silvester I. soll Kaiser Konstantin vom Aussatz geheilt und dafür die Stadt Rom geschenkt bekommen haben. Der so genannte Stratordienst, das Zügelhalten des Kaisers für den Papst, war dabei ein wichtiges Symbol im mittelalterlichen Ringen zwischen Papsttum und Kaisertum.

6.6 Codex Manesse: Walther von Klingen (+ 1286)
Große Heidelberger Liederhandschrift. Miniatur. Circa 1300–1340. Pergament. Reproduktion.
Unter den zahlreichen Werken der mittelalterlichen Buchmalerei sind die Ritter-, Jagd- und Turnierszenen der berühmten Heidelberger Liederhandschrift besonders hervorzuheben. Der Minnesänger Walther von Klingen (ca. 1240–1286) ist mit acht Liedern im Codex Manesse vertreten. Er war ein Vetter und enger Vertrauter von König Rudolf I. von Habsburg und Gründer der Klöster Klingental in Basel und Sion im Schweizerischen Kanton Aargau.

6.7 Paolo Uccello (1397–1475): Heiliger Georg im Kampf mit dem Drachen
Um 1470. Öl/Lw. Reproduktion.
Paolo Uccello, eigentlich Paolo di Dono, gilt als Vater der perspektivischen Malerei. Wegen der vielen Vögel und anderen Tiere in seinen Gemälden erhielt er von seinen Zeitgenossen den Namen „Uccello" – der Vogel. Der Drachenkampf des hl. Georg bot ihm nicht nur die Gelegenheit für eine sehr lebendige, auf Naturstudien beruhende Reiterdarstellung, sondern auch für eine eindrucksvolle Tiefenwirkung. Die berühmteste Pferdedarstellung Uccellos ist das 1437 entstandene großformatige Fresko für das Grabmal des Condottiere Giovanni Acuto (John Hawkwood) im Dom von Florenz.

6.8 Albrecht Dürer (1471–1528): Studie eines Reiters
1495. Wasserfarben, Feder, Papier. Reproduktion.
Albrecht Dürers Ruhm basierte von Anfang an weniger auf seiner Malerei als auf seinen grafischen Arbeiten. Es ist das Verdienst Dürers, die

Wiedergabe von Pferden und anderen Tieren so weiterentwickelt zu haben, dass sie noch Generationen nach ihm als Vorbild diente. Sein „Kleines Pferd", ein schnellfüßiger Renner, sein „Großes Pferd", ein schweres Schlachtross, sein heiliger Georg zu Pferd oder sein bekanntester Stich „Ritter, Tod und Teufel" gehen von der hier ausgewählten frühen Studie eines Reiters aus.

6.9 François Clouet (1510–1572): „König Franz I. zu Pferde"
Um 1540, Öl/Lw. Reproduktion.
Francois Clouet, der Sohn des niederländischen Malers Jean Clouet, war Hofmaler der französischen Könige Franz I., Heinrich II. und Karl IX. Beide, Vater wie Sohn, porträtierten König Franz I. in ganz ähnlicher Art zu Pferd. Die Darstellung kontrastiert zum nahezu zeitgleichen Reiterbild Kaiser Karls V. aus der Hand Tizians. In der Schlacht bei Pavia 1525 war Franz I. von Karl V. gefangen genommen und nur gegen ein hohes Lösegeld wieder frei gelassen worden.

6.10 Tizian (um 1490–1576): Karl V. nach der Schlacht von Mühlberg
1548. Öl/Lw. Reproduktion.
Tizians großformatiges Reiterporträt Kaiser Karls V. nach der Schlacht von Mühlberg wurde 1548 gemalt, also etwa ein Jahr nach der Schlacht, die am 24. April 1547 stattfand. Der Kaiser wird von Tizian in voller Rüstung, auf einem mit einer Schabracke und Kopfschmuck gezierten Schlachtross dargestellt. Die Lanze hält er kämpferisch in seiner Rechten. Im Hintergrund bricht die Abenddämmerung herein. Der Tag ist vorbei, die Schlacht ist geschlagen, der Sieg errungen. Doch es gibt keinen Sieger. Der Kaiser ist müde geworden und dankt 1556 ab.

6.11 El Greco (eigtl. Domínikos Theotókopoulos) (1541–1614): Der heilige Martin und der Bettler
1597/99. Öl/Lw. Reproduktion.
Die Teilung des Mantels durch den hl. Martin ist eines der häufigsten Motive für Nächstenliebe und Erbarmen. Martin wird dabei meist als Ritter hoch zu Ross dargestellt, obwohl in der Legende das Pferd gar nicht vorkommt. Bei El Greco verschmelzen Reiter, Bettler und Mantel zu einer geradezu erotischen Einheit. Der nackte Jüngling schmiegt sich an das weiße Pferd und kontrastiert zur reich verzierten Rüstung des Ritters.

6.12 Peter Paul Rubens (1577–1640): Reiterbildnis von Francisco Gómez de Sandoval y Rojas Herzog von Lerma
1603. Öl/Lw. Reproduktion.
Peter Paul Rubens hat zahlreiche Pferdebilder und Reiterbildnisse geschaffen. Seine Darstellung des spanischen Ministers und späteren Kardinals Francisco Gómez de Sandoval y Rojas, Markgraf von Denia und Herzog von Lerma (1553–1625) ist für die weitere Geschichte der Reiterbilder prägend geworden. In Rubens Version wenden sich Pferd und Reiter frontal dem Bildbetrachter zu. Diese Darstellungsform wurde geradezu als Sensation empfunden. Das Schlachtengeschehen wird auf eine Anhöhe im Hintergrund reduziert. Damit und durch die Untersicht unterstreicht Rubens noch zusätzlich die Erhabenheit des Herzogs.

6.13 Diego Velázquez (1599–1660): Königin Isabella von Bourbon
1634–1635. Öl/Lw. Reproduktion.
Unter den Reiterporträts der spanischen Königsfamilie aus der Hand von Diego Velázquez sticht jenes von Isabella von Bourbon bzw. Élisabeth de Bourbon oder spanisch Isabel de Borbón y Médicis (1602–1644) hervor, die als erste Frau von König Philipp IV. in den Jahren 1621 bis 1644 Königin von Spanien war. Während Velázquez die Männer, die Könige Philipp III. und Philipp IV. und auch den kleinen Thronfolger Balthasar Carlos in kühner Levade posieren lässt, wählt er für Isabella die tänzelnde Piaffe. Die reich verzierte Kleidung und schwere Decke drücken das Pferd fast zu Boden, während die Königin wie auf einem Thron hoch oben zu schweben scheint.

6.14 Jacques-Louis David (1748–1825): Napoleon Bonaparte beim Überschreiten der Alpen am Großen Sankt Bernhard
1800. Öl/Lw. Reproduktion.
Jacques-Louis David malte zwischen 1800 und 1802 insgesamt fünf Fassungen der berühmten Alpenüberquerung Napoleons im Mai 1800 – einige Wochen vor seinem verlustreichen Sieg über österreichische Truppen bei Marengo. Das Bild wurde zur Ikone: der Schimmel, den Napoleon auch in der Schlacht ritt und hernach „Marengo" nannte, die wild flatternden Haare und Kleider und das entschlossene Vorwärtsstreben des Feldherrn wurden stilbildend. „Als Weltgeist zu Pferde" bezeichnete Friedrich Hegel den rastlos reitenden Herrscher. Angeregt von David schuf Johann Peter Krafft ein Reiterbildnis Erzherzog Karls, das wiederum Vorbild für das berühmte, 1853 bis 1859 von Anton Dominik von Fernkorn geschaffene Reiterstandbild Erzherzog Karls auf dem Wiener Heldenplatz war.

6.15 Charles Édouard Boutibonne (1816–1897): Kaiserin Eugenie zu Pferd
1856–1857. Öl/Lw. Reproduktion.
Kaiserin Eugenie (1826–1920), die Tochter eines spanischen Wein- und Obstgroßhändlers, war nach ihrer Heirat mit Napoleon III. von 1853 bis 1870 Kaiserin der Franzosen. Ihre Schönheit und Eleganz trugen wesentlich zum wachsenden Ansehen des kaiserlichen Paares bei. Ihr Einfluss war nicht nur in modischen, sondern auch in politischen Angelegenheiten groß. Ihre Eleganz besticht auch im Seitsitz zu Pferde. Der Maler Charles Édouard Boutibonne stammte aus Ungarn, studierte in Wien bei Friedrich Amerling und in Paris bei Franz Winterhalter und erlangte als Hofmaler Napoleons III. und der europäischen High Society internationale Bekanntheit.

6.16 Walter Crane (1845–1915): Die Rosse des Neptun
1893. Öl/Lw. Reproduktion.
Der englische Maler, Illustrator und Kunsthandwerker Walter Crane wurde zu der Komposition durch den Anblick der hohen Brandung während einer Amerikareise angeregt, von der er 1892 zurückkehrte. Das gewaltige Naturschauspiel verschmilzt mit den mythologischen Gestalten des Meeresgottes Neptun und seiner ungebändigten Rosse zu einer Einheit. Das Motiv wurde 1999 von Jonathan Glazer in einem berühmten Werbefilm für Guinness Bier wieder aufgegriffen (www.youtube.com).

6.17 Gustav Klimt (1862–1918): Der goldene Ritter
1903. Öl/Lw. Reproduktion.
Gustav Klimt nannte das Bild „Das Leben ein Kampf": Ein von Kopf bis Fuß „goldener Ritter" kämpft auf schwarzem Pferd mit hoch erhobenem Schwert gegen dunkle, nicht erkennbare Mächte: Die Flächenhaftigkeit des Goldenen Reiters setzte ein schon im ein Jahr zuvor im berühmten Beethoven-

493

Fries begonnenes Motiv fort. Die beiden Bildkompositionen leiteten in der Tradition antik-oströmischer Goldmosaike und unter japanischen Einflüssen Klimts „goldene Periode" ein, die im Bildnis der Adele Bloch-Bauer (1907) und im „Kuss" (1908) gipfelte.

6.18 Max Liebermann (1847–1935): Reiter und Reiterin am Strand

1903.Öl/Lw. Reproduktion.
Hatte der deutsche Maler Max Liebermann zu Beginn seines künstlerischen Weges der arbeitenden Bevölkerung bei ihren alltäglichen Verrichtungen zugesehen, so interessierte er sich ab den 1890er-Jahren immer mehr für die Freizeitvergnügen der Oberschicht, am Strand, auf dem Polofeld oder auf der Pferderennbahn. Impressionistische Lichtspiegelungen prägen die Darstellung von Küste und Meer. Das reitende Paar und die Konturen und Bewegungen von Mensch und Tier werden hingegen präzise und scharf umrissen erfasst.

6.19 Franz Marc (1880–1916): Blaues Pferd I

1911. Öl/Lw. Reproduktion.
Franz Marc, der vielleicht bedeutendste Maler des Expressionismus in Deutschland und zusammen mit Wassily Kadinsky der Gründer der Künstler- und Redaktionsgemeinschaft „Der Blaue Reiter" (1911–1914), wurde durch die Pferde berühmt. Sie sind für ihn Symbol für Unschuld, Unberührtheit und Harmonie und gewinnen eine geradezu sakrale Dimension. Das ‚Blaue Pferd' drückt wie die ‚Blaue Blume' der Romantik die Suche nach Erlösung von irdischer Schwere und materieller Gebundenheit aus.

6.20 Pablo Picasso (1881–1973): Guernica

1937. Öl/Lw. Reproduktion.
Unter dem Eindruck der Bombardierung der spanischen Stadt Guernica (Gernika / Baskenland) im April 1937 entstand das großformatige, rund dreieinhalb Meter hohe und fast acht Meter breite Wandbild, das im Juli 1937 auf der Pariser Weltausstellung im spanischen Pavillon ausgestellt war. Eine der Schlüsselfiguren auf dem apokalyptischen Bild ist das sterbende Pferd. Es bildet in dem vielfigurigen Bildaufbau das zentrale Motiv. Das Pferd wird zum Opfer und Sinnbild für das absolute Leid des Kriegsgeschehens.

6.21 René Magritte (1898–1967): Die Blankovollmacht (englisch: The blank seeing /The blank check / The blank signature)

1965. Öl / Lw. Reproduktion.
Der Surrealismus zielte darauf ab, die gewöhnlichen Grenzen der Wahrnehmung zu überschreiten. Magritte spielt mit unserem Gehirn. Seine vertrackten Bildmogeleien, Illusionsstörungen und Paradoxien irritieren. Was man sieht, ist unmöglich und vermittelt umso mehr für einen Augenblick das Gefühl, das Geheimnis der Welt zu kennen. Magritte will seine Verwirrbilder, die seinen dauernden Ruhm ausmachen, nicht als Traumbilder verstanden wissen. Sie sollen nicht einschläfern, sondern aufwecken.

6.22 Lucian Freud (1922–2011), Grey Gelding

2003. Öl/Lw. Reproduktion.
Lucian Freud (1922–2011), der Enkel Sigmund Freuds, ist vor allem durch seine demaskierenden Aktstudien und Porträts fettleibiger Frauenkörper berühmt geworden. Seine dritte Leidenschaft neben der Malerei und den Frauen waren die Pferde. Er hatte ein lebenslanges Interesse für Pferde, seit sein Onkel Martin Freud ihn als kleinen Buben auf einen Ritt in den Wiener Prater mitgenommen hatte. Als Maler war er Perfektionist. Porträtsitzungen konnten leicht Hunderte von Stunden verschlingen, auch mit Grey Gelding, seinem grauen Wallach.

6.23 Lucian Freud und sein Wallach Grey Gelding

Foto von David Dawson. 2003
Der Fotograf David Dawson arbeitete mit Freud mehr als 20 Jahre und fotografierte dabei jeden Aspekt seines Lebens und seiner Arbeit. Auf dem Foto präsentiert Freud seinem Modell das halbfertige Bild seines grauen Wallachs. Während der Maler stolz und konzentriert auf sein Bild blickt, zeigt das Pferd recht wenig Interesse, dreht den Kopf unwillig beiseite und hält die Augen geschlossen. Auf eine einfache Formel gebracht: Das Pferd langweilt sich.

6.24 Wir erforschen ein Bild

Pädagogisches Begleitprogramm für unsere jüngsten Besucher.
Konzeption: Inge Friedl.

7 Pferde in Bewegung

Wie sich Pferde wirklich bewegen, war für die Pferdemaler und Künstler schwer zu erfassen. Erstmals wurde es mit den Methoden der Fotografie möglich, die Bewegungen der Pferde exakt widerzugeben und zu studieren. Von Wundertrommeln und Flipbooks führte der Weg über die Zeitlupe zum Film und zur seriellen Kunst. Eadweard Muybridge (1830–1904) wurde als Pionier der Chronofotografie, der genauen fotografischen Wiedergabe der Bewegung, berühmt. 1872 war er von dem Eisenbahnmagnaten

6.24 Wir erforschen ein Bild.

Grafik: Michael Gletthofer

und Pferdefan Leland Stanford engagiert worden, die Beinstellung galoppierender Pferde und die Gangarten des Pferdes fotografisch festzuhalten. Die Bilder wurden mit einer Reihe von 12, 24 und schließlich 36 Fotoapparaten aufgenommen, die von den galoppierenden Pferden mit Drähten ausgelöst wurden. 1879 erschien der Fotoband: „The Horse in Motion" und 1887 das gigantische Tafelwerk „Animal Locomotion" mit insgesamt 781 Tafeln in elf Bänden, davon rund 100 mit den Gangarten des Pferdes. Die Flüchtigkeit des Augenblicks wurde festgehalten. Die Serienbildtechnik, am Pferd entwickelt, wurde zum Vorläufer der Filmkamera, aber auch zur weiteren Inspiration für die Kunst.

8 Das Pferdefleischtabu

Pferde waren über viele Jahrtausende hinweg für die Menschen begehrte Beutetiere und Fleischlieferanten. Manche Forscher vermuten, dass sie wie in Amerika auch in Europa und Asien nach der letzten Eiszeit ausgerottet worden wären, wenn sie nicht vor vier- bis sechstausend Jahren für die Kriegsführung, Fortbewegung und Arbeit so nützlich und wichtig geworden wären. Heute wird Pferdefleisch in vielen Regionen und von vielen Menschen abgelehnt, am stärksten im Pferdeland USA. Aber nahezu alle Menschen, die sich vor Pferdefleisch ekeln, haben es nie gegessen. Wie, wo und warum Tabuisierungen entstanden sind, etwa für Schweinefleisch in Judentum und Islam, für Rindfleisch im Hinduismus, für Hunde, Katzen und teilweise eben auch für Pferdefleisch im christlich-westlichen Kulturkreis, ist schwer zu erklären. Es gibt ökologische, ökonomische und sozialpsychologische Antworten: Pferde waren viel zu wichtig, um sie als Fleischlieferanten zu füttern. Pferde waren und sind Statussymbole. Doch passt es dann, sie zu Hunde- und Katzenfutter zu verarbeiten? Rationale Erklärungen sind gerade bei Tabus besonders schwierig.

8.1.1 Daniel Spoerri (*1930): Carneval der Tiere

Aus dem 1995 entstandene Assemblagen-Zyklus. H. 155 cm, B. 100 cm, T. 45 cm. Sankt Pölten, NÖ. Landesmuseum.

Der in Galați (Rumänien) als Daniel Isaac Feinstein geborene Künstler musste wegen seiner jüdischen Herkunft mit seiner Mutter in die Schweiz fliehen. Spoerri ist einer der bedeutendsten Vertreter der Objektkunst und vor allem durch seine Fallenbilder bekannt, er ist Mitbegründer der Künstlergruppierung Nouveau Réalisme und gilt als Erfinder der Eat-Art und hat sich wiederholt mit dem aufgrund der engen Beziehung von Mensch und Pferd gewissermaßen als kannibalisch anmutenden Verzehr von Pferdefleisch auseinandergesetzt. Menschliche Abbildungen werden mit solchen von Tieren verglichen. Objektassemblage auf einer Auf einer Zeichnung nach Charles le Brun (1670), auf einen Vortrag, den dieser über „Die Vergleiche der menschlichen

Physiognomie mit der von Tieren"
hielt und von dem ein Konvolut
von etwa 250 Zeichnungen erhalten
geblieben ist.

8.1.2 Gravierter Pferdeschädel

Timor. Um 1900 (?). L. max. 45 cm,
H. ca. 25 cm, B. ca. 20 cm.
Privatsammlung.
Kompletter, allseitig dekorierter
Schädel mit Unterkiefer. Solche
beschnitzte Tierschädel wurden an
der Außenseite des Hauses aufgehängt
und sollten böse Geister fernhalten.

8.2 Fleischerwand

Pferdefleisch gehört zu den ältesten
Nahrungsmitteln der Menschheit.
Es ist gesund und geschmacklich
hervorragend. Doch es kann
immer noch die Gemüter erregen.
Die Aversion gegen Pferdefleisch
ist zwar nicht ganz so stark wie
gegen manche andere Tiere, aber
ebenso irrational. Wann das Tabu
entstanden ist, ist nicht klar. Zitiert
wird immer ein Schreiben Papst
Gregors III. an den angelsächsisch-
deutschen Missionsbischof
Winfried / Bonifatius aus dem Jahr
732, in welchem der Genuss von
Pferdefleisch streng untersagt wird.
In Notzeiten hat man allerdings
immer wieder auf Pferdefleisch
zurückgegriffen. Die Sozialreformer
der ersten Hälfte des 19. Jahrhunderts
propagierten Pferdefleisch als
Armenessen. Pferdefleisch ist in
einigen Regionen Zentralasiens ein
wichtiges Nahrungsmittel, wird
auch in Südeuropa gerne gegessen.
In Mitteleuropa ist der Konsum
geduldet, in den angelsächsischen
und südamerikanischen Ländern,
insbesondere den USA, dem
größten Pferdeland der Welt, aber
teilweise verboten oder sehr stark
tabuisiert. Im Jahr 2013 wurden
Österreich und andere europäische
Staaten von einem „Skandal"

8.1.1 Daniel Spoerri: Carneval der Tiere.

© Foto: Daniel Spoerri

8.1.2

8.1.2 Gravierter Pferdeschädel aus Timor (Kleine Sundainseln).   Fotos: Privat (Abbildung oben und unten).

8.2.5 Albert Birkle: Schlächterwagen.

© Foto: Besitz Kunsthandel Widder GmbH, Wien

um Pferdefleischbeimengungen erschüttert, bei dem es allerdings nicht um das Produkt an sich, sondern um die falsche oder fehlende Deklarierung ging.

8.2.1 Schreiben Papst Gregors III. an Winfried/Bonifatius

732 n. Chr.

„Unter anderem hast du auch erwähnt, einige äßen wilde Pferde und sogar noch mehr äßen zahme Pferde. Unter keinen Umständen, heiligster Bruder, darfst du erlauben, dass dergleichen jemals geschieht. Schreite vielmehr mit Christi Hilfe auf jede nur mögliche Art dagegen ein und lege ihnen die verdiente Buße auf. Denn dieses Tun ist unrein und verabscheuungswürdig."

8.2.2 Flugblatt der „Dreißig Verschworenen von Linz"

1848: *„Arme von Linz! Auf, auf! Jetzt ist es Zeit, Eure heiligen Menschenrechte zu behaupten. Der Präsident hat Euch an die Bäcker verkauft! Nieder mit ihm! Graf Barthenheim gibt Euch Rossfleisch zum Essen, dass Ihr alle krank werdet. Nieder mit ihm! Schlagt ihn todt! Der Magistrat saugt Euch das Blut aus, der Bürgermeister ist ein Räuber. Weg mit den Hunden!. Der Adel schwelgt im Überfluss und verachtet Euch. Auf! Vertilgt ihn! Die reichen Hausbesitzer und Bürger sehen mit Stolz auf Eure Armut herab, sie sind Wucherer, die Euch das Blut aussaugen, nehmt ihnen ihren Raub ab. Schlagt die Hunde todt. Dierzer, Rädler und Grillmaier stehlen Euch Arbeit und Verdienst, sie werden reich und Ihr arm, brennt ihre Fabriken nieder... Wir sind dreißig Verschworene, wir führen Euch, folgt uns, wenn die Losung auf den Dächern leuchtet, auf, rächt Euch, holt Euch Brot und schützt Eure heiligen Menschenrechte. Auf! Verliert keine Zeit!"* Adolf Ludwig Graf Barth-Barthenheim gilt als Gründer der Oberösterreichischen Sparkasse. Er hat als großer Wohltäter bis heute einen guten Namen. In der

Hungersnot von 1848 lud er die Linzer Armen zu einem Festessen, bei dem er sie erst nachträglich informierte, dass er ihnen Pferdefleisch vorgesetzt habe.

8.2.3 Hacktisch
Fleischerei A. Weiss & Co. L. 65 cm, B. 65 cm, H. 105 cm. Privatbesitz.

8.2.4 Pferdefleischtafel
Graphische Installation in Pferdedimension.

8.2.5 Albert Birkle (1900–1986): Schlächterwagen
1923. Mischtechnik auf Papier. H. 47,3 cm, B. 71 cm. Signiert und datiert: Albert Birkle, 1923. Wien, Kunsthandel Widder.
Birkle studierte 1918 bis 1924 an der Hochschule für die bildenden Künste in Berlin, einer Vorläuferin der heutigen Universität der Künste. Er entwickelte einen eigenständigen Stil, beeinflusst von Expressionismus und Neuer Sachlichkeit.

8.2.6 Die Einstellung zum Pferdefleisch
Karte: Entwurf: nach https://kristianmitk.wordpress.com

8.2.7 Firma Leopold Gumprecht GmbH & Co. KG
Enns, Österreichs einziger Pferdefleischhauer mit Schlächterei.

9 Pferdeinterieurs
Die Pferde haben die Wohn- und Kinderzimmer besiedelt. Sie waren und sind beliebte Dekorationsstücke. Man sammelt Pferde: nicht nur im Adel, sondern auch in Bürger- und Bauernhäuern. Die ausgestellten Gebrauchsgegenstände und Sammlerstücke reichen von der römischen Antike bis zur jüngsten Vergangenheit. Die bunte Mischung

führt von einem antiken Schlüsselgriff über ein mittelalterliches Aquamanile, Fayencen aus dem Jugendstil und Erzeugnissen der Gmundner Keramik bis zu einem Linzer Reiterkasten. Das Pferdespielzeug hat sich verändert. Früher ritten die Buben auf Stecken- und Schaukelpferden oder zogen kleine Räderrösser hinter sich her. Männerberufe wurden nachgespielt und Bauernleben und Reiterschlachten nachgestellt. An deren Stelle ist das Auto, Flugzeug oder gleich der ganze Weltraum getreten. Bei den Mädchen hingegen haben sich Pferde als Begleiter für Barbie und Ken voll durchgesetzt. „Ponyhof", „Reitstall" und „Pferdekoppel" sind nicht nur zum Spielzeug, sondern auch zum Freizeit- und Berufstraum geworden. Für die Produktion von Holzpferdchen aller Art gab es in Oberösterreich in den Viechtauer „Rösselmachern" ein weitum bekanntes Zentrum.

9.1.1 Bronzener Schlüsselgriff
In Form eines Pferdekopfes. Römisch. H. 3 cm, B. 1,5 cm, T. 12,9 cm. Wiesbaden, Stadtmuseum.

9.1.2 Aquamanile
Bronze. Südfrankreich oder Niedersachsen (?), 14. Jh. L. 30 cm, T. 12 cm, H. 30 cm. Privatbesitz.
Für die bronzenen oder keramischen Aquamanile, die im Hoch- und Spätmittelalter zur Handwaschung bei liturgischen Handlungen oder vor Mahlzeiten benutzt wurden, waren Tiere und Fabelwesen als Motiv beliebt.

9.1.3 Hedwig Schmi(e)dl (1889-?): Springendes Pferd
Wien 1913. H. 30 cm, L. 30 cm, T. 10 cm. Wien, MAK – Österreichisches Museum für angewandte Kunst / Gegenwartskunst. Die Bildhauerin Hedwig Schmiedl arbeitete für die Wiener Werkstätte.

9.1.4 Hugo F. Kirsch (1873–1961): Pferd
Um 1905. Porzellan, glasiert, Dekor in Dunkelgrau und Gold. H. 21 cm, L. 16,5 cm. Wien, MAK – Österreichisches Museum für angewandte Kunst / Gegenwartskunst, Inv.-Nr. KE 10.390.

9.1.5 Michael Powolny (1871–1954): Steigendes Pferd
Steingut, weißer Scherben, hohl gegossen, zusammengesetzt, retuschiert und mit Hinterhufen und Schweif auf Sockel garniert, schwarz metallisch glänzend glasiert, innen transparente Craqueléglasur. Ausf. Wiener Keramik (Mod. Nr. W 284), Kommission Wiener Werkstätte (Mod. 458), H. 26,2 cm, B. 26 cm, T. 8 cm. Wien, MAK – Österreichisches Museum für angewandte Kunst / Gegenwartskunst, Inv.-Nr. WI 1.062. Michael Powolny gründete nach einer Hafnerausbildung 1906 gemeinsam mit Bertold Löffler die Wiener Keramik, deren Vertrieb bereits nach etwa einem Jahr von der Wiener Werkstätte übernommen wurde. 1913 kam es zum Zusammenschluss der Wiener Keramik mit der Gmundner Keramik (Vereinigte Wiener und Gmundner Keramik und Gmundner Tonwarenfabrik Schleiss Gesellschaft m. b. H.). Powolny wirkte von 1909 bis 1936 als Lehrer an der Kunstgewerbeschule.

9.1.6 Michael Powolny (1871–1954): Pferd
1925, Keramik, ockerfarbener Scherben, rötlicher Ton, mit braunocker changierender Laufglasur. Ausführung: Michael Powolny, H. 51 cm. Wien, MAK – Österreichisches Museum für angewandte Kunst / Gegenwartskunst, Inv.-Nr. KE 7.882.

9.1.2 Aquamanile in Pferdeform.

Foto: Schepe

9.1.10 Humpen mit springendem Pferd.

Foto: OÖ. Landesmuseum

rechteckigen Sockel, Steingut, weißer Scherben, hohl gegossen, zusammengesetzt, retuschiert und mit Hinterhufen und Schweif auf Sockel garniert, Pferd schwarz bemalt / dekoriert, transparente glänzende Craqueléglasur (WK Modell Nr. 284). H. 26,1 cm, L. 18 cm. Wien, MAK – Österreichisches Museum für angewandte Kunst / Gegenwartskunst, Inv.-Nr. WI 1.128.

9.1.8 Michael Powolny (1871–1954): Pferd

Steingut, weißer Scherben, gegossen, garniert, bemalt, glasiert. Entwurf: Michael Powolny (1871–1954). Ausführung: Wiener Keramik (Mod. Nr.W284), Kommission Wiener Werkstätte (Mod. Nr. 458). Figur "Steigendes Pferd", auf einem rechteckigen Sockel, Steingut, weißer Scherben, hohl gegossen, zusammengesetzt, retuschiert und mit Hinterhufen und Schweif auf Sockel garniert, Pferd schwarz bemalt / dekoriert, transparente glänzende Craqueléglasur (WK Modell Nr. 284). H. 26,1 cm, L. 18 cm. Linz, OÖ. Landesmuseum, Inv.-Nr. K 1.289.

9.1.9 Krug

Fayence. H. 38,5 cm. Wien, MAK – Österreichisches Museum für angewandte Kunst / Gegenwartskunst, Inv.-Nr. KE 10.645–51.

9.1.10 Humpen mit springendem Pferd

Kordenbusch, Nürnberg, Mitte des 18. Jahrhunderts. Fayence, hell glasiert, blau gespritzt, bunt bemalt, Zinndeckel und -reif. Linz, OÖ. Landesmuseum, Inv.-Nr. K 747 (Legat Dürnberger, 1920).

9.1.7 Michael Powolny (1871–1954): Pferd

Um 1910. Steingut, weißer Scherben, gegossen, garniert, bemalt, glasiert.

Ausführung: Wiener Keramik (Mod. Nr. W284), Kommission Wiener Werkstätte (Mod. Nr. 458). Figur "Steigendes Pferd", auf einem

9.1.11 Krug mit heiligem Georg.

Foto: OÖ. Landesmuseum

9.1.13 Hugo F. Kirsch (1873–1961) Reitender Lützower

Figur auf galoppierendem Pferd und Sockel, um 1913. Steingut, sehr heller Scherben, gegossen, garniert, bemalt, glasiert. Ausführung: Hugo F. Kirsch. In Mischtechnik gestaltet, Unterglasur bemalt, transparent, glänzend glasiert und bunt glasiert (schwarz, braun, gelb, petrol). H. 21,5 cm, L. 19,1 cm. Wien, MAK – Österreichisches Museum für angewandte Kunst / Gegenwartskunst, Inv.-Nr. WI 1.258. Der Kleinbildhauer und Keramiker Hugo F. Kirsch arbeitete für die Wiener Werkstätte.

9.1.14 Olga Sitte (1884–1919) „Reiterquis" (Dragoner)

Vor 1915. Steinzeug, roter Scherben, geformt, garniert, glasiert. Ausführung: Olga Sitte. Figur, Säbel und wehender Mantel, auf Sockel garniert und gestützt, Steinzeug, roter Scherben, frei geformt (voll/ schwer), zusammengesetzt, auf Pflanzenstütze und Sockel garniert, mit unterschiedlichen Glasuren bunt dekoriert. H. 21.4 cm, L. 15.3 cm. Wien, MAK – Österreichisches Museum für angewandte Kunst / Gegenwartskunst, Inv.-Nr. WI 1.646.
Olga Sitte entwarf ihre Keramiken – fast ausschließlich Tierdarstellungen – für zahlreiche renommierte Firmen, so zum Beispiel die Vereinigte Wiener. und Gmundner Keramik, die Wiener Kunstkeramischen Werkstätten Busch & Ludescher und die Wiener Werkstätte.

9.1.15 Pferd mit Krieger

Ausführung: Willy Wolf und Julia Sitte. Majolika, Wien, 1923. H. 21,4 cm. Wien, MAK – Österreichisches Museum für angewandte Kunst / Gegenwartskunst, Inv.-Nr. KE 9.538-6.

9.1.11 Krug mit heiligem Georg

Erfurt, Mitte des 18. Jahrhunderts. Fayence, hell glasiert, bunt bemalt, Zinndeckel und -reif. Linz, OÖ. Landesmuseum, Inv.-Nr. K 117 (Geschenk R. Hofmann, 1911).

9.1.12 Die Rossebändiger

Nach der Antike. Gruppe. Porzellan, glasiert, unbemalt. H. 51 cm, L. 49 cm. Wien, MAK – Österreichisches Museum für angewandte Kunst / Gegenwartskunst, Inv.-Nr. KE 6.835-1-2.

9.1.16 Max Kislinger: Pegasus.

9.1.16 Max Kislinger (1895–1983): „Pegasus"

1945. Keramik glasiert. 16,6 cm x 11,7 cm. Sockel: Dm. 6,9 cm, H. 2,7 cm. Ried im Innkreis, Museum Innviertler Volkskundehaus, Inv.-Nr. Ki0034.

Lit.:Max Kislinger. Künstler, Chronist und Sammler zum 100. Geburtstag. Katalog zur Sonderausstellung des OÖ. Landesmuseums 1996, S. 193.

Kislinger nennt das blaue geflügelte Einhorn „Pegasus" und variiert den (ausgeführten) Entwurf von 1945 (OÖLM BA 7.582) nochmals im gleichen Jahr durch ein Tupfenmuster und die Drehung des Hinterteils zu einem seepferdchenartigen Schwanz.

9.1.17.1 Karl Czap (1908–1983): Aufsteigendes Pferd

Um 1940. Grünes aufsteigendes Pferd auf Sockel. H. 23 cm. NORDICO Stadtmuseum Linz, Inv.-Nr. K 52. Der Linzer Keramiker Karl Czap beeinflusste durch seine Arbeit in der Firma Linzer Keramik und Lehrtätigkeit eine ganze Generation von Keramikerinnen und Keramikern.

9.1.17.2 Hannelore Koll (Annelore Rogl): Hochbeiniges Pferd

Mit aufgestellter Mähne und gespreizten Ohren. Kopf leicht nach links gewendet (vom Betrachter aus gesehen). Grau-schwarze Terrakotta. 1983/84. H. (mit Sockel) 63,5 cm, Standfläche: 39 x 14 cm. NORDICO Stadtmuseum Linz, Inv.-Nr. P 995.

9.1.18 Teller

Vereinigte Wiener und Gmundner Keramik. Um 1925. Modell Nr. 055. Dm. 40 cm. Privatbesitz.

9.1.19 Franz von Zülow (1883–1963): Schale mit Pferdemotiv

Keramik, glasiert und bemalt. Dm. 40 cm. Privatbesitz. Der in Wien geborene Franz von Zülow erhielt von 1901 bis 1903

9.1.17.1 Karl Czap: Aufsteigendes Pferd. © NORDICO Stadtmuseum Linz, Foto: Thomas Hackl

eine graphische Ausbildung an der Allgemeinen Zeichenschule und der Graphischen Lehr- und Versuchsanstalt in Wien und war kurzfristig Hospitant an der Akademie der bildenden Künste bei Professor Christian Griepenkerl. Anschließend besuchte er bis 1906 die Kunstgewerbeschule. 1908 wurde er Mitglied der Wiener Secession. 1912 ermöglichte ihm das fürstlich Liechtensteinische Reisestipendium eine ausgedehnte Studienreise durch Westeuropa. Nach Ableistung des Militärdienstes im Ersten Weltkrieg kehrte er 1919 aus italienischer Kriegsgefangenschaft zurück und wirkte von 1920 bis 1922 als Lehrer

9.1.17.2 Hannelore Koll: Hochbeiniges Pferd. © NORDICO Stadtmuseum Linz, Foto: Thomas Hackl

9.1.20 Carl Hagenauer: Reiter   Foto: Schepe

an den keramischen Werkstätten
Schleiß in Gmunden. Ab 1922
lebte er abwechselnd in Wien und
Hirschbach im Mühlkreis (Wohnhaus
in Unterhirschbachgraben)
und unternahm wiederholt
Auslandsreisen, die ihn auch
künstlerisch inspirierten. Zülow,
der in der Zwischenkriegszeit der
Zinkenbacher Malerkolonie angehörte,
erhielt 1933 den Österreichischen
Staatspreis. 1949 begann er eine
Lehrtätigkeit an der Universität
für künstlerische und industrielle
Gestaltung in Linz (damals
Kunstschule Linz). 1955 wurde er
Ehrenmitglied und Präsident der
Mühlviertler Künstlergilde (die seit
2001 zu seinen Ehren den Namen

Zülow Gruppe führt) und 1958
Ehrenmitglied der Wiener Secession.
Seine künstlerischen Bestrebungen
sind mit den idealen Vorstellungen der
Secession und der Wiener Werkstätte
verbunden. Zülow verbindet die
Ornamentik des Jugendstils mit der
Formensprache der Volkskunst. Er
war mit dem Landleben und damit
auch den Pferden eng verbunden und
hat nicht nur in seinen Keramiken,
sondern auch in seinen Gemälden
und Graphiken diese nicht selten
auch in lieblicher, humorvoller und
verspielter Form und mitunter vor
dem Hintergrund oberösterreichischer
Landschafts- und Ortsmotive
dargestellt (siehe auch Raum 13 der
Ausstellung).

9.1.20 Carl Hagenauer (1871–1928): Reiter

Figurengruppe. Bronze. L. 70 cm,
T. 10 cm, H. 28 cm. Privatbesitz.
Carl Hagenauer erzeugte in seiner
Werkstätte so genannte „Wiener
Bronzen" (Kandelaber, ornamentale
Gitter, Beschläge etc.) sowie
Nachgüsse von Kleinplastiken
alter Meister. Stilistisch war
Hagenauers Produktion zunächst
dem Historismus verpflichtet, dann
dem gekurvten, floralen Jugendstil,
nach 1910 erzeugte man zunehmend
Metallwaren im strengeren Wiener
Sezessionsstil.

9.1.21 Margarethe Günther: Falkenjagd.   Foto: Museum auf Abruf, Wien

9.1.21 Margarethe Günther: Falkenjagd

1955. Majolikakachel. 30 x 30 cm. Wien, Sammlung der Kulturabteilung der Stadt Wien – MUSA, Inv.-Nr. ALT/3.932/0.
1952 erhielt Margarethe Günther den Förderungspreis der Stadt Wien für Bildende Kunst.

9.2 Volkskunde

Für die Produktion von Holzpferdchen aller Art gibt es in Oberösterreich in den Viechtauer „Rösselmachern" eine alte Tradition: „Pfeifrösserl", Türkenreiter und Sattelpferde wurden in der Viechtau neben anderem Holzspielzeug in großen Serien hergestellt. Heute haben sie hohen Nostalgiewert. Aber nur mehr selten kommen sie in die Kinderzimmer. Sie sind zu begehrten Objekten von Volkskunde- und Kunsthandwerkssammlungen geworden.

9.2.1 Linzer Reiterkasten

Raum Linz. Im Gegensatz zu den großteils marmorierten „Florianer Möbeln" überwiegt bei den „Linzer Möbeln" die Intarsienmalerei. Auf florale Elemente wurde dabei oftmals ganz verzichtet, gleichzeitig aber großer Wert auf Reiterstiche in den Feldern gelegt, die vorwiegend aus Augsburger Offizin des 18. Jahrhunderts stammen. Um 1790. H. 192 cm, B. 176 cm, T. 73 cm. Linz, OÖ. Landesmuseum, Inv.-Nr. F 543.

9.2.2 Türkenreiter

Aus Holz geschnitzt, bunt bemalt, auf Allgemeinwirkung reduziert. Ross und Reiter auf einem Brettchen mit vier Rädern stehend. Ross: Geschnitzter Kopf und Rumpf, als Apfelschimmel bemalt, angedeutetes Zaumzeug, bunte Satteldecke. Reiter: blau-rote Uniform, in der Hand Krummschwert, Kopfbedeckung: Fez, bunt bemalt,

Rundung gedrechselt und aufgepickte Hühnerfeder. Gesicht: gedrechselt, bemalt und Nase aufgepickt. Hand: Armende gespalten, darin steckt der Säbel. Viechtau, bis 20. Jahrhundert. H. 18 cm, L. 11 cm. Linz, OÖ. Landesmuseum, Inv.-Nr. F 4.087.

9.2.3.1 Räderrössl

Schwarz. H. ca. 44 cm, L. 36 cm. Linz, OÖ. Landesmuseum, Inv.-Nr. F 4.152.

9.2.3.2 Räderrössl

Grau. H. 14 cm, L. 15,5 cm. Linz, OÖ. Landesmuseum, Inv.-Nr. F 2.859.

9.2.4.1 Räderrössl

Weiß. H. 53,5 cm, L. 55 cm, B. 33 cm. Linz, OÖ. Landesmuseum, Inv.-Nr. Sp 70.

9.2.4.2 Pfeifrössel

Aus Holz geschnitzt und bemalt, orangefarbenes Ross und blauer Reiter mit orangefarbener Kappe auf einem Naturholz-Brettchen mit vier Rädern stehend, Ross und Reiter mit weißer Ringerlzier, statt des Schwanzes Pfeiferl ohne Bemalung. H. 11 cm. Linz, OÖ. Landesmuseum, Inv.-Nr. F 26.585.

9.2.5 Votivmodel: Pferd.

1725. Nussbaumholz, H. 11,4 cm B. 12,6 cm T. 3,2/6,4 cm. Zweiteiliger Lebzeltermodel (Hohlmodel), mittels zweier Metallzapfen zu verschließen, zur Herstellung von dreidimensionalen Wachsabgüssen aus dem Rieder Lebzelterhaus Zehentner-Dreiblmayr. Seitlich die Monogramme „FG'K" und „FID 1725". Ried im Innkreis, Museum Innviertler Volkskundehaus, Legat Zehentner Nr. 2.

9.2.6.1 Doppelhenkelschüssel

Fayence, weiß glasiert, kobaltblau bemalt – Pferd und Ornamentdekor. Mähren / Wischau. Um 1880.

Dm 35,5 cm. Ried im Innkreis, Museum Innviertler Volkskundehaus Inv.-Nr. Vk10.280.

9.2.6.2 Flache Keramikschüssel mit Turnierdarstellung

Keramik, roter Scherben, gelblichweiß glasiert, gelb, grün, blau bemalt. Dm 33,1 cm, zwei Ausschartungen, krakeliert. Ried im Innkreis, Museum Innviertler Volkskundehaus Inv.-Nr. Vk10281 (Sammlung Veichtlbauer Nr. 5.737.
„Ein Renaissanceteller, Mauthausener Arbeit. 2 kämpfende Ritter v. Bez. Gend. Insp. Stöger Grieskirchen 08.08.1934".

9.2.7.1 Pfeifrössel

Rot. Räder. H. 11 cm. Linz, OÖ. Landesmuseum, Inv.-Nr. F 11.432.

9.2.7.2 Pfeifrössel

Orange. Standbrettchen. H. 11 cm. Linz, OÖ. Landesmuseum, Inv. F 11.414.

9.2.8 Papierfigur „Fasserrössl"

Aus dem „Huttlerlaufen" (Mullerlaufen). Von einer so genannten Fasnachtskrippe aus Thaur. 1. Hälfte des 19. Jahrhunderts. H. ca. 20 cm. Öl auf Karton. Innsbruck, Tiroler Landesmuseen Betriebsgesellschaft m. b. H. – Tiroler Volkskunstmuseum, Inv.-Nr. 13.917.
Das Mullerlaufen ist ein Fastnachtsbrauch in Thaur (Bezirk Innsbruck Land, Tirol), der alle 4 bis 5 Jahre stattfindet und bei dem das gesamte Dorf unterwegs ist. 600 Mitwirkende und zahllose Helfer sind auf den Beinen. Der Brauch löst beim Publikum ähnliche Begeisterung aus wie der Ebenseer Fetzenzug im Salzkammergut.

9.2.9 Schaukelpferd

Zirbe, geschnitzt und bemalt; spätes 19. Jahrhundert, Außerfern, H. 89 cm. Geschnitzte Figur eines springenden Apfelschimmels mit rot bemalter

9.2.11 Karl Hauk: Zirkusartisten. © Besitz Kunsthandel Widder GmbH, Wien

Satteldecke und Lederzaumzeug; auf geschweiften Schwingen mit den Hinterhufen und einer Eisenstange montiert. Innsbruck, Tiroler Landesmuseen Betriebsgesellschaft m. b. H. – Tiroler Volkskunstmuseum, Inv.-Nr. 28.021.

9.2.10 Wilhelm Dachauer (1881–1951): Karussellspiel

8 Karussellfiguren: Pferde und Fabelwesen. Das Karussell wird von einer weiblichen Halbfigur mit „Heiligenschein" bekrönt. Holz, bemalt; Karton. Dm. 66,5 cm, H. 48 cm. Kartonplatte (viergeteilt) Dm.: 86,5 cm, 7 Spielfiguren (Fabelwesen): H. 1,7–2,8 cm. Ried im Innkreis, Museum Innviertler Volkskundehaus, Inv.-Nr. Ga03.660.

9.2.11 Karl Hauk (1898–1974): Zirkusartisten

1929. Öl auf Karton. H. 65,5 cm, B. 47 cm. Monogrammstempel HK. Abgebildet in der Monografie: Roland Widder: Karl Hauk, 2008, S. 105. Wien, Kunsthandel Widder.

Das Publikum ist bewusst ausgeblendet, der Blick ganz auf die Pferde und das Artistenpaar gerichtet. Das Bild besticht durch seine Dynamik, die nur durch das stille Lächeln des Clowns gebrochen wird. Hauk gelang damit ein herausragendes Beispiel für die Kunst der Neuen Sachlichkeit.

Der als Sohn eines Apothekers in Klosterneuburg geborene und ab 1904 in Linz aufgewachsene Karl Hauk studierte 1918 bis 1924 an der Wiener Akademie der bildenden Künste (bei den Professoren Josef Jungwirth, Karl Sterrer, Alois Delug), wirkte anschließend in Linz und seit 1932 in Wien. Von 1947 bis 1951 war er Leiter einer Malklasse an der Kunstschule der Stadt Linz und bis 1949 deren Direktor. Von seiner Hand stammten u. a. die Farbfenster im Wiener Krematorium (1926), das Schutzengelfresko der Kreuzschwestern-Schule in Linz 1927 (zerstört 1963), das Ölgemälde „Weinlese" für das ehemals bekannte Linzer Lokal „Rosenstüberl" (1930) (nun im Linzer Stadtmuseum Nordico), die in Kupfer getriebenen Reliefs am Gebäude der Linzer Studienbibliothek (1933), der Fries am Gebäude der Linzer Arbeiterkammer, 2 Mosaiken als Zifferblatt der Uhr an der Linzer Tabakfabrik (1936), Fresken in der Linzer Bahnhofhalle (Hausruck- und Traunviertel) (1936, zerstört), die Glasgemälde in der Sandleiten-Kirche Wien und die Steinfigur des

9.2.12 Kathia Berger: Der rote Clown.

Christophorus an der Traunbrücke (Stadtgemeinde Traun, Bezirk Linz-Land). In seinem Werk, auch in den „Zirkusartisten" sind die Einflüsse eines künstlerischen Realismus und der Neuen Sachlichkeit spürbar.

9.2.12 Kathia Berger (*1938): Der rote Clown
1991. 60 x 60 cm. Öl auf Leinwand.

NORDICO Stadtmuseum Linz, Inv.-Nr. G 11.419.

Zirkusszene in Hamburg. Im Vordergrund großer Clown mit weißem Hut und weißer Halskrause, lila kurzer Jacke und roten Ärmeln. Davor zwei Ponys, rechts im Bild blaues Zirkuszelt und Zirkuswagen mit Aufschrift ‚Zirkus Stella'. Zwei Ponys, drei Gänse und eine Katze, links im Bild ein weißer und ein schwarzer Hund, dahinter ein geflecktes Pferd, auf dem ein Mann und eine Frau Kunststücke trainieren. Im Hintergrund Häuserzeile und Meer mit zwei Schiffen. Im oberen Drittel großer hell- und dunkelblau gestreifter Ball. Hintergrund in lila-rosa Tönen. Sehr bunter Gesamteindruck, naive Malerei. Die Hamburger Künstlerin Kathia Berger ist vor allem als Katzenmalerin bekannt geworden.

10 Münzen und Medaillen

Geld ist mehr als ein Zahlungsmittel. Es ist geprägte Freiheit und Symbol obrigkeitlicher Macht und wirtschaftlicher Tatkraft. Vor etwa 2600 Jahren wurde das Münzgeld erfunden. Seine Geltung und sein Wert sollten durch die aufgeprägten Herrschaftszeichen garantiert werden. Von Anfang weg waren auf den Münzbildern immer wieder Pferde vertreten, ob auf Prägungen der Handelsstadt Milet, der makedonischen Könige, griechischen Kolonien, keltischen Fürsten oder der römischen Kaiser. Auch von den mittelalterlichen und neuzeitlichen Münzstätten wurde häufig auf Pferdemotive zurückgegriffen, bis hin zu einzelnen Euro- und Cent-Prägungen, etwa in Litauen, Italien oder Slowenien.

Medaillen werden zu verschiedensten Anlässen ausgegeben: bei Siegen, Friedensschlüssen und Jubiläen.

Die Fülle der Pferdemotive ist kaum überschaubar. Bei Prägungen des Hauses Hannover oder der Herzöge von Braunschweig-Wolfenbüttel war das „Sachsenross" fast obligatorisch. Bei Herrscherinnen und Herrschern, Marschällen und Generälen waren Pferde ganz generell kaum zu umgehen. Aber auch in der Republik haben sich Pferde – auch als Symbole der nationalen Identität – behauptet, etwa bei den Gedenk-Prägungen der Münze Österreich.

10.1 Staatliche Münzsammlung München

Antike

10.1.1 Lampsakos: Stater

Elektron. 8,42 g. ca. 370 v. Chr. Vs.: Pegasusprotome nach links, Kopf einer Mänade mit einem Efeukranz im gebändigten Haar n. l. Rs.: Protome eines geflügelten Pferdes n. r. A. Baldwin, Lampsakos; The Gold Staters, Silver and Bronze Coinages, AJN 53, 1924, Taf. 1. 20; SNG Aul. 7393. Gulbenkian 682. München, Staatliche Münzsammlung, Inv.-Nr. SNG France 5 11.

10.1.2 Syrakus: Hieron II. (275–215). Stater

Gold, 275–263. Kopf der Kore-Persephone n. l., Ährenkranz im Haar, das lang in den Nacken fällt und zu einem Schopf zusammengebunden ist; sie ist mit einem Perlenhalsband geschmückt; im Felde r. Hippokamp. Rv. IERWNOS Biga im Galopp n. l., der Wagenlenker im langen Chiton hält die Zügel in der Linken, das Kentron in der Rechten; zwischen den Pferdebeinen Monogramm (?) 4,32 g. Gulbenkian I, 115, 351. München, Staatliche Münzsammlung, Inv.-Nr. SNG München 1343.

10.1.3 Caesar Octavianus / Augustus: Aureus

7,83 g. Roma, 32–29 v. Chr. Av.: Kopf n.r. Rv.: CAESAR DIVI F (im Abschnitt), Octavianus im Grußgestus zu Pferde n.l. (Reiterstatue). – Schrötling minimal gebogen, leichte Schürfspur am Rv.-Rd., kleine Kratzer und Druckstellen. RIC 262 (R2), C 73 (80 Fr.), CRI 394, Calicó 187. München, Staatliche Münzsammlung, Inv.-Nr. RIC 262.

10.1.3 Aureus.

Foto: Staatliche Münzsammlung München

10.1.4 Ostkelten. So genannter Baumreiter

3./1. Jh. v. Chr. Silber. Vs.: Zeuskopf. Rs.: Kleiner Reiter mit Helm und baumähnlichem Gegenstand nach links reitend, das Pferd mit großem, rundem Auge. München, Staatliche Münzsammlung, Inv.-Nr. Slg Lanz 416.

Neuzeit

10.1.5 Franz Anton von Harrach: 1709–1727 Goldmedaille zu 20 Dukaten

1711. Stempel von Philipp Heinrich Müller, Augsburg. Büste rechts / Hand aus Wolken zügelt nach rechts springendes Pferd, oben die Devise NEC LAXE – NEC STRICTE NIMIS (weder zu locker, noch zu fest). Bernhart/Roll – Forster – (vgl. 757) Probszt – Zöttl. München, Staatliche Münzsammlung, Inv.-Nr. 1/112/VI/3.

10.1.6 Schaustück zu 5 Dukaten

o. J. Stempel von Philipp Heinrich Müller in Augsburg. FRANCISCVS. ANTON. S. R. I. PRINC. DE HARRACH. Brustbild in geistlicher Tracht mit langer Allongeperücke nach rechts; darunter kleiner Stern (Stempelschneiderzeichen für Philipp Heinrich Müller). / NEC LAXE – NEC STRICTE NIMIS (weder zu locker, noch zu fest). Nach rechts springendes Pferd wird von der Hand Gottes am Zügel gehalten. Glatter Rand. Bernh. / Roll 3670; Forster 856; Pr. -; Zöttl 2.329; Slg. Dolenz 310. 17,48 g.; 31,70 mm. Gold. München, Staatliche Münzsammlung, Inv.-Nr. 1/112/VI/5.

10.1.7 Hermann I. Pfalzgraf von Sachsen (seit 1181). Landgraf von Thüringen (1190–1217)

OVON…; Landgraf reitend mit Schild und Fahne. Schwarzburg? Gleichen? Orlamünde? Brakteat (dünnes Metallblech). 0,75 Gramm. Katalog Riechmann XVI 1920 n. 772:

Thüringen. Hermann I., Pfalzgraf von Sachsen, seit 1181. Landgraf 1190–1217. Brakteat. Nach rechts reitender Landgraf mit Schild und Fahne, links im Feld Kreuz. Mit Trugschrift. Dm. 40,3 mm. Seega -. Unediert. Zahl 44.063. München, Staatliche Münzsammlung, Inv.-Nr. 13/37/III/1.

10.1.8 Lucca. Scudo

1747. Gekröntes Wappen. Rs: Hl. Martin auf Pferd teilt mit Bettler seinen Mantel. CNI 806. 26,41 g. München, Staatliche Münzsammlung, Inv.-Nr. 4/8/III/1.

10.1.9 Elisabeth II. (seit 1952): Crown

1953. Münzstätte: London. Randinschrift: Glatter Rand; FAITH AND TRUTH I WILL BEAR UNTO YOU. Designer Rückseite: CT = Cecil Thomas, EF = Edgar Fuller. Designer Vorderseite: GL = Gilbert Ledward. Kupfer-Nickel-Legierung. 28,28 Gramm. Dm. 38,61 cm. Yeoman 125. an. 93.399. München, Staatliche Münzsammlung, Inv.-Nr. 4/122/I/2.

10.1.10 Georg IV. (1820–1830). Crown

1821. London. Randschrift: ANNO REGNI SECUNDO. Spink 3805, Davenport 104. an. 71.901. München, Staatliche Münzsammlung, Inv.-Nr. 4/115/VI/2.

10.1.11 Georg IV. (1820–1830). 2 Sovereign

1823. Designer: Benedetto Pistrucci. 14,64 g fein. Seaby 3.798. Fr. 375, Reichel 1147. München, Staatliche Münzsammlung, Inv.-Nr. 4/115/VI/6.

10.1.12 Peter der Große (1682–1725): Bronzemedaille

Russland. 1696 von Ssamuil Juditsch Judin und Georg Waechter. Auf die Gründung der russischen Flotte. 67 mm. Diakov 4.3, Reichel 887. München, Staatliche Münzsammlung, Inv.-Nr. 9/46/I/5.

10.1.13 Peter der Große (1682–1725): Bronzemedaille

1709. Von Ssamuil Juditsch Judin (vermutlich spätere Prägung des 19. Jahrhunderts). Auf seinen Sieg über die Schweden bei Poltawa am 28. Juni 1709 (nach gregorianischem Kalender am 8. Juli 1709). Der Zar reitet in voller Rüstung nach l. über einen am Boden liegenden Gefangenen hinweg, im Hintergrund Schlachtdarstellung und die befestigte Stadt. / Herkules mit Löwenfell und Keule steht auf Kriegstrophäen und deutet mit der Linken auf das Schlachtfeld, das in Vogelperspektive zwischen der Stadt Poltawa, dem Fluss Worskla und dem russischen Lager dargestellt ist; oben Schrift mit der Jahreszahl als Chronogramm. 65,47 mm; 108,87 g. Diakov 27.9. Reichel 1112. München, Staatliche Münzsammlung, Inv.-Nr. 9/46/II/5.

10.1.14 Peter der Große (1682–1725): Bronzemedaille

Russland. 1716. Von Ssamuil Juditsch Judin. Auf sein Kommando über die vereinigten Flotten von Russland, England, Dänemark und Holland. Rv.: Neptun in Pferdebiga mit den Flaggen der verbündeten Mächte. Diakov: 50.3. Reichel 1286. München, Staatliche Münzsammlung, Inv.-Nr. 9/46/III/2.

10.1.15 Katharina II. (1762–1796): Bronzemedaille

Russland. 1782. Stempel von Johann Balthasar Gass und Georg Waechter. Auf die Errichtung des großen Reiterstandbildes Peters des Großen in Sankt Petersburg. Bb. der Kaiserin l. / Reiterstandbild. 82 mm. 205,12 g. Diakov 194.2. Reichel 2669. Stempel von Gass und Waechter. München, Staatliche Münzsammlung, Inv.-Nr. 9/48/IV/5.

10.1.21 Kaiser Ferdinand III., Silbermedaillon von Sebastian Dadler. Avers.

Foto: Staatliche Münzsammlung München

10.1.21 Kaiser Ferdinand III., Silbermedaillon von Sebastian Dadler. Revers.

Foto: Staatliche Münzsammlung München

10.1.16 Julius (1568–1589). 1,1/2 Brillentaler
Braunschweig. Goslar 1587.
Welter 574. München, Staatliche
Münzsammlung, Inv.-Nr. 9/48/IV/5.

10.1.17 Heinrich Julius (1589–1613). Löser zu 3 Talern
Braunschweig. 1608. Zellerfeld. Der
Herzog zu Pferd links. Rs: Dreifach
behelmtes, verziertes Wappen, unten
Wert in Kartusche. Fiala 4,691,
Welter 612, Duve 1. 87,26 g. München,
Staatliche Münzsammlung, Inv.-Nr.
3/46/IV/2.

10.1.18 August der Jüngere (1635–1666). Löser zu 1 1/2 Talern
Braunschweig. 1655, Goslar oder
Zellerfeld. Der Herzog zu Pferde
rechts. Rs: Fünffach behelmtes
Wappen. Ohne Wertpunze. Fiala 6-302,
Welter 773, Dav./Sönd. 71. 43,41 g.
München, Staatliche Münzsammlung,
Inv.-Nr. 3/46/IV/5.

10.1.19 Maximilian III. Joseph (1745–1777). Goldmedaille zu 10 Dukaten
Bayern. 1771. von F. A. Schega. Preis
für Pferdezucht. München, Staatliche
Münzsammlung, Inv.-Nr. 6/115/III/6.

10.1.20 Maximilian III. Joseph (1745–1777). Silbermedaille
Bayern. 1771 (von Franz Anton Schega,
39,3 mm), Preis für Pferdezucht.
Brustbild n. links / Springendes Pferd.
Witt. 2139, Grotem. 30. München,
Staatliche Münzsammlung, Inv.-Nr.
6/115/III/6.

10.1.21 Ferdinand III. (1637–1657): Silbermedaillon
Sebastian Dadler (1586–1657).
1649. Auf den Vorvertrag
über die Ausführungen der
Friedensbestimmungen für den
Westfälischen Frieden. Kaiser
Ferdinand III. in antikem Harnisch
mit Mantel und Kommandostab in
der Rechten auf einem springenden
Pferd, dahinter eine Truppenparade
vor einer Flusslandschaft und der

Stadtansicht von Wien / Gekrönter
Adler mit Insignien in Wolken mit
fünf Engeln, zwei halten eine Kette,
an der die gekrönten Wappen von
Frankreich und Schweden und am
unteren Kettenbogen die gekrönten
Wappen der acht Kurfürsten befestigt
sind, darunter die Stadtansicht
von Nürnberg. 78,40 mm; 132,47 g.
Deth./Ord. 139; Hildebrand I, S. 272,
33; Maué 71; Pax in Nummis 142;
Slg. Montenuovo 821. München,
Staatliche Münzsammlung, Inv.-Nr.
14/48/III/5.

10.1.22 Ludwig XIV. (1643–1715): Bronzemedaille.
Frankreich. 1662. Auf Reiterspiele.
Avers: Ludovicus XIIII . REX
CHRISTIANISS .. Büste des Königs
nach rechts. Signiert: „MAVGER F.".
Revers: LUDI EQUESTRES Der König
trägt volle Rüstung und Speer in der
rechten Hand, nach rechts laufendes
Pferd. Datiert: 1662. Bronze. 41,0 mm,
27,32 g. Divo 70. München, Staatliche
Münzsammlung, Inv.-Nr. 4/156/I/6.

10.1.23 Frankreich. Ludwig XIV. (1643–1715). Silbermedaille
Frankreich. 1674. Auf die Einnahme von Dole. Avers: LUDOVICUS MAGNUS REX CHRISTIANISSIMUS. Büste des Königs nach rechts. Signiert: „MAUGER F." Revers: „DOLA SEQUANORUM ITERUM CAPTA . M.DC.LXXIV ." 1674. Bronze. 41,0 mm. Divo 135. München, Staatliche Münzsammlung, Inv.-Nr. 4/157/I/3.

10.1.24 Georg III. (1810–1820): Silbermedaille
Hannover. 1803 (von Romain-Vincent Jeuffroy). Auf den Bruch des Friedens von Amiens und die Besetzung Hannovers. Der englische Löwe zerreißt den Vertrag, in der Umschrift L'ANGLETERRE Rv. Victoria reitet auf Niedersachsen-Ross, im Abschnitt: FRAPPÉE AVEC L'ARGENT DES MINES D'HANOVRE. Le traité d'Amiens rompu et le Hanovre occupé. Médaille 1803 (Jeuffroy.) Le lion anglais déchirant le traité, légende L'ANGLETERRE. Rv. La Victoire, à cheval, en pleine course. Exergue: FRAPPÉE AVEC L'ARGENT DES MINES D'HANOVRE. 41 mm; 32,4 g. Br. 271. Trésor Tf. 94.7. Slg. Jul. 1165. Reichel 1028. München, Staatliche Münzsammlung, Inv.-Nr. IV/168/II/1.

10.1.26 Napoleon I. (1804–1814). Silbermedaille
Frankreich. 1805 (1806). Auf den Übergang über den Lech. Stempel von Droz und Andrieu. Belorbeertes Brustbild nach rechts. Rv. Napoleon zu Pferd spricht zu einer Truppe marschierender Soldaten. 36,97 g. Bramsen 432. Slg. Julius 1412. Reichel 1124. München, Staatliche Münzsammlung, Inv.-Nr. 4/168/VII/2.

10.1.27 Napoleon I. (1804–1815). Bronzemedaille
Frankreich. 1805/06 (Bertrand Andrieu / Lui Jaley, Paris). Auf die Kapitulation von Ulm und Memmingen. Av.: Lorbeerbekränzte Büste rechts, sign. unter dem Halsabschnitt. Rv.: Napoleon in einer Biga rechts bekränzt von einer über dem Gespann schwebenden Viktoria, unter den Leibern der Pferde zwei niederkniende Stadtpersonifikationen, die ihm die Stadtschlüssel übergeben, im Abschnitt vier Zeilen Text. Nau 234, Bramsen 433, Zeitz 56 (Bronze). 36,43 g. 40 mm. Reichel 1125. München, Staatliche Münzsammlung, Inv.-Nr. 4/168/VII/4.

10.1.28: Napoleon I. (1804–1815). Silbermedaille
Frankreich, 1806 (Stempel von Bertrand Andrieu). Auf die Schlacht bei Jena am 14. Oktober 1806. 39,77 g. Av.: Belorbeerter Kopf Kaiser Napoleon I. von Frankreich r. Rv.: Napoleon zu Ross reitet über gestürzten Gegnern. Kat. Jul. 1594. Br. 537. Trés. 14.8. Zeitz&Zeitz 75. Mers. -. Reichel 1153. München, Staatliche Münzsammlung, Inv.-Nr. 4/169/III/2.

10.1.30 Napoleon I. (1804–1815): Silbermedaille
Frankreich. 1807. Von Bertrand Andrieu und Nicolas-Guy-Antoine Brenet, Werkstatt Dominique-Vivant Denon. Auf die Errichtung des Königreiches Westfalen. Av.: Büste nach rechts mit Lorbeerkranz. Rv.: Unbekleideter Mann mit Lorbeerkranz steht nach rechts und hält das westfälische Ross. 40,40 mm; 36,95 g. Slg. Julius 1787; Zeitz 90. Reichel 1190. München, Staatliche Münzsammlung, Inv.-Nr. 4/169/VII/8.

10.1.31 Napoleon I. (1804–1815). Steckmedaille
Frankreich, o.J. (v. Stettner, Nürnberg). Auf die Siege des Kaisers. Gold. 42,42 Gramm. Einlage mit 17 nicht kolorierten Schlachtenbildern. Slg. Jul. 1821. Bramsen 676. München, Staatliche Münzsammlung, Inv.-Nr. 4/171/IV/2.

10.1.32 Stanislaus August (1764–1795). Bronzemedaille
Polen. 1789. Von Friedrich Wilhelm und Daniel Friedrich Loos. Auf die Eintracht im polnischen Reichstag bei der Abstimmung zur Aufstellung einer 100.000 Mann starken Armee zum Schutz vor Russland. Reiterstatue von Johann III. Sobieski in römischer Rüstung, der l. über einen am Boden liegenden Türken hinwegreitet, zu den Seiten je ein Schild mit lateinischer bzw. polnischer Schrift, dahinter türkische Waffen / Das personifizierte Polen steht nach l. mit umgelegtem Mantel, in der erhobenen Rechten Schwert, in der Linken Schild, umher liegen Waffen am Boden. 51 mm; 54,18 g. H.-Cz. 3309; Sommer A 22. Reichel 2320. München, Staatliche Münzsammlung, Inv.-Nr. 5/46/IV/6.

10.1.33 Gustav II. Adolf (1611–1632): Silbermedaille
Schweden. Unsigniert, vermutlich von einem Stettiner Künstler. 1630. Auf die Landung des schwedischen Königs Gustav II. Adolf auf der Insel Usedom am 24. Juni 1630. Av.: Geharnischtes Brustbild von vorne mit Kommandostab. Rv.: Löwe steht mit Bibel und erhobenem Säbel l., oben strahlendes Auge Gottes, r. Baum. Hildebrand I, S. 114, 22 b. Reichel 422. Auf der Rückseite ist im dreizeiligen Schriftkreis das Gebet zu lesen, das Gustav II. Adolf unmittelbar nach seiner Ankunft in Deutschland mit einem Kniefall ausgesprochen haben soll: DAS AVG GOTTES DES HERRN SEHE MICH AN IN GENADEN, DAS ALLES GLUCKLICH MÖG ZV / SEINER EHR GERATHEN, SEIN WORT ERHALTE ER VND STERCKHE MEINE / HANDT, DER EDLEWERTHE FRID GRVNE IM TEVTSCHEN LAND. Eine ähnliche Medaille trug der Schwedenkönig während seines deutschen Feldzuges um den Hals. München, Staatliche Münzsammlung, Inv.-Nr. 5/75/VIII/6.

10.1.35 Filippo Maria Visconti, Bronzemedaille von Antonio Pisanello.   Foto: Dr. Busso Peus Nachf.

10.1.34 Gustav II. Adolf (1611–1632): Silbermedaille

Schweden. 1631. Von Jean Gentil, Paris, auf den schwedischen und protestantischen Sieg bei Breitenfeld (heute Stadtteil von Leipzig) am 7. September 1631 (nach gregorianischem Kalender am 17. September). Der geharnischte schwedische König Gustav II. Adolf reitet r. mit Kommandostab über das Schlachtfeld und wird von einer aus Wolken kommenden Hand bekränzt, im Abschnitt neben der Jahreszahl die Signatur • IG – L•F (Jean Gentil Lutetiae fecit) / Das gekrönte schwedische Wappen zwischen Armaturen, darunter drei ovale Kartuschen: 1) Gekreuztes Schwert und Zepter mit * ENSEM GRADIVUS SCEPTRUM TH : IP : GU, 2) Gekrönter Berg mit IMMOTA TRIVMPHO, 3) MIT / GOTT / und / RITTERLICHE /

WAFFEN; in der Mitte Monogramm GA zwischen DE – VS. 51,08 mm; 39,85 g. Hildebrand I, S. 131. Reichel 425. München, Staatliche Münzsammlung, Inv.-Nr. 5/48/I/5.

10.1.35 Filippo Maria Visconti (1391–1447, Herzog von Mailand seit 1412). Bronzemedaille

Mailand, o. J. (um 1441). Von Antonio Pisanello (1395–1455). 97,0 mm. Büste / Der nach links reitende Herzog mit einer Lanze, hinter ihm ein zweiter Reiter und ein Knappe vor gebirgiger Landschaft und den Türmen einer Stadt. Hill. 21, Bargello 4, Börner 7, Kress Coll. 3. München, Staatliche Münzsammlung, Inv.-Nr. 11/91/II/2. Die Medaille zeigt den reitenden Herzog von Mailand Filippo Maria Visconti. Viele der Medaillen Pisanellos zeigen Pferde, so unter anderem die Portraitmedaillen des

Kaisers von Byzanz Johannes VIII. Palaiologos (1425–1448) (auf der Rückseite der Kaiser mit Gefolgsmann zu Pferd ein Wegkreuz passierend), der Caecilia Gonzaga (mit einer Frau, die ein Einhorn durch Handauflegen zähmt, auf dem Revers), des Ludovico Gonzaga (mit dem reitenden Markgrafen auf dem Revers), des Domenico Novello Malatesta (1429–1465), das auf der Rückseite den knienden Ritter vor Kruzifix, links Rückansicht eines Pferdes zeigt (Datierung: 1445); des späteren Herzogs von Mailand Francesco I. Sforza (1450–1466) (auf seine Vermählung mit Bianca Maria Visconti, Tochter des Herzogs von Mailand, im Jahr 1441), die auf dem Revers einen Pferdekopf links über Schwert und davor Bücher (als Sinnbilder für Tapferkeit und für Bildung) präsentiert.

10.1.36 Bertoldo di Giovanni (Florenz, um 1420–1491). Silbergussmedaille 1469. Auf den Besuch Kaiser Friedrichs III. beim Papst in Rom und die Erhebung von 122 Gefolgsleuten in den Ritterstand. Av.: Bb. Friedrichs mit Pelzhut und pelzbesetztem Mantel links, Titelumschrift mit korrigiertem „SEMPER". Rv.: Aufeinandertreffen des Papstes und des Kaisers samt ihrer Gefolge auf der römischen Brücke Ponte Sant'Angelo, auf dem Brückenbogen seitlich die den Anlass erklärende und datierende Inschrift.

55,32 mm. BNF NF 5, 357. Armand II, 39.1. Slg. Johnson I, 3. Currency of Fame 40. München, Staatliche Münzsammlung, Inv.-Nr. 14/46/II/2.

10.2 Numismatische Sammlung des OÖ. Landesmuseums

10.2.0.1 Philipp II. (359–336): Tetradrachme
Makedonien. Amphipolis. Belorbeerter Zeuskopf nach rechts. Rv: Reiter mit Zweig nach rechts. Beizeichen

Fackel und Kantharos. Le Rider (1978), Tafel 47, 27. 14.18g. Linz, OÖ. Landesmuseum, Numismatische Sammlung, Kastner Nr. 131 (Katalognummer 69), Inv.-Nr. 175/94.

10.2.0.2 Elektronstater
Karthago. Circa 310/270. Kopf der Tanit mit Ährenkranz, dreiteiligem Ohranhänger und Halskette links. Rs: Pferd nach rechts stehend. 7,39 g. Jenkins – Lewis 28.4. Linz, OÖ. Landesmuseum, Numismatische Sammlung, Kastner Nr. 154, Inv.-Nr. N 198/94.

10.2.0.1 Philipp II. Tetradrachme.
Foto: OÖ. Landesmuseum

10.2.0.2 Elektronstater. Karthago.
Foto: OÖ. Landesmuseum

10.2.0.3 Tetradrachme. Gela.
Foto: OÖ. Landesmuseum

10.2.0.4 Tetradrachme.
Siculo-Punisch.
Foto: OÖ. Landesmuseum

10.2.0.3 Tetradrachme
Gela: Tetradrachme, 465/450 v. Chr.
17,18 g. Quadriga nach links, dahinter
ionische Säule, im Abschnitt Ketos
/ Androkephale Stierprotome nach
rechts, von Nike bekränzt. Jenkins -,
n. 214 (O 65 / R 110). Linz, OÖ.
Landesmuseum, Numismatische
Sammlung, Kastner Nr. 37
(Katalognummer 43), Inv.-Nr. 81/94.

10.2.0.4 Tetradrachme
17,09 g. Siculo-punisch. Ca. 320–310
v. Chr. Av.: Kopf der Tanit-Persephone
mit Schilfkranz nach links, umgeben
von vier Delphinen. Rv.: Pferdekopf
nach links, dahinter Palme. SNG Cop
979, Jenkins 168. Linz, OÖ. Landesmuseum, Numismatische Sammlung,
Kastner Nr. 64 (Katalognummer 64),
Inv.-Nr. N 196/94.

**10.2.1 Giovanni de Candida (1445/50–
1504): Kaiser Friedrich III.**
(1457–1493). Gussmedaille. 1469.
Bronze, Dm. 50 mm, 56,87 g. Linz,
OÖ. Landesmuseum, Numismatische
Sammlung, Inv.-Nr. N 2.

10.2.7 Karl VI., Medaille.

Foto: OÖ. Landesmuseum

10.2.2 Ferdinand I. (1521–1564), 1 1/2-facher Schautaler
1541, Kremnitz. Silber, Dm. 53 mm, 36,42 g. Linz, OÖ. Landesmuseum, Numismatische Sammlung, Inv.-Nr. N 2. Linz, OÖ. Landesmuseum, Numismatische Sammlung, Inv.-Nr. N 10.

10.2.3 Matthias II. (1612–1619): Medaille
1601. Von Michael Sock. Silber, Dm. 49,4 mm, 32,44 g. Linz, OÖ. Landesmuseum, Numismatische Sammlung, Inv.-Nr. N 25.

10.2.4 Leopold I. (1657–1705), Medaille
1691. Von Georg Hautsch, Verleger F. Kleinert, auf den Sieg Ludwig Wilhelms von Baden (gen. Türkenlouis) über das osmanische Heer bei Salankamen. Zinn, Dm. 43 mm, 22,08 g. Linz, OÖ. Landesmuseum, Numismatische Sammlung, Inv.-Nr. N 73.

10.2.5 Karl VI. (1711–1740): Medaille
1716. Von Georg Wilhelm Vestner. Silber, 44 mm, 29,42 g. Linz, OÖ. Landesmuseum, Numismatische Sammlung, Inv.-Nr. N 118.

10.2.6 Karl VI. (1711–1740): Medaille
1717. Von Georg Wilhelm Vestner. Silber, Dm. 43,7 mm, 28,60 g. Linz, OÖ. Landesmuseum, Numismatische Sammlung, Inv.-Nr. N 124.

10.2.7 Karl VI. (1711–1740): Medaille
1717. von Philipp Heinrich Müller. Silber, Dm. 43 mm, 29,42 g. Linz, OÖ. Landesmuseum, Numismatische Sammlung, Inv.-Nr. N 125.

10.2.8 Karl VI. (1711–1740): Medaille
1717. Von Georg Wilhelm Vestner. Zinn mit Kupferstift, Dm. 43,7 mm, 21,52 g. Linz, OÖ. Landesmuseum, Numismatische Sammlung, Inv.-Nr. N 128.

10.2.9 Elisabeth Christine von Braunschweig (1715–1797): Gnadenmedaille
1740. Von Matthäus Donner, auf ihre Witwenschaft. Bronze, Dm. 61 mm, 59,61 g. Linz, OÖ. Landesmuseum, Numismatische Sammlung, Inv.-Nr. N 144.

10.2.10 Maria Theresia (1740–1780): Medaille
1741. Unbekannter Medailleur. Auf die ungarische Krönung in Pressburg (Bratislava) am 25. Juni 1741. Silber, Dm. 40 mm, 26,27 g. Linz, OÖ. Landesmuseum, Numismatische Sammlung, Inv.-Nr. N 158.

10.2.11 Maria Theresia (1740–1780): Medaille
1741. Von Anton Franz Widemann, auf die ungarische Krönung in Pressburg (Bratislava) am 25. Juni 1741. Zinn, Dm. 33 mm; 12,26 g. Linz, OÖ. Landesmuseum, Numismatische Sammlung, Inv.-Nr. N 159.

10.2.9 Elisabeth Christine von Braunschweig. Gnadenmedaille.

Foto: OÖ. Landesmuseum

10.2.12 Maria Theresia (1740–1780): Medaille

1744. Unbekannter Medailleur. Auf die Wiedereinnahme von Prag durch die Kaiserlichen unter Karl von Lothringen. Zinn, Dm. 40 mm, 16,66 g. Linz, OÖ. Landesmuseum, Numismatische Sammlung, Inv.-Nr. N 2.733.

10.2.13 Maria Theresia (1740–1780): Medaille

1751. Unbekannter Medailleur. Auf den Besuch des Kaiserpaares in den ungarischen Bergwerken. Silber, Dm. 29,5 mm, 8,73 g. Linz, OÖ. Landesmuseum, Numismatische Sammlung, Inv.-Nr. 176.

10.2.14 Maria Theresia (1740–1780): Medaille

1741. Von Matthäus Donner, auf die ungarische Krönung in Pressburg (Bratislava) am 25. Juni 1741. Silber, Dm. 44 mm, 35,12 g. Linz, OÖ. Landesmuseum, Numismatische Sammlung, Inv.-Nr. N 264.

10.2.15 Franz I. Stephan (1745–1765): Medaille

1745. Von Georg Wilhelm Vestner, auf die Wahl am 13. 9. 1745. Bronze, Dm. 44 mm, 29,81 g. Linz, OÖ. Landesmuseum, Numismatische Sammlung, Inv.-Nr. N 266.

10.2.16 Franz I. Stephan (1745–1765): Medaille

1745. Von Georg Wilhelm Vestner, auf den Einzug in Frankfurt am 25. 9. 1745. Bronze, Reste von Versilberung, Dm. 44 mm, 28,88 g. Linz, OÖ. Landesmuseum, Numismatische Sammlung, Inv.-Nr. N 267.

10.2.17 Maria Theresia (1740–1780): Medaille

1764. Von Anton Franz Wideman, auf den Besuch des Königs (Joseph) und des Erzherzogs (Leopold) in den oberungarischen Bergwerken. Silber, Dm. 36 mm, 17,29 g. Linz, OÖ. Landesmuseum, Numismatische Sammlung, Inv.-Nr. N 289.

10.2.18 Joseph II. (1765–1790): Medaille

1769. Von Johann Martin Krafft, auf die Reise des Kaisers nach Italien. Dm. 49 mm, 32,66 g. Linz, OÖ. Landesmuseum, Numismatische Sammlung, Inv.-Nr. N 297.

10.2.19 Joseph II. (1765–1790): Medaille

1773. Von Johann Martin Krafft, auf die Ankunft des Kaisers in Siebenbürgen. Bronze, Dm. 50 mm, 45,01 g. Linz, OÖ. Landesmuseum, Numismatische Sammlung, Inv.-Nr. N 298.

10.2.20 Joseph II. (1765–1790): Medaille

1789. Von Johann Christian Reich. Auf den Sieg der Österreicher unter Friedrich Josias von Sachsen-Coburg und der Russen über die Türken bei Foksan. Zinn mit Kupferstift, Dm. 47 mm, 38,80 g. Linz, OÖ. Landesmuseum, Numismatische Sammlung, Inv.-Nr. N 312.

10.2.14 Maria Theresia, Medaille.

Foto: OÖ. Landesmuseum

10.2.21 Joseph II., (1765–1790): Medaille

1789. Von Johann Christian Reich. Auf die Einnahme von Belgrad durch die Österreicher unter General-Feldmarschall Laudon. Zinn mit Kupferstift, 48 mm, 36,11 g. Linz, OÖ. Landesmuseum, Numismatische Sammlung, Inv.-Nr. N 315.

10.2.22 Joseph II. (1765–1790): Medaille

1764. Von Johann Leonhard Oexlein. Auf die Wahl zum römischen König am 27. 3. 1764. Silber, Dm. 45 mm, 29,24 g. Linz, OÖ. Landesmuseum, Numismatische Sammlung, Inv.-Nr. N 321.

10.2.23 Franz II. (I.) (1792–1835): Medaille

1804. Von Anton Guillemard und Franz Stuckhart. Auf die Anwesenheit des Kaisers im Übungslager bei Prag. Silber, Dm. 39 mm, 12,81 g. Linz, OÖ. Landesmuseum, Numismatische Sammlung, Inv.-Nr. N 369.

10.2.24 Franz II. (I.) (1792–1835): Medaille

1804, von Anton Guillemard und Franz Stuckhart, auf das Übungslager bei Prag. Bronze, Dm. 38,5 mm, 21,23 g. Linz, OÖ. Landesmuseum, Numismatische Sammlung, Inv.-Nr. N 370.

10.2.25 Franz II. (I.) (1792–1835): Medaille

„Jeton". 1799. Unbekannter Medailleur. Auf die Siege des russischen Generals Suwarow in Italien. Zinn, Dm. 33 mm, 12,69 g. Linz, OÖ. Landesmuseum, Numismatische Sammlung, Inv.-Nr. N 362.

10.2.26 Franz II. (I.) (1792–1835): Medaille

1806. Von Franz Stuckhart. Auf die Errichtung des Kaiser-Josef-Denkmals in Wien. Zinn, Dm. 48 mm, 44,81 g. Linz, OÖ. Landesmuseum, Numismatische Sammlung, Inv.-Nr. N 373.

10.2.27 Franz II. (I.) (1792–1835): Medaille

1806, von Franz Stuckhart, auf die Errichtung des Kaiser-Josef-Denkmals in Wien. Bronze, Dm. 48 mm, 35,62 g. Linz, OÖ. Landesmuseum, Numismatische Sammlung, Inv.-Nr. N 374.

10.2.28 Franz II. (I.) (1792–1835): Medaille

1815. Von Girolamo Vassallo und Luigi Manfredini. Auf die Ankunft des Kaisers in Mailand. Silber, Dm. 42,5 mm; 34,97 g. Linz, OÖ. Landesmuseum, Numismatische Sammlung, Inv.-Nr. N 392.

10.2.29 Franz II. (I.) (1792–1835): Medaille

1815. Von Girolamo Vassallo und Luigi Manfredini, auf die Ankunft des Kaisers in Mailand. Bronze, Dm. 42,5 mm; 35,70 g. Linz, OÖ. Landesmuseum, Numismatische Sammlung, Inv.-Nr. N 393.

10.2.28 Franz II., Medaille.

Foto: OÖ. Landesmuseum

10.2.30 Franz II. (I.) (1792–1835): Medaille
1815. Von GirolamoVassallo und Luigi Manfredini. Auf die Ankunft des Kaisers in Mailand. Zinnlegierung

(?), Dm. 43,5 mm; 41,59 g. Linz, OÖ. Landesmuseum, Numismatische Sammlung, Inv.-Nr. N 394.

10.2.31 Friede von Campo Formio: Medaille
„Jeton". 1797. Von Lauer. Messing, versilbert. Dm. 33,5 mm. 12,26 g. Linz, OÖ. Landesmuseum, Numismatische Sammlung, Inv.-Nr. N 3.376.

10.2.36 Ungarischer Pferdezuchtverein, Medaille auf das siegreiche Pferd „Kincsem".

Foto: OÖ. Landesmuseum

521

10.2.45 Anton Weinberger: Medaille. Erster Weltkrieg.

Foto: OÖ. Landesmuseum

10.2.32 Schlacht bei Hanau: Medaille

„Jeton". 1813. Von Lauer. Messing versilbert. Dm. 33 mm, 8,91 g. Linz, OÖ. Landesmuseum, Numismatische Sammlung, Inv.-Nr. N 3.377.

10.2.33 Josef Wenzel Radetzky von Radetz (1766–1858): Medaille

1848. Von August Neuss. Zinn. In der Schlacht bei Sommacampagna und Custozza. Dm. 41 mm, 22,66 g. Linz, OÖ. Landesmuseum, Numismatische Sammlung, Inv.-Nr. N 483.

10.2.34 Franz Joseph I. (1848–1916): Medaille

1867. Auf die ungarische Krönung in Budapest. Zinn. Dm. 33 mm, 12,12 g. Öse. Linz, OÖ. Landesmuseum, Numismatische Sammlung, Inv.-Nr. N 532.

10.2.35 Franz Joseph I. (1848–1916): Medaille

1867. Auf die ungarische Krönung in Budapest. Zinn, Dm. 33 mm, 11,33 g. Linz, OÖ. Landesmuseum,

Numismatische Sammlung, Inv.-Nr. N 536.

1874. Preismedaille des ungarischen Pferdezuchtvereins zu Budapest Wurzbach 1070. Hauser 6604. Dm. 45,00 mm (37,16 g). Linz, OÖ. Landesmuseum, Numismatische Sammlung, Inv.-Nr. N 715.

10.2.37 Franz Joseph I. (1848–1916), Medaille

1888. Von Anton Scharff und Josef Tautenhayn d. Ä. Auf sein 40jähriges Regierungsjubiläum, gewidmet von der Stadt Wien. Bronze, Dm. 62 mm, 85,54 g. Linz, OÖ. Landesmuseum, Numismatische Sammlung, Inv.-Nr. N 564.

10.2.38 Franz Joseph I. (1848–1916): Medaille

1888. Von Josef Tautenhayn d. Ä., Hersteller Josef Christian Christlbauer. Auf das vierzigjährige Regierungsjubiläum 1888. Bronze, 42,5 mm, 29,67 g. Linz, OÖ. Landesmuseum, Numismatische Sammlung, Inv.-Nr. N 2.902.

10.2.39 Franz Joseph I. (1848–1916): Medaille

1892. Auf das 25jährige Jubiläum der ungarischen Krönung. Messing versilbert, 34,5 mm, 22,83 g. Linz, OÖ. Landesmuseum, Numismatische Sammlung, Inv.-Nr. N 2.907.

10.2.40 Franz Joseph I. (1848–1916): Medaille

1892. Auf das 25jährige Jubiläum der ungarischen Krönung. Messing versilbert, 37 mm, 14,79 g. Linz, OÖ. Landesmuseum, Numismatische Sammlung, Inv.-Nr. N 3.175.

10.2.41 Franz Joseph I. (1848–1916): Medaille

1892. Von Rudolf Neuberger, auf den Kaiser Jubiläums-Renntag im Wiener Trabrennverein am 14. Juni 1908. Messing. Dm. 30,5 mm, 13,58 g. Linz, OÖ. Landesmuseum, Numismatische Sammlung, Inv.-Nr. N 611.

10.2.42 Franz Joseph I. (1848–1916): Plakette

1909. Von Hans Schäfer. Auf das 40jährige Regierungsjubiläum und das Neue Jahr 1909. Bronze. 99 x 179 mm. Gew. 274,05 g. Linz, OÖ. Landesmuseum, Numismatische Sammlung, Inv.-Nr. N 616.

10.2.43 Franz Joseph I. (1848–1916): Silberne Preismedaille

Für gute Zucht und Pflege der Pferde, o.J., von Josef Tautenhayn. Silber, Dm. 34,00 mm, 18,34 g. Linz, OÖ. Landesmuseum, Numismatische Sammlung, Inv.-Nr. N 640.

10.2.44 Franz Joseph I. (1848–1916): Silberne Staatspreis-Medaille

Für Pferdezucht o. J. (nach 1893). Von Josef Tautenhayn d. Ä. Silber, Dm. 40 mm, 16,35 g. Linz, OÖ. Landesmuseum, Numismatische Sammlung, Inv.-Nr. N 641.

10.2.45 Erster Weltkrieg: Medaille

1915. Von Anton Weinberger. Auf den Dreibund. Bronze, Dm. 55 mm, 69,22 g. Linz, OÖ. Landesmuseum, Numismatische Sammlung, Inv.-Nr. N 655.

10.2.46 Erster Weltkrieg: Medaille

o. J. (1914/16). Von Firma Brüder Schneider. Auf den Zweibund. Bronze versilbert, Dm. 49 mm, 54,63 g. Linz, OÖ. Landesmuseum, Numismatische Sammlung, Inv.-Nr. N 662.

10.2.47 Erster Weltkrieg: Medaille

o. J. (1914/16). Von Firma Brüder Schneider. Auf den Zweibund. Bronze, Dm. 49 mm, 52,15 g. Linz, OÖ. Landesmuseum, Numismatische Sammlung, Inv.-Nr. N 663.

10.2.48 Erster Weltkrieg: Medaille

1914, von Karl Ott. Sankt Barbara, Patronin der Artillerie. Bronze, 68 mm,

44,33 g. Linz, OÖ. Landesmuseum, Numismatische Sammlung, Inv.-Nr. N 652.

10.2.49 Erster Weltkrieg: Medaille

1915. Von Franz Mazura, für die Grabstätten der Gefallenen von Limanowa, Tarnow, Gorlice. Bronze, Dm. 60 mm, Gewicht: 78,66 g. Linz, OÖ. Landesmuseum, Numismatische Sammlung, Inv.-Nr. N 657.

10.2.50 Franz Joseph I. (1848–1916): Medaille

1857. Von Carl Radnitzky. Auf den 50-jährigen Bestand der Landwirtschaftsgesellschaft. Bronze. Dm. 68 mm, 118,19 g. Linz, OÖ. Landesmuseum, Numismatische Sammlung, Inv.-Nr. N 793.

10.2.53 Denkmal für Prinz Eugen. Medaille von 1865.

Foto: OÖ. Landesmuseum

10.2.55 Denkmal für Maria Theresia. Medaille von 1888.

Foto: OÖ. Landesmuseum

10.2.51 Franz Joseph I. (1848–1916): Medaille

1860. Von Carl Radnitzky, auf die Enthüllung des Denkmals für Erzherzog Karl. Bronze, Dm. 64 mm, 91,11 g. Linz, OÖ. Landesmuseum, Numismatische Sammlung, Inv.-Nr. N 794.

10.2.52 Franz Joseph I. (1848–1916): Medaille

1865. Von Carl Radnitzky. Auf die Errichtung des Denkmals für Prinz Eugen. Bronze. Dm. 60 mm. 80,16 g. Linz, OÖ. Landesmuseum, Numismatische Sammlung, Inv.-Nr. N 799.

10.2.53 Franz Joseph I. (1848–1916): Medaille

1865. Von Carl Radnitzky. Auf die Errichtung des Denkmals für Prinz Eugen. Silber, Dm. 60 mm. 104,58 g. Linz, OÖ. Landesmuseum, Numismatische Sammlung, Inv.-Nr. N 8.00.

10.2.54 Karl Philipp Schwarzenberg: Medaille

1867. Von Josef Tautenhayn d. Ä. Auf die Enthüllung seines Denkmals in Wien. Bronze, Dm. 63 mm, 95,42 g. Linz, OÖ. Landesmuseum, Numismatische Sammlung, Inv.-Nr. N 2.756.

10.2.55 Maria Theresia (1740–1780): Medaille

1888. Von Anton Scharff. Auf die Enthüllung ihres Denkmals in Wien. Bronze, Dm. 64,00 mm, 94,53 g. Linz, OÖ. Landesmuseum, Numismatische Sammlung, Inv.-Nr. N 836.

10.2.56 Josef Wenzel Graf Radetzky von Radetz (1766–1858): Medaille

1892. Von Anton Scharff. Auf die Enthüllung seines Denkmals in Wien. Bronze, Dm. 70 mm, 160,79 g. Linz, OÖ. Landesmuseum, Numismatische Sammlung, Inv.-Nr. N 849.

10.2.57 Josef Wenzel Graf Radetzky von Radetz (1766–1858): Medaille

1892. Von Anton Scharff. Auf die Enthüllung seines Denkmals in Wien. Bronze, vergoldet, Dm. 70 mm, 165,86 g. Linz, OÖ. Landesmuseum, Numismatische Sammlung, Inv.-Nr. N 850.

10.2.58 Josef Graf Radetzky von Radetz (1766–1858): Medaille

1892. Von Richard Neuberger. Auf die Enthüllung seines Denkmals in Wien. Bronze vergoldet, Dm. 37 mm, 22,87 g. Linz, OÖ. Landesmuseum, Numismatische Sammlung, Inv.-Nr. N 851.

10.2.59 Franz Joseph I. (1848–1916): Medaille

1898. Von Anton Scharff. Auf die Errichtung des dem Kaiser zum 50-jährigen Regierungsjubiläum gewidmeten Erzherzog-Albrecht-Denkmals in Wien. Bronze, Dm. 69,5 mm, 123,44 g. Linz, OÖ. Landesmuseum, Numismatische Sammlung, Inv.-Nr. N 859.

10.2.57 Denkmal für Josef Wenzel. Graf Radetzky. Medaille von 1892.

Foto: OÖ. Landesmuseum

10.2.60 Hohlguss-Medaille „500 Jahre Tiroler Taler
Geprägt in Hall in Tirol 1486–1986". Eisen, Dm. 125 mm, 353,55 g. Linz, OÖ. Landesmuseum, Numismatische Sammlung, Inv.-Nr. N 3.250.

10.2.61 Friedrich II. der Große von Preußen (1740–1786): Medaille
1745. Auf den Sieg über die Österreicher bei Friedberg in Schlesien. Bronze. Dm. 42 mm, 14,12 g. Linz, OÖ. Landesmuseum, Numismatische Sammlung, Inv.-Nr. N 1.222.

10.2.62 Friedrich II. der Große von Preußen (1740–1786): Medaille
1757. Auf die Siege über die Österreicher bei Roßbach und Leuthen sowie die Wiedereroberung von Breslau. Bronze, Dm. 42 mm, 20,19 g. Linz, OÖ. Landesmuseum, Numismatische Sammlung, Inv.-Nr. N 1.223.

10.2.63 Friedrich Wilhelm IV. Preußen (1840–1861): Bronzemedaille
1851. Von Heinrich Bubert. Enthüllung des Denkmals für Friedrich II. in Berlin am 31. 5. 1851. Dm. 61 mm, 118,27 g. Linz, OÖ. Landesmuseum, Numismatische Sammlung, Inv.-Nr. N 1.258.

10.2.64 Friedrich Wilhelm III. von Preußen (1797–1840): Medaille
1801. Von Friedrich Wilhelm Loos. Auf das 100-jährige Bestehen des Königreichs Preußen am 18. Januar 1801. Silber, Dm. 56,5 mm, 70,98 g, Queröse. Linz, OÖ. Landesmuseum, Numismatische Sammlung, Inv.-Nr. N 1.240.

10.2.65 Karl Leopold Friedrich (1830–1852): Medaille
Baden, 1849. Unsigniert. Auf das preußische Heer, welches die Revolution in Baden niederschlug.

Zinn, Dm. 40,6 mm, 22,76 g. Linz, OÖ. Landesmuseum, Numismatische Sammlung, Inv.-Nr. N 1.260.

10.2.66 Johann von Sachsen (König 1854–1873): Medaille
Königreich Sachsen, o. J. (zwei einseitige Stücke). Von Ulbricht und Krüger. Für Verdienste um die Landwirtschaft. Bronze, Dm. 52 mm. 67,29 g. Linz, OÖ. Landesmuseum, Numismatische Sammlung, Inv.-Nr. N 1.297.

10.2.67 Albert III. (Herzog 1680–1699): Medaille
Herzogtum Sachsen-Coburg-Gotha, 1695. Von Christian Wermuth. Besuch bei seinem Bruder, Friedrich II. von Sachsen-Gotha. Zinn, Dm. 32 mm, 12,46 g. Linz, OÖ. Landesmuseum, Numismatische Sammlung, Inv.-Nr. N 1.305.

10.2.66 Königreich Sachsen, Landwirtschaftsmedaille.

Foto: OÖ. Landesmuseum

10.2.68 Erinnerung an den Weltkrieg: Medaille

1914. von Bernhard Heinrich Mayer. Bronze, 28 mm, 8,88 g. Linz, OÖ. Landesmuseum, Numismatische Sammlung, Inv.-Nr. N 1.338.

10.2.69 Ludwig XIV. (1643–1715): Medaille

1700. Von Jean Mauger und Jérôme Roussel. Auf die Abreise des spanischen Königs Philipp V. am 4. 12. 1700. Zinn, Dm. 41 mm, 29,63 g. Linz, OÖ. Landesmuseum, Numismatische Sammlung, Inv.-Nr. N 1.400.

10.2.70 Admiral Richard Howe, 1. Earl Howe (1726–1799): Medaille

1794. Von Wilhelm Wyon. Auf den Seesieg der britischen über die französische Flotte am 1. Juni 1794. Zinn, Dm 41 mm, 29,98 g. Linz, OÖ. Landesmuseum, Numismatische Sammlung, Inv.-Nr. N 2.982.

Diese Schlacht ist in England als Schlacht vom *glorious first of june* bekannt oder auch die dritte Schlacht vor Ushant (Ouessant), nach dem französischen Revolutionskalender als Schlacht vom 13. Prairial.

10.2.71 Übergang über den St. Bernhard und die Schlacht bei Marengo: Medaille

1800. Von Joseph Eugène Dubois. Bronze, Dm. 41 mm, 40,94 g. Linz, OÖ. Landesmuseum, Numismatische Sammlung, Inv.-Nr. N 1.439.

10.2.72 Major General Lord Hely-Hutchinson, 2nd Earl of Donoughmore (1757–1832): Medaille

1801. Von Thomas Webb und Augustin Dupré, Verleger James Mudie, auf den Sieg der Engländer über die Franzosen in Ägypten. Zinn, Dm. 41 mm, 30,13 g. Linz, OÖ. Landesmuseum, Numismatische Sammlung, Inv.-Nr. N 2.983.

10.2.73 Napoléon, Prémier Consul (1799–1804): Medaille

1803. Von Romain Vincent Jeuffroy. Auf den Bruch des Friedens von Amiens und die Besetzung Hannovers. Bronze, Dm. 41 mm, 35,25 g. Linz, OÖ. Landesmuseum, Numismatische Sammlung, Inv.-Nr. N 1.447.

10.2.74 Napoleon I. (Kaiser 1804–1815): Medaille

1806, von Jean-Pierre Droz und RRomain Vincent Jeuffroy. Auf den Übergang Napoleons über den Lech. Bronze, Dm. 40,5 mm, 32,68 g. Linz, OÖ. Landesmuseum, Numismatische Sammlung, Inv.-Nr. N 1.460.

10.2.75 Napoleon I. (Kaiser 1804–1815): Medaille

1805. Von Bertrand Andrieu und Louis Jaley. Auf die Einnahme von Ulm und Memmingen. Bronze, Dm. 41 mm, 33,09 g. Linz, OÖ. Landesmuseum, Numismatische Sammlung, Inv.-Nr. N 1.461.

10.2.76 Napoleon I. (Kaiser 1804–1815): Medaille
1806. Von Bertrand Andrieu. Auf die Schlacht bei Jena. Bronze, Dm. 41 mm, 28,54 g. Linz, OÖ. Landesmuseum, Numismatische Sammlung, Inv.-Nr. N 1.470.

10.2.77 Napoleon I. (Kaiser 1804–1815): Medaille
1807. Von Nicolas-Guy-Antoine Brenet. Auf die Begründung des Königreiches Westfalen. Bronze, Dm. 40,5 mm, 32,36 g. Linz, OÖ. Landesmuseum, Numismatische Sammlung, Inv.-Nr. N 1.485.

10.2.78 Schlacht bei Vimiera und Einzug der Engländer in Lissabon. Medaille
1808. Von Jean August Barre und George Mills, Verleger James Mudie. Zinn, Dm. 41 mm, 28,30 g. Linz, OÖ. Landesmuseum, Numismatische Sammlung, Inv.-Nr. N 2.984.

10.2.79 Marshal General William Lord Beresford (1768–1854): Medaille
1811. Von Thomas Webb und Nicolas-Guy-Antoine Brenet, Verleger James Mudie. Auf den Sieg der Engländer bei Albuera. Zinn, Dm. 41 mm, 29,27 g. Linz, OÖ. Landesmuseum, Numismatische Sammlung, Inv.-Nr. N 2.985.

10.2.80 Napoleon I. (Kaiser 1804–1815): Medaille
1812 von Bertrand Andrieu und Romain-Vincent Jeuffroy. Auf die Schlacht von Borodino. Stempel. Zinn, Dm. 41 mm, 31,79 g. Linz, OÖ. Landesmuseum, Numismatische Sammlung, Inv.-Nr. N 1.493.

10.2.81 Ludwig XVIII. (1815–1824): Medaille
1823. Von Bertrand Andrieu und Raymond Gayrard. Auf die Rückkehr des Herzogs von Angoulême aus Spanien nach Paris. Bronze, Dm. 50,5 mm, 45,23 g. Linz, OÖ.

Landesmuseum, Numismatische Sammlung, Inv.-Nr. N 1.515.

10.2.82 Wilhelm Kienzl (1857–1941): Medaille
1926. Von Anton Rudolf Weinberger, auf den 70. Geburtstag des Komponisten. Bronze, Dm. 50 mm, 55,69 g. Linz, OÖ. Landesmuseum, Numismatische Sammlung, o. Inv.-Nr.

10.3 Prägungen der Münze Österreich AG

10.3.1 50 Euro „2000 Jahre Christentum" – Nächstenliebe
Ausgabedatum: 12. März 2003. Auflage: 50.000 Handgehoben. Durchmesser: 22 mm. Feingewicht: 10 g. Legierung: 986 ‰ Gold, 14 ‰ Kupfer. Wien, Münze Österreich AG.

10.3.2 100 Euro „Kronen der Habsburger" – Die Stephanskrone von Ungarn
Ausgabedatum: 10. November 2010. Auflage: 30.000 Proof. Durchmesser: 30 mm. Feingewicht: 16 g. Legierung: 986 ‰ Gold, 14 ‰ Kupfer. Wien, Münze Österreich AG.

10.3.3 20 Euro „Rom an der Donau" – Virunum
Ausgabedatum: 5. Mai 2010. Auflage: 50.000 Polierte Platte. Durchmesser: 34 mm. Feingewicht: 18 g. Legierung: 900 ‰ Silber, 100 ‰ Kupfer. Wien, Münze Österreich AG.

10.3.4 20 Euro „Rom an der Donau" – Vindobona
Ausgabedatum: 8. September 2010. Auflage: 50.000 Polierte Platte. Durchmesser: 34 mm. Feingewicht: 18 g. Legierung: 900 ‰ Silber, 100 ‰ Kupfer. Wien, Münze Österreich AG.

10.3.4 20 Euro „450 Jahre Spanische Hofreitschule"
Ausgabedatum: 18. Februar 2015. Auflage: 50.000 Polierte Platte. Durchmesser: 34 mm. Feingewicht: 18 g. Legierung: 900 ‰ Silber, 100 ‰ Kupfer. Wien, Münze Österreich AG.

10.3.5 10 Euro „Wien"
Ausgabetag: 10.06.2015. Nennwert: 10 Euro. Legierung: Ag 925. Währung: Euro. Durchmesser: 32 mm. Feingewicht: 16 g. Wien, Münze Österreich AG

10.3.6 Goldbarren Lipizzaner
Zu 10 Gramm. Wien, Münze Österreich AG.

10.4 Papiergeld und Notgeld
Münzen bestimmten das europäische Geldwesen vom siebten vorchristlichen Jahrhundert bis in das 18. Jahrhundert. Die beiden vergangenen Jahrhunderte werden als das Zeitalter des Papiergeldes in die Geschichte eingehen. Stehen wir jetzt am Ende des Bargeldes, und damit auch am Ende des Pferdes auf Geldscheinen und Münzen? Das Notgeld der ersten Jahre nach dem Ersten Weltkrieg war eine Folge der Hyperinflation. Die Scheidemünzen verschwanden, als deren Metallwert den Nennwert zu übersteigen begann. Einzelne Gemeinden versuchten, durch Ausgabe von Ersatz- oder Notgeld Abhilfe zu schaffen. Weil die meisten der emittierenden Gemeinden bäuerlich geprägt waren, spielen Pferde eine wichtige Rolle: land- und forstwirtschaftliche Arbeiten, Reitsport, aber auch Pferdeheilige wurden zu beliebten Motiven. Namhafte Künstler lieferten Entwürfe. Der Sammlerwert des Geldes überstieg sehr rasch bei weitem seinen Nennwert.

527

10.4.0 10-Schilling-Note mit Motiv „Spanische Hofreitschule". Foto: Privat

10.4.0 10-Schilling-Note.
Erstausgabe: 26. Mai 1951. Vorderseite: Spanische Hofreitschule. Rückseite: Schloss Belvedere. 132 x 65 mm. Linz, OÖ. Landesmuseum, Numismatische Sammlung. Designer: Rupert Franke, Erhard Amadeus-Dier; Auch die 5-Schilling-Münze von 1991 zeigt einen Reiter der Spanischen Hofreitschule.

10.4.1 Drei Notgeldentwürfe Wippenham
Wilhelm Dachauer (1881–1951): Notgeldscheine 10, 20 und 50 Heller. Jeweils Vorder- und Rückseite). Entwürfe: Bleistift, Tusche und Deckweiß auf Papier H. 22 cm,

B. 30 cm. Drucke: H. 6,5 cm B. 8,5 cm. Ried im Innkreis, Museum Innviertler Volkskundehaus, Inv.-Nr. Ga03661-Ga03663 (Musealverein Nr. 2.840–2842).

10.4.2 Wippenham, 10 Heller
Linz, OÖ. Landesmuseum, Numismatische Sammlung, Entwurf Wilhelm Dachauer (1881–1951), Spruch: „Die beste Waffe in der Welt, / Ist der Pflug im Ackerfeld."

10.4.3 Wippenham, 20 Heller
Linz, OÖ. Landesmuseum, Numismatische Sammlung, o. Inv.-Nr.

10.4.4 Wippenham, 50 Heller
Linz, OÖ. Landesmuseum, Numismatische Sammlung, o. Inv.-Nr.

10.4.5 Weinzierl bei Perg, 10 Heller
Linz, OÖ. Landesmuseum, Numismatische Sammlung. Motiv: Heuernte.

10.4.6 Weinzierl bei Perg, 30 Heller
(grün). Linz, OÖ. Landesmuseum, Numismatische Sammlung. Motiv: Heuernte.

10.4.7 Weinzierl bei Perg, 30 Heller
(rosa). Linz, OÖ. Landesmuseum, Numismatische Sammlung. Motiv: Heuernte.

10.4.8 Vöcklabruck, 50 Heller
Linz, OÖ. Landesmuseum, Numismatische Sammlung, Siegel der Stadt mit den beiden über eine Brücke auf das Stadttor zureitenden Rittern, nimmt Bezug auf die Stadterhebung durch Herzog Albrecht II. 1351/52 und die Siegelverleihung durch Herzog Rudolf IV. zwischen 1358 und 1364.

10.4.9 Schattleiten und Schweinsegg, 20 Heller
Linz, OÖ. Landesmuseum, Numismatische Sammlung. Pferdegezogenes Feuerlöschfahrzeug: „Die Welt mag stürzen so manches Gebot, Wir helfen dem Nächsten in seiner Not."

10.4.10 Heiligenberg, 50 Heller
Linz, OÖ. Landesmuseum, Numismatische Sammlung. Pflüger mit Pferd: „Gib uns unser tägliches Brot."

10.4.11 Sankt Martin im Mühlkreis, 20 Heller
Linz, OÖ. Landesmuseum, Numismatische Sammlung. Hl. Martin teilt den Mantel, Rückseite: Schloss Neuhaus, Entwurf: Max Kislinger (1895–1983).

10.4.1 Notgeld Wippenham mit
Entwürfen.　　　　　Foto: Schepe

10.4.8 Notgeld Vöcklabruck.

Foto: OÖ. Landesmuseum

10.4.12 Sankt Martin im Mühlkreis, 50 Heller
Linz, OÖ. Landesmuseum,
Numismatische Sammlung.
Hl. Martin teilt den Mantel, Rückseite,
Pfarrkirche Hl. Martin. Entwurf: Max
Kislinger.

10.4.13 St. Marienkirchen bei Schärding, 50 Heller
Linz, OÖ. Landesmuseum,
Numismatische Sammlung.
Pferde. Entwurf Max: Kislinger

10.4.14 Sankt Marien, 20 Heller
Linz, OÖ. Landesmuseum,
Numismatische Sammlung.
Pflüger, gemischtes Gespann Pferd
und Ochse.

10.4.15 Sankt Magdalena bei Linz, 20 Heller
Linz, OÖ. Landesmuseum,
Numismatische Sammlung.
Vorderseite Erste Schienenbahn
des europäischen Festlandes,
Lithographie von Anton Bayer,
Besichtigungsfahrt des Kaiserpaares
Franz I. Karoline Auguste, dahinter
Mathias Schönerer, 21. Juli 1832,
Rückseite: "Das Nickel- und das
Kupfergeld / das ist schon lang
zu End' / Und s' Notgeld, das
papierene, / Das wird uns auch schon
z'wen'g" (Anton Patzelt, damals
Gemeindesekretär von St. Magdalena).

10.4.16 Sankt Magdalena bei Linz, 50 Heller
Linz, OÖ. Landesmuseum,
Numismatische Sammlung.
"Notgeldsammler! Lost's deant auf
/ Von Schachern und von Gröd, /
Last's a' kloans Platzl für mi frei /
Voschand'ln tua i's nöt."

10.4.17 Sankt Georgen im Attergau, 99 Heller
Linz, OÖ. Landesmuseum,
Numismatische Sammlung.
Ortsansicht, Rückseite:
Gemeindewappen hl. Georg. Entwurf:
Ludwig Haase.

10.4.18 Sankt Georgen am Wald, 50 Heller
Linz, OÖ. Landesmuseum,
Numismatische Sammlung. Motiv:
links Pfarrkirche hl. Georg mit
Wirtschaftsgebäude des Pfarrhofes,
rechts Gasthaus Sengstbratl. Entwurf:
Rudolf Reiser.

10.4.19 Sankt Ägidi, 20 Heller
Linz, OÖ. Landesmuseum,
Numismatische Sammlung.
Entwurf: Wilhelm Georg Mayr,
Pferdegespann mit Pflug. „Vom
dunklen Schoß der heilgen Erde
/ Vertrauen wir der Hände Tat, /
Vertraut der Sämann seine Saat / und
hofft dass sie entkeimen werde / zum
Segen nach des Himmels Rat."

**10.4.20 Puchberg im Machland,
50 Heller**
Linz, OÖ. Landesmuseum,
Numismatische Sammlung.
Entwurf: Fritz Lach, Pferdefuhrwerk.

10.4.21 Pühret, 10 Heller
Linz, OÖ. Landesmuseum,
Numismatische Sammlung.
Bauer mit Pflug.

10.4.22 Offenhausen, 20 Heller
Linz, OÖ. Landesmuseum,
Numismatische Sammlung.
Landschaft mit pflügendem Bauern,
„Nur Arbeit uns hilft!"

10.4.23 Offenhausen, 50 Heller
Linz, OÖ. Landesmuseum,
Numismatische Sammlung. Wie oben.

10.4.24 Pitzenberg, 20 Heller
Linz, OÖ. Landesmuseum,
Numismatische Sammlung.
Motiv: Bauer mit Pferdepflug.
Entwurf: Karl Roithinger.

10.4.25 Pitzenberg, 50 Heller
Linz, OÖ. Landesmuseum,
Numismatische Sammlung. Wie oben.

10.4.26 Nussbach, 10 Heller
Linz, OÖ. Landesmuseum,
Numismatische Sammlung.
Motiv: Pferdegespann pflügender
Bauer, Entwurf: Ferdinand Weeser-
Krell (1883–1957); „Nichts nützt das
Geld zur Zeit der Not/ Wenn nicht des
Bauers Fleiss und Hilf von Gott."

10.4.21 Notgeld Pühret.   Foto: OÖ. Landesmuseum

**10.4.28 Rennverein Obernberg am
Inn, 20 Heller**
1920, Linz, OÖ. Landesmuseum,
Numismatische Sammlung. Privat-
Notgeld.

10.4.29 Kefermarkt, 50 Heller
Linz, OÖ. Landesmuseum,
Numismatische Sammlung.

Entwurf: Oberlehrer Franz Ritzberger,
Ortsansicht mit pflügendem Bauern,
Pfarrkirche und Schloss Weinberg.

10.4.30 Baumgarten bei Perg
30 Heller. Linz, OÖ. Landesmuseum,
Numismatische Sammlung. Motiv:
Pferdemähmaschine.
Entwurf: Ludwig Haase.

10.4.23 Notgeld Offenhausen   Foto: OÖ. Landesmuseum   10.4.25 Notgelt Pitzenberg.   Foto: OÖ. Landesmuseum

10.4.31 Desselbrunn, 50 Heller
Linz, OÖ. Landesmuseum,
Numismatische Sammlung.
Gründung Desselbrunns durch Herzog
Tassilo, Entwurf: Ludwig Haase.

10.4.32 Edt bei Lambach, 50 Heller
Linz, OÖ. Landesmuseum,
Numismatische Sammlung.
Motiv: Bauernhof „Edt-Bauer" mit
Pferdegespann im Vordergrund,
Entwurf: Ludwig Haase.

10.4.33 Eferding, 50 Heller
Linz, OÖ. Landesmuseum,
Numismatische Sammlung.
„Springerserie". Motiv: Reiterzug vor
Burg Schaunburg, Entwurf: Ludwig
Haase.

10.4.34 Eidenberg, 80 Heller
Linz, OÖ. Landesmuseum,
Numismatische Sammlung.
Motiv: Vorderseite Meierhof
des Stiftes Wilhering, Rückseite

Pflügender Bauer, Entwurf: Josef
Krempl.

10.4.35 Engerwitzdorf, 10 Heller
Linz, OÖ. Landesmuseum,
Numismatische Sammlung.
Motiv: Pflügender Bauer mit Pferd-
Ochsen-Gespann, Entwurf: Ludwig
Haase (1868–1944).

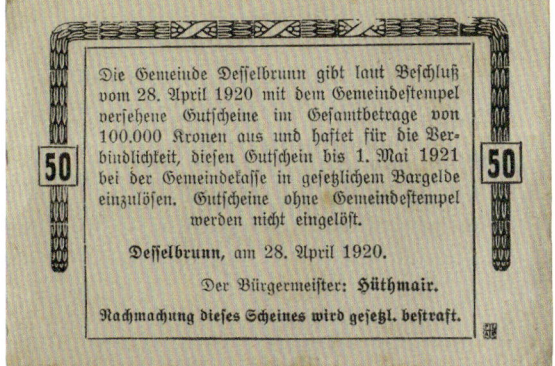

10.4.28 Notgeld Rennverein Obernberg am Inn.   Foto: OÖ. Landesmuseum

10.4.31 Notgeld Desselbrunn.   Foto: OÖ. Landesmuseum

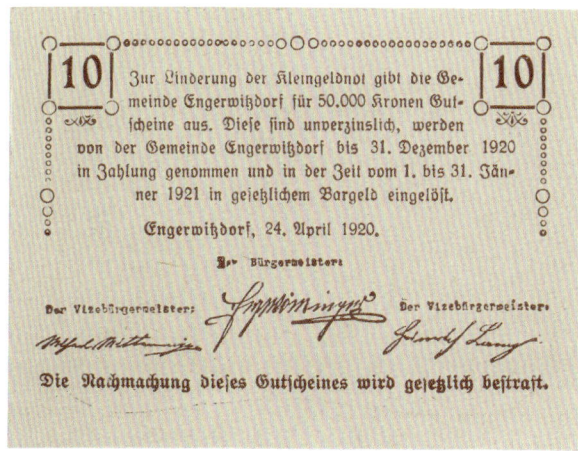

10.4.35 Notgeld Engerwitzdorf.   Foto: OÖ. Landesmuseum

10.0.1 Astrid Christina Richtsfeld: Drowning Horse in front of Venice.

© Foto: A. C. Richtsfeld

11 Das Sommerrefektorium

Das im frühen 18. Jahrhundert unter Abt Maximilian Pagl von Carlo Antonio Carlone ausgestaltete Sommerrefektorium ist einer der repräsentativsten Räume des Stiftes Lambach. Sämtliche Stuckarbeiten stammen von Diego Francesco Carlone. Die Decken- und Wandgemälde von Wolfgang Andreas Heindl bringen Szenen des Alten und Neuen Testaments: Jesus an der Tafel der Pharisäer, das vom Himmel regnende Manna, Moses schlägt Wasser aus dem Felsen, Jesus wird nach der Versuchung von Engeln gelabt. Die Lesekanzel mit zweiseitigem Aufgang ist eine Arbeit des Ennser Tischlers Balthasar Melber. Europas wichtigstes Attribut bei den in der Frühneuzeit beliebten Erdteil-Allegorien ist das Pferd: als Zeugnis seiner Bedeutung für diesen Kontinent, aber auch als Ausdruck des Eigenverständnisses der Vorherrschaft über alle anderen Erdteile. Die an den vier Ecken des zentralen Deckenfreskos in Grisaillemalerei widergegebenen Erdteilallegorien kehren im Konventhof als Erdteilputten mit ähnlichen Attributen wieder.

11.1 Regieren ist Reiten – Reiten ist Herrschaft

Die Verbindung von Pferd und Reiter ist eines der ältesten und langlebigsten Symbole von Macht und Herrschaft. Der mittelalterliche König ist ohne sein Pferd nicht König: „Mein Königreich für ein Pferd!", ruft Richard III. bei Shakespeare. Viergespanne und Reiterstandbilder kennzeichnen die Herrscher der Antike. Hoch zu Ross erscheinen die mittelalterlichen Ritter und Fürsten. Auch für die chinesische Kultur war das Pferd Ausdruck höchster Macht. Und unter europäischem Einfluss übernahmen auch die westafrikanischen Königreiche der Frühneuzeit das Statussymbol Pferd. Nicht nur der technische Fortschritt, sondern auch die demokratischen Reformen haben dem Pferd als Herrschaftssymbol zugesetzt. Im 20. Jahrhundert sind die jahrtausendealten traditionellen Aufgaben und Rollen des Pferdes verloren gegangen. Anton Lehmdens „Zerfallendes Pferd" symbolisiert diesen Bedeutungsverlust. Das königliche Tier ist es dennoch geblieben, wenn auch auf demokratischem Boden und nunmehr für viele erschwinglich und zugänglich.

11.0.1 Astrid-Christina Richtsfeld (*1963 Wels), Drowning horse in front of Venice

2014. H. 210 cm, B. 140 cm. GALLERIA FARINI CONCEPT, PALAZZO FANTUZZI, BOLOGNA.
Die Künstlerin Astrid-Christina Richtsfeld hat sich auf eine Sonderform der Lasurmalerei, das "Sfumato", das bereits von Leonardo da Vinci praktiziert wurde, spezialisiert. Als Malgrund für ihre Tafelbilder bevorzugt sie Kupfer- oder Aluminiumplatten bis zu einer Größe von 200 cm oder Carrara-Marmor. Das Gemälde lässt einen Blick auf die Metamorphose eines Pferdes vor dem Hintergrund der Stadt Venedig werfen. Astrid Richtsfelds Bilder sind nicht nur im technischen Sinn vielschichtig. Das ihr Wichtigste ist auch in spezifischer Weise subtil vertieft, verdichtet und verschlüsselt dargestellt und zum Ausdruck gebracht. Astrid Richtsfeld beschreibt ihren kreativen Schaffensprozess: „Mein „Lieblingsspielzeug" ist die Imprimatur, die aufs Unterbewusstsein zugreift. Dort erst kommen die richtigen Assoziationen zum Tragen und kehren oft den ersten Eindruck ins Gegenteil. Ich liebe diese „Technik", weil sie so sehr der menschlichen Seele entspricht, weil

11.1.1 Gemma Augustea.

Foto: Archäologisches Universitätsmuseum Innsbruck

die Bilder leben und sich mit dem
leisesten Lichteinfall verändern, weil
es keine Vorzeichnung gibt, aber auch
kein Schwarz oder Weiß, weil man
ein unglaubliches Bildgedächtnis
und eine präzise Vorstellungskraft
braucht, weil alles zerlegt und wieder
zusammengesetzt wird, weil man
sich in immenser Geduld üben muss
und mit einem einzigen falschen
Pinselstrich das Werk ruinieren kann."

11.1.1 Gemma Augustea mit Wagendarstellung

Kopie. L. 19 cm, B. 22,5 cm. Innsbruck,
Archäologisches Universitätsmuseum
Innsbruck, Inv.-Nr. 0.636.
Die berühmte „Gemma Augustea" ist
eigentlich ein Kameo, also ein erhaben
gearbeitetes Steinrelief. Sie stammt
wahrscheinlich aus dem persönlichen
Besitz des Kaisers Augustus und
wurde etwa 10 n. Chr. hergestellt. Sie
ist eines der Prunkstücke des KHM,
Wien. In der Mitte thront Augustus,
am linken Bildrand steigt sein
Nachfolger Tiberius von einem Wagen,
der von der Siegesgöttin Victoria
gelenkt wird.

11.1.2 Apotheose-Diptychon mit Wagenfahrt

Kopie. Original um 402 n. Chr. British
Museum London. Elfenbeindiptychon
wohl zu Ehren des Quintus Aurelius
Symmachus (etwa 340–402).
H. 28,5 cm, B. 11,3 cm. Innsbruck,
Archäologisches Universitätsmuseum
Innsbruck, Inv.-Nr. 0.645.
Apotheose in drei übereinander
angeordneten Szenen, unten vier
Elephanten, die einen Karren mit
einem Würdenträger ziehen, darüber
ein Scheiterhaufen und eine Quadriga
und oben zwei geflügelte Genien, die
die Person zum Himmel tragen.

11.1.2 Apotheose-Diptychon.   Foto: Archäologisches Universitätsmuseum Innsbruck

11.1.3 Pferdekopfamphora.　　　　Foto: Martin-von-Wagner-Museum der Universität Würzburg

11.1.3 Bildfeldamphora mit Pferdekopf

Athen. Um 570 v. Chr. Martin-von-Wagner-Museum Würzburg, Inv.-Nr. L 242.

Als Pferdekopf-Amphoren wird eine große Gruppe attischer Bauchamphoren bezeichnet, die in der ersten Hälfte des 6. Jahrhunderts v. Chr. in Athen produziert wurden und in rechteckigen Bildfeldern Pferdeprotomen (Kopf und Hals des Tieres) zeigen. Bis auf ein fensterartiges Bildfeld ohne Ornamentleiste auf jeder Seite sind die Pferdekopfamphoren außen mit schwarzem Glanzton überzogen. Ein bekanntes Exemplar zeigt auf der der Pferdeprotome gegenüberliegenden Seite einen Frauenkopf, anders als bei früheren Bauchamphoren wurde auf einen Halsfries als Dekoration verzichtet. Die nach rechts gerichteten Pferdeköpfe tragen ein Halfter und sind nach protoattischer Bildkonvention wiedergegeben. Das Aufkommen der Pferdekopfamphoren ist mit dem um 600 bis 580 tätigen Gorgo-Maler in Verbindung gebracht worden. Fast alle großen Exemplare von den über 100 Pferdekopfamphoren stammen aus Attika. Die klassische Archäologin Erika Simon (* 1927) (Würzburg) hat die Pferdekopf-Amphoren als Weiheobjekte des attischen Reiteradels angenommen und vermutet, dass diese möglicherweise Vorläufer der Panathenäischen Preisamphoren waren. Die Zuschreibung der Funktion als Grabgefäß, Preisamphora und Symposiongefäß stützt sich einerseits hauptsächlich auf die Bedeutung des Pferdes als Symbol der Aristokratie, aber auch auf seine Bedeutung zum Heroenkult und zu Athena.

537

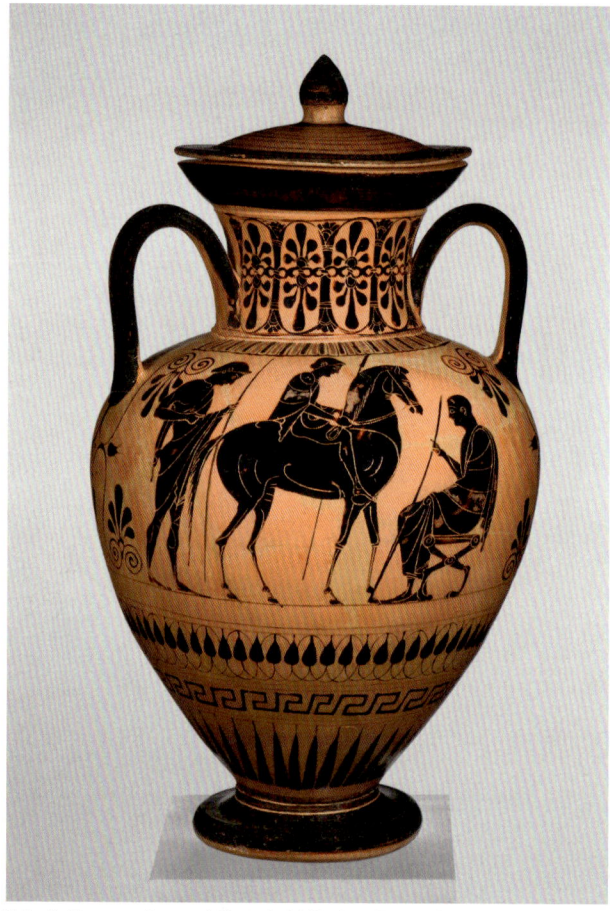

11.1.4 Attische Halsamphora, schwarzfigurig: Krieger vor Viergespann.

© Staatliche Antikensammlung und Glyptothek München. Fotografiert von Renate Kühling

11.1.4 Attische schwarzfigurige Halsamphora: Krieger vor Viergespann

Ton. 500–480 v. Chr. H. ca. 50 cm. München, Staatliche Antikensammlung, Staatliche Antikensammlung und Glyptothek. Inv.-Nr. NI 9.988.

Die unpublizierte attische schwarzfigurige Halsamphora mit Deckel zeigt auf der einen Seiten einen Krieger mit vierspännigem Wagen und auf der anderen Seite einen Reiter mit Pferd. Die schwarzfigurige Vasenmalerei war zwischen dem 7. und

5. Jahrhundert besonders verbreitet und brachte erstmals in größerem Umfang namentlich bekannte Künstlerpersönlichkeiten hervor. Zu den virtuosesten und innovativsten Töpfern und Vasenmalern zählte etwa Exekias (tätig in Athen zwischen 550 und 530 v. Chr.).

11.1.5 Augenschutzkorb eines Pferdestirnpanzers (Rossstirn)

Original. Dm. 7 cm. Mainz, Römisch-Germanisches Zentralmuseum, Inv.-Nr. O. 10.459.

11.1.6 Fragmentiertes Blech eines Pferdestirnpanzers (Rossstirn)

Bronze. Adler auf Blitz und Büste des Kaisers Gallienus (260–268 n. Chr.). Fundort unbekannt. H. 15 cm, B. ca. 5 cm. Mainz, Römisch-Germanisches Zentralmuseum, Inv. O. 41.494.

Eine Rossstirn dient je nach Ausformung als mehr oder weniger umfassender Schutz für den Kopf des Pferdes beim Einsatz in Kampf oder Turnier als Reit- und Wagenpferd und ist häufig zu Dekorationszwecken mit fein und kunstvoll ausgestatteten ornamentalen und figuralen

11.1.5 Augenschutzkorb eines Pferdestirnpanzers (Rossstirn).
Foto: Römisch-Germanisches Zentralmuseum, Mainz / D. Chr. Beck

11.1.6 Fragmentiertes Blech einer Rossstirn.
Foto: Römisch-Germanisches Zentralmuseum, Mainz
/ Sabine Steidl

Treibarbeiten verziert. Im deutschsprachigen Raum wurden mehrere dieser Rossstirnen bei Grabungen in den römischen Kastellen Künzing (Quintana), Straubing (Sorviodurum) und Eining entdeckt.

11.1.7 Kopie des Kavalleriehelms aus Theilenhofen in Bayern
Bronze, getrieben und verzinnt, 2. Hälfte 2. Jh. n. Chr. H. ca. 31 cm, L. ca. 20 cm, B. ca. 20 cm. Mainz, Römisch-Germanisches Zentralmuseum, Inv. 42.301.
Der Kavalleriehelm von Theilenhofen wurde 1974 während eines Wettpflügens im Vicus eines Wettpflügens im Vicus, d. h., in der zivilen Siedlung des rätischen Limeskastells von Theilenhofen (Iciniacum) (Landkreis Weißenburg-Gunzenhausen) freigelegt Stücke von geringer Metallstärke wie dieser Helm werden von der Mehrzahl der Forscher als so genannte Paradehelme angesehen, die eigentlich nicht für den militärischen Einsatz bestimmt waren, sondern bei den regelmäßig abgehaltenen, normierten Reiterübungen („Turnieren") der Kavallerie getragen wurden; nur von wenigen wird angenommen, dass es sich dabei um einen regulären Kampfhelm der Kavallerie gehandelt hat.

11.1.8 Jörg Sigman (Goldschmied und Plattner, um 1527–1601, tätig in Augsburg): Prunksturmhaube
Augsburg. Um 1555. Besitzer: im 19. Jahrhundert Kaiser Karl V., Sohn des Philipp von Habsburg zugeschrieben. Blankes getriebenes Eisen, Gelbe Nieten (Messing?), Leder. Beschriftung: „LIB.XI.PVGNATVR. VINCVNT TROES CADIT/QVE ICTA CAMILLA. TROPHAEVM/ MARTI AENEAS ERIGIT SPOLIORE bzw. HISTORIA EX LIB.X.VIRG. DE ADVENTV AENEAE/PVGNA RVTVIORVM ET INTERITV PALL / ANTIS AC MECENTII".
Marke: Jörg Sigman. Wien, Kunsthistorisches Museum, Hofjagd-

Pferd eines römischen Legionärs mit Stirnpanzer.

Foto: Niederösterreichisches Landesmuseum St. Pölten

11.1.7 Römischer Kavalleriehelm aus Theilenhofen (Bayern).

Foto: Römisch-Germanisches Zentralmuseum Mainz / R. Müller

11.1.111. Kavallerie-Gesichtsmaske, weiblicher Typ.

Foto: Österreichisches Archäologisches Institut

Auf der Helmglocke sind, von gekerbten Rahmenleisten umgeben, Szenen aus der Aeneis des Vergil dargestellt. Auf der einen Seite ist der Kampf des Aeneas bei der Landnahme in Italien aus dem X. Buch der Aeneis geschildert. Auf der gegenüberliegenden Seite sieht man den Angriff der Camilla, der Tochter des volskischen Königs, einer amazonenhaften Kriegerin, gegen die trojanischen Krieger aus dem XI. Buch der Aeneis.

11.1.9 Kaiserteller Ferdinand II.

Zinn, in Reliefguss. Georg Schmauss, Nürnberg, Modell von 1630. Dm. 19,7 cm. Sankt Florian, Augustiner-Chorherrenstift.
In der Mitte, eingefasst von einem schmalen Eierstabdekor, das Reiterbildnis Kaiser Ferdinands II., in Rüstung auf geschmücktem Pferd, Umschrift und das Stechermonogramm „C 1630", darüber später graviertes Monogramm „RSM". Auf Fahne elf von verschiedenen Masken und Rollwerk getrennte Felder mit den bezeichneten Reiterbildnissen der kaiserlichen Vorfahren Ferdinands II. aus dem Hause Habsburg. Im Medaillon Kaiser Rudolphs I. ist die mitgegossene Marke des Nürnberger Zinngiessermeisters Georg Schmauss, der 1628 Meister wird und 1633 das Handwerk lässt, um Bierbrauer zu werden.

11.1.10 Krönungsteller Kaiser Ferdinands III.

In Reliefguss, Zinn, HANS SPATZ II., Nürnberg 1637. Dm. 19,2 cm. Sankt Florian, Augustiner-Chorherrenstift.
Im Spiegel Kaiser Ferdinand III. im Krönungsornat zu Pferde, auf der Fahne sechs durch Masken und Rollwerk getrennte Kartuschen mit den Reiterbildnissen und Wappenschilden der Kurfürsten in Architekturlandschaften. Stechermonogramm „GH".

und Rüstkammer, Inv.-Nr. HJRK A 558.
Im 19. Jahrhundert wurde als Eigentümer dieser Prunksturmhaube Kaiser Karl V., der Sohn Philipps des Schönen, angenommen. Das

Generalthema dieser Sturmhaube ist Aeneas, der Ahnherr Roms. Aeneas verkörpert die Verbindung zwischen Mars und Venus, deren Sphären die Sturmhaube zugeordnet ist und die sich auf dem Kamm des Helmes finden.

11.1.11.1 Eine Gesichtsmaske des weiblichen Typs

Typ Resça / Kohlert VI.,
2./3. Jahrhundert n. Chr. Eisen,
getrieben, ziseliert. H. 25 cm,
B. 22,2 cm. Wien, Österreichisches
Archäologisches Institut, Inv.-Nr.
ÖAI 2.334.

11.1.11.2 Hinterhauptkalotte Paradehelm

Männlicher Typ (Alexander Typ
/ Kohlert V). 2./3. Jahrhundert
n. Chr. Eisen, getrieben, ziseliert,
Bronzeblechappliken, vergoldet,
verzinnt, H. 22 cm, B. 21 cm. Wien,
Österreichisches Archäologisches
Institut, Inv.-Nr. ÖAI 4.530.
Kunstvolle Ausrüstung der
römischen Reiterei: „Zu den
Prunkstücken römerzeitlicher
Sammlungen, aber auch zu den noch
immer wissenschaftlich äußerst
kontroversiell diskutierten Stücken
gehören Reiterhelme mit Masken der
römischen Kavallerie. In der Schrift
des Philosophen und historischen
Schriftstellers Flavius Arrianus (2. Jh.
n. Chr.) „Techné taktiké" (Taktisches
Handbuch) sind Helmzusätze aus
vergänglichem Material und deren
Farbe beschrieben. Bezeugt ist auch,
dass die römische Armee zur Zeit
des Augustus (Kaiser 27 v. Chr. – 14
n. Chr.) begonnen hat, mit neuen
Waffen und Ausrüstungsstücken
zu experimentieren. Dabei wurden
zum Beispiel Helmformen von den
Kelten übernommen, aber auch
aus dem hellenistischen Bereich,
etwa aus dem unteren Donaugebiet.
Auf dem Waffenfries des nach
1880 von deutschen Archäologen
ausgegrabenen Athenaheiligtums
von Pergamon scheint bereits ein
Typus des Maskenhelms auf, der
aber im archäologischen Fundgut
bisher keine erkannte Entsprechung
gefunden hat. Im Verlauf des ersten
nachchristlichen Jahrhunderts

11.1.12 Hinterhauptkalotte eines Paradehelms der römischen Kavallerie, männlicher Typ.
Foto: Österreichisches Archäologisches Institut

entwickelt sich die Ausstattung der
römischen Kavallerie dahin, dass
die Reiter zwei Arten von Helmen
hatten, einen Einsatzhelm ohne

Maske, und einen reinen Maskenhelm
für Paraden. Daneben gab es noch
kombinierte Stücke mit Masken, die
man entweder abnehmen konnte oder

vielleicht sogar im Kampf trug, was an sich römischen Gepflogenheiten nicht entsprechen würde und eher ungewöhnlich wäre, aber es wurde versucht, sich Kampfesmethoden und –mittel feindlicher Völker zu eigen zu machen. Vor diesem Hintergrund wird verständlicher, dass die römischen Kavalleristen zu den Helmen und Masken Echthaar-Perücken getragen haben, mit denen sie einerseits auffällig und repräsentativ waren, andererseits aber einen furchterregenden, unberechenbaren und befremdlichen Habitus zur Schau stellten.

11.2 Reiterstatuen

Die Städte der Antike muss man sich voller Reiterstandbilder denken, überwiegend von Kaisern, aber auch von erfolgreichen Heerführern und Honoratioren. Mit dem Ende des römischen Weltreiches wurden diese Monumente, wenn sie aus Metall waren, eingeschmolzen. Nur ein einziges kaiserliches Reiterdenkmal ist vollständig erhalten geblieben, jenes des Marc Aurel auf dem römischen Kapitol. Von den italienischen Renaissancefürsten und Söldnerführern wurde die antike Tradition des Reiterstandbilds in Italien wieder aufgegriffen, in Ferrara, Florenz, Neapel, Mailand, Piacenza, Sabbioneta und Turin. Im Absolutismus entstanden Denkmäler nicht nur in Paris, Versailles, Nancy und anderen französischen Residenzen, sondern auch in Wien, Kopenhagen, Lissabon, Madrid und Sankt Petersburg. Etienne-Maurice Falconets Standbild für Peter den Großen ist richtungsweisend geworden. Fast immer waren es die Männer, die so repräsentierten. Zu den wenigen Ausnahmen zählen Maria Theresia oder die englische Königin Victoria, allerdings im Kabinettformat.

11.2.1 Römische Reiterstatue aus Oberösterreich

In Wels sind nach dem Zweiten Weltkrieg Reste eines römischen Reiterstandbilds aus der Traun geborgen worden, ein Bein des Reiters und der Huf des Pferdes. Schon im 18. Jahrhundert geborgene weitere Teile gehörten höchstwahrscheinlich zu demselben Reiterstandbild, gelangten in den Besitz der Familie Auersperg und sind im 19. Jahrhundert nicht mehr direkt nachweisbar, möglicherweise wurden sie nach derzeitigem Wissensstand in napoleonischer Zeit eingeschmolzen. Erhalten haben sich aber Zeichnungen, die das stattliche Aussehen des Fundes bis in die Gegenwart dokumentieren. Ein Arm eines Reiters wurde als Zeugnis für ein weiteres Reiterstandbild auf heute oberösterreichischem Boden in Lauriacum (Enns) gefunden. Die drei Bruchstücke wurden für die Ausstellung in die Rekonstruktion eines Reiterstandbilds eingepasst.

11.2.1.1 Pferdefuß

Bronze H 35 (mit Dübel 43) cm, Breites des Hufes 13,5, L des Hufes 15, FO: Rechtes Traunufer, oberhalb der Straßenbrücke. [Der Bronzehohlguss des rechten hinteren Pferdefußes ist der besseren Stabilität wegen mit Blei ausgegossen.].Wels, Stadtmuseum, Inv.-Nr. 10.382.

11.2.1.2 Reiterbein

Bronze, H. 77 cm, B. des Fußes 11,5 cm, L. des Fußes 28 cm. FO: Traunbett, 100 m oberhalb der Straßenbrücke, 1949. Wels, Stadtmuseum, Inv.-Nr. 14.982.

11.2.1.3 Hand einer Reiterstatue

Wahrscheinlich Kaiserstatue. Fundort: Enns, L. 33 cm, B. 11,5 cm, Wandstärke 0,2–0,3 cm. Linz, OÖ. Landesmuseum, Inv.-Nr. B 40.059.

11.2.2 Reiterstatuette des Mark Aurel (römischer Kaiser 161–180 n. Chr.)

H. 30 cm, B. 10 cm, L. 10 cm. Bronze, Museum im Benediktinerstift Sankt Paul im Lavanttal.

Das überlebensgroße Bronzestandbild des römischen Kaisers Mark Aurel (121–180 n. Chr.) entstand vermutlich um das Jahr 165 n. Chr. und war ursprünglich vollständig vergoldet. Dass es als einziges aller Kaiserstandbilder erhalten blieb, ist nur einer Verwechslung zu verdanken, weil es im Mittelalter als Abbild Konstantins des Großen galt. 1538 wurde es vom Vorplatz des Lateranpalasts auf den Kapitolsplatz verlegt. Heute befindet sich dort eine Kopie, das restaurierte Original, auf dem sich auch Reste der Vergoldung erhalten haben, kam in die Kapitolinischen Museen.

11.2.3 Louis Marie Moris (1818–1884): Franz I., König von Frankreich und Navarra zu Pferd

Um 1860. Bronzeskulptur. L. 85 cm, H. 80 cm. T. ca. 30 cm. Sankt Pölten, NÖ. Landesmuseum, Inv.-Nr. KS-A 335/88.

Franz I. (1494–1547) regierte als König von 1515–1547.

Louis Marie Moris war Schüler von Jean Jacques Pradier und Justin Lequien und bis kurz vor seinem Tode in Chennevière bei Paris tätig. Er war u. a. spezialisiert auf Reiterstand-bilder und Jagddarstellungen, bekannt ist auch das lebensgroße Selbstportrait (Bronzestatue) des Familiengrabes Moris am Pariser Friedhof Père-Lachaise.

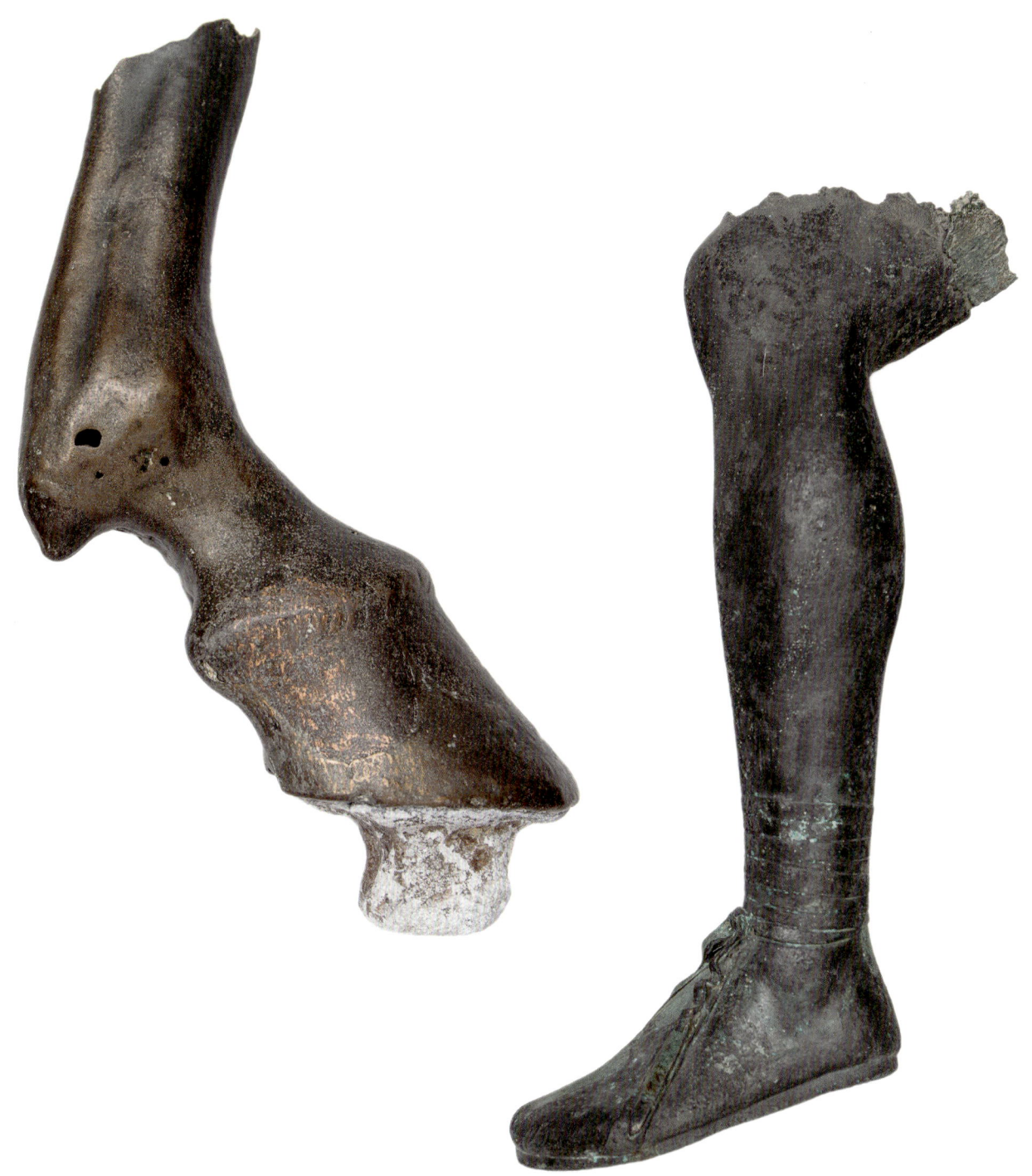

11.2.1.1 und 11.2.1.2 Pferdefuß und Reiterbein. Fragmente einer römischen Reiterstatue im Stadtmuseum Wels.

Fotos: Schepe

11.2.3 Louis Marie Moris: Franz I., König von Frankreich.   Foto: NÖ. Landesmuseum, St. Pölten

Metallgraveur, wurde aber im Rahmen der Mobilmachung des Russlandfeldzugs Napoleons in die Armee verpflichtet. Hier arbeitete Barye im Stab des Ingenieurkorps, wo er in der Stabsschule Festungspläne zeichnen und modellieren lernte. 1814 wurde Barye ins Zivilleben entlassen und begann den Beruf des Ziseleurs zu erlernen. 1816 kam er als Schüler zum Bildhauer François Joseph Bosio. Mit dessen Empfehlung nahm 1817 der Maler Antoine-Jean Gros Barye in seinem Atelier auf. Bereits im darauffolgenden Jahr trat Barye auf der Ausstellung der École nationale supérieure des beaux-arts in Paris mit einem Relief (Milo von Kroton im Kampf mit einem Löwen) hervor. Vor 1836 entstand die schöne und ausdrucksstarke Figurengruppe „Ein Löwe in Kampf mit einem Pferd". Besonders zu erwähnen ist wegen der dramatischen Kraft seiner Darstellung die in Bronze ausgeführte meisterhafte Skulptur „Der Kentaure und der Lapith" (nach einer Umarbeitung „Theseus im Kampf mit dem Kentauren Bienor" genannt; im Museum von Le Puy-en-Velay, Département Haute Loire).

11.2.5 Reiterstatuette König Gustav Adolfs (1594–1632) von Schweden (als Willkomm)
Galvanoplastik. L. 30 cm,
T. 21 cm, H. 42 cm. Wien, MAK
– Österreichisches Museum für angewandte Kunst / Gegenwartskunst, Inv.-Nr. Go 708.
Das Pferd des protestantischen schwedischen Königs Gustav Adolf, auf dem er im Rahmen seines Feldzuges in Deutschland bei einem Erkundigungsritt vor der Festung Ingolstadt saß, wurde angeschossen, während der König sich in Sicherheit bringen konnte. Das Tier wurde ausgestopft und war bis 1920 als Erinnerung an den Dreißigjährigen Krieg unter der Bezeichnung

11.2.4 Antoine Louis Barye (1795–1875): Gaston de Foix, Herzog von Nemours (1489–1512)
Französischer Militär. Paris, 19. Jh. L. 27 cm, H. 42 cm. Wien, MAK – Österreichisches Museum für angewandte Kunst / Gegenwartskunst, Inv.-Nr. Br 526.
Gaston de Foix war ein französischer Reiterführer der für seinen brillanten sechsmonantigen Feldzug 1511/12 im Krieg der Liga von Cambrai in Oberitalien bekannt wurde. Da einer von ihm geführten Kavallerieattacke wurde er 1512 erschossen. Die zahlreichen Werke des französischen Bildhauers Antoine Louis Barye sind fast ausschließlich in Bronzeguss ausgeführt. 1809 begann Barye mit 14 Jahren eine Lehre bei einem

11.2.7 Relief von Bernsteinthron Kaiser Leopolds I.: König Cyrus.　　　　　　　　　　　Foto: Kunsthistorisches Museum Wien, Museumsverbund

„Schwedenschimmel" im Zeughaus Ingolstadt ausgestellt und ist seither im dortigen Stadtmuseum. Das Pferd „Streiff", ein brauner Oldenburger, der für den Preis von 1000 Reichstalern angekauft wurde, ritt der König, als er 1632 in der Schlacht bei Lützen fiel, das Tier überlebte den König um ein Jahr, wurde ebenfalls präpariert und befindet sich heute im Königlichen Zeughaus in Stockholm.

11.2.6 Francesco Fanelli (1590–1653): Pferd

Deutschland oder Niederlande,
2. Drittel des 17. Jahrhunderts.
L. 19 cm, H. 23 cm. Wien, MAK – Österreichisches Museum für angewandte Kunst / Gegenwartskunst, Inv.-Nr. Br 447.
Der florentinische Bildhauer Francesco Fanelli ist von 1608 an in Genua nachweisbar, er machte seine

Karriere ab dem Jahr 1610 vor allem in England, erhielt ab 1635 eine Pension als Bildhauer des Königs, verließ aber das Land 1642 und ist in der Folge in Paris nachweisbar.

11.2.7 Fragment des Bernsteinthrons Kaiser Leopolds I. (1640–1705): König Cyrus

Entwurf: Nikolaus Turow, erw. Danzig 1652, Künstler: Christoph

11.2.8 Relief von Bernsteinthron Kaiser Leopolds I.: Alexander d. Große.

Foto: Kunsthistorisches Museum Wien, Museumsverbund

Maucher, 1640–1705, Um 1677. Danzig. Bernstein. H. 10,9 cm, B. 12,4 cm. Wien, Kunsthistorisches Museum, Kunstkammer. Inv.-Nr. KK 3.558. Der von Nikolaus Turau signierte und 1677 datierte Bernsteinthron wurde vom Großen Kurfürst 1678 an Kaiser Leopold übersandt. Die Abfolge der vier Weltreiche bis zur Herrschaft der Habsburger bildete das Hauptmotiv des Thrones, den Kaiser Leopold im Jahr seines 20-Jahr-Regierungsjubiläums erhielt. Der Stuhl, von dem leider nur einzelne Teile erhalten blieben, stellt das in seiner Art früheste großformatige Bernsteinmöbel dar. Die zahlreichen Reliefs wurden von verschiedenen Meistern großteils nach bekannten Stichvorlagen ausgearbeitet. Ihr reiches Programm stellt in äußerst repräsentativer Form die „Legitimierung der Macht des Hauses Österreich" in der Kontinuität des Imperium Romanum dar. Neben Szenen aus der Geschichte der vier Weltmonarchien (darunter die ausgestellten Fragmente mit den Darstellungen des persischen Königs Kyros und Alexander des Großen zu Pferd) gehörten römische Historien und Helden, eine Folge römisch-deutscher Kaiser, Allegorien der vier Elemente und Erdteile, Motive aus der Trojalegende, Herkusdarstellungen und Chinoiserien zu dem zugleich gelehrten und propagandistischen Bildprogramm.

11.2.8 Fragment des Bernsteinthrons Kaiser Leopolds I.: König Alexander d. Große
Entwurf: Nikolaus Turow, erw. Danzig 1652, Künstler: Christoph Maucher, 1640–1705, um 1677 Danzig, Bernstein H. 10,9 cm, B. 12,4 cm. Wien, Kunsthistorisches Museum, Inv.-Nr. KK 3.562.

11.2.9 Kopie des Reiterstandbildes Peters des Großen (1672–1725) in Sankt Petersburg
Russland. 1909. Bronze, Malachit. Aufschrift: …Dr. Heinrich Wildner zur Erinnerung …. L. 42 cm, B. 22 cm, H. 47 cm. Wien, MAK – Österreichisches Museum für angewandte Kunst / Gegenwartskunst, Inv.-Nr. Br 1469.
Das als „eherner Reiter" bezeichnete Denkmal gilt als eines der Wahrzeichen von St. Petersburg. Katharina die Große holte Étienne-Maurice Falconet nach Russland. Dieser arbeitete dort 1768 bis 1770 am Modell des Denkmals. Aber erst als 1780 der riesige Findling für den Sockel nach St. Petersburg gebracht worden war, konnte zwei Jahre später das 13,60 m hohe Denkmal enthüllt werden. Durch das 1833 erschienene Gedicht Alexander Puschkins „Der eherne Reiter", das von diesem gewissermaßen ewig gleichen Reiter und dem Kampf eines kleinen Mannes handelt, bekam die Figur ihren charakteristischen Beinamen.

11.2.10 Kaiser Karl VI. zu Pferde.   Foto: Museum im Stift St. Paul

11.2.10 Johann Philipp Buchler (* 1653–?): Kaiser Karl VI. (1685–1740) zu Pferde.
Kalligraphisches Vexierbild. Pinselzeichnung in acht Farben auf Pergament. Gerahmt. H. 65 cm, B. 47 cm. Museum im Benediktinerstift Sankt Paul im Lavanttal.

Johann Philipp Püchler (Buchler / Büchler) ist 1653 in Augsburg als Sohn des 1617 in Linz getauften und in Wien für Erzherzog Leopold Wilhelm und wahrscheinlich in Nürnberg tätigen Mikrographen Johann Michael Püchler geboren worden und folgte seinem Vater sowohl im Beruf des Wundarztes als auch des Schönschreibers. Vom Spätwerk seines Vaters ausgehend verband er zunächst den *Ewigen Kalender* mit einem ebenso wichtigen religiösen oder politischen Motiv. Bei einem dem Geistlichen Johann Franziskus Schlecht in Schwäbisch Gmünd gewidmeten Werk (Württembergisches Landesmuseum Stuttgart) setzte er offensichtlich im Gegensatz zu seinem Vater die Kleinschrift nicht mehr nur aus praktischen Gründen ein, sondern zur künstlerischen Gestaltung des über dem Kalender dargestellten Schmerzensmannes: »in gegenwärdige Figurs Cronen, *Augenbrauen und Bartt ist die hl. Passion und der bittere Leiden und Sterben Jesu Christi geschrieben / Von freyer Hand bloßer Feder und unterschidlichen Dennten gemacht und Entworff en durch Jo philipp püchler*«. In Schwäbisch Gmünd blieb außerdem ein bis jetzt innerhalb der Familie ganz singuläres mikrographisches Werk Johann Philipps erhalten, nämlich ein *ewiger Kalender* mit Passauer Mariahilfbild (Tusche und Tempera auf Pergament). Johann Philipp Püchler war also in bzw. für Schwäbisch Gmünd und auch für Herzog Eberhard III. von Württemberg (1614–1674) tätig. Zur in ihren Zusammenhängen und in ihrem Wirken noch nicht vollständig erforschten Künstlerfamilie gehörte auch der Mikrograph und Kupferstecher Michael Püchler, der, von 1680 bis 1702 nachweisbar, als Stadtschreiber in Meiningen tätig wurde.

11.2.11 Kaiserin Maria Theresia (1717–1780) zu Pferd

2. Hälfte 18. Jahrhundert, Österreichisch. Holz. Buchsbaumholz (Postament). H. 28 cm; L. 12,9 cm, B. 28 cm. Wien, Kunsthistorisches Museum, Kunstkammer, Inv.-Nr. KK 7.147 H. 28 cm; L. 12,9 cm, B. 28 cm
Die aus Holz geschnitzte Statuette, ein virtuoses und elegantes höfisches Kabinettstück eines derzeit namentlich nicht bekannten, vermutlich österreichischen Künstlers stammt aus der zweiten Hälfte des 18. Jahrhunderts und zeigt Maria Theresia als Königin von Ungarn zu Pferd, begleitet von einem Pagen. Es gelangte als Legat des kinderlosen österreichischen Rentiers, Mäzens und Kunstsammlers Nathaniel Mayer Freiherr von Rothschild (Frankfurt am Main 1836 – Wien 1905) 1903 in die kaiserlichen Sammlungen. Eine Vorzeichnung zu dieser Skulptur befand sich in der ehemaligen Sammlung seines Haupterbens Alphonse Rothschild. Die Sammlungen ließ Nathaniel Mayer Freiherr von Rothschild in seinem 1872 bis 1884 von dem Architekten Jean Girette (1845–1931) erbauten Palais Nathaniel Rothschild (Wien in der Theresianumgasse 14–16) unterbringen. 1938 wurde der Kunstbesitz der Sammlung Alphonse Rothschild von den Nationalsozialisten enteignet.

11.2.12 Anton Dominik (Ritter von) Fernkorn (1813–1878): Reiterstatuette des Prinzen Eugen von Savoyen (1663–1736)

Unsigniert, undatiert. Um 1860. Bronze. H. 58,5 cm, B. 36 cm. Wien, Heeresgeschichtliches Museum, Inv.-Nr. 1.939/20/BI20713.
Anton Dominik Fernkorn wurde im März 1813 zu Erfurt als Sohn des Direktors des dortigen Spitals geboren, erlernte das Gürtler-

und Bronzegießerhandwerk und erwarb autodidaktisch weitere mechanisch-technische Kenntnisse, die er zunächst in militärischen Diensten, bei der Artillerie, ausübte, wo er es in der Erfurter königlich-preußischen 3. Artilleriebrigade bis zum Bombardier brachte. Dann ging er nach München und besuchte die Akademie der bildenden Künste, wo er bei Johann Baptist Stiglmair und Ludwig Schwanthaler ausgebildet wurde. 1840 ging er nach Wien, wo er zum Teil für die Ateliers anderer Bildhauer arbeitete. Besonders eng war die Zusammenarbeit mit Johann Preleuthner. 1851 wurde er mit der Brunnengruppe „Heiliger Georg zu Pferd im Kampf mit dem Drachen" für das Montenuovopalais beauftragt (später Vestibül der Anglo-österreichischen Bank, 1, Strauchgasse 1; Ausführung 1852/1853). Seine bekanntesten Werke sind die beiden patriotischen Reiterstatuen von Erzherzog Karl (entstanden in den Jahren 1853 bis 1859) und Prinz Eugen (1860 bis 1865) auf dem Heldenplatz vor der Hofburg. 1860 wurde er als Auszeichnung für seine Leistungen in den Ritterstand erhoben. Das Denkmal von Erzherzog Karl, inspiriert von einem Gemälde von Johann Peter Krafft, wurde als ein technisches Wunderwerk bestaunt, da das Pferd nur auf den Hinterbeinen steht. Dieses Kunststück konnte beim Prinzen Eugen nicht mehr wiederholt werden: Hier berührt der Schweif des Pferdes den Sockel. Nach mehreren Schlaganfällen wurde Fernkorn 1867 unter Kuratel gestellt und kam in eine Nervenheilanstalt in Pflege. Das Reiterstandbild des Prinzen Eugen wurde ab 1862 von Fernkorns Mitarbeiter Franz Pönninger (1832–1906) fertiggestellt. Dieser sowie der technisch-wirtschaftlich versierte

11.2.12 Anton Dominik Fernkorn: Prinz Eugen, der edle Ritter.

Foto: Heeresgeschichtliches Museum Wien

Erzgießer Josef Röhlich (1836–1887) führten ab 1866 als Direktoren den von Fernkorn gegründeten Betrieb der Bildgießereiwerkstatt fort.

11.3 Repräsentation in der bildenden Kunst

11.3.1 Johannes Lingelbach (1622–1674): „Römische Prozession"
Öl auf Leinwand. Um 1655–1660.

B. 111 cm, H. 100 cm. Brixen, Diözesanmuseum Hofburg.
Das Gemälde zeigt eine kirchliche Prozession durch die Stadt Rom, die mit den beiden Dioskuren am Aufgang zum Kapitol, mit dem Tiber,

der Engelsburg und der Kuppel von Sant'Andrea della Valle zu erkennen ist. Solch eine Prozession fand jeweils nach der Wahl eines Papstes anlässlich der Inbesitznahme von S. Giovanni in Laterano, der Bischofskirche Roms, statt. Ungefähr in der Bildmitte befindet sich die Sänfte des Papstes (wohl Innozenz X.). Im Zentrum der hell beleuchtete Schimmel als das Reittier des Papstes, dominant aber die Statuen der beiden Dioskuren mit Pferden (Castor und Pollux). Johannes Lingelbach wurde in Frankfurt am Main geboren. Als er 15 Jahre alt war, zog die Familie nach Amsterdam. 1642 bis 1644 hielt sich Lingelbach in Paris und bis 1650 in Italien auf. 1653 heiratete er in Amsterdam und erwarb das Bürgerrecht. Er malte mit großer technischer Virtuosität und Liebe für das Detail farblich durchkomponierte italische Szenerien (Märkte, Jagden und Seehäfen) und zeichnete in Gouache und Tusche.

11.3.2 Anton Lehmden (* 1929): „Zerfallendes Pferd II"

Öl auf Leinwand. H. 170 cm, B. 230 cm. 1982–83. Privatbesitz.
Das zerfallende Pferd steht als Symbol für die drohende Apokalypse. Lehmden erinnert damit auch an seine traumatisierenden Erlebnisse im Zweiten Weltkrieg. Der deutsche Kunsthistoriker Hans Holländer, Lehrstuhlinhaber und bis 1997 Direktor des Reiff-Museums in Aachen schreibt über dieses Motiv in Anton Lehmdens Schaffen: „Die „zerfallenden Pferde" bedeuten den Tod, sie sind keine Präparate, sondern die galoppieren wie die Rösser der apokalyptischen Reiter Dürers. Aber sie fallen auseinander, blutend, sich auflösend, im Lauf schon verwesend. Noch sind die Teile mit Resten von Muskulatur und rötlich triefendem Fleisch miteinander verbunden.

Der galoppierende Zerfall ist noch nicht am Ende der Geschichte der Menschheit, die er meint. Die Bedeutung dieser großformatigen Skizzen ist unübersehbar, ihre Gestalt aber zeigt, dass das Thema „Zerfall" eines der schwierigsten ist, die es überhaupt gibt. Die große Skizze läßt vieles offen, und eine perfekte Apokalypse kann man heute vielleicht auch gar nicht mehr malen. Zerfallenes, das aber immer noch in Bewegung ist und im Galopp verwest, das kann als Bild der Menschheit im Gleichnis des apokalyptischen Pferdes noch angedeutet werden, wenn damit der Verzicht auf „perfekte Ausführung" einhergeht."

11.3.3 Hans Staudacher (*1923): Reiter

Öl auf Faserplatte. H. 83 cm, B. 73 cm. 1954/55. Klagenfurt, Kunstsammlung des Landes Kärnten / MMKK.
Der in Sankt Urban am Ossiachersee geborene Hans Staudacher zählt heute zu den auch international bekanntesten österreichischen Malern. Seine langjährigen Lebens- und Arbeitsmittelpunkte liegen in Wien und in Finkenstein am Faakersee in Kärnten. Staudacher erlernte zunächst die Malerei als Autodidakt. Er war von den Malern des Nötscher Kreises fasziniert. Er besuchte in Kärnten die Malschule von Arnold Clementschitsch. In der Folge übersiedelte er nach Wien, lebte zeitweise aber auch in Paris. In den 1950er-Jahren wurde er aktives Mitglied der Wiener Secession, die ihm als einem der wichtigsten österreichischen Vertreter des Informel Ausstellungen widmete. 1956 wurde er ausgewählt, Österreich bei der Biennale in Venedig zu vertreten. Ein bekanntes Pferdebild von seiner Hand sind die „Zirkuspferde am Westbahnhof in Villach".

11.3.4 Stundenbuchillustration

Jagdszene. Öl auf Pergament. 15. Jh. Privatbesitz.

11.3.5 Leo Neubauer (1911–1978): Reitergruppe vor Schloss

1958. Öl auf Leinwand. H. 112 cm, B. 92 cm. Privatbesitz.
Der in Wien geborene und wirkende Maler Leo Neubauer schuf viele Tiermotive und auch orientalische Sujets. Als Illustrator schuf er unter anderem das Cover für die deutsche Leihbuchserie Conny Cöll (vorwiegend Wildwestromane mit zahlreichen Pferdemotiven). Im vorliegenden Gemälde, das ein Hochzeitsgeschenk an seine Frau war, greift er auf die Motivik mittelalterlicher Stundenbuchillustrationen zurück.

11.3.6 Cassone

Siena. 16. Jahrhundert. Holz, bemalt: Hochzeitszug mit Reitern. B. 175 cm, H. 66 cm, T. 62 cm. Privatbesitz.
Unter Cassone versteht man eine aufwendig bemalte oder intarsierte Brauttruhe. Sie war das wichtigste Möbelstück des Spätmittelalters. Große Florentiner Künstler des 15. Jahrhunderts wurden aufgefordert, Cassoni zu dekorieren.

11.4 Weltkultur – Völkerkunde

11.4.1 Unbekannter Meister der Bronzegießergilde, Königtum Benin: Reliefplatte mit Reiter

29 cm x 35 cm x 6 cm. Wien, Weltmuseum.
Die Reliefplatten aus Gelbguss schmückten einst Säulengänge des Königspalastes in der Stadt Benin. Die Ikonographie dieser für Afrika einzigartigen Kunstform kreist um zwei zentrale Themen: die prachtvollen Auftritte der Würdenträger und des Königs bei den regelmäßig im Palastgelände

11.3.1 Johannes Lingelbach: „Römische Prozession".   Foto: Diözesanmuseum Brixen

stattfindenden Zeremonien und
die Verherrlichung der Kriegstaten
des Reiches. Beide dienen der
Glorifizierung des Oba (Königs) und
der Demonstration der Macht des
Reiches.
Diese Platte mit der Darstellung
eines Reiters ist ein Unikat, mit

dem gleichen Motiv sind lediglich
freistehende Reiterfiguren bekannt.
Über die Identität der Figur gibt
es unterschiedliche Auffassungen.
Sie wird entweder als ein Benin-
König, als Oranmiyan, den aus
Ife stammenden Gründervater
der zweiten Herrscher-Dynastie

interpretiert, oder als Attah von
Idah, König des benachbarten
Igala-Reiches, den Oba Esigie im
16. Jahrhundert nach langwierigen
Kämpfen besiegt hatte. Bronze- bzw.
Gelbguss und Messingarbeiten aus
dem südlichen Nigeria, vor allem dem
Königreich Benin stellen schon seit

11.3.2 Anton Lehmden: Zerfallendes Pferd.   © Foto: Anton Lehmden

dem ausgehenden 19. Jahrhundert in Europa eine ganz eigene Faszination dar und repräsentieren eindrucksvoll die hochentwickelte Technik und künstlerische Entfaltung in dieser Region, spiegeln aber auch aus Europa übernommene Herrschaftstraditionen und Herrschaftssymbolik. Diese weltweit ganz seltene Bronzegussarbeit (weitere Exemplare in Berlin und London) wurde von dem Händler, Sammler und Captain Albert Maschmann 1899 im Gefolge bzw. im Zuge der Plünderung der Stadt Benin durch die Briten (1897) erworben.

11.4.2 Reiter. Grabbeigabe: China. Sui-Dynastie

581–618 n. Chr. B. 23,2 cm, T. 11 cm, H. 27,2 cm. Wien, MAK – Österreichisches Museum für angewandte Kunst / Gegenwartskunst, Inv.-Nr. Ke 8.371.

Die als Grabbeigabe dienende vollplastische Keramik stammt aus der Zeit der bedeutenden, aber kurzlebigen Sui-Dynastie (581–618 n. Chr.), die aus sinisiertem türkischen Adel hervorgegangen war.

11.4.3 Himmelswächter auf fliegendem Pferd. Dachreiter

Ming-Dynastie (1368–1644). Um 1600. Steinzeug mit mehrfarbiger Bleiglasur. B. 37,9 cm, T. 14,8 cm, H. 42,5 cm. MAK – Österreichisches Museum für angewandte Kunst / Gegenwartskunst, Inv-Nr. 8.685.

11.3.4 Stundenbuch: Jagdszene.

Foto: Schepe

11.3.5 Leo Neubauer: Reitergruppe vor Schloss.

Foto: Schepe

11.3.6 Cassone aus Siena.

Foto: Schepe

11.4.4 Himmelswächter auf fliegendem Pferd. Dachreiter

Quing-Dynastie (1644–1911). 17./18. Jahrhundert. B. 37,9 cm, T. 14,8 cm, H. 42,5 cm. Wien, MAK – Österreichisches Museum für angewandte Kunst / Gegenwartskunst, Inv.-Nr. 8.596.

Der Himmelswächter auf fliegendem Motiv ist auch ein Motiv des Buddhismus, der bereits im 1. Jahrtausend nach Christus in China seinen Eingang gefunden hat. Die vier Himmelswächter sind auch ein fester Bestandteil buddhistischer Tempelhallen.

11.5 Schach

Das Schachspiel stammt aus der indischen Gesellschaft und symbolisierte im europäischen Mittelalter die ständisch geprägte Welt. Als einzige Schachfigur darf das Pferd bereits in den ältesten Varianten dieses Spiels eigene und gegnerische Steine überspringen. Der Springer wäre die wahre Superfigur, hätte er nicht ungeschützte Flanken, an denen er von gegnerischen Bauern angegriffen werden kann und damit manchmal wenig geeignet ist, deren Vorrücken zu stoppen: ein Abbild der realen Entwicklung.

11.5.1–96 Schach-Pferdefiguren

Schachmuseum Altmünster (www.schachmuseum.org)

11.5.1–2 Zwei Pferde (Springer)

Aus Schachspiel „Ludwig XIV". Steinpulver / Eigenfertigung. Altmünster, Schachmuseum, Inv.-Nr. G 1

11.5.3–4 Zwei Pferde (Springer)

Mexiko. Aus Schachspiel. Holz. Altmünster, Schachmuseum, Inv.-Nr. G 2

11.5.5–6 Zwei Pferde (Springer)

Russland. Aus Schachspiel: „American Civil War". Porzellan. Altmünster, Schachmuseum, Inv.-Nr. G 3.

11.5.5–6 Schach „American Civil War".   Foto: Linschinger

11.5.13–14 Schach „Katharina die Große".   Foto: Linschinger

11.5.7–8 Zwei Pferde (Springer)
Russland. Aus Schachspiel: „Ruslan und Ludmilla". Porzellan. Altmünster, Schachmuseum, Inv.-Nr. G 4.

11.5.9–10 Zwei Pferde (Springer)
Frankreich. Aus Schachspiel „Napoleon". Metall, bemalt. Altmünster, Schachmuseum, Inv.-Nr. G 5.

11.5.11–12 Zwei Pferde (Springer)
Deutschland. Aus „Schachspiel „Richard Wagner". Porzellan. Altmünster, Schachmuseum, Inv.-Nr. G 6.

11.5.13–14 Zwei Pferde (Springer)
Russland. Aus Schachspiel „Katharina die Große". Altmünster, Schachmuseum, Inv.-Nr. G 7.

11.5.15–16 Zwei Pferde (Springer)
Ungarn. Aus Schachspiel. Holz. Altmünster, Schachmuseum, Inv.-Nr. G 8.

11.5.17–18 Zwei Pferde (Springer)
Deutschland. Spielzeugschach. Porzellan. Altmünster, Schachmuseum, Inv.-Nr. G 9.

11.5.19–20 Zwei Pferde (Springer)
Russland. Aus Schachspiel „Napoleon". Porzellan. Altmünster, Schachmuseum, Inv.-Nr. G 10.

11.5.21–22 Zwei Pferde (Springer)
Schweiz. Glockenschach. Porzellan. Altmünster, Schachmuseum, Inv.-Nr. G 11.

11.5.23–24 Zwei Pferde (Springer)
Deutschland. Schachspiel „Dreißigjähriger Krieg". Altmünster, Schachmuseum, Inv.-Nr. G 12.

11.5.17–18 Spielzeugschach.   Foto: Linschinger   11.5.19–20 Schach „Napoleon".   Foto: Linschinger

11.5.25–26 Zwei Pferde (Springer)
Indien. Aus Schachspiel. Bein.
Altmünster, Schachmuseum, Inv.-Nr.
G 13.

11.5.27–28 Zwei Pferde (Springer)
Mexiko. Aus Schachspiel. Stein.
Altmünster, Schachmuseum, Inv.-Nr.
G 14.

11.5.29–30 Zwei Pferde (Springer)
Korea. Schachspiel. Holz, geschnitzt.
Altmünster, Schachmuseum, Inv.-Nr.
G 15.

11.5.31–32 Zwei Pferde (Springer)
Eigenfertigung. Aus Schachspiel 2
„Classic". Steinpulver. Altmünster,
Schachmuseum, Inv.-Nr. G 16.

11.5.33–34 Zwei Pferde (Springer)
Altmünster, Schachmuseum, Inv.-Nr.
M 1.

11.5.35–36 Zwei Pferde (Springer)
Eigenfertigung. Aus Schachspiel
„Viktorianisch". Steinpulver.
Altmünster, Schachmuseum, Inv.-Nr.
M 2.

11.5.37–38 Zwei Pferde (Springer)
Tschechien. Aus Schachspiel.
Kristall und Metall. Altmünster,
Schachmuseum, Inv.-Nr. M 3.

11.5.39–40 Zwei Pferde (Springer)
Deutschland. Aus Schachspiel
„Kuhschach". Keramik. Altmünster,
Schachmuseum, Inv.-Nr. M 4.

11.5.41–42 Zwei Pferde (Springer)
Indonesien. Aus Schachspiel.
Balsaholz, geschnitzt. Altmünster,
Schachmuseum, Inv.-Nr. M 5.

11.5.29–30 Koreanisches Schachspiel.   Foto: Linschinger   11.5.49–50 Schach „Romanow".   Foto: Linschinger

11.5.43–44 Zwei Pferde (Springer)
Österreich. Aus Schachspiel. Zinn.
Altmünster, Schachmuseum, Inv.-Nr.
M 6.

11.5.45–46 Zwei Pferde (Springer)
Ägypten. Aus Schachspiel „Egypt
People". Metall. Altmünster,
Schachmuseum, Inv.-Nr. M 7.

11.5.47–48 Zwei Pferde (Springer)
Eigenfertigung. Aus Schachspiel
„Mandarin". Steinpulver. Altmünster,
Schachmuseum, Inv.-Nr. M 8.

11.5.49–50 Zwei Pferde (Springer)
Russland. Aus Schachspiel
„Romanow". Porzellan. Altmünster,
Schachmuseum, Inv.-Nr. M 9.

11.5.51–52 Schach-Pferdefiguren
Indien. Aus Schachspiel. Holz.
Altmünster, Schachmuseum, Inv.-Nr.
M 10.

11.5.53–54 Zwei Pferde (Springer)
Eigenfertigung. Schachspiel „Lewis".
Steinpulver. Holz. Altmünster,
Schachmuseum, Inv.-Nr. M 11.

11.5.55–56 Zwei Pferde (Springer)
USA. Aus Schachspiel „Fred
Feuerstein". Kunststoff. Altmünster,
Schachmuseum, Inv.-Nr. M 12.

11.5.57–58 Zwei Pferde (Springer)
Mexiko. Aus Schachspiel „Pilze". Stein.
Altmünster, Schachmuseum, Inv.-Nr.
M 14.

11.5.59–60 Zwei Pferde (Springer)
Ägypten. Aus Schachspiel
„Mohammedaner". Keramik.
Altmünster, Schachmuseum, Inv.-Nr.
M 15.

11.5.73–74 Indisches Schachspiel.   Foto: Linschinger

11.5.69–70 Zwei Pferde (Springer)
Deutschland. Aus Schachspiel
„Kuhschach". Keramik. Altmünster,
Schachmuseum, Inv.-Nr. K 4.

11.5.71–72 Zwei Pferde (Springer)
Brasilien. Aus Schachspiel. Ton.
Altmünster, Schachmuseum, Inv.-Nr.
M 1.

11.5.73–74 Zwei Pferde (Springer)
Indien. Aus Schachspiel „Indian
Culture". Perlen, Silber, Email.
Altmünster, Schachmuseum, Inv.-Nr.
M 2.

11.5.75–76 Zwei Pferde (Springer)
Philippinen. Aus Schachspiel. Holz-
Bein. Altmünster, Schachmuseum,
Inv.-Nr. M 3.

11.5.77–78 Zwei Pferde (Springer)
England. Aus Schachspiel
„Suffragetten". Metall, bemalt. Alt-
münster, Schachmuseum, Inv.-Nr. M 4.

11.5.79–80 Zwei Pferde (Springer)
Bolivien. Aus Schachspiel. Ton.
Altmünster, Schachmuseum, Inv.-Nr.
M 7.

11.5.81–82 Zwei Pferde (Springer)
Österreich. Aus Schachspiel
„Swarovsky". Kristall. Altmünster,
Schachmuseum, Inv.-Nr. M 8.

11.5.83–84 Zwei Pferde (Springer)
Polen. Aus Schachspiel „C. Mielow".
Porzellan. Altmünster, Schachmuseum,
Inv.-Nr. M 9.

11.5.85–86 Zwei Pferde (Springer)
Tschechien. Aus Schachspiel. Kristall.
Altmünster, Schachmuseum, Inv.-Nr.
M 10.

11.5.87–88 Zwei Pferde (Springer)
Südafrika. Aus Schachspiel
„Büffelhornschach". Altmünster,
Schachmuseum, Inv.-Nr. M 11.

11.5.61–62 Zwei Pferde (Springer)
Mexiko. Aus Schachspiel „Mariachi".
Metall. Altmünster, Schachmuseum,
Inv.-Nr. M 16.

11.5.63–64 Zwei Pferde (Springer)
Mexiko. Aus Schachspiel „Little
Bighorn". Zinn, bemalt. Altmünster,
Schachmuseum, Inv.-Nr. K 1.

11.5.65–66 Zwei Pferde (Springer)
Eigenfertigung. Aus Schachspiel
„Viktorianisch". Steinpulver.
Altmünster, Schachmuseum, Inv.-Nr.
K 2.

11.5.67–68 Zwei Pferde (Springer)
Tschechien. Aus Schachspiel. Kristall
/ Metall. Altmünster, Schachmuseum,
Inv.-Nr. K 3.

11.5.89–90 Zwei Pferde (Springer)
Ungarn. Aus Schachspiel
„Folkloreschach". Altmünster,
Schachmuseum, Inv.-Nr. M 12.

11.5.91–92 Zwei Pferde (Springer)
Italien. Aus Schachspiel. Stein.
Altmünster, Schachmuseum, Inv.-Nr.
M 13.

11.5.93–94 Zwei Pferde (Springer)
Sri Lanka. Aus Schachspiel. Stein.
Altmünster, Schachmuseum, Inv.-Nr.
M 14.

11.5.95–96 Zwei Pferde (Springer)
Bolivien. Aus Schachspiel.
Holz, geschnitzt. Altmünster,
Schachmuseum, Inv.-Nr. M 15.

11.5.97–98 Zwei Pferde (Springer)
Chile. Aus Edelstein-Schachspiel.
Lapislazuli. Altmünster,
Schachmuseum, Inv.-Nr. M 16.

**11.5.97–11.5.102 (Art des Hans
Spindler): Fünf Figuren aus
Schachspiel**
König, zwei Bauern, zwei Pferde.
Oberösterreich, um 1670. H. ca.
130 cm, Dm. ca. 25 cm. Holz, alte
Fassung. Linz, OÖ. Landesmuseum,
Inv.-Nr. S 896. Figuren: H. 130 cm,
Dm. 25 cm. Das Spiel stammt aus
Schloss Weinberg bei Kefermarkt,
das seit 1629 den Freiherren und
späteren Grafen Thürheim gehörte.
Möglicherweise war es zunächst ein
Tischschach, das erst später (1714?)
in ein Standschach verändert wurde.
Von den individuell charakterisierten

Bauern neigen einige den Kopf wie
Gehängte – eine offenbare Anspielung
auf den Bauernkrieg von 1626.

13 Pferd und Kunst in Oberösterreich

Pferde haben in der Kunstgeschichte
Oberösterreichs eine lange Tradition.
Von Objekten der Hallstattzeit über
die Pferde der Magier auf den
romanischen Fresken im ehemaligen
Westchor der Stiftskirche Lambach
bis zu den vielen Schnitzwerken und
Altarbildern in den Pfarrkirchen des
Landes. In der Barockzeit kamen zu
den kirchlichen und adeligen
Auftraggebern bürgerliche hinzu. Die
Liste oberösterreichischer oder in
Oberösterreich wirkender Künstler,
die mit Pferdemotiven hervorgetreten

13.2 Georg Wolfgang Dallinger: Schlacht im Tal Siddim.

Foto: Schepe

13.3 Untergang der Rosse des Pharao im Roten Meer. Deutsch, drittes Viertel des 17. Jahrhunderts.   Foto: Schepe

sind, spiegelt die künstlerischen Entwicklungen des 19. und 20. Jahrhunderts: von Romantik, Realismus und Historismus über Jugendstil, Expressionismus und neue Sachlichkeit bis zu den Künstlern der Gegenwart.

13.1 Honorius Augustodunensis. Super cantica canticorum etc.

Lambach (?), 12. Jahrhundert. 150 Bl. H. 26 cm, B. 19 cm. 1 Spalte. Mit drei Federzeichnungen auf farbigem Grund: Blatt 43v: Die Tochter Babylons als zweite Braut. Bl. 89v: Aminadab und Sunamitis als dritte Braut. Bl. 103v: Mandragora als vierte Braut des Sponsus. Lambach, Benediktinerstift, Archiv, Handschrift, Signatur Cml Nr. 94.

Honorius Augustodunensis /Honorius von Autun (um 1080–1150 oder 1151), Benediktinermönch, später Inkluse, stammte vermutlich aus Irland. Er verfasste theologische, philosophische und enzyklopädische Schriften, Streitschriften zur Kirchenreform und biblische Kommentare.

13.2 Georg Wolfgang Dallinger (*1675–nach 1725): Schlacht im Tal Siddim

(Genesis 14, Gegenstück zur Zerstörung von Sodom). Vermutlich 1712. Gemalter Rahmen. Farbige Paste auf Holz. H. 89,5 cm, B. 156,5 cm. Lambach, Benediktinerstift.
Der in Linz geborene Maler Georg Wolfgang Dallinger malte für das Stift Lambach die beiden Gemälde

„Schlacht im Tal Siddim" und Zerstörung von Sodom". 1710 bis 1720 ist Georg Wolfgang Dallinger als Besitzer des Hauses Herrenstraße 40 in Linz nachweisbar. In dieser Zeit malte er im Auftrag des Pfarrers Johann Georg Bonbardi das Hochaltarblatt der Laurentiuskirche Enns (Vertrag vom 4. 7. 1714, Fertigstellung 1715). In Linz führte er 1721 die Vergoldung der Turmkreuze der Deutschordenskirche durch und wird 1723 als Ratsbürger in Linz bezeichnet. Er ist Vater des Malers Franz Theodor Dallinger, der sich 1741 in Wien und später in Prag niederließ und Hofmaler beim Fürsten Liechtenstein wurde.

13.3 Unbekannter Künstler: Schlacht des Alten Testaments

Deutsch, 3. Viertel des
17. Jahrhunderts. Eintragung im
Stiftsinventar: HK 79/39 als Remp
oder Kein. 1685 von Propst Fuhrmann
erworben. Öl auf Leinwand. H. 63 cm,
B. 98 cm. Sankt Florian bei Linz,
Augustiner-Chorherrenstift.

Das in den archivalischen
Aufzeichnungen des Stiftes Sankt
Florian als „Schlacht des Alten
Testaments" geführte Gemälde
zeigt den Untergang der Rosse des
Pharaos im Toten Meer. Die biblische
Überlieferung (2. Buch Mose, Kapitel
14, 8–9 und 19–30): „Aber die Kinder
Israel waren durch eine hohe Hand
ausgezogen und die Ägypter jagten
ihnen nach und ereilten sie (da sie
sich gelagert hatten am Meer) mit
Rossen und Wagen und Reitern
und allem Heer des Pharao bei
Pihachiroth, gegen Baal-Zephon.
(19) Da erhob sich der Engel Gottes,
der vor dem Heer Israels her zog,
und machte sich hinter sie; und die
Wolkensäule machte sich auch von
ihrem Angesicht und trat hinter sie
(20) und kam zwischen das Heer der
Ägypter und das Heer Israels. Es
war aber eine finstere Wolke und
erleuchtete die Nacht, dass sie die
ganze Nacht, diese und jene, nicht
zusammenkommen konnten. (21) Da
nun Mose seine Hand reckte über das
Meer, ließ es der Herr hinwegfahren
durch einen starken Ostwind die
ganze Nacht und machte das Meer
trocken; und die Wasser teilten sich
voneinander. (22) Und die Kinder
Israel gingen hinein, mitten ins Meer

13.7.1 Johann Baptist Reiter: Märztage des 1848 in Wien (Freyung).

13.7.2 Johann Baptist Reiter: Kind mit Spielzeugpferd.   Foto: OÖ. Landesmuseum

auf dem Trockenen; und das Wasser war ihnen für Mauern zur Rechten und zur Linken. (23) Und die Ägypter folgten und gingen hinein ihnen nach, alle Rosse des Pharaos und Wagen und Reiter, mitten ins Meer. (24) Als nun die Morgenwache kam, schaute der Herr auf der Ägypter Heer aus der Feuersäule und Wolke und machte einen Schrecken in ihrem Heer (25) und stieß die Räder von ihren Wagen, stürzte sie mit Ungestüm.

Da sprachen die Ägypter: Lasst uns fliehen von Israel; der Herr streitet für sie wider die Ägypter. (26) Aber der Herr sprach zu Mose: Recke deine Hand aus über das Meer, daß das Wasser wieder herfalle über die Ägypter, über ihre Wagen und Reiter. (27) Da reckte Mose seine Hand aus über das Meer, und das Meer kam wieder vor morgens in seinen Strom, und die Ägypter flohen ihm entgegen. Also stürzte sie der Herr mitten ins

Meer, (28) dass das Wasser wiederkam und bedeckte Wagen und Reiter und alle Macht des Pharao, die ihnen nachgefolgt waren ins Meer, dass nicht einer aus ihnen übrigblieb. (29) Aber die Kinder Israel gingen trocken mitten durchs Meer; und das Wasser war ihnen für Mauern zur Rechten und zur Linken." (Übersetzung nach Martin Luther).

13.4 Schwanthaler-Werkstätte: Kämpfende Pferde

Lindenholz. Zwei Stück. Ein Pferd schwarz gebeizt. Oberösterreich, 2. Hälfte des 18. Jahrhunderts. H. 15,5 cm, B. 18,5 cm (Geschenk von Josef Auinger, Gmunden 1839). Linz, OÖ. Landesmuseum, Inv.-Nr. S 264, 265. Die Kleinplastiken zweier kämpfender Pferde stehen der Werkstätte des Bildhauers Johann Georg Schwanthaler nahe. Dieser wurde 1740 in Aurolzmünster geboren und starb 1810 in Gmunden am Traunsee, wo er seine Werkstätte geführt hatte. Johann Georg war ein Sohn von Franz Mathias Schwanthaler, mit dem Vater kam er 1747 nach Ried, er war beim Großvater Johann Franz und beim Onkel Johann Peter dem Älteren in der Ausbildung, ebenso beim Welser Bildhauer Ignaz Mähl. Johann Georg Schwanthaler ist vor allem für seine Tierplastiken und seine vielfigurigen Krippenfiguren bekannt, von seiner Hand stammt aber auch der Hochaltar in der Pfarrkirche Kematen an der Krems.

13.5 Johann Dallinger von Dalling der Jüngere (1782–1868): Zwei Pferde im Stall. Signiert und links: „1838".

Öl auf Holz. H. 23,5 cm, B. 29,3 cm. Linz, OÖ. Landesmuseum. Inv.-Nr. Ka 17. Johann Dallinger von Dalling der Jüngere wurde 1803 Adjunkt seines Vaters in der Liechtensteingalerie, 1831 Direktor der Gemäldesammlung der Österreichischen Galerie und in den Liechtensteinschen Sammlungen. Er war auch als Restaurator tätig und malte in der Art der alten Niederländer.

13.6 Teppichmuster der K. k. Linzer Wollenzeug- und Teppichmanufaktur.

Pferd in 8-eckigem Medaillon. L. 34 cm, B. 41 cm. MAK – Österreichisches Museum für angewandte Kunst / Gegenwartskunst, Inv.-Nr. TGM 29.414.

13.7.1 Johann Baptist Reiter (1813–1890): Episode aus den Märztagen des Jahres 1848 in Wien

März 1848. Öl auf Leinwand. H. 13,3 cm, B. 17,8 cm. NORDICO Stadtmuseum Linz, Inv.-Nr. 10.893/34.

Lit.: Ausstellungskatalog Johann Baptist Reiter 1813–1890, Stadtmuseum und Landesmuseum Linz, Linz 1963. Alice Strobl: Johann Baptist Reiter, Verlag Schroll 1963, Wien und München.

Zwei Männer tragen einen Mann auf den Schultern, links davon vor dem Palais Harrach berittene Einheiten, rechts eine Menschenmenge. Wien, Freyung, Schottenstift und Schottenkirche. Auf der Freyung und dem benachbarten Platz „Am Hof" spielten sich entscheidende Szenen der Wiener Revolution ab: Das Haus Salomon Rothschilds in der Renngasse wurde gestürmt, der Kriegsminister Graf Latour auf einem Laternenmast aufgehängt. Welche Szenen Reiter festhielt, bedarf noch der genaueren Klärung. Johann Baptist Reiter wurde als Sohn eines Tischlers in Linz Urfahr geboren und erlernte auch zunächst dieses Handwerk, von 1830 bis 1842 studierte an der Wiener Akademie der bildenden Künste (bei den Professoren Thomas Ender, Leopold Kupelwieser und Anton Petter). Religiöse Thematik blieb für Reiter unwichtig, auch die Historienmalerei und das Zeitgeschehen interessierten ihn nur in Einzelfällen, seine Bedeutung liegt im Portrait (oftmals Familienmitglieder, so die heranwachsende Tochter Alexandrine, „Lexi") im Genrebild. In seiner Zeit als geschätzter Maler in Wien besaß er selbst einen mehrspännigen Wagen, für eine Privatperson und einen Künstler eine Ausnahmeerscheinung im Wien des 19. Jahrhunderts.

13.7.2 Johann Baptist Reiter (1813–1890): Liegendes Kind

Öl auf Leinwand. Wien, 2. Hälfte des 19. Jahrhunderts. Rechts unten sig.: „J. B. Reiter", 1858. H. 36 cm, B. 45 cm. Linz, OÖ. Landesmuseum, Inv.-Nr. G 451. Das im Bette liegende Kind ist mit einer roten Steppdecke zugedeckt und hält in seiner Linken ein Wägelchen mit Pferd.

13.8 Johann Rint (1814–1900): Trompeter von Säckingen

2. Hälfte 19. Jahrhundert. 17,5 x 14 cm. Holz. NORDICO Stadtmuseum Linz, Inv.-Nr. P 957. Im Mittelpunkt eine männliche, fein gekleidete Gestalt, die gerade auf einer Trompete bläst, neben einem Pferd stehend. Im Hintergrund auf einem bewachsenen Hügel ein Schloss, das durch einen Fluss von dem Adeligen getrennt ist. Die einzelnen Darstellungen von Bäumen, Gewächsen und Ähnlichem sind in einer für Rint so bezeichnenden, feinen Art geschnitzt. Johann Rint, der zunächst in Budweis und ab 1848 in Linz lebte, schnitzte anfangs als Autodidakt Krippenfiguren, Pfeifen und Möbel für verschiedene Auftraggeber. 1852 bis 1855 restaurierte er gemeinsam mit seinem früh (1876) verstorbenen Sohn Josef unter der Leitung Adalbert Stifters den Kefermarkter Altar. Stifter vermittelte Rint ein Stipendium, mit dessen Hilfe er mit seinem Sohn an der Münchener Akademie der bildenden Künste studierte. Außerdem arbeitete er in den Werkstätten von Anselm Sickinger und Josef Knabl. Nach Linz zurückgekehrt, arbeitete Rint weiterhin in Werkstattgemeinschaft mit seinem Sohn und wurde 1865 zum Hofbildhauer ernannt. Zu ihren Werken gehörten neben umfangreichen Restaurierungsarbeiten auch

13.8 Johann Rint: Trompeter von Säckingen.

neugotische Altäre, Kanzeln, Taufbecken und Pokale. Ein Meisterstück Rints war der Kaiserpokal (1863). Neben dem Relief des Trompeters von Säckingen, sind, auch auf einem Relief, das die Gründung des Stiftes Kremsmünster zeigt, und auf einem schönen, derzeit verschollenen Reiterportraitrelief des Linzer Bürgermeisters Viktor Drouot Pferde dargestellt.

13.9 Wilhelm Höhnel (1871–1941): Pferdeportrait „Schimmel"

Öl auf Leinwand. H. 90 cm, B. 70 cm. Privatbesitz.

13.10 Maximilian Liebenwein (1869–1926): Don Quichote

1919. Entwurf. Tempera auf Papier. H. 107,5 cm, B. 137,5 cm. Burghausen, Stadtmuseum.

Maximilian Liebenwein malte mit Vorliebe Pferde, im Kriegsdienst, als Reittiere von Amazonen oder im Verband mit Heiligen (Barbara, Franz von Assisi, Georg) und biblischer Überlieferung. Auch die durch den Roman von Miguel de Cervantes berühmte Gestalt des Don Quijote, die von ihrem Urheber auch als Parodie auf das beliebte Genre der Ritterromane, verstanden wurde, faszinierte Liebenwein unmittelbar nach Ende des Ersten Weltkrieges. Einige Jahre vor ihm hatten auch Mitglieder der Osternberger Künstlerkolonie an der Burghausen gegenüberliegenden Seite des Inns Don Quijote als Motiv für ihre Malerei erkoren.

13.11 Robert Angerhofer (1895–1987): Zwei Pferde auf Wiese vor oö. Vierkanthof

Öl auf Leinwand. 1920er-Jahre. H. 69 cm, B. 78 cm. Privatbesitz. Robert Angerhofer stellt zwei munter springende Pferde in eine Wiesenlandschaft um einen

oberösterreichischen Vierkanthof. Er scheint die Dynamik und Expressivität der Bildsprache von Franz Marc in eine musisch-heitere Note zu übersetzen.

13.12 Bernhard von Plettenberg (1803–1987): Modellentwurf für ein Reiterstandbild Gunthers für die Linzer Nibelungenbrücke

1939/40. Gips. 9. Höchste H. inkl. Sockel 74 cm, größte L. 67 cm, größte B. 34 cm, Sockel 38 x 22 x 3 cm. NORDICO Stadtmuseum Linz, Inv.-Nr. P 987c.

Gunther, in gerader Haltung, Kopf leicht nach vorne geneigt, auf einem Pferd sitzend, mit dem rechten Arm auf die linke Schulter fassend, auf seiner linken Seite ein Schwert im Mantel steckend. Kopf des Pferdes leicht gesenkt. Er trägt eine mittelalterliche Kopfbedeckung unter einer vierzackigen Krone und einen langen wallenden Mantel, der auf dem Pferderücken aufliegt. Die Füße im Steigbügel. Das Pferdezaumzeug mit Runen verziert. Unter dem Pferd ein Skelett.

Der Bildhauer Bernhard Graf von Plettenberg war zunächst Schüler von Antonio Fabré in Rom 1921, von August Babberger in Karlsruhe 1922, von Angelo Jank in München 1923/25, ebenso von Dörner (Freskotechnik), 1927 ging er nach Berlin, es folgten Bildhauerstudien bei Joseph Wackerle in München, 1932 bei Franz Belke in Grevenbrück, wo er das Grabmal seines Bruders für die Schlosskapelle in Hovestadt schuf, ebenso 2 Figuren für das Belke'sche Kriegerdenkmal in Hovestadt 1932/33. 1940 schuf Plettenberg eine Pferdeskulptur in Bronze („Warmblut") und im April 1939 hatte er den Auftrag für den plastischen Schmuck der neuen Nibelungenbrücke in Linz erhalten. Die Reiterfiguren der

beiden Königspaare (Siegfried und Kriemhild, Gunter und Brunhild) waren zur Ausführung bestimmt, 2 Figuren wurden provisorisch zur Besichtigung durch Hitler auf dem Linzer Brückenkopf aufgestellt. Nach im Stadtmuseum Linz erhaltenen Modellen arbeitete der Künstler im Gartenhaus in Kremsmünster an Ausführung der überlebensgroßen Figuren, die 1945 zerschlagen wurden. Außer den Modellen haben sich im Linzer Stadtmuseum Nordico Entwürfe der Brückenpfeiler und von den langen Friesen beim Aufgang erhalten.

13.13 Gudrun Wittke-Baudisch (1907–1982): „Großes Pferd"

Keramik. L. 35 cm, H. 28 cm. Hallstatt, Welterbemuseum.

Die Bildhauerin und Keramikerin Gudrun Wittke-Baudisch wurde als Arzttochter in Pöls in der Steiermark geboren, sie verbrachte ihre Jugend in Unzmarkt, besuchte das Mädcheninstitut Pettau und das Gymnasium Graz (bei dem Bildhauer Wilhelm Gösser und dem Keramiker Hans Adametz) sowie die Kunstgewerbeschule in Wien (bei Josef Hoffmann, Michael Powolny). 1926 bis 1930 war sie in der Wiener Werkstätte tätig und hatte Verbindung zu Vally Wieselthier (1895–1945) und Dagobert Peche. 1930 begründete sie eine eigene Werkstätte in Wien mit Mario von Pontoni, heiratete 1931 Leopold Teltscher (bis 1935). 1936 übersiedelte sie nach Berlin-Wilmersdorf. Sie wurde für die Bauten Josef Hoffmanns in Bregenz, Wien, Ankara tätig, bei verschiedenen Ausstattungen auch in Linz, Salzburg, Leoben. Bis 1942 in Berlin, heiratete sie 1940 Karl Heinz Wittke (+1978). 1937 wurde Gudrun Wittke-Baudisch Hausbesitzerin in Hallstatt (Hallberg 16), dort betrieb sie seit 1946 in der Holzknechtstube (Lahn 54) ihre

13.12 Bernhard von Plettenberg: Reiterstandbild Gunthers für die Linzer Nibelungenbrücke (Modell).

13.14 Franz von Zülow: Pferde am Bach.

Foto: Museum auf Abruf

Werkstätte unter dem dem Namen „Keramik Hallstatt" – mit einem Geschäftslokal der „Gruppe H" in Salzburg seit 1969. 1977 übergab sie die „Keramik Hallstatt" an Erwin Gschwandtler. 1971 wurde sie Ehrenbürgerin von Hallstatt und in dem dortigen Welterbemuseum befinden sich auch das „Große Pferd" und kleinere Pferdeplastiken aus ihrem künstlerischen Nachlass.

13.14 Franz von Zülow (1883–1963): Pferde am Bach

1945. Öl auf Karton. H. 59 cm, B. 73 cm. Wien, Sammlung der Kulturabteilung der Stadt Wien – MUSA, Inv.-Nr. 68.

13.15 Vilma Eckl (1892–1982): Pferdegespann

Kreide auf Papier. 48 x 61 cm. Artothek – Kunstsammlung des Landes Oberösterreich.
Die Malerin Vilma Eckl wurde 1892 in Enns geboren und erhielt ihre Ausbildung zur Malerin bei Bertha von Tarnoczy, Rosa Scherer u. Tina Kofler, sie nahm auch Ballettunterricht und besuchte 1920/22 die private Malschule von Matthias May, der neben dem Einfluss des „Deutschen Expressionismus", insbesondere der Künstlergruppe des Blauen Reiters" ihr zum künstlerischen Leitbild wurde. Unzählige in Blau- und Violetttönen gehaltene Pferde

zumeist bei der Feldarbeit wurden zu Motiven Eckls. Sie war Zeit ihres langen Lebens eine hoch geschätzte Künsterin, ihre erste Ausstellung bestritt sie 1912 in Salzburg, es folgten Ausstellungen im OÖ. Landesmuseum (1953), in Lambach (im selben Jahr), im Schlossmuseum Linz (1969), in Enns (1977), posthume Ausstellungen fanden u. a. in Enns (1989) und im Stadtmuseum Nordico (1992) statt. 1946 erhielt sie den Preis des Landes Oberösterreich und der Stadt Linz, 1953 wurde ihr der Professorentitel verliehen, 1961 erhielt sie den Ehrenpreis des Landes Oberösterreich und im Folgejahr den Ehrenring der Stadt Linz.

13.16 Hans Joachim Breustedt (1901–1984): Pferd und Reiter

1973. Salzburg, Museum der Moderne, Öl auf Leinwand. Darstellung (unregelmäßig): 82,5 cm x 60,5 cm. Sonstige (Leinwand): 83 x 63,5 cm, Rahmen: 98 x 78 cm.

Hans Joachim Breustedt wurde 1901 in Steinach (Thüringen) geboren, studierte ab 1919 am Bauhaus in Weimar und setzte sich mit den Gestaltungsprinzipien Paul Klees, Wassily Kandinskys und Lyonel Feiningers auseinander. Statt nach avantgardistischer Originalität strebte er jedoch nach einer harmonischen Synthese zwischen Gegenstandsdarstellung und Abstraktion, wie sie auch in seinem späten Bild „Pferd und Reiter" zum Ausdruck kommt. Der Großteil seines Frühwerkes ging bei einer Bombardierung Warschaus im Jahre 1939 verloren. In den weiteren Wirren des Zweiten Weltkriegs gelangte er nach Oberösterreich, wo er 1953 die Grafikerin Margret Bilger heiratete. Wohn- und Arbeitsort des Paares wurde ein 1864 errichtetes Holzhaus in Taufkirchen an der Pram (seit 2004 unter dem Namen „Bilger-Haus" als Museum zugänglich). In seiner oberösterreichischen Zeit wurde Hans Joachim Breustadt auch Mitglied der Künstlervereinigung MAERZ. Hans Joachim Breustedt starb 1984 in Vevey (Kanton Waadt) am Genfersee.

13.17 Fritz Fröhlich (1910–2001): „Infant zu Pferde I"

Acryl auf Leinwand, H. 110 cm, B. 102 cm, re. unten signiert und datiert „Fröhlich 73". Wilhering, Zisterzienserstift, Inv.-Nr. F 44. Der in Linz geborene Fritz Fröhlich studierte von 1929 bis 1937 an der Wiener Akademie bei den Professoren Wilhelm Dachauer und Ferdinand Andri und war seit 1937 freischaffend in Linz. 1946 und

13.17 Fritz Fröhlich: Infant zu Pferde I.

© Fritz-Fröhlich-Sammlung des Stiftes Wilhering

1947 erhielt er einen Staatspreis, 1958 den Professorentitel, 1989 den Kubin-Preis. Von Fritz Fröhlich stammen die Sonnenuhrfelder am Linzer Landhausturm (1954/55), die Deckenmalerei „Orpheus und die Tiere" im Linzer Landestheater (1957/58), ein Sgraffito (Wankmüllerhofstraße), Mosaik und Tonreliefs im Lichthof des Generali-Neubaus Untere Donaulände (zusammen mit Kay Krasnitzky) (1965), die „12 Stämme Israels" in Fresco-Buono-Technik in der Linzer Synagoge (1968). Er schuf das infolge von Kriegseinwirkung verlorengegangene Deckengemälde des Langhauses der Stiftskirche Engelszell („9 Chöre der Engel") (1956) neu. Eines seiner letzten großen Werke war die Bemalung der Deckenfelder im ehemaligen Gäste-Speisesaal (Festsaal) im Zisterzienserstift Wilhering (1994) (mit den Motiven „Das Narrenschiff", „Das Scheitern der Politik", „Das Scheitern der Kunst"). Das Stift Wilhering beherbergt einen großen Bestand an Gemälden aus seinem Nachlass in der Fritz Fröhlich-Kunstsammlung, unter welchen sich auch einige – kubistisch abstrahierte – Pferde finden.

13.18 Christian Ludwig Attersee: Kirche liebt Pferd.

Foto: Im Kinsky, Auktionshaus Wien

13.19 Siegfried Anzinger: Ohne Titel. 2009.

13.18 Christian Ludwig Attersee (*1940). „Kirche liebt Pferd. (3. Attersee Picasso)"

Mischtechnik auf Leinwand. Bildmaß: 105 x 105 cm. Rahmenmaß: 118 x 118 cm. Privatbesitz.

Der 1940 in Pressburg (Bratislava) als Christian Ludwig geborene Maler Christian Ludwig Attersee kam während des Zweiten Weltkrieges, 1944, nach Aschach und besuchte ab 1950 das Khevenhüllergymnasium in Linz. Ab 1957 studierte er Bühnenarchitektur, dann bei Eduard Bäumer Malerei an der Akademie für angewandte Kunst. Seinen Künstlernamen nahm er nach Erfolgen als Segler des Yachtclubs „Attersee" an. Er erlangte mit seiner vielfältigen kreativen Begabung rasche, auch internationale Anerkennnung bei Ausstellungen. 1992 erhielt er eine ordentliche Professur und die Leitung der Meisterklasse für Malerei, Animationsfilm und Tapisserie an der Universität für angewandte Kunst in Wien. Die witzige und geistreiche ironische Darstellung „Kirche liebt Pferd" bezeichnete der Künstler selbst als Attersee-Picasso. Dem Thema Pferd widmete Christian Ludwig Attersee auch ein viel beachtetes Werk anlässlich des 450-Jahr-Jubiläums der Spanischen Hofreitschule in Wien 2015.

13.19 Siegfried Anzinger (*1953): Ohne Titel (2)

2009. Öl auf Leinwand, Firnis. H 65 cm, B. 55 cm. Innsbruck – Wien. Galerie Elisabeth und Klaus Thoman GmbH, Anz/M 090.033.

Der 1953 in Weyer im Ennstal als Sohn eines Finanzbeamten geborene Maler Siegfried Anzinger studierte nach der Matura 1971 bis 1977 an der Wiener Akademie der Bildenden Künste (bei Professor Maximilian Melcher). Nach erfolgreicher Ausstellungstätigkeit 1982 auf der documenta 7 in Kassel

und auf der Zeitgeist-Schau Berlin zählte er rasch zu den gefeierten Vertretern der „neuen Wilden", 1986 wurde er mit dem Oskar-Kokoschka-Preis der Wiener Akademie ausgezeichnet, 1998 erhielt er eine Professur für Malerei an der Kunstakademie Düsseldorf. Anzinger bevorzugt u. a. Tierdarstellungen, denen er sich mit größter malerischer Raffinesse widmet: Im animalischen Kosmos des Künstlers wimmelt es, ob im Paradies oder auf Erden, von allerlei exotischem Getier: Elefanten, Kamelen, Affen, Schildkröten, Löwen, Hasen, Krokodilen, Enten, Hunden und Fröschen – besonders angetan haben es Siegfried Anzinger Pferdedarstellungen. Das auf der *Biennale Venedig 1988* gezeigte Diptychon *Ein zerbrochener Tag II* zählt zu den grandiosesten Meisterwerken Anzingers und der Malerei des ausgehenden 20. Jahrhunderts. Ein mächtiger Schimmel posiert in einem diagonal durchtrennten unbestimmten Raum, wobei am rechten Bildrand eine Hand mit Flasche irritierend ins Bild ragt. Die Vorderhand des Schimmels ist verletzt, blutrot. Doch im schmalen Teil des Diptychons kommt Bewegung ins Bild. Das Pferd galoppiert, Pegasus gleich, in den Himmel hinein. Die Flasche erscheint jetzt schwebend auf der Kruppe des Barockpferdes. Pferd und Flasche durchdringen einander in flächig gemalten Zonen mit feinsten Zwischentönen. Ein Gemälde wie aus einem Guss, klar für Siegried Anzinger, der zur Motivation seines Schaffensprozesses sagt: „Ich male und zeichne ja, damit ich diese Dinge sehe, damit ich auf sie komme. Das ist die einzige Motivation zum Malen und Zeichnen."

13.20 Astrid-Christine Richtsfeld (*1963): First Glance

2015. H. 90 cm, B. 120 cm. Sfumato auf

13.20 Astrid-Christine Richtsfeld: First Glance.
© Foto: A. C. Richtsfeld

Carrara-Marmor. GALLERIA FARINI CONCEPT, PALAZZO FANTUZZI, BOLOGNA.

Das Bild schildert den ersten Augenblick der freundschaftlichen Annäherung zwischen einem Mädchen und einem Pferd.

Ambulatorium – Von der Erde in den Himmel

Das von Diego Francesco Carlone in den Jahren 1707 bis 1709 gestaltete prachtvolle Ambulatorium, das bei der Errichtung als „Recreations-Zimmer" gedacht war, wird vom Deckenfresko eines unbekannten Künstlers mit der feurigen Himmelfahrt des Propheten Elias dominiert, die im Sonnenwagen der griechischen Mythologie eine Parallele hat. In der christlichen Deutung des Motivs werden die als Schimmel dargestellten Pferde mit Gott und der Kirche gleichgesetzt. Die übrigen Reliefs und Deckengemälde haben ebenfalls Ereignisse aus dem Alten Testament zum Inhalt, im Osten Jakobs Traum, im Westen das Dankopfer Noahs, an der Nordseite unter anderem den Turmbau zu Babel und an der Südseite drei heroische Szenen: Moses lässt das Rote Meer sich über dem durchziehenden Heer des Pharao wieder schließen, Josua gebietet der Sonne, stille zu stehen, und Simson erschlägt mit dem Kinnbacken eines Esels die Philister.

14 Das Pferd im Christentum

Das Neue Testament schätzt den Esel mehr als die Pferde. Als unkriegerisches Tier ist er Ausdruck der Friedensbotschaft Christi. In den vier Evangelien kommen kein einziges Mal Pferde vor, Esel hingegen zwölfmal. Im Alten Testament war das anders. Hier werden Pferde 94mal erwähnt, meist im Zusammenhang mit Erfolgen des Volkes Israel über seine Feinde. Doch nur ganz selten werden ihre Eigenschaften so positiv hervorgehoben wie im Buch Hiob. Erst in der deutlich später als die Evangelien entstandenen Geheimen Offenbarung taucht mit den vier Apokalyptischen Reitern das Motiv der himmlischen Reiter im Neuen Testament wieder auf.

Pferde sind teuer. Daher sind sie Statussymbole hochgestellter und ritterlicher Heiliger: der Heiligen Drei Könige oder der Heiligen Leopold, Eustachius, Georg, Florian und Martin. Sie als Reiter darzustellen, charakterisiert ihren adeligen oder fürstlichen Rang. Pferde sind auch krankheitsanfällig. Es gibt daher eine Vielzahl von Heiligen, die man in Pferdeangelegenheiten anrufen kann: Stephan, Leonhard, Eligius, Eustachius, Georg, Martin oder Leopold, zu deren Ehre bis heute auch Pferdewallfahrten veranstaltet werden.

14.1 Meister S. W. (?) (tätig um 1499): Heiliger Georg

Lindenholz, alte Fassung. H. 89 cm, B. 47 cm, Linz, OÖ. Landesmuseum, Inv.-Nr. S 38.

Das Hochrelief stammt wohl aus der 1449 geweihten Kapelle von Schloss Pürnstein (Mühlviertel), das damals den Starhembergern gehörte. Als Ritterheiliger wurde Georg vor allem vom Adel verehrt, dessen Ideale er vollkommen verkörperte. Die auf einen Stich des Meisters E.

S. zurückgehende Komposition des Drachenkampfes war damals auch durch Alabasterreliefs weit verbreitet.

14.2 Pavel Pokidyshev (*1965): Gedichte. Hl. Georg

Öl auf Leinwand. 2012. 80 cm x 80 cm. Wien, Österreichisch-Russische Kulturgesellschaft A. R. C. O.

Pavel Pokidyshev: „Die Malerei ist eine auf der Leinwand tönende Pause zwischen Wörtern, die die Anwesenheit eines Geheimnisses mit sich bringt."

Pavel Pokidyshev wurde 1965 in Pensa (550 km südöstlich von Moskau) geboren. Im Jahre 1984 hat er die K.A. Sawizki Kunsthochschule in Pensa und 1993 das Staatliche Akademische Institut für Malerei, Skulptur und Architektur namens I.E. Repin in Sankt Petersburg abgeschlossen. Pokidyshev ist Mitglied im Russischen Künstlerverband. Seine Werke wurden oft bei Ausstellungen in verschiedenen Ländern wie Großbritannien, Deutschland, den Niederlanden, Norwegen oder China gezeigt. Pavel Pokidyshev genießt großes Ansehen unter den Sammlern und Kennern der Malerei und seine Arbeiten schmücken viele Privatsammlungen in Russland und Europa. In seinem Schaffen orientiert er sich an der Ästhetik des russischen 18. Jahrhunderts. Er ist verzaubert von ihrem festlichen theatralischen Charakter, der kindlichen Naivität und der Treuherzigkeit, der Reinheit der künstlerischen Sprache und der geistigen Ganzheit. Pokidyshev will nicht die Themen dieser Epoche kopieren. Er lässt sich jedoch von ihrem Stil inspirieren, malt mit den damals üblichen Techniken und zeigt so die Zerbrechlichkeit des menschlichen Daseins im ewigen Widerspruch des Geistes und Körpers.

14.3 Hieronymus Schuxh (Augsburg, gest. 1683): Becken mit Abigail und David

1680/89. Silber, getrieben. Stehend ca. B. 45 cm, H. 30 cm, T. 10 cm. Salzburg, Erzabtei Sankt Peter.

Die Tätigkeit des Goldschmiedes Hieronymus Schuch in Augsburg ist seit 1644 nachweisbar. Die Schale stellt die Begegnung von Abigail, der Frau des an Grundbesitz und Vieh vermögenden Nabal mit König David im 1. Buch Samuel (25) nach dem Tod des Königs Samuel dar. Als sie und David sich treffen, wendet Abigail das Schicksal durch ihr Verhalten und ihre Rede: Sie begegnet David mit größter Höflichkeit – ein Verhalten, das nicht als Unterwürfigkeit missverstanden werden darf. Sie nimmt die Schuld für das Geschehene auf sich und betont noch einmal selbst den Kontrast zwischen ihrem Mann, dem Nabal, dem „Dummkopf", und sich selbst. Schließlich drängt sie David, sich an Nabal, der David Hilfe verweigert hat, nicht zu rächen und ihn und seinen ganzen Haushalt nicht umzubringen, damit er nicht Blutschuld auf sich lade. Sie übergibt ihre Geschenke und fährt mit einer prophetischen Rede über Davids Zukunft fort. David nimmt ihre Gaben und ihre Entschuldigung an. Durch ihre Rede ist er von seinem Racheschwur entbunden. Dankbar segnet er Gott, segnet Abigail und ihre Klugheit. Erst jetzt erzählt Abigail Nabal von der Sache, worauf sein Herz in ihm erstirbt. Er ist wie versteinert und bald darauf tot. Sobald David das hört, wird Abigail, von David gefragt, seine Frau zu werden.

14.4 Josef Daniel Heintz III. (1640–1709): Die Königin von Saba zieht in den Palast Salomons ein

Vielfigurige Repräsentationsszene vor einer Vedute in der Art des Palazzo Ducale in Venedig. Venedig, drittes

14.2 Pavel Pokidyshev: Gedichte. Hl. Georg.

© Foto: Österreichisch-Russische Kulturgesellschaft A.R.C.O., Wien

Viertel des 17. Jahrhunderts. Öl auf Leinwand. H. 56,2 cm, B. 90 cm. Lambach, Benediktinerstift. Der Sohn des aus Augsburg stammenden Malers Joseph Heintz des Jüngeren (um 1600, gestorben nach 1678, vermutlich in Venedig) Josef Daniel Heintz III. arbeitete wie sein Vater und wie auch seine Schwester Regina in Venedig. 1678 wurde beschlossen, den Unterchor der Kirche San Bernardo in Murano

14.5 Maximilian Liebenwein: Die Heiligen Drei Könige erkundigen sich bei Herodes.   Foto: OÖ. Landesmuseum. Franz Gangl

14.6 Maximilian Liebenwein: Die Heiligen Drei Könige vor Bethlehem (= Burghausen).   Foto: OÖ. Landesmuseum. Franz Gangl

577

durch ihn ausmalen zu lassen. In den Jahren 1688 bis 1693 erscheint sein Name in den Zunftlisten neben einem Amadio Heintz. In der Kirche Santa Sofia stammt von ihm eine „Taufe Christi". Den Einzug der Königin von Saba samt großem Gefolge in den Palast des Königs Salomo verlegt Josef Daniel Heintz vor eine dogenpalastartige Architektur in Venedig. Anstelle der Säule mit dem Markuslöwen steht eine Säule mit einem fliegendem Pegasus vor dem Palast, in den das Gefolge der legendären jemenitischen oder äthiopischen Königin strömt, auf der linken Seite darf ebenso ein Schimmel nicht fehlen; ein Pendant zu diesem Bild in der Lambacher Stiftsgalerie zeigt die Königin von Saba und den jüdischen König im Festsaal von dessen Palast.

14.5 Maximilian Liebenwein (1869–1926): Zyklus „Marienleben", Bild 5
„Die Heiligen Drei Könige erkundigen sich bei Herodes nach dem neugeborenen König der Juden, Jesus Christus" Tempera auf Karton. H. 67 cm, B. 82 cm. Vöcklabruck, Konvent der Franziskanerinnen.

14.6 Maximilian Liebenwein (1869–1926): Zyklus „Marienleben", Bild 6
Die Heiligen Drei Könige vor Bethlehem (= Burghausen). Monogrammiert. 1925. Tempera auf Karton. H. 65 cm, B. 108 cm. Vöcklabruck, Konvent der Franziskanerinnen.

14.7 Goldenes Rössl
Aus dem Bestand des Böhmerwaldmuseums. L. 40 cm, B. 20 cm, H. 20 cm. Passau, Oberhausmuseum.
In weiten Teilen Oberösterreichs, im Innviertel, Sauwald oder Mühlviertel, war zu Ende des 19. Jahrhunderts vom Christkind noch keine Rede.

Zu Weihnachten kam das „Goldene Rössl", flog über die Dächer und schüttete seine damals noch recht kargen Geschenke aus. Es ist seit dem Spätmittelalter im bayerisch-österreichischen Raum als Gabenbringer belegt. Natürlich könnte man an alte Mythen von der Wilden Jagd als Ursprung denken, aber auch an das berühmte Wahrzeichen des Wallfahrtsortes Altötting, das „Goldene Rössl", das 1404 in Paris gefertigt wurde und seit 1506 in der Altöttinger Schatzkammer verwahrt ist: ein Weihnachtsvotivbild mit Maria und dem Kind und dem darunter wartenden, alle Blicke auf sich ziehenden weißen, goldgeschirrten Pferd. Ein „Goldenes Rössl" gibt es auch im Salzburger Kloster Nonnberg. Das hier ausgestellte „Rössl" stammt aus dem Böhmerwald und wird im Passauer Oberhausmuseum verwahrt.

14.8 Christus auf dem Palmesel
Aus Frauenchiemsee. 1571. Renoviert 1771. Holz, bemalt. Christusfigur: H. 110 cm, Esel: H. 117 cm, L. 114 cm, Bodenplatte: L. 145 cm, B. 39 cm. Traunstein, Stadt- und Spielzeugmuseum.
Christus reitet nicht auf einem Pferd, sondern auf einem Esel. Unseres Herrgotts Pferd nannte Hans Sachs daher den Esel: Beim Einzug Christi in Jerusalem, aber auch in der Legendenbildung rund um das Weihnachtsevangelium im Stall zu Bethlehem und auf der Flucht nach Ägypten kommen Esel und nicht Pferde vor. Die Palmprozession wurde früher gern mit lebendigen Eseln oder einem hölzernen Christus hoch auf dem Esel nachgestellt. Das wurde zur Zeit der Aufklärung als ungebührliche Darstellung Christi verboten. Die Gegenüberstellung des armen, auf einem Esel reitenden Heilands mit dem auf einem prunkvollen Pferd daherkommenden Papst wurde von

der Reformation im 16. Jahrhundert bis zum Kulturkampf des 19. Jahrhunderts zu einem beliebten Motiv der Papst- und Kirchenkritik.

14.9 Georg Fellengiebel – Karl Perkhamer: Pestbild
Triumph des Todes. 1612/18. Bezeichnet links Mitte: „1618": Motiv des personifizierten Todes zu Pferd in der Art eines Apokalyptischen Reiters. Öl auf Leinwand. H. 105 cm, B. 84 cm. Innsbruck, Röm.-kath. Pfarramt Dreiheiligen (Diözese Innsbruck).
Als Strafe Gottes in Art der Totentanzbilder interpretieren Georg Fellengiebel und Karl Perkhammer in dem für die Dreiheiligenkirche in Innsbruck gemalten Bild die Pest. Der aus Schlesien stammende Fellengiebel war 1584 nach Innsbruck eingewandert und wurde durch Heirat mit Ursula Perkhamer, geborene Werlin, im Haus Herzog-Friedrich-Straße 5 ansässig. 1597 wurde er Bürgermeister und 1599 kam er in den Stadtrat. 1592 half er bei der Aufstellung der Ehrenpforte in der Silbergasse für die Fronleichmamsprozession und sorgte 1610 für den Aufputz des Heiligen Grabes in der Karwoche; er wurde Stadtrichter und 1612 wiederum zum Bürgermeister erkoren. Am 24. Mai 1612 legte er den Grundstein zur Pest-Verlöbniskirche in Dreiheiligen und stiftete ein Erinnerungsbild, das wahrscheinlich sein Stiefsohn Karl Perkhamer vollendet hat, nachdem Fellengiebel in diesem Jahr selbst an den Folgen der Pest verstorben war. Vorbild für die Vision des auf dem Pferd daherreitenden Todes ist das letzte Buch der Bibel (Apokalypse, Offenbarung des Johannes), konkret ließ sich Georg Fellengiebel allem Anschein nach von mittelalterlichen Totentänzen inspirieren, außerdem dürften ihm auch graphische Vorlagen nach Werken von Hieronymus

Bosch und Pieter Breughel (Triumph des Todes, 1562, nun im Prado/ Madrid, weitere Fassungen in Vaduz) bekannt gewesen sein. Das geflügelte Stundenglas am Kopf des Pferdes bezeichnet die ablaufende Zeit und steht auch für die Eile, mit der der Knochenmann sein tödliches Werk vollbringt.

14.10 Paul Troger (1698–1762):
„Triumph des heiligen Benedikt"
Öl auf Leinwand, 1739. H. 45 cm, B. 74 cm. Melk, Benediktinerstift. Der vorliegende Bozzetto diente wohl als Vertragsgrundlage für Trogers 1739 gemaltes Deckenfresko des Prälatursaales. Dieser 1717/18 erbaute, auch als „Salettl" bezeichnete Saal war beim Brand des Stiftes bis auf den Stuckmarmor an den Wänden fast völlig zerstört worden. Nachdem er wieder gewölbt und die Marmorierung ausgebessert worden war, malte der für das Stift bereits in den Jahren 1731 und 1732 tätige Troger (Deckenfresken des Marmorsaales und der kleinen Bibliothek) gemeinsam mit dem Quadraturisten Fanti das als Verherrlichung des Benediktiner-ordens konzipierte Deckenfresko. Es zeigt den Triumphzug des heiligen Benedikt in die ganze Welt im Angesicht der Heiligen Dreifaltigkeit. Der Triumphwagen wird begleitet von den Personifikationen der vier Erdteile. Hinter dem Wagen fliegt Chronos, als Symbol für den irdischen Ruhm, ihm voran Fama, den Ruhm des Ordens verkündend. Dessen Wachstum symbolisiert der mit Mitren und Tiaras behangene Baum links. Rechts im Vordergrund sitzt Papst Gregor der Große, dessen legendäre Biographie des heiligen Benedikt erhalten blieb. 1739, im selben Jahr wie der „Triumph des heiligen Benedikt", enstand das epochenprägende Deckenfresko der

14.9 Georg Fellengiebel – Karl Perkhamer: Pestbild – Triumph des Todes.

14.10 Paul Troger: „Triumph des heiligen Benedikt".

© Stift Melk. Foto: Augustin Baumgartner, Graz

Kaiserstiege des Benediktinerstiftes Göttweig, das Kaiser Karl VI. als Helios-Phoebus Apollo im vom Schimmel gezogenen Sonnenwagen zeigt. Das Motiv des Triumphes des heiligen Benedikt ist auch in der vom Bildhauer Balthasar Prandstädter stammenden Skulpturengruppe auf dem Schalldeckel der barocken Kanzel der Benediktinerstiftskirche Sankt Lambrecht aufgegriffen.

14.11 Legende des heiligen Eligius: Heilung eines Pferdes – Versuchung des Heiligen durch den Teufel

Unbekannter Meister. Um 1540. Öl auf Holz. H. 122 cm, B. 85 cm. Passau, Diözese – Kunstreferat.
Das Tafelbild zeigt die Legende vom heiligen Eligius, der von Christus selbst, der ihm in der Gestalt eines Hufschmiedgesellen gegenübertrat, gelernt hatte, störrische Pferde zu beschlagen, indem er ihnen den Fuß abschnitt, diesen dann auf dem Amboß beschlug und schließlich dem Tier einfach wieder ansetzte. Das Beschlagwunder ist mit der Darstellung einer zweiten Legende verflochten: mit der Versuchung des Heiligen durch den Teufel in Gestalt einer hübschen Frau, welche der Heilige auf unserem Bild gerade mit der Zange in die Nase zwickt.

14.12 Beschnitzter Elfenbeinzahn im Stil des 17. Jahrhunderts

Mit einer Darstellung des heiligen Eustachius. Nach einer Vorlage eines Kupferstiches Albrecht Dürers (ca. 1501). 19. Jahrhundert. 80 x 24 x 6 cm. München, Stadtmuseum.
Eustachius, der vor seiner Bekehrung Placidus genannt wurde, war der Legende nach einst ein Heermeister einer Legion in Kleinasien unter dem Kaiser Trajan gewesen. Eines Tages begegnete ihm bei der Jagd ein Hirsch, der in seinem Geweih ein strahlenumwobenes Kruzifix trug. Vor Schreck fiel Placidus von seinem Pferd. Gleichzeitig hörte er die Stimme Christi, die sprach, er habe den Himmel und die Erde erschaffen. Er sei der Herr des Lichts und der Finsternis. Diese Erscheinung wiederholte sich mehrmals; auch Placidus Frau hörte die Stimme. Daraufhin ließ dieser sich mit seiner gesamten Familie taufen und erhielt dabei den Namen Eustachius. Er gilt als einer der 14 Nothelfer.

14.11 Legende des heiligen Eligius.   Foto: Kunstreferat der Diözese Passau

14.12 Elfenbeinzahn: Heiliger Eustachius mit Pferd.
© Deutsches Jagd- und Fischereimuseum, München.
Foto: Lehr

14.13 Karl Langer (1902–1986): Leonhardiritt

Öl auf Hartplatte. H. 80,5 cm, B. 121 cm. Sankt Pölten, NÖ. Landesmuseum, Inv.-Nr. KS 2.672. Der Maler Karl Langer fungierte nach dem Zweiten Weltkrieg bis zum Mai 1952 als Pressereferent des Wiener Künstlerhauses. Auf seinem Gemälde „Leonhardiritt" stellt er gelebtes kirchliches und volkstümliches Brauchtum dar. Am Leonharditag, dem 6. November, oder einem benachbarten Wochenende finden dem heiligen Leonhard zu Ehren Wallfahrten, Leonhardiritte und Tier- und Pferdesegnungen oder auch Reiterspiele statt. Beim Leonhardiritt nehmen zahlreiche Brauchtumsgruppen, Ehrengäste, Besucher und viele Reiter teil. Nach dreimaligem Ritt um die Kirche werden die geschmückten Pferde gesegnet und erhalten eine geweihte Maulgabe (ein Stück Brot, „Leonhardibrot"). Die Jugendlichen tragen Leonhardibuschen (Buschen aus Buchenästen mit bunten Bändern) oder Leonhardistangen (Holzstangen mit Zweigen, Ketten, Hufeisen und bunten Bändern) mit, den Abschluss und weltlichen Rahmen bildet oft ein Volksfest mit Tanz, Kirtagsständen oder Jahrmarkt.

14.14.1 Votivbild. Hl. Leonhard und verletztes Pferd

Datiert 1725. H. 55,5 cm, B. 43 cm, T. 2,5 cm. Schenkung: Luise Juwan. 1975. Wien, Österreichisches Museum für Volkskunde, Inv.-Nr. ÖMV/66.598.

14.14.2 Eisenvotiv: Pferd

H. 8,8 cm, B. 15,8 cm, T. 3,5 cm. 19. Jh. Graf Lamberg, Steyr. Wien, Österreichisches Museum für Volkskunde, Inv.-Nr. ÖMV/29.061.

14.14.3 Eisenvotiv: Pferd

II. 9,3 cm, L. 17,7 cm, B. 5 cm. 18. Jh. Seewiesen. Wien, Österreichisches Museum für Volkskunde, Inv.-Nr. ÖMV/46.871.

14.14.4 Eisenvotiv: Pferd

H. 7,3 cm, L. 15,8 cm, T. 2,6 cm. 1899 durch Univ.-Prof. Dr. Michael Haberlandt in den Museumsbestand übernommen. Wien, Österreichisches Museum für Volkskunde, Inv.-Nr. ÖMV 11.202.

14.14.5 Eisenvotiv: Pferd

H. 8 cm, L. 16,4 cm, T. 4,2 cm. Aus der Sammlung des Offiziers und Malers Ladislaus Edler von Benesch (1845–1922), Mitglied der 1. Arcièrenleibgarde, Teilnehmer der Feldzüge 1864 und 1866 und 1904 Oberstleutnant i. R., der als Schüler von Professor Eduard Peithner von Lichtenfels als Landschaftsmaler bekannt wurde und als Korrespondent der Zentralkommission für Kunst und historische Denkmale fungierte, 1897 in den Museumsbestand übernommen. Wien, Österreichisches Museum für Volkskunde, Inv.-Nr. ÖMV 7.879.

14.15 Rosenkranzanhänger

Mit Darstellung des hl. Georg und der hl. Maria auf der Vorder- bzw. Rückseite. Silber, ovale Form mit Öse, Ring und Kette. H. 5,7 cm (mit Kette 10,5 cm), B. 5,4 cm. Ried im Innkreis, Museum Innviertler Volkskundehaus, Inv.-Nr. Vk 10.279 (Sammlung Veichtlbauer V 5.674).

14.16 Heiliger Martin teilt seinen Mantel mit einem Bettler

Tafelgemälde. 16. Jh. H. 113 cm, B. 90 cm. Privatbesitz.
Ab 334 war der heilige Martin, geboren als Sohn eines Militärtribunen in Pannonien, als Soldat der Reiterei der Kaiserlichen Garde in Amiens stationiert. Die Gardisten trugen über dem Panzer die Chlamys, einen weißen Überwurf aus zwei Teilen, der im oberen Bereich mit Schaffell gefüttert war. In nahezu allen künstlerischen Darstellungen wird er allerdings mit einem roten Offiziersmantel (lat.: Paludamentum) abgebildet. An einem Tag im Winter begegnete Martin am Stadttor von Amiens einem armen, unbekleideten Mann. Außer seinen Waffen und seinem Militärmantel trug Martin nichts bei sich. In einer barmherzigen Tat teilte er seinen Mantel mit dem Schwert und gab eine Hälfte dem Armen. In der folgenden Nacht sei ihm dann im Traum Christus erschienen, bekleidet mit dem halben Mantel, den Martin dem Bettler gegeben hatte. Im Sinne des Evangeliums (Mt 25,35–40): „Ich bin nackt gewesen und ihr habt mich gekleidet … Was ihr getan habt einem von diesen meinen geringsten Brüdern, das habt ihr mir getan." erweist Martin hier seine Treue zum Evangelium in der Nachfolge Jesu.

14.17 Nachguss der Medaille auf Kaiser Herakleius und die Verbringung des Heiligen Kreuzes nach dem Westen

Silber. Guss. 91 mm. Aus der Sammlung von P. Marquard Herrgott. Museum im Benediktinerstift Sankt Paul im Lavanttal.
Bisher ohne letzte wissenschaftliche Sicherheit wird der Name des Malers, Miniators, Werkmeisters und Medailleurs Michelet Saumon (Saulmon) mit einer Gruppe der frühesten aus dem flämischen Kunstkreis stammenden Medaillen in Verbindung gebracht, die 1414 bzw. bereits 1416 im Inventar der Sammlungen des Herzogs von Berry aufgeführt sind und der Entwicklung der italienischen Renaissancemedaille um mehr als 2 bis 3 Jahrzehnte vorausgehen. Erhalten sind die

Medaillen Kaiser Konstantins, die Rückseite einer Medaille des Herzogs selbst mit einer Darstellung der Madonna mit dem Kinde unter einem von 4 Engeln getragenen Baldachin, und die ausgestellte Medaille des Kaisers Heraklius. Der byzantinische Kaiser Herakl(e)ios wagte eine Invasion, auf welche hin die Perser – obwohl der größte Teil ihrer Truppen ungeschlagen war, nun Frieden wünschten und 629/30 alle seit 603 besetzten Gebiete und das Kreuz Christi zurückerstatten mussten (die Rückführung des Kreuzes ist bis heute ein hoher Feiertag der orthodoxen Kirche). Reparationen mussten sie hingegen ebenso wenig leisten wie Gebiete abtreten: Obwohl der Frieden nur die bestehende Lage, den status quo ante wiederhergestellt hatte, ließ sich Heraklius feiern. Der Kaiser brachte das Kreuz zunächst im Triumph nach Konstantinopel, höchstwahrscheinlich am 21. März 630 zog er mit glänzendem Gefolge nach Jerusalem, um dort die hochverehrte Reliquie wieder in die Grabeskirche hinter dem Golgotahügel zu bringen. Nach einer Legende, die möglicherweise schon kurz nach dem Ereignis entstand, verschloss sich auf wundersame Weise das Stadttor, durch das der Kaiser zu Pferd und im prächtigen Ornat einziehen wollte. Erst als Heraklius auf Mahnung eines Engels (nach späteren Versionen des Patriarchen von Jerusalem) vom Pferd stieg und seine Prachtgewänder ablegte, um das Kreuz nach dem Vorbild Christi in Demut zu tragen, konnte er seinen Zug fortsetzen.

14.18 Ulrichskreuz zur Erinnerung an die Schlacht auf dem Lechfelde im Jahr 955

Um 1700. Silber, Guss, ziseliert. 51 x 53 mm. Vorderseite: Der deutsche Heerbann unter Führung des Augsburger Bischofs Ulrich, der in der erhobenen Rechten das Kreuz schwingt; Rückseite: Hl. Maria mit Kind über Halbmond (Gnadenbild in der Schneckenkapelle bei St. Ulrich und Afra in Augsburg) zwischen zwei Engeln und Aufschrift CRUX / VICTORIA / LIS. Museum im Benediktinerstift Sankt Paul im Lavanttal.

14.16 Mantelteilung des heiligen Martin.   Foto: Schepe

14.19 Moritz von Schwind: Leopold III. der Heilige gründet Klosterneuburg.   Foto: OÖ. Landesmuseum

Der heilige Ulrich wird wiederholt auf dem Pferd in der Schlacht am Lechfeld dargestellt, so auch in einer Bronzestatue vor der Domkirche Sankt Ulrich und Sankt Afra in Augsburg.

14.19 Moritz von Schwind (1804–1871): Leopold von Babenberg gründet Klosterneuburg

Öl auf Leinwand auf Holz. H. 25,5 cm, B. 34 cm. Linz, OÖ. Landesmuseum, Inv.-Nr. Ka 130.
Der Maler und Graphiker Moritz von Schwind interessierte sich unter dem Einfluss des Schubert-Kreises, der deutschen Klassik und Romantik und der Nazarener für Stoffe der Weltliteratur, für Märchen und Sagen, für altdeutsche Kunst und Graphik sowie für Stoffe des Mittelalters. Immer wieder kommt auch das Pferd in den Werken Schwinds vor, so zum Beispiel in dem 1931 im Münchener Glaspalast verbrannten Werk „Ritter Kurts Brautfahrt", im Bild „Erlkönig" (1830) oder in dem Gemälde „Der Ritt des Ritters Kuno Falkenstein" (1843/44, Leipzig, Museum der bildenden Künste).
Bei dem kleinen Ölgemälde, das die Gründung des Stiftes Klosterneuburg durch den Markgrafen Leopold III. den Heiligen zum Inhalt hat, handelt es sich wahrscheinlich um eine Skizze zu einem größerformatigen Werk, das nicht ausgeführt wurde. Möglicherweise besteht ein Konnex zu einem Monumentalgemälde Ludwig Ferdinand Schnorr von Carolsfelds mit der Darstellung der Auffindung des Schleiers, das ursprünglich für das Refektorium des Stiftes Klosterneuburg bestimmt war.

14.20 Heiliger Leopold zu Pferde

Holz. 18. Jahrhundert. L. 130 cm, B. 70 cm, H. 160 cm. Privatbesitz.
Als hochadeliger Heiliger wird Leopold selbstverständlich zu Pferde präsentiert.

14.20 Heiliger Leopold zu Pferde.

Foto: Schepe

15.0 Reiterschlacht des alten Testaments: Josua verfinstert die Sonne.   Foto: Schepe

15 Pferd in Kunst und Mythos

Pferde erscheinen in unzähligen Mythen, Sagen und Legenden als Zauberwesen, als Glücksbringer und Todesboten. Als Leibpferde großer Feldherren und Eroberer sind sie zu fast mythischem Ruhm gelangt, von Bukephalos, dem Pferd Alexanders des Großen, über die Pferde Mohammeds bis zu El Morzillo, dem Pferd von Diego Cortez, oder Marengo, dem Pferd Napoleons. In allen Weltreligionen, im Christentum, Islam, Hinduismus, Buddhismus und Taoismus, aber auch in den mythologischen Vorstellungen von Kelten, Germanen, Afrikanern und Indianern spielen Pferde eine wichtige Rolle. Meist treten keine gewöhnlichen Pferde auf, sondern geheimnisvolle Mischwesen: das Flügelross Pegasus, die schwerfälligen Kentauren, das sanfte Einhorn, die wilden Amazonen und allerlei Chimären aus Fischen, Vögeln und Pferden. Immer wieder regten sie die Phantasie der Dichter, Maler, Bildhauer und Komponisten an. Auch im 20. Jahrhundert verblasste die mythologische Kraft der Pferde nicht. Mit augenzwinkernder Ironie werden die Pferdewesen der alten Mythen in neue Beziehungen gesetzt oder in romantisch-farbige Zauberwesen verwandelt.

15.0 Italienisch geschulter deutscher oder niederländischer Maler: Reiterschlacht des Alten Testaments: Josua verfinstert die Sonne

Wahrscheinlich 2. Hälfte des 16. Jahrhunderts. Öl/Leinwand. B. 147 cm, H. 65,5 cm. Sankt Florian, Augustiner-Chorherrenstift, Inv.-Nr. HK 13/5.
Die Kämpfer teils nackt, teils in Rüstung „all antica". Grisaillemalerei in Grau, das Inkarnat in natürlichen Farben. Metallhöhungen in Gold.
Vgl. dasselbe Motiv, das ohne Pferde auch in den Deckenbildern des Ambulatoriums zu finden ist.

15.1 Armen Gasparyan (geb. 1966): Die Amazonen

2015. Öl auf Leinwand. H. 90 cm, B. 80 cm. Wien, Österreichisch-Russische Kulturgesellschaft A. R. C. O.
„Die Kunst ist ein Rätsel, das die Weisheit des Lebens erklärt, das man aber nicht erraten kann. Ihr Geheimnis liegt in ihrer Grundlage und das ewige Streben ihm näher zu kommen ist das größte Vergnügen und die größte Qual des Malers" (Armen Gasparyan).
Armen Gasparyan wurde 1966 in Kapan, Südarmenien geboren. Seit 1984 lebt und arbeitet er in Sankt Petersburg. Er hat die Fakultät der bildenden Künste der Russischen staatlichen pädagogischen Universität A.I. Gerzen abgeschlossen. Die Werke von Armen Gasparyan wurden bei jährlichen Ausstellungen in Russland und in anderen Ländern gezeigt. Seine Arbeiten befinden sich in privaten Sammlungen in Russland, Deutschland, den Niederlanden, Frankreich, der Schweiz und in anderen Ländern.

15.4 Gerhard Swoboda: Fabel.   Foto: Museum auf Abruf, Wien

Die Motive der alten Legenden und die Kunst der Vergangenheit leben in den Werken von Gasparyan unbeirrt in moderner Gestalt weiter. Die Personen in seinen Bildern sind sehr komplex und vielschichtig und rufen Erinnerungen an ferne Vergangenheiten hervor.

15.2 Franz von Stuck (1863–1928): Speerschleudernde Amazone

1897/98. Bronze. Sockel: L. 34 x B. 17,4 cm. Gesamthöhe 65 cm, Gesamtlänge: 45 cm. Privatbesitz. Bereits im Jahr 1897 entstand das Modell für eine der bekanntesten Skulpturen des deutschen Künstlers und Mitbegründers der Münchner Secession Franz von Stuck. Die Statuette zeigt eine nackte Reiterin

mit einem Speer in der erhobenen Rechten, den sie am Kopf des Pferdes vorbeischleudern will. In der Gestaltung orientierte sich Stuck an antiken Vorbildern wie den Pferden des Parthenons und an einem Kopf der Pallas Athene aus der Münchner Glyptothek, den er als Kopie in seiner privaten Abgusssammlung besaß.

15.3 Franz von Stuck (1863–1928): Amazone und Kentaur

1912. Öl auf Holz. B. 59,5 cm, H. 42,5 cm. Privatbesitz. Das Motiv der ‚Speerschleudernden Amazone' zitiert Stuck 1912 in seinem Gemälde ‚Amazone und Kentaur', wo ihr der Stein schleudernde Kentaur als Antipode entgegentritt.

15.4 Gerhard Swoboda (1923–1974): Fabel

1965. Öl / Holzfaserplatte. Innenmaße: 31 x 49,5 cm. Rahmenmaß: H. 40,5 cm, B. 49,5 cm. Wien, Sammlung der Kulturabteilung der Stadt Wien – MUSA, Inv.-Nr. ALT 3.662/0. Schon im Alter von drei Jahren, 1926, übersiedelte Gerhard Swoboda aus seinem Geburtsort Nová Bystřice (Neubistritz, Südböhmische Region) mit seiner Familie nach Wien. Nach einem abgebrochenen Medizinstudium studierte er ab 1946 an der Akademie der bildenden Künste in Wien, unter anderem als Meisterschüler des Bildhauers Fritz Wotruba. Später wandte er sich der Malerei zu. Seine ersten

15.6 Gerhard Wind: Einhorn.   Foto: Museum auf Abruf, Wien

Einzelausstellungen fanden 1949 in der Galerie Würthle und 1951 im Wiener Konzerthaus statt. Bei der Biennale von Venedig war er 1950 als Bildhauer und vier Jahre später als Grafiker vertreten. 1952 stellte er bei der Biennale von São Paulo aus. Gerhard Swoboda war Mitglied des Art Club, der Wiener Secession, war auf zahlreichen Ausstellungen im In- und Ausland vertreten und unterrichtete an der Akademie der bildenden Künste Wien. Gerhard Swoboda thematisierte in einem späteren, in das Jahr 1969 datierten Gemälde die Erinnerung an sein erstes Pferd, das er geschenkt erhielt, das er aber wegen des ausbrechenden Zweiten Weltkrieges nie besitzen durfte.

15.6 Gerhard Wind (1928–1992): Einhorn

1965. Öl auf Leinwand / Harzöl / Leinwand auf Hartfaserplatte. Rahmenmaß: H. 49 cm, B. 36,5 cm. Rahmenmaß: H. 65,5 cm, B. 35 cm. Wien, Sammlung der Kulturabteilung der Stadt Wien – MUSA, Inv.-Nr. ALT 5.159/0.
Einhörner, die vielleicht edelsten dieser Fabelpferde, symbolisieren das Gute. Man findet sie in der Bibel, aber auch im prähistorischen Gräberfeld von Hallstatt und in den griechischen und römischen Mythen. Einer frühchristlichen Tradition zufolge ließ sich das Einhorn nur von einer Jungfrau fangen, sodass es allegorisch auf Jesus Christus gedeutet wurde. Der Stirnzahn einer Zahnwalart (Narwal) wurde als

heilkräftiges „Einhorn" zu hohen Preisen gehandelt.
Der Maler und Graphiker Gerhard Wind machte eine Buchhändlerlehre (Abschluss 1952). Im Anschluss darin absolvierte er ein Studium an der Landeskunstschule Hamburg bei Karl Kluth, Fritz Winter und Ernst Wilhelm Nay. Es folgte von 1954 bis 1958 ein Studium an der Kunstakademie Düsseldorf bei Otto Coester. Seitdem wohnte und arbeitete er in Düsseldorf. Zusätzlich hatte er noch einen weiteren Wohnsitz und ein Atelier in Javea bei Alicante in Spanien. Im Jahr 1957 erhielt Wind den Förderpreis zum Comeliuspreis der Stadt Düsseldorf. Im Jahr 1958 wurde er mit einem Stipendium der Villa Massimo in Rom ausgezeichnet. Gerhard Wind war Teilnehmer der documenta II (1959) und der documenta III (1964) in Kassel. Er gilt als Vetreter der abstrakten Malerei und Grafik im Stil des Informel und bezeichnete sich selbst als Neokonstruktivist. 1981 erhielt Wind eine Gastprofessur am Art College der University of Arizona in Tucson. Gerhard Wind hatte zahlreiche Einzel- und Gruppenausstellungen im In- und Ausland und mehr als 120 realisierte Projekte. Berühmt sind seine Pferdedarstellungen im surrealistischen Kontext, die an Salvador Dali und Rene Magritte denken lassen.

15.7 Pavel Pokidyshev (*1965, Penza, Russland): Gedichte – Einhorn

Öl auf Leinwand. 2012. 80 cm x 80 cm. Wien, Österreichisch-Russische Kulturgesellschaft A. R. C. O.

15.8 Armen Gasparyan (*1970): Mädchen und Kentaurus

2015. Öl auf Leinwand. 110 x 80 cm. Wien, Österreichisch-Russische Kulturgesellschaft A.R.C.O.

15.7 Pavel Pokidyshev: Gedichte – Einhorn. 2012.

© Foto: Österreichisch-Russische Kulturgesellschaft A.R.C.O., Wien

15.8 Armen Gasparyan: Mädchen und Kentaurus. 2015.

© Foto: Österreichisch-Russische Kulturgesellschaft A.R.C.O., Wien

15.9 Werner Berg (1904–1981): Pferde in der Nacht

1952. Öl auf Leinwand. H. 75 cm, B. 95 cm. Bleiburg, Werner-Berg-Museum.

Mit dem Fahrrad war Werner Berg nach ausgedehntem Besuch des Bleiburger Wiesenmarkts nachts unterwegs zum etwa 20 km entfernten Rutarhof. Etwas angetrunken und übermüdet, unterbrach er die Fahrt und legte sich auf einer Wiese schlafen. Ein grapschend fremdes Geräusch weckte ihn, und er sah plötzlich unmittelbar neben sich im Mondlicht grasende Pferde. Wie ein Traum erschien ihm das nächtlich Gesehene, er skizzierte es in knappen flüchtigen Strichen und schuf später im Atelier eine Serie von Ölbildern zu diesem Thema.

Kleine Bibliothek: Mythos Pferd

Der Kleine Bibliothekssaal wurde Anfang des 18. Jahrhunderts unter Abt Maximilian Pagl mit auf Putz gemalten Ölmalereien ausgeschmückt, die verschiedene Allegorien der Wissenschaften und Szenen aus der antiken Geschichte zeigen. An der Ostseite sieht man Rhoikos von Samos, der als Erfinder des Bronzegusses gilt, wie er ein bewusst archaisch geformtes Bronzepferd gießt. Besonders zu erwähnen sind der abgebildete Grund- und Aufriss der berühmten, ebenfalls unter Abt Pagl errichteten Dreifaltigkeitskirche in Stadl-Paura.

16.1 Kultwagen von Strettweg

7. Jh. v. Chr. Galvanoplastische Kopie. H. 46,2 cm, L. 35 cm, B. 40 cm. Mainz, Römisch-Germanisches Zentralmuseum.

Streit- und Kultwägen spielen in der Hallstattzeit eine wichtige Rolle. Der Kultwagen wurde 1851 als Beigabe eines Fürstengrabs der Hallstattkultur in Strettweg bei Judenburg. Er besteht aus

16.2 Werner Berg: Pferde in der Nacht.   © Foto: Werner-Berg-Museum, Bleiburg – Künstlerischer Nachlass Werner Berg

einer viereckigen, durchbrochenen Grundplatte mit vier Speichenrädern. Zentral auf dem Wagen steht eine etwa 32 cm hohe weibliche Gestalt, die mit erhobenen Händen eine Schale, die zusätzlich durch zwei scherenförmige Stützen gehalten wird. Auf der Schale ruht ein nahezu halbkugeliger Kessel, der von einem durchbrochenen Rand mit schneckenförmiger Verzierung abgeschlossen wird. Neben der

Kesselträgerin stehen noch zahlreiche weitere Figuren in Form von stehenden und berittenen Menschen sowie pferde- und hirschähnlichen Tieren.

16.2 Situla von Kuffern
5. Jahrhundert v. Chr.
Galvanoplastische Kopie. H. 25 cm.
Mainz, Römisch-Germanisches Zentralmuseum.

Das Original der Situla von Kuffern. befindet sich im Naturhistorischen Museum Wien. Die bronzene Situla (lat. „Eimer") ist mit einem getriebenen figuralen Relief verziert. Mehr als die Hälfte des Frieses wird von einem Wagenrennen eingenommen. Neben dem Starter, der einen Stab in die Höhe streckt, stehen, zu den Boxkämpfern blickend, eine weitere kleine Figur und ein Hahn. Rechts davon jagen zwei Reiter

ein Vogel am verlängerten Rücken des Wagenlenkers festhält. Wagenlenker und Reiter tragen die für die frühe La-Tène-Zeit charakteristischen Spitzhelme. Die übrigen Akteure, einschließlich der Kinder, tragen fast alle eine Art Hut.

16.3.1 Epona aus Boppard
Kopie. 20 x 20 x 20 cm. Mainz, Römisch-Germanisches Zentralmuseum, Inv. 40.851. Epona, seltener auch Epana genannt, ist eine keltische Göttin der Fruchtbarkeit sowie die römische Göttin der Pferde. Der Name leitet sich vom altkeltischen *epos, irisch ech (beides: „Pferd") und kymrisch ebol („Fohlen") ab. Die Verehrung Eponas war zu Zeiten der Kelten und Gallo-Römer in der Antike bis Spätantike im gesamten keltischen Raum (Celticum) verbreitet, was durch rund 60 Weiheinschriften bezeugt ist. Epona wurde meist mit Pferden, oft auch mit einer Schale, Früchten oder einem Füllhorn abgebildet.

16.3.2 Votivrelief einer Epona aus Nida
Stein. B. 19 cm, H. 21 cm, T. 6 cm. Wiesbaden, Stadtmuseum, Inv.-Nr. Nassauische Altertümer 259.

16.4 Votivrelief: Doppelseitige Dreiecktafel: Jupiter Dolichenus, Juno Regina
Römisch. Späte Kaiserzeit. 1. Hälfte 3. Jh. n. Chr. Bronzeblech, getrieben; Victoria und Halter gegossen. H. 63 cm. Fundort: Mauer a. d. Url (bei Amstetten, NÖ, Österreich). Provenienz: Stadtgemeinde Amstetten; 1938 Kauf. Wien, Kunsthistorisches Museum, Antikensammlung, Inv.-Nr. ANSA M 4.

16.2 Situla von Kuffern. Foto: Römisch-Germanisches Zentralmuseum, Mainz

vier Streitwagen nach. Die leichten, zweirädrigen Streitwagen werden von je zwei Hengsten gezogen. Die paarweise unterschiedlich gekleideten Wagenfahrer stehen gebückt auf ihrem Gefährt, in der linken Hand die Zügel, in der rechten eine Stange oder eine Gerte. Der vorderste Fahrer wird dargestellt, wie er sich seinen Verfolgern zuwendet, während sich

16.4 Votivrelief für Jupiter Dolichenus und Juno Regina.　　　　　Foto: KHM Wien, Museumsverbund

Vorder- und Rückseite der Tafel sind aus mehreren Teilen zusammengelötet, beide Seiten durch einen Falz an den Rändern verbunden. Mittels einer Tülle konnte die Tafel auf einer Holzstange montiert werden. Die Reliefs sind getrieben und zeigen auf der Vorderseite in vier Zonen angeordnet von oben nach unten: 1. Adler. 2. Büsten des Sonnengottes Sol und der Mondgöttin Luna. 3. Jupiter Dolichenus und Juno Regina. 4. Die Dioskuren Castor und Pollux mit ihren Pferden, in der Mitte ein Feldzeichen.

Die gepunzte Weihinschrift nennt einen Tiberius Vibius Mesinnus als Stifter.

Die Hinterseite besteht aus zwei Zonen: oben ein Stern, darunter in einem gesondert eingesetzten Medaillon die rechte Hand Jupiters mit dem Blitz, umgeben von zwei Pfauen, unten von zwei Adlern. Die Bekrönung der Tafel bildet eine Victoriastatuette mit Kranz und Palmzweig in den Händen.

Iup(p)iter Dolichenus war ab dem letzten Drittel des 1. Jahrhunderts ein vor allem in der römischen Armee verehrter Soldatengott. Er hatte seine Ursprünge in der Stadt Doliche (Dolike), wo sich seit langem eine bedeutende Kultstätte des Ba'al befand. Doliche liegt etwa zehn Kilometer von der Stadt Gaziantep entfernt bei dem Dorf Dülük in der Kommagene, in der Provinz Gaziantep im Südosten der Türkei am oberen Euphrat. Der Kult des Iupiter Dolichenus geht auf den nord-mesopotamischen Wettergott Hadad, babylonisch Adad, zurück, der auf einem Stier stehend mit Doppelaxt und Blitzbündel dargestellt wurde.

16.6 Jörg Breu der Ältere: Die Jungfrau Cloelia zu Pferd.

Foto: KHM Wien, Museumsverbund

16.5 Votivtäfelchen „Donauländische Reiter"

Fundort: Enns. B. 8,8 cm, H. 9,5 cm, T. 1,1 cm. Linz, OÖ. Landesmuseum, Inv.-Nr. B 40.246.

Der so genannte Donauländische Reiter ist ein Typus von antiken Kultbildern, von dem zahlreiche Belege im Donauraum gefunden wurden. Dies gilt auch für die Reiter, die auf einem Votivtäfelchen aus *Lauriacum* /Enns zu finden sind. Es handelt sich um einen Typus, der im 2. Jahrhundert entstand und nach seinem Verbreitungsgebiet, dem Donauraum, benannt wurde.

16.6 Werkstatt: Jörg Breu d. Ä. (um 1475–1537): Die Jungfrau Cloelia zu Pferd

1537. Spielstein für das Brettspiel für den „Langen Puff". Inschrift: „CLOELIA VIRGO ROMANA" [„Cloelia, eine römische Jungfrau"]. Entwurf: Hans Kels d. Ä., Kaufbeuren (um 1480–1559/60). Schnitzerei. Eichenholz mit Buchsbaumholzrelief. Dm. 6,5 cm. Wien, Kunsthistorisches Museum, Inv.-Nr. KK 3.436.

Die bei dem antiken Schriftsteller Titus Livius überlieferte Erzählung von der Jungfrau Cloelia wird heute als Begründungsgeschichte für ihr einst vorhandenes, noch zu Zeiten der römischen Republik zugrunde gegangenes Reiterstandbild in Rom gesehen. Bei einem Friedensschluss zwischen den Römern und dem etruskischen König Lars Porsenna im Jahr 508 v. Chr. soll Cloelia mit anderen jungen Frauen als Geisel in das Lager der Etrusker geschickt worden sein, habe jedoch die Flucht ergriffen, indem sie mit anderen Geiseln durch den Tiber schwamm, um nach Rom zurückzugelangen. Porsenna habe sie zunächst zurückgefordert und gedroht, andernfalls den frisch geschlossenen Friedensvertrag als ungültig anzusehen, dann jedoch habe

ihn Cloelias Tapferkeit so beeindruckt, dass er den Römern für den Fall ihrer Auslieferung seinerseits die umgehende Rückgabe versprochen habe. Sie sei daraufhin von den Römern wieder zu Porsenna geschickt worden, der sich an sein Versprechen gehalten, sie ehrenvoll behandelt und ihr sogar noch erlaubt habe, bei der Rückkehr weitere Geiseln mitzunehmen. Für ihren Heldenmut sei Cloelia mit einer Reiterstatue an der Via Sacra geehrt worden, eine Auszeichnung, die erst wieder im 19. Jahrhundert Anita Garibaldi, der Frau des Revolutionärs Giuseppe Garibaldi (am Gianicolo) zuteil wurde. Hans Kels der Ältere in Augsburg schuf 1537 wahrscheinlich für Kaiser Ferdinand I. ein Trictrac-Brett (mit dem reitenden Kaiser im mittleren Medaillon, umgeben von Reliefbildnissen von König Ferdinand II. (V.) von Aragón, Herzog Karl dem Kühnen von Burgund, König Vladislav II. von Böhmen, Mähren und Ungarn und König Ludwig II. von Böhmen und Ungarn und den zugehörenden Spielsteinen (insgesamt 32), außer der Darstellung der Cloelia mit den Motiven „Orpheus und Eurydike", „Cyclops und Galathea", „Aristoteles und Phyllis", „Venus und Cupido", „Adam und Eva", „Pyramus und Thisbe", „Penthesilea und Pyrrhus", „Achilles und Deidameia", „Kleopatra und Caesar", „Raub der Helena", „Samson und Delila", „Dame und Jüngling", „Amymone von Neptun geraubt", „Apollo und Daphne", „Danae im Goldregen", „Tod der Lukrezia", „Judith und Holofernes", „Hero und Leander", „Selbstmord der Dido", „Phaedra und Hippolyt", „Tomiris mit dem Haupt des Cyrus", „Europa auf dem Stier", „Diana und Aktaeon", „Traum des Astyages", „Herakles und Jole", „Clodius Pulcher und Pompeia", „Arruns und Camilla", „Claudia bringt das mit Götterbildern beladene Schiff

wieder in Fahrt", „David und Behtseba", „Tod der Sophonisba", „Iason und Medea". Quellen waren die Metamorphosen des Ovid, die antiken Autoren Valerius Maximus (Factorum et dictorum memorabilia), Hyginus (Fabulae), Livius (Ab urbe condita), Sueton (De vita caesarum), Herodot (Historiae), Vergil (Aeneas) und das Alte Testament.

16.7 Antonio Susini (1558–1624 Florenz; tätig in Florenz ab 1572), nach: Giovanni Bologna, gen. Giambologna (1529–1608), Herkules erschlägt den Kentauren Eurytion

Um 1600, Florenz. Bronze H. 40,2 cm (ohne Sockel), B. 32 cm, T. 25 cm; Sockel: H. 9 cm, B. 24 cm, L. 31 cm; Gewicht: 11,3 kg. Wien, Kunsthistorisches Museum, Inv.-Nr. KK 5.834.

Der arkadische Kentaure Eurytion versuchte den olenischen König Dexamenos dazu zu zwingen, ihm seine Tochter Deïaneira, Mnesimache oder Hippolyte zur Frau zu geben. Herakles gelang es jedoch, den Kentaur zu töten, bevor es zu einer Heirat kam.

Von 1580 bis 1600 arbeitete Antonio Susini als Spezialist für Bronze und als engster Mitarbeiter Giambolognas in dessen Werkstatt in Florenz. In Rom studierte er klassische Skulpturen und die antike Technik des Bronzegusses. Um 1600 verließ er die Werkstatt Giambolognas und gündete seine eigene Gießerei. Weiterhin arbeitete er eng mit seinem Lehrer zusammen und fertigte viele seiner Bronzen. Die früheste Erwähnung eines eigenen Werks, entworfen und gefertigt von Antonio Susini, stammt erst aus dem Jahr nach dem Tod Giambolognas. Von Antonio Susini sind in der Kunstkammer des Kunsthistorischen Museums auch die Werke „Schreitendes Pferd" (Inv.-Nr. KK 5.839, um 1590), „Herakles raubt

595

Deianeira (Inv.-Nr. KK 5.847, um 1590) und Löwe, einen Hengst reißend (Inv.-Nr. KK 6.018, um 1600).

16.8 Giambologna-Werkstatt: Nessus und Deianeira

Italien, Mitte des 17. Jahrhunderts. L. 40 cm, T. 35 cm, H. 44 cm. Wien, MAK – Österreichisches Museum für angewandte Kunst / Gegenwartskunst, Inv.-Nr. Br 608.

Der Kentaur Nessus begehrt Deianeira, die Frau des Herakles, und entführt sie, worauf Herakles ihn tötet.

16.9 Deckelvase. Wiener Porzellanmanufaktur

1795–1800. Dekor von Anton Kothgasser (1769–1851). H. 31 cm, Dm. 14,4 cm. Wien, MAK – Österreichisches Museum für angewandte Kunst / Gegenwartskunst, Inv.-Nr. 7.867/1.

Amphorenförmige Vase über rundem Fuß mit eingezogenem, kurzem Schaft, hochschultrigem, eiförmigem Körper, hohem eingezogenem Hals, ausladendem Mundrand. Henkel mit blattförmigem Ansatz an Mundrand und Schulter. Vor dem mitisgrünen Fond sehr reicher Reliefgolddekor, bestehend aus umlaufenden Bordüren aus Palmetten und Ranken. In den auf jeder Seite der Wandung befindlichen sechzehneckigen, sternförmigen Medaillons, die außen von einer kreisförmigen Goldweinranke umschlossen sind, bunte Zweifigurendarstellungen auf poliertem Goldgrund nach pompejanischen Vorbildern. Anton Kothgasser (Kothgassner) kam, wie der Dresdner Gottlob Samuel Mohn, von der Porzellanmalerei und wurde erst später Glasmaler. Kothgassers Schwager Jakob Fetter war als Landschaftsmaler in der Wiener Porzellanmanufaktur angestellt und er brachte den früh verwaisten Knaben auf die

Akademie der bildenden Künste zu Friedrich Füger und 1784 in die Manufaktur, an der er bis 1840 als Dessin- und Goldmaler arbeitete. Gemeinsam mit Mohn schuf Kothgasser die bunten Glasfenster ohne Verbleiung, zu denen berühmte Künstler (darunter Schnorr von Carolsfeld und Michael Loder) die Kartons zeichneten. Nach Mohns Tod und dem seines Sohnes Gottlob erfuhr die Technik, die zarte Porzellanmalerei auf das farblose Kristallglas zu übertragen, durch Kothgasser eine Nachblüte und zugleich eine Steigerung. Kothgasser schmückte die Gläser mit minuziös gearbeiteten Landschaften, Porträts, Blumen- und Tierstücken, Allegorien und Bauwerken; seine Spezialität waren Panoramagläser mit Stadtansichten Wiens. Immer wieder kommen in seinem Werk auch mythologische Themen mit Pferden vor (so Apoll und Aurora auf einem von Schimmeln gezogenen

Wagen) und im Falle der ausgestellten Deckelvase aus dem Österreichischen Museum für angewandte Kunst Medaillons mit einer Kentaurin und einem Kentauren, der eine Frau im Lyraspiel unterrichtet.

16.10 Zwei Gruppen musizierender Genien in Waldlandschaft

Im Hintergrund Kentaur. Blei, einseitig, oval, gerahmt. 10,5 cm x 7,8 cm (ÖKT, S. 285f. mit Abb. 413). Museum im Benediktinerstift Sankt Paul im Lavanttal, Museum im Stift.

16.11 Ariana-Maler: Attisch-rotfiguriger Kolonettenkrater

Aus Sizilien. Um 440 v. Chr. Ton. H. 47 cm, B. 37 cm. München, Staatliche Antikensammlung, Inv.-Nr. NI 6.450.

Lit.: ARV2 1101,1. D. von Bothmer, Amazons in Greek Art (Oxford 1957) 178 Nr. 43 Taf. 78,3, R.Wünsche (Hrsg.), Starke Frauen. Ausstellungskatalog (München 2008) 87 Abb. 6.20; 127 f. Abb. 9.20 Kat. 17

16.10 Musizierende Genien mit Kentaur.

Foto: Museum im Stift St. Paul

16.12 Attisch-spätgeometrische Halsamphora.
© Staatliche Antikensammlungen und Glyptothek München. Foto: Renate Kühling

Eine reitende Amazone geht gegen zwei Griechen vor, die zu Fuß kämpfen. Auf dem nur teilweise dargestellten Pferd ist eine weitere Amazone vorzustellen. Die Darstellung auf der Rückseite zeigt vier Jünglinge.

16.12 Attisch-spätgeometrische Halsamphora
Um 700 v. Chr. Ton. H. 50 cm, B. ca. 30 cm. München, Staatliche Antikensammlung, Inv.-Nr. SCH 29.
Lit.: R. Lullies: Eine Sammlung griechischer Kleinkunst (München 1955) 17 Nr. 29 Taf. 8–9.

Die spätgeometrische Halsamphora zeigt auf ihrem Bauchbild Reiter und über einem mäandrierenden Ornament sind am Halsbild Schwerbewaffnete (Hopliten) mit Schilden dargestellt.

16.13 Attisch-spätgeometrische Deckelpyxis
800–750 v. Chr. Ton. H. ca. 30 cm, B. ca. 30 cm. München, Staatliche Antikensammlung, Inv.-Nr. SCH 22.
Lit.: R. Lullies: Eine Sammlung griechischer Kleinkunst (München 1955) 14 f. Nr. 22 Taf. 10

Eine Pyxis ist eine Dose oder ein Kästchen mit Deckel (nach dem griechischen Wort *pýxis* für Buchsbaumholz), mitunter ist ein solcher Gegenstand auch ein Hinweis auf eine weibliche Besitzerin. Diese Pferdepyxis mit ihrem mäandrierendem Ornament ist dem hochgeometrischen Stil zuzurechnen; manche Pyxiden wurden auch zur Aufnahme der Asche ihrer verstorbenen Besitzer bestimmt.

16.14 Glockenkrater: Achilleus verfolgt den trojanischen Königssohn Troilos
Unteritalisch, Lukanisch, rotfigurig. Um 370 v. Chr. Ton. H. 36,5 cm. Fundort: Unbekannt. Provenienz: Lamberg-Sprinzenstein, Graf, Anton von, Wien; 1815 Kauf

16.14 Glockenkrater: Achill verfolgt Troilos.   Foto: Kunsthistorisches Museum Wien, Museumsverbund

16.15 Hydria: Ariadne / Semele mit Viergespann.   Foto: Martin-von-Wagner-Museum der Universität Würzburg

Kunsthistorisches Museum Wien, Antikensammlung, Inv.-Nr. ANSA_ IV_1091. Seite A: Achilleus verfolgt mit erhobener Lanze den auf einem Pferd fliehenden Troilos. Seite B: Zwei Mänaden und zwei Satyrn. Dem Maler von Wien 1091 zugeschrieben.

16.15 Hydria: Ariadne / Semele mit Viergespann

H. 46 cm. Würzburg, Martin-von-Wagner- Museum, Inv.-Nr. L 318. Eine Hydria ist eine Gefäßform, die ursprünglich ein „Wasserkrug" war, aber immer wieder auch als Urne für die Asche der Verstorbenen verwendet wurde. Dionysos tritt gemeinsam mit Ariadne und Semele auf einem Viergespann auf, eine Motivik, die auf die Entrückung von der irdischen Welt hindeuten kann.

16.16 Sonnenwagen von Trundholm

Um 1400 v. Chr. Galvanoplastische Kopie. H. 35,6 cm, L. 54 cm, B. 29 cm. Mainz, Römisch-Germanisches Zentralmuseum.
Der Sonnenwagen gehört zu den wichtigsten Funden der europäischen Bronzezeit. Das zweirädrige Gefährt trägt eine 1½ Kilogramm schwere, einseitig mit Gold überzogene Bronzescheibe. Ein eigentlicher Wagen fehlt und war auch nie vorhanden. Die vergoldete Scheibe wird als Sonne interpretiert, die vom Pferd von links nach rechts, wie auf der nördlichen Erdhalbkugel, bewegt wird. Die Rückseite des Wagens ist dunkel belassen, als Nachtseite. Der von Pferden gezogene Sonnenwagen kommt in allen großen Mythologien vor, nicht nur in der griechisch-römischen, sondern auch in der ägyptischen, chinesischen, indischen, keltischen, persischen und germanischen, auch in der jüdischen. In der Barockmalerei wurde das Motiv häufig aufgegriffen: etwa in Daniel Grans Allegorie des Tagesanbruchs

16.17 Sturz des Phaeton.   Foto: Museum Stift St. Paul

oder in Paul Trogers Apotheose Kaiser Karls VI.

16.17 Sturz des Phaeton aus dem geborstenen Sonnenwagen

Relief. 11 x 11 cm. Die drei Pferde stürmen davon, rechts oben erscheint Juppiter mit dem Blitzbündel in der Rechten. Süddeutsch, erste Hälfte des 18. Jahrhunderts. Sankt Paul im Lavanttal, Museum im Stift. Phaethon, der Sohn des Helios, erbittet sich, für einen Tag den Sonnenwagen lenken zu dürfen. Phaethon verlässt die tägliche Fahrstrecke zwischen Himmel und Erde und droht eine Katastrophe universalen Ausmaßes auszulösen.

Zeus verhindert mit einem Blitz das Chaos und stürzt Phaeton in den Fluss Eridanus (= Po).

16.18 Daniel Gran (1694–1757): Allegorie des Tagesanbruchs

Um 1723. Wohl eigenhändige Wiederholung nach dem Modello für das 1945 zerstörte Kuppelfresko im Palais Schwarzenberg in Wien, das sich in der Österreichischen Galerie in Wien befindet. Öl, Lw., H. 88,2 cm, B. 93,5 cm. Sankt Florian, Augustiner-Chorherrenstift.
Auf der einen Bildseite wird die Mondgöttin Diana auf der nördlich angeordneten Nachtseite von Luzifer vertrieben und werden

die Personifikationen von Traum und Schlaf am Rand der Kuppel in die Tiefe gestürzt. Auf der gegenüberliegenden Seite eilt Aurora dem Sonnenwagen Apolls voraus. Letzterer ist allerdings lediglich am Kuppelrand durch zwei Pferdekörper angedeutet.

16.18 Paul Troger (1698–1762). Apotheose Karls VI.

Entwurf für Deckenfresko über der Kaiserstiege des Stiftes Göttweig. Kopie. H. 72 cm, B. 90 cm, T. 2 cm. Göttweig, Benediktinerstift, Kunstsammlungen. Der Kaiser fährt im Sonnenwagen mit weißen Pferden im Zentrum des Freskos.
1739 schuf Paul Troger nach einem Plan des Göttweiger Abtes Gottfried Bessel das Deckengemälde über der Kaiserstiege im Stift Göttweig: Er stellte Kaiser Karl VI. als Helios / Phoebus Apoll in einem von zwei Schimmeln gezogenen Wagen mit Musengefolge dar. Die Muse der Architektur etwas unterhalb des Kaisers trägt die Züge seiner Tochter Maria Theresia, der späteren Herrscherin und Kaisersgattin. Von rechts zieht sich der Tierkreis im Zeichen der Waage über den Strahlennimbus. Da der Kaiser im Zeichen der Waage geboren war, kommt zum Thema des „Triumphes des Lichtes" auch die politische Apotheose des unter dem Zeichen der Waage (Gerechtigkeit) stehenden und Frieden bringenden Kaisers hinzu.

16.19 Oskar Kokoschka (1886–1980): Herodot

1963. Öl auf Leinwand. 180 x 120 cm. Signiert, datiert und bezeichnet verso „OK 25. 12. 1963 So treibts die Menschheit / sagt Herodot / ich auch!" 1981 als Widmung von Olda Kokoschka, Villeneuve, Schweiz. Wien, Österreichische Galerie, Inv.-Nr. 6.517. Kokoschka arbeitete am „Herodot"

über ein Jahrzehnt lang (von 1960 bis 1972). Das bedeutende Spätwerk wurde mehrfach überarbeitet und in der Anlage wiederholt verändert. Mehrere Zustandsfotos dokumentieren das Wachsen jeder einzelnen Malschicht. Verändert wurden die figürliche Erweiterung des Bildhintergrundes und die Haltung des Pferdes. Schließlich trat in den Zügen Herodots immer stärker der Maler selbst hervor. Kokoschka hatte übrigens nach dem unvermittelten Ende seiner Beziehung zu Alma Mahler eines seiner berühmtesten Gemälde und ein künstlerisches Denkmal jener Tage, „Die Windsbraut", verkauft und sich aus dessen Erlös ein Pferd gekauft, das Voraussetzung dafür war, dass er sich nach Kriegsbeginn 1914 freiwillig zur Kavallerie melden konnte.

16.20 Einhorn

Kopf aus Holz mit Narwalzahn. H. 180 cm. Zwettl, Zisterzienserstift, Sammlungen, Exp 332.
Das Einhorn als Fabelwesen, pferdeähnlich, mit spitzem Horn auf der Stirn, kommt in vielen Mythen vor, von Indien, dem Vorderen Orient, der Bibel und dem Christentum. Der Stoßzahn des Narwals wurde als Horn des Einhorns gedeutet. Auf der einen Seite steht das Einhorn für das Böse, den Tod und den Teufel, auf der anderen Seite für Christus und dessen jungfräuliche Zeugung. Das Einhorn steht aber nicht nur für Keuschheit; genauso kann es Sinnbild der hemmungslosen Wollust sein. Daher diente sein pulverisiertes Horn auch als Aphrodisiakum und Heilmittel in Apotheken.

16.21 Olga Gasparyan (*1970): Traum eines Einhorns

Skulptur. Bronze und Stein. H. 40 cm, B. 50 cm. Wien, Österreichisch-Russische Kulturgesellschaft A. R. C. O.

Olga Gasparyan wurde 1970 in Ekaterinburg (Jekaterinburg) geboren. Seit 1988 lebt und arbeitet sie in Sankt Petersburg. 1993 erfolgte der Abschluss ihrer Ausbildung an der Staatlichen Herzen-Universität in Sankt Petersburg, Fakultät für bildende Kunst und Grafik. Ihr künstlerisches Wirken führte zur Teilnahme an zahlreichen international bedeutenden Ausstellungen und Art-Festivals im In- und Ausland. Ihre Werke befinden sich in privaten Sammlungen in Deutschland, Holland, Belgien, Russland und in den USA. Der künstlerische Stil, der das ganze Schaffen der Meisterin prägt, ist der Symbolismus. Das Leitthema der Künstlerin ist der Hortus Conclusus – der geheime,verborgene, geschlossene Paradiesische Garten, die Verkörperung des Traums der Menschheit vom verlorenen Paradies, die Erinnerung der Seele an das Glück und die Freiheit, der unerschütterliche Glaube an die Möglichkeit seiner Wiedergeburt. Dieser Garten ist in der Nähe, in uns, in jedem Menschen, man muss ihn nur in sich entwickeln. Als eine der wichtigsten Figuren, die mit dem Paradiesischen Garten verbunden sind, gilt ein Einhorn als Personifizierung der höchsten Macht des Daseins. Mit Geheimnis umgeben, verkörpert es die Energie der Schöpfung, den Anfang und das Endziel des Menschseins, die Brücke zwischen dem Himmel und der Erde, die Einheit der Gegensätze, die allgemeine Liebe und das Mitleid, die Fähigkeit, die inneren Widersprüche zu überwinden.

16.22 Unbekannter Meister: Das trojanische Pferd

Italienisch, 16. Jahrhundert. Öl auf Leinwand. H. 78,5 cm, B. 99,3 cm. Linz, OÖ. Landesmuseum, Inv.-Nr. G 918.

16.21 Olga Gasparyan: Traum eines Einhorns.

© Foto: Österreichisch-Russische Kulturgesellschaft A.R.C.O., Wien

Dass sich im Pferd nicht nur Menschen verstecken, sondern dass es ein menschliches Gebilde ist, quasi aus Menschen zusammengesetzt, bringt die manieristische Darstellung aus dem 16. Jahrhundert in ganz besonderer Weise zum Ausdruck.

16.23 Malcolm R. Poynter (* 1946): 24th Horseman of the Apocalypse
1994. Papier-Maché. H. 195 cm, B. 38 cm, L. 152 cm. Leihgabe des Künstlers. Das Menschenpferd, quasi ein umgekehrter Kentaur, wird zum Inbegriff der Endzeitmythologie. Der britische, seit 2006 in Aigen im Mühlkreis ansässige Künstler studierte am Goldsmiths College of Art und am Royal College of Art, arbeitet in London, Tokio und Aigen im Mühlkreis und ist weltweit in zahlreichen Galerien und Ausstellungen vertreten. Immer wieder beschäftigt er sich mit der Thematik der Pferde, die er zu mythologisch-barocken Inszenierungen verarbeitet.

16.22 Das Trojanische Pferd. Italienisch, 16. Jahrhundert.

Foto: OÖ. Landesmuseum

17 Große Bibliothek

Der auffällig niedrige Große Bibliothekssaal, der ursprünglich offenbar über zwei Geschoße hinweg geplant war, ist über die ganze Decke hinweg mit teils in Freskotechnik (Melchior Steidl), teils in Ölfarben (Michael Wenzel Halbax nahestehend) gemalten Bildern gestaltet. Pferde gehören zum Genius loci des Saales, dessen Ausbau von Abt Severin Blaß (1651–1703) betrieben wurde. An der Westseite des Bibliothekssaales wie an zahlreichen anderen Monumenten ist sein Pferdewappen angebracht. Eine beachtenswerte Kunsttischlerarbeit ist das mit prächtigen Einlegearbeiten geschmückte, wahrscheinlich dem Ennser Kunsttischler Balthasar Melber zuzuschreibende Bücher-Drehpult, das als Unterbau einen Schreibtisch hat. Es ist ein Unikat aus 1730 und trägt das Stifts-, Konvent- und Personalwappen des Abtes Gotthard I. Haslinger (1725–1735).

17.1 Reitersiegel

Die mit prächtigen Reitersiegeln beglaubigten Urkunden erinnern an die bis in die Zeit der Babenberger und frühen Habsburger zurückreichende Stifts-, Markt- und Landesgeschichte.

16.23 Malcolm R. Poynter: 24th Horseman of the Apocalypse.

Foto: Gerhard Feilmayr

17.1.1 (Reiter-)Siegelurkunde
Herzog Albrecht von Oesterreich bestätigt seinem Hofmeister und Hauptmeister ob der Enns Reinprecht von Wallsee die inserirte Urkunde Erzherzog Rudolfs „an Eberhard von Walsse vom 30. Oktober 1364, worin dem Genannten erlaubt worden war, die Veste Walsse zu erbauen auf dem Berg genannt der Klausberg, der da liegt ob der Klausmühle in dem Pösenbach". Pergament. H. 17 cm, B. 34 cm. Siegel: Dm. 11 cm, H. (gesamt): 30 cm. 25. Februar 1416. Linz, OÖ. Landesarchiv, Starhembergische Urkunden, Nr. 882.

17.1.2 (Reiter-)Siegelurkunde
Kaiser Friedrich III. verleiht dem Markte Mauthausen das Recht zur Abhaltung eines Jahrmarktes am St. Maria Magdalenatag. Wiener Neustadt, 4. November 1469 (Samstag nach Allerheiligentag). Pergament. H. 24 cm, B. 48 cm. Siegel: Dm. 12,5 cm, H. (gesamt): 42 cm. Linz, OÖ. Landesarchiv, Gemeindearchiv Mauthausen.

17.1.3 (Reiter-)Siegelurkunde
Kaiser Friedrich III. bestätigt dem Markte Perg alle Rechte und Freiheiten. Graz, 17. November 1470 (Samstag vor St. Elisabethstag). Pergament. H. 23 cm, B. 48 cm, Siegeldurchmesser: 12,3 cm. H. (gesamt): 41 cm. Linz, OÖ. Landesarchiv, Marktarchiv Perg, Urkunde Nr. 12 (in 10–13).

17.1.4 (Reiter-)Siegelurkunde
Herzog Friedrich von Österreich bestätigt dem Kloster Lambach die Privilegien des Herzogs Leopold dd. Wels 1222 und des Königs Rudolf I. dd. Wien, 1277, 3. April. Urkunde. Wels, 17. Dezember 1313. Original, Pergament. 30 x 60 cm. Urkunde mit anhängendem Reitersiegel Herzog Friedrich des

Schönen (1289–1330). Lambach, Benediktinerstift, Archiv, Urkunde Nr. 74.

17.1.5 (Reiter-)Siegelurkunde
Erzherzog Albrecht bestätigt dem Kloster Lambach mehrere Privilegien der Kaiser, Könige und Fürsten, insbesondere das des Königs Albrecht dd. 1. Juli 1439 das Salz betreffend und die Fischereigerechtigkeit. Urkunde. Original. Pergament. Mit anhängendem Reitersiegel Erzherzog Albrechts V (1397–1439). Lambach, Benediktinerstift, Archiv, Urkunde Nr. 1.284.

17.1.5 Siegelurkunde Erzherzog Albrechts V.   Foto: Schepe

17.1.6 Reitersiegel des Gundakar (Thomas?) von Starhemberg
Linz, OÖ. Landesmuseum, Sammlung für Sigillographie, Inv.-Nr. B 236.

17.1.7 (Reiter-)Siegelurkunde
Markterhebungsurkunde von Lambach, Stiftsarchiv Lambach: Am 14. Februar 1365 verleiht Herzog Rudolf IV. dem Lambacher Abt Johannes II. das Recht, daselbst „ze Lambach in dem Dorff" einen Wochenmarkt abzuhalten. Lambach, Benediktinerstift, Archiv.

17.1.8 Reitersiegel Rudolfs des Stifters
Abguss. Leihgabe aus Privatbesitz.

17.2 Altes Buch und Graphik
Hippologische Bücher sind ein Schatz jeder Bibliothek. Neben anatomischen und reitkundlichen Lehrbüchern aus dem Bestand der Bibliothek der Veterinärmedizinischen Universität Wien, die 1765 als Lehrschule zur Heilung von Militärpferden begründet wurde, wird ein Querschnitt aus der hauseigenen Pferdeliteratur und Pferdegraphik des Benediktinerstiftes Lambach präsentiert.

17.2.2 Hugo Herman SJ (1588–1629): De militia equestri antiqua et nova ad regem Philippum IV libri quinque
Antwerpen 1630. H. 33 cm, B. 22 cm. Wien, Universitätsbibliothek der Veterinärmedizinischen Universität Wien, Sign. 1.031.
Hugo Herman, lateinisch Hugo Hermannus, war ein niederländischer Jesuit und Schriftsteller, der neben verschiedenen geistlichen Texten auch ein Buch über die Kriegskunst und Kavallerie verfasste. Es gilt als eine gelehrte, wohldisponierte Kompilation mit schönem Titelkupfer von Cornelius Galleus / Cornelis Galle der Ältere (1576–1650) und 6 weiteren Tafeln und etwa 30 schematischen Schlachtenszenen.

17.2.3 Friedrich Wilhelm Baron de Eisenberg (ca. 1685–1764): La perfezione el difetti del cavallo
Direttore e primo Cavallerizzo del` accademia di Pisa. Dedicata alla Sacra Cesarea Real Maestà dell` Augustissimo potentissimo invittissimo imperatore Francesco I. Duca di Lorena e di Bar ec. Granduca di Toscana, Florenz 1753 CXLIII S. Mit gestochenem Frontispiz, Tit. in Rot u. Schwarz, 120 Kupfer auf 24 Taf. H. 38,5 cm, B 28 cm. Wien, Universitätsbibliothek der Veterinärmedizinischen Universität Wien, Sign. 1.037.
Über den Verfasser Friedrich Wilhelm Baron Eisenberg (ca. 1685–1764) ist wenig bekannt. Er verbrachte einen Teil seiner Jugend am Hof von Sachsen-Weimar, bevor er in den Dienst des Kaisers Franz I., Herzog von Lothringen und Großherzog der Toskana trat. Er fungierte dann sechs Jahre als Stallmeister des Vizekönigs von Neapel, bevor er nach Wien zurückkehrte, wo er mit Johann Christoph Edler von Regenthal, dem kaiserlichen Oberbereiter (1715–1730) arbeitete.

17.2.4 Jacques de Solleysel (1617–1680): Le veritable perfait mareschal – Der Warhafftig-Vollkommene Stallmeister
Welcher lehret, die Schönheit, die Güte und Mängel der Pferd zuerkennen: und die Zeichen und Ursachen ihrer Kranckheiten, die Mittel denselben vorzukommen, ihre Heilung, der gute und böse Gebrauch des Purgierens und Aderlassens, Ferners auch, die Manier dieselbe auf den Reysen zu erhalten ... underweyset ; Sampt einem Tractat von der Stutterey, wie man schöne Fohlen aufferziehen möge, und den Præcepten die Pferd recht zuzäumen, neben den nothwendigen Figuren, Genf 1677, H. 34 cm, B. 22 cm. Wien, Universitätsbibliothek der Veterinärmedizinischen Universität, Sign. 899.
Jacques de Solleysel, Herr von Clapier und Bérardière, stammte aus einer Adelsfamilie der Region von Saint Etienne. Im Jahre 1635 ging Solleysel nach Paris. Einen Aufenthalt in Deutschland von 1642 bis 1648 nutzte er, um seine Kenntnisse der Tiermedizin zu perfektionieren. Zwischen 1653 und 1658 leitete Solleysel die über ganz Europa berühmte Acadèmie Bernardi, damals eine der besten Reitschulen in Europa. Im Jahr 1664 veröffentlichte er den perfekten Stallmeister erstmals, den er in späteren Ausgaben immer wieder überarbeitete, in einer verkürzten und vereinfachten Version im Jahre 1674. Insgesamt gibt es über dreißig Auflagen in der Originalsprache und in der deutschen und der englischen Fassung.

Lit.: Stéphane, Marc Peysson, La Marechalerie du 16ème au 18ème Siècle, au travers des ouvrages de Fiaschi, Solleysel, Lafosse et Bourgelat, These pour le doctorat veterinaire présentée 1972 à Salon de Provence, Internet. http://theses.vet-alfort.fr/telecharger.php?id=350

17.2.5 Johann Christoph Pinter von der Au: Neuer, vollkommener, verbesserter und ergänzter Pferd-Schatz
Frankfurt am Main, 1688. H. 32 cm, B. 22 cm. Wien, Universitätsbibliothek der Veterinärmedizinischen Universität, Sign. 1.115.

Lit.: Mayer, Rainer, Studien zu pferdeärztlichen Kapiteln des Johann Christoph Pinter von der Au (1664) und des Georg Wilhelm Graf von Kolonitsch, Hannover, Tierärztl. Hochsch., Diss., 1972.

17.2.6 Carlo Ruini (1530–1598): Del cavallo infermita Et suoi remedii
Venedig, 1618. H. 33 cm, B. 24 cm. Wien, Universitätsbibliothek der veterinärmedizinischen Universität, Sign. 60b.

17.3.5 Albrecht Dürer: Das Kleine Pferd.

Foto: Museum im Stift St. Paul

17.2.7 Georg Engelhard von Löhneysen (1552–1622), Erb-Herrn in Remmlingen und Neuendorff, weiland Hochfürstl. Braunschweigische Neu-eröffnete Hof-Kriegs- und Reit-Schul, Das ist: Gründlicher Bericht della Cavalleria, oder von allen, was zur Reuterey gehörig und einem Cavalier davon zu wissen gebühret.

Nürnberg 1729, H. 40 cm, B. 70 cm. Wien, Universitätsbibliothek der Veterinärmedizinischen Universität, Sign. 1.959.

Von Georg Engelhard von Löhneysen stammen mehrere bergbaukundliche und hippologische Bücher. 1575 holte Kurfürst August Löhneysen als Lehrer der Reit- und Fechtkunst an seinen Dresdner Hof. 1583 folgte er dem Ruf Herzog Julius von Braunschweig-Wolfenbüttel, der ihn als Stallmeister nach Gröningen berief. In dieser Zeit erwarb Löhneysen das Gut Remlingen, wo er 1596 eine Druckerei mit eigener Schriftsetzerei einrichten ließ. 1599 wurde Remlingen zum Rittergut erhoben. Kennzeichnend für Löhneysens Werke ist ihre luxuriöse Ausstattung mit einer Vielzahl kunstvoller Kupferstiche und Holzschnitte.

17.2.8 Wilhelm Cavendish of Newcastle (1592–1676): Neu eröffnete Reit-Bahn Welche Erstlich durch Ihme selbsten erfunden und in Englischer Sprache ans Licht gebracht.

Hernach Durch Herrn von Solleisel … aus dem Englischen ins Frantzösische versetzt, mit schönen Anmerckungen, und die schwereste Puncten erläuterenden Zusätzen, vermehrt, und mit nothwendigen Kupfern versehen; Anjetzo … Ins reine Teutsche gebracht von Dem Wolgebohrnen Herrn Johann Philipp Ferdinand Pernauer, Nürnberg 1700. H. 33 cm, B. 60 cm. Wien, Universitätsbibliothek

Carlo Ruinis (*1530–1598) berühmtestes Werk ist die „Anatomia del Cavallo" (Anatomie des Pferdes), eines der bedeutendsten veterinärmedizinischen Werke des 16. Jahrhunderts, das 1598 drei Monate nach seinem Tod erstmals erschienen ist.

der Veterinärmedizinischen Universität, Sign. 57.203.
Wilhelm Cavendish, später Herzog von Newcastle, war Stallmeister und Lehrer König Karls II. Er ist Verfasser mehrerer Werke zur Reitlehre: Sie enthalten wertvolle Stiche von Abraham van Diepenbeeck, einem Rubens-Schülers. Cavendish stützt sich auf Antoine de Pluvinel, interpretiert diesen aber widersprüchlich und eigensinnig. Er gilt als Erfinder des (bis heute umstrittenen) Schlaufzügels, aber auch des Kappzaums zur Schonung des Pferdemauls.

17.3 Graphik

Neben biblischen Illustrationen sind vor allem Graphikbände zu nennen, die dem Bestand der Zeichenschule im Benediktinerstift Lambach angehören, die von Pater Koloman Fellner (1750–1818), einem Schüler des Kremser Schmidt und Verbreiter der lithographischen Technik Alois Senefelders, gegründet wurde, sowie einigen graphischen Zimelien aus dem Benediktinerstift Sankt Paul im Lavanttal. Pferde spielen auch im graphischen Werk von Alfred Kubin eine ganz besondere Rolle, dessen Verhältnis zu Pferden von traumatischen Kindheitserlebnissen geprägt war. Der von Surrealismus und Neuer Sachlichkeit beeinflusste, 1897 in Gmunden geborene Karl Rössing schuf in seinem graphischen Werk ebenfalls beeindruckende Pferdeszenen.

17.3.1 Illustration zum Buch Daniel des Alten Testamentes

Graphik-Band: H. 40 cm. B. 25 cm. Lambach, Benediktinerstift, Archiv, Sign. C12.

17.3.2 Portrait des Admirals Maarten Harpertsz Tromp (1598–1653). Stich von Cornelis van Dalen I (1602?–1665)

1653. H. 25 cm. B. 40 cm. Lambach, Benediktinerstift, Archiv, Sign. C22.

17.3.3 Biblische Motive nach Radierungen von Antonio Tempesta (1555–1630)

H. 25 cm, B. 40 cm. Graphik-Band: Lambach, Benediktinerstift, Archiv, Sign. 7/27.

17.3.4 Band mit Graphiken Albrecht Dürers

H. 30 cm, B. 22,5 cm. Lambach, Benediktinerstift, Archiv, Sign. 7/22.

17.3.5 Albrecht Dürer (1471–1528): Das Kleine Pferd

Kupferstich. 1505. H. 12,6 cm, 8,3 cm. Museum im Benediktinerstift Sankt Paul im Lavanttal.
In strenger Seitenansicht steht das jugendlich wirkende Tier auf einem Bodenstreifen vor einer perspektivisch angelegten Bogenarchitektur. Der Schweif ist, wie damals bei Turnieren üblich, geknotet, die Hufe sind beschlagen. Das Ross steht versammelt, wirkt gehalten, ist aber ungezäumt. Es wird von einem Hellebardier in Rüstung begleitet, der einen phantasievollen Schmetterlingshelm und geflügelte Schuhe trägt.

17.3.6 Wolf Huber: Pferd

© Foto: Museum im Stift St. Paul

17.3.6 Wolf Huber (1485–1553): Pferd
Zeichnung. 25 x 25 cm. Museum
im Benediktinerstift Sankt Paul im
Lavanttal.

**17.3.7 P. Karl Pacher OSB (1665–1729):
Historia abbatum Severini (Blaß) et
Maximiliani (Pagl) 1678–1724**
Lambach, Benediktinerstift, Archiv,
Handschrift 215. H. 20 cm, B. 15 cm.
Abt Severin Blaß hat einen engen
Bezug zum Pferd, wie aus seinem
Wappen zu schließen ist.

**17.3.8 Liber fundatorum monasterii
Zwetlensis. Das Zwettler
Stifterbuch. Lateinisch und deutsch**
Niederösterreich, vielleicht Wien.
1. Drittel des 14. Jahrhunderts.
Vollständige Kopie. H. 48,8 cm,
B. 33,8 cm. Zwettl, Zisterzienserstift,
Archiv-Handschrift Nr. 3.
Regelmäßige, gotische Minuskel in
zwei Spalten. Gelber Ledereinband
mit gravierten Messingbeschlägen.
Das Stifterbuch des Klosters Zwettl,
genannt Bärenhaut, lateinisch
Liber fundatorum zwetlensis
monasterii, ist eine Handschrift, die
zu Beginn des 14. Jahrhunderts im
Kloster Zwettl geschrieben wurde.
Neben diversen literarischen und
historischen Texten in lateinischer
und mittelhochdeutscher Sprache
enthält sie hauptsächlich Abschriften
von Urkunden, die das Kloster
Zwettl betreffen, sowie ein Urbar des
Klosters. Sie ist eine der wichtigsten
Quellen für die Geschichte
Niederösterreichs im 13. und
14. Jahrhundert.

**17.3.9 Druckplatte. Kupfer mit
schematischer Darstellung des
Umrittes um das Stiftungsgebiet**
H. ca. 30 cm, B. ca. 35 cm. Zwettl,
Zisterzienserstift, Archiv. Die
Zeichnung auf fol. 12r illustriert
die Gründungssage des Klosters
Zwettl: In der Mitte die Klosterkirche

17.3.7 P. Karl Pacher OSB: Geschichte der Äbte Severin Blaß und Maximilian Pagl.　　Foto: Schepe

Zwettl, links oben reiten Hadmar I.
von Kuenring und Hermann, der
erste Abt von Zwettl, um das Gebiet,
das hinfort dem Kloster gehören
soll. Dieser Rundritt wird durch
einen großen Kreis dargestellt;
innerhalb des Kreises befinden sich
acht Medaillons mit Besitztümern
von Zwettl: die Grangien Dürnhof,
Gaisruck, Pötzles, Edelhof und

Ratschenhof, sowie die Stadt Zwettl
und die Pfarrkirche St. Johannes in
Zwettl. An der Außenseite des Kreises
befinden sich drei Medaillons mit
Papst Innozenz II., König Konrad III.
und Herzog Leopold von Bayern. Auf
der gegenüberliegenden Seite (fol. 11v)
weist eine Hand in einem Halbkreis
auf Hadmar und Hermann.

17.3.11 Vier Spielkarten.

Foto: Schepe

17.3.10 Zwettl, Handschrift Nr. 253: Liber avium

f. 145-164' et alia. Lateinisch. Quart, 12. Jahrhundert. H. 24 cm, B. 16,9 cm. 169f. Minuskel. Ohne Einband. Österreichische (Zwettler?) Arbeit vom Ende des 12. Jahrhunderts. F. 145: Federzeichnung. Unten ein sitzender Mönch neben einem Lesepult, neben ihm ein Ritter zu Pferd, mit dem Falken auf der Faust und seinem Hunde auf dem Sattel. Beischriften: Clericus et miles. Vita contemplativa et vita activa. Oben sitzen, als Sinnbilder des stillen geistlichen und des tatkräftigen soldatischen Lebens eine Taube und ein Jagdfalke auf einer Stange. Beischrift: Ecce in eadem pertica sedent. Hec pertica est regularis vita. Die gleiche Darstellung in der Handschrift Nr. 226 in Heiligenkreuz. Zwettl, Zisterzienserstift.

17.3.11 Reiter. Vier Druckplatten für Spielkarten

Reitermotive. Aus der Tarockfamilie. Geätzte Eisenplatten. H. jeweils 8 cm, B. jeweils 5 cm. Lambach, Benediktinerstift.

17.3.12 Münz- und Medaillenschnittmodell

Buchsholz. Relief. Ansicht einer befestigten Stadt. Um 1700. Dm. 7,2 cm. Linz, OÖ. Landesmuseum, Inv.-Nr. S 304.

17.3.13 Münz- und Medaillenschnittmodell

Buchsholz. Relief. Reiterkampfszene gegen die Türken. Dm. 7,2 cm. Linz, OÖ. Landesmuseum, Inv.-Nr. S 305.

17.3.14 Ludwig Wilhelm (1677–1707). Brettstein aus dunklem Ahornholz

o. J. (um 1700). Gefertigt in Nürnberg von Philipp Heinrich Müller, auf die Siege des Markgrafen über die Türken bei Salankamen, Lippa, Großwardein, Brod und Gradisca in den Jahren 1691 und 1692. Der geharnischte Markgraf reitet nach rechts mit Feldherrenstab und Helm, im Hintergrund eine Reiterschlacht. Umschrift: Ludovic(us) Badensis Mar(chio) Bad(ensis) S(acrae) C(aesarae) M(aiestatis) Exercitus Summus Dux. Dm. 5,7 cm. Linz, OÖ. Landesmuseum.

17.3.15 Brettstein

Von einem Löwen begleiteter dahinsprengender Reiter. Ober ihm geöffneter Himmel mit Schwertarm und Palmenzweig sowie der Umschrift „Dat hostibus pacem". Holz. Dm. 6 cm. Linz, OÖ. Landesmuseum.

17.3.16 Auf Pferden reitende Putti

Becher. Elfenbein. Vermutlich 17. Jahrhundert. H. 25 cm. Lambach, Benediktinerstift, Archiv. Eine Auswahl graphischer Kunst mit Pferdemotiven aus den OÖ. Landesmuseen kann per Touchscreen abgerufen werden.

17.3.17 Alois Greil: Reiter mit Trompete.

Foto: OÖ. Landesmuseum

17.3.18 Alois Greil: Gasslfahren.

Foto: OÖ. Landesmuseum

17.3.17 Alois Greil (1841–1902): Reiter mit Trompete
1869. Aquarell auf Papier. Linz, OÖ. Landesmuseum, Graphische Sammlung, Inv.-Nr. Ha II 13.334.

17.3.18 Alois Greil (1841–1902): Gasslfahren
1872. Aquarell auf Papier. Linz, OÖ. Landesmuseum, Graphische Sammlung, Inv.-Nr. Ha II 2.365.

17.3.19 Alfred Kubin (1877–1959): Das Pferd
Um 1910. Aquarell auf Tusche. Linz, OÖ. Landesmuseum, Graphische Sammlung, Inv.-Nr. Ha II 3.264.

17.3.20 Rudolf Wernicke (1989–1963): Darstellung eines Pferdes
1929. Bleistift auf Papier. Linz, OÖ. Landesmuseum, Graphische Sammlung, Inv.-Nr. Ha II 14.557.

17.3.21 Alfred Kubin (1877–1959): Pferd und Sonne
1933. Tusche auf Papier. Linz, OÖ. Landesmuseum, Graphische Sammlung, Inv.-Nr. Ha II 3.628.

17.3.22 Egon Hofmann (1884–1972): Zirkus
o. D. Holzschnitt auf Papier. Linz, OÖ. Landesmuseum, Graphische Sammlung, Inv.-Nr. KS I 6.610.

17.3.23 Alfred Kubin (1877–1959): Erregte Pferde
Um 1939/40. Aquarell auf Tusche, Inv.-Nr. Ha II 3.548.

17.3.24 Franz Schicker (1915–2010): Pferde
1942. Öl auf Leinwand. Linz, OÖ. Landesmuseum, Graphische Sammlung, Inv.-Nr. Ha II 14.232.

17.3.25 Johann Hazod (1897–1981): Pferde
1944. Aquarell auf Papier. Linz, OÖ. Landesmuseum, Graphische Sammlung, Inv.-Nr. Ha II 1.885.

17.3.19 Alfred Kubin: Das Pferd.   Foto: OÖ. Landesmuseum

17.3.26 Johann Hazod (1897–1981):
Bauer mit Pinzgauerpferd, o. D.
Tempera auf Papier. Linz, OÖ.
Landesmuseum, Graphische
Sammlung, Inv.-Nr. Ha II 2.484.

17.3.27 Vilma Eckl (1892–1982):
Lipizzaner
o. D. Farbkreide auf Papier. Linz,
OÖ. Landesmuseum, Graphische
Sammlung, Inv.-Nr. Ha III 2.579.

17.3.28 Margret Bilger (1904–1971):
Chinese im Prater
o. D. Holzriss auf Japanpapier. Linz,
OÖ. Landesmuseum, Graphische
Sammlung, Inv.-Nr. KS II 2.022.

17.3.29 Franz von Zülow (1883–1963):
Drei Schimmel
1951. Kleisteraquarell auf Karton
/ Pappe. Linz, OÖ. Landesmuseum,
Graphische Sammlung, Inv.-Nr. Ha II
10.135.

17.3.30 Herbert Fladerer (1913–1981):
Im Hof war ein Pferd
1953. Holzschnitt auf Papier. Linz,
OÖ. Landesmuseum, Graphische
Sammlung, Inv.-Nr. KS II 143.

17.3.31 Franz von Zülow (1883–1963):
Gesattelter Schimmel
1954. Kleisteraquarell auf Karton
/ Pappe. Linz, OÖ. Landesmuseum,
Graphische Sammlung, Inv.-Nr. Ha II
10.166.

17.3.32 Rudolf Kolbitsch (1922–2003):
Blatt 2 auf dem neunteiligen Zyklus
„Der Krieg"
Die Beute. Radierung auf Papier. Um
1954. Linz, OÖ. Landesmuseum,
Graphische Sammlung, Inv.-Nr. KS II 72.

17.3.33 Vilma Eckl (1892–1982):
Zirkusreiterin
Vor 1955. Farbkreide auf Papier. Linz,
OÖ. Landesmuseum, Graphische
Sammlung, Inv.-Nr. Ha III 2.581.

17.3.20 Rudolf Wernicke: Pferd.

Foto: OÖ. Landesmuseum

17.3.34 Rudolf Kolbitsch (1922–2003): Zirkus
1956. Farblithographie auf Papier. Linz, OÖ. Landesmuseum, Graphische Sammlung, Inv.-Nr. KS II 82.

17.3.35 Vilma Eckl (1892–1982): Pferde in Freiheit
Um 1958. Farbkreide auf Papier. Linz, OÖ. Landesmuseum, Graphische Sammlung, Inv.-Nr. Ha III 13.407.

17.3.36 Wolfgang Stifter (* 1946): Pferd und Maske
1966. Radierung auf Papier. Linz, OÖ. Landesmuseum, Graphische Sammlung, Inv.-Nr. KS II 2.165.

17.3.37 Hans Plank (1925–1992): Pferde
o. D. Holzschnitt auf Papier. Linz, OÖ. Landesmuseum, Graphische Sammlung, Inv.-Nr. KS M 3.506.

17.3.38 Wolfgang Zöhrer (1944–2013): Hund und Pferd
o. D. Farbradierung auf Papier. Linz, OÖ. Landesmuseum, Graphische Sammlung, Inv.-Nr. KS III 6.364.

17.3.39 Siegfried Anzinger (* 1953): Karren mit Pferd
1998. Mischtechnik auf Papier. Linz, OÖ. Landesmuseum, Graphische Sammlung, Inv.-Nr. Ha II 12.774.

17.3.21 Alfred Kubin: Pferd und Sonne.

Foto: OÖ. Landesmuseum

17.3.23 Alfred Kubin: Erregte Pferde.

Foto: OÖ. Landesmuseum

17.3.24 Franz Schicker: Pferde.   Foto: OÖ. Landesmuseum

17.3.25 Johann Hazod: Pferde.

Foto: OÖ. Landesmuseum

17.3.28 Margret Bilger: Chinese im Prater.

Foto: OÖ. Landesmuseum

17.3.29 Franz von Zülow: Drei Schimmel.

Foto: OÖ. Landesmuseum

17.3.31 Franz von Zülow: Gesattelter Schimmel.

Foto: OÖ. Landesmuseum

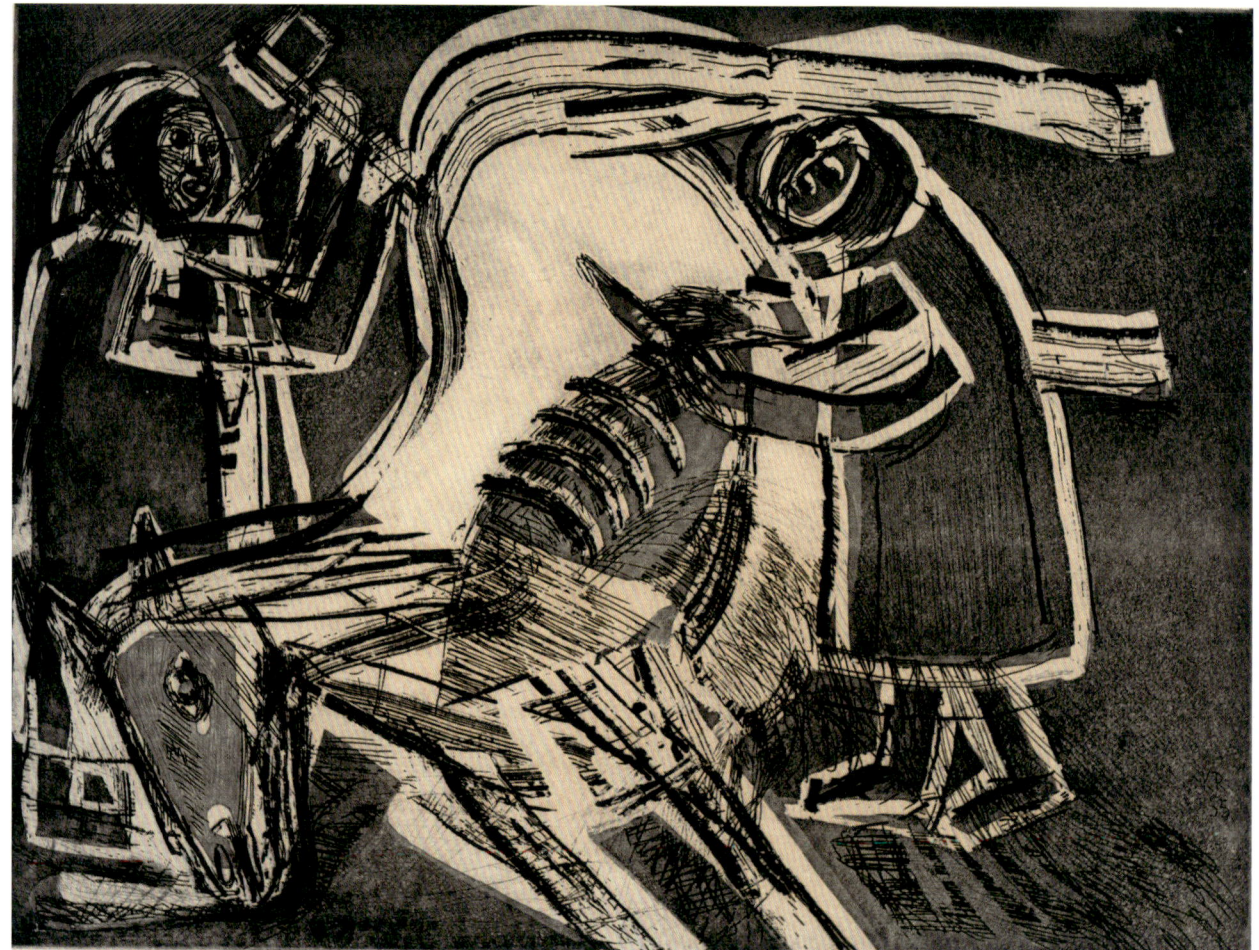

17.3.32 Rudolf Kolbitsch: Der Krieg.

Foto: OÖ. Landesmuseum

17.3.33 Vilma Eckl: Zirkusreiterin.   Foto: OÖ. Landesmuseum

17.3.34 Rudolf Kolbitsch: Zirkus.

Foto: OÖ. Landesmuseum

17.3.35 Vilma Eckl: Pferde in Freiheit.

17.3.38 Wolfgang Zöhrer: Hund auf Pferd.

Foto: OÖ. Landesmuseum

17.3.39 Siegfried Anzinger: Karren mit Pferd.

Foto: OÖ. Landesmuseum

17.4 Gemälde

17.4.1 Unbekannter Künstler im Umkreis von Peter Paul Rubens (1577–1640) / Jakob Jordaens (1593–1678): Triumphzug von Neptun und Amphitrite

Öl auf Leinwand. H. 120 cm, B. 195 cm. Privatbesitz. Der großformatige Triumphzug von Neptun und Amphitrite eines unbekannten Barockmalers setzt das Mythos-Thema der vorhergehenden Räume noch weiter fort: Der Meeresgott Poseidon (bzw. Neptun) schickt als Brautwerber einen Delphin zur Meeresgöttin Amphitrite, der das Herz der Unvermählten erweichen kann. Triton war der erste Sohn aus dieser Verbindung, ein Kentaur des Meeres, mit dem Oberkörper eines Menschen, den Vorderbeinen eines Pferdes und dem Unterkörper eines Delphins.

17.4.2 Moritz von Schwind (1804–1871): „Das Zauberpferd" aus Tausend und eine Nacht. Um 1860.

Nicht bezeichnet. Öl auf Leinwand. Höhe: 29,5 cm. Breite: 20,5 cm. Rahmenmaß: 43 x 34 x 3 cm.

Lit.: Weigmann, Otto (Hrsg.): Schwind. Des Meisters Werke in 1265 Abbildungen. Stuttgart u. Lpz. 1906. S. 426 (Abb.).Wien Museum, Inv.-Nr. HMW 18.558.

Moritz von Schwind war zu Beginn seines sechsten Lebensjahrzehntes, 1853 bis 1855, zu seinem umfangreichstem und zugleich persönlichstem Auftrag, den 24 Fresken zu „Sängerkrieg", „Nibelungenlied", „Sagen der Landgrafen" und dem „Leben der hl. Elisabeth" auf der Wartburg zu Großherzog Karl Alexander von Sachsen-Weimar (1808–1901) gereist, nachdem bereits seit 1849 ein Kontakt zum Großherzog bestand. Im Zusammenhang mit der denkmalpflegerischen Instandsetzung der zur Ruine verkommenen Gebäude – als „Lutherburg" Symbol bürgerlichen Freiheitskampfes – erzählen die Fresken von der historischen Bedeutung der Burg in einer idealisierten Sicht auf das Mittelalter bei durchaus eigenwilliger, unkonventioneller Motivauswahl. 1850 war Schwind. nach einer Meinungsverschiedenheit über die Ikonogaphie des „Vaters Rhein" beim bayerischen König Ludwig II. in Ungnade gefallen, was zur Folge hatte, daß er von diesem nie eine Gemäldebestellung erhielt. 1858 war aber der Sammler Adolf Friedrich Graf von. Schack (1815–94) in näheren Kontakt zu Schwind gekommen, gab ihm den Auftrag zu dem Ölgemälde „Die Rückkehr des Grafen von Gleichen" und erwarb viele weitere Werke Schwinds, unter anderem die privaten 40 so genannten „Reisebilder" (heute in der Schack-Galerie in München). Im „Zauberpferd", das in diese Schaffensperiode gehört, thematisiert Schwind ein orientalisches Märchen: „Ein böser Zauberer bietet dem Kalifen von Bagdad zum Geburtstag als Tausch für seine Tochter ein fliegendes Zauberpferd an. Es gelingt dem Zauberer, Prinz Achmed, den Sohn des Kalifen, auf das fliegende Pferd zu locken. Das ist der Beginn einer langen abenteuerlichen Reise für den Prinzen, auf der er sich in die schöne Fee Pari Banu verliebt, die daraufhin vom Zauberer als Sklavin an den Kaiser von China verkauft wird. Bei dem Versuch, sie und seine Schwester zu befreien, bekommt Achmed es auch mit Dämonen und anderen Ungeheuern zu tun. Schließlich aber wird der böse Zauberer in einem eindrucksvollen Zweikampf mithilfe einer guten Hexe überwältigt und die Menschen von seinem Bann erlöst." Eines der berühmtesten Reisebilder und zugleich Pferdemotive Schwinds ist die Hochzeitsreise (heute Neue Pinakothek München), die er in Erinnerung an die eigene Hochzeitsreise des Jahres 1842 gemalt hat und in der sich im Reisenden selbst dargestellt hat.

17.4.3 Carl Unger (1915–1995): Schaukelpferd

1948. Öl auf Leinwand. H. 128,5 cm, B. 107 cm. Öl auf Leinwand, Wien Museum, Inv.-Nr. HMW 100.603. Carl Unger studierte 1935 bis 1939 an der Wiener Akademie der bildenden Künste in Wien, Paris und auch anderen Städten. 1943 heiratete er die Tochter Herbert Boeckls, Maria, der sein Lehrer an der Akademie gewesen war. Unger zählte 1947 zu den Gründungsmitgliedern des Art-Clubs Wien und war ab 1969 Mitglied der Wiener Secession. Stilistisch entwickelte er sich vom Expressionismus über eine kubistische Phase zur Abstraktion. Durch einen minimalistischen, reduktiven Malgestus gewannen die Farben an Bedeutung und Intensität. Grundlegend wurde die formale Gestaltung, während das Gegenständlich in den Hintergrund zu rücken begann, eine Tendenz, die sich auch bei dem bereits 1948 entstandenen Werk „Schaukelpferd" ablesen lässt. 1950 erhielt er den Österreichischen Staatspreis für Malerei und übernahm die Leitung einer Meisterklasse für das Studium der menschlichen Gestalt an der Akademie für angewandte Kunst, deren Rektor er 1971 bis 1975 war. 1954 nahm er an die Biennale in Venedig teil. Zu seinen wichtigsten Werken zählen unter anderem die Entwürfe für Glasfenster der Kirche Maria Namen (Wien 16), die Deckenfresken für das große Festspielhaus in Salzburg und der Fries am Technischen Gewerbemuseum (Wien 20).

17.5 Pferd und Literatur, Pferd und Musik

Pferd und Reiter sind ein unerschöpfliches Thema von Dichtung und Musik, auch in Oberösterreich: Von der mittelhochdeutschen Versnovelle Meier Helmbrecht, der mit einem Pferd zum Raubritter wird, über Adalbert Stifters Witiko, wo der Held und sein Pferd das eigentliche Thema sind, bis zu Richard Billingers „Rosse", wo die Hauptfigur, der „Pferdeknecht Franz" am unaufhaltsamen Schwinden der bäuerlichen Welt zerbricht. Die Masse der Pferdegeschichten sind Gebrauchsware. In den Romanen und Reiseschilderungen Karl Mays spielen Araberpferde und Mustangs eine zentrale Rolle: Rih, Iltschi (jeweils „Wind") und Hatatitla („Blitz") sind die berühmten Namen. Astrid Lindgrens Pippi Langstrumpf mit dem namenloser Apfelschimmel wurde weltberühmt. Wenige Jahre nach Lindgrens Pippi erscheint der erste Band der dann weiter geführten Gulla-Serie. Mit Fury, also mit den frühen 1960er-Jahren, beginnt die Konjunktur des eigentlichen Pferdebuches, wie es heute ganze Regale in Buchhandlungen und Leihbüchereien füllt.
Chris Pichler liest eine kleine Auswahl berühmter Pferdetexte.

17.5.1.1 Geheime Offenbarung 6,1–8
Die Bibel, Neues Testament.

17.5.1.2 100. Sure
Koran, 100. Sure

17.5.1.3 Der Pferdenarr
Abraham a Sancta Clara (1644–1709).

17.5.1.4 Zeus und das Pferd
Gotthold Ephraim Lessing (1729–1781).

17.5.1.5 Lenore
Gottfried August Bürger (1747–1794).

17.5.1.6 Erlkönig
Johann Wolfgang von Goethe (1749–1832).

17.5.1.7 Alter Karrengaul und Esel, den Dampfwagen vorbeirollen sehend.
Heinrich Heine (1797–1856).

17.5.1.8 Reiterlied
Federico García Lorca (1898–1936)

17.5.1.9 Die Weise von Liebe und Tod des Cornets Christoph Rilke.
Rainer Maria Rilke (1875–1926).

17.5.1.10 Apfelschimmel
Hans Adolph Halbey (1922–2003).

17.5.1.11 Der König Erl (zum Mitsprechen)
Otto Waalkes (* 1948).

17.5.1.12 Der König Erl.
Heinz Ehrhardt (1909–1979).

In einem Wurlitzer werden Pferde-Musikwünsche erfüllt.

17.5.2.1 Prinz Eugen.
Volkslied. 1713.

17.5.2.2 Talestri, die Königin der Amazonen
Oper. Maria Antonia Walpurgis von Bayern (1724–1780). Uraufführung: 1763. Druck: 1765.

17.5.2.3 Harlequinade: Der schertzende Tritonus
Nr. 6. Georg Philipp Telemann (1681–1767): Aus: Wassermusik TWV 55:C3 (Beiname Hamburger Ebb' und Flut). 1723.

17.5.2.4 Der Erlkönig
Franz Schubert (1797–1828). 1815. D 328. Interpretiert von Dietrich Fischer-Dieskau.

17.5.2.5 Ritt der Walküren
Richard Wagner (1813–1883): Vorspiel aus dem 3. Akt seiner Oper „Walküre". 1870.

17.5.2.6 Jockey-Polka
Josef Strauß (1827–1870): Op. 278. 1870

17.5.2.7 Wiener Fiakerlied
Gustav Pick (1832–1921). 1885. Interpretiert von Erich Kunz.

17.5.2.8 Live like horses
Song. 1994. Elton John – Luciano Pavarotti und 24 weitere Hörbeispiele.

18 Stiegenhaus

18.1 150 Stück Pferdehufe
Aus dem Bestand der ehemaligen Landwirtschaftsschule in Otterbach Dr. Georg Wieninger. Linz, OÖ. Landesmuseum, Biologiezentrum. Installation: Hans Kropshofer

19 Konventgarten
Der Konventgarten hat an drei Seiten, der Ost-, West- und Nordwand, Sonnenuhren. Im Garten selbst befinden sich die Figuren des im frühen 18. Jahrhundert unter Abt Pagl entstandenen Zwergengartens. Die sechs Zwergenfiguren schuf der Linzer Bildhauer Johann Baptist Wanscher nach Stichen von Jacques Callots „Neu eingerichtetem Zwergenkabinett", das mit den 55 dort veröffentlichten Stichen um 1700 einen wahren Zwergenboom ausgelöst hatte: Husarenoberst, Tiroler Schütze, jüdischer Schulmeister,

Winkeladvokat, savoyardischer Wurmschneider und Bootsknecht. Um einen kreisförmigen Platz in der Mitte des Gartens sind die vier Erdteile platziert: Europa mit Pferd, Afrika mit Kamel, Asien mit Elefant, Amerika mit Löwen. Australien war noch nicht entdeckt. Am Ost- und Westende des Mittelgangs befindet sich je ein Putto, im Kampf mit einem Dämon und im Kampf mit dem Teufel. Auch die früher außerhalb des Klosters befindlichen Standbilder der Semiramis und ihres Gatten Nino sowie eine Statue des hl. Adalbero haben im Konventgarten Platz gefunden.

20 Brian Luque Marcos: Pegasus

Papier (mit Poyurethan verstärkt), Plexiglas. Leihgabe des Künstlers. Brian Lucque Marcos ist Austauschstudent aus Barcelona und hat an der FH Joanneum in Graz „Bauplannung und Bauwirtschaft studiert.

Das geflügelte Pferd Pegasus, das aus der Vereinigung des Meeresgottes Poseidon mit der unsagbar hässlichen Gorgo Medusa entstanden sein soll, wurde als Sternbild an den Himmel versetzt und ist bis heute ein beliebtes Symbol. Der Meeresgott Poseidon gilt in der griechischen Mythologie als Schöpfer und Meister der Rosse. Er durchfuhr das Meer mit einem von Hippokampen, halb Fisch, halb Pferd, gezogenen Wagen.

21 Raum der Mythen

Konzeption und Umsetzung: Atelier Macala GmbH, Stephan und Mag. Manuela Macala.

Seit Jahrtausenden ist das Pferd wegen seiner Schnelligkeit, Kraft und Wildheit von vielerlei Mythen umgeben. Die Macht dieser Mythen ist das Thema dieser Szenographien: Die Zentauren als wilde und gefährliche Mischwesen voll von bacchantischen, aggressiven, aber auch intellektuellen Elementen. Das Einhorn als Inbegriff von Reinheit, Stille und jungfräulicher Unschuld. Pegasus, das geflügelte Pferd als Kind des Meeresgottes Poseidon, das aus dem dionysisch-orgiastischen Dunkel des Meeres in die apollinische Geistigkeit des Sternenhimmels emporsteigt.

Das Raumkonzept will den Besucher dazu einladen, nicht nur Betrachter eines Bildes zu sein, sondern selbst Teil der Szene zu werden. Die Grenze zwischen Betrachter und Objekt wird durch einen lustvollen, leichten und doch auch dramatischen Umgang aufgelöst.

Szenendarstellung 1. Raum: Wilde Kampfszene. Chiron, der Achill belehrt. Die wilden Zentauren, die den Lapithen, riesenhaften, aber edlen Menschen, im Kampf unterliegen.

Szenendarstellung 2. Raum: Reinheit und Unschuld. Das Einhorn aus einer Höhle im Wald kommend.

Szenendarstellung 3. Raum: Aufstieg in den Himmel. Pegasus mit aufgeschlagenen Flügeln dem Götterhimmel entgegenfliegend.

22 Marken

Man verlässt die Ausstellung durch den schmucklosen Kreuzgang aus dem 17. Jahrhundert mit einem Blick auf die moderne Konsumgesellschaft und Warenwelt. Das Pferd ist das wohl häufigste Einzelmotiv für berühmte Firmenlogos und Marken: Ob für Autos und Flugzeuge, teure Mode, noble Getränke und feine Delikatessen, natürlich auch für Vereine und Interessenverbände: Pferde in allen Formen, Pferde für alle Produkte. Pferde sind Sympathieträger. Sie sind schnell und stark, edel und elegant. Sie stehen für Freiheit und Grenzenlosigkeit, für Natur und Abenteuer. Und sie sind teuer und exquisit. Kinder und Frauen mögen sie. Der Adel hat sie. Das macht sie zu idealen Werbeträgern.

Mehr als dreihundert international tätige Unternehmen und Markenartikelerzeuger lassen sich identifizieren, die sich mit Pferden in ihrem Logo schmücken. Wahrscheinlich sind es noch sehr viel mehr. Es sind Unternehmen aus allen fünf Kontinenten. Manche der Logos sind mehr als hundert Jahre alt. Eine ganze Reihe ist aber auch erst in jüngster Zeit dazugekommen.

22.1 Installation: Pferdelichtspiele

22.1.1 Verzeichnis der logo-gebenden Unternehmen

Amazone Landwirtschaftsmaschinen, D-49205 Hasbergen-Gaste, Deutschland (http://www.amazone.at/)

Antonio Carraro, Traktoren (http://www.antoniocarraro.it/de)

Beverly Hills Polo Club (http://www.bhpoloclub.com)

Brauerei Allersheim GmbH, Allersheim 6, D-37603 Holzminden (http://www.brauerei-allersheim.de/)

Brauerei Fohrenburg GmbH & Co KG, Bludenz (http://www.fohrenburg.at/de/unternehmen/index.php)

Centaur GmbH IT-Outsourcing (http://www.centaur.de/)

Circus Louis Knie (http://www.louisknie.com/kontakt/)

Continental Aktiengesellschaft, Hannover (http://www.continental-corporation.com/www/presseportal_com_de/)

Einhorn-Apotheke, Wels (www.einhorn-apotheke.at)

Faber Castell (http://www.faber-castell.at/)

Ferrari S.p.A., Modena: (http://www.ferrari.com/de_at/)

Ford Mustang – Ford Österreich (www.ford.at)

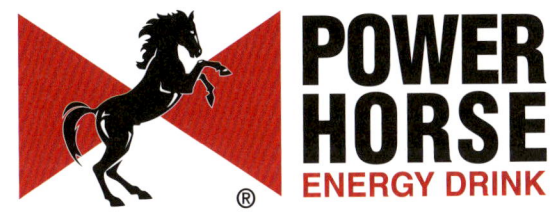

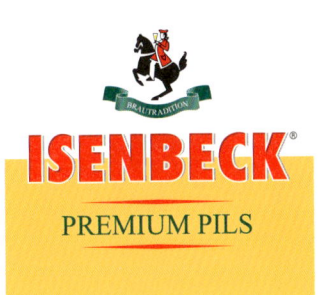

22.1 Installation Pferdelichtspiele im Kreuzgang des Stiftes Lambach. Siehe den Beitrag „Die Marke Pferd" in diesem Band.

FTR Arzu Fatura, Reitbekleidung (www.fashiontoride.com)

Gumprecht, Pferdefleisch, Enns / Wien (www.gumprecht.at)

Haus Hannover: Heinrich Prinz von Hannover (http://www.welfen.de/index.html)

Holsten Brauerei AG, Hamburg (www.holsten-pilsener.de)

Isenbeck (http://www.isenbeck.de)

Kamptner Wein (www.kamptnerwein.at)

La Martina (www.lamartina.com/)

Levi Strauss Germany GmbH (www.levi.com/DE/de_DE/)

Longchamp, Paris (http://at.longchamp.com/stores/austria)

Ludwig Reiter, Schuhmanufaktur (https://www.ludwig-reiter.com/)

Mobil Oil (www.mobiloil.de)

Mustang Jeans (http://company.mustang-jeans.com/de/impressum.html

Naegele & Strubell, Wien (www.naegelestrubell.at/)

Oppacher Mineralwasser (www.oppacher.de)

Pegasus-WebhostingbInternetagentur (http://www.pegasusweb.eu/de/kontakt/impressum.html)

Pferd Werkzeuge, August Rüggeberg (http://www.pferd.com/at-de/)

Power Horse Energy Drink (http://www.power-horse.com/de-eu/)

Preussischer Whisky, D-16278 Mark Landin (www.preussischerwhisky.de)

Raiffeisen Landesbank Oberösterreich (http://www.rlbooe.at/)

Readers Digest Verlag, Stuttgart (www.rd-presse.de)

Roessler Papier (http://www.roesslerpapier.de)

Romantik Hotel Rössl, St. Wolfgang (www.weissesroessl.at)

Rossbacher – Underberg, Spirituosen (http://www.rossbacher.com)

Spanische Hofreitschule, Wien (www.srs.at/)

Tristar Pictures Filmstudio (www.sonypictures.com)

VGH Versicherung, Hannover (https://www.vgh.de)

Weinhof Rossmann, St.Peter am Ottersbach (www.weinhof-rossmann.at)

Weisses Rössl, Hotel Abtenau (www.weisses-roessl.at)

Weisses Rössl, Hotel Innsbruck (www.roessl.at)

Weisses Rössl, Hotel Kitzbühel (www.harischhotels.com)

Achenbach Sattlerei HAMA Markus Maislinger

Arbeitsgemeinschaft für Warmblutzucht in Österreich

ARGE Haflinger

ARGE Noriker Österreich

Austrian Quarter Horse Association

Die Ländlichen Reiter und Fahrer – Österreich

Direktorium für Glopprennsport und Vollblutzucht in Österreich

Eqwo (https://eqwo.net/)

Haflinger Pferdezuchtverband Tirol

Haflingerpferdezuchtverband Salzburg

Haflingerpferdezuchtverein Vorarlberg

High Class Horse Center Weikersdorf e.U.

Karl Niedersüß GmbH

Landes-Pferdezuchtverband Kärnten Reg.Gen.m.b.H. (www.pferde-kaerntenaustria.at)

Landespferdezuchtverband Salzburg

Landespferdezuchtverbandes Steiermark

Landesverein der Ländlichen Reiter und Fahrer in Niederösterreich

Lernen mit Pferden, Villach (www.lernenmitpferden.at)

Niederösterreichischer Pferdesportverband

OM Reitsport

Österreichischer Araber Zuchtverband

Österreichischer Pferdesportverband

OTTO Sport- und Reitplatz GmbH, Am Umspannwerk 6, D-90518 Altdorf

Pegus Tiernahrung: Garant-Tiernahrung Gesellschaft m.b.H.

Pferd Austria

PFERD Wels, Messe Wels GmbH

Pferdeklinik Tillysburg

Pferdeland Österreich

Pro Equus: Treiet 17; A-6833 Weiler www.pro-equus.com

ProPferd (www.propferd.at)

Reiterdorf Ampflwang

Reitgut Schloß Niederabsdorf

Reitverband Mühlviertler Alm

Salzburger Pferdesportverband (SPS)

Steigbügel & mehr, Reitsportbedarf, A-6844 Altach

Traunreiter

TRIK-Therapeutisches Reiten in Kärnten

Verband der Vollblutaraberzüchter Österreich

Verband NÖ Pferdezüchter

Verein der Warmblutpferdezüchter des Landes Salzburg

Verein der Warmblutpferdezüchter des Landes Tirol

Wanderreithof Kern, Unterweißenbach

Wiener Neustädter Reitverein

Wiener Pferdesportverband – Österreichische Campagnereiter – Gesellschaft

Zentrale Arbeitsgemeinschaft Österreichischer Pferdezüchter

22.2 Der Pegasus

22.2.1 Pegasus

Statuette. Kristallglas. H. 30 cm.
Entwurf: Beni Altmüller (* 1952 Linz).
Leihgabe der OÖ. Nachrichten.
Der "Pegasus", das "geflügelte
Pferd", ist zum Symbol für
den wirtschaftlichen Erfolg
des Landes Oberösterreich
geworden: Seit 1994 vergeben die
Oberösterreichischen Nachrichten
jedes Jahr für herausragende
unternehmerische Leistungen in
mehreren Kategorien die begehrten
Pegasus-Trophäen. Das Land
Oberösterreich, Wirtschaftskammer
und Industriellenvereinigung
Oberösterreich sowie Raiffeisen
Landesbank Oberösterreich und

KPMG waren von Anfang an als
Partner beteiligt. Seither wurden
rund 150 Unternehmen und
Unternehmerpersönlichkeiten
ausgezeichnet. Die Preise werden in
Gold, Silber und Bronze vergeben.
Das unternehmerische Lebenswerk
wird mit dem Pegasus in Kristall
gewürdigt: Pepi Fischer, Günter
Fronius, Hilde Umdasch, Arnold
Schmied, Dionys Lehner und
Michael Teufelberger zählen neben
vielen anderen zu den prominenten
Unternehmerpersönlichkeiten, die
so für ihr Lebenswerk ausgezeichnet
wurden.

23 Der Himmel der Pferde

Ist aus der Hölle der Pferde, als die die
Städte des 18. und 19. Jahrhunderts
bezeichnet wurden, heute der Himmel
der Pferde geworden? Pegasus, das
geflügelte Pferd, das vom Meeresgott
Poseidon gezeugt wurde, wurde den
Mythen zufolge in den Sternenhimmel
versetzt. Pegasus heißt ein Sternbild
am Herbsthimmel, das ein auf dem
Kopf stehendes fliegendes Pferd
darstellen soll. Die Sterne ã, á, â und
Sirrah bilden dessen Körper – wobei
Sirrah eigentlich zur Andromeda
gehört. Die Sterne æ, è und å formen
den Hals und Kopf des Pferdes. Diese
Sterne führen zum Kugelsternhaufen
M 15. Pegasus gehört zu den 48 Stern-
bildern der antiken Astronomie, die
bereits von Ptolemäus erwähnt
wurden.

22.2.1 Beni Altmüller: Pegasus. Preis der OÖ. Nachrichten seit 1994.

© OÖ. Nachrichten. Foto: Volker Weihbold

Der Lambacher Rossstall – ein mediales Gesamtkunstwerk

Adresse: Hafferlstraße 1 a (hinter dem Rathaus am Marktplatz)
Entwurf, Medientechnik und Text: Peter Hans Felzmann
Zwei Reihen von je 5 Säulen gliedern das im 18. Jahrhundert als Rossstall der Post erbaute und auch als Pferdewechselstation genutzte rund 200 m² große Gebäude in 3 parallele Schiffe. Das Dach wird von einem reizvollen Gewölbe getragen, dessen Ziegelmauerwerk partiell frei gelegt wurde. Eine spannende Voraussetzung für eine Multimediainstallation, die einerseits den Raum wie dessen Bespielung in gleichem Maße zur Geltung bringen soll.

Pferde, wie schön sie sind, wie stark sie sind, wie schnell sie sind, wie sie die Freiheit genießen und sich dem Menschen unterwerfen. Leidend, oder respekt- und liebevoll behandelt. Pferde in ihrer ungestümen Urgewalt,

Der Rossstall hinter dem Lambacher Rathaus am Marktplatz.

oder als Künstler der ästhetischen Bewegung.

11 Projektionen geben die einzelnen Filmsequenzen auf zwischen den Säulen verspannte Netzgewebe wieder. Erlischt die Projektion, wirken die Netze transparent und geben den Durchblick in den dahinter liegenden Raumteil frei. Die Inszenierung lässt also phasenweise den Raum zur Geltung kommen, wie sie andererseits den Besucher „raumlos" in die Themen eintauchen lässt.

Wenn sich die Besucher durch den Raum bewegen, erleben sie die einzelnen Themen unvermittelt einmal da, einmal dort oder im raumerfüllenden Ensemble, unterstützt durch einen mächtigen Audio-Part und adäquater Lichtsetzung.

Inszenierung und Projektionen: Peter Hans Felzmann

Anhang
Oberösterreichische Landesausstellung 2016

VERANSTALTER

Land Oberösterreich

Geschäftsführung

Amt der Oberösterreichischen Landesregierung
Direktion Kultur, Promenade 37, A-4021 Linz
Leiter: Mag. Reinhold Kräter

Projektleitung / PR und Marketing

Roland Pichlbauer

Projektorganisation

Mag.ª Verena Karner

Begleitung durch Abteilung Gebäude- und Beschaffungsmanagement

Mag. Gerhard Burgstaller, Direktion Präsidium –
Abteilung GBM
DI Richard Deinhammer, Direktion Präsidium –
Abteilung GBM

Technische Abwicklung und Koordination

Dipl.-Ing.ⁱⁿ Pia Goldmann, Direktion Präsidium –
Abteilung GBM
Reinhard Böttcher, Direktion Präsidium –
Abteilung GBM
Ing.ⁱⁿ Regina Wildmann, Direktion Präsidium –
Abteilung GBM

Organisation

Bernhard Stolberger

Örtliche Ausstellungsleitung

Mag. Ludwig Vogl

Ausstellungsbüro

Christina Bayer
Stephan Dohnalek
Gabriele Scheinhart-Peheim
Caroleina Zehetner

Redaktion

Dietmar Leitner

Konservatorische Betreuung

Prof.ⁱⁿ Mag.ª Karin Troschke, Wien

Mitarbeit Konservatorische Betreuung

MMag.ª Monika Roth, Linz
Mag. Sascha Höchtl, Wien
Mag.ª Rahel Jahoda, Wien
Mag.ª Ursula Pühringer, Wien

WISSENSCHAFT, PLANUNG UND GESTALTUNG

Gesamtleitung und Konzept Ausstellung und Katalog

Univ.-Prof. Dr. Roman Sandgruber, Universität Linz
Mag. Norbert Loidol, Linz

Ausstellungsgestaltung und Grafik – Standort Stadl-Paura

Ing. Peter Hans Felzmann, monte projects, Linz

Mitarbeit

Melanie Pedak (Assistentin)
Thomas Schmidleitner (Produktionsleiter)
Peter Braunschmid (Videoschnitt)

Ausstellungsgestaltung und Konzept Grafik – Standort Lambach

Mag. Hans Kropshofer*transpublic, Linz

Ausstellungsgrafik

Mag. Michael Atteneder, Steyr

Mitarbeit Ausstellungsgrafik

Mag.ª Katharina Höfler (Standort Lambach)
Tobias Zachl (Standort Stadl-Paura)

Grafikproduktion
Weingartsberger GmbH, Linz:
Erwin Weingartsberger
einDRUCKsvoll GmbH, Leonding:
Christian Seemann
Kurt Saminger

Videoproduktion:
monte projects, Linz:
Ing. Peter Hans Felzmann

Projektmanagement Rahmenprogramm
Mag.ª Verena Karner
Ing. Karl Platzer, Stadl-Paura
Mag. Martin Selinger, Stadl-Paura

Kulturvermittlung, Kinderpfad
Mag.ª Inge Friedl, Graz

Illustration Kinderpfad
Michael Gletthofer, Mürzzuschlag

Werbegrafik
Matern Creativbüro, St. Georgen im Attergau

Sounddesign
Gerd Thaller, Linz
Roland Babl, Traun

Medientechnik
Roland Babl, Traun
Gerd Thaller, Linz

Künstlerische Malerei
Mag. art. Georg Klingersberger, Kobernaußen,
Lohnsburg

Künstlerische Inszenierungen
Mag. Herwig Bartosch, Linz
Mag.ª Manuela und Stefan Macala, Atelier Macala
GmbH, Bildhauerei, Salzburg

Aigen-Schlägl
Malcolm R. Poynter M. A. R. C. A.

Altmünster
Schachmuseum Altmünster
(www.schachmuseum.org)

Bleiburg (Pliberk)
Werner Berg Museum

Brixen (I)
Diözesanmuseum Hofburg Brixen

Burghausen
Stadtmuseum

Eferding
Sammlung Schloss Starhemberg

Frankenburg am Hausruck
Mag.ª Lena Göbel (www.Lenagoebel.com)

Furth
Stift Göttweig, Kunstsammlungen

Garmisch-Partenkirchen (D)
Werdenfels Museum – Landkreismuseum Garmisch-
Partenkirchen

Graz
Brian Luque Marcos
Universalmuseum Joanneum, Alte Galerie

Großraming
Kutschenmuseum Gruber

Hallstatt
Museum Hallstatt

Ingolstadt (D)
Bayerisches Armeemuseum
Stadtmuseum

Innsbruck
Archäologisches Universitätsmuseum

Galerie Elisabeth und Klaus Thoman
Pfarre Dreiheiligen
Prämonstratenser-Chorherrenstift Wilten/Innsbruck
Tiroler Volkskunstmuseum

Kematen an der Krems
Elisabeth Max-Theurer

Klagenfurt
Kunstsammlung des Landes Kärnten/MMKK

Kremsmünster
Benediktinerstift, Kunstsammlung

Lambach
Benediktinerstift

Linz
Gespag (Dauerleihgabe in der Kunstsammlung des
Landes Oberösterreich)
NORDICO Stadtmuseum Linz
Oberösterreichische Nachrichten
Oberösterreichisches Landesarchiv
Oberösterreichische Landesbibliothek
Oberösterreichisches Landesmuseum
Dipl.-Designerin Elfriede Österle

Mainz (D)
Römisch-Germanisches Zentralmuseum

Melk
Benediktinerstift

München (D)
Archäologische Staatssammlung
Deusches Jagd- und Fischereimuseum
Staatliche Antikensammlungen und Glyptothek
Staatliche Münzsammlung München
Staatliche Naturwissenschaftliche Sammlungen
(SNSB) – Bayerische Staatssammlung für Paläontologie und Geologie (BSPG)

Passau (D)
Diözese Passau, Diözesansammlung
Oberhausmuseum

Pfarrkirchen im Mühlkreis
Dieter Schön

Potzneusiedl
Schloss Potzneusiedl (www.castleofarts.at,
Inh. Gerhard Egermann und Michael Skala)

Regensburg (D)
Fürst Thurn und Taxis Zentralmuseum
Kunstforum Ostdeutsche Galerie

Ried im Innkreis
Museum Innviertler Volkskundehaus

Salzburg
Kunstsammlungen der Erzabtei Sankt Peter
Haus der Natur
Museum der Moderne

Sankt Florian bei Linz
Augustinerchorherrenstift
Pferdeklinik Tillysburg

Sankt Paul im Lavanttal
Museum im Stift St. Paul

Sankt Pölten
Land Niederösterreich, Niederösterreichische
Landessammlungen
Stadtmuseum

Steyr
Museum der Stadt Steyr

Traunstein (D)
Stadt- und Spielzeugmuseum

Vöcklabruck
Franziskanerinnen von Vöcklabruck

Völkermarkt
Werner Berg Museum

Wels
Magistrat der Stadt Wels
Mag.ª Astrid-Christina Richtsfeld
Stadtmuseum

Wien
Belvedere
Bundesmobilienverwaltung, Hofmobiliendepot,
Möbel Museum Wien
Heeresgeschichtliches Museum / Militärhistorisches
Institut
Mag. Daniela Kabele
Kunsthandel Widder
Kunsthistorisches Museum Wien
MAK – Österreichisches Museum für angewandte
Kunst / Gegenwartskunst
Münze Österreich AG
Naturhistorisches Museum
Österreichisches Museum für Volkskunde
Österreichisch-Russische Kulturgesellschaft A.R.C.O
Österreichisches Archäologisches Institut
Spanische Hofreitschule
Technisches Museum Wien
Veterinärmedizinische Universität Wien, Universi-
tätsbibliothek / Historisches Archiv
Weltmuseum
Wiener Porzellanmanufaktur Augarten
Wien Museum
Wiener Rennverein

Wiesbaden (D)
Stadtmuseum, Sammlung Nassauischer Altertümer

Wilhering
Stift Wilhering

Würzburg (D)
Martin von Wagner Museum der Universität
Würzburg

Zwettl in Niederösterreich
Zisterzienserstift, Archiv / Sammlungen

DANKSAGUNG

Kooperationspartner
Amt der OÖ. Landesregierung
Direktion Bildung und Gesellschaft
Direktion Inneres und Kommunales

Direktion Straßenbau und Verkehr
Direktion Finanzen
Direktion Personal
Bezirkshauptmannschaft Wels-Land
Bezirkspolizeikommando Wels-Land
Bezirkspolizeikommando Wels-Land
Bundesdenkmalamt – Landeskonservatorrat für
Oberösterreich
Marktgemeinde Lambach
Benediktinerstift Lambach
Marktgemeinde Stadl-Paura
Freiwillige Feuerwehr der Ausstellungsgemeinde
ÖAMTC
ÖBB
Oö. Familienkarte
Oberösterreich Tourismus
Örtliches Tourismusbüro der Ausstellungsgemeinde
4youCard
Faber-Castell
Familien-Park Agrarium Steinerkirchen an der Traun
Skoda Österreich
Stadtmarketing Wels
Urlaubsregion Vitalwelt
Zoo Schmiding, Krenglbach

Medien
ORF – Landesstudio OÖ.
Life Radio
Krone Hit Radio
Ö1
BTV
LT1
Die Presse
Kronen Zeitung
OÖ. Nachrichten
Neues Volksblatt
Bezirksrundschau
Österreich
Die Furche
Tips, u. v. m.

Ein besonderer Dank für die Bereitstellung zahlreicher Leihgaben ergeht an das OÖ. Landesmuseum, an die Präsidentin des Österreichischen Pferdesportverbands, Frau Elisabeth Max-Theurer, und an Herrn Hans Max-Theurer sowie an alle Personen, die an der Ausstellungsumsetzung mitgewirkt haben.

Unser Dank für Anregungen, Beratung, Unterstützung ergeht an:

Mag.ᵃ Gunda Achleitner, Wien

Lydia Altmann-Höfler Bakk. Phil., Wilhering – Dörnbach

Dr. Bercht Angerhofer, Buchkirchen bei Wels

Mag.ᵃ Tanja Angermann, St. Pölten

Dir.-Stv.ⁱⁿ Dr.ⁱⁿ Walpurga Antl-Weiser, Wien

Sabine Appl, Wien

Christian Ludwig Attersee, Wien

Mag.ᵃ Johanna Bampi M.A.S., Brixen

Min.-Rätin Dr.ⁱⁿ Ilsebill Barta, Wien

Sonja Bauer, Stadl-Paura

Dir. Mag. Karl Berger, Innsbruck

Dir.ⁱⁿ Dr.ⁱⁿ Sabine Breitwieser, Salzburg

Ingrid Blümel, Wien

Prälat Erzabt Dr. Korbinian Birnbacher OSB, Salzburg

Dir. Dr. Bernhard Blisch, Wiesbaden (D)

Alexandra Bruckböck, Linz

Alois Brunner M. A., Passau (D)

Dir. Dr. Max Brunner, Passau (D)

Dr. Friedrich Buchmayr, Sankt Florian bei Linz

Mag.ᵃ Sarah Chlebowski BA, Wien

Dr.ⁱⁿ Sabine Czernich-Wallentin, Innsbruck

Gen.-Dir. Univ.-Prof. Dr. Falko Daim, Mainz (D)

Alexandra Demberger M. A., Regensburg (D)

Prälat Abt Dr. Reinold Dessl OCist, Wilhering

Dr.ⁱⁿ Anne-Katrin Ebert, Wien

Honorarkonsul Dipl.-Ing. Gerhard Egermann, Eisenstadt

Dr. Berthold Ecker, Wien

Prof. Dr. Wolfgang Egg, Mainz (D)

Mag.ᵃ Elisabeth Egger, Wien

Silke Eggl, Wien

Dir. Dr. Jürgen Eminger, Traunstein (D)

Dir. Dr. Steven Engelsman, Wien

Dr. Christian Enichlmayr, Linz

Dr.ⁱⁿ Andrea Euler, Linz

Gerhard Feilmayr, Linz

Roland Fink M.A.S, Wien

Dr. Rainald Franz, Wien

Dir.ⁱⁿ Dr.ⁱⁿ Sieglinde Frohmann, Ried im Innkreis

Dr. Andreas Gamerith, Zwettl

Dir. i. R. Rudolf Gamsjäger, Hallstatt

Generaloberin Sr. Angelika Garstenauer, Vöcklabruck

Dr. Jörg Gebauer, München (D)

Dir. Prof. Dr. Rupert Gebhard, München (D)

Josef Gegenhuber, Steyr

Mag.ᵃ Anneliese Geyer, Linz

Dir. ⁱⁿ Eva Gilch M.A., Burghausen (D)

Univ.-Prof. Dr. Franz Glaser, Klagenfurt

Mag.ᵃ Andrea Glatz, Wien

PDⁱⁿ Dr.ⁱⁿ Ursula Gölich, Wien

Univ.-Doz. Dr. Stefan Groh, Wien

Prof. Dr. Detlef Gronenborn, Mainz (D)

Mag. Stefan Gschwendtner, Linz

Dkfm. Elisabeth Gürtler-Mauthner, Wien

Gen.-Dir.ⁱⁿ Dr.ⁱⁿ Sabine Haag, Wien

Désirée Hailzl M. A., Wien

Stv. Dir. Dr. Christoph Hatschek, Wien

Regina Heilmann-Thon, München (D)

Dr.ⁱⁿ Barbara Herzog, Salzburg

Franziska Heubacher, Innsbruck

Dr. Martin Hirsch, München (D)

Mag.ᵃ Eva Hörmanseder, Wien

Andrea Hofmann, Eferding

Adolf Hofstetter M. A., Passau (D)

P. DDr. Karl Josef Hofer OCist, Wilhering

Andrea Hofmann, Eferding

Mag.ᵃ Alexandra Hois, Wien

Dr.ⁱⁿ Andrea Holzleithner, Stadl-Paura

Propst Dr. Florian Huber, Innsbruck

Dir.ⁱⁿ Dr.ⁱⁿ Agnes Husslein-Arco, Wien

Ilse Jung, Wien

Mag.ᵃ Daniela Kabele, Wien

Dr. Walter F. Kalina, Wien

Dr.ⁱⁿ Barbara Karl, Wien

Elke Kastler, St. Wolfgang im Salzkammergut

HR Dir. Dr. Anton Kern, Wien

Dr. Franz Kirchweger, Wien

Dr.ⁱⁿ Ute Klatt, Mainz (D)

Dir. Dr. Dietrich Klose, München (D)

Dir. Dr. Florian Knauß, München (D)

Mag.ᵃ Brigitte Kogler, Klagenfurt

Prior Mag. P. Wilfried Kowarik OSB, Melk

Dkfm. Hannelore und Karl Krammer, Altmünster

Mag.ᵃ Kathrin Kratzer M.A., Sankt Pölten

Baumeister Dipl.-Ing. Alexander Kreiner, Salzburg

Dr.ⁱⁿ Kornelia Kressirer, München (D)

Mag. Norbert Kriechbaum, Linz

Dir. Dr. Johannes Kronbichler, Brixen (I)

Mag. Wolfgang Krug, St. Pölten

Dir. Josef Kümmerle, Garmisch-Partenkirchen (D)

Barbara Antonia Lehmden, Deutschkreutz

Univ-Prof. Dr. Gregor Martin Lechner OSB, Furth-Göttweig

Dr. Gerhard Leistner, Regensburg (D)

Mag.ᵃ Dr.ⁱⁿ Karin Leitner-Ruhe, Graz

Mag.ᵃ Alexandra Leitzinger, St. Pölten

Dr. Rudolf Lindpointner, Linz

Dr. Robert Lindner, Salzburg

Franz Linschinger, Linz

Dr. Clemens Mahringer, St. Florian bei Linz

Markus Maislinger, Lochen

Chefredakteur Mag. Gerhard Mandlbauer, Linz

Mag. Thomas Matyk, Wien

Dir.-Stv.ⁱⁿ Mag.ᵃ Ingeborg Micko, Wels

Dir.ⁱⁿ Dr.ⁱⁿ Renate Miglbauer, Wels

Dir. Prof. Dr. Günter Moosbauer, Straubing (D)

Ass.-Prof. Mag. Dr. Florian Martin Müller Bakk., Innsbruck

Prof. Dr. Michael Müller-Karpe, Mainz (D)

Prälat Abt P. MMag. Maximilian Neulinger OSB, Lambach

Dipl.-Päd. Gregor Neuböck M.A.S., Linz

Ksenia Neznanova, Wien

KR Karl Niedersüß, Rohrbach

Mag. Caridad Nieto Diaz, Wien

Mag.ᵃ Monika Oberchristl, Linz

Barbara Ohren, Aigen im Mühlkreis

HR Dir. Dr. Mario Christian Ortner, Wien

Mag.ᵃ Michaela Pappernigg, Wien

Dir. Dr. Matthias Pfaffenbichler, Wien

Chris Pichler, Linz

Dr.ⁱⁿ Barbara Plankensteiner, New Haven (USA)

Dir.ⁱⁿ Mag.ᵃ Reanate Plöchl, Linz

Mag.ᵃ Kathrin Pokorny-Nagel, Wien

MMag.ᵃ Kornelia Pollek, Linz

HR Dr. Eduard Pollhammer, Petronell-Carnuntum

Carolin Pospesch M.A., Wien

Prof. KR Karl Prillinger, Wels

Univ.-Doz. Dr. Bernhard Prokisch, Linz

Maria Prüller, Melk

Dr. Erich Pucher, Wien

Dir. Mag. Thomas Pulle, St. Pölten

Theresia Pumhösel M. A. S., St. Pölten

Dir. Dr. Walter Putschögl, Linz

Mag. Florian Gerhard Rainer, Wien

Dr. Bernhard Bernhard Rameder, Furth-Göttweig

W. Kons. KonsR em. Univ.-Prof. DDr. Karl Rehberger CanReg, St. Florian bei Linz

PD Dr. Mike Reich, München (D)

Dir. Dr. Ansgar Reiß, Ingolstadt (D)

Mag.ᵃ Astrid-Christina Richtsfeld, Wels

Dir.ⁱⁿ Dr.ⁱⁿ Gerda Ridler, Linz

PDⁱⁿ Dr.ⁱⁿ Gertrud Rößner, München (D)

Univ.-Prof. Dr. Erwin M. Rupprechtsberger, Linz

Dr. Harald Scheicher, Völkermarkt

Jennifer Schmaus M.A., München (D)

Dr.ᶦⁿ Elisabeth Schmuttermeier, Wien

Mag.ᵃ Susanne Schneeweis, Wien

Prior Dr. Florian Norbert Schoemers OPraem, Innsbruck

Dir.ᶦⁿ Dr.ᶦⁿ Beatrix Schönewald, Ingolstadt (D)

Dr. Markus Scholz, Mainz (D)

Dir.ᶦⁿ Dr.ᶦⁿ Sylvia Schoske, München (D)

Mag.ᵃ Andrea Schürz, Wien

Lorena Schütti, Wien

Prof. Ulrich N. Schulenburg, Wien

Dr. Lothar Schultes, Linz

Birgit Schultschik, Wien

Dr. Martin Schulz, München (D)

Dr. Harald Schulze, München (D)

Präs. Dir. Mag. Dr. Gerfried Sitar OSB, Sankt Paul im Lavanttal

Mag.ᵃ Sabine Sobotka, Linz

MMag. Werner Sommer, Wien

Prof. Daniel Spoerri, Wien

Georg Starhemberg, Eferding

Dr.ᶦⁿ Hannelore Steixner, Innsbruck

Dr.ᶦⁿ Ursula Storch, Wien

Dr. Dieter Storz, Ingolstadt (D)

Mag.ᵃ Ute Streitt, Linz

Mag.ᵃ Monica Strinu, Wien

Dr. Peter Styra, Regensburg (D)

Dir.ᶦⁿ Dr.ᶦⁿ Cornelia Sulzbacher, Linz

Klaus und Elisabeth Thoman, Innsbruck – Wien

Dr. Stefan Traxler, Linz

Karin Triebert, Linz

Corinna Ulbricht-Wild M. A., Burghausen (D)

Dir. Mag. Wolfgang Wanko, Salzburg

Univ.-Doz. Dr. Hubert Weitensfelder, Wien

Dir.ᶦⁿ Mag.ᵃ Christine Wetzlinger-Grundig, Klagenfurt

Marina Wiesinger, Linz

Prälat Abt Georg Wilfinger OSB, Melk

P. Mag. Klaudius Wintz OSB, Kremsmünster

Abtpräses KR Wolfgang Wiedermann OCist, Zwettl in Niederösterreich

Marina Wiesinger, Linz

Dipl.-Ing. Dr. Peter Zechner, Stadl-Paura

SR Dr. Augustin Zineder, Steyr

AUTORINNEN/AUTOREN

AutorInnen der Beiträge:

Dr.ᶦⁿ Walpurga Antl-Weiser, Naturhistorisches Museum Wien, Prähistorische Abteilung

O. Univ.-Prof. Dr. Gottfried Brem, Veterinärmedizinische Universität Wien, Institut für Tierzucht und Genetik, Abteilung für Reproduktionsbiologie

Mag.ᵃ Dagmar Butterweck, Österreichisches Museum für Volkskunde Wien

Alexandra Demberger M. A., Kunstforum Ostdeutsche Galerie Regensburg

Dipl.-Ing. Dr. Thomas Druml, Veterinärmedizinische Universität Wien, Institut für Tierzucht und Genetik, Abteilung für Reproduktionsbiologie

Dr. Hannes Etzlstorfer, Wien

Dr.ᶦⁿ Andrea Euler, OÖ. Landesmuseum, Sammlung Volkskunde und Alltagskultur, Linz

HR Univ.-Prof. Dr. Siegfried Haider, Direktor i. R. des OÖ. Landesarchives, Linz

Dir. OStR Mag. Franz Hochreiner, ABZ Agrarbildungszentrum Lambach

Präsident Otto Kurt Knoll, Referat Kultur und Pferd beim NÖ. Pferdesportverband, Maria Gugging

HR Dr. Georg Kugler, Direktor i. R. der Wagenburg des Kunsthistorischen Museums Wien, Dokumentatioszentrum für altösterreichische Pferderassen, Schönfeld

Dr. Felix Lang, Paris-Lodron-Universität Salzburg, Klassische und Frühägäische Archäologie

Mag.ᵃ Michaela Lindinger, Wien Museum

Mag. Norbert Loidol, Linz

Elisabeth Max-Theurer, Olympiasiegerin und Präsidentin des Österreichischen Pferdesportverbandes

Dir. Dr. Matthias Pfaffenbichler, Kunsthistorisches Museum Wien, Hofjagd- und Rüstkammer

Geschäftsführer Ing. Karl Platzer, Pferdezentrum Stadl-Paura

Erich Pröll, Pröllfilm GmbH, Goldwörth

Mag. Dr. Erich Pucher, Naturhistorisches Museum Wien, Zoologische Abteilung, Sammlungsleitung der Zoologisch-Achäologischen Sammlung

Univ.-Prof. Dr. Manfried Rauchensteiner, Direktor i. R. des Heeresgeschichtlichen Museums Wien

Univ.-Prof. Dr. Roman Sandgruber, Johannes Kepler Universität Linz, Institut für Sozial- und Wirtschaftsgeschichte

Dr. Lothar Schultes, OÖ. Landesmuseum, Linz, Sammlung Kunstgeschichte / Alte Kunst

Univ.-Doz. Dr. Ernst Seibert, Universität Wien, Institut für Germanistik

Dr. Stefan Traxler, OÖ. Landesmuseum, Sammlung Archäologie Römerzeit, Mittelalter und Neuzeit, Linz

Dr.[in] Barbara Wallner, Veterinärmedizinische Universität Wien, Institut für Tierzucht und Genetik, Abteilung für Molekulare Genetik

Univ.-Prof.[in] Dr.[in] Otta Wenskus, Universität Innsbruck, Institut für Sprachen und Literaturen, Bereich Gräzistik und Latinistik

Mag.[a] Nora Witzmann, Österreichisches Museum für Volkskunde, Wien

Die Fotonachweise wurden nach bestem Wissen und Gewissen erstellt. Sollten dennoch Fragen offen geblieben sein, wird um Kontaktnahme mit der Redaktion ersucht.

643